제 3 판

단 위 조 작

Unit Operations of Chemical Engineering

고완석 · 심현호 · 유일증 · 이종집 · 허광선 공편저

普 文 堂

제3판
단위조작(Unit Operations of Chemical Engineering)

1994년 3월 5일 초판 발행
1997년 1월 10일 수정증보판(제2판) 발행
2003년 9월 5일 제3판 1쇄 발행
2013년 3월 1일 제3판 4쇄 발행
2013년 3월 5일 제3판 4쇄 발행

지은이 | 고완석, 심현호, 유일증, 이종집, 허광선
발행인 | 김병계
발행처 | 도서출판 보문당
등록 | 1990년 6월 15일(제1-1066호)
주소 | 서울시 마포구 신수동 448-6
전화 | 704-7025
팩스 | 704-2324
홈페이지 | www.bomoondang.co.kr
전자우편 | bmdpub@naver.com

값 25,000원

ISBN 978-89-8413-080-7

머 리 말 ······▷

화학공학은 응용과학의 중요한 분야로서 최근의 산업발달과 함께 눈부시게 발전하고 있다. 이와 함께 화학제품을 생산하는 화학공업에서는 각종 화학장치 및 기계가 필요하며 따라서 이에 대한 설계, 제작 및 운전 등에 대한 원리의 이해가 중요하게 되었다.

단위조작은 장치설계의 기본으로 장치의 형식과 조작방법으로부터 물질의 분리를 다루는 기본학문으로 화학공학을 전공하는 사람들에게는 필수적인 분야이다. 그러나 이와 같은 중요성에도 불구하고 누구나 쉽게 이해하고 접근할 수 있는 책이 부족한 것이 현재의 실정이다.

이 책은 단위조작의 입문서로서 비교적 초보자의 이해를 돕기 위하여 필수적인 부분만 일목요연하게 간추리되 풍부한 내용을 광범위하게 취급하여 전문대학 및 대학의 교재로서 역할이 될 수 있도록 노력하였다. 또 날로 심각해지는 환경오염 방지 및 처리기술 관련 분야로 널리 이용되고 있는 흡착조작편을 증보하였다.

이 책이 화학공학을 공부하는 이들에게 도움이 되도록 활자 등 편집을 새롭게 하였으며 부족한 지식으로 제약된 지면과 짧은 시간에 편집한 관계로 미비한 점이 많을 것이므로 계속 보완이 될 수 있도록 독자제현의 지도편달을 바라는 바이다.

끝으로 이 책을 출판함에 있어 많은 애로를 무릅쓰고 적극 협조해주신 普文堂의 金炳季 사장님과 편집부 여러분에게 감사를 드린다.

2003. 8

저자 일동

CONTENTS

제 1 장 서 론

제 2 장 유체의 유동

제 3 장 열전달

제4장 증 발

제5장 증 류

제6장 추 출

제7장 물질전달

제8장 흡 수

제9장 조 습

제10장 건 조

제 11 장 결 정 화

제 12 장 분쇄 및 분체

제 15 장 흡 착

제1장

서 론

1-1 단위조작

각종 공업에 있어서 처음의 원료가 변형 또는 가공되어 최종 물질로 만들어지기까지 수반되는 화학, 물리 또는 생물학적 공정은 외견상 서로 달라 보이지만 많은 유사점을 갖고 있다.

이들 공정은 **단위조작**(單位操作, unit operation)이라고 하는 독립된 별개의 단계들로 나누어지며 또는 공정전반에 걸쳐 공통된 요소이다.

예들 들면 **증류**(distillation)라는 단위조작은 음료공업에서는 알코올을, 석유정제공업에서는 탄화수소의 정제나 분리에 사용되고 있다. **건조**(drying)조작도 목재, 여과 후의 침전물, 인견사(rayon yarn) 등을 건조시키는 과정이 서로 유사하다. 또 **흡수**(absorption)라는 단위조작도 발효공정이나 하수종말처리장에서 대기 중의 산소를 흡수할 때, 석유의 액화수소첨가 공정에서 수소기체의 흡수에서 흔히 볼 수 있는 조작이며, 화학공업에서 염용액의 **증발**(evaporation)조작은 식품공업에서 설탕의 증발조작과 비슷하고 하수처리공정과 광업에서의 현탁물질에 대한 **침강**(settling)과 **침전**(sedimentation)조작도 서로 유사한 것이다.

이러한 단위조작들은 주로 에너지의 전달과 변화 및 물리, 화학 또는 물리-화학적인 수단들에 의한 물질의 이동과 변화를 수반한다.

주요한 단위조작들은 한 공정내에서도 다양한 순서에 의해 상호 결합되어 이루어질 수 있다.

화공기술자들이 다루어야 할 공정은 워낙 다양하여 그 분야를 쉽게 정의하기가 힘들므로 여기서는 여러 가지 산업과 공정에서 자주 취급되는 주요한 단위조작들에 대하여 기본개념과 공학적 원리 및 계산방법을 설명하고 주로 사용되는 기계, 장치 등에 대해 소개하고자 한다.

1-2 단위계

현재 사용하고 있는 기본단위계로는 SI계, fps계, cgs계의 세 종류가 있으나 공학이나 과학에서는 SI 단위계를 유일한 단위로서 공식적으로 채택하고 있다. 그러나 공학에서는 SI 단위계 외에도 fps계와 cgs계가 많은 물리, 화학 데이터 및 경험식 등에 관습적으로 사용되고 있기 때문에 공학자들은 SI계에 숙달될 뿐만 아니라 다른 단위계들도 사용할 수 있는 능력이 요구된다.

1. SI 단위계

SI(Système Internationale d'Unités) 단위계는 표 1-1과 같이 7개의 기본단위계를 기본양에 대해 채택하고 있으며 다른 표준단위(유도단위)들은 이들 기본양으로부터 유도된다. 또한 SI 단위계에서는 양의 크기를 나타낼 때 표 1-2와 같이 10의 배수로 된 접두사를 기본단위 또는 유도단위 앞에 붙여서 표시하도록 정하고 있다.

SI 단위계의 중요한 유도단위들은 기본단위로부터 유도되는데 힘의 기본단위는 N(newton)이며 다음과 같이 정의된다.

$$1\,[\mathrm{N}] = 1\,[\mathrm{kg \cdot m/s^2}]$$

에너지, 열량 및 일의 기본단위는 J(joule)이며,

$$1\,[\mathrm{J}] = 1\,[\mathrm{N \cdot m}] = 1\,[\mathrm{kg \cdot m^2/s^2}]$$

이다. 또 동력은 W(watt)로 표시한다.

$$1\,[\mathrm{W}] = 1\,[\mathrm{J/s}]$$

압력의 단위는 Pa(pascal)로서 다음과 같다.

$$1\,\mathrm{Pa} = 1\,[\mathrm{N/m^2}]$$

한편, 표준중력 가속도(standard acceleration of gravity)

$$g_s = 9.80665\,[\mathrm{m/s^2}]$$

온도는 SI 단위계로 K(kelvin)이나 실제로는 ℃(Celcius)도 폭넓게 사용되며 둘 사이에는 다음의 관계가 있다.

➡표 1-1 SI 기본단위

양	단 위		기 호
길 이	미터	(meter)	m
질 량	킬로그램	(kilogram)	kg
시 간	초	(second)	s
온 도	켈빈	(kelvin)	K
물 질 의 양	몰	(mole)	mol
전 류	암페어	(ampere)	A
광 도	칸델라	(candela)	cd

➡표 1-2 SI 접두사

크기	접두사	기호	크기	접두사	기호
10	deca	da	10^{-1}	deci	d
10^2	hecto	h	10^{-2}	centi	c
10^3	kilo	k	10^{-3}	milli	m
10^6	mega	M	10^{-6}	micro	μ
10^9	giga	G	10^{-9}	nano	n
10^{12}	tera	T	10^{-12}	pico	p
10^{15}	peta	P	10^{-15}	femto	f
10^{18}	exa	E	10^{-18}	atto	a

$$T\,[\mathrm{K}] = t\,[℃] + 273.15$$

단, 온도차의 경우에는 두 척도 사이의 눈금간격이 같아서 1 [K]=1 [℃]이므로

$$\Delta T\,[\mathrm{K}] = \Delta t\,[℃]$$

이다.

예제 1-1

1 [nm]는 몇 m 인가?

풀이

1 [nm]에서 접두사 n(nano)은 10^{-9}에 해당하므로 1 nanometer는

$$1\,[\mathrm{nm}] = 1 \times 10^{-9}\,[\mathrm{m}]$$

2. cgs 단위계

cgs 단위계는 기본양인 길이, 질량, 시간에 대한 기본단위로 cm, g, s를 채택한 것으로 SI 단위계와의 관계는 다음과 같다.

$$1\,[\mathrm{cm}] = 1\times10^{-2}\,[\mathrm{m}]$$
$$1\,[\mathrm{g}] = 1\times10^{-3}\,[\mathrm{kg}]$$

cgs 단위계에서는 힘의 기본단위로 dyn(dyne), 에너지의 기본단위로 erg를 채택하고 있으며, 이들은 다음과 같이 정의한다.

$$1\,[\mathrm{dyn}] = 1\,[\mathrm{g}\cdot\mathrm{cm/s^2}] = 1\times10^{-5}\,[\mathrm{N}]$$
$$1\,[\mathrm{erg}] = 1\,[\mathrm{dyn}\cdot\mathrm{cm}] = 1\times10^{-7}\,[\mathrm{J}]$$

한편, 표준중력가속도 값은 다음과 같다.

$$g_s = 980.665\,[\mathrm{cm/s^2}]$$

3. fps 단위계

fps 단위계는 기본단위로 ft(foot), lb(pound), s(second)를 채택한 것으로 SI 단위계와는 다음의 관계가 있다.

$$1\,[\mathrm{lb}] = 0.45359\,[\mathrm{kg}]$$
$$1\,[\mathrm{ft}] = 03048\,[\mathrm{m}]$$

힘의 기본단위는 poundal이며, 표준중력가속도 값은 다음과 같이 정의된다.

$$1\,[\mathrm{poundal}] = 1\,[\mathrm{lb}\cdot\mathrm{ft/s^2}]$$
$$g_s = 32.174\,[\mathrm{ft/s^2}]$$

4. 질량단위계와 중력단위계

질량(mass)은 물질의 고유한 양으로 측정장소 즉, 중력의 크기에는 무관하지만 중량(weight)은 물체에 작용하는 중력의 크기에 따라 달라진다. 질량, 길이, 시간을 기본양으로 채택한 단위계를 **질량단위계** 또는 **절대단위계**라고 하며 힘, 길이, 시간을 기본양으로 채택한 단위계를 **중력단위계** 또는 **중량단위계**라고 한다.

질량단위계에서 힘의 단위는 [N] 즉 $[\mathrm{kg-m/s^2}]$이지만 중력단위계에서는 질량 1 [kg]의 물체가 9.8 [m/s^2]의 가속도를 받는 힘의 크기를 1 [kg] 또는 1 [kg$_f$](kilogram force)로 표시한다.

$$1\,[\mathrm{kg}] = 1\,[\mathrm{kg}]\cdot 9.8\,[\mathrm{m/s^2}] = 9.8\,[\mathrm{kg-m/s^2}] = 9.8\,[\mathrm{N}]$$

한편, fps단위계로는 다음과 같이 정의되는 [lb$_f$] 또는 [Lb](pound force)를 사용한다.

$$1\,[\mathrm{lb_f}] = 1\,[\mathrm{lb}]\cdot 32.174\,[\mathrm{ft/s^2}] = 32.174\,[\mathrm{lb\cdot ft/s^2}]$$

화학공학에서는 밀도, 점도, 표면장력 등은 보통 질량단위계로 표시하며, 장치의 설계, 건설, 운전 등과 밀접한 관련이 있는 일, 압력, 동력 등 힘과 관련있는 물리적인 양은 중력단위계로 표시하는 습관이 있다. 즉 질량단위계와 중력단위계를 적당히 조합하여 사용하기 때문에 어느 한 가지만을 사용하는 것보다는 단위가 간단하고 편리하다. 이것은 화학공학뿐만 아니라 다른 공학분야에서도 마찬가지이다. 이와 같이 질량, 힘, 길이, 시간을 기본양으로 채택한 단위계를 **공학단위계**라고 한다.

화학공학의 계산에서는 질량단위계로 나타낸 양을 중력단위계로 나타낸 양을 한 단위로 통일해야 할 경우가 생기는데 이럴 때 편의를 위하여 다음과 같이 정의되는 **중력환산계수**(gravitional conversion factor), g_c를 사용한다.

$$g_c = 9.8\left[\frac{\mathrm{kg\cdot m}}{\mathrm{kg\cdot s^2}}\right] = 980\left[\frac{\mathrm{g\cdot cm}}{\mathrm{G\cdot s^2}}\right] = 32.174\left[\frac{\mathrm{lb\cdot ft}}{\mathrm{lb_f\cdot s^2}}\right]$$

예제 1-2

중력가속도가 9.5 [m/s^2]인 곳에서 질량이 80 [kg]인 물체의 중량은 몇 [kg]인가?

풀이

$F = mg/g_c\,[\mathrm{Kg}]$이므로

$$F = \frac{80\,[\mathrm{kg}]\cdot 9.5\,[\mathrm{m/s^2}]}{9.8\,[\mathrm{kg\cdot m/kg\cdot s^2}]} = 77.55\,[\mathrm{Kg}]$$

1-3 화학공학과 관계있는 양

1. 온도(temperature)

온도를 나타내는 척도로는 표준온도와 절대온도가 있다. 표준온도는 섭씨온도(Celcius) ℃와 화씨온도(Fahrenheit) °F가 있으며 이들은 물의 어는 점과 끓는 점을 기준으로 한 온도척도이다. 절대온도에는 캘빈온도(kelvin) K와 랭킨온도(Rankine) °R이 있으며 이들은 절대온도를 기준으로 한 온도척도이다. 4가지 온도척도를 비교한 것은 표 1-3과 같다.

표 1-3 온도척도의 비교

	Celoius	Fahrenheit	Kelvin	Rankine
끓는 점	100 ℃	212 °F	373.15 K	671.7 °R
어는 점	0 ℃	32 °F	273.15 K	491.7 °R
절대영도	-273.15 ℃	-459.7 °F	0 K	0 °R

한 온도척도를 다른 온도척도로 환산하는데는 다음 식들이 적용된다.

$$t'\,[°F] = 1.8t\,[℃] + 32 \tag{1-1}$$

$$t\,[℃] = (t'\,[°F] - 32)/1.8 \tag{1-2}$$

$$T\,[K] = t\,[℃] + 273.15 \tag{1-3}$$

$$T\,[°R] = t'\,[°F] + 459.7 \tag{1-4}$$

2. 압력

단위면적에 작용하는 힘을 **압력**이라고 한다. 지구표면에서 대기의 중력에 의한 힘이 작용하는 것을 **대기압**(atmospheric pressure)이라고 하지만 이 값은 온도와 높이에 따라 달라지기 때문에 0[℃], 760[mmHg]에서의 값을 **표준대기압**으로 하여 1기압이라고 하며 1[atm]으로 표시한다. 화학공학에서는 다음과 같은 여러 가지 압력단위가 사용되고 있다.

$$\begin{aligned}1\,[\text{atm}] &= 760\,[\text{mmHg}] = 29.92\,[\text{inHg}] = 10.336\,[\text{mH}_2\text{O}] = 33.90\,[\text{ft H}_2\text{O}]\\ &= 1.0336\,[\text{Kg/cm}^2] = 1.0336\times10^4\,[\text{Kg/m}^2] = 14.7\,[\text{lb}_f/\text{in}^2] = 14.7\,[\text{psi}]\\ &= 1.013\times10^6\,[\text{dyn/cm}^2] = 1013\,[\text{mb}] = 1.01325\times10^5\,[\text{N/m}^2]\\ &= 1.01325\times10^5\,[\text{Pa}]\end{aligned}$$

압력에는 진공을 기준으로하여 나타내는 **절대압**(absolute pressure)과 대기압을 기준으로

하여 측정된 **게이지압**(gauge pressure)이 있으며,

$$\text{절대압} = \text{게이지압} + \text{대기압} \tag{1-5}$$

의 관계가 있다. 실제로 사용되는 압력계는 대부분 게이지압으로 표시되므로 계산할 때는 절대압으로 환산해 주어야 한다.

압력을 구분하여 나타낼 필요가 있는 경우 절대압은 압력단위의 뒤에 절대의 의미로 abs를 붙이고, 게이지압은 G 또는 gauge를 붙인다. 즉 절대압은

$$[\text{atm}] \rightarrow [\text{atm} \cdot \text{abs}], \quad [\text{Kg/cm}^2] \rightarrow [\text{Kg/cm}^2 \cdot \text{abs}]$$
$$[\text{lb}_f/\text{in}^2] \rightarrow [\text{lb}_f/\text{in}^2 \cdot \text{abs}] \text{ 또는 } [\text{psig}]$$

와 같이 나타내고 게이지압은 다음과 같이 나타낸다.

$$[\text{atm}] \rightarrow [\text{atm} \cdot \text{G}], \quad [\text{Kg/cm}^2] \rightarrow [\text{Kg/cm}^2 \cdot \text{G}]$$
$$[\text{lbf/in}^2] \rightarrow [\text{lbf/in}^2 \cdot \text{G}] \text{ 또는 } [\text{psig}]$$

한편, 절대압이 대기압보다 낮을 때 그 차를 **진공도**(vaccum)로 표시하며 이들 사이에는 다음의 관계가 있다.

$$\text{진공도} = \text{대기압} - \text{절대압} \tag{1-6}$$

예제 1-3

압력 970 [mb]는 [mmHg], [hPa]로는 각각 얼마의 압력에 해당하는가?

풀이

(a) 1013 [mb] = 760 [mmHg]이므로

$$\frac{970\text{ mb} \mid 760\text{ mmHg}}{\mid 1013\text{ mb}} = 723\ [\text{mmHg}]$$

(b) 1 [h] = 1×10^2이므로 1 [hPa] = 10^2 [Pa]

또 1013 [mb] = 1.013×10^5 [Pa]이므로

$$\frac{970\text{ mb} \mid 1.013 \times 10^5\text{ Pa} \mid 1\text{ hPa}}{\mid 1013\text{ mb} \mid 10^2\text{ Pa}} = 970\ [\text{hPa}]$$

3. 밀도와 비중량(density and specific weight)

단위부피가 갖는 질량을 **밀도**라 하며 [kg/m^3] 또는 [g/cm^3] 등의 단위를 갖는다. 화학공학에 있어서는 비중량을 사용할 경우가 많은데 이것은 단위부피당의 무게로 정의되며 밀도와 수치는 같으나 단위가 [Kg/m^3] 또는 [G/cm^3]이다. 즉, 중력단위계로 환산한 밀도값에 해당하며 밀도를 ρ, 비중량을 γ라고 하면 $\gamma = \rho(g/g_C)$의 관계가 있다.

4. 일과 동력(Work and Power)

일은 물체에 힘을 작용시켜 그 물체를 움직이는데 필요한 에너지로 정의하며 SI 단위계로는 [J] (=N · m)이지만 관습적으로 중력단위계인 [Kg · m], [lb_f · ft]로 사용되고 있다.

동력은 단위시간당 한 일로서 **공률**(工率)이라고도 하며 SI 단위계로서는 [W], 관습적으로는 [Kg · m/s], [HP], [Ps] 등이 사용된다.

$$1\,[\mathrm{HP}] = 746\,[\mathrm{W}] = 76\,[\mathrm{Kg \cdot m/s}] = 550\,[\mathrm{lb_f \cdot ft/s}]$$

5. 열(heat)

열은 두 물체사이의 온도차에 의해 이동하는 에너지로 정의되며 열량의 단위는 일반적으로 물을 기준물질로 하여 정한다. SI단위계에서는 [J]이 사용되며 관습적으로 사용되는 1 [cal]는 1 [g]의 물을 1 [℃] 올리는데 필요한 열량이고 1 [Btu](British thermal unit)는 1 [lb]의 물을 1 [°F] 올리는데 필요한 열량이다. 열량단위들의 상관관계는 다음과 같다.

$$1\,[\mathrm{cal}] = 4.184\,[\mathrm{J}]$$
$$1\,[\mathrm{Btu}] = 252\,[\mathrm{cal}] = 778\,[\mathrm{lb_f \cdot ft}]$$

6. 몰분율(mole fraction)

몰분율은 혼합물의 전체 몰수에 대한 어떤 성분의 몰수의 비로 그 합은 1이다. A와 B의 두 성분으로 이루어진 혼합물에 A성분의 분자량과 무게를 각각 M_A, W_A라 하면 A성분의 몰분율 x_A는 다음 식으로 구해진다.

$$x_A = \frac{W_A/M_A}{W_A/M_A + W_B/M_B} \tag{1-8}$$

$$x_B = 1 - x_A \tag{1-9}$$

예제 1-4

46 [wt %] 에탄올 수용액에 대한 각 성분의 몰분율과 몰 %를 구하라.

풀이

기준 에탄올 수용액 100 [kg]

물의 양 = 100 × (1 − 0.46) = 54 [kg]

에탄올의 양 = 100 × 0.46 = 46 [kg]

에탄올의 분자량 = 46

물의 분자량 = 18

$$\therefore x_{\text{EtoH}} = \frac{46/46}{46/46 + 54/18} = 0.25$$

$$\therefore x_{\text{H}_2\text{O}} = 1 - 0.25 = 0.75$$

∴ 에탄올의 몰 % = 100 × 0.25 = 25 [m %]

물의 몰 % = 100 × 0.75 = 75 [m %]

1-4 차원과 차원해석

공학문제 중에는 이론적 또는 수학적 방법만으로는 풀 수 없는 것들이 많다. 화학공학에서도 유체의 흐름이나 확산조작 등에서는 수식을 유도하기가 어렵다. 이러한 문제의 해결에는 실험을 해야 하는데 실험과정은 힘이 많이 들고 실험결과를 서로 관련시켜 유용한 관계식을 얻기란 쉬운 일이 아니다. 이럴 때 실험에 앞서 어떤 현상에 관련된 여러 인자사이의 함수관계를 어느 정도까지 예측할 수 있는 유력한 방법이 있는데 이것을 **차원해석**(dimension analysis)이라 한다.

1. 차원(dimension)

앞에서 설명한 기본단위에서 질량을 $[M]$, 길이를 $[L]$, 시간을 $[\theta]$라는 차원기호로 표시할 때 유도단위는 다음 식으로 나타낼 수 있다.

$$[D] = [M^a L^b \theta^c] \tag{1-10}$$

이것을 차원식이라 하며, a, b, c를 D의 차원이라고 한다. 차원기호로는 $[M]$, $[L]$, $[\theta]$ 외에 힘 $[F]$, 온도 $[T]$, 열량 $[H]$ 등이 사용된다. 표 1-4에는 몇 가지 대표적인 양에 대한 차원과 단위를 나타냈다.

➡표 1-4 여러 가지 양의 단위와 차원

양	절대단위계		중력단위계	
	차원	단위	차원	단위
질량	M	kg	$FL^{-1}\theta^2$	$\mathrm{Kg-s^2/m}$
중량(힘)	$ML\theta^{-2}$	$\mathrm{kg-m/s^2}$	F	Kg
압력	$ML^{-1}\theta^{-2}$	$\mathrm{kg/m-s^2}$	FL^{-2}	$\mathrm{Kg/m^2}$
밀도	ML^{-3}	$\mathrm{kg/m^3}$	$FL^{-4}\theta^2$	$\mathrm{Kg-s^2/m^4}$
비중량	$ML^{-2}\theta^{-2}$	$\mathrm{kg/m^2-s^2}$	FL^{-3}	$\mathrm{Kg/m^3}$
점도	$ML^{-1}\theta^{-1}$	$\mathrm{kg/m-s^2}$	$FL^{-2}\theta$	$\mathrm{Kg-s/m^2}$
일	$ML^2\theta^{-2}$	$\mathrm{kg-m^2/s^2}$	FL	Kg−m
표면장력	$M\theta^{-2}$	$\mathrm{kg/s^2}$	FL^{-1}	Kg/m

식 (1-10)에서 $a=0,\ b=0,\ c=0$이 되는 경우 즉

$$[D]=[M^0L^0\theta^0] \tag{1-11}$$

를 **무차원**(dimensionless)이라고 하며 이 경우에는 단위가 모두 소거되어 수치적 크기만 남게 된다. 이러한 식을 **무차원식**이라고 한다.

예제 1-5

층류와 난류의 판정에 이용되는 레이놀즈수는 $N_{\mathrm{Re}}=D\bar{u}\rho/\mu$로 나타내진다. 이것이 무차원수임을 증명하라.

풀이

관내경 D[m], 유체평균속도 $\bar{u}$[m/s], 유체밀도 ρ[kg/m^3] 및 유체점도 μ[kg/m−s]이므로

$$N_{\mathrm{Re}}=\frac{D\bar{u}\rho}{\mu}=\frac{[\mathrm{m}][\mathrm{m/s}][\mathrm{kg/m^3}]}{[\mathrm{kg/m-s}]}=\frac{[L][L\theta^{-1}][ML^{-3}]}{[ML^{-1}\theta^{-1}]}$$

$$\therefore N_{\mathrm{Re}}=[M^0L^0\theta^0]$$

2. 차원해석

차원해석은 어떤 자연현상에 대한 수학적, 이론적 해석이 곤란할 때 그 현상에 대해 생각할 수 있는 모든 인자가 정확히 알려져 있다면 방정식은 차원이 완전한 이론식이 된다는 것에 기초를 두고 있다.

완전방정식에 대한 일반성은 "어떤 현상에 대한 변수 및 차원정수의 수가 n개, 사용되는 기본 단위의 수가 m개라고 하면 무차원군의 수는 $(n-m)$개이다"라고 하는 **π정리**로 표현할 수 있는데 차원해석은 이것을 근거로 한 것이다.

예제 1-6

경험적으로 낙하거리 S는 물체의 질량 m, 낙하시간 t, 중력가속도 g와 관계가 있다. 이들에 대한 관계식을 구하고 무차원수는 몇 개인지 계산하라.

풀이

π정리에 의해

$$S = km^a t^b g^c \quad \text{(a)}$$

각 항의 단위는 $s[L]$, $m[M]$, $t[\theta]$, $g[L\theta^{-2}]$이므로 차원식으로 나타내면

$$[L] = [M]^a[\theta]^b[L\theta^{-2}]^c \quad \text{(b)}$$

이 식이 차원적으로 건전하려면 좌우 양변의 차원이 건전해야 한다. 두 변을 비교하면

$$L\ ;\ 1 = c$$
$$M\ ;\ 0 = a$$
$$\theta\ ;\ 0 = b-2c$$

연립하여 풀면 $a=0,\ b=2,\ c=1$이다. (a)식에 대입하면

$$S = kgt^2 \quad \text{(c)}$$

실험을 통해 얻은 k값이 $\frac{1}{2}$이라면 이 들에 대한 관계식은

$$\therefore\ S = \frac{1}{2}gt^2$$

한편, 무차원수의 개수는 변량의 개수가 m, t, g 3개이고 기본단위의 수가 $[M]$, $[L]$, $[T]$ 3개이므로

$$\therefore\ n-m = 0$$

이 된다. 따라서 이 관계식에는 무차원수가 없다.

연습문제

1 질량, 길이, 시간, 온도에 대한 정의 정수와 환산인자를 사용하여 다음 환산계수를 구하라.

① [HP] → [kW]

② [lbf · ft] → [kW − h]

③ Btu/lb · mol → J/kg · mol

2 어떤 화학공정의 온도가 353.2 [K]이다. 이것을 [°F], [℃] 및 [°R]로 환산하라.

3 어떤 기체의 밀도가 0.14 [lb/ft^3]이다. [kg/m^3] 단위로 환산하라.

4 절대압 190 [mmHg · abs]는 진공도로 얼마인가?

5 물의 경막 열전달계수가 49,155 [Btu/ft^2 · h · °F] 일 때 이것을 [kcal/m^2 · min · ℃]로 환산하여라.

6 어떤 연료유의 조성이 83.6 [wt %]의 C와 16.4 [wt %]의 H로 이루어져 있다. C와 H의 [m %]를 구하라.

7 어떤 기체 용기의 게이지압이 1.4 [atm · G]이다. 이것을 [kg/cm^2], [atm · abs], [psia], [psig]로 환산하라

8 동력의 단위는 SI 단위계로 [W]이다. 이것을 차원식으로 나타내어라.

9 입자가 유체속을 운동할 때 입자가 받는 저항력 R [kg · m/s^2]은 입자의 대표직경 D_p [m], 운동속도 u [m/s], 유체밀도 ρ [kg/m^3] 및 유체점도 μ [kg/m · s]의 함수라고 한다. 차원해석으로부터 관계식을 유도하라.

---

1. ① 0.7457 [kW]
   ② 3.766×10^{-7} [kW · h]
   ③ 2326 [J/kg · mol]
2. 176 [°F], 80 [℃], 636 [°R]
3. 2.24 [kg/m^3]
4. 570 [mmHg · vac]
   또는 0.75 [atm · vac]
5. 4000 [kcal/m^2 · min · ℃]
6. 46.1 [m %] C, 53.9 [m %] H
7. 2.48 [Kg/cm^2],
   2.4 [atm · abs],
   35.28 [psia], 20.58 [psig]
8. $[ML^2\theta^{-3}]$
9. $R = kD_p^2u^2\rho(D_p u\rho/\mu)^{-d}$

제2장

유체의 유동

화학공장에서 장치나 공장의 설계 및 운전에 있어서 유체의 성질이나 거동에 관한 물질의 이동을 다루는 유체역학은 유체가 평형상태(정지상태)에 있을 때의 성질에 관한 유체 정역학과 운동할 때의 거동에 관한 유체 동역학으로 나눈다. 유체역학 분야는 아주 광범하며 액체가 기체 또는 고체를 함유한 액체 등을 수송하거나 처리하는 것은 화학공업에서 대단히 중요하며 유체를 관로에 의해 수송할 경우 배관의 설비와 수송동력은 공장 전체의 생산기능과 밀접한 관련이 있다. 이 장에서는 관내에서의 유체흐름에 대한 기본적인 이론과 유체수송에 대한 원리, 수송동력 및 유량측정에 대하여 설명하기로 한다.

2-1 유체의 수송(流體輸送)

1. 배관(配管, piping)

화학공장에서 원료로부터 제품이 생산되기까지의 제조공정을 보면 각 장치를 연결하는 것은 관으로 관이 화학공업 생산설비의 중요한 부분이라는 것을 알 수 있다. 실제로 공장 건설비의 20~30 [%]를 배관비가 차지하며 배관계획의 적부는 배관공사의 양, 불량 및 건설공사의 공기(工期)에 영향을 줄 뿐만 아니라 공장의 운전 성과에도 현저한 영향을 준다.

➡**표 2-1** 표준 강관의 치수(ASA Standard B 36, 10-1936)

공칭관의 크기 [in]	외경 [in]	스케듈 수	벽두께 [in]	내경 [in]	금속부분의 단면적 [in^2]	내단면적 [ft^2]	관의 단위길이당 표면적 [ft^2 / ft]	
							외부	내부
$\frac{1}{8}$	0.405	40	0.068	0.269	0.072	0.00040	0.106	0.0705
		80	0.095	0.215	0.093	0.00025	0.106	0.0563
$\frac{1}{4}$	0.540	40	0.088	0.364	0.125	0.00072	0.141	0.0954
		80	0.119	0.302	0.157	0.00050	0.141	0.0792
$\frac{3}{8}$	0.655	40	0.091	0.493	0.167	0.00133	0.177	0.1293
		80	0.126	0.423	0.217	0.00098	0.177	0.1110
$\frac{1}{2}$	0.840	40	0.109	0.622	0.250	0.00211	0.220	0.1630
		80	0.147	0.546	0.320	0.00163	0.220	0.1430
$\frac{3}{4}$	1.050	40	0.113	0.824	0.333	0.00371	0.275	0.2158
		80	0.154	0.742	0.433	0.00300	0.275	0.1942
1	1.315	40	0.133	1.049	0.494	0.00600	0.344	0.2745
		80	0.179	0.957	0.639	0.00499	0.344	0.2505
$1\frac{1}{4}$	1.660	40	0.140	1.380	0.668	0.01040	0.435	0.362
		80	0.191	1.278	0.881	0.00891	0.435	0.335
$1\frac{1}{2}$	1.900	40	0.145	1.610	0.799	0.01414	0.498	0.422
		80	0.200	1.500	1.068	0.01225	0.498	0.393
2	3.375	40	0.154	2.067	1.075	0.02330	0.622	0.542
		80	0.218	1.939	1.477	0.02050	0.622	0.508
$2\frac{1}{2}$	2.875	40	0.203	2.469	1.704	0.03322	0.753	0.647
		80	0.276	2.323	2.254	0.02942	0.753	0.609
3	3.500	40	0.216	3.068	2.228	0.05130	0.917	0.804
		80	0.300	2.900	3.016	0.04587	0.917	0.960
$3\frac{1}{2}$	4.000	40	0.226	3.548	2.680	0.06870	1.047	0.930
		80	0.318	3.364	3.678	0.06170	1.047	0.882
4	4.500	40	0.237	4.026	3.173	0.08840	1.178	1.055
		80	0.337	3.826	4.407	0.07986	1.178	1.002
5	5.565	40	0.258	5.047	4.304	0.1390	1.456	1.332
		80	0.375	4.813	6.112	0.1263	1.456	1.263
6	6.625	40	0.280	6.065	5.584	0.2006	1.734	1.590
		80	0.432	5.761	8.405	0.1810	1.734	1.510
8	8.625	40	0.322	7.981	8.396	0.3474	2.258	2.090
		80	0.500	7.625	12.76	0.3171	2.258	2.000
10	10.75	40	0.365	10.020	11.90	0.5475	2.814	2.620
		80	0.593	9.564	18.92	0.4989	2.814	2.503
12	12.75	40	0.406	11.398	15.77	0.7773	3.338	3.13
		80	0.687	11.376	26.03	0.7058	3.338	2.98

(1) 관(pipe, tube)

화학공업에서 사용되는 관은 재질에 따라 강관(보통강관, 특수강관), 주철관, 구리관, 납관, 알루미늄관 등의 철 및 비철금속관과 금속의 합금관 또는 도기관(陶器管), 콘크리트관, 플라스틱관, 흑연관, 유리관, 고무관, 목관 등으로 분류되며 수송유체의 특성에 알맞은 것을 선택해서 사용한다. 관은 그 크기, 관벽의 두께, 부속품 등이 표준화되어 있다. 관의 규격은 지름을 나타내는 **명목치수**(nominal dimension)로 정해진다. 명목치수가 같은 관은 항상 외경이 같아서 관을 연결하기 편리하게 되어 있다. 한편, 관벽의 두께 즉 강도는 **규격번호**(schedule number)로 정하는데 이는 근사적으로 다음과 같이 정의한다.

$$\text{Schedule No} = 1000 \times \frac{\text{내부작업 압력}}{\text{재료의 허용응력}} \tag{2-1}$$

강관과 주철관에 대해서는 미국규격협회(American Standard Association, ASA)에서 만든 규격이 주로 사용되며 이는 표 2-1과 같다. 작은 관에서는 공칭관의 이름과 외경이 같지 않으나 3～12 [in]에서는 내경과 비슷한 값이며 12 [in] 이상의 관은 외경과 같은 값을 나타낸다.

Schedule No.에는 10, 20, 30, 40, 60, 80, 100, 120, 160이 있으며, 번호가 클수록 두께가 커진다.

한편 응축기, 열교환기 등에 사용되는 배관용 동관류(copper tubing)는 Birmingham wire gage(BWG)로 표시한다. BWG 값이 작을수록 관벽이 두꺼운 관이다.

(2) 관 부속품(pipe fittings)

관을 연결하거나 가지를 붙일 때는 관 부속품을 쓰거나 용접한다. 관 부속품은 배관의 형태에 따라 각기 용도를 달리하는 여러 가지 종류가 있는데 이들을 요약하면 다음과 같다.

① 2개의 관을 연결할 때 : 플랜지(flange), 유니온(union), 커플링(coupling), 니플(nipple), 소켓(socket)

② 관선(管線)의 방향을 바꿀 때 : 엘보(elbow), Y지관(Y-branch), 티(tee), 십자(cross)

③ 관선의 직경을 바꿀 때 : 리듀서(reducer), 부싱(bushing)

④ 지선(支線)을 연결할 때 : 티(tee), Y자관, 십자(cross)

⑤ 유로를 차단할 때 : 플러그(plug), 캡(cap), 밸브(valve)

⑥ 유량을 조절할 때 : 밸브(valve)

관 부속품의 모양은 그림 2-1에 나타내었다.

그림 2-1 파이프 체결구

관 부속품에는 나사가 있는 것, 플랜지가 달린 것, 끼어넣기형의 3종이 있다. 직경이 5 [cm] 이하의 관을 연결할 때는 나사가 있는 것을 사용하고 5 [cm] 이상일 경우에는 플랜지가 있는 부속품을 쓰거나 용접한다. 플랜지가 달린 것은 패킹(packing)을 삽입하고 조이는 것으로서 수거를 하거나 교환할 때 편리하다. 또한 끼어넣기형은 주철관과 도관 등에 사용하는 것으로서 접합부에 패킹을 하고 그 위에 납 또는 시멘트를 유입, 밀봉하는 방법이다. 이들을 선정할 때는 유체의 온도, 압력에 따라 등급과 재질을 결정할 필요가 있다.

한편 증기관과 같은 유체의 온도변화가 커서 팽창과 수축을 할 경우에는 신축 조인트(expansion joint)를 사용한다. 여기에는 신축 루프(expansion loop), 팽창곡관(expansion bend), 파형 신축 조인트(corrugated expansion joint) 등이 있다.

(3) 밸브(valve)

유량이나 압력을 조절하기 위하여 사용되는 밸브의 형태는 여러 가지가 있다.

문 밸브(gate valve)는 유체의 흐름과 직각으로 움직이는 문의 상하운동에 의해 유량을 조절한다. 섬세한 유량조절은 힘들며 저수지의 수문과 같이 유로를 완전히 열든지 완전히 닫아야 하는 곳에 사용한다. 절반정도 열 경우에는 압력손실이 커서 사용하지 않는 것이 좋다.

구형 밸브(globe valve)는 가정에서 사용하는 수도꼭지와 같은 것이며, 유체가 밸브의 디스크(disc) 옆을 거쳐서 흐르게 되어 다소 섬세한 유량조절을 할 수 있다. 이와 같은 형의 밸브를 스톱 밸브(stop valve)라고 하며 앵글 밸브(angle valve), 니들 밸브(needle valve)가 여기에 속한다.

막음 밸브(check valve)는 유체의 역류를 방지하고 유체를 한 방향으로만 보내고자 할 때 사용한다. 콕 밸브(cock valve) 또는 플러그 밸브(plug valve)는 작은 관에 사용하는 것으로 유량조절이 용이하며 유로의 완전개폐에 사용한다.

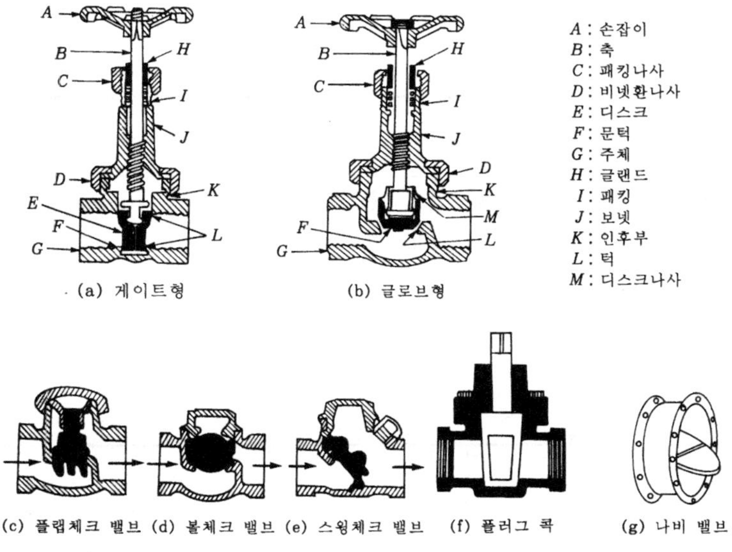

그림 2-2 밸브의 모양

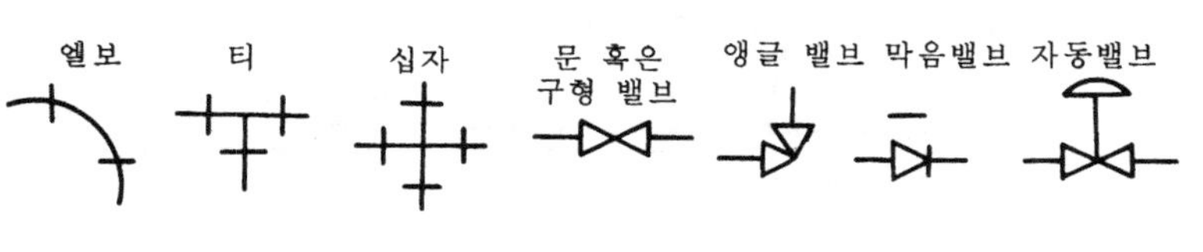

그림 2-3 배관 표시

이 밖에도 나비형 밸브(butterfly valve), 안전밸브(safety valve), 감압밸브(relief valve) 등이 있다. 밸브를 사용하여 유속을 갑자기 감소시키면 그 속도 에너지가 상당한 압력의 충격으로 나타난다. 이것을 **물충격**(water hammer)이라고 하며 그 크기는 유속의 37~64배에 이른다.

이들 밸브의 모양과 종류는 그림 2-2에 나타내었으며 관 부속품의 배관표시는 그림 2-3에 나타내었다.

2. 액체 수송기(液體輸送機)

액체 수송기는 일반적으로 **펌프**(pump)라고 하며 이들 펌프는 왕복펌프(reciprocation pump), 원심펌프(centrifugal pump), 회전펌프(rotary pump) 및 특수펌프로 분류하며 펌프를 선택할 때는 수송하는 액체의 성질, 유량(流量), 전양정(全揚程) 등 공정의 요구를 고려해서 적당한 형식을 선택할 필요가 있다. 표 2-2는 펌프의 종류를 나타낸 것이며 그림 2-4는 유량과 양정을 고려하여 펌프를 선택할 때의 기준을 나타낸 것이다.

➡표 2-2 펌프의 종류

동작 방법	왕복식	회전식	원심식	축류식	특수범프
종류	피스톤(piston) 펌프 플런저(plunger) 펌프 격막(diaphragm) 펌프	기어(gear) 펌프 간막이판(sliding and vane) 펌프 스크류(screw) 펌프	볼류트(volute) 펌프 터빈(turbine) 펌프	프로펠러(propeller) 펌프	에어 리프트 (air lift) 애시드 에그 (acid egg) 제트(jet)
비고	단동, 복동, 차동, 2연, 3연		편흡입, 양흡입 1단, 2단		

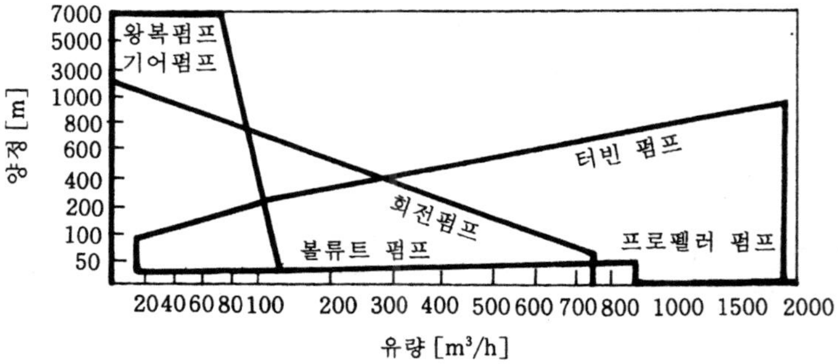

그림 2-4 펌프의 사용범위

왕복식에서는 양정이 변하여도 유량은 피스톤의 배재용적으로 결정되므로 거의 일정 유량을 유지하나 원심식에서는 유량이 변하더라도 양정은 일정치 이상으로는 올라가지 않는다.

펌프의 성능을 나타내는데는 보통 유량을 횡축으로 취하고 종축에는 양정 W, 소요동력(축마력) L_s, 효율 η, 회전수 N 등을 취하여 선도를 만든다. 그림 2-5는 볼류트 펌프의 경우의 예이다.

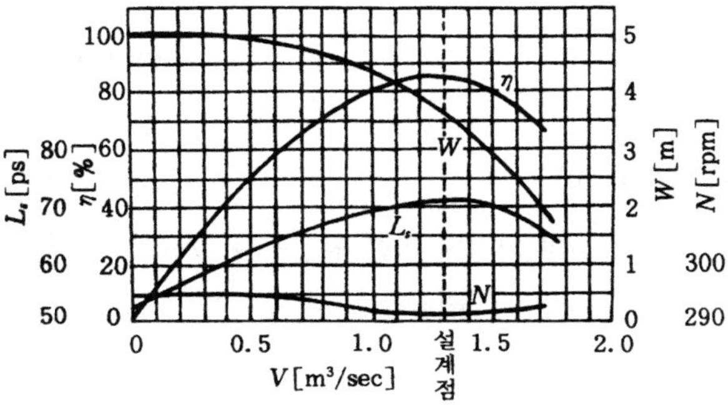

그림 2-5 volute pump의 특성곡선의 예

(1) 왕복펌프(reciprocating pump)

피스톤(piston), 플런저(plunger) 등의 왕복운동에 의해 불연속적으로 액체를 수송하는 것으로 피스톤이나 플런저가 1회 왕복할 때 1회 흡입 및 토출(吐出, discharge)하는 것을 **단동**(單動), 2회 흡입 및 토출하는 것을 **복동**(復動)이라 하며 1회 흡입과 2회 토출하는 것을 **차동**(差動)이라 한다. 또한 실린더의 수에 따른 단식, 2연, 3연 등 모두 토출량(吐出量)을 평균화해서 맥동(脈動)을 적게하기 위하여 있다.

일반적으로 왕복펌프는 고양정(高揚程)을 필요로 하고 적은 유량일 때 또는 점도가 큰 액체의 수송에 적합하다. 피스톤 펌프는 일반용이며 플런저 펌프는 고압용이다. 또한, 산, 펄프, 오염액의 부식성 액체나 고체 현탁액에는 내산(耐酸)펌프와 부식 및 마식(摩食)에 강한 고무, 가죽, 플라스틱 등의 가소성(可塑性) 재료의 격막으로 피스톤을 보호한 격막펌프(diaphragm pump)가 사용되며 버킷 펌프(bucket pump)는 수동펌프와 깊은 우물에 사용한다. 왕복펌프에 의한 액체수송에서는 맥동(脈動, pulse)을 피할 수 없기 때문에 이것을 피하기 위하여 펌프의 출구나 어느 한 곳에 공기실을 설치한다. 왕복펌프의 총괄효율은 보통 80~85[%]로서 아무리 좋아도 90[%] 정도밖에 안 된다.

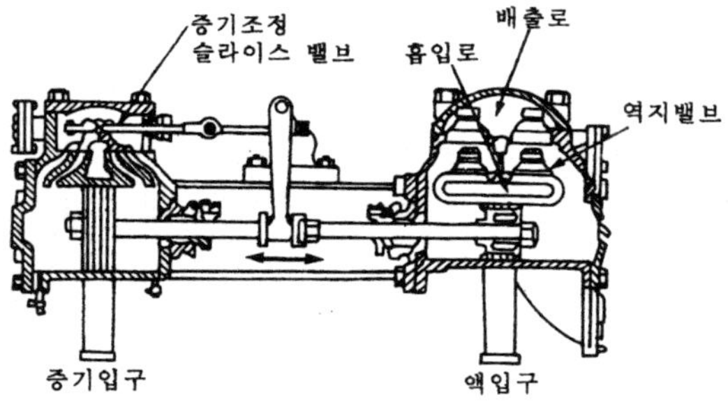

그림 2-6 피스톤 펌프

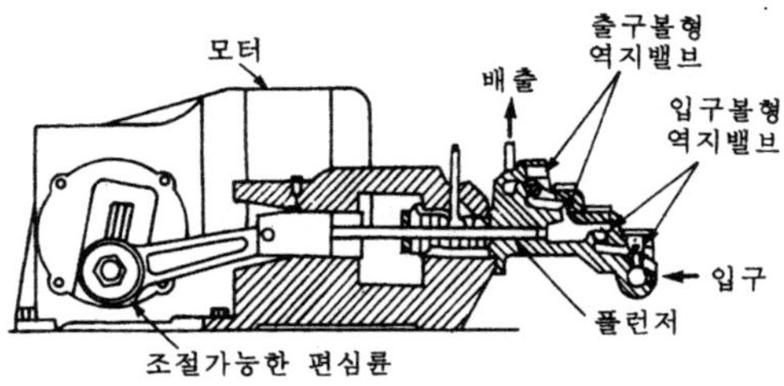

그림 2-7 플런저 펌프

(2) 원심펌프(centrifugal pump)

원심펌프는 임펠러(impeller)의 회전에 의한 원심력에 의하여 유체를 밀어내는 것으로 볼류트 펌프(volute pump)와 터빈 펌프(turbine pump)가 있다. 왕복펌프에 비해 구조가 간단하고 용량은 같아도 소형이며 가볍고 값이 싸다. 맥동이 없고 닫는 부분이 없기 때문에 진흙과 펄프의 수송도 가능하여 고장이 적다.

원심펌프는 처음 운전할 때 펌프 속에 들어 있는 공기에 의해 수두(水頭, water head)의 감소가 일어나 펌핑이 정지되는 공기 바인딩(air binding) 현상이 있으므로 이를 방지하기 위하여 배출을 시작하기 전에 적당한 방법으로 액을 채워(prime) 공기를 제거시켜야 한다. 이 과정을 자동으로 할 수 있는 펌프에는 자동유출 펌프(self-priming pump)가 있다. 이들 원심펌프의 능력은 임펠러의 회전속도에 따라 변한다. 두(head)는 회전속도의 제곱에 비례하여 변하고 동력은 회전속도의 3제곱에 비례하여 변한다.

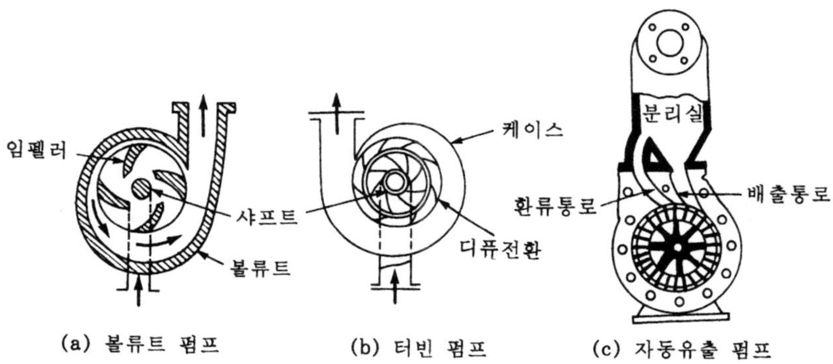

그림 2-8 원심펌프

(3) 회전펌프(rotary pump)

이는 피스톤 대신 회전자를 이용하여 유체를 수송하며 점도가 큰 유체를 비롯하여 마모성 고체가 혼입되지 않은 유체는 어느 것이나 사용할 수 있으며 기어 펌프(gear pump)와 스크류 펌프(screw pump), 로브 펌프(lobe pump)가 있다. 회전펌프는 일정한 유속으로 펄스가 없이 유체를 수송할 수 있고 회전속도를 변화시켜서 유량을 조절할 수 있다.

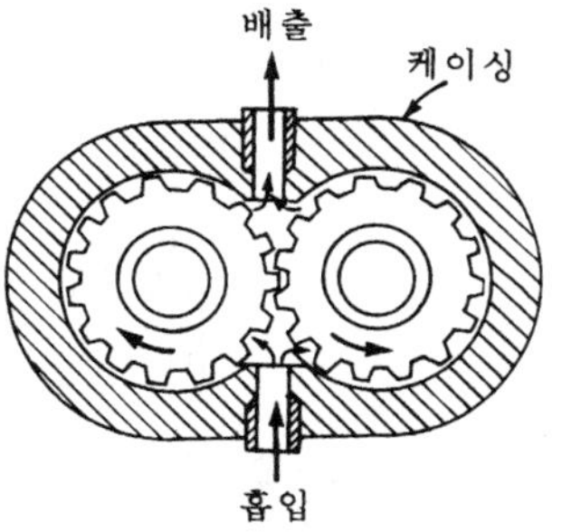

그림 2-9 기어 펌프

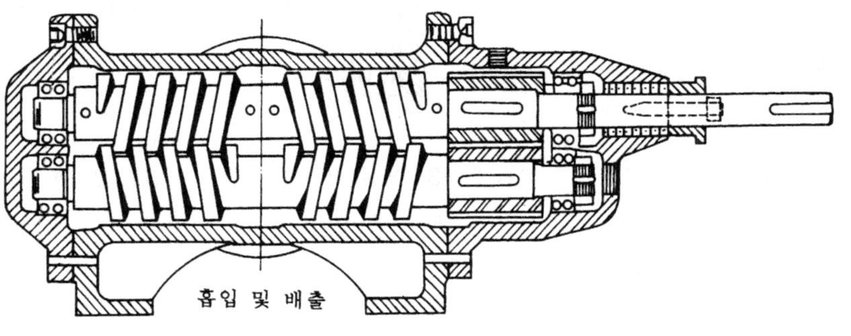

그림 2-10 스크류 펌프

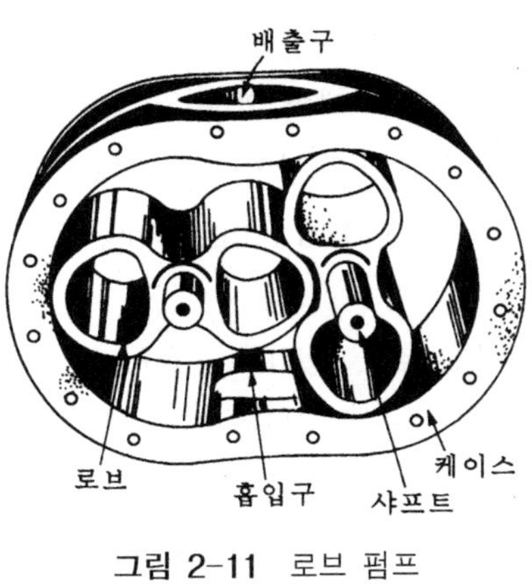

그림 2-11 로브 펌프

(4) 특수펌프

기계적 운동부분이 없고 주로 유체의 압력을 이용하여 수송하는 것으로 구조는 간단하나 효율은 좋지 않다.

애시드 에그 펌프(acid egg pump)는 도자기제 용기를 사용하여 황산이나 질산 등의 강부식성 때문에 내식을 고려해 주어야 하는 유체의 수송에 사용한다. 에어 리프트 펌프(air lift pump)는 수직관을 액체에 담그고 압축공기를 불어넣어 액을 밀어 올리는 것으로 지하수를 끌어 올리는데 사용한다. 제트 펌프(jet pump ejector)는 노즐(nozzle)을 통해 유체를 분사시켜 압력차에 의해 제2의 유체를 수송하는 장치이다.

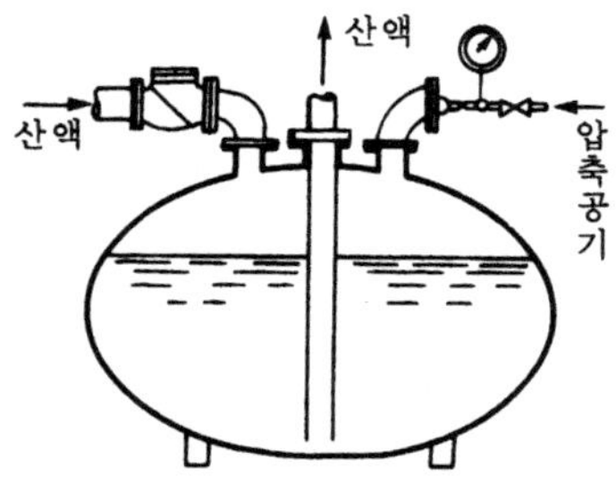

그림 2-12 애시드 에그 펌프

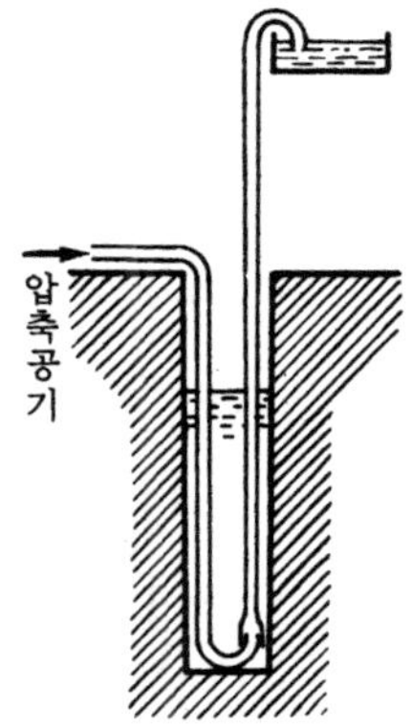

그림 2-13 에어 리프트 펌프

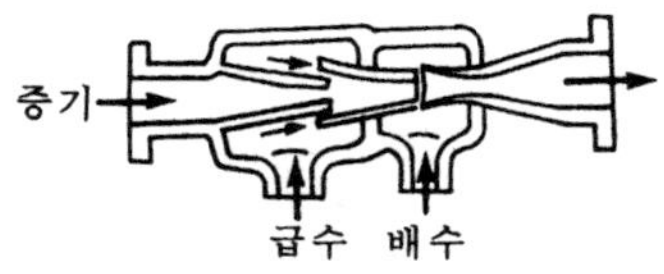

그림 2-14 제트 펌프

3. 기체의 수송

기체 수송기도 원리적으로는 액체의 수송기와 같다. 기체는 압축기(compressor)와 송풍기(blower)에 의하여 수송된다. 왕복식 압축기(reciprocating compressor)는 왕복펌프와 같이 실린더 내의 피스톤의 왕복에 의하여 기체를 흡입 압송한다. 기체는 압축하면 발열하기 때문에 기체와 실린더가 냉각되도록 구조가 되어 있다. 원심력을 이용한 원심송풍기(centrifugal blower)에는 배출압력에 따라 1.5 기압 이상의 것을 **터보 압축기**(turbo compressor), 15~1500 [mmHg]의 범위의 것을 **터보 송풍기**(turbo blower), 500 [mmH_2O] 이하의 것을 **터보 팬**(turbo fan)이라고 한다.

회전송풍기(rotary blower)에도 로브 펌프(lobe pump), 나쉬 펌프(Nash pump)가 있다. 특히 나쉬 펌프는 물이나 다른 액체를 넣은 타원형 용기를 회전하여 그 용적변화를 이용하여 기체를 수송하는 장치로 유독성 기체를 수송하는 데 사용한다. 진공펌프(vacuum pump)에도 왕복식, 회전식과 제트식이 있으나 그 구조는 압축기와 같은 것이 많으며 압축기를 그대로 진공펌프로 사용하는 경우도 많다.

기체 수송기를 선정하라 때는 기체의 물리적, 화학적 성질은 물론 토출되는 기체의 풍량(風量)과 수송기에 의하여 주어지는 압력 및 소요동력을 고려하지 않으면 안 된다.

➡표 2-3 기체 수송기의 종류

명 칭	유효정압범위	비 고
압축기 (콤프레서)	1.5~1000 [kg/cm^2]	압축시 온도상승에 대한 냉각이 필요하다.
송풍기 (블로워)	500 [mmH_2O]~2 [kg/cm^2]	압축시 냉각을 고려 안해도 좋다.
통풍기 (팬)	500 [mmH_2O] 이하	기체의 압축을 고려 안해도 된다.
진공펌프	760 [mmHg abs] 이하	

이 때 풍량은 단위시간에 토출되는 기체의 용적을 흡입하는 상태의 값으로 환산하여 표시하며 단위로는 [m^3/min], [m^3/h], [m^3/sec] 등이 사용된다. 소요풍량이 일정하지 않을 경우에는 변동범위와 송풍기의 성능을 충분히 고려하여 평균토출풍량을 결정하고 이에 준하여 선정한다. 수송기에 의하여 주어지는 풍압은 정압의 증가분(有效靜壓)으로 표시하며 단위는 보통 kg/cm^2(압축기), mmHg(송풍기), mmAq 또는 mH_2O(통풍기)로 표시한다. 그림 2-15는 풍량, 풍압으로부터 기종(機種)을 선정하는데 편리하도록 그 기준을 나타낸 것이며 그림 2-16은 왕복식, 회전식, 원심식에 관한 풍량, 풍압곡선의 차이를 나타낸 것이다. 원심식에서는 저항의 증가($a \to b$)에 따라 토출풍량의 변동이 크며(Ⅰ→Ⅱ), 회전식에서는 적고(Ⅰ→Ⅱ′), 왕복식에서는 거의 없음(Ⅰ→Ⅱ″)을 알 수 있다.

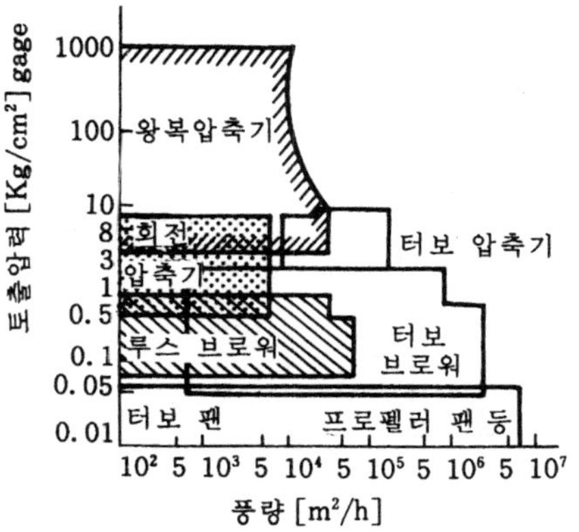

그림 2-15 풍량과 토출압력에 의한 기체 송풍기의 적용범위

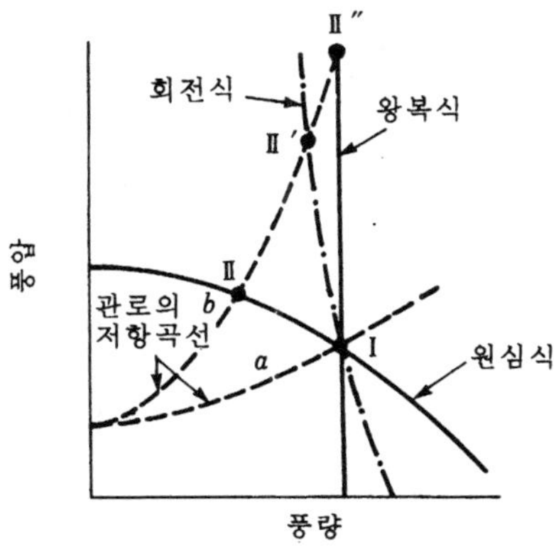

그림 2-16 송풍기 형식과 풍압곡선

2-2 유체 정역학(流體靜力學)

유체란 액체, 기체, 증기를 통털어서 일컫는 말이며 밀도와 온도나 압력의 변화에 따라 별로 변화되지 않는 유체를 **비압축성 유체**(incompressible fluid)라고 하며 많이 변화되는 유체를 **압축성 유체**(compressible fluid)라고 한다. 대개 기체는 압축성이며 액체는 비압축성이라고 할 수 있다.

유체는 고체와 달리 그 형태가 쉽게 변화되며 모양이 바뀔 때는 변형에 대응하는 전단응력(shear stress)이 생기게 된다. 이 응력은 유체가 미끄러지는 속도나 점도 등에 따라서 그 크기가 다르다. 일정한 모양을 형성하게 되면 응력은 소실되며 이 때 유체는 평형상태에 있다고 말한다. 유체역학은 평형상태에 있는 유체를 다루는 유체 정역학(fluid statics)과 한 부분이 다른 부분에 대하여 상대적인 운동을 하고 있는 유체를 다루는 유체 동역학(fluid dynamics)으로 크게 나눌 수 있다.

1. 정적 평형(靜的平衡)

그림 2-17과 같이 단면적이 A인 수직관을 생각해 보자. 유체표면 위의 압력 P_0는 대기압과 같다. 밀도가 ρ [kg/m^3]이고 높이가 h_2 [m]에서 유체의 전체 질량은

$$h_2\,[\mathrm{m}]\,A\,[\mathrm{m}^2]\,\rho\,[\mathrm{kg/m}^3] = h_2 A \rho\,[\mathrm{kg}] \ : \text{질량단위} \tag{2-2}$$

중력에 의하여 아랫방향으로 작용하는 힘은

$$F = h_2 A \rho\,[\mathrm{kg}]\,\frac{g}{g_C}\left[\frac{\mathrm{Kg}}{\mathrm{kg}}\right] = h_2 A \rho\,[\mathrm{kg}] \ : \text{중력단위} \tag{2-3}$$

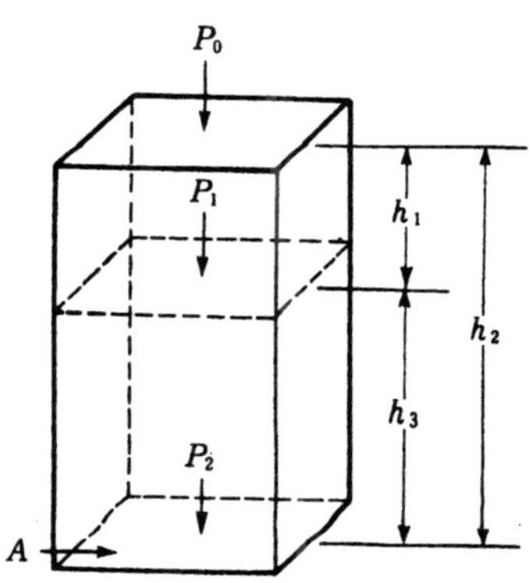

그림 2-17 평형유체의 압력

$$F = h_2 A \rho [\text{kg}]\, g [\text{m/s}^2] = h_2 A \rho g [\text{kg} \cdot \text{m/s}^2 \text{ 또는 N}] \text{ : 질량단위}$$

압력 P는

$$P = \frac{F}{A} = \left(h_2 A \rho \frac{g}{g_c}\right)\frac{1}{A} = h_2 \rho \frac{g}{g_c} \ [\text{Kg/m}^2] \text{ : 중력단위} \tag{2-4}$$

$$P = \frac{F}{A} = (h_2 A \rho g)\frac{1}{A} = h_2 \rho g [\text{N/m}^2 \text{ 또는 Pa}] \text{ : 질량단위}$$

깊이 h_1에 작용하는 힘은

$$P_1 A = P_0 A + \frac{g}{g_c} \rho h_1 A \tag{2-5}$$

깊이 h_2에 작용하는 힘은

$$P_2 A = P_0 A + \frac{g}{g_c} \rho h_2 A \tag{2-6}$$

$$P_2 A = P_1 A + \frac{g}{g_c} \rho (h_2 - h_1) A \tag{2-7}$$

양변을 A로 나누면 압력으로 표시할 수 있다.

$$P_2 - P_1 = \frac{g}{g_c} \rho (h_2 - h_1) \tag{2-8}$$

$$P_2 - P_1 = g \rho (h_2 - h_1)$$

지금 $\frac{g}{g_c} \rho = \gamma$라고 표시하면 γ를 **비중량**(specific weight)이라 한다.

$$\frac{\Delta P}{\gamma} = \Delta h \tag{2-9}$$

여기서, $P_2 - P_1 = \Delta P$이다.

이 식의 두 변의 차원은 길이 [L]이 된다. 이와 같이 압력을 길이로써 나타낼 수 있으며 이를 **두**(頭, head)라고 한다. 즉 우리는 대기압을 보통 수은주의 높이로써 나타내는 것이다.

예제 2-1

그림과 같이 큰 저장탱크에 밀도가 917 [kg/m^3]인 기름이 포함되어 있다. 탱크의 높이는 3.66 [m] (12 ft)이고 탱크의 윗부분은 3.05 [m] (10 ft)의 기름으로 채워져 있으며 밑부분에는 0.6 [m] (2 ft)의 물로 포함되어 있다. 탱크에서 3.05 [m] ($h_1 = 10$ ft) 깊이에서 받고 있는 압력

(P_1)을 Pa와 psia 단위로 계산하고 탱크의 밑부분에 받고 있는 압력 (P_2)도 계산하여라. 또한 탱크의 밑부분에서 게이지압을 계산하여라(단, 탱크의 윗부분 계면의 압력은 대기압이다).

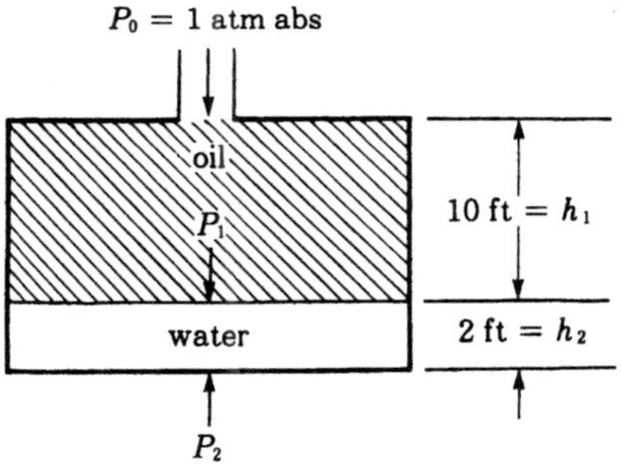

풀이

$$P_0 = 1\,[\text{atm}] = 14.7\,[\text{psia}] = 1.01325 \times 10^5\,[\text{Pa}]$$

$$P_1 = h_1 \rho_{\text{oil}} \frac{g}{g_c} + P_0 = (10\,\text{ft})(0.917 \times 62.4\,\text{lb/ft}^3)\left(1.0 \frac{\text{lb}_f}{\text{lb}}\right)\left(\frac{1}{144\,\text{in}^2/\text{ft}^2}\right) + 14.7\,[\text{lb}_f/\text{m}^2] = 18.68\,[\text{psia}]$$

$$P_1 = h_1 \rho_{\text{oil}} g + P_0 = 3.05\,[\text{m}]\left(917\left[\frac{\text{kg}}{\text{m}^3}\right]\right)9.8\,[\text{m/s}^2] + 1.0132 \times 10^5 = 1.287 \times 10^5\,[\text{Pa}]$$

$$P_2 = h_2 \rho_{\text{water}} \frac{g}{g_c} + P_1 = (2.0)(1.0 \times 62.43)(1.0)\left(\frac{1}{144}\right) + 18.68 = 19.55\,[\text{psia}]$$

$$P_2 = h_2 \rho_{\text{water}} g + P_1 = (0.61)(1000)(9.8) + 1.287 \times 10^5 = 1.347 \times 10^5\,[\text{Pa}]$$

탱크 밑부분의 게이지압은 P_2의 절대압력에서 대기압(1 [atm])을 뺀 것과 같다.

$$P_{\text{gage}} = 19.55\,[\text{psia}] - 14.7\,[\text{psi}] = 4.85\,[\text{psig}]$$

예제 2-2

비중이 0.9인 액체가 나타내는 압력이 1.8 [Kg/cm^2]일 때 이것은 몇 [m] 높이에 해당하는가?

풀이

$$h = \frac{g_c}{g}\frac{P}{\rho} = \frac{1.8 \times 10^4}{0.9 \times 1000} = 20\,[\text{m}]$$

예제 2-3

표준대기압 (1 [atm] = 1.01325×10^5 [N/m^2])에 대하여 다음의 값을 각각 구하여라.

① 이 압력을 4[℃]에서 mH_2O의 頭(head)로 나타내어라.

② 이 압력을 0[℃]에서 mHg의 頭(head)로 나타내어라.

풀이

① $h(\text{頭}) = \dfrac{P}{\rho g} = \dfrac{1.01325 \times 10^5}{1000 \times 9.8} = 10.33\ [\text{mH}_2\text{O}]$

② $P = \rho_{\text{Hg}} h_{\text{Hg}} g = \rho_{\text{H}_2\text{O}} h_{\text{H}_2\text{O}} g$

$$h_{\text{Hg(head)}} = \frac{\rho_{\text{H}_2\text{O}}}{\rho_{\text{Hg}}} h_{\text{H}_2\text{O}} = \left(\frac{1.0}{13.6}\right) \times (10.33) = 0.760\ [\text{mHg}]$$

2. 압력측정 기구

압력의 차를 측정하는 중요한 기구로서 마노미터(manometer)가 있다. 가장 간단한 형의 마노미터는 그림 2-18과 같은 **U자관 마노미터**이며 그 속에 수은과 같은 밀도를 알 수 있는 유체 (A)가 채워져 있다. 처음 유체 A의 액면은 U자관 양편에 수평으로 되어 있으나 유체 B가 흐르는 곳에 두 꼭지를 연결하면 U자관 양편의 압력차가 생겨서 한쪽면으로 올라가서 R_m의 액면차가 생기게 된다. 유체 A와 B는 물론 서로 섞이지 않는 것이어야 한다. 압력차 $p_b - p_a$의 값을 알기 위하여 각 면에서의 압력을 차례로 계산하여 보자.

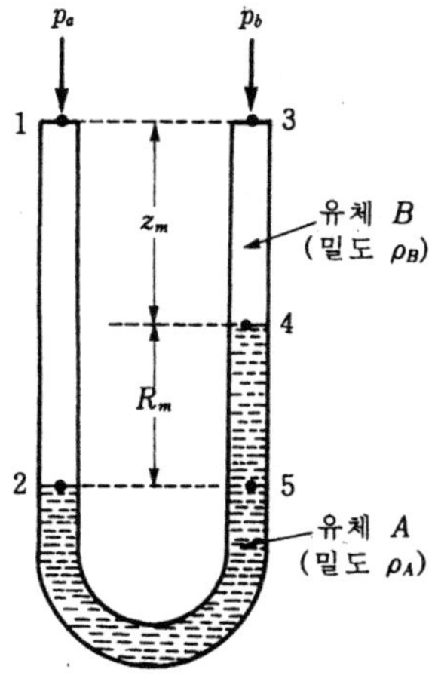

그림 2-18 U자관 마노미터

점1. p_a

점2. $p_a + \left(\frac{g}{g_c}\right)(z_m + R_m)\rho_B$

점3. p_b

점4. $p_b + \left(\frac{g}{g_c}\right)z_m\rho_B$

점5. $p_b + \left(\frac{g}{g_c}\right)z_m\rho_B + \left(\frac{g}{g_c}\right)R_m\rho_A$

점 ②와 점 ⑤에서 압력은 같으므로

$$p_a + \left(\frac{g}{g_c}\right)(z_m + R_m)\rho_B = p_a + \left(\frac{g}{g_c}\right)z_m\rho_B + \left(\frac{g}{g_c}\right)R_m\rho_A \tag{2-10}$$

정리하면

$$p_a - p_b = \left(\frac{g}{g_c}\right)R_m(\rho_A - \rho_B) \tag{2-11}$$

즉 압력차는 z_m이나 관의 굵기에는 무관하며 유체 A의 액면의 차와 두 유체의 밀도차의 함수로써 나타남을 알 수 있다. 즉 압력차를 유체기둥의 길이의 차로부터 알 수 있게 된다. 여기서 액면의 차 R_m을 **마노미터 읽음**(manometer reading)이라고 한다. 적은 압력차가 생기더라도 R_m의 값이 크면 보다 정확하게 읽을 수 있으므로 U자관 모양을 다소 개량하여 그림 2-19, 2-20의 모양과 같은 것을 사용한다.

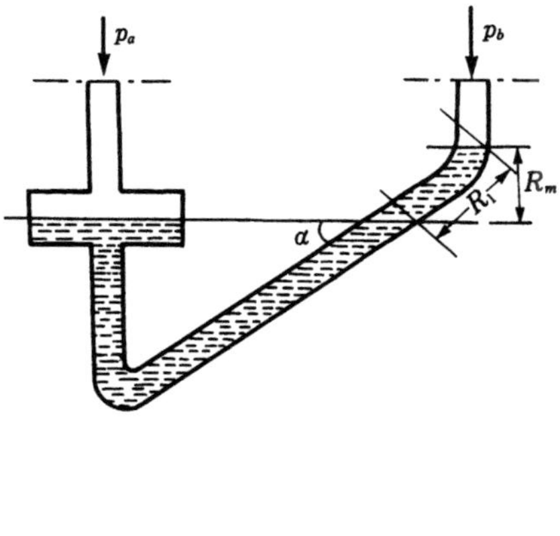

그림 2-19 경사 마노미터

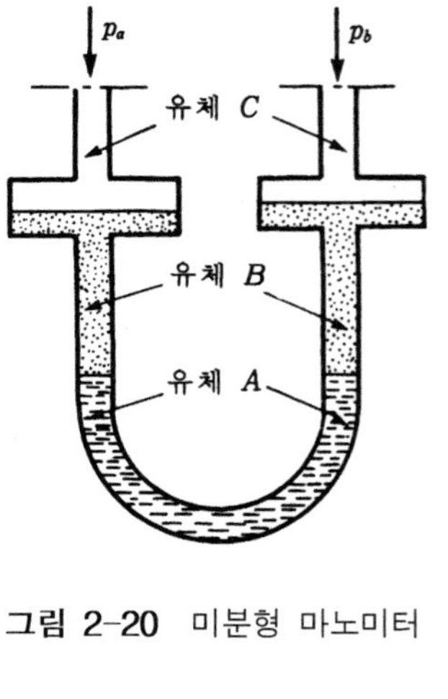

그림 2-20 미분형 마노미터

그림 2-19의 **경사 마노미터**(inclined manometer)는 U자관의 한 쪽을 기울여서 액면의 차

R_m의 값이 R_1으로 확대되게 한 것이다.

$$R_m = R_1 \sin\alpha \tag{2-12}$$

식 (2-10)에 대입하면

$$p_b - p_a = \left(\frac{g}{g_c}\right) R_1(\rho_B - \rho_A) \sin\alpha \tag{2-13}$$

그림 2-20의 **미분형 마노미터**(differential manometer)는 U자관 윗부분에 부피가 큰 액류를 두고 한 유체를 사용하는 대신 두 유체를 마노미터 유체로 사용하여 액류 중의 액면의 높이가 미소하게 변화하더라도 읽음이 아주 크게 되도록 한 형이다. 이 외에도 몇 가지 개량된 모양의 마노미터가 사용되고 있다.

예제 2-4

그림 2-18과 같은 차압계로 유량계(오리피스) 양단의 압력차를 측정하려고 한다. 액 A는 수은(비중 13.6)이며, 액 B는 물(밀도 1 [g/cm^3])이다. 마노미터 읽음 (R_m)이 32.7 [cm]이다. SI 단위를 사용하여 압력차 [N/m^2]를 계산하여라.

풀이

$$p_a - p_b = R_m(\rho_A - \rho_B)g = (0.327\text{ m})[(13.6 - 1.0)(1000\text{ kg/m}^3)](9.8066\text{ m/s}^2)$$
$$= 4.040 \times 10^4\ [\text{N/m}^2](5.85\text{ psia})$$

예제 2-5

U자관 마노미터로 유량계(오리피스) 양단의 압력차를 측정하려고 한다. 액 A는 수은이며 액 B는 식염수(비중 1.26)이다. 지금 유량계 양단에 이 차압계를 붙였을 경우 수은주 높이가 1 [m]였다. 지금 오리피스로 들어가는 윗쪽의 압력을 0.2 [kg/cm^2 gage], 나오는 밑쪽의 압력을 대기압보다 30 [cm] 낮다고 하면 이 차압계의 읽음이 몇 [mm]인가?

풀이

$$p_a = 0.2 \times 100^2 = 2,000\ [\text{Kg/m}^2]$$

물의 밀도는 상온에서 1,000 [kg/m^3]이므로

$$p_b = -(30/100)(1,000) = -300\ [\text{Kg/m}^2]$$

$$\rho_A = (13.6)(1,000) = 13,600\ [\mathrm{kg/m^3}]$$

$$\rho_B = (1.26)(1,000) = 1,260\ [\mathrm{kg/m^3}]$$

$$p_a - p_b = \frac{g}{g_c} R_m (\rho_A - \rho_B)$$

$$2,000 + 300 = R_m (13,600 - 1,260)$$

$$R_m = 0.1863\ [\mathrm{m}] = 186\ [\mathrm{mm}]$$

예제 2-6

U자관 마노미터를 벤투리 유량계 양단에 설치했다. 마노미터에는 수은이 들어있고 수은 상부에는 사염화탄소(비중 1.6)가 들어있다. 마노미터의 읽음이 30 [cm]일 때 압력차를 물의 높이(mH_2O)로 나타내어라.

풀이

$$\Delta P = \left(\frac{g}{g_c}\right) R_m (\rho_A - \rho_B)$$

$$= 1 \times 30 \times 10^{-2}\ [\mathrm{m}] \times (13.6 - 1.6) \times 10^3 = 3600\ [\mathrm{Kg/m^2}]$$

$$\Delta P = \gamma \Delta z$$

$$\Delta z = \frac{\Delta P}{\gamma} = \frac{3600}{10^3} = 3.6\ [\mathrm{m}]$$

2-3 유체의 유동

1. 유체의 흐름

흐르는 유체의 거동은 고체벽의 영향을 받고, 받지 않고에 따라서 아주 달라진다. 유체가 고체벽을 지나서 흐를 때 고체와 유체의 계면에서는 마찰에 의하여 유체가 고체에 들어 붙으므로, 계면에서의 유체의 속도는 0이다. 계면에서 떨어지면 유체는 임의의 속도를 가지게 된다. 유체의 속도가 계면에서의 일정한 거리에서 항상 같을 때 이 유체는 정상상태로 흐르고 있다고 한다. 유체의 속도는 방향을 가지는 벡터량이므로 모든 방향의 속도를 가지게 되나 이 책에서는 유체 전체가 흐르는 방향의 속도만을 고려하기로 한다.

2. 유체의 속도

(1) 층류와 난류

관 속으로 유체가 흐를 경우 흐르는 방향에 직각인 임의의 단면을 단위시간에 흐르는 유체의 양을 유량이라고 하고 이를 유로의 단면적으로 나눈 값이 유체의 **평균유속**(mean velocity)이다. 즉

$$\bar{u} = \frac{Q}{A} = \frac{Q}{\frac{\pi}{4}D^2} \ [\text{m/s}] \tag{2-14}$$

보통 관내를 유체가 흐를 경우에는 유속이 일정하지 않으며 관벽 부근에서는 벽면 저항에 의하여 유속이 느리고, 관의 중심 부근에서는 최대 속도를 나타낸다. 유체의 흐름의 상태를 조사하기 위하여 1883년 레이놀즈(Osborne Reynolds)는 그림 2-21과 같은 장치를 고안하여 실험하였다.

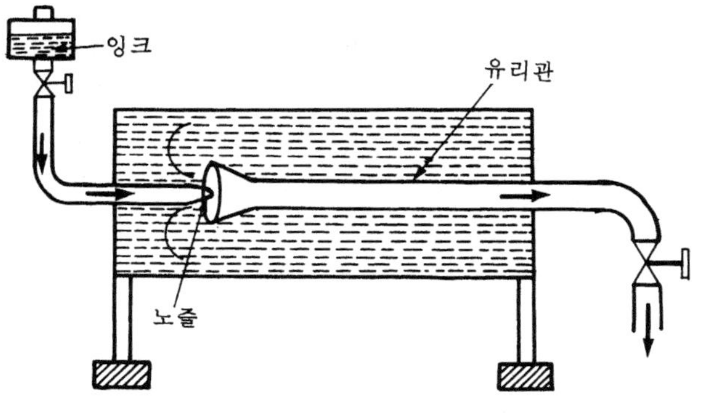

그림 2-21 레이놀즈의 실험장치 약도

수평한 유리관에 유체가 흐르게 하고 그 입구에 잉크가 흐를 수 있는 노즐을 장치하여 유량의 변화에 따르는 잉크의 흐름을 살폈다. 속도가 적을 때는 잉크는 일직선 모양으로 흐르며 어느 속도 이상이 되면 잉크가 관 전체에 퍼져버리는 현상이 나타났다. 그림 2-22에서 처음의 경우는 유체가 층을 이루어 흐른다고 생각되며 이런 흐름을 **층류**(laminar flow) 또는 **점성류**(viscous flow)라고 한다. 잉크가 어떤 속도 즉 임계속도(critical velocity)를 넘으면 유체는 소용돌이를 이루면서 흐르기 때문에 관 전체에 잉크가 퍼지며 이 경우를 **난류**(turbulent flow)라고 부른다.

층류와 난류에서 중심부분에서의 최대 속도 u_{max} [m/s]와 평균속도 $\bar{u}$ [m/s] 사이에는 대체로 다음과 같은 관계가 있다.

$$\text{층류}: \ \bar{u} = \frac{1}{2} u_{max} \tag{2-15}$$

$$\text{난류}: \ \bar{u} = 0.8 \, u_{max} \tag{2-16}$$

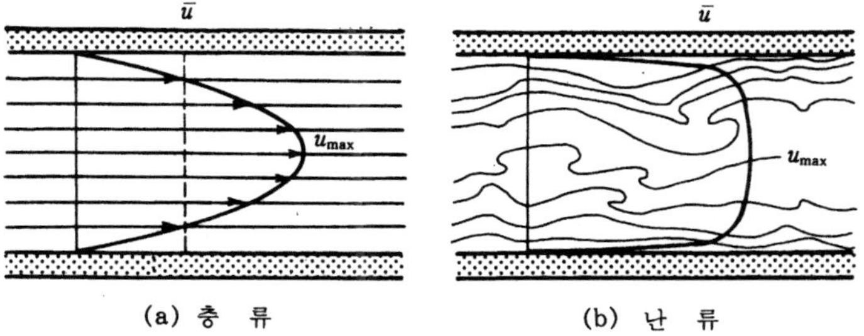

그림 2-22 흐름의 유속분포

유체의 흐름의 상태는 유로의 모양과 유체의 성질에 따라서 달라짐이 발견되었다. 원관에 유체가 흐르는 경우 관의 내경 D, 평균유속 $\bar{u}$, 유체의 밀도 ρ를 곱한 값과 점도 μ와의 비의 값으로 유체의 상태를 나타낼 수 있으며 이를 **레이놀즈수**(Reynolds number) N_{Re}라고 한다.

$$N_{Re} = \frac{D\bar{u}\rho}{\mu}\left[\frac{(L)(L/T)(M/L^3)}{M/LT}\right] = [-] \tag{2-17}$$

또는

$$N_{Re} = \frac{D\bar{u}\rho}{\mu} = \frac{DG}{\mu} \tag{2-18}$$

레이놀즈수는 차원이 없는 수이다. 따라서 어떤 단위계를 사용하거나 단위계만 통일되면 같은 값을 얻어진다. 표면이 매끈한 원관인 경우, 레이놀즈수가 2100보다 적으면 층류를 이루며 4000보다 크면 완전난류, 2100～4000에서는 층류에서 난류로 전이하는 현상을 보인다. 이 경우를 **완충역**(buffer region) 또는 **임계영역**(critical region)이라 한다. N_{Re}가 2100일 때의 유속을 **임계속도**라고 한다.

또한 유체가 흘러갈 경우 관의 중심부에서 경계층이 끝나는 흐름을 완전히 발달된 흐름(fully developed flow)이라 하며(그림 2-23), 이때 입구에서 완전히 발달된 흐름이 될 때까지의 거리를 **전이길이**(transition)라 하고 유속을 측정하려면 이 전이길이를 넘어선 지점에 유량계를 장치해야 한다. 원관 중의 유체의 속도구배의 모양은 유속에 따라서 달라진다. 층류인 때는 그림 2-24(a)와 같이 되나 난류일 때 또는 속도가 무한히 클 때는 모양이 달라진다. 레이놀즈수가 크면 완전히 소용돌이를 이루면서 흐르고 유속은 일정하게 되어 그림 2-24의 (b), (c)와 같이 나타난다. (c)의 경우를 **플러그 흐름**(plug flow)이라고 하며, 공업적인 장치를 계산할 때는 (c)와 같은 이상적인 플러그 흐름을 가정하여 처리한다.

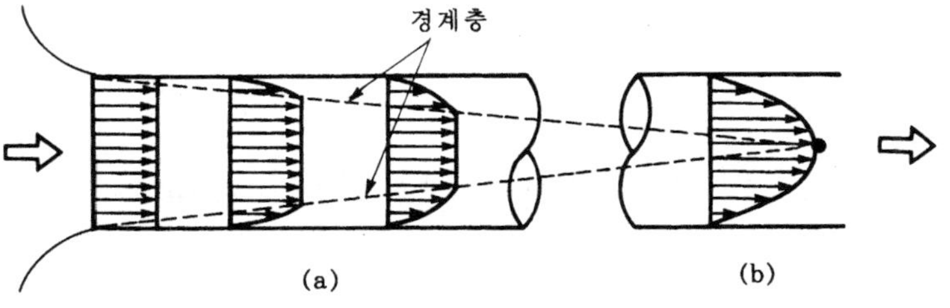

그림 2-23 파이프에서의 경계층의 생성

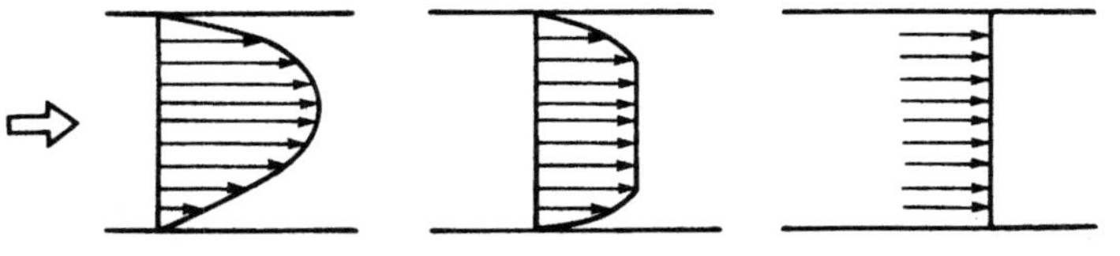

그림 2-24 유속에 따르는 속도구배의 변화

그림 2-23에서 완전히 발달된 흐름이 될 때까지 즉 경계층이 파이프의 중심에 도달할 때까지는 입구에서 상당히 떨어져야 하며 전이길이 (x_t)는 다음과 같이 구한다.

$$\text{층류인 경우 } x_t = 0.05 N_{\text{Re}} D \tag{2-19}$$

$$\text{난류인 경우 } x_t = 40 \sim 50 D \tag{2-20}$$

예제 2-7

유체가 내경 5.08 [cm] 관을 흐를 때 레이놀즈수는 1500이었다. 마노미터를 설치하려면 적어도 입구에서 얼마나 떨어져야 하는가?

풀이

층류이므로

$$x_t = (0.05)(1500)(5.08) = 381\,[\text{cm}]\,(=3.81\,[\text{m}])$$

전이길이가 3.81 [m]이므로 유량계는 적어도 입구에서 4 [m] 하류에 달아야 한다.

예제 2-8

내경 20[cm]의 원관 속을 비중 0.9, 점도 50[cp]의 기름이 평균속도 2[m/s]로 수송될 경우 이 흐름의 상태는 층류인가 난류인가? CGS계와 MKS계로 각각 계산하라.

풀이

(a) CGS계

$$N_{Re} = \frac{D\bar{u}\rho}{\mu} = \frac{20\,[cm] \times 200\,[cm/s] \times 0.9\,[g/cm^3]}{0.5\,[g/cm \cdot s]} = 7200$$

$\therefore N_{Re} > 4000 \quad \therefore$ 난류

(b) MKS계

$$N_{Re} = \frac{D\bar{u}\rho}{\mu} = \frac{0.2\,[m] \times 2\,[m/s] \times 900\,[kg/m^3]}{0.05\,[kg/m \cdot s]} = 7200$$

$\therefore N_{Re} > 4000 \quad \therefore$ 난류

예제 2-9

비중 0.8, 점도 2[cp]인 기름에 대해 내경 42[mm]인 관에서의 임계속도[m/s]를 구하라.

풀이

$N_{ReC} = 2100$

$$N_{ReC} = \frac{D u_C \rho}{\mu} \qquad 2100 = \frac{0.042\,[m] \times u_C \times 800\,[kg/m^3]}{0.002\,[kg/m \cdot s]}$$

$\therefore u_c = 0.125\,[m/s]$

유로의 단면이 원형이 아닐 경우의 N_{Re}를 구할 때는 D 대신에 다음 식으로 정의되는 **상당직경**(相當直徑, equivalent diameter) D_e를 사용한다.

$$D_e = 4 \times \frac{A}{L_p} \tag{2-21}$$

여기서 A : 흐름의 단면적, L_p : 유체가 접하는 주변의 길이이며, A/L_p를 수리반경(水理半徑, hydraulic radius, γ_H)이라고 한다.

그림 2-25의 (a)와 같은 사각형 단면의 유로인 경우에는

$$D_e = 4 \times \frac{ab}{2a+2b} = \frac{2ab}{a+b} \tag{2-22}$$

$$(a = b\text{일 경우}, D_e = a)$$

한편 2중관식 열교환기에서 볼 수 있는 (b)와 같은 환상유로의 상당직경은 다음과 같다.

$$D_e = 4 \times \frac{\frac{\pi}{4}(D_1^2 - D_2^2)}{\pi(D_1 + D_2)} = D_1 - D_2 \tag{2-23}$$

상당직경을 사용하면 유로가 원형이 아닌 경우에도 임계 레이놀즈수는 거의 같다.

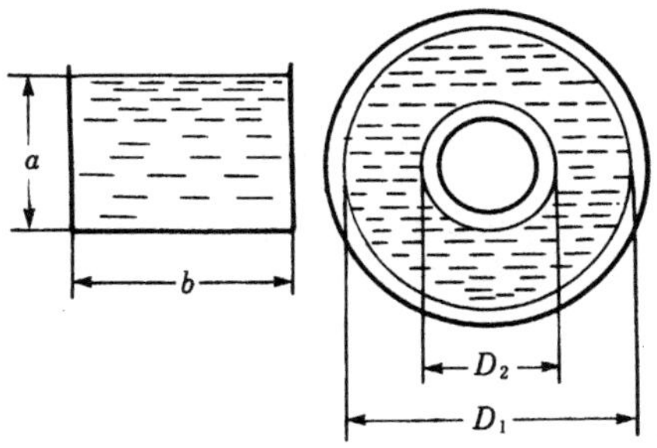

(a) 홈 (b) 환상도

그림 2-25 상당직경

(2) 원관 중의 층류

그림 2-26과 같이 관경이 일정한 수평 원관 속을 일정한 밀도를 가진 점성유체가 완전히 발달된 상태의 정상류(定常流, steady state flow)로 흐른다고 생각하자.

지금 유로 중에서 그림과 같은 반경 r [m], 길이 L [m]인 원기둥을 취하여 여기에 작용하는 힘을 생각해 보자.

①에 있어서의 압력을 P_1 [Kg/m^2], ②에 있어서의 압력을 P_2 [Kg/m^2]이라 하면 ①면에 작용하는 힘은 $\pi r^2 P_1$ [Kg], ②면에 작용하는 힘은 $\pi r^2 P_2$ [Kg]이며, $P_1 > P_2$이므로 이 원기둥은 $\pi r^2(P_1 - P_2)$의 힘으로 흐름방향으로 눌리게 된다. 또한 원기둥의 측면에는 유체의 점성에 의한 전단응력 τ/g_c [Kg/m^2]가 흐름과 반대방향으로 작용하므로 원기둥의 측면 전체에는 $2\pi r L \tau/g_c$ [Kg]의 힘이 작용한다. 그러나 이 원기둥은 속도로 흐르며 가속도가 없기 때문에 두 힘은 같아야 한다. 즉

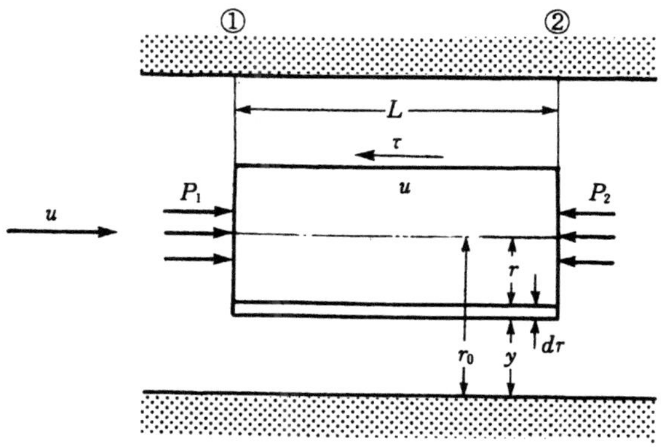

그림 2-26 관내 정상류에서의 유체 요소

$$\pi r^2(P_1-P_2)=2\pi rL\tau/g_c$$

$$\therefore\ \tau=\frac{\pi r^2(P_1-P_2)g_c}{2\pi rL}=\frac{r(P_1-P_2)g_c}{2L} \tag{2-24}$$

층류에 대해서는 뉴튼의 점성법칙이 성립하며 $\tau=-\mu\frac{du}{dy}=-\mu\frac{du}{dr}$이므로

$$\frac{du}{dr}=-\frac{(P_1-P_2)rg_c}{2\mu L} \tag{2-25}$$

$r=r_0$일 때 $u=0$, $r=r$일 때 $u=u$이므로

$$\int_0^u du=\frac{-(P_1-P_2)g_c}{2\mu L}\int_0^r rdr \tag{2-26}$$

$$\therefore\ u=\frac{(r_0^2-r^2)g_c(P_1-P_2)}{4\mu L} \tag{2-27}$$

즉 원관 중의 층류에 대한 정상상태의 속도분포는 관축을 회전축으로 하는 포물선이 되며 u의 최대값 $u_{\max}$는 $r=0$일 때가 된다.

$$u_{\max}=\frac{r_0^2g_c(P_1-P_2)}{4\mu L} \tag{2-28}$$

식 (2-27)을 식 (2-28)로 나누면 최대 속도에 대한 부분속도의 비를 구할 수 있다(그림 2-26 참조).

$$\frac{u}{u_{\max}}=1-\left(\frac{r}{r_0}\right)^2 \tag{2-29}$$

반경 r, 두께 dr 의 원통부분의 유량을 dQ [m^3/s]라 하면

$$dQ = 2\pi r dr u = \frac{\pi r (r_0^2 - r^2)(P_1 - P_2) g_c}{2\mu L} dr \tag{2-30}$$

이것을 r 에 관해 $0 \sim r_0$ 까지 적분하면 관내 흐름의 유량이 구해진다.

$$Q = \frac{\pi r_0^4 (P_1 - P_2) g_c}{8\mu L} \text{ [m}^3\text{/s]} \tag{2-31}$$

이 식은 원관 중의 흐름이 층류일 경우 유량이 반경의 4곱과 압력 기울기 $(P_1 - P_2)/L$ 에 비례하며 점도에 반비례하는 것을 나타내며 **Hagen-Poiseuille의 법칙**이라고 한다. 실험치와 잘 일치하여 점도 측정의 기초가 된다.

식 (2-31)로부터 평균속도를 구하면

$$\bar{u} = \frac{Q}{S} = \frac{Q}{\pi r_0^2} = \frac{r_0^2 (P_1 - P_2) g_c}{8\mu L} = \frac{1}{2} u_{max} \tag{2-32}$$

즉 층류의 경우에는 $\bar{u}/u_{max} = 0.5$ 이다(그림 2-26 참조).

(3) 난류의 성질

난류에는 **벽난류**(wall turbulence)와 **자유난류**(free turbulence)가 있다. 벽난류는 밀폐 또는 열린 유로가 고체면을 따라 유체가 흐를 때 일어나며 자유난류는 정체류(停滯流) 내를 제트류가 흐른다거나 고체벽으로부터 유체 경계층이 분리되고 유체 내부를 따라 흐를 때 생긴다. 따라서 자유난류는 교반에서 특히 중요한 과제가 된다. 난류는 여러 크기의 소용돌이(過流, eddy)가 흐름 내에서 공존하는 형태로 되어 있으며 큰 소용돌이가 계속 형성되었다가 작은 소용돌이로 깨어지며 결국 작은 소용돌이는 내부점성 전단에 의하여 사라지게 된다. 한 소용돌이의 내부는 층류이다. 가장 작은 소용돌이의 크기는 10^{16} 정도의 분자를 가지며 모두 거시적 크기로서 분자현상은 일어나지 않는다.

난류에서의 편차속도 : 난류 중 한 지점에서 한 순간속도의 변화의 전형적인 모양은 그림 2-27과 같다. 이 변화는 x 방향 한 방향만에 대한 것으로 실질적으로는 방향의 크기가 빠르게 x, y, z 의 세 방향으로 변한다.

지금 흐름방향으로 볼 때 한 지점에서 시간에 대하여 어떤 평균속도로부터 편이되는 속도를 x, y, z 방향에 대하여 u', v', w' 라고 하자, 한 순간에서 세 방향의 속도는 $u_i = u + u'$, $v_i = v'$, $w_i = w'$ 가 되며, 그 지점의 압력에 대하여서도 $p_i = p + p'$ 가 된다.

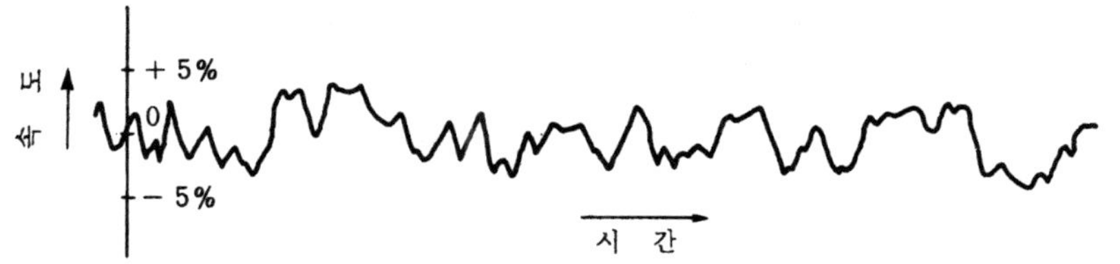

그림 2-27 난류에서 속도의 편이

이러한 편차를 몇 초 정도의 시간 내에서 적분하면 시간에 대한 편차의 평균은 0이 된다.

$$\frac{1}{t_0}\int_0^{t_o} u'\,dt = 0,\ \ \frac{1}{t_0}\int_0^{t_o} w'\,dt = 0,\ \ \frac{1}{t_0}\int_0^{t_o} v'\,dt = 0,\ \ \frac{1}{t_0}\int_0^{t_o} p'\,dt = 0 \qquad (2\text{-}33)$$

그런데 편차의 시간에 대한 평균은 0이 되나 그 자승의 평균은 0이 되지 않으며,

$$\frac{1}{t_0}\int_0^{t_o} (u')^2\,dt = \overline{(u')^2} \qquad (2\text{-}34)$$

$\overline{(u')^2}$은 양의 값을 가지며 난류가 존재하지 않을 때만 0이 된다.

3. 유체의 성질

유체의 운동을 생각할 때 유체가 가진 가장 중요한 성질은 그의 점성(粘性)이다. 점성의 정도를 나타내는 것은 **점도**(粘度, viscosity)이며 일반적으로 유체는 Newton의 점성법칙을 따르는 것이 보통이나 따르지 않는 것도 있다. 그림 2-28에서 유체 중에 서로 평행한 2개의 층의 최근접거리 dy를 생각하자. 흐름방향으로 상층을 하층에 대하여 운동시키는 힘 F(마찰력, friction force)는 두 층의 접촉면적 A [m^2]와 두 층의 속도차 du [m/ sec]에 정비례하고 거리 dy [m]에 반비례한다. 즉

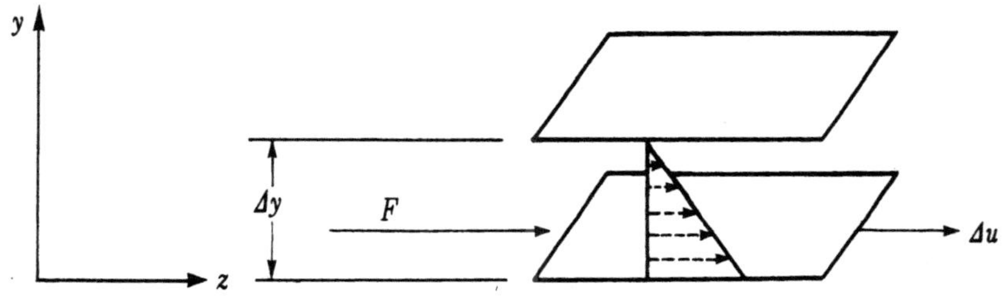

그림 2-28 2개의 평행한 평판사이의 유체 전단변형

$$\frac{F}{A} = -\mu\frac{\Delta u_z}{\Delta y} \tag{2-35}$$

여기서 비례상수 μ를 점도라 한다. 단위면적당의 마찰력 F/A를 **전단응력**(shear stress)이라고 하며 τ로 표시하면

$$\tau_{yz} = \frac{F}{A} = -\mu\frac{du_z}{dy} \tag{2-36}$$

단면 ①과 ② 사이를 적분하면

$$\tau_{yz}\int_{y1}^{y_2} dy = -\mu\int_{u1}^{u_2} du_z$$

$$\tau_{yz} = \mu\frac{u_1 - u_2}{y_2 - y_1} \tag{2-37}$$

$$\tau_{yz}g_c = -\mu\frac{du}{dy} \tag{2-38}$$

점도의 차원은 [M/LT]가 되고, CGS 단위로 표시한 [g/cm · s]를 **포아즈**(poise, p), 이의 $\frac{1}{100}$을 **센티 포아즈**(cp)라 한다. SI계에서 점도는 Pa · s [N · s/m^2 혹은 kg/m · s]로 표시된다.

$$1\,[\text{p}] = 100\,[\text{cp}] = 0.1\,[\text{kg/m}\cdot\text{s}] = 1\,[\text{g/cm}\cdot\text{s}]$$

$$\begin{aligned}1\,[\text{cp}] &= 0.01\,[\text{g/cm}\cdot\text{s}] = 1\times10^{-3}\,[\text{kg/m}\cdot\text{s}] = 1\times10^{-3}\,[\text{Pa}\cdot\text{s}]\\ &= 1\times10^{-3}\,[\text{N}\cdot\text{s/m}^2] = 6.72\times10^{-4}\,[\text{lb/ft}\cdot\text{s}]\\ &= 2.42\,[\text{lb/ft}\cdot\text{h}]\end{aligned}$$

점도는 온도의 영향을 받으며 대개 기체는 온도 증가에 따라 점도도 커지고 액체는 온도 증가에 따라 점도가 작아진다.

유체의 점도 μ를 그의 밀도 ρ로 나눈 값을 **운동점도**(kinematic viscosity) ν라 하고

$$\nu = \frac{\mu}{\rho}\,[\text{m}^2/\text{sec}] \tag{2-39}$$

가 된다. CGS 단위를 Stokes [cm^2/sec]라 한다.

한편 기준물질의 점도에 대한 어떤 물질의 점도의 비를 **비점도**(relative viscosity)라 한다.

예제 2-10

그림 2-28에서 평판사이의 거리 $\Delta y = 0.5$ [cm], $\Delta u_z = 10$ [cm/s]이다. 유체는 273 [°K]

에서 1.77 [cp]의 점도를 가진 에틸알코올이다. CGS, FPS, SI 단위를 사용하여 전단응력 (τ_{yz})을 계산하라.

풀이

$$\tau_{yz}\int_{y_1=0}^{y_2=0.5} dy = -\mu\int_{u_1=10}^{u_2=0} du_z$$

$$\tau_{yz} = \mu\frac{u_1-u_2}{y_2-y_1} = \left(0.0177\left[\frac{\text{g}}{\text{cm}\cdot\text{s}}\right]\right)\frac{(10-0)\,[\text{cm/s}]}{(0.5-0)\,[\text{cm}]} = 0.354\left[\frac{\text{g}\cdot\text{cm/s}^2}{\text{cm}^2}\right] = 0.354\,[\text{dyn/cm}^2]$$

$$\tau_{yz} = \frac{\mu\,[\text{lb/ft}\cdot\text{s}]\,(u_1-u_2)\,[\text{ft/s}]}{g_c\left[\frac{\text{lb}\cdot\text{ft}}{\text{lb}_f\cdot\text{s}^2}\right](y_2-y_1)\,[\text{ft}]} = 7.39\times10^{-4}\,[\text{lb}_f/\text{ft}^2]$$

$$\tau_{yz} = (1.77\times10^{-3})(0.10)/0.005 = 0.0354\,[\text{N/m}^2]$$

---

4. 유체의 분류

유체를 전단응력과 전단변형률(속도구배)과의 관계로부터 몇 가지 종류로 나눌 수 있다. Newton의 점성법칙에 따르는 즉 전단응력이 속도구배 (du/dy)에 비례하는 유체를 **뉴튼 유체**(Newtonian fluid)라 하며, 기체 대부분의 용액, 비교질성 액체가 이에 속하며 그 이외의 다른 것은 전부 **비뉴튼 유체**(non-Newtonian fluid)라 한다.

$$(\tau-\tau_o)^n = \mu\frac{du}{dy} \tag{2-40}$$

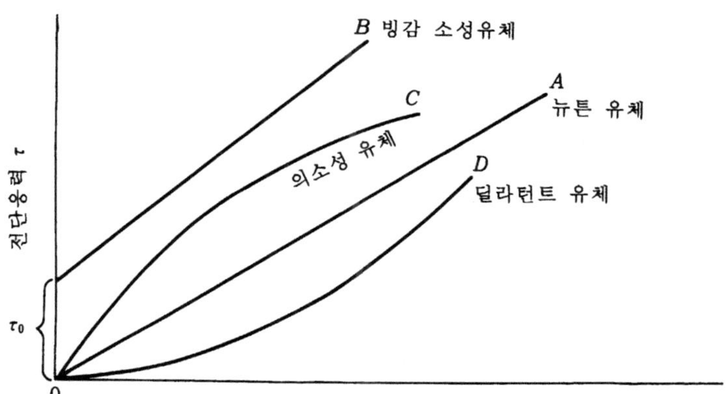

그림 2-29 뉴튼 유체와 비 뉴튼 유체의 전단응력과 속도구배와의 관계

τ_o와 n은 유체 고유의 상수이며 τ_o는 유동이 일어나지 않는 τ의 한계로 **항복점**(降伏點, yield point)이라 한다.

외력(外力)이 작용하면 그대로 유동을 일으키는 것 ($\tau_o = 0$)을 **점성유체**(viscous fluid)라 하며, 이 중 τ가 du/dy에 비례하는 것 ($n=1$)이 Newton유체라 하고 τ가 du/dy에 비례하지 않는 것 ($n \neq 1$)을 비뉴튼 유체라 한다.

또한 외력이 어떤 크기의 τ_o값을 얻지 않으면 유동이 일어나지 않는 것 ($\tau_o \neq 0$)을 **소성유체**(塑性流體)라 하고 이 중 τ가 du/dy에 비례하는 것을 **빙감**(Bingham)**유체**, 비례하지 않는 것 ($n \neq 1$)을 **비빙감유체**라 한다. 그림에서 직선 B에 해당하는 즉 τ_o의 힘이 가해질 때까지는 아무런 변화도 없고 그 후는 직선적으로 변하는 빙감유체 ($\tau_o =$ const, $n \neq 1$)는 하수잔사(sweage sludge), 왁스가 그 한 예이다. 곡선 C는 고무의 라텍스(rubber latex) 고분자물이나 펌프용액이다. 이를 **의소성 유체**(Pseudo-plastic) ($\tau_o = 0$, $n < 1$)라 한다. 또한 곡선 D는 딜라턴트 유체(Dilatant fluid) ($\tau_o = 0$, $n > 1$)라 하며 유사(流砂, quick sand)와 모래가 든 에멀죤, 고온유리, 아스팔트 등이 그 예이다.

5. 프랜틀 경계층(prand시 boundary layer)

유체의 흐름이 고형물이나 도관의 벽에 영향을 받음은 이미 언급하였다. 지금 유체가 흐르는 방향과 평행으로 놓인 고체판을 지나서 흐를 때의 속도의 변화를 좀 더 자세히 살펴보면 그림 2-30과 같은 모양을 나타낸다.

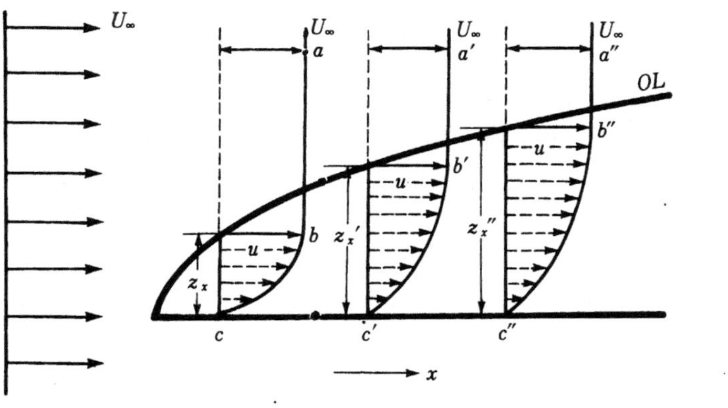

x : 판 끝에서부터의 거리
z_x : 경계층의 두께
OL : 경계층의 한계
u_∞ : 고체벽에 의한 영향이 없는 유속
u : 국부속도
abc, $a'b'c'$, $a''b''c''$: 국부속도의 변화곡선

그림 2-30 프랜틀 경계층

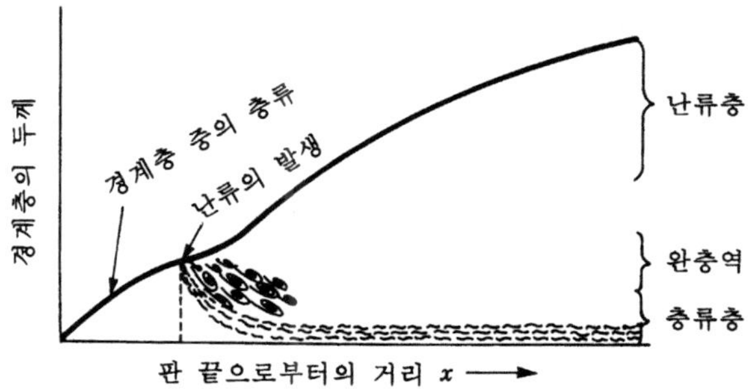

그림 2-31 경계층 안의 흐름의 상태

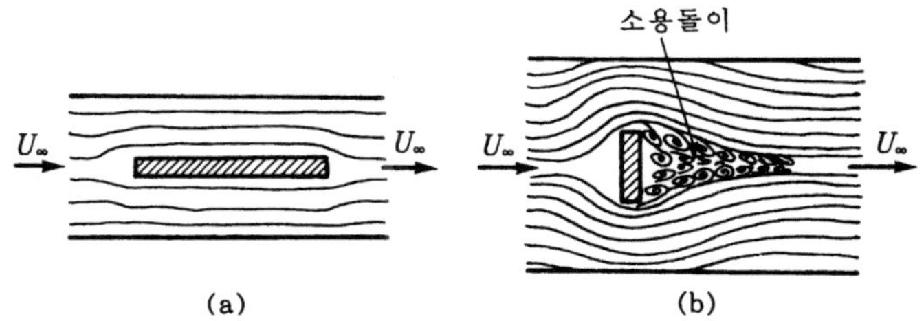

그림 2-32 고체판을 지나는 유체의 흐름

고체판 상류에서의 유체의 흐르는 속도는 전부 일정하다 (u_∞). 유체가 고체판에 접하게 되면 그 계면에서의 속도는 0이며 판으로부터 떨어질수록 속도는 증가하게 된다. 어느 만큼 떨어진 곳에서의 유속은 고체판의 영향을 받지 않게 되며 고체판 상류에서의 유속과 같아진다. 그림에서 곡선 OL 내부는 국부속도가 고체판의 영향으로 변화하는 부분을 가상적으로 나타낸 것이다. 이 영역은 고체판의 앞 끝에서 멀어질수록 두터워진다. 이 영역 즉 선분 OL과 고체판 사이의 국부속도가 변화하는 층을 **프랜틀의 경계층**이라고 한다.

이 경계층 내의 속도분포를 보면 고체판 가까이에서는 유속이 아주 적으므로 층류를 이룬다. 어느 만큼 떨어지면 층류에서 난류로 변화하는 **완충역**(buffer region)이 존재하여, 그 보다 더 떨어지면 아주 난류로 흐르게 된다(그림 2-31).

유체가 평행한 고체판을 전부 지나게 되면 속도구배는 점차 사라지고 원상으로 복귀하게 된다[그림 2-32의 (a)].

고체판이 유체가 흐르는 방향에 수직으로 있을 때는 판의 표면에서는 전과 같이 경계층이 생기나 유체가 판 끝에 도달하게 되면 운동량 때문에 판의 뒷부분을 따라 흐르지 못하고 판에서 떨어지며 판 뒤에서 속도가 줄면서 소용돌이를 형성하게 된다. 이런 현상을 **경계층의 분리**(boundary layer separation)라고 한다. 소용돌이와 유체의 흐름 사이에는 전단응력이 존재하여 소용돌이가 계속 유지되면 기계적 에너지가 상당히 소모된다. 이 결과 유로의 압력손실을 가져오게 된다. 이러한 경계층의 분리현상은 유체의 속도나 방향이 크게 변화하여 유체가 고체벽을 따라서 흐를 수 없을 때는 언제나 생기게 된다. 예컨대 유로가 갑자기 확대 또는 축소될 때, 유로의 방향이 급히 바뀔 때 등이다. 이러 현상이 일어나면 기계적 에너지 손실이 크므로 항상 설계상 주의하여야 할 것이다. 한편 열전달을 촉진시키거나 또는 액체를 서로 혼합하고자 할 때는 오히려 경계층의 분리현상이 바람직한 일이다.

2-4 유체의 물질수지

그림 2-33과 같은 어떤 임의의 유로단면에서 유체가 정상상태(steady state)로 흐른다고 할 때 임의의 관 전체를 통해서 모든 상태가 일정하며 시간에 따라 변하지 않는다. 이와 같은 흐름을 **정상류**(steady state flow)라 한다.

①, ② 양 단면의 물질수지를 취하면 정상류인 경우 질량유량(mass flow rate) w는 일정하다.

$$w = \overline{u}\rho A = \text{일정} \tag{2-41}$$

입 · 출구에 대하여

$$w = \overline{u}\rho A = \overline{u}_1\rho_1 A_1 = \overline{u}_2\rho_2 A_2\,[\text{kg/s}] \tag{2-42}$$

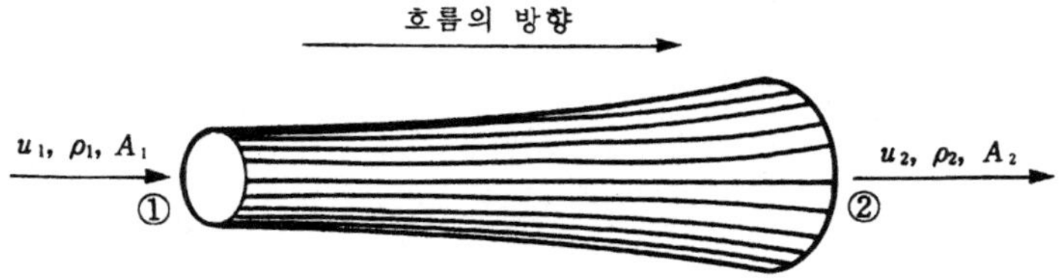

그림 2-33 물질수지

가 된다. 그런데 원관의 경우는 $A = \frac{\pi}{4}D^2$이므로

$$w = \frac{\pi}{4}D_1^2\rho_1\overline{u}_1 = \frac{\pi}{4}D_2^2\rho_2\overline{u}_2$$

$$즉 \quad \frac{\rho_1 \overline{u}_1}{\rho_2 \overline{u}_2} = \left(\frac{D_2}{D_1}\right)^2 \tag{2-43}$$

가 된다. 그런데 $\rho\overline{u}$는 단위시간에 단위면적을 통한 질량인 단위를 가지며 이를 **질량속도**(mass velocity)라 부르며 G로 쓴다. 따라서

$$w = G_1 A_1 = G_2 A_2 \,[\mathrm{kg/m^2 \cdot s}] \tag{2-44}$$

가 된다. 이 식을 **연속식**(continuity equation)이라 한다.

유체가 비압축성 유체(incompressible fluid)인 경우 $\rho_1 = \rho_2$이므로 **부피유량**(volume flow rate) Q는

$$Q = \overline{u}_1 A_1 = \overline{u}_2 A_2 \,[\mathrm{m^3/s}] \tag{2-45}$$

가 되어 다음 식이 성립한다.

$$\frac{\overline{u}_1}{\overline{u}_2} = \frac{A_2}{A_1} = \left(\frac{D_2}{D_1}\right) \tag{2-46}$$

즉 유체의 유속은 단면적에 반비례 또는 지름의 제곱에 반비례한다.

예제 2-11

밀도 892 [kg/m^3]인 원유가 그림 2-34와 같은 유로에 흐르고 있다. 관 1은 2″ schedul No. 40, 2는 3″ schedul No. 40, 3은 $\frac{1}{2}$″ schedul No. 40이다. 관 1에 들어가는 전체 유량은 1.388×10^{-3} [m^3/s]이며, 같은 양의 액체가 각각의 관으로 흐른다. 각관에서의 질량유량(w)과 평균유속을 구하고 질량속도(G)를 구하여라.

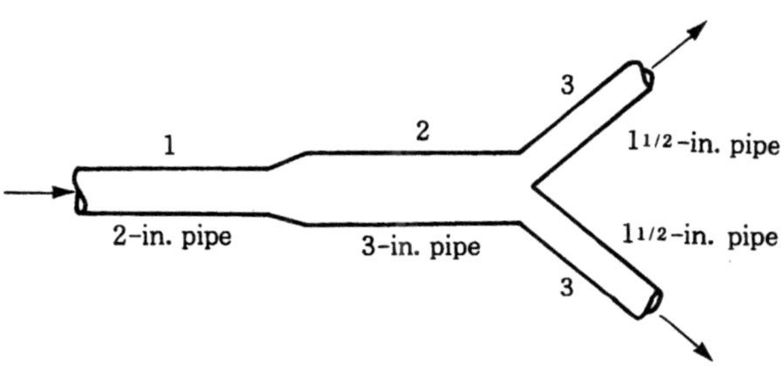

그림 2-34

풀이

2″관 : $D_1(1D) = 2.067''$ 단면적은 $0.0233\,[\text{ft}^2] = 0.00216\,[\text{m}^2]$

3″관 : $D_2(1D) = 3.068''$ 단면적은 $0.0513\,[\text{ft}^2] = 0.00477\,[\text{m}^2]$

$1\frac{1}{2}$″관 : $D_3(1D) = 1.610''$ 단면적은 $0.01414\,[\text{ft}^2] = 0.0013\,[\text{m}^2]$

질량유량

관 1과 2에서 질량유량(w)은

$$w = \rho Q = (892)(1.388 \times 10^{-3}) = 1.238\,[\text{kg/s}] \text{ 즉, } w_1 = w_2 = 1.238\,[\text{kg/s}]$$

관 3에서의 질량유량은 전체의 1/2이므로

$$w_3 = 1.238/2 = 0.619\,[\text{kg/s}]$$

평균유속

$$\bar{u}_1 = \frac{Q}{A_1} = \frac{1.388 \times 10^{-3}}{0.00216} = 0.641\,[\text{m/s}]$$

$$\bar{u}_2 = \frac{Q}{A_2} = \frac{1.388 \times 10^{-3}}{0.00477} = 0.290\,[\text{m/s}]$$

$$\bar{u}_3 = \frac{Q}{A_1} = \frac{1.388 \times 10^{-3}}{0.0013} = 0.528\,[\text{m/s}]$$

질량속도

$$G_1 = \frac{w_1}{A_1} = \frac{1.238}{0.00216} = 572\,[\text{kg/m}^2 \cdot \text{s}]$$

$$G_2 = \frac{w_2}{A_2} = \frac{1.238}{0.00477} = 259.5\,[\text{kg/m}^2 \cdot \text{s}]$$

$$G_3 = \frac{w_3}{A_3} = \frac{0.619}{0.0013} = 476\,[\text{kg/m}^2 \cdot \text{s}]$$

예제 2-12

내경 50 [cm]인 강관 속으로 공기가 흐르고 있다. 한쪽 단면에서의 온도는 20 [℃], 압력은 4 [atm], 평균유속은 75 [m/s]였다. 이 관의 하부에는 내경 80 [cm]의 강관이 접속되어 있는데 이곳의 압력은 2 [atm], 온도는 30 [℃]라고 하면 이곳에서의 평균유속을 구하라. 단 공기는 이상기체라고 간주한다.

풀이

식 (2-24)로부터

$$\overline{u}_2 = \overline{u}_1 \times \frac{\rho_1}{\rho_2} \times \left(\frac{D_1}{D_2}\right)^2$$

이상기체의 밀도는 $\rho \propto \dfrac{P}{T}$의 관계가 있으므로

$$\frac{\rho_1}{\rho_2} = \frac{P_1 T_2}{P_2 T_1} = \frac{4 \times 303}{2 \times 293} = 2.07$$

$$\therefore \overline{u}_2 = 75.0 \times 2.07 \times \left(\frac{50}{80}\right)^2 = 60.6\ [\mathrm{m/s}]$$

2-5 유체의 에너지 수지

일반적으로 유체가 가지는 에너지는 운동 에너지(kinetic energy), 위치 에너지(potential energy), 압력 에너지(pressure energy)와 내부 에너지(internal energy)가 있다. 이것을 기초로 하여 질량보존의 법칙으로부터 유동계의 물질수지를 세운 것처럼 에너지 보존의 법칙을 사용하여 에너지 수지식을 취할 수가 있다.

1. 전에너지 수지식

유체가 그림 2-35와 같은 유로를 정상상태로 흐르는 경우를 생각하자.

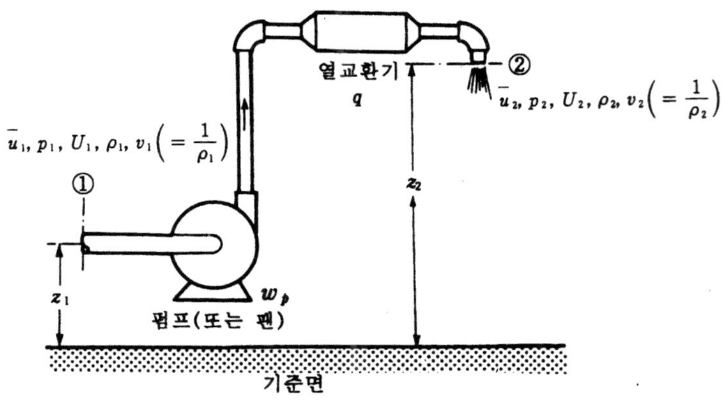

그림 2-35

기준면으로부터 z_1 및 z_2[m]의 높이에 있는 어떤 단면 ① 및 ②에 있어서 유체의 유속을 $\bar{u}$ [m/s], 유체의 압력을 p [Kg/cm^2], 유체의 밀도를 ρ [Kg/cm^3], 비용을 v [m^3/kg], 유체 1[kg]이 가진 내부 에너지를 JU[Kg · m]라하고 ①~②구간에서 유체 1[kg]에 대해 펌프로부터 w_p[Kg · m/kg]의 에너지를 받고 열교환기에서 Q[kcal/kg]의 열을 받았다고 하면 유체가 ①단면에 가지고 들어가는 에너지에 ①~②에서 얻은 에너지를 가한 것은 ②단면에서 가지고 나가는 에너지와 같아야 하기 때문에 유체 1[kg]에 대하여 단위를 통일하여 ①~②구간의 에너지 수지식을 취하면 된다.

$$\frac{\bar{u}_1^2}{2g_c} + \frac{g}{g_c} z_1 + p_1 v_1 + JU_1 + w_p + JQ = \frac{\bar{u}_2^2}{2g_c} + \frac{g}{g_c} z_2 + p_2 v_2 + JU_2 \text{ [kg · m/kg]} \qquad (2\text{-}47)$$

이 식에서 $pv + JU = JH$(enthalpy)로 표시하면

$$\frac{\bar{u}_1^2}{2g_c} + \frac{g}{g_c} z_1 + JH_1 + w_p + JQ = \frac{\bar{u}_2^2}{2g_c} + \frac{g}{g_c} z_2 + JH_2 \text{ [kg · m/kg]} \qquad (2\text{-}48)$$

여기서 J는 열의 일당량(mechanical equivalent of heat)으로 다음 관계가 있다.

$$1\,[\text{cal}] = 4.184\,[\text{J}]$$
$$1\,[\text{Btu}] = 788\,[\text{lb}_\text{b} - \text{ft}]$$
$$1\,[\text{kcal}] = 4184\,[\text{J}] = 427\,[\text{kg} - \text{m}]$$

2. 기계적 에너지 수지

유체가 ①에서 ②로 흐르는 사이에 기계적 에너지의 일부가 마찰, 기타 원인에 의하여 열에너지로 변한다. 이 에너지의 크기를 ΣF [kg · m/kg]라고 하면 이 에너지와 열교환기에서 얻은 열량 JQ[kg · m/kg] 때문에 유체의 내부 에너지가 증가하게 되며 또한 팽창 때문에 일을 하게 된다.

유체 1[kg]이 압력 p에 대하여 v_1으로부터 v_2로 팽창할 때 외부에 대하여 행하는 일은 $\int_{v_1}^{v_2} p\,dv$ [Kg · m/kg]이므로 이 관계에 대하여 에너지 보존의 법칙을 적용하면

$$JU_1 + JQ + \Sigma F = JU_2 + \int_{v_1}^{v_2} p\,dv \qquad (2\text{-}49)$$

가 되며 이 식 (2-49)를 식 (2-47)에 대입하면 다음 식이 성립한다.

$$\frac{\bar{u}_1^2}{2g_c} + \frac{g}{g_c} z_1 + p_1 v_1 + w_p + \int_{v_1}^{v_2} p\,dv = \frac{\bar{u}_2^2}{2g_c} + \frac{g}{g_c} z_2 + p_2 v_2 + \Sigma F \qquad (2\text{-}50)$$

또한 $p_2v_2 - p_1v_1 = \int_1^2 d(pv) = \int_{v_1}^{v_2} p\,dv + \int_{p_1}^{p_2} v\,dp$이므로

$$\frac{\overline{u}_1^2}{2g_c} + \frac{g}{g_c}z_1 + w_p = \frac{\overline{u}_2^2}{2g_c} + \frac{g}{g_c}z_2 + \int_{v_1}^{v_2} v\,dp + \Sigma F\,[\mathrm{Kg\cdot m/kg}] \qquad (2\text{-}51)$$

이 된다. 식 (2-50), (2-51)을 **기계적 에너지 수지식**이라 하며, Bernoulli식의 일반형이다. 식 (2-51)을 변형하면 다음과 같다.

$$w_p = \frac{\overline{u}_2^2 - \overline{u}_1^2}{2g_c} + \frac{g}{g_c}(z_2 - z_1) + \int_{p_1}^{p_2} v\,dp + \Sigma F \qquad (2\text{-}52)$$

이 식은 유체를 흐르게 하기 위하여 펌프가 하여야 할 일의 크기이다. 윗식은 주로 압축성 유체(compressible fluid)에 적용되며 비압축성 유체(non-compressible fluid) 즉 액체에 대하여는 밀도가 일정하므로 $\int_{p_1}^{p_2} v\,dp = v(p_2 - p_1) = \frac{p_2 - p_1}{\rho}$가 되므로 식 (2-52)에 대입하면

$$\frac{\overline{u}_1^2}{2g_c} + \frac{g}{g_c}z_1 + \frac{p_1}{\rho} + w_p = \frac{\overline{u}_2^2}{2g_c} + \frac{g}{g_c}z_2 + \frac{p_2}{\rho} + \Sigma F\,[\mathrm{Kg\cdot m/kg}] \qquad (2\text{-}53)$$

가 된다. 이 관계는 **Bernoulli 정리**(bernoulli theorem)라고 한다.

식 (2-50)에 $g_c/g\,[\mathrm{kg/kgf}]$를 곱하면 다음과 같이 된다.

$$\frac{\overline{u}_1^2}{2g} + z_1 + \frac{g_c}{g}p_1v_1 + \frac{g_c}{g}w_p + \frac{g_c}{g}\int_{v_1}^{v_2} p\,dv = \frac{\overline{u}_2^2}{2g} + z_2 + \frac{g_c}{g}p_2v_2 + \frac{g_c}{g} + \Sigma F\,[\mathrm{m}] \quad (2\text{-}54)$$

이 식의 각항은 모두 길이[L]의 차원을 가지고 있으며, 각각의 에너지를 이와 같은 값의 위치 에너지로 그 유체의 기준면으로부터의 높이에 의하여 나타내는 것이다. 이것을 **두**(頭, head)라 하며, $\frac{\overline{u}^2}{2g}$을 **속도두**(velocity head), z를 **위치두**(potential head), $\frac{g_c}{g}pv$를 **정압두**(pressure head), $\frac{g_c}{g}\Sigma F$를 **두 손실**(head loss)이라 한다. 밀도가 $\rho\,[\mathrm{kg/m^3}]$인 액체의 두(頭) H와 압력 p 사이의 관계는 $p = \rho H$이다.

한편 탱크에 액체가 깊이 $z\,[\mathrm{m}]$로 들어 있고, 밑으로부터 유속 $\overline{u_3}\,[\mathrm{m/s}]$로 액이 유출한다면 식 (2-53)은 다음과 같이 된다.

$$\frac{\overline{u_3^2}}{2g_c} = \frac{g}{g_c}z - \Sigma F \qquad (2\text{-}55)$$

$$\therefore\ \overline{u_3} = \sqrt{2(gz - g_cF)} \qquad (2\text{-}56)$$

식 (2-56)은 분출속도가 액의 높이에 따라 결정되며, 액의 종류는 무관함을 표시한다. 이 식을 **Torricelli의 定理**라 한다. 그러나 실제는 식 (2-56)과 같이 두 손실이 있어서 마찰, 기타

두 손실이 없다면 다음 식이 얻어진다.

$$\overline{u_3} = \sqrt{2gZ} \tag{2-57}$$

그러나 실제는 식 (2-56)과 같이 두 손실이 있어서 분출속도식 (2-57)로부터 구한 것보다 적으며, 액체의 종류에 따라서도 다른 값을 가진다.

예제 2-13

매초당 1 [kg]의 건조공기가 수평관에 들어간다. 입구의 평균유속 10 [m/s], 압력 20 [Kg/cm^2, abs], 온도 80 [℃]이고 출구에서는 평균유속 30 [m/s], 압력 8 [Kg/cm^2, abs], 온도 30 [℃]라면 관로에서 잃은 열량은 얼마인가? 단, 공기의 정압비열은 $C_p = 7.0$ [kcal/kg mol ℃]이다.

풀이

입구와 출구의 온도차가 있을 경우에는 엔탈피의 변화가 있으므로 전에너지 수지식을 사용한다.

$$\frac{\overline{u}_1^2}{2g_c} + \frac{g}{g_c} z_1 + JH_1 + w_p + JQ = \frac{\overline{u}_2^2}{2g_c} + \frac{g}{g_c} z_2 + JH_2$$

수평관이므로 $z_1 = z_2$, $w_p = 0$이라 하면, $H_2 - H_1 = \Delta H = c_p \Delta t = c_p(t_2 - t_1)$이므로

$$J(H_2 - H_1) = \frac{427[\text{kg}-\text{m}]}{1[\text{kcal}]} \times \frac{7.0}{29} [\text{kcal/kg} \cdot ℃] \times (30-80) [℃] \fallingdotseq -5153 [\text{kg} \cdot \text{m/kg}]$$

$$\therefore JQ = \frac{30^2 - 10^2}{2 \times 9.8} - 5153 = -5112 [\text{Kg} \cdot \text{m/kg}]$$

$Q = -5112/427 = -12$ [kcal/kg] (여기서 -부호는 열량을 잃었음을 의미한다.)

예제 2-14

내경 67.9 [mm]의 수평관 속을 20 [℃]의 질소가 등온으로 질량유량 0.1 [kg/s]로 흐른다. 관로의 어떤 단면 ①과 이보다 하류의 단면 ②에서의 정압이 각각 2 [atm], 1 [atm]이었다. ①~② 사이의 두손실을 구하여라.

풀이

질소는 압축성 유체이므로 식 (2-51)을 사용한다.

$$\Sigma F = \frac{\overline{u}_1^2 - \overline{u}_2^2}{2g_c} + \frac{g}{g_c}(z_1 - z_2) + w_p - \int_{p_1}^{p_2} v\,dp$$

①~② 사이에는 팬(fan)이 없으므로 $w_p=0$이며, 수평관이므로 $z_1=z_2$. 따라서

$$\Sigma F=\frac{\bar{u}_1^2-\bar{u}_2^2}{2g_c}-\int_{p_1}^{p_2}v\,dp$$

20[℃], 2[atm]에서의 질소의 밀도를 구하면

$$\rho_1=\frac{M}{V},\quad V_2=V_1\times\frac{p_1}{p_2}\times\frac{T_2}{T_1}=22.4\times\frac{1}{2}\times\frac{273+20}{273}$$

$$\therefore\ \rho_1=\frac{28\times2\times273}{22.4\times1\times293}=2.33\ [\mathrm{kg/m^3}]$$

$$w=\rho_1\bar{u}_1A_1$$

$$\bar{u}_1=\frac{w}{\rho_1A_1}=\frac{w}{\rho_1\left(\frac{\pi}{4}D^2\right)}=\frac{0.1}{2.33\times\frac{\pi}{4}(0.0679)^2}=11.85\ [\mathrm{m/s}]$$

기체의 밀도는 압력에 비례하므로 유속은 압력에 반비례한다.

$$\bar{u}_2=11.85\times(2/1)=23.7\ [\mathrm{m/s}]$$

$$\therefore\ \frac{\bar{u}_1^2-\bar{u}_2^2}{2g_c}=\frac{11.85^2-23.7^2}{2\times9.8}=-21.5\ [\mathrm{Kg-m/kg}]$$

이상기체로 보면 $v=\frac{m}{MP}RT$이므로

$$-\int_{p_1}^{p_2}v\,dp=\frac{-mRT}{M}\int_{p_1}^{p_2}\frac{dp}{p}=\frac{mRT}{M}\ \mathrm{in}\frac{p_1}{p_2}$$

$$=\frac{1\times1.987\times293}{28}\times2.303\log\left(\frac{2}{1}\right)=14.4\ [\mathrm{kcal/kg}]$$

$$=14.4\times427=6154\ [\mathrm{Kg\cdot m/kg}]$$

$$\therefore\ \Sigma F=-21.5+6154=6132.5\ [\mathrm{Kg\cdot m/kg}]$$

예제 2-15

아주 큰 개방탱크의 밑에 장치된 안지름 2[cm]인 관을 통해 물이 유출되고 있다. 이 관의 끝을 물의 액면으로부터 15[m] 아래에 있으며 유체의 마찰이 없다고 가정하고 관 출구의 유속을 구하여라.

풀이

물은 비압축성 유체이므로 식 (2-53)을 사용한다.

$$\frac{\overline{u}_1^2}{2g_c}+\frac{g}{g_c}z_1+\frac{p_1}{\rho}+w_p=\frac{\overline{u}_2^2}{2g_c}+\frac{g}{g_c}z_2+\frac{p_2}{\rho}+\Sigma F$$

여기서 $\Sigma F=0$, $w_p=0$, $p_1=p_2$ (대기압), $z_2=0$ (출구기준)이며 $\overline{u}_1=0$(탱크가 아주 크기 때문에 물이 줄어드는 속도는 무시할 수 있다).

$$\frac{\overline{u}_2^2}{2g_c}=\frac{g}{g_c}z_1,\quad \therefore\ \overline{u}_2=\sqrt{2gz}=\sqrt{2\times 9.8\times 15}=17.1\,[\mathrm{m/s}]$$

2-6 유체수송 동력(流體輸送 動力)

일반적으로 단위시간에 행하여지는 일을 **동력**(power) 또는 **공률**(工率)이라고 한다. 단위는 [kg・m/s]이나 보통 다음과 같은 단위들이 사용된다.

1 [Ps] = 75.0 [Kg・m/s]　　* Ps : pferde stäke의 약자, 미터제 마력

1 [HP] = 76.04 [kg・m/s]　　* HP : Horse power의 약자, 영국식 마력

= 1.014 [Ps] = 550 [lb_f − ft/s]

= 746 [W] = 746 [J/s]

1 [kW] = 102.0 [Kg − m/s] = 1.360 [Ps] = 1.341 [HP]

에너지 수지식으로부터 구한 액체 1 [kg]을 수송하는데 필요한 에너지 즉 펌프가 한 일 w_p [Kg − m/kg]와 유체의 질량유량 w [kg/s]로부터 수송에 필요한 동력 p는 $w_p \cdot w$가 된다. 이를 **이론소요동력**(理論所要動力) p라 하며, 다음과 같이 구한다.

$$p=w_p\cdot w\,[\mathrm{Kg-m/s}]=\frac{w_p\cdot w}{75.0}\,[\mathrm{Ps}]=\frac{w_p\cdot w}{76.04}\,[\mathrm{HP}]=\frac{w_p\cdot w}{102.0}\,[\mathrm{kW}] \qquad (2\text{-}58)$$

그러나 실제로는 전공급된 에너지(소비된 동력)를 모두 수송에 유용하게 사용할 수 있는 장치는 없으며 유용하게 수송에 사용된 에너지의 비를 특히 **효율**(效率, efficiency)이라고 한다. 지금 원동기와 펌프의 총괄효율을 η라고 하면 효율을 고려한 실제소요동력(實際所要動力) p_r는 다음과 같이 된다.

$$p_r=\frac{w_p\cdot w}{\eta}\,[\mathrm{Kg\cdot m/sec}]=\frac{w_p\cdot w}{75\cdot\eta}[\mathrm{Ps}]=\frac{w_p\cdot w}{76.04\cdot\eta}[\mathrm{HP}]=\frac{w_p\cdot w}{102.0\cdot\eta}[\mathrm{kW}] \qquad (2\text{-}59)$$

예제 2-16

그림 2-36에서 큰 저장 탱크에 액의 밀도가 114.8 [lb/ft^3]인 용액을 상부에 있는 탱크로 69.1 [gal/min] 속도로 올리려고 한다. 전계에 있어서 마찰손실 (ΣF)은 10.0 [lb$_f$ · ft/lb]이다. 펌프와 원동기의 총효율이 65 [%]일 때, 실제동력(HP)을 구하고 펌프가 이루는 압력 [lb$_f$/in^2]을 구하여라.

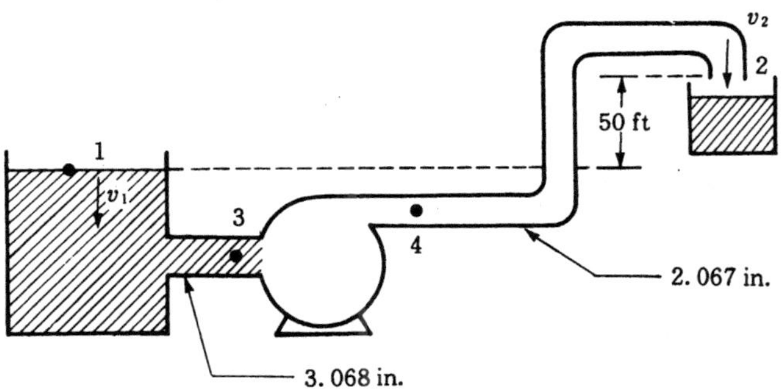

그림 2-36

풀이

비압축성 유체이므로 식 (2-53)으로부터

$$w_p = \frac{\overline{u}_2^2 - \overline{u}_1^2}{2g_c} + \frac{g}{g_c}(z_2 - z_1) + \frac{p_2 - p_1}{\rho} + \Sigma F$$

$p_1 = p_2$(대기압), $z_1 = 0$

$\overline{u}_1 = 0$(탱크의 단면이 크므로)

3.068 [in]의 단면적 $A_1 = 0.05134\,[\text{ft}^2]$

2.067 [in]의 단면적 $A_2 = 0.0233\,[\text{ft}^2]$

부피유량 $Q = 691\,[\text{gal/min}] \times \dfrac{1[\text{ft}^3]}{7.48[\text{gal}]} \times \dfrac{1[\text{min}]}{60[\text{s}]} = \dfrac{69.1}{7.48 \times 60} = 0.1539\,[\text{ft}^3/\text{s}]$

$Q = \overline{u}A$

$$\therefore \overline{u}_2 = \frac{Q}{A_2} = \frac{0.153}{0.0233} = 6.61\,[\text{ft/s}]$$

$$w_p = \frac{6.61^2}{2 \times 32.174} + 50 + 10 = 60.678\,[\text{lb}_f \cdot \text{ft/lb}]$$

$w = Q \times \rho = 0.153 \times 114.8 = 17.65\,[\text{lb/s}]$

$$\therefore\ p = \frac{w_p \times w}{550 \cdot \eta} = \frac{60.678 \times 17.65}{550 \times 0.65} = 3\,[\text{HP}]$$

펌프가 이루는 압력

$$\frac{p_1}{\rho} + \frac{\overline{u}_1^2}{2g_c} + \frac{g}{g_c} z_1 + w_p = \frac{p_2}{\rho} + \frac{\overline{u}_2^2}{\rho} + \frac{g}{g_c} z_2 + \Sigma F$$

$z_1 = z_2,\ \Sigma F = 0$이라 하면

$$\frac{p_2 - p_1}{\rho} = \frac{\overline{u}_1^2 - \overline{u}_2^2}{2g_c} + w_p$$

$$\overline{u}_1 A_1 = \overline{u}_2 A_2$$

$$\overline{u}_1 = \overline{u}_2 \times \frac{A_2}{A_1} = 6.61 \times \frac{0.0233}{0.05134} = 3\,[\text{ft/s}]$$

$$\frac{\Delta p}{\rho} = \frac{3^2 - 6.61^2}{2 \times 32.174} + 60.678 = 60.14\,[\text{lb}_\text{f} \cdot \text{ft/lb}]$$

$$\Delta p = 60.14\,[\text{lb}_\text{f} \cdot \text{ft/lb}] \times 114.8\,[\text{lb/ft}^3] \times \frac{1\,[\text{ft}^2]}{(12\ \text{in})^2}$$

$$= \frac{60.14 \times 114.8}{144} = 48.0\,[\text{lb}_\text{f}/\text{in}^2]$$

2-7 유체 수송에 있어서의 두 손실(頭損失, head loss)

펌프의 동력을 구하기 위하여는 두 손실 ΣF의 내용과 그 크기를 알아야 한다. 식 (2-53)을 변형하면

$$\rho \Sigma F = \frac{\rho(\overline{u}_1^2 - \overline{u}_2^2)}{2g_c} + \frac{g}{g_c}\rho(z_1 - z_2) + (p_1 - p_2) + \rho w_p$$

$\rho\Sigma F$는 차원이 압력이기 때문에 이를 특히 **압손실**(壓損失)이라고 한다. 그런데 관지름이 같고 수평이면 $\overline{u}_1 = \overline{u}_2$, $z_1 = z_2$이며, 펌프가 없을 경우

$$\rho \Sigma F = p_1 - p_2 = \Delta p\,[\text{Kg/m}^2] \tag{2-60}$$

$$\Sigma F = \frac{p_1 - p_2}{\rho} = \frac{\Delta p}{\rho}\,[\text{Kg} \cdot \text{m/kg}] \tag{2-61}$$

1. 직원관에서의 두 손실

직원관 내에서의 관벽과의 마찰을 **계면마찰**(界面摩擦, skin friction)이라 하며 이 두 손실의 크기는 흐름의 상태에 따라 현저히 달라진다. 그림 2-37과 같이 내경 D[m]인 수평관을 밀도 ρ [kg/m^3], 점도[kg/m · s]의 비압축성 유체가 평균유속 $\bar{u}$ [m/s]로 흐를 경우 거리 L[m]의 ①~② 구간에서 두 손실 F[Kg · m/kg]의 크기에 대하여 생각해 보자.

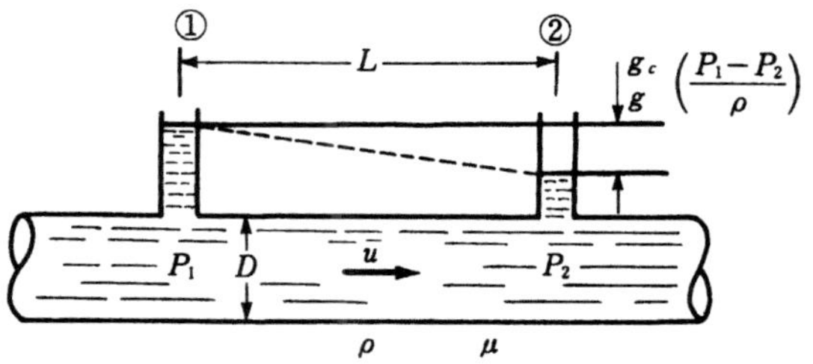

그림 2-37 마찰두

(1) 층류의 경우

층류의 경우의 마찰손실은 식 (2-32)를 변형하고 $r_w = D/2$로 하여 얻어진다.

$$\Delta p = p_1 - p_2 = \frac{32\mu\bar{u}L}{g_c D^2} \text{ [Kg/m}^2\text{]} \tag{2-62}$$

$$F = \frac{p_1 - p_2}{\rho} = \frac{32\mu\bar{u}L}{g_c D^2 \rho} \text{ [Kg · m/kg]} \tag{2-63}$$

이 식을 **Hagen-poiseuillie의 식**이라 한다.

(2) 난류의 경우

난류의 경우는 실험상 관벽면의 마찰력 τ_o가 근사적으로 평균유속 $\bar{u}$의 제곱에 비례하므로 편의상 τ_o가 유체의 단위체적이 가진 운동 에너지에 비례한다고 생각하면 다음과 같이 쓸 수 있다.

$$\tau_o = f\left(\frac{\rho\bar{u}^2}{2g_c}\right) \text{[kg/m · s}^2\text{]} \tag{2-64}$$

f는 비례계수이며 이를 **마찰계수**(摩擦係數, friction factor)라 한다. 한편 관벽 부근에서는 유체경막이 있으며 이는 층류이기 때문에 $r \fallingdotseq r_2 = D/2$라고 하면 $\tau = \tau_o$이며 관벽면상의 마찰력이 구해진다.

식 (2-64)에 의하여

$$\tau_o = \frac{(p_1 - p_2)D}{4L} \tag{2-65}$$

따라서 식 (2-64)와 (2-65)로부터

$$\Delta p = p_1 - p_2 = 4f\left(\frac{L}{D}\right)\left(\frac{\rho \bar{u}^2}{2g_c}\right) = \frac{2f\bar{u}^2 L\rho}{g_c D}\ [\mathrm{Kg/m^2}] \tag{2-66}$$

또는
$$F = \frac{\Delta p}{\rho} = 4f\left(\frac{L}{D}\right)\left(\frac{\bar{u}^2}{2g_c}\right) = \frac{2f\bar{u}^2 L}{g_c D}\ [\mathrm{Kg \cdot m/kg}] \tag{2-67}$$

식 (2-66) 및 (2-67)을 **Fanning의 식**이라 한다. 마찰계수는 N_{Re}의 함수이며 관 벽면의 거친 정도(粗度, roughness)에 따라 달라진다.

평활관(유리관, 동관, 황동관, 연관)에 대하여서는 Kármén식과 Nikurade식이 많이 사용된다.

Kármén식
$$\frac{1}{\sqrt{f}} = 4.06\log(N_{\mathrm{Re}}\sqrt{f}) - 0.6 \tag{2-68}$$

Nikurade식
$$\frac{1}{\sqrt{f}} = 4.0\log(N_{\mathrm{Re}}\sqrt{f}) - 0.40 \tag{2-69}$$

실제 사용할 때는 별 차이가 없다. 조면관(강관, 주철관)에 대하여서는 다음 식이 ±10[%] 정도의 정밀도로 성립한다.

$$\frac{1}{\sqrt{f}} = 3.2\log(N_{\mathrm{Re}}\sqrt{f}) + 1.2 \tag{2-70}$$

그런데 일반적으로는 $N_{\mathrm{Re}} > 4000$의 범위에서는 N_{Re}와 상대조도(relative roughness) $\frac{\varepsilon}{D}$의 함수로 된 식

$$\frac{1}{\sqrt{f}} = -0.4\log\left(\frac{1.25}{N_{\mathrm{Re}}\sqrt{f}} + 0.27\frac{\varepsilon}{D}\right) \tag{2-71}$$

또한 $N_{\mathrm{Re}} < 2100$ 즉 층류의 범위에서는 f는 상대조도에는 관계없고 다음 식으로 표시한다. 식 (2-62) 와 (2-63)에서

$$f = \frac{16}{N_{\mathrm{Re}}} = \frac{16}{D\bar{u}\rho/\mu} \tag{2-72}$$

즉, 식 (2-67)의 f대신에 식 (2-72)를 대입하면 식 (2-63)이 된다. 즉 Fanning의 식도 층류에 적용됨을 표시한다. 그림 2-38은 마찰계수 (f)와 N_{Re}의 관계를 나타내었다. 원관이 아

널 때는 층류의 경우에도 보정계수를 곱해서 사용해야 한다.

환상로의 경우는

$$f = \frac{16}{N_{\text{Re}}} \phi_a \tag{2-73}$$

로 표시되며, ϕ_a는 그림 2-39에서 읽는다. 그림에서 보면 평행평판(parallel plane)의 경우는 $\phi_a = 1.5$가 됨을 안다.

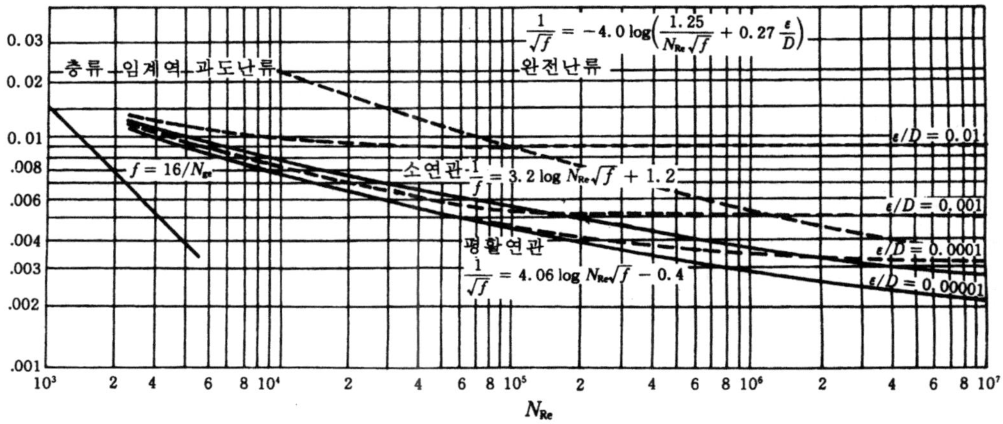

그림 2-38 원관의 마찰계수

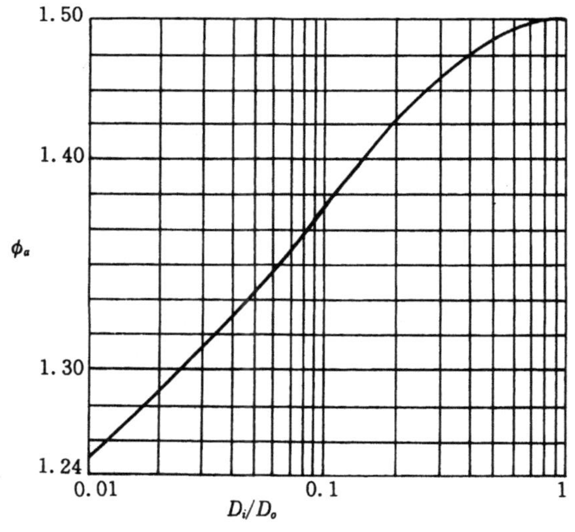

그림 2-39 환상로의 보정계수 ϕ_a

➡표 2-4 관의 조도

관의 종류	ε[mm]	관의 종류	ε[mm]
인발관	0.0015	주 철 관	0.26
보통강관, 단접강관	0.045	목 관	0.18~0.9
(배관용 탄소강관)		콘 크 리 트	0.3~3
아연입힌철관	0.15	철 접 강 관	0.3~9

예제 2-17

내경이 2.22×10^{-3}[m]이고, 길이가 0.317[m]인 작은 모세관이 밀도가 875[kg/m^3], 점도 $\mu=1.13\times10^{-3}$[Pa·s]인 액체의 유량을 측정하기 위하여 사용되고 있다. 액체가 흐르는 동안 모세관 내의 압력차는 0.0655[mH_2O](밀도=996[kg/m^3])이다. 부피유량(Q)[m^3/s]을 구하여라.

풀이

유체의 흐름을 층류라고 가정하면
식 (2-3)을 이용하면

$$\Delta p = hg\rho = (0.0655\,[\mathrm{m}])(9.8\,[\mathrm{m/s^2}])(996\,[\mathrm{kg/m^3}])$$
$$= 640\,[\mathrm{kg\cdot m/s^2\cdot m^2}] = 640\,[\mathrm{N/m^2}]$$

식 (2-62)에 $\mu=1.13\times10^{-3}$[Pa·s], $L=0.317$[m], $D=2.22\times10^{-3}$[m], $\Delta p=640$[N/m^2]을 대입하면

$$\Delta p = \frac{32\mu\bar{u}L}{D^2}$$

$$640 = \frac{32(1.13\times10^{-3})(\bar{u})(0.317)}{(2.22\times10^{-3})^2}$$

$$\bar{u} = 0.275\,[\mathrm{m/s}]$$

$$\therefore\ Q = \bar{u}A = \bar{u}\times\frac{\pi}{4}D^2 = 0.275\times\frac{\pi\times(2.22\times10^{-3})^2}{4} = 1.066\times10^{-6}\,[\mathrm{m^3/s}]$$

층류인가 확인해 보자.

$$\therefore\ N_{\mathrm{Re}} = \frac{D\bar{u}\rho}{\mu} = \frac{(2.22\times10^{-3})(0.275)(875)}{1.13\times10^{-3}} = 473\quad(\text{층류})$$

예제 2-18

예제 (2-17)에서 유속을 구했으므로 압력차 (Δp)를 예측해 보아라.

풀이

$$N_{Re} = \frac{D\bar{u}\rho}{\mu} = \frac{(2.22\times10^{-3})(0.275)(875)}{1.13\times10^{-3}} = 473$$

마찰계수 $f = \dfrac{16}{N_{Re}} = \dfrac{16}{473} = 0.0338$

$$\Delta p = 4f\rho\frac{L}{D}\frac{u^2}{2} = \frac{4\times0.0338\times875\times0.317\times(0.275^2)}{(2.22\times10^{-3})\times2} = 640\,[\mathrm{N/m^2}]$$

예제 2-19

안지름 50.8[mm]인 관속을 비중 1.12의 액체가 45.4[kg/h]로 흐른다. 액의 점도는 0.9 [cp], 관의 길이가 1.6[km]일 때 압력손실을 구하라.

풀이

$D = 0.0508\,[\mathrm{m}]$, $\rho = 1.12\times1000 = 1120\,[\mathrm{kg/m^3}]$, $\mu = 0.9\,[\mathrm{c.p}] = 0.9\times0.001\,[\mathrm{kg/m\cdot s}]$

$$\bar{u} = \frac{w}{\rho A} = \frac{45.4/3600}{1120\times\frac{\pi}{4}\times0.0508^2} = 0.00555\,[\mathrm{m/s}]$$

$$N_{Re} = \frac{\rho D\bar{u}}{\mu} = \frac{1120\times0.0508\times0.00555}{0.9\times0.001} = 351 < 2100$$

$$\Delta p = \frac{32\mu\bar{u}L}{g_c D^2} = \frac{32\times0.9\times0.001\times0.00555\times1600}{9.8\times0.0508^2} = 10.1\,[\mathrm{Kg/m^2}] = 0.00101\,[\mathrm{Kg/cm^2}]$$

또는 $f = \dfrac{16}{N_{Re}} = 0.0456$

$$\Delta p = \frac{2f\bar{u}^2L\rho}{g_c D} = 2\times0.0456\times\frac{0.00555^2\times1600\times1120}{9.8\times0.0508} = 10.1\,[\mathrm{Kg/m^2}] = 0.00101\,[\mathrm{Kg/cm^2}]$$

예제 2-20

비중 0.872, 점도 23[cp]의 원유를 1,500[m³/h]로 200[m] 떨어진 탱크에 보낸다. 이때 사용된 보통강관의 내경은 304.7[mm]이다. 이 관로의 두 손실 및 압력손실은 얼마인가?

풀이

관내유속 $\overline{u} = \dfrac{1500}{(3600)(0.785)(03047)^2} = 5.72\,[\text{m/s}]$

$$N_{Re} = \frac{(0.3047)(5.72)(872)}{0.023} = 66,100(\text{난류})$$

Fanning식을 사용하면

$$F = \frac{2f\overline{u}^2L}{g_cD} = \frac{2\times 0.0052\times 200\times(5.72)^2}{9.8(0.3047)} = 22.8\,[\text{Kg}\cdot\text{m/kg}]$$

$\varepsilon = 0.045\,[\text{mm}]$이기 때문에 상대조도 $\varepsilon/D = 0.045/304.7 = 000148$, 그림 2-29로부터 $f = 0.0052$ 또한 압력손실 $\Delta p = \rho F = 872\times 22.8 = 1.99\times 10^4\,[\text{Kg/m}^2] = 1.99\,[\text{Kg/cm}^2]$

---

2. 관로 단면적의 급격한 확대 · 축소에 의한 두손실

관로에 급격한 확대나 축소가 있으면 흐름의 충돌과 이에 의하여 생기는 소용돌이 때문에 형상마찰(form friction)을 일으켜 두손실이 생긴다.

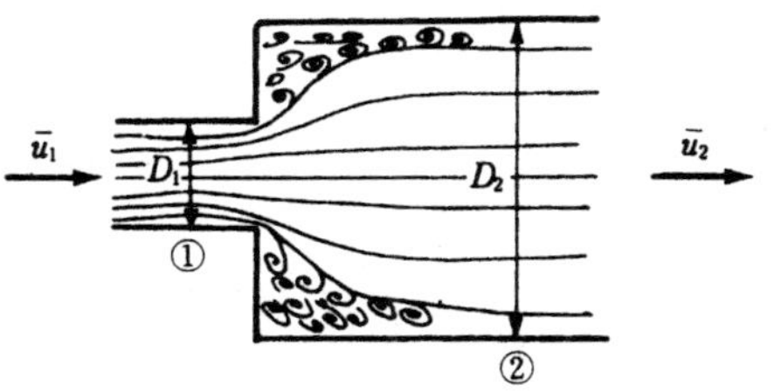

그림 2-40 확대손실

(1) 관이 급격히 확대하는 경우

그림 2-40과 같이 급격한 확대가 있는 경우는 F_e를 **확대 두손실**(friction losses in expansion)이라 할 때 식 (2-49)는 다음과 같이 된다.

$$F_e = \frac{\overline{u}_1^2 - \overline{u}_2^2}{2g_c} + \frac{p_1 - p_2}{\rho}\ [\text{Kg}-\text{m/kg}] \tag{2-74}$$

그런데 단위시간에 ①단면에 들어가는 유체가 가진 운동량을 공학단위계로 표시하면 $\rho s_1\overline{u}_1^2/g_c\,[\text{Kg}]$이며 ②단면에 들어가는 유체가 가진 운동량은 $\rho A_2\overline{u}_2^2/g_c\,[\text{Kg}]$이다. 운동량의 법칙으로부터 이 들의 차는 힘이 된다.

따라서

$$(p_2 - p_1)A_2 = \rho(A_1\overline{u}_1^2 - A_2\overline{u}_2^2)/g_c \tag{2-75}$$

이며 $A_1 = (\overline{u}_2/\overline{u}_1)A_2$이므로

$$p_2 - p_1 = \rho(\overline{u}_1\overline{u}_2 - \overline{u}_2^2)/g_c\,[\text{Kg/m}^2] \tag{2-76}$$

식 (2-76)을 (2-74)에 대입하면

$$F_e = \frac{(\bar{u}_1 - \bar{u}_2)^2}{2g_c} = \left(1 - \frac{A_1}{A_2}\right)\frac{\bar{u}_1^2}{2g_c}$$

$$= k_e \frac{\bar{u}_1^2}{2g_c} \text{ [Kg·m/kg]} \tag{2-77}$$

여기서 k_e는 **확대 손실계수**(expansion-loss coefficient)로서

$$k_e = \left(1 - \frac{A_1}{A_2}\right)^2 \tag{2-78}$$

(2) 관이 급격히 축소하는 경우

그림 2-41과 같이 유로의 단면적이 급격히 축소할 경우 가는 관 입구에 축류부(vana-contracta)가 생기며, 이것이 확대되면서 두손실을 만든다. 이 두손실의 크기 F_c를 **축소 두손실**(frictionlosses in contraction)이라 하며, 다음과 같다.

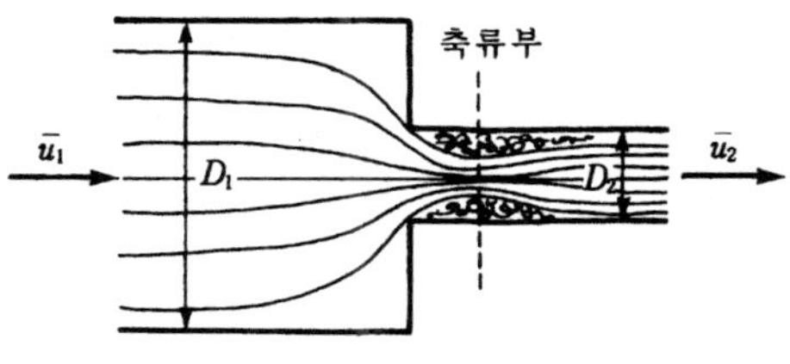

그림 2-41 축소손실

$$F_c = k_c \frac{\bar{u}_2^2}{2g_c} \tag{2-79}$$

여기서, k_c를 **축소 손실계수**(contraction-loss coefficient)라고 하며, 실험적으로 층류의 경우는 $k_c < 0.1$로 F_c를 무시할 수 있으며, 난류의 경우 k_c는 다음과 같다.

$$k_c = 0.4\left(1 - \frac{A_2}{A_1}\right) \tag{2-80}$$

또는 k_c는 A_2/A_1의 함수로 그림 2-42에 같이 나타낼 수 있다.

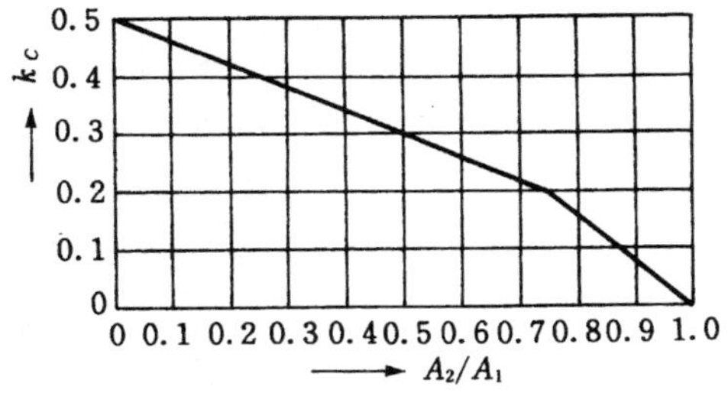

그림 2-42 축손실을 구하는 계수

한편 비압축성의 유체가 큰 용기로부터 관으로 들어갈 때 급격한 축소가 있음으로 다음 식으로 적용된다.

$$F_i = k_i \frac{\overline{u}_2^2}{2g_c} \tag{2-81}$$

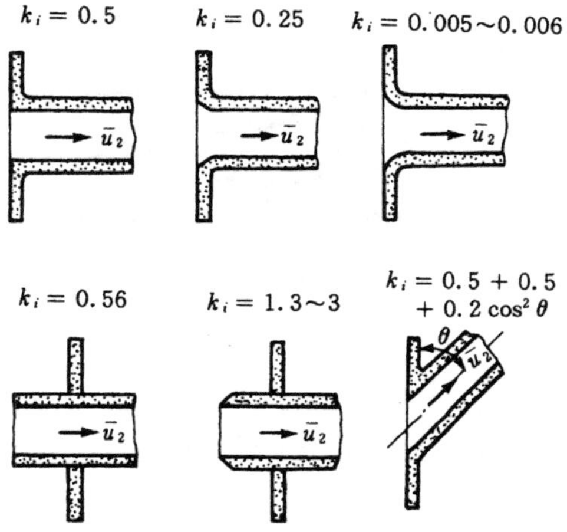

그림 2-43 각종 관의 입구에 대한 k_i의 값

(3) 확대관

그림 2-44와 같이 확대관은 두손실을 다음과 같이 구한다.

$$F_d = \varepsilon\left(1 - \frac{A_1}{A_2}\right)^2 \frac{\overline{u}_1^2}{2g_c} \tag{2-82}$$

여기서 ε는 관단면의 형상, 확대비 A_2/A_1 및 확대각 θ에 의하여 변화하며 그림 2-45에 나타내었다.

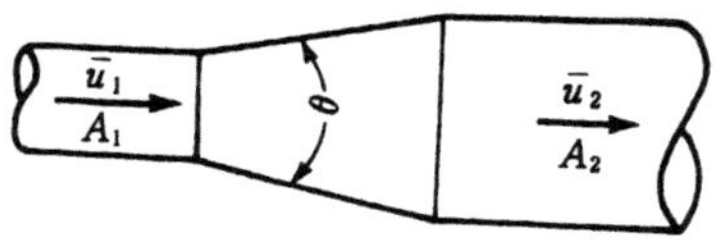

그림 2-44 확대관

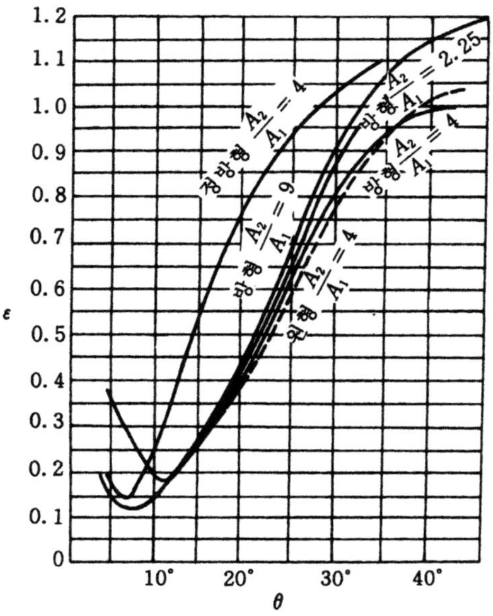

그림 2-45 각종 확대관의 ε

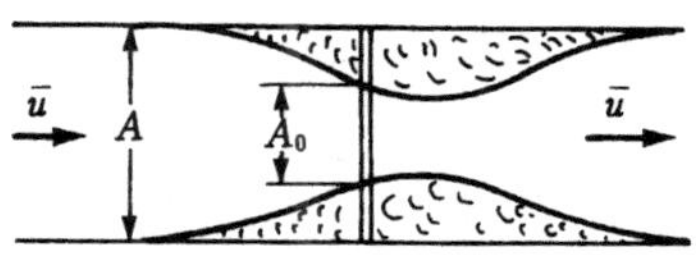

그림 2-46 오리피스

(4) 오리피스

유량을 측정하기 위하여 구멍이 있는 원판을 관로에 삽입할 때 두손실 F_0는 다음과 같다.

$$F_0 = k_0 \frac{\overline{u}^2}{2g_c} \text{ [Kg · m/kg]} \tag{2-83}$$

여기서 k_0는 A_0/A에 의하여 변하며 유체종류에 따라서도 다르다. 표 2-5, 표 2-6은 각각 물과 공기에 관한 실험값이다.

➡표 2-5 오리피스의 k_0(물의 경우)

A_0/A	0.1	0.2	0.3	0.4	0.5	0.6	0.7	0.8	0.9	1.0
k	226	47.8	17.5	7.8	3.75	1.80	0.80	0.29	0.06	0.00

➡표 2-6 오리피스의 k_0(공기의 경우)

A_0/A	0.0816	0.288	0.406	0.578
k	366	21.5	8.32	2.55

3. 관 부속품에 의한 두손실

관로에 엘보, 티, 밸브 등의 관 부속물이나 밸브와 같은 삽입물이 있을 때에도 두손실이 생긴다. 이 경우의 두손실은 식 (2-84)와 같이 관로 삽입물과 같은 크기의 두손실을 가지는 직원관의 길이 즉 상당길이(equivalent length) L_e를 구해서 직원관과 같이 Fanning의 식으로 계산한다.

$$F_t = 4f\left(\frac{L_e}{D}\right)\left(\frac{\overline{u}^2}{2g_c}\right) = k_f \frac{\overline{u}^2}{2g_c} \ [\text{Kg} \cdot \text{m/kg}] \tag{2-84}$$

L_e/D의 값은 난류의 경우 N_{Re}에 거의 무관계하여 일정하다고 알려져 있다. 표 2-7은 난류의 경우에 대한 L_e/D와 k_f의 실측값이다. 관로와 관 부속품에 대한 두손실을 동시에 생각하면 전체길이 $\sum L = L + L_e$를 대입하여 구한다.

➡표 2-7 관로 삽입물의 L_e/D 및 k_f

관로 삽입물	L_e/D	k_f	관로 삽입물	L_e/D	k_f
90° 엘보(표준곡률)	32	0.9	유니온, 커플링	0	−
45° 엘보	15	0.4	게이트 밸브 전개(전개)	0~7	0.2
T(T형 피팅)	40~80	1.8	3/4개	10~40	−
+자(크로스)	50	−	1/2개	100~200	5.6
90° 밴드(곡관)			1/4개	800	−
$\frac{\text{곡률반경}}{\text{관 경}}=3$	24	−	정지 밸브 전개	300	10.0
			앵글 밸브 전개	170	5.0
$\frac{\text{곡률반경}}{\text{관 지 름}}=4$	10	−	원판형 수량계	400	−
			익차식 수량계	300	−
180° 밴드	75	2.2			

$$F_t = 4f\left(\frac{L+L_e}{D}\right)\left(\frac{\overline{u}^2}{2g_c}\right) \tag{2-85}$$

한편 상당길이 L_e 대신 손실계수(또는 저항계수) k_f를 사용하면

$$F_f = k_f \frac{\overline{u}^2}{2g_c} \tag{2-86}$$

한편 관로에서 일어나는 모든 마찰손실을 고려한 전체 두손실은 다음과 같다.

$$\Sigma F = F + F_e + F_c + F_f$$

$$= \left(\frac{4fL}{D} + k_e + k_c + k_f\right)\frac{\bar{u}^2}{2g_c} \ [\text{Kg} \cdot \text{m/kg}] \tag{2-87}$$

예제 2-21

관의 길이가 10 [m]이고 내경이 27.6 [mm]의 관의 중간에 90° 엘보 두 개, 정지밸브 한 개가 있다. 이 관로의 상당길이를 고려한 전체 길이를 구하여라.

풀이

$$D = 0.0276$$

표 2-8로부터 90° 엘보의 $L_e/D = 32$, 정지밸브의 $L_e/D = 300$

∴ 전 삽입물의 $L_e/D = 32 \times 2 + 300 = 364$

$L_e = (364)(0.0276) = 10.0$ [m]

∴ $\Sigma L = L + L_e = 10.0 + 10.0 = 20.0$ [m]

예제 2-22

그림 2-47과 같은 장치로 물을 수송할 경우 펌프의 동력비를 구하라. 모터와 펌프의 총효율 45 [%], 동력비 20 [원/kWH], 수송량 35 [m^3/h]이다. 길이는 부속품의 상당길이를 포함한 것이다.

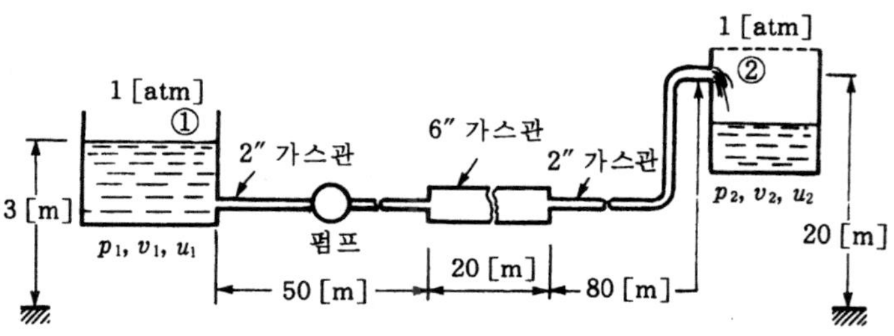

그림 2-47 예제 2-22의 그림

풀이

(계산의 기준) 물 1 [kg]

비압축성 유체이므로

식 (2-53)에서 $w_p = \dfrac{\bar{u}_2^2 - \bar{u}_1^2}{2g_c} + \dfrac{g}{g_c}(z_2 - z_1) + \dfrac{p_2 - p_1}{\rho} + \Sigma F$ ①

물의 밀도 $\rho = 1000\,[\text{kg/m}^3]$, 물의 점도 $= 1\,[\text{cp}] = 0.001\,[\text{kg/m}\cdot\text{s}]$

$p_1 = p_2 =$ 대기압이므로 $p_2 - p_1 = 0$

$\bar{u}_1 = 0$ (큰 면적)

$\bar{u}_2$ (2″ 관에서 유속)

$$\bar{u}_2 = \frac{Q}{\frac{\pi}{4}D^2} = \frac{\left(\frac{35}{3600}\right)}{\left(\frac{3.142}{4}\right)(2.067 \times 0.0254)^2} = 4.48\,[\text{m/s}]$$

$z_2 - z_1 = 20 - 3 = 17\,[\text{m}]$

$\Sigma F = F + F_e + F_c$

i) 직관의 손실 (F)

2″ 관 $N_{\text{Re}} = \dfrac{D\bar{u}\rho}{\mu} = \dfrac{(2.067 \times 0.0254)(4.48)(1000)}{0001} = 235,000$

$\dfrac{\varepsilon}{D}$(그림 2−38) $= 0.00087$

$f = 0.005$

6″ 관

6″ 관에서 유속

연속의 식에서 $(4.48)\left(\dfrac{2.067}{6.065}\right)^2 = 0.520\,[\text{m/s}]$

$N_{\text{Re}} = \dfrac{D\bar{u}\rho}{\mu} = \dfrac{(6.065 \times 0.0254)(0.520)(1000)}{0.001} = 80,200$

$\dfrac{\varepsilon}{D}$(그림 2−38) $= 0.0003$

$f = 0.005$

전길이 $= 20\,[\text{m}]$

$$F = \Sigma \frac{2f\bar{u}^2 l}{g_c D} = \frac{(2)(0.005)(4.48)^2(130)}{(9.807)(2.067 \times 0.0254)} + \frac{(2)(0.005)(0.520)(20)}{(9.807)(6.065 \times 0.0254)}$$

$$= 50.71 + 0.0358 = 50.75\,[\text{Kg}\cdot\text{m/kg}]$$

ii) 축소에 의한 손실 (F_c)

$$\text{tank} \rightarrow 2''\text{관} \quad F_c = K\frac{\overline{u}_2^2}{2g_c} = \frac{(0.5)(4.48)^2}{(2)(9.807)} = 0.512\,[\text{Kg}\cdot\text{m/kg}]$$

① ②
(u_2)

$$\frac{A_2}{A_1} = 0, \quad k_c(\text{그림 } 2-42) = 0.5$$

$$6'' \rightarrow 2'' \quad F_c = \frac{k_c\overline{u}_2^2}{2g_c} = \frac{0.46\times(4.42)^2}{2\times 9.8} = 0.471\,[\text{Kg}\cdot\text{m/kg}]$$

① ②

$$\frac{A_2}{A_1} = \left(\frac{2.067}{6.065}\right)^2 = 0.116 \quad k_c(\text{그림 } 2-42) = 0.46$$

$$F_c = 0.512 + 0.471 = 0.983\,[\text{Kg}\cdot\text{m/kg}]$$

iii) 확대에 의한 손실 (F_e)

$$2'' \rightarrow 6'' \quad F_e = \frac{(\overline{u}_1 - \overline{u}_2)^2}{2g_c} = \frac{(4.48-0.520)^2}{2\times 9.8} = 0.801\,[\text{Kg}\cdot\text{m/kg}]$$

① ②

$$\Sigma F = F + F_c + F_e = 50.75 + 0.983 + 0.801 = 52.53\,[\text{Kg}\cdot\text{m/kg}]$$

$$w_p = \frac{(4.48)^2}{2\times 9.8} + (1)(7) + 52.53 = 70.5\,[\text{Kg}\cdot\text{m/kg}]$$

$$\text{실제 소요동력} = \frac{w_p\cdot w}{102\,\eta} = \frac{(70.5)\left(\frac{35}{3600}\right)(1000)}{(102)(0.45)} = 14.9\,[\text{kW}]$$

동력비 = $(14.9)(1)\times 20 = 298$ [원/h]

2-8 유량측정(流量測定)

유량을 측정하는 일은 제조 프로세스를 조절하고 원활히 운전하는 데 있어서 가장 기본적인 요건이다. 특히 화학공장에서는 기체, 액체의 유량의 측정이 중요하다. 유량의 측정법으로는 유체의 용적과 질량을 직접 계량하는 방법과 유속에 관계되는 다른 양을 측정해서 유량을 구하고, 이로부터 유량을 산출하는 간접적 방법도 있다.

직접계량법 : 습식 가스미터, 피스톤형 수량계, 회전원판형 수량계

간접계량법 : 오리피스 유량계, 노즐 유량계, 벤투리 유량계 등으로 유로를 일부 막아서 생기는 압력강하를 측정하여야 한다.

로타미터(rotameter) — 압력강하를 일정히 유지하는데 필요한 유로의 면적변화를 측정하

여 유량을 안다.

피토관(pitot tube), 열선풍량계 — 전자는 동차(動車)를 이용하는 방법이며, 후자는 전기적으로 가열된 백금선에 대한 기류의 냉각효과를 백금선의 전기저항의 변화로 측정하며, 관로 단면의 특정 부분의 유속을 구하고 이로부터 평균유속을 산출한다.

염수농도법—흐름 중에 일정량의 화학염을 혼합하고 그 농도를 측정해서 산출한다.

언(weir)—흠의 흐름에 둑(堰)을 설치하고 이를 넘는 액면의 높이를 측정해서 유량을 안다.

여기서는 대표적인 방법의 원리와 특징을 기술한다.

1. 오리피스 미터(orifice meter)

오리피스 미터는 가장 간단한 장치이다. 기운데 원형의 구멍을 날카롭게 뚫은 옛날 엽전같은 것이다. 이 오리피스판을 유로의 흐름에 직각으로 장치하면 경계층의 분리현상이 일어나서 주로 형태마찰에 의한 압력손실이 발생한다. 즉 흐름이 가장 좁은 부분 축류부(縮流部, vena contracta)와 오리피스 상류의 한 점에 마노미터를 연결하여 압력강하의 크기를 측정하여 이로부터 유량을 구한다. 흐름의 축소가 시작되면 직선 ①과 축류부 ② 사이에 두손실이 없는 것으로 하고 Bernoulli정리를 하면 $w_p = 0$, $\Sigma F = 0$, $z_1 = z_2$이기 때문에 다음 식이 성립한다.

$$\frac{\bar{u}_2^2 - \bar{u}_a^2}{2g_c} = \frac{p_1 - p_2}{\rho} (= \Delta h)\ [\text{Kg} \cdot \text{m/kg}] \qquad (2\text{-}88)$$

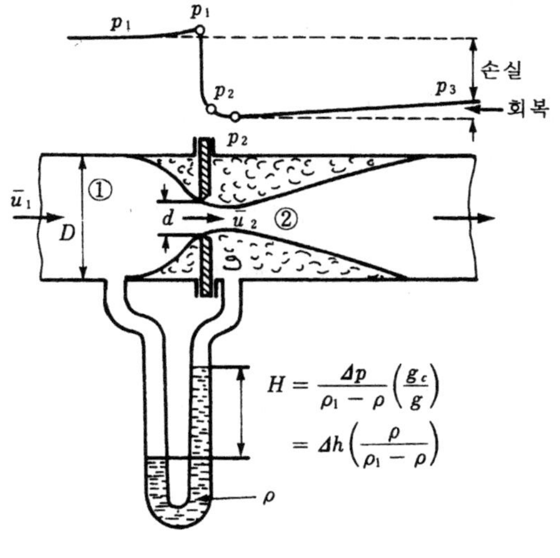

그림 2-48 오리피스 유량계

원관의 단면적을 A_1, 축류부의 단면적을 A_2라면 비압축성 유체에서는 밀도가 일정하므로 연속의 식으로부터 $A_1\bar{u}_1 = A_2\bar{u}_2$가 된다. 그러나 실제로 축류부의 단면적 A_2을 알기에는 불가능하므로 오리피스의 단면적 A_0와 근사적으로 같다고 가정하고 정리하면

$$\bar{u}_1 = \frac{A_2}{A_1}\bar{u}_2 = \frac{A_0}{A_1}\bar{u}_2 = m\bar{u}_2 \tag{2-89}$$

여기서 m을 **개구비**(開口比, open ratio)라고 하며

$$m = \frac{A_0}{A_1} = \left(\frac{D_0}{D_1}\right)^2 \tag{2-90}$$

이 된다.

식 (2-88)에서 $\bar{u}_1$를 소거하면 축류부에서 평균유속 $\bar{u}_2$는

$$\begin{aligned}\bar{u}_2 &= \frac{1}{\sqrt{1-m^2}}\sqrt{\frac{2g_c\Delta p}{\rho}} \\ &= \frac{1}{\sqrt{1-m^2}}\sqrt{2g_c\Delta h}\ [\mathrm{m/s}]\end{aligned} \tag{2-91}$$

그런데 실제로는 오리피스에서도 마찰손실이 있으므로 속도는 $\bar{u}_2$보다 작을 것이다. 또 단면적 A_2와 A_0는 엄밀히 말해서 다르다. 따라서 오리피스에서의 유속 u_0를 구하기 위해서는 이들을 종합하여 고려한 유출계수(流出係數, discharge coefficient) C_o를 사용하여 보정해 준다.

$$\bar{u}_0 = \frac{C_o}{\sqrt{1-m^2}}\sqrt{\frac{2g_c\Delta p}{\rho}} = \frac{C_o}{\sqrt{1-m^2}}\sqrt{2g_c\Delta h}\ [\mathrm{m/s}] \tag{2-92}$$

유출계수는 일반적으로 오리피스에서의 레이놀즈수 (N_{Re})와 개구비의 함수가 되며 이 관계를 예리한 오리피스에 대하여 나타낸 것이 그림 2-49이다.

$(N_{\mathrm{Re}})_o$가 30,000을 넘으면 C_o는 약 0.61의 일정한 값을 갖는 것을 알 수 있다. 한편 오리피스에 설치된 마노미터 읽음(manometer reading)이 R이라면 압력차 (Δp)를 구하여 식 (2-92)에 적용하면

$$U_o = \frac{C_o}{\sqrt{1-m^2}}\sqrt{\frac{2g(\rho_A-\rho_B)R}{\rho_B}}\ [\mathrm{m/s}] \tag{2-93}$$

이 된다. 여기서 ρ_A는 마노미터 유체의 밀도 [kg/m^3], ρ_B는 흐르는 유체의 밀도 [kg/m^3]이다. 또한 오리피스에서의 유량 Q_o [m^3/h]라는 다음 식으로 구할 수 있다.

$$Q_o = A_0 u_0 = \frac{\pi D_0^2}{4} \frac{C_o}{\sqrt{1-m^2}} \sqrt{\frac{2g(\rho_A - \rho_B)R}{\rho_B}} \ [\mathrm{m^3/s}] \qquad (2\text{-}94)$$

한편 유체가 압축성일 때는 오리피스 장치를 통할 때 단열팽창 하기 때문에 $\int_1^2 v\,dp$가 무시되지 않는다. 따라서 이 경우는 식 (2-89)의 우변에 압축성을 고려한 팽창보정계수를 곱할 필요가 있다. 그런데 압축성을 무시한 경우의 오차는 $\frac{p_1 - p_2}{p_1} \leqq 0.01$일 때 0.5[%] 이하이고,

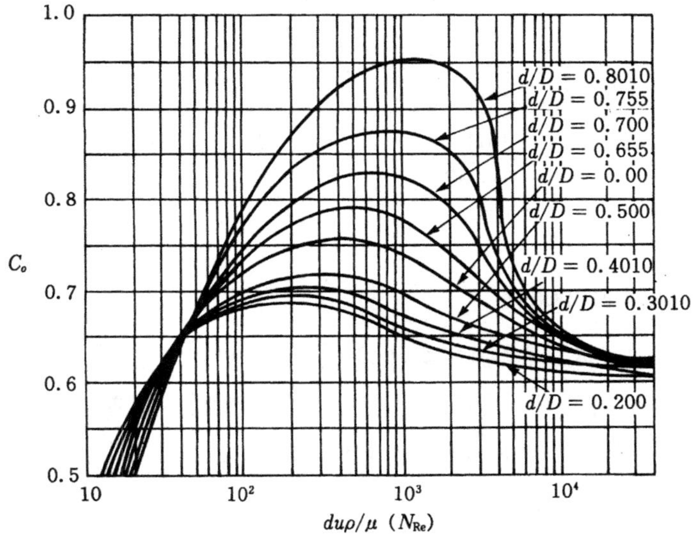

그림 2-49 오리피스 유량계의 유출계수

$\frac{p_1 - p_2}{p_1} = 0.1$일 때 5.2[%] 정도이다.

오리피스 유량계는 그의 제작이 용이하고 값이 싸며 정확도가 크기 때문에 많이 이용되나 오리피스를 통과할 때 속도두로 변화된 정압두의 상당부분이 회복되지 않고 손실되어 유체수송을 위한 소요동력이 증가하는 결점이 있다. 전술한 바와 같이 개구비가 크면 이 손실을 적어지나 정확도가 떨어져서 관로 중의 오리피스를 붙이는 곳만 전후에 직경이 큰 관을 사용하여 오리피스를 통과할 때 유속을 적게 함으로써 개구비를 감소시킨다.

예제 2-23

내경 500[mm] 관에 공기가 흐르고 있다. 오리피스 구경 250[mm]인 예리한 입구를 가진 오리피스로 공기의 유량을 측정하려고 한다. 이때 압력차 300[mmH_2O]를 얻었다. 온도는

20[℃], 대기압은 760[mmHg], 하류의 게이지압은 240[mmHg]이다. 유량[m³/s]를 구하여라. 단, $C_o = 0.63$이다.

풀이

$$Q_o = \frac{\pi D_0^2}{4} \frac{C_o}{\sqrt{1-m^2}} \sqrt{\frac{2g(\rho_A - \rho_B)}{\rho_B}} \ [\mathrm{m^3/s}]$$

$$m = \left(\frac{D_0}{D}\right)^2 = \left(\frac{250}{500}\right)^2 = 0.25$$

20[℃], 760 + 240 = 1000[mmHg]에서 공기의 밀도

$$\rho = \frac{29}{22.4 \times \left(\frac{293}{273}\right) \times \left(\frac{760}{1000}\right)} = 1.59\ [\mathrm{kg/m^3}]$$

$$\therefore Q_o = \frac{\pi \times (0.25)^2}{4} \cdot \frac{0.63}{\sqrt{1-(0.25)^2}} \sqrt{\frac{2 \times 9.8 \times (1000 - 1.59) \times 0.3}{1.59}} = 1.90\ [\mathrm{m^3/s}]$$

---

2. 벤투리 미터(venturi meter)

벤투리 유량계는 오리피스 유량계와 같이 차압유량계지만 그림 2-50과 같이 노즐 후방에 확대관을 두어 두손실을 적게 하고 압력을 회복하도록 한 것이다. 수축부의 각도 20~30°, 확대부의 각도 6~13°, 인후부(제일 좁은 부분)의 직경은 관경의 1/2~1/4의 범위로 한다. 손실압력은 최대압 강하의 10~20[%]이다. 보통 $(N_{\mathrm{Re}})_t > 10,000$의 액체의 유량 측정에 사용된다.

비압축성 유체에 관한 유량공식은 오리피스 미터와 비슷하게 다음 식이 된다.

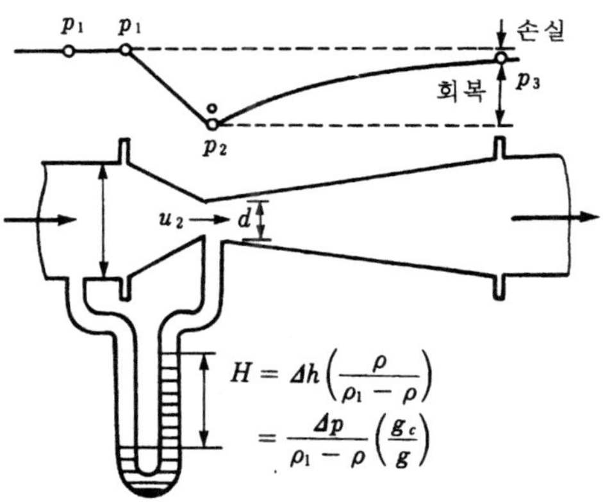

그림 2-50 벤투리 유량계

$$\bar{u}_v = \frac{C_v}{\sqrt{1-m^2}}\sqrt{\frac{2gc\Delta p}{\rho}} = \frac{C_v}{\sqrt{1-m^2}}\sqrt{\frac{2g(\rho_A-\rho_B)R}{\rho_B}} \qquad (2\text{-}95)$$

$$Q_v = \frac{\pi D_v^2}{4}\frac{C_v}{\sqrt{1-m^2}}\sqrt{\frac{2g(\rho_A-\rho_B)}{\rho_B}}\ [\mathrm{m^3/s}] \qquad (2\text{-}96)$$

여기서 C_v는 유량계수이며, 그 값은 $m=\frac{1}{4}\sim\frac{1}{6}$일 때 $(N_{\mathrm{Re}})_v=\frac{D_v\bar{u}_v\rho}{\mu}>10^4$의 범위에서는 거의 0.98로 하여 사용하면 좋다. 그러나 엄밀하게 개개의 계기에 관하여 교정시험을 할 필요가 있다. 벤투리 유량계는 오리피스에 비해 두손실이 적어 계기로서는 이상적이나 설치하는데 공간을 많이 차지하고 값이 비싼 점이 결점이다.

예제 2-24

venturi meter를 사용하여 상온에서 물의 유량을 측정한다. 입구 36″, 벤투리 목 18″의 벤투리 미터로 수은 마노미터의 읽음이 78.7 [mm]일 경우 유량[m³/day]과 관에서의 평균유속을 구하라(단, $C_v=0.98$이다).

풀이

식 (2-95)에서

$$Q_v = \frac{\pi}{4}D_v^2\left(\frac{C_v}{\sqrt{1-m^2}}\right)\sqrt{\frac{2g(\rho'-\rho)R}{\rho}}\ [\mathrm{m^3/s}]$$

$$= \left(\frac{3.142}{4}\right)(18\times0.0254)^2\left(\frac{0.98}{\sqrt{1-\left(\frac{1}{2}\right)^4}}\right)\times$$

$$\sqrt{\frac{(2)(9.807)(13.6-1)(1000)(0.0787)}{(1000)}}(3600\times24)\ [\mathrm{m^3/day}]$$

$$= (0.732)(3600)(24)$$

$$= 63,200\ [\mathrm{m^3/day}]$$

$$\bar{u} = \frac{Q_v}{\frac{\pi}{4}D^2} = \frac{0.732}{\left(\frac{3.142}{4}\right)(36\times0.0254)^2} = 1.12\ [\mathrm{m/s}]$$

---

3. 피토관(pitot tube)

피토관은 오리피스 미터나 벤투리 미터와는 달리 국부속도를 측정할 수 있는 장치이다. 그림 2-51과 같이 중심이 같은 2중 원관으로 되어 있으며, 외관의 끝부분에는 흐름에 수직으로 작은 구멍이 뚫려 있다. 따라서 내관에서는 유체운동에의 동압(動壓), 외관에서는 정압(靜壓)을 측정하도록 되어 있고 이것을 각각 마노미터의 두 끝에 연결하여 압력의 차를 읽을 수 있게 되어 있다.

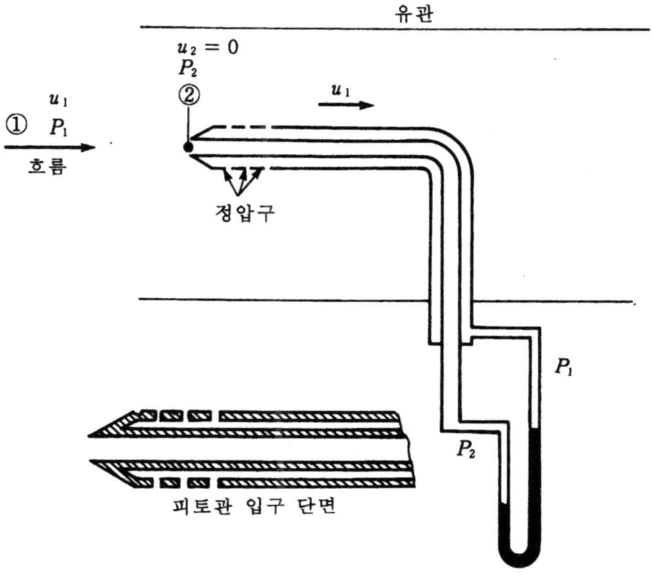

그림 2-51 피토관의 원리

흐름의 속도구배가 있을 경우 피토관의 위치에 따라서 동압이 변할 것이므로 그 부분에서의 국부속도(local velocity)만을 측정할 수가 있는 것이다.

$$p_2 = p_1 + \frac{\bar{u}^2 \rho}{2g_c} \tag{2-97}$$

$$\Delta p = \frac{\bar{u}^2 \rho}{2g_c} \tag{2-98}$$

$\Delta p = \rho \Delta h \dfrac{g}{g_c}$ 이므로

$$\Delta hg = \frac{\bar{u}^2}{2}$$

$$\bar{u} = \sqrt{2g\Delta h} = \sqrt{\frac{2g(\rho_A - \rho_B)R}{\rho_B}} \tag{2-99}$$

가 된다. 즉 마노미터의 읽음 R [m]를 얻으면 이 식으로부터 유체의 국부속도를 측정할 수가 있게 된다. 피토관은 이 원리를 이용한 것이다.

피토관으로 유량을 구하기 이해서는 관축상의 유속(즉 최대 유속) u_{max}을 측정하고 $\bar{u}/u_{max}$가 마찰계수 f의 함수인 것을 이용한다. 층류에서는 관의 내면의 조도에 무관하고 $\bar{u}/u_{max}=0.5$이나 난류에서는 평활면과의 경우 속도비와 $(N_{Re})_{max}\left(=\dfrac{Du_{max}\rho}{\mu}\right)$와의 관계를 나타낸 그림 2-52를 이용한다. 단 속도비의 변화가 현저한 $(N_{Re})_{max}=2000\sim4000$의 범위에서는 측정값의 신뢰성이 없어서 사용하지 않는 것이 좋다.

피토관은 보통 관로 내의 유속분포의 측정에 사용되나 설비가 간단하고 두손실도 적어서 직경이 큰 관의 유속측정에 잘 이용된다. 그러나 유체가 기체인 경우에는 일반적으로 동력이 적어져서 0.1[m/s] 이하의 유속의 측정은 곤란하다.

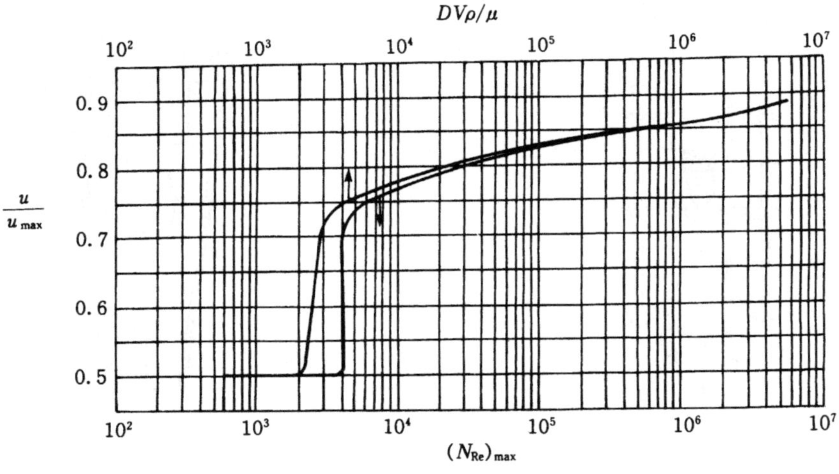

그림 2-52 평활관에서 속도비와 N_{Re}와의 관계(평활면)

예제 2-25

내경 100[mm]의 평면관을 흐르는 20[℃]의 공기의 중심유속을 측정하니 10.5[m/s]이었다. 관 내의 평균유속은 얼마인가? 단 20[℃]의 공기의 밀도는 1.21[kg/m³], 점도는 1.8×10^{-5}[kg/m·s]이다.

풀이

$$(N_{Re})_{max}=\frac{Du_{max}\rho}{\mu}=\frac{(0.1)(10.5)(1.21)}{1.8\times10^{-5}}=7.06\times10^{4}$$

따라서 그림 2-43에 의하여

$$\frac{\bar{u}}{u_{max}}=0.809\quad\therefore\ \bar{u}=(0.809)(10.5)=8.49\ [\text{m/s}]$$

4. 로타미터(rotameter)

윗방향으로 갈수록 조금씩 넓어진 유리관(taper tube) 중에서 유체를 밑에서 위로 보내면서 여러 가지 형의 부자(浮子, float)를 띄워서 유체 중의 부자의 중력(=부자의 무게－부자의 부력)과 부자의 상하 압력차에 의해 부자를 밀어 올리는 상향력(上向力)과 평행을 이루는 위치에서 정지하게 되는데 이 위치를 유리관의 눈금으로부터 읽어 유량을 아는 면적유량계의 일종이다.

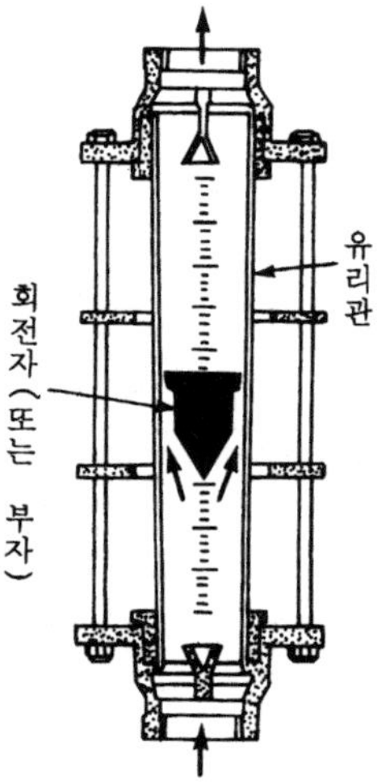

그림 2-53 로타미터

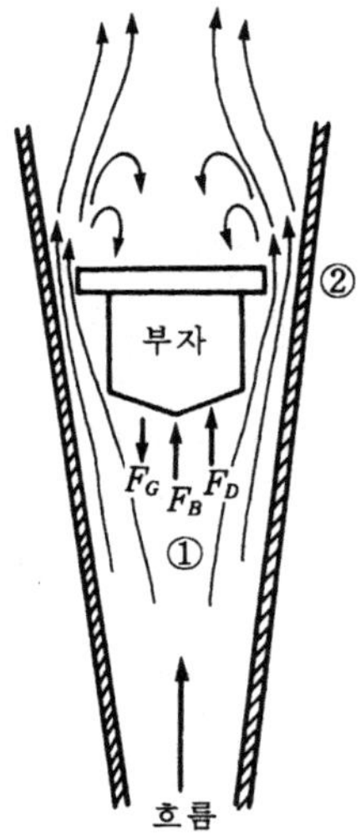

그림 2-54 정상상태에서의 로타미터

그림 2-54는 부자가 일정한 위치에서 머물러 있을 때의 상태를 표시한 것이다. 이 상태에서 작용하는 힘은 중력 F_G, 부력 F_B, 마찰에 의한 드랙 힘(drag force) F_D이다. 정상상태에서는

$$F_D = F_G - F_B = v_f \rho_f \frac{g}{g_c} - v_f \frac{g}{g_c} = v_f(\rho_f - \rho)\frac{g}{g_c} \tag{2-100}$$

여기서 v_f와 ρ_f는 부자의 부피와 밀도, ρ는 유체의 밀도이다.

v_f는 m_f/ρ_f(m_f= 부자의 질량)이므로

$$F_D = m_f\left(1 - \frac{\rho}{\rho_f}\right)\frac{g}{g_c} \tag{2-101}$$

이다. 일정한 유량으로 조작될 때는 우변은 일정하며 유량에 독립적이다. 따라서 F_D는 일정하며 유량이 변하면 이 효과는 부자의 위치에 바꿔버린다.

예를 들어 유량이 증가하면 이 증가분의 유량에서 오는 F_D의 증가는 부자의 위치가 상승해서 속도를 떨어뜨려 상쇄시켜 버린다.

5. 습식 가스유량계(wet gas meter)

그림 2-55와 같이 고정 수평원통 중에 절반은 물에 잠긴 회전 드럼이 있으며 가스는 중심 O로부터 화살표방향으로 D실에 들어가며 그 부력에 의하여 드럼을 회전시켜 상부로 나가게 한다. 회전수는 기계적으로 계기의 눈금에 지시되도록 하였다. 측정할 때는 바르게 수평으로 놓고 수면의 높이를 일정하게 유지하도록 주의하지 않으면 안 된다. 이 유량계는 어떤 기간 내의 전 유량을 측정하는 것으로 평균유속을 계산할 수는 있으나 순간적 유속은 측정되지 않는다.

6. 둑(堰, weir)

도랑에 흐르는 액체(液體)의 수위를 높이고 또한 유량을 측정할 목적으로 흐르는 유체 단면에 홈이 파인 벽을 설치한다. 이를 **둑** 또는 **언**(堰, weir)이라 한다. 유량 측정용으로는 삼각둑, 사각둑, 원형둑이 있다. 유량은 이 둑을 넘은 액의 높이와 일정한 관계가 있기 때문에 액의 높이를 읽어서 유량을 측정할 수가 있다. 지금 그림 2-56에서 둑을 넘는 높이를 H [m], 액면 아래 h [m]의 빗금부분으로부터 유출하는 액체의 유속을 u [m/s]라 하면 식 (2-57)에 의하여

$$u = \sqrt{2gh}$$

이기 때문에 미소면적($dA = bdh$)로부터 유출하는 액체의 유량 $dQ\,[\mathrm{m^3/s}]$는

$$dQ = b \cdot dh\sqrt{2gh} \qquad (2\text{-}102)$$

여기서 $b = 2y,\ \tan\theta = \dfrac{y}{x},\ y = x\tan\theta = (H-h)\tan\theta \quad \therefore\ b = 2(H-h)\tan\theta$임으로 이를 대입하면

$$dQ = 2(H-h)\tan\theta\sqrt{2gh}\,dh \qquad (2\text{-}103)$$

이 식을 h에 대하여 0으로부터 H까지 적분하면 유량이 얻어진다.

$$Q = 2\sqrt{2g}\tan\theta\int_0^H (H-h)\sqrt{h}\,dh = \frac{8}{15}\sqrt{2g}\tan\theta H^{5/2}\ [\mathrm{m^3/s}] \qquad (104)$$

실제로는 흐름의 축소 기타의 영향으로 윗식의 우변에 보정계수 C를 곱할 필요가 있다.

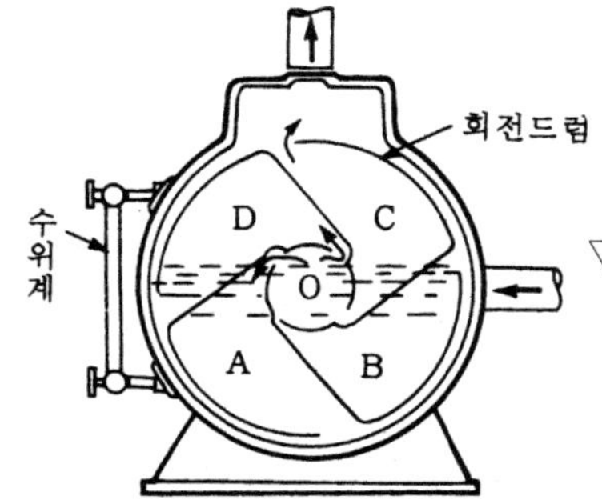

그림 2-55 습식 가스미터

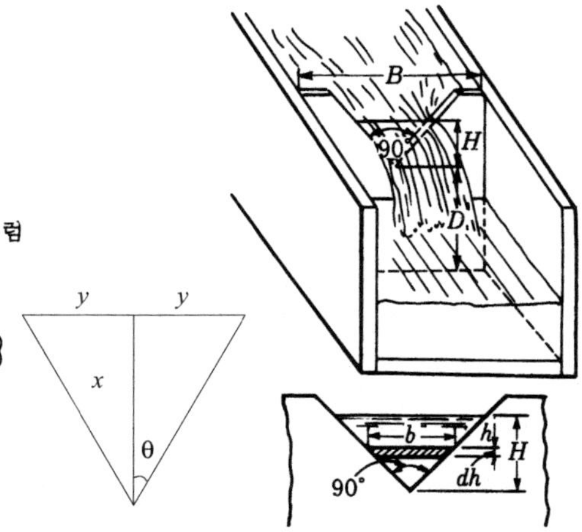

그림 2-56 둑(weir)

$$Q = \frac{8}{15} C\sqrt{2g} \tan\theta H^{5/2} \ [\mathrm{m^3/s}] \tag{2-105}$$

보정계수 C는 유량계수로서 둑과 유로의 형상, 크기 외에 액의 성질과 유속에 의하여 다소 변하기 때문에 실험적으로 구한다.

유체가 물의 경우 다음 식으로 표시된다.

$$C = 0.573 + \frac{0.0017}{H} + \left(0.059 + \frac{0.08}{\sqrt{D}}\right)\left(\frac{H}{B} - 0.09\right)^2 \tag{2-106}$$

연습문제

1 3 in 스케듈 수 40 표준 강관을 사용하여 10 [m^3/h]로 액체를 수송할 경우 평균유속을 구하라. 그 액체의 비중이 0.9라면 질량기준 유량은 얼마냐?

2 4 in, 스케듈 수 80인 강관 내를 2.5 [m/s]의 속도로 물을 보낼 때 유량을 [m^3/h]로 구하라.

3 비중 0.8 점도 0.008 [p]의 액체가 내경 20 [mm]의 관내를 120 [m/min]의 평균속도로 흐르고 있다. 그 흐름은 층류이냐 난류이냐?

4 20 [℃]의 물을 4.0 [m^3/h]로 보낸다. 관내 평균유속을 1.5~2 [m/s]로 하기 위하여 몇 [in]의 표준강관을 사용해야 하나? 이 때 평균유속과 유체의 흐름을 정하라.

5 한 쪽의 단면적이 1 [m^2], 다른 쪽이 0.5 [m^2]이다. 넓은 쪽의 유속이 0.3 [m/s]라 하면 다른 쪽의 유속 [m/s]과 유량([m^3/h], [kg/s])을 구하라, 단 유체의 밀도는 1 [g/cm^3]이다.

6 공기가 수평으로 흐르는 도중 협소한 부분을 통과한다. 처음 공기의 온도는 21 [℃], 유속 91.5 [m/s], 압력 10.56 [Kg/cm^2 · abs], 나중의 유속 152 [m/s], 압력 7.05 [Kg/cm^2 · abs]일 경우 외부와 열의 출입이 없다면 출구의 공기의 온도는 얼마가 되느냐? 공기의 평균비열은 7 [kcal/kg mol · ℃]이고 이상기체로 계산하라.

7 직경이 일정한 원관 중을 물이 일정 유속으로 흐른다. 출구는 입구보다 3 [m] 높이에 있

고, 입구의 압력은 1 [Kg/cm^2 · abs], 출구 압력은 1.75 [Kg/cm^2 · abs]이다. 펌프는 물 1 [kg]에 15 [Kg · m]의 에너지를 공급하여야 한다면 마찰에 의한 에너지 손실을 구하라.

8 저부압력 1.27 [Kg/cm^2 · abs]에 있을 경우 밀도 0.642 [g/cm^3]의 액주의 높이를 구하라. 위쪽은 대기에 개방되어 있다.

9 어떤 액체가 내경 50 [m]의 강관 내를 3 [m/s]의 속도로 흐른다. 액체의 밀도가 0.8 [g/cc], 점도가 4 [cp]일 때 관의 길이 50 [m]에 대하여 마찰에 의한 기계적 손실을 구하라.

10 높이 2 [m]에 있는 용액 탱크의 저부에서 내경 2.76 [mm]의 강관을 통하여 지상의 탱크에 유출시킨다. 관로의 상당길이는 10 [m]이고 용액의 깊이는 3 [m], 용액의 비중 1.23, 점도 0.97 [p]일 경우 배출유량을 구하라.

11 20 [℃]의 물을 4.0 [m^3/h]로 보낸다. 관내 평균유속을 1.5~2.0 [m/s]로 하기 위해서는 몇 인치(in) 표준강관을 사용하면 좋겠는가? 이 때 평균유속과 N_{Re}을 구하여라.

12 수평보온관 내를 과열증기가 일정 질량속도로 흐른다. 지금 어떤 단면에 있어서는 온도가 310 [℃], 압력은 60 [mmHg · abs], 유속은 50 [m/s]이며, 이보다 하류의 단면 ②에서의 온도는 300 [℃], 압력은 40 [mmHg · abs]이었다. ①~② 사이에서 보온재 표면으로부터 잃는 열량은 증기 1 [kg] 당 몇 [kcal]인가? 단 이 경우 과열증기는 거의 완전기체로 볼 수 있으며, 평균비열은 0.48 [kcal/kg · deg]로 한다.

13 매시 10 [ton]의 물을 실양정 10 [m]의 탱크에 보낸다. 펌프 및 모터의 총효율을 70 [%]

로 하여 모터의 소요동력을 계산하여라.

14 비중 0.80, 점도 27 [p]의 원유를 10″ 표준강관을 사용하여 200 [m^3/h]로 수송할 때 관의 길이 1 [km] 당 두손실 및 압력강하를 구하여라.

15 2″ 표준강관 내를 20 [℃]의 물이 12.0 [m^3/h]로 흐른다. 관로의 어떤 단면의 정압이 2 [Kg/cm^2 gage]이라면 이로부터 100 [m] 하류에서 10 [m] 저위의 어떤 단면의 정압은 얼마인가?

16 상온의 물을 탱크의 액면보다 5 [m] 수식으로 밑에 있는 용기에 표준강관으로 중력에 의하여 5 [m^3/h]의 유속으로 공급한다. 탱크와 용기 사이에 밸브, 기타에 대한 상당지름을 포함해서 길이를 15 [m]로 하고 이 마찰손실 이외는 다른 것은 없다고 할 때 관경을 구하여라.

17 밀도 0.8 [g/ml]의 액체가 내경 50 [mm]의 관 내를 흐른다. 도중에 공경 25.4 [mm]의 오리피스가 있으며, 수은 마노미터의 읽음이 100 [mm]이었다. 오리피스 계수 C_0 = 0.61로 하여 유량을 [m^3/h] 및 [kg/h]로 구하여라.

18 2″ 강관과 3″ 표준강관을 직단면으로 이을 때 생기는 급격한 확대와 축소에 의한 압손실을 구하여라. 단 유체는 20 [℃]의 물이며, 또한 유량은 24 [m^3/h]로 한다.

19 압력 600 [lbf/in^2 abs], 온도 850 [°F]의 과열증기가 내경이 3.826″ 의 관 속을 30.000 [lb/h]로 흐를 때, 압력손실은 100 [ft]에 대하여 얼마인가? [lbf/in^2]로 구하여라.

20 공기가 흐르는 내경 300 [mm]의 관의 중심에 피토관을 설치하고 물을 봉입하여 차압을 측정하였더니 그의 읽음이 300 [mmH_2O]이었다. 따로 공기의 온도와 정압을 측정하니 20 [℃]에서 170 [mmH_2O · gage]이다. 관속 공기의 평균유속을 구하여라.

---

1. 0.581 [m/s], 2.5 [kg/s]
2. 66.8 [m^3/h]
3. $R_e = 40,000$ (난류)
4. 1″ 강관, 1.99 [m/s], $R_e = 51,200$ (난류)
5. 0.6 [m/s], 1080 [m^3/h], 300 [kg/s]
6. 13.7 [℃]
7. 4.5 [Kg · m/kg]
8. 3.7 [m]
9. 13.0 [Kg · m/kg], 1.04 [Kg/cm^2]
10. 0.876 [m/s], 2320 [kg/h]
11. 1″ 관 ($D = 276$ mm), 평균유속 1.86 [m/s], $N_{Re} = 51,300$ (난류)
12. 4.45 [kcal]
13. 0.529 [Ps]
14. 187 [Kg · m/kg], 15.0 [Kg/cm^2]
15. 3.53 [Kg/cm^2 abs]
16. 26 [mm]로 1″ 표준강관이면 좋다.
17. 6.22 [m^3/h], $6.22 \times 1000 \times 0.8 = 4976$ [kg/h]
18. $h_e = 0.15$ [m], $h_c = 0.12$ [m]
19. 6.8 [lbf/in^2]
20. $\overline{u} = 17.8$ [m/ sec]

제3장

열 전 달

화학공업에서는 열의 이동을 다루는 조작이 많다. 그것은 물질의 가열, 냉각 및 응축과 증기의 발생, 반응열의 제거, 흡수열의 공급은 물론 증발, 증류, 조습, 건조 등에서는 특히 **열전달**(熱傳達, heat transfer)이 절대적으로 필요하다. 따라서 열전달에 관한 이론과 장치의 형태에 관한 지식은 유동의 이론과 함께 화학공학의 중요한 기초가 된다.

3-1 열전달 기구(熱傳達機構)

물질은 그 상태에 따라 정해진 내부 에너지를 가지며 내부 에너지 중 분자, 원자, 전자 등의 병진운동과 회전운동, 열진동 등의 운동 에너지가 그 물체의 온도를 결정한다. 온도가 다른 두 물체가 접촉하면 고온 물체로부터 저온 물체로 온도차에 의해 열평형에 도달할 때까지 열이 전달된다. 이 때 열이 전달되는 속도는

$$\text{열전달 속도} = \frac{\text{추진력(온도차)}}{\text{열저항}}$$

인 관계가 있기 때문에 열전달 속도를 크게 하기 위해서는 추진력인 온도차를 크게 하던지 열저항(heat resistance)을 적게 할 필요가 있다. 열의 이동은 열이 전달되는 방법에 따라 다음과 같이 세 가지 기구에 의하여 이루어진다.

(1) 전도(傳導, conduction)

같은 물체 중에서나 또는 접촉하고 있는 다른 물체 사이에 온도차가 있으면 정지하고 있는 유체의 경우에는 분자의 운동 또는 직접 충돌에 의하여, 금속의 경우에는 전자의 이동에 의하여 고온부에서 저온부로 열전달이 일어나는 현상으로 분자자신은 진동만 하며 이동하지 않는다. 금속과 같은 고체벽을 통한 열전달 등이 이에 속한다.

(2) 대류(對流, convection)

고온의 유체분자가 직접 이동하여 밀도차에 따른 혼합에 의하여 열전달이 일어나는 현상으로 실내공기의 가열, 물의 가열 등은 주로 대류에 의해 이루어진다.

(3) 복사(輻射, radiation)

모든 물체는 절대 0도가 아닌 한 그 온도에 해당하는 열에너지를 표면으로부터 모든 방향에 전자파로서 복사한다. 이 에너지가 공간을 통해서 물체에 도달하면 일부는 표면반사되고 일부는 투과되며 일부는 흡수된다. 이 때 흡수된 에너지는 그 물체의 온도를 상승시킨다. 이와 같은 열전달 현상을 **복사**라고 한다.

위의 세 가지 열전달 기구는 단독으로 일어나기 보다는 동시에 일어나는 경우가 많다. 일반적으로 300[℃] 이하에서는 열전달이 주로 전도와 대류로 이루어지고 복사현상은 무시할 정도이며 고온으로 올라갈수록 복사의 영향이 커지며, 1000[℃] 이상에서는 복사가 지배적이며 대류에 의한 열전달량은 무시해도 좋다.

3-2 전도(傳導)

열전달장치에는 여러 가지 형식이 있으나 관 또는 판의 고체벽을 통해서 열을 전하는 경우가 보통이다. 또한 화학장치에는 보온, 보냉을 행할 경우가 많다. 이와 같을 때는 고체 내의 열전달이 문제가 되며 특히 노벽(爐壁)과 보온재에 관하여서는 열전도가 중요한 의미를 가진다.

1. Fourier의 법칙과 열전도도

열전도의 기본 법칙은 실험적 관찰에 근거하여 Biot로 유래되었으나 일반적으로는 그것을 열의 이론적 해석에 사용한 프랑스 수리물리학자 Joseph Fourier에 의해서 성립되었다. 이 법칙에 의하면 한 방향으로의 전도에 의한 열전달속도는 열흐름에 수직한 면과 그 방향의 온도구배의 곱에 비례한다.

지금 그림 3-1과 같이 물체의 어떤 단면을 자르고 미소거리 dl [m] 사이의 온도차가 dt [℃]라고 할 때 미소시간 $d\theta$ [h]에 미소열량 dQ [kcal]가 흐를 경우를 생각해 보자.

dt/dl [℃/m]는 단위길이당의 온도차로 **온도구배**(溫度勾配), $dQ/d\theta$ [kcal/h]는 단위시간에 전달되는 열량으로 이를 **열전달속도** 또한 열이 흐르는 방향과 직각인 물체의 단면적 A [m^2]를 **열전달면적**이라고 하면 열흐름은

$$\frac{dQ}{d\theta} = -kA\frac{dt}{dl} \text{ [kcal/h 또는 W]} \tag{3-1}$$

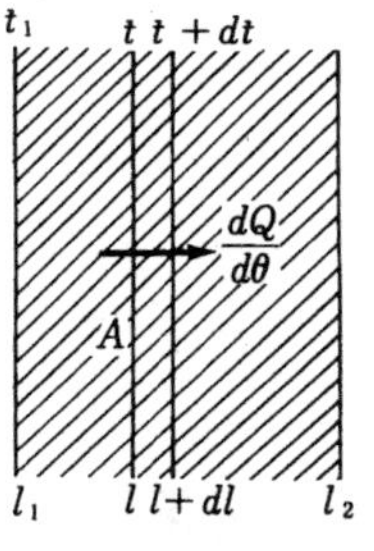

그림 3-1 1차원의 정상열전도

로 주어진다. 이 식을 **Fourier의 법칙**이라 하며, 열전도의 기본 법칙이다.

여기서 비례상수 k는 물질의 **열전도도**(熱傳導度, thermal conductivity)라고 하며 물질의 열전달이 좋고 나쁨을 나타내며 단위는 [kcal/m · h · ℃] 또는 [W/m · ℃]이다. k값은 실험적으로 구해지나 그 크기는 물질에 따라 다르며 같은 물질이라도 온도에 따라 변한다. 그림 3-2~3-5는 여러 물질의 열전도도를 나타낸다. 이들 그림을 보면 열전도도 k의 값은 온도의 1차원적인 함수로 보아도 좋은 경우가 대부분이다. 즉

$$k = a + bt \text{ [kcal/m · h · ℃]} \tag{3-2}$$

와 같이 나타낼 수 있다.

식 (3-1)은 열전도의 어떤 순간에 있어서의 속도를 나타내며 비정상상태의 기본식이나 화학공업의 열전달조작은 대부분 각 부분의 온도가 시간에 따라 변하지 않는 정상상태이기 때문에 열전달속도 $dQ/d\theta$는 일정하다. 즉 정상상태에서는

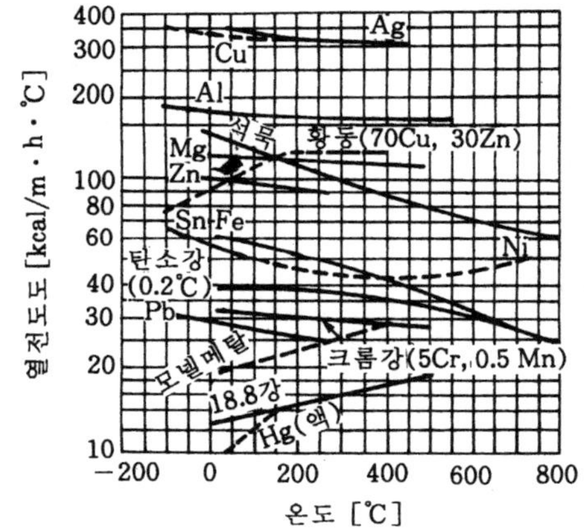

그림 3-2 금속의 열전도도

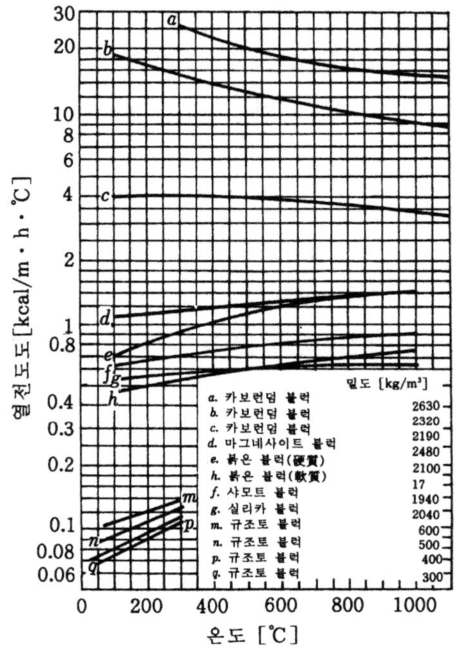

그림 3-3 벽돌의 열전도도

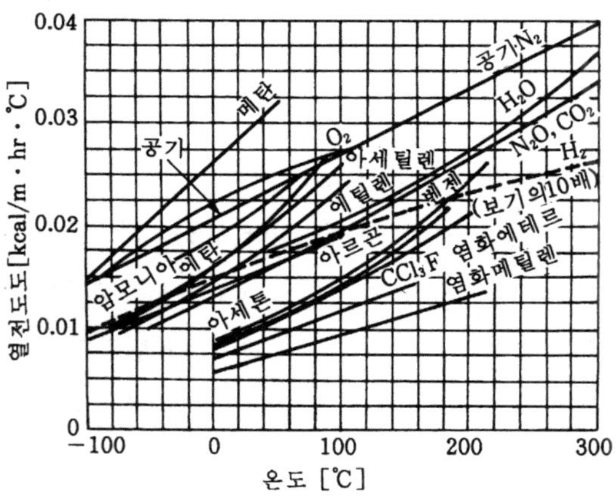

그림 3-4 기체의 열전도도

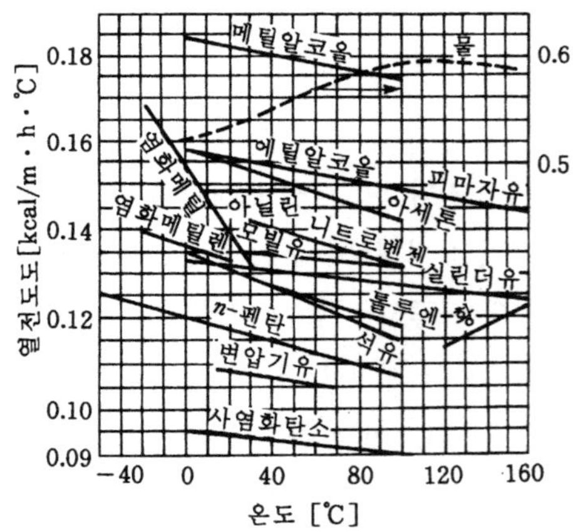

그림 3-5 액체의 열전도도

$$q = \frac{dQ}{d\theta} = -kA\frac{dt}{dl} \text{ [kcal/h]} \tag{3-3}$$

또는

$$q\int\frac{dl}{A} = -k\,dt \tag{3-4}$$

가 된다. 식 (3-3), (3-4)는 정상 열전도의 기본식이다. 특히 식 (3-3)에서 q/A [kcal/h · m^2 또

는 W/m²]는 단위면적당의 열전달속도로서 **열플럭스**(heat flux)라고 한다.

두 온도사이의 평균 열전도도 k_{av}는 다음과 같으며, 열전달과정에서 상수로 취할 수 있다.

$$k_{av} = \frac{k_1 + k_2}{2} \tag{3-5}$$

여기서 k_1, $k_2 = t_1$, t_2에서 열전도도

따라서 $l_1 \sim l_2$, $t_1 \sim t_2$ 사이에서 적분하면 다음과 같다.

$$q = \frac{k_{av}(t_1 - t_2)}{\int_{l_1}^{l_2} \frac{dl}{A}} \ [\text{kcal/h}] \tag{3-6}$$

2. 1차원 정상상태에서의 전도

(1) 단면적이 일정한 평판에서의 열전도

그림 3-6과 같이 단면적이 일정하고 두께 l인 큰 평판을 열이 정상상태로 흐를 경우에는 식 (3-6)에서 A는 l과 무관하게 일정하기 때문에 $l_1 = 0$, $l_2 = l$로 하면 $\int_0^l \frac{dl}{A} = \frac{l}{A}$이 되어 다음 식이 얻어진다.

$$q = k_{av} \cdot A \frac{t_1 - t_2}{l} \tag{3-7}$$

이를 변형하면

$$q = \frac{t_1 - t_2}{\frac{l}{k_{av}A}} = \frac{\Delta t}{R} \tag{3-8}$$

이 된다. 여기서 Δt는 온도차로서 **열전도의 추진력**(推進力, driving force)이며 $R(= l/$

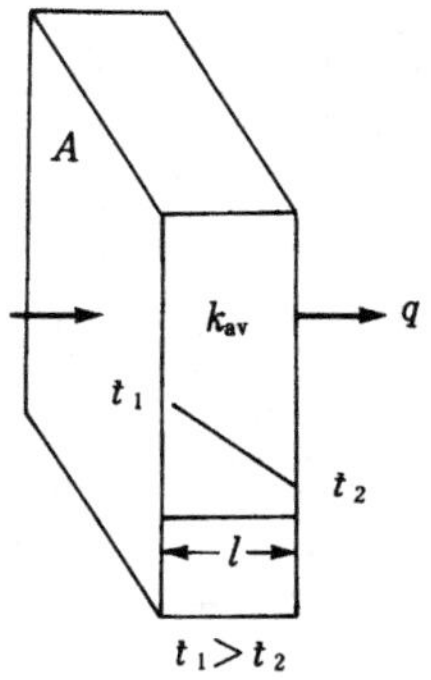

그림 3-6 단면적이 일정한 경우

$k_{av}A$)는 **열저항**(thermal resistance) [h · ℃/kcal]이다.

예제 3-1

벽의 두께가 100[mm]인 물질의 양 표면의 온도가 각각 $t_1 = 300$[℃], $t_2 = 30$[℃]일 때 단위면적당 이 벽을 통한 열손실[kcal/h]을 구하라. 단, 벽의 평균 열전도도는 0.04[kcal/m · h · ℃]이다.

풀이

$q = \frac{\Delta t}{R}$ 에서

$$R = l/k_{av}A = \frac{0.1}{(0.04)(1)} = 2.5\ [\mathrm{h \cdot ℃/kcal}]$$

$\Delta t = 300 - 30 = 270$ [℃]

$\therefore\ q = 270/2.5 = 108$ [kcal/h]

---

(2) 원관벽을 통한 열전도

길이 l, 내경 r_1, 외경 r_2인 중공원관(中空圓管)에서 내면 및 외면은 각각 일정온도 t_1, t_2로 유지되며 $t_1 > t_2$이다. 이 때 열은 원관의 내측에서 외측으로 흐르며 또 재료의 열전도도 k_{av}는 일정하다고 본다. 온도는 반경방향(x축 방향으로 잡는다)에만 변화하는 것으로 하고 그림 3-7과 같이 관벽의 내부에 반경 r, 두께 dr인 얇은 중공원관을 생각한다.

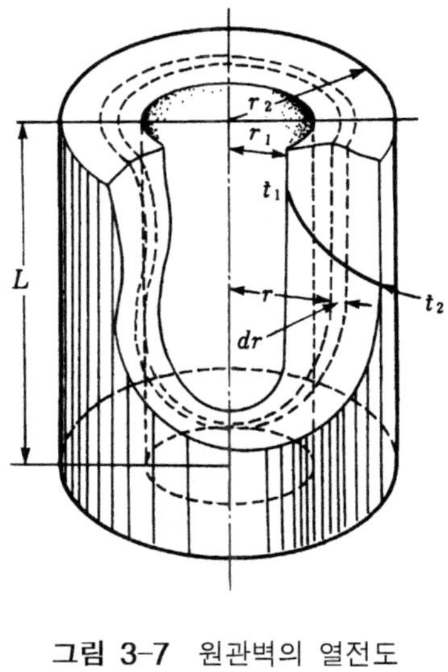

그림 3-7 원관벽의 열전도

Fourier의 법칙에 따라 이 층을 통하여 매시 흐르는 열량 q는 온도구배가 $\frac{dt}{dr}$이므로 식 (3-3)을 변형하면

$$q = -k_{av}(2\pi r \cdot L)\frac{dt}{dr} \tag{3-9}$$

$$\therefore dt = -\frac{q}{2\pi k_{av} \cdot L} \cdot \frac{dr}{r}$$

이것을 적분하면 C를 적분정수로 할 때

$$t = -\frac{q}{2\pi k_{av} \cdot L} \ln r + C$$

여기서 경계조건에 의하면,

$r = r_1$일 때 $t = t_1$이므로

$$t_1 = -\frac{q}{2\pi k_{av} \cdot L} \ln r_1 + C$$

$r = r_2$일 때 $t = t_2$이므로

$$t_2 = -\frac{q}{2\pi k_{av} \cdot L} \ln r_2 + C$$

$$\therefore t_1 - t_2 = -\frac{q}{2\pi k_{av} \cdot L}(\ln r_1 - \ln r_2)$$

$$\therefore q = \frac{2\pi k_{av} \cdot L}{\ln \frac{r_2}{r_1}}(t_1 - t_2)\ [\text{kcal/h}] \tag{3-10}$$

따라서 식 (3-10)은 원관의 열전달의 계산식이다. 이 식에서 관벽을 통하여 매시간 흐르는 열량은 열전도도 k_{av}, 원관의 축방향의 길이 L 및 온도차 $t_1 - t_2$에 비례하고 관의 외경과 내경의 비(반경의 비로도 표시된다)의 자연대수에 반비례함을 알 수 있다.

분자, 분모에 $(r_2 - r_1)$를 곱하면

$$q = \frac{k_{av} 2\pi L(r_2 - r_1)(t_1 - t_2)}{\ln r_2/r_1 (r_2 - r_1)} \tag{3-11}$$

원관벽의 두께 $l = r_2 - r_1$이므로

$$q = \frac{k_{av} 2\pi r_{av} L(t_1 - t_2)}{l} = \frac{k_{av} A_{av}(t_1 - t_2)}{l}$$

$$= \frac{t_1 - t_2}{\frac{l}{k_{av} \cdot A_{av}}} = \frac{\Delta t}{R} \text{ [kcal/h]} \tag{3-12}$$

여기서,

$$r_{av} = \frac{r_2 - r_1}{\ln r_2 / r_1} \tag{3-13}$$

$$A_{av} = 2\pi r_{av} L = \pi D_{av} L$$

$$= \frac{A_2 - A_1}{\ln A_2 / A_1} \tag{3-14}$$

$$D_{av} = \frac{D_2 - D_1}{\ln D_2 / D_1} \tag{3-15}$$

이다. r_{av}, A_{av}, D_{av}를 각각 **대수평균반경**(對數平均半徑), **대수평균면적**(對數平均面積), **대수평균직경**(對數平均直徑)이라고 한다.

일반적으로 평균값은 **대수평균값**(對數平均値, logarithmic average value)과 **산술평균값**(算術平均値, arithmetic average value)이 있는데 대수 평균값이 더 정확하나 $\frac{r_2}{r_1} = \frac{D_2}{D_1} = \frac{A_2}{A_1} < 2$일 경우에는 산술평균값과의 차이가 4 [%] 이하이므로 공학계산에 산술평균값을 사용해도 무방하다.

예제 3-2

내반경 10 [cm], 외반경 40 [cm]인 원통벽 ($k_{av} = 1.02$ [kal/m · h · ℃])의 내면온도가 900 [℃], 외면온도가 250 [℃]일 경우 원통 1 [m] 당의 열손실을 구하라.

풀이

$$q = \frac{\Delta t}{\frac{l}{k_{av} A_{av}}} \text{ 에서}$$

$\Delta t = 900 - 250 = 650$ [℃], $l = 0.4 - 0.1 = 0.3$ [m]

$r_2 / r_1 = 40/10 > 2$ ∴ 대수평균을 사용한다.

$$r_{av} = \frac{r_2 - r_1}{\ln r_2 / r_1} = \frac{40 - 10}{\ln 40/10} = 21.6 \text{ [cm]}$$

$$A_{av} = 2\pi r_{av} L = 2 \times \pi \times 0.216 \times 1 = 1.36 \text{ [m}^2\text{]}$$

$$\therefore q = \frac{900 - 250}{\frac{0.3}{1.02 \times 1.36}} = 3006 \text{ [kcal/h]}$$

(3) 여러 층으로 된 벽에서의 열전도

그림 3-8과 같이 평균 열전도도가 각각 k_1, k_2, k_3이고 두께가 각각 l_1, l_2, l_3인 재질이 서로 다른 고체벽이 접해 있는 층내의 열전도에 있어서 벽 양단 및 경계면의 온도가 각각 t_1, t_2, t_3, t_4라면 정상상태에서 열전달속도는 같으므로 각 층에 대해 $q = \Delta t/R$가 성립한다. 따라서

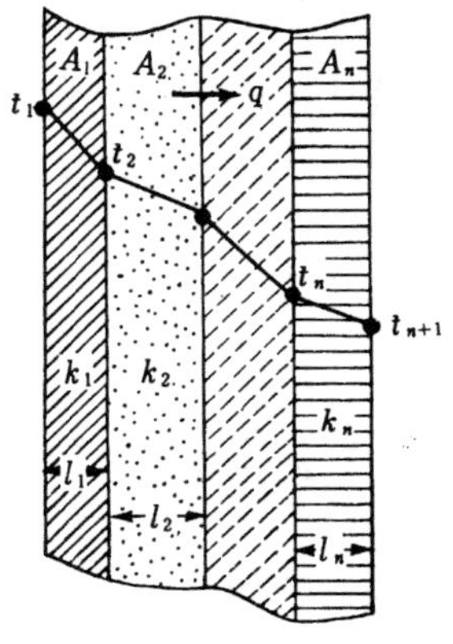

그림 3-8 여러 층에서의 열전도

$$q = \frac{\Delta t}{R_1 + R_2 + R_3} = \frac{\Delta t_1 + \Delta t_2 + \Delta t_3}{R_1 + R_2 + R_3}$$

$$= \frac{(t_1 - t_2) + (t_2 - t_3) + (t_3 - t_4)}{R_1 + R_2 + R_3} = \frac{t_1 - t_2}{R_1 + R_2 + R_3} = \frac{\Delta t}{R} \qquad (3\text{-}17)$$

평면벽과 같이 열전달면적이 변하지 않는 경우에는 $R_i = l_i/k_iA$이므로 식 (3-17)은 다음과 같이 나타낼 수 있다.

$$q = \frac{\Delta t}{\dfrac{l_1}{k_1A} + \dfrac{l_2}{k_2A} + \dfrac{l_3}{k_3A}} \qquad (3\text{-}18)$$

원관벽과 같이 열전달면적이 변하는 경우에는 $R_i = l_i/k_iA_{\text{avi}}$이므로 식 (3-17)은

$$q = \frac{\Delta t}{\dfrac{l_1}{k_1A_{\text{av1}}} + \dfrac{l_2}{k_2A_{\text{av2}}} + \dfrac{l_3}{k_3A_{\text{av3}}}} \qquad (3\text{-}19)$$

와 같다.

열전달속도식에 의하면 열전달속도가 일정하면 온도차는 열저항에 비례한다. 따라서

$$\Delta t : \Delta t_1 : \Delta t_2 = R : R_1 : R_2 \tag{3-20}$$

이며, 이 식을 이용하여 고체벽사이의 경계면의 온도를 구할 수 있다.

예제 3-3

두께 300 [mm]의 벽돌 ($k_1 = 4.2$ [kcal/m · h · ℃])과 두께 100 [mm]의 석면판 ($k_2 = 0.08$ [kcal/m · h · ℃])으로 된 이중벽이 있다. 온도는 벽돌의 안쪽 온도가 700 [℃], 석면판 바깥쪽 온도가 40 [℃]라면 노벽(爐壁) 10 [m^2] 당 2시간 동안 잃은 열량을 구하고 두 벽 사이의 온도를 계산하라.

풀이

(a) 2시간 동안 잃은 열량

$$q = \frac{\Delta t}{R_1 + R_2} = \frac{\Delta t}{R}$$

노벽이 저항, $R_1 = \dfrac{l_1}{k_1 A} = \dfrac{0.3}{4.2 \times 10} = 0.007$ [h · ℃/kcal]

석면의 저항, $R_2 = \dfrac{l_2}{k_2 A} = \dfrac{0.1}{0.08 \times 10} = 0.125$ [h · ℃/kcal]

∴ 총괄저항, $R = 0.007 + 0.125 = 0.132$ [h · ℃/kcal]

$\Delta t = 700 - 40 = 660$ [℃]

$\therefore\ q = \dfrac{\Delta t}{R} = \dfrac{660}{0.132} = 5,000$ [kcal/h]

$\therefore\ Q = q \cdot \theta = 5,000 \times 2 = 10,000$ [kcal]

(b) 두 벽 사이의 온도

$\Delta t : \Delta t_1 = R : R_1$

$660 : \Delta t_1 = 0.132 : 0.007$

$\Delta t_1 = 660 \times 0.007 / 0.132 = 35$

$\Delta t_1 = t_1 - t_2 = 35$

$\therefore\ t_2 = t_1 - 35 = 700 - 35 = 665$ [℃]

또는 $\Delta t : \Delta t_2 = R : R_2$

$660 : \Delta t_2 = 0.132 : 0.125$

$\Delta t_2 = 660 \times 0.125 / 0.132 = 625$

$\Delta t_2 = t_2 - t_1 = 625$

$\therefore t_2 = t_3 + 625 = 40 + 625 = 665$ [℃]

예제 3-4

고압의 증기가 흐르는 4″, 스케듈 수 40인 표준 강관을 두께 50 [mm]의 탄산마그네시아 ($k_{av} = 0.057$ [kcal/m · h · ℃])로 감고 다시 이 위에 같은 두께의 아스베스토 ($k_{av} = 0.083$ [kcal/m · h · ℃]를 감아 보온하니 관내벽 온도 및 아스베스토의 외면 온도가 각각 200 [℃]와 50 [℃]였다. 관의 길이 1 [m]당의 열손실과 각 층의 접촉면의 온도를 구하라. 단, 강관의 k_{av}는 50 [kcal/m · h · ℃]이다.

풀이

식 $q = \dfrac{\Delta t}{R_1 + R_2 + R_3}$ 에서 ①

R_1(강관의 저항) $= \dfrac{l_1}{k_{av1} A_{av1}}$

4″ 스케듈수 40 표준강관의 내경 $= (4.026)(2.54) = 10.22$ [cm] $= 0.102$ [m]

외경 $= (4.50)(2.54) = 11.42$ [cm] $= 0.114$ [m]

두께 $(l_1) = \dfrac{0.114 - 0.102}{2} = 0.006$ [m]

직경의 비 $= \dfrac{0.114}{0.102} < 2$

A_{av1}(산술평균) $= \dfrac{(3.14)(0.102 + 0.114)(1.0)}{2} = 0.34$ [m²]

$k_{av1} = 50$ [kcal/m · h · ℃]

$\therefore R_1 = \dfrac{0.006}{(50)(0.34)} = 0.00035$

R_2(탄산마그네시아 저항)

탄산 마그네시아층 내경 $= 0.114$ [m]

외경 $= 0.114 + 0.10 = 0.214$ [m]

두께 $= 0.05$ [m]

직경의 비 $= \dfrac{0.214}{0.114} \approx 2$

A_{av2}(대수평균) $= (3.14)\left(\dfrac{0.214 - 0.114}{2.303 \log \dfrac{0.214}{0.114}}\right)(1) = 0.500$ [m²]

$\therefore R_2 = \dfrac{0.050}{(0.057)(0.5)} = 1.754$

R_3(아스베스토 저항)

아스베스토 층 내경 $= 0.214\,[\text{m}]$

외경 $= 0.214 + 0.10 = 0.314\,[\text{m}]$

두께 $= 0.05\,[\text{m}]$

직경의 비 $= \dfrac{0.314}{0.214} < 2$

A_{av3}(산술평균) $= 3.14\left(\dfrac{0.214+0.314}{2}\right)(1.0) = 0.830\,[\text{m}^2]$

$\therefore\ R_3 = \dfrac{0.05}{(0.083)(0.830)} = 0.726$

$R_1 + R_2 + R_3 = 0.00035 + 1.754 + 0.726 = 2.48$(금속강관 저항은 무시할 수 있음)

$\Delta t = 200 - 40 = 150\,[℃]$

① $\rightarrow q = \dfrac{150}{2.48} = 60.5\,[\text{kcal/h}]$

금속강관과 탄산마그네시아 사이 온도 $\fallingdotseq 200\,[℃]$

탄산마그네시아와 아스베스토 사이 온도 (t_3)

$$R : R_3 = \Delta t : \Delta t_3$$

$$\Delta t_3 = \frac{R_3}{R}\Delta t = \left(\frac{0.726}{2.48}\right)(150) \fallingdotseq 44\,[℃]$$

$$\therefore\ t_3 = 44 + 50 = 94\,[℃]$$

---

(4) 구상벽(球狀壁)의 열전도

그림 3-9와 같이 내경 r_1, 외경 r_2인 중공 구상벽(中空 球狀壁)에서 구벽(球壁)의 재질은 균질하며 열전도도는 k_{av}로 일정하다. 중심에서 반경 r_1의 거리에 있는 내벽의 온도는 t_1, 중심에서 반경 r_2의 거리에 있는 외벽의 온도는 t_2로 유지되며 $t_1 > t_2$일 때 열은 구벽의 내측에서 외측을 향하여 반경방향에만 흐르며 따라서 온도도 외경방향에서만 변한다. 지금 외경 r, $r+dr$의 등온 구면으로 둘러싸인 두께 dr의 구벽을 지나 매시간 흐르는 열량 q는

$$q = -k_{\text{av}}(4\pi r^2)\frac{dt}{dr}$$

$$\therefore\ dt = -\frac{q\,dr}{4\pi \cdot k_{\text{av}} \cdot r^2}$$

이것을 적분하면 적분정수를 C로 할 때

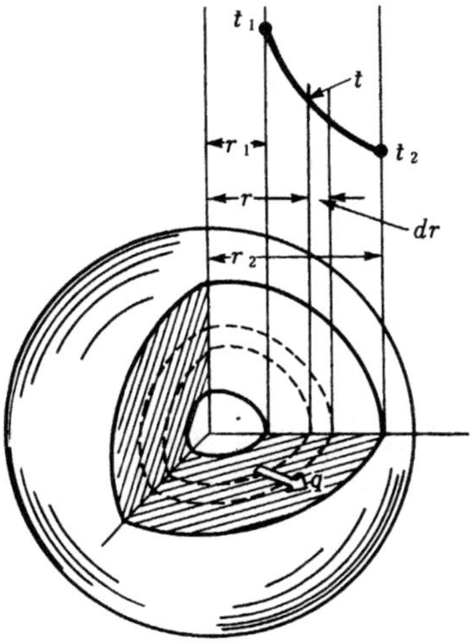

그림 3-9 구상벽의 열전도

$$t = -\frac{q}{4\pi k_{av}}\left(\frac{1}{r}\right) + C$$

경계조건에서 $r = r_1$일 때 $t = t_1$이므로

$$t_1 = \frac{q}{4\pi k_{av}}\left(\frac{1}{r_1}\right) + C$$

$r = r_2$일 때 $t = t_2$이므로

$$t_2 = \frac{q}{4\pi k_{av}}\left(\frac{1}{r_2}\right) + C$$

$$\therefore\ t_1 - t_2 = \frac{q}{4\pi k_{av}}\left(\frac{1}{r_1} - \frac{1}{r_2}\right)$$

$$\therefore\ q = \frac{4\pi k_{av}(t_1 - t_2)}{\dfrac{1}{r_1} - \dfrac{1}{r_2}} \tag{3-21}$$

$$= \frac{4\pi k_{av}(t_1 - t_2)(r_1 r_2)}{r_2 - r_1} = k_{av}\frac{\sqrt{A_1 A_2}}{r_2 - r_1}(t_1 - t_2)$$

$$= \frac{t_1 - t_2}{\dfrac{1}{k_{av} A_{av}}} = \frac{\Delta t}{R}\ [\text{kcal/h}] \tag{3-22}$$

여기서 A_{av} : $\sqrt{A_1 A_2}$(기하평균, geometrical average) l : $r_2 - r_1$

식 (3-22)는 시간당 구벽을 통과하는 열량 q의 계산식이다.

예제 3-5

외측이 반경 150[mm], 내측의 반경 50[mm]인 중공구 ($k_{av} = 0.04$ [kcal/m · h · ℃])가 있다. 외벽 및 내벽의 온도를 각각 30[℃], 300[℃]라고 할 때 이 구에서의 열손실과 구의 중간온도를 구하라.

풀이

식 (3-21)에서

$$q = \frac{4\pi k_{av}(t_1 - t_2)}{\dfrac{1}{r_1} - \dfrac{1}{r_2}} = \frac{4 \times 3.14 \times 0.04(300-30) \times 0.15 \times 0.05}{0.15 - 0.05}$$

$$= \frac{1.017}{0.10} = 10.17 \text{ [kcal/h]}$$

중간점의 온도 t는

$$t = t_1 - \frac{(r_2/r_1) - (r_2/r)}{(r_2/r_1 - 1)}(t_1 - t_2) = 300 - \frac{\left(\dfrac{0.15}{0.05} - \dfrac{0.15}{0.10}\right)}{\left(\dfrac{0.15}{0.05} - 1\right)}(300 - 30)$$

$$= 97.5 \text{ [℃]}$$

---

3. 1차원 비정상상태에서의 열전도

그림 3-10에 나타낸 고체평판을 생각해 보자. 고체벽의 뜨거운 쪽으로부터 x거리에 있는 미소평판 두께 dx에 대하여 중점적으로 고찰해 보자. 양쪽 벽의 고체 성분은 등온표면이며 한정된 수간 시간에서 거리 x에 대한 온도 구배는 $\partial T/\partial x$이고, 거리 x에서 dt시간 동안 들어오는 열은 $-kA(\partial T/\partial x)dt$이다. 여기서 A는 열흐름에 수직으로 평판의 면적, k는 고체의 열전도도이다. 거리 $x + dx$일 때의 온도구배는 거리 x일 때보다 좀 커서 다음과 같이 표시할 수 있다.

$$\frac{\partial T}{\partial x} + \frac{\partial}{\partial x}\frac{\partial T}{\partial x}dx \tag{3-23}$$

거리 $x + dx$에서 평판을 빠져나가는 열흐름은 다음 식과 같다.

$$-kA\left(\frac{\partial T}{\partial x} + \frac{\partial}{\partial x}\frac{\partial t}{\partial x^2}dx\right)dt \tag{3-24}$$

결과적으로 들어오는 열과 나가는 열의 차이는 미소벽 두께 dx에 축적된 열과 같으므로 다음 식으로 표시할 수 있다.

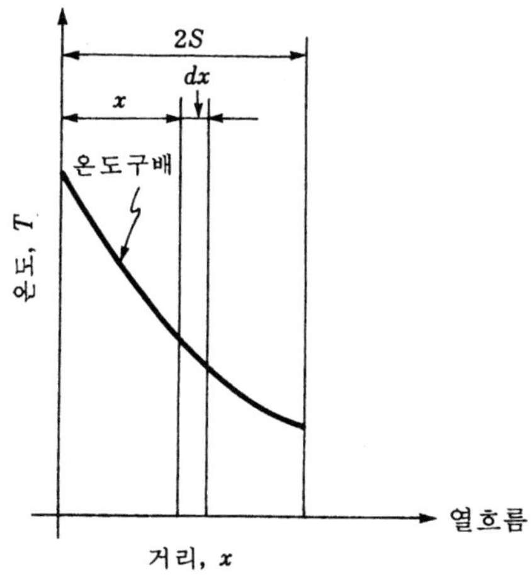

그림 3-10 고체평판에서의 비정상상태 열전도

$$-KA\frac{\partial T}{\partial x}dt + kA\left(\frac{\partial T}{\partial x} + \frac{\partial^2 T}{\partial x^2}dx\right)dt = kA\frac{\partial^2 T}{\partial x^2}dx\,dt \tag{3-25}$$

그러므로 미소벽에 축적된 열은 벽의 온도를 상승시키게 된다. 만약 고체물질의 비열과 밀도를 c_p와 ρ라 하면, 축적된 열은 질량(용적×밀도)과 비열과 온도상승값을 곱한 것 즉 $(\rho A\,dx)\,c_p(\partial T/\partial t)dt$로 표시될 수 있다.

$$kA\frac{\partial^2 T}{\partial x^2}dx\,dt = \rho c_p A\,dx\frac{\partial T}{\partial t}dt \tag{3-26}$$

양변을 $\rho c_p A dx dt$로 나누면 다음 식이 된다.

$$\frac{\partial T}{\partial t} = \frac{k}{\rho c_p}\frac{\partial^2 T}{\partial x^2} = \alpha\frac{\partial^2 T}{\partial x^2} \tag{3-27}$$

여기서 $\alpha = k/\rho c_p$를 **열확산계수**(熱擴散係數, thermal diffusivity)라고 한다.

일반적으로 비정상상태의 열전도 식은 무한히 긴 평판이나, 매우 긴 원통 및 구 등에 대하여 풀이할 수 있는 식이다. 예로서 양쪽 벽면의 온도가 주어지고 두께를 알고 있는 매우 큰 평판을 가열이나 냉각할 경우에는 식을 적분함으로써 다음 식을 얻을 수 있다.

$$\frac{T_s - \overline{T}_b}{T_s - T_a} = \frac{8}{\pi^2}\left(e^{-a_1 N_{Fo}} + \frac{1}{9}e^{-9a_1 N_{Fo}} + \frac{1}{25}e^{-25a_1 N_{Fo}} + \cdots\right)$$

여기서, T_s : 평판표면에서의 일정한 평균온도

T_a : 평판의 초기온도

$\overline{T}_b$: t_r 시간 후 평판의 평균온도

N_{Fo} : Fourier수, $\alpha t_r/S^2$으로 정의

α : 열확산계수

t_r : 가열이나 혹은 냉각하는 시간

S : 평판의 1/2 두께

a_1 : $(\pi/2)^2$

반경이 r_m이고 평균온도가 $\overline{T}_b$인 무한히 긴 고체 실린더에 대해서 앞에 주어진 식은 다음 식으로 표시된다.

$$\frac{\overline{T}_s-\overline{T}_b}{T_s-T_a}=0.692e^{-5.78N_{\mathrm{Fo}}}+0.131e^{-30.5N_{\mathrm{Fo}}}+0.0534e^{-74.9N_{\mathrm{Fo}}}+\cdots\cdots \tag{3-29}$$

여기서 $N_{\mathrm{Fo}}=\dfrac{\alpha t_r}{r_m^2}$

반경이 r_m인 구에 대해서도 일치하는 식을 얻을 수 있다.

$$\frac{\overline{T}_s-\overline{T}_b}{T_s-T_a}=0.608\,e^{-9.87N_{\mathrm{Fo}}}+0.152\,e^{-39.5N_{\mathrm{Fo}}}+0.0676\,e^{-88.8N_{\mathrm{Fo}}}+\cdots\cdots \tag{3-30}$$

N_{Fo}가 0.1보다 큰 경우 식 (3-28)부터 식 (3-30)까지의 첫 번째 항은 중요하나 나머지 항들은 무시해도 무방하다. 온도변화 T_a와 $\overline{T}_b$ 사이에 필요한 시간은 식 (3-28)을 재정리하고 첫 번째항 이외의 다른 모든 항을 생략하면 다음 식을 얻을 수 있다.

$$\text{평판에 대하여}\quad t_r=\frac{1}{\alpha}\left(\frac{2s}{\pi}\right)^2\ln\frac{8(T_s-T_a)}{\pi^2(T_s-T_a)} \tag{3-31}$$

무한히 긴 실리더인 경우도 마찬가지로 식 (3-29)로부터 다음 식을 얻을 수 있다.

$$t_r=\frac{r_m^2}{5.78\alpha}\ \ln\frac{0.692(T_s-T_a)}{T_s-\overline{T}_b} \tag{3-32}$$

여기서 r_m은 고체 실린더의 반경이다.

구인 경우는 식 (3-30)으로부터 다음 식이 된다.

$$t_r=\frac{r_m^2}{9.87\alpha}\ \ln\frac{0.608(T_s-T_b)}{T_s-\overline{T}_b} \tag{3-33}$$

그림 3-11은 식 (3-28)부터 식 (3-30)까지를 플로트한 것이다. 시간 t_r에서 고체 표면의

단위면적을 통과하는 총괄 열전달량을 Q_r라 하면, 고체 단위질량에서 평균온도를 T_a에서 $\overline{T}_b$로 상승시키는데 필요한 열은 $c_p(\overline{T}_b - T_a)$이고, 평판의 두께가 $2s$, 밀도가 ρ에 대하여 단위질량의 전체 표면적은 $1/2s\rho$이다. 그러므로 단위면적당의 총괄 열전달량은 다음 식으로 주어진다.

$$\text{평판에 대하여} \quad \frac{Q_T}{A} = 2s\rho c_p(\overline{T}_b - T_a) \tag{3-34}$$

무한히 긴 실린더에 대해서도 동일한 식으로서 다음과 같이 표시된다.

$$\frac{Q_T}{A} = \frac{r_m \rho c_p(\overline{T}_b - T_a)}{2} \tag{3-35}$$

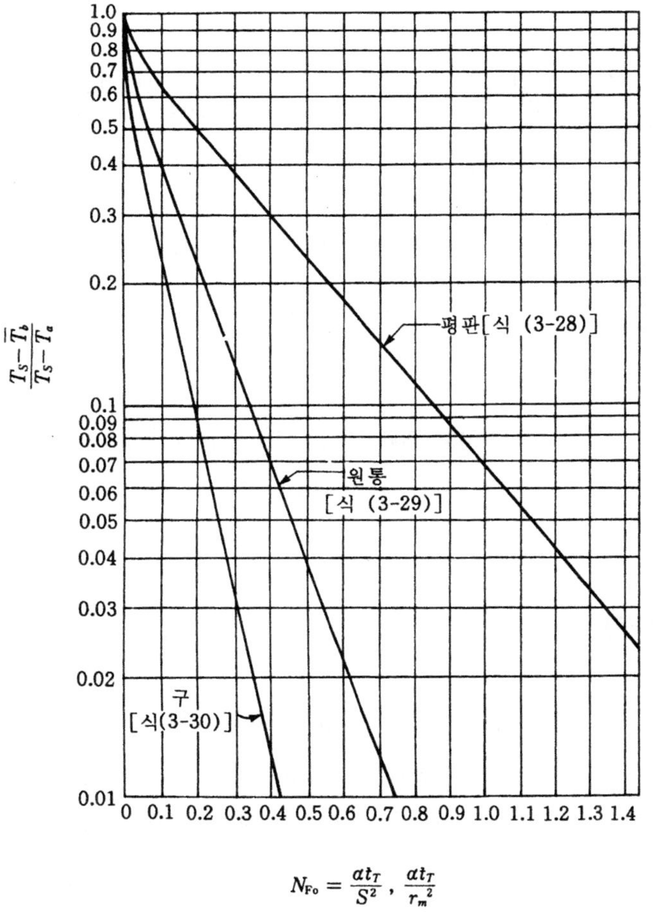

그림 3-11 넓은 평판, 긴 원통, 구의 비정상가열, 냉각시의 평균온도(Gurney-Lurie 선도)

예제 3-6

초기온도가 21[℃]인 플라스틱의 납작한 평판이 121[℃]의 두 인자판(印字版) 사이에 놓여졌다. 평판의 두께는 2.54[cm]이다. (a) 평판의 평균온도를 99[℃]로 하려면 시간이 얼마나 걸리겠느냐? (b) 플라스틱 1[m²]당 전달되는 열은 몇 [kcal]냐? 단, 고체의 밀도는 900[kg/m³]이고 열전도도는 111.6[cal/m·h·℃]이며 비열은 0.40[cal/g·℃]이다.

풀이

(a) 그림 3-10을 이용하기 위하여 각 값을 표시하면

$$k = 111.6\,[\text{cal/m} \cdot \text{h} \cdot ℃],\quad \rho = 900\,[\text{kg/m}^3],\quad c_p = 0.40\,[\text{cal/g codt}℃]$$

$$s = \frac{2.54}{2 \times 100} = 0013\,[\text{m}],\quad T_s = 121\,[℃],\quad T_a = 21\,[℃],\quad \overline{T}_b = 99\,[℃]$$

그러므로

$$\frac{T_s - \overline{T}_b}{T_s - T_a} = \frac{121 - 99}{121 - 21} = 0.22,\quad \alpha = \frac{k}{\rho c_p} = \frac{111.6}{900 \times 4.4 \times 10^3} = 0.0003\,[\text{m}^2/\text{h}]$$

그림 3-10에서 온도차가 0.22이므로

$$N_{\text{Fo}} = 0.52 = \frac{0.0003\,t_r}{0.013^2}$$

$$\therefore\ t_r = 0.29h = 17.5\,[\text{min}]$$

(b) 식 (3-34)에 대입하면 다음과 같다.

$$\frac{Q_T}{A} = 2 \times 0.013 \times 900 \times 0.4 \times (99 - 21) = 730\,[\text{kcal/m}^2]$$

3-3 대류(對流)

공업적으로 많이 사용되는 열교환기는 고체벽을 통해서 한 쪽의 유체로부터 다른 쪽의 유체로 열을 전달하는 장치이다. 이 경우에는 고체벽의 열전도 외에 고체 벽면과 유체사이의 대류열전달 포함되어야 한다. 대류에는 외부의 힘에 의해 강제적으로 일어나는 **강제대류**(强制對流, forced convection)와 외부의 힘에 의한 작용이 없는 **자연대류**(自然對流, natural convection)가 있다.

1. 고체와 유체사이의 열전달과 경막계수

난류상태의 유체가 고체벽에 접해 있을 경우에도 벽 근처에는 벽의 영향을 받아 비교적 혼합이 적은 경계층이 생기며 더 안쪽에는 난류의 영향이 전혀 미치지 않는 층류상태를 유지하는 얇은 막이 있다. 이 층을 **유체경막**(流體境膜)이라 한다.

고체에서부터 유체로 열이 전달될 경우 온도의 분포는 그림 3-12와 같이 이 막(FF)에서는 온도가 급격히 떨어져 먼 거리에서는 온도는 거의 일정해진다. 따라서 고체와 유체간의 열전달은 이러한 경막(境膜)을 통하여 일어남으로 주로 전도에 의한 것이라 볼 수 있다. 그러나 경막과 대류가 일어나는 부분사이의 한계가 명확하지 않을뿐더러 그 온도를 정확하게 측정할 수 없으므로 이런 경우의 열전달속도는 온도차 $(t_3 - t_4)$를 잡아

$$q = hA(t_3 - t_4)\ [\mathrm{kcal/h}] \tag{3-36}$$

로 표시한다. 여기서 정의되는 계수 $h\,[\mathrm{kcal/m^2 \cdot h \cdot ℃}]$를 **경막 열전달계수**(境膜熱傳達係數), 경막계수 또는 **열전달계수**라고 한다. 이 계수의 값은 열전달면의 형상, 유체의 성질, 흐름의 상태 등에 따라 변하므로 실험에 의해 결정되며 h의 값이 클수록 열전달속도가 크다.

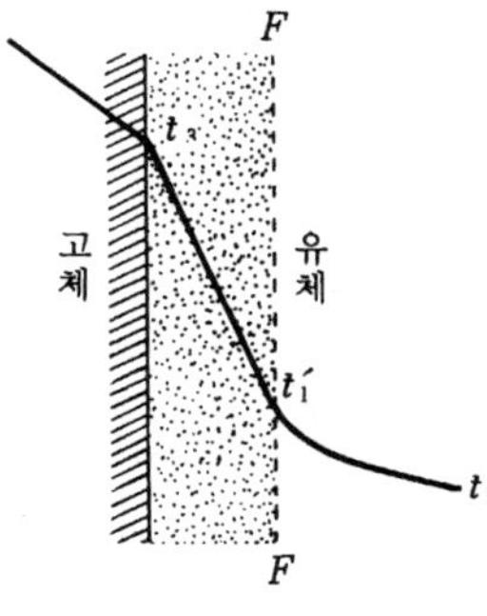

그림 3-12 고체와 유체사이의 열전달에 있어서의 온도분포

2. 고체벽을 사이에 둔 두 유체간의 열전달

금속벽을 사이에 두고 양 유체사이에서 열전달이 일어나는 장치는 화학공업에서 흔히 볼 수 있다. 이 경우에는 앞에서 설명한 바와 같이 벽 Ⅱ의 양쪽에 두 개의 유체 Ⅰ, Ⅲ과 경막 F_1F_1과 F_2F_2가 생겨 그림 3-13과 같은 온도분포를 나타내며 이 때 열전달식은

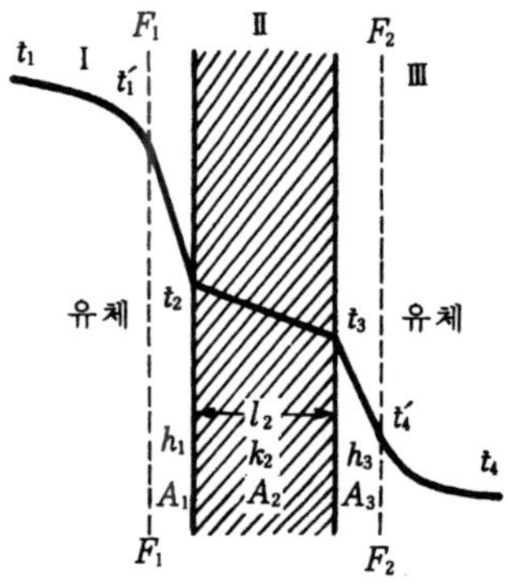

그림 3-13 양 유체사이의 열전달에 있어서의 온도분포

$$\left.\begin{aligned} &\text{유체 I} \quad q = h_1A_1(t_1 - t_2) = \frac{t_1 - t_2}{\dfrac{1}{h_1A_1}} \text{ [kcal/h]} \\ &\text{벽 II} \quad q = \frac{k_2A_2(t_2 - t_3)}{l_2} = \frac{t_2 - t_3}{\dfrac{l_2}{k_2A_2}} \text{ [kcal/h]} \\ &\text{유체 III} \quad q = h_3A_3(t_3 - t_4) = \frac{t_3 - t_4}{\dfrac{1}{h_3A_3}} \text{ [kcal/h]} \end{aligned}\right\} \tag{3-37}$$

이들 3 식으로부터

$$q = \frac{t_1 - t_4}{\left(\dfrac{1}{h_1A_1}\right) + \left(\dfrac{l_2}{k_2A_2}\right) + \left(\dfrac{1}{h_3A_3}\right)} = \frac{\Delta t}{R_1 + R_2 + R_3}$$

$$= \frac{\Delta t}{\Sigma R_i} \text{ [kcal/h]} \tag{3-38}$$

이 식은 온도가 각각 t_1 및 t_4에 있는 두 유체가 벽을 사이에 두고 있을 때 두 유체사이에 일어나는 열전달속도를 나타낸다. 여기서 A_1 및 A_2는 각각의 유체가 벽과 접촉하는 면적이며 A_2는 이들의 평균면적, l_2는 벽의 두께, k_2는 벽이 평균 열전도도이다. 또한 이 식에서 $1/h_1A_1$, l_2/k_2A_2 및 $1/h_3A_3$는 각각 유체 I, 벽 II, 유체 III의 저항을 나타내며 그 합은 총저항이다.

3. 총괄 열전달 계수

식 (3-38)의 분모와 분자에 A_1을 곱하면

$$q = \frac{A_1(t_1 - t_4)}{\left(\frac{1}{h_1}\right) + \left(\frac{l_2}{k_2}\right)\left(\frac{A_1}{A_2}\right) + \left(\frac{1}{h_3}\right)\left(\frac{A_1}{A_3}\right)} \text{ [kcal/h]} \tag{3-39}$$

여기에서

$$U_1 = \frac{1}{\left(\frac{1}{h_1}\right) + \left(\frac{l_2}{k_2}\right)\left(\frac{A_1}{A_2}\right) + \left(\frac{1}{h_3}\right)\left(\frac{A_1}{A_3}\right)} \text{ [kcal/m}^2 \cdot \text{h} \cdot ℃] \tag{3-40}$$

로 두면

$$q = U_1 A_1 (t_1 - t_4) \text{ [kcal/h]} \tag{3-41}$$

가 된다. 여기에서 U_1을 A_1 기준 총괄열전달계수(總括熱傳達係數, overall heat transfer coefficient)라 하고 단위는 h의 단위[kcal/m^2 · h · ℃]와 같다. A_1, A_2, A_3가 모두 달라서 어느 면을 기준으로 한 U_i의 값이 다르므로 기준면을 명확히 할 필요가 있다.

열전달면적의 비는 관의 지름의 비와 동일하므로 다음 식과 같이 표시할 수 있다.

$$U_1 = \frac{1}{\left(\frac{1}{h_1}\right) + \left(\frac{l_2}{k_2}\right)\frac{D_1}{D_2} + \left(\frac{1}{h_3}\right)\left(\frac{D_1}{D_3}\right)} \text{ [kcal/m}^2 \cdot \text{h} \cdot ℃]$$

만약 한 유체의 경막계수 h_1의 값이 다른 값에 비하여 아주 적을 경우 $1/h_1$이 지배저항이 되어 $U_1 \fallingdotseq h_1$이 된다. 각 접촉면적이 일정한 경우 다음 식이 성립한다.

$$q = UA\Delta t \text{ [kcal/h]}$$

$$U = \frac{1}{\frac{1}{h_1} + \frac{l_2}{k_2} + \frac{1}{h_3}} \text{ [kcal/m}^2 \cdot \text{h} \cdot ℃] \tag{3-42}$$

예제 3-7

어떤 공기 냉각기의 관내 공기측의 $h_i = 30$ [kcal/m^2 · h · ℃]이고 관의 냉각용수측의 $h_0 = 500$ [kcal/m^2 · h · ℃]이다. 냉각기는 내경 25 [mm], 두께 5 [mm]의 강관이며 열전도도는 40 [kcal/m · h · ℃]이다. 내측기준 U_i, 외측기준 U_0를 구하여 비교하라.

풀이

$$U_i = \frac{1}{\frac{1}{h_i} + \left(\frac{l}{k_{av}}\right)\left(\frac{A_i}{A}\right) + \left(\frac{1}{h_0}\right)\left(\frac{A_i}{A}\right)} = \frac{1}{\frac{1}{h_i} + \left(\frac{l}{k_{av}}\right)\left(\frac{D_i}{D}\right) + \left(\frac{1}{h_0}\right)\left(\frac{D_i}{D}\right)}$$

$$= \frac{1}{\frac{1}{30} + \left(\frac{0.005}{40}\right)\left(\frac{25}{30}\right) + \left(\frac{1}{500}\right)\left(\frac{25}{35}\right)} = 28.7\,[\mathrm{kcal/m^2 \cdot h \cdot ℃}]$$

$$U_0 = \frac{1}{\left(\frac{1}{h_i}\right)\left(\frac{A_0}{A_i}\right) + \left(\frac{l}{k_{av}}\right)\left(\frac{A_0}{A}\right) + \frac{1}{h_0}} = \frac{1}{\left(\frac{1}{h_i}\right)\left(\frac{D_0}{D_i}\right) + \left(\frac{l}{k_{av}}\right)\left(\frac{D_0}{D}\right) + \frac{1}{h_0}}$$

$$= \frac{1}{\left(\frac{1}{30}\right)\left(\frac{35}{25}\right) + \left(\frac{0.005}{40}\right)\left(\frac{35}{30}\right) + \frac{1}{500}} = 20.5\,[\mathrm{kcal/m^2 \cdot h \cdot ℃}]$$

---

4. 경막 열전달계수(境膜熱傳達係數, film heat transfer coefficient)

경막 열전달계수 h의 값은 총괄 열전달계수 U의 값을 결정하는데 매우 중요하지만 h에 영향을 주는 인자가 대단히 많고 복잡해서 이론적으로 알아내는 것은 곤란하다.

이와 같은 경우 차원해석이 이들의 관계를 결정짓는데 큰 역할을 한다.

비등 또는 응축을 수반하지 않는 열전달의 경우 차원해석을 실시하면 일반적으로 다음과 같은 관계식을 얻는다.

$$\left(\frac{hD}{k}\right) = K\left(\frac{DG}{\mu}\right)^a \left(\frac{C_p \mu}{k}\right)^b \left(\frac{gD^3\rho^2\beta\Delta t}{\mu^2}\right)^c \left(\frac{D}{L}\right)^d$$

$$N_{Nu} = KN_{Re}^a N_{Pr}^b N_{Gr}^c \left(\frac{D}{L}\right)^d \tag{3-43}$$

여기서, C_p : 유체의 정압비열 [kcal/kg · ℃]

β : 유체의 부피팽창계수 [℃$^{-1}$]

G : $u\rho =$ 질량속도 [kg/m^2 · s]

N_{Nu} : $\frac{hD}{k}$: Nusselt number

N_{Pr} : $\frac{C_p \mu}{k}$: Prandtl number

N_{Gr} : $(gD^3\rho^2\beta\Delta t/\mu^2)$: Grashof number

여기서 k, a, b, c, d는 실험에 의해 결정되는 값이다.

한편 경막 열전달계수 h를 결합하는 무차원수인 N_{Nu}에 대한 다른 무차원수들의 영향을 보면 N_{Re}는 흐름의 상태를 규정하며 혼합의 정도와 경막의 두께를 지배하는 것으로 강제대류의 경우에는 N_{Re}의 영향이 지배적으로 나타난다. 그러나 자연대류의 경우에는 N_{Re}이 영향이 거의 없는 대신 열팽창계수와 온도차 등 자연대류와 관련된 인자를 포함하고 있는 N_{Gr}의 영향이 크다. 또한 층류의 경우에는 관길이의 영향 (D/L)도 크다. N_{Pr}의 유체의 여러 성질을 포함하기 때문에 유체 종류의 영향을 나타내며 강제대류나 자연대류와는 관계가 없다. N_{Pr}의 크기는 액체의 경우는 동일물질이라도 온도에 따라 현저히 변하지만 기체의 경우는 거의 일정하며 0.7에 가깝다.

3-4 경막 열전달계수에 대한 실험식

1. 상변화(相變化)를 동반하지 않는 강제대류의 경우

(1) 원관내 난류의 경우

점도를 무시할 수 없고 $N_{Re} > 6000$, $L/D < 60$일 경우(L=가열 또는 냉각부의 길이, D=관의 내경)에는 다음과 같은 Dittus-Boelter 식의 알려져 있다.

$$\left(\frac{hD}{k}\right)_f = 0.023\left[1 + \left(\frac{D}{L}\right)^{0.7}\right]\left(\frac{Du\rho}{\mu}\right)_f^{0.8}\left(\frac{C_p\mu}{k}\right)_f^{1/3}\left(\frac{\mu}{\mu_w}\right)_f^{0.14} \qquad (3\text{-}44)$$

여기서 μ_w : 벽면 평균온도에서의 점도 [kg/m · s]

즉

$$N_{Nu\cdot f} = 0.023\left[1 + \left(\frac{D}{L}\right)^{0.7}\right]N_{Re\cdot f}{}^{0.8},\ \ N_{Pr\cdot f}{}^{1/3} \cdot \phi_v \qquad (3\text{-}45)$$

이다. 여기서 f는 경막온도 즉 유체의 평균온도와 벽의 평균온도에 대한 산술평균온도에서의 측정값을 나타내며 ϕ_v는 점도 보정계수이다.

윗식에서 $N_{Pr}{}^{1/3}$은 가열의 경우에는 $N_{Pr}{}^{0.3}$으로 계산할 수 있으며, 관의 길이가 길어서 $L/D > 60$으로 관길이의 영향을 고려하지 않아도 될 경우에는 대괄호항은 무시되며 2 [cp] 이하의 점도를 가진 물질에 대해서는 점도 보정항도 무시할 수 있다. 따라서

$$\frac{hD}{k} = 0.023\left(\frac{Du\rho}{\mu}\right)^{0.8}\left(\frac{C_p\mu}{k}\right)^{1/3} \qquad (3\text{-}46)$$

또는

$$N_{St} = 0.023(N_{Re})^{0.2}(N_{Pr})^{-2/3} \qquad (3\text{-}47)$$

여기서 N_{St}는 **스탠튼수**(Stanton number)라 하며 다음과 같이 정의된다.

$$N_{St} = \frac{h}{C_p G} = \frac{(hD/k)}{(DG/\mu)(C_p\mu/k)} = \frac{N_{Nu}}{(N_{Re})(N_{Pr})} \qquad (3\text{-}48)$$

레이놀즈수가 2,700부터 10,000 사이에는 표면온도에서의 점도 μ_s와 주부온도에서의 점도 μ의 항이 더 들어가서 식 (3-46)은 다음과 같이 된다.

$$\left(\frac{hD}{k}\right)\left(\frac{\mu_s}{\mu}\right)^{0.14}\left(\frac{C_p\mu}{k}\right)^{-0.33}=f\left(\frac{Du\rho}{\mu}\right) \tag{3-49}$$

여기서 $f\left(\frac{D\mu\rho}{\mu}\right)$이 값은 그림 3-14에서 구한다.

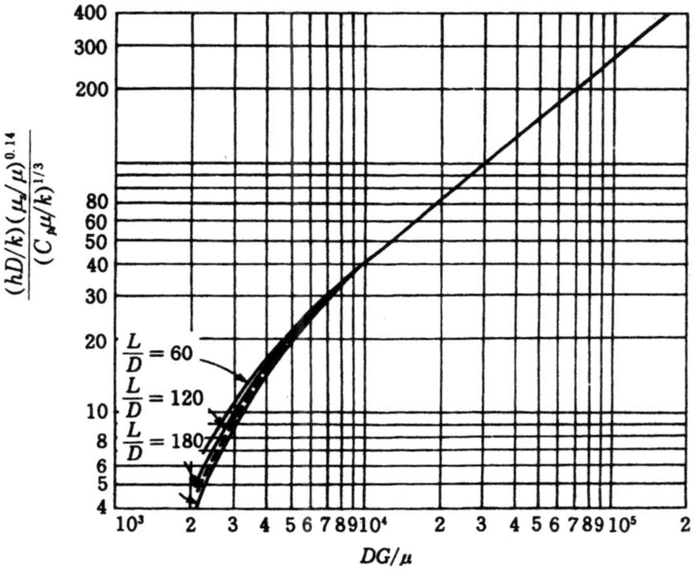

그림 3-14 식 (3-49)의 관계

단, 용융금속으로서 N_{Pr}이 0.03~0.1 범위로 아주 작은 경우에는 위의 식들은 적용하기 어려우므로

$$\frac{hD}{k}=7+0.025(N_{\mathrm{Pe}})^{-0.8} \tag{3-50}$$

을 사용한다.

여기서 N_{Pe}는 **페크렛수**(Peclet number)이며, 다음과 같이 정의된다.

$$N_{\mathrm{Pe}}=(N_{\mathrm{Re}})(N_{\mathrm{Pr}})=\frac{Du\rho C_p}{k} \tag{3-51}$$

공기, 산소, 이산화탄소 등의 기체에 대해서는 특히 온도가 높을 때 또는 공기와 점도가 다를 때 이외에는 $N_{\mathrm{Pr}}=0.73$, $\mu_f=0.0188$ [cp]를 적용하면 다음의 간단한 유차원식이 얻어진다.

$$h_i \fallingdotseq 0.016 \frac{C_p G^{0.8}}{D^{0.2}} \ [\text{kcal/m}^2 \cdot \text{h} \cdot \text{deg}] \tag{3-52}$$

또한 물의 경우는 5～100[℃]의 범위에서 다음의 유차원식이 얻어진다.

$$h_i \fallingdotseq \frac{3,100(1+0.015t)(\overline{u}')^{0.8}}{(D')^{0.2}} \ [\text{kcal/m}^2 \cdot \text{h} \cdot \text{deg}] \tag{3-53}$$

여기서 $\overline{u}'$: 유속[m/s], D' : 관내경[cm], t : 물의 온도[℃]이다.

예제 3-8

내경 16[mm]의 동관 내로 유속 1.5[m/s]의 벤젠을 보내며 15[℃]로부터 50[℃]로 가열할 경우 관내 경막 열전달계수를 구하여라. 단 평균온도에서의 비열은 0.423[kcal/kg · deg], 비중은 0.88, 열전도도는 132.5[kcal/m · h · ℃], 경막온도에서 점도는 0.52[cp]이다. 단, 입구효과는 무시한다.

풀이

관길이의 영향과 점도비의 보정을 무시하면

$$\frac{hD}{k} = 0.023\left(\frac{Du\rho}{\mu}\right)^{0.8}\left(\frac{C_p\mu}{k}\right)^{1/3}$$

$u = 1.5\,[\text{m/s}]$, $D = 0.016\,[\text{m}]$, $\rho = 880\,[\text{kg/m}^3]$,

$\mu = 0.52\,[\text{cp}] = 0.52 \times 10^{-3}\,[\text{kg/m} \cdot \text{s}]$,

$k = 132.5\,[\text{cal/m} \cdot \text{h} \cdot ℃] = 132.5 \times 10^{-3}\,[\text{kcal/m} \cdot \text{h} \cdot ℃]$

$$N_{Re} = \frac{Du\rho}{\mu} = \frac{0.016 \times 1.5 \times 880}{0.52 \times 10^{-3}} \fallingdotseq 40,615$$

$$N_{Pr} = \frac{C_p\mu}{k} = \frac{0.423 \times 0.52 \times 3.6}{132.5} = 0.005976$$

$$\therefore h = \left(\frac{132.5 \times 0.023}{0.016}\right) \cdot (40,615)^{0.8}(0.005976)^{0.4}$$

$$= 1.195 \times 10^5\,[\text{kcal/m}^2 \cdot \text{h} \cdot ℃]$$

* 가열의 경우이므로 $N_{Pr}^{1/3}$을 $N_{Pr}^{0.4}$로 계산하여도 무방하다. 이 경우 $h = 1.89 \times 10^3\,[\text{kcal/m}^2 \cdot \text{h} \cdot ℃]$가 된다.

(2) 원관내 층류의 경우

유속이 느려서 자연대류가 일어나는 층류의 경우에는 관길이의 영향과 점도보정을 고려한 다음 식이 사용된다.

$$\frac{hD}{k} = 1.86\left(\frac{Du\rho}{\mu}\right)^{1/3}\left(\frac{C_p\mu}{k}\right)^{1/3}\left(\frac{D}{L}\right)^{1/3}\left(\frac{\mu}{\mu_w}\right)^{0.14} \tag{3-54}$$

여기서 $\phi_v = \dfrac{\mu}{\mu_s}$ 이다. 또 점성이 보통일 경우에는 다음 식이 성립한다.

$$\frac{hD}{k} = 1.75\,N_{Gz}{}^{1/3} \tag{3-55}$$

여기서 N_{Gz}는 **그레쯔수**(Graetz number)라고 하며 다음과 같이 정의한다.

$$N_{Gz} = \frac{wC_p}{kL} = \frac{\pi}{4}N_{Re}\cdot N_{Pr}\cdot\frac{D}{L} \tag{3-56}$$

(3) 원관내 전이흐름의 경우

N_{Re}가 2100~10,000 사이의 전이영역에 대해서는 단순한 형태의 방정식을 적용하기가 어렵기 때문에 이 영역에 대해서는 그래프를 사용한다. 식 (3-54)를 변형하면

$$\frac{h}{C_pG}\left(\frac{C_p\mu}{k}\right)^{2/3}\left(\frac{\mu_w}{\mu}\right)^{0.14} = 1.62\left(\frac{D}{L}\right)^{1/3}\left(\frac{Du\rho}{\mu}\right)^{-2/3} \tag{3-57}$$

이 되며 이 식의 L/D를 변수로 하여 층류영역에 대하여 그리고, 식 (3-44)를 난류영역과 전

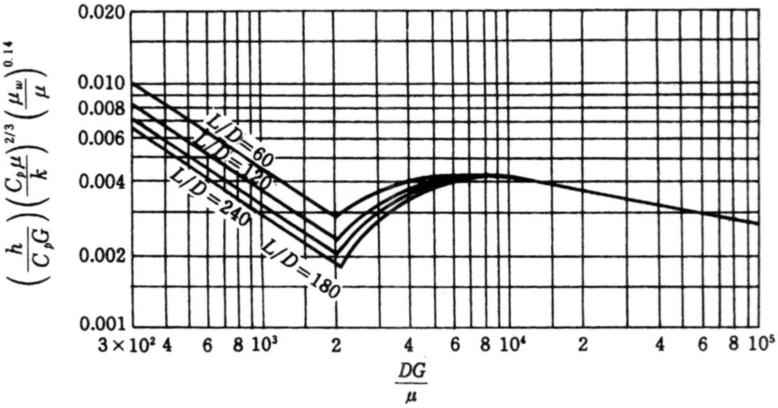

그림 3-15 전이영역에서 열전달계수

이영역에 대하여 그린 것이 그림 3-15이다. 만약 N_{Re}가 이 그림의 범위를 넘는 경우에는 식 (3-44)를 사용한다.

(4) 사관내 난류의 경우

코일 내의 경막 열전달계수 h_c를 구하는 데는 직관으로 가정하고 식 (3-44)~(3-57)에 의하여 h를 구하고 다음 식을 이용하면 된다.

$$\text{기체 } h_c = \left(1 + 3.5\frac{D}{D_c}\right)h \tag{3-58}$$

$$\text{액체 } h_c = 1.2h \tag{3-59}$$

단, $D=$ 관 내경, $D_c=$ 코일의 직경

(5) 유체가 원형이외의 유로를 흐를 경우

유체의 흐름의 단면적이 원형이 아닐 경우 경막계수를 구할려고 할 때는 앞 식들에서 직경 D대신 상당직경(相當直徑) De를 사용한다.

$$De = 4 \times \frac{\text{유로의 단면적}}{\text{열전달면의 둘레}} \tag{3-60}$$

유로의 단면적을 연전달의 둘레로 나눈 것을 **형체인자**(形體因子, shape factor)라고 한다. 상당직경의 예로 내경 D_s의 투관(套管, jacket) 가운데 외경 D의 열전달관이 n본 있는 다관식 열교환기의 경우는

$$De = \frac{4 \times \frac{\pi}{4}(D_s^2 - nD^2)}{n\pi D} = \frac{D_s^2 - nD^2}{nD} \tag{3-61}$$

이다.

(6) 유체가 관외를 직각으로 흐를 경우

① 단일 원관외에 직각인 흐름

유체가 단일 원관 외에 직각흐름인 경우에는 Ulsamer식이 있다.

$$\frac{hD}{k_f} = K\left(\frac{DG}{\mu_f}\right)^n\left(\frac{C_p\mu}{k_f}\right)^m \tag{3-62}$$

여기서 정수 n, m은 표 3-3에 나타내었으며 첨자 f는 각 물성정수를 점성막의 평균온도에서 산출함을 표시한다. 매우 작은 레이놀즈 수에 대하여는 난류도가 자연대류에 이기지 못하기 때문에 이 식은 작은 값을 준다.

➡표 3-3 식 (3-62)의 정수

R_e	K	m	n
0.1～50	0.91	0.31	0.385
50～10,000	0.60	0.31	0.50

② 관군(管群)과 직각으로 흐르는 경우

관군에 직각으로 흐르는 기체에는 많은 데이터가 있고 액체에도 약간 있다. Mc Adams는 다음 식을 추천하였다.

$$\left(\frac{hD_0}{k_f}\right)\left(\frac{C_p\mu_f}{k_f}\right)^{-1/3} = f\left(\frac{D_0 G_{max}}{\mu_f}\right) \tag{3-63}$$

여기서 f(함수)의 값은 그림 3-16으로부터 얻는다. 이 그림은 관군이 10줄 이상일 때 맞는다. 10줄 이하일 때는 h에는 표 3-4에 있는 인자를 곱해 주어야 한다.

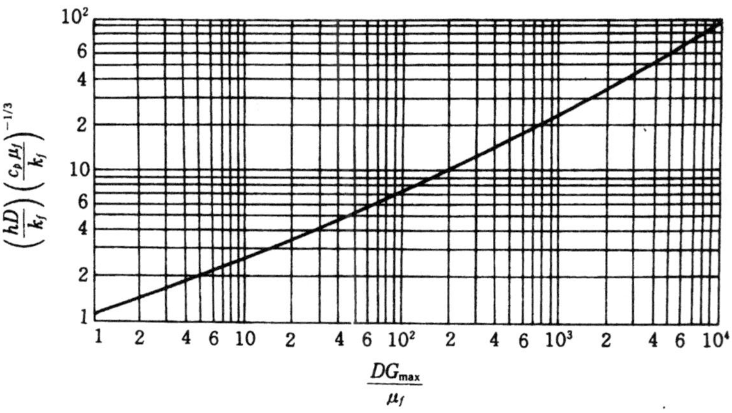

그림 3-16 착렬관군에 대한 k값

➡표 3-4 10열 이외의 관군에 대한 보정계수

열	1	2	3	4	5	6	7	8	9	10	12	15	18	25	35	72
착 렬	0.68	0.75	0.83	0.89	0.92	0.95	0.97	0.98	0.99	1.0	1.01	1.02	1.03	1.04	1.05	1.06
직 렬	0.64	0.80	0.87	0.90	0.92	0.94	0.96	0.98	0.99	1.0						

식 (3-63)에서 D_0는 관의 외경이고 G_{max}는 그림 3-17의 m으로 표시한 가장 좁은 곳에서의 속도이다. 직렬관군에 대해서는 그림 3-16으로부터 나온 h의 값에 0.8을 곱하여 준다.

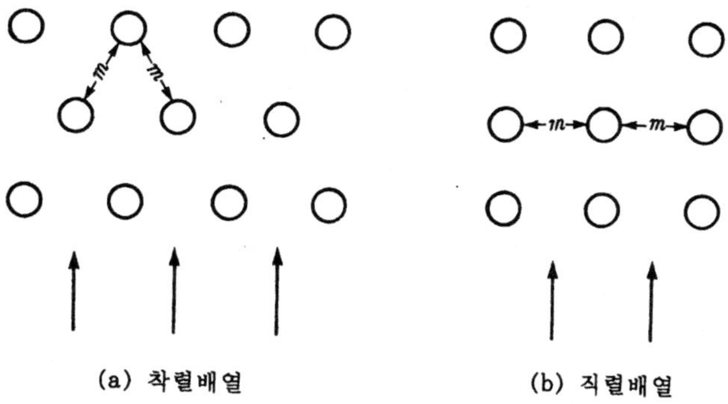

그림 3-17 관군의 배열

예제 3-9

상압의 공기를 3″ 스케듈 40 표준강관 8열의 직렬관군에 직각으로 보내면서 가열한다. 관외면의 온도는 110[℃]이고 공기의 평균온도는 60[℃]로 가장 좁은 곳을 통과할 때 공기의 유속은 2.0[m/s]이다. 공기측 경막계수를 구하라.

풀이

경막온도 $= \dfrac{110+60}{2} = 85$[℃], 85[℃]에서 공기의 $C_p = 0.24$[kcal/kg · ℃],

$k_f = 00263$[kcal/m · h · ℃](그림 3-4),

$\mu_f = 0.0208$[cp] $= (0.0208)(0.001)(3,600) = 0.0749$[kg/m · h](부록 4)

$$G_{\max} = \bar{\mu}\rho = (2.0)(3,600)\frac{290}{(22.4)\left(\dfrac{273+60}{273}\right)} = 7,640\,[\mathrm{kg/m^2 \cdot h}]$$

3″ 스케듈 40인 관의 외경 $= (3.5)(2.54)(10^{-2}) = 0.089$[m]

$$\frac{D_0 G_{\max}}{\mu_f} = \frac{(0.089)(7.640)}{(0.0749)} = 9,100$$

그림 3-16에서

$$\left(\frac{hD_0}{k_f}\right)\left(\frac{C_p\mu_f}{k_f}\right)^{-1/3} = 84$$

따라서 $h = (84)\left(\dfrac{0.0263}{0.0890}\right)\left(\dfrac{(0.24)(0.0749)}{0.0263}\right)^{1/3} = 21.8$[kcal/m² · h · ℃]

관군은 8열이므로 표 3-4의 보정값에서 0.98 또 직렬이므로 0.8을 곱하면

$$h = (21.8)(0.98)(0.8) = 17.1\,[\mathrm{kcal/m^2 \cdot h \cdot ℃}]$$

2. 상변화를 동반하지 않는 자연대류의 경우

자연대류의 h에 관한 무차원식은 차원해석에 의하면 다음과 같다.

$$N_{\mathrm{Nu}} = k(N_{\mathrm{Gr}} \cdot N_{\mathrm{Pr}})^{n} \tag{3-64}$$

단 k, n을 열전달면의 형상과 그의 위치에 따라 달라지는 값이다.

간단한 면의 열전달면으로부터 대기로의 자연대류의 경우 h는 N_{Pr}나 k를 일정하게 보아도 되기 때문에 다음과 같은 유차원식으로 표시된다. 단 h는 평균 열전달계수 [kcal/m^2 · h · ℃], Δt는 열전달면과 대기와의 온도차[℃], D는 원주의 외경[m], H는 열전달면의 높이[m], l은 정방형의 한 변의 길이 또는 방형(단형)의 두 변의 길이의 평균값이다.

① 수평원주면

$$N_{\mathrm{Gr}} \cdot N_{\mathrm{Pr}} = 10^{3} \sim 10^{9}, \quad h = 1.1\left(\frac{\Delta t}{D}\right)^{1/4} \tag{3-65}$$

$$N_{\mathrm{Gr}} \cdot N_{\mathrm{Pr}} = 10^{9} \sim 10^{12}, \quad h = 1.1(\Delta t)^{1/3} \ \ (D < 25\,[\mathrm{cm}]) \tag{3-66}$$

② 수직면

$$N_{\mathrm{Gr}} \cdot N_{\mathrm{Pr}} = 10^{4} \sim 10^{9}, \quad h = 1.2\left(\frac{\Delta t}{H}\right)^{1/4} \tag{3-67}$$

$$N_{\mathrm{Gr}} \cdot N_{\mathrm{Pr}} = 10^{9} \sim 10^{12}, \quad h = 1.1(\Delta t)^{1/3} \ \ (H > 25\,[\mathrm{cm}]) \tag{3-68}$$

③ 수평면의 상향 열면 또는 하향 냉면

$$N_{\mathrm{Gr}} \cdot N_{\mathrm{Pr}} = 10^{5} \sim 2 \times 10^{7}, \quad h = 1.1\left(\frac{\Delta t}{l}\right)^{1/4} \tag{3-69}$$

$$N_{\mathrm{Gr}} \cdot N_{\mathrm{Pr}} = 2 \times 10^{7} \sim 3 \times 10^{10}, \quad h = 1.3(\Delta t)^{1/3} \tag{3-70}$$

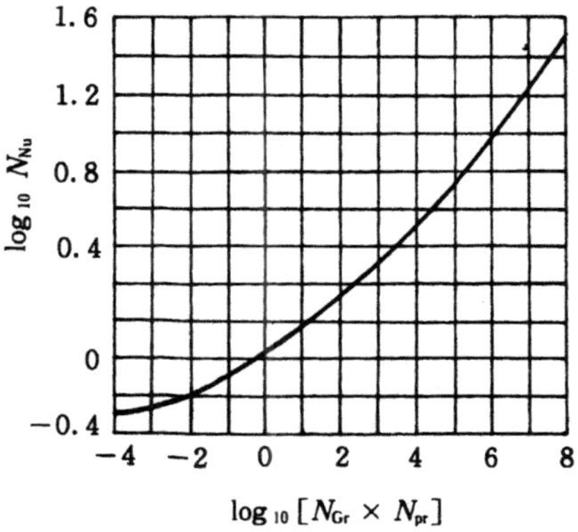

그림 3-18 식 (3-64)의 상호관계

④ 수평면의 하향 열면 또는 상향 냉면

$$N_{Gr} \cdot N_{Pr} = 3 \times 10^5 \sim 3 \times 10^{10}, \quad h = 0.6\left(\frac{\Delta t}{l}\right)^{1/4} \qquad (3\text{-}71)$$

그런데 실험식으로부터 구한 h값은 강제대류가 전혀 일어나지 않을 때의 값이나 실제로는 다소의 강제대류를 수반하므로 h의 값은 계산값보다 다소 커지는 경우가 많다.

예제 3-10

보온재를 감은 수평증기관의 외경이 25 [cm], 그 표면온도가 60 [℃]일 때 대기의 자연대류에 의한 h를 구하라. 단 실온은 20 [℃]이며, 40 [℃]에서의 $\mu_f = 0.019$ [cp], $C_p = 0.24$ [kcal/kg · ℃], $k_f = 0.023$ [kcal/m · h · ℃]이다.

풀이

경막온도 $t_f = \dfrac{60+20}{2} = 40[℃]$

$$\rho_f = \frac{(29)}{(22.4)\left(\frac{313}{273}\right)} = 1.13\,[\mathrm{kg/m^3}]$$

$$\mu_f = 1.9 \times 10^{-5}\,[\mathrm{kg/m \cdot s}] = 6.84 \times 10^{-2}\,[\mathrm{kg/m \cdot h}]$$

$$\beta_f = \frac{1}{V} \cdot \frac{\Delta V}{\Delta T} = \frac{1}{\frac{PT}{P}} \cdot \frac{\frac{R\Delta T}{P}}{\Delta T} = \frac{1}{T} = \frac{1}{273+40}$$

$$= 3.19 \times 10^{-3}[\ ^\circ\mathrm{K}^{-1}]$$

$C_p = 0.24$ [kcal/kg · ℃], $D = 0.25$ [m], $\Delta t = 60 - 20 = 40[℃]$

$$N_{Gr} = \frac{gD^3 \cdot \rho_f^2 \beta_f \Delta t}{\mu_f^2} = \frac{(9.8)(0.25)^3(1.13)^2(3.19 \times 10^{-3})(40)}{(1.90 \times 10^{-5})^2} = 6.91 \times 10^7$$

$$N_{Pr} = \frac{C_p \mu_f}{k_f} = \frac{(0.24)(6.84 \times 10^{-2})}{0.023} = 0.714$$

$$\therefore (N_{Gr} \cdot N_{Pr}) = (6.91 \times 10^7)(0.714) = 4.93 \times 10^7$$

따라서 식 (3-65)을 사용한다.

$$\therefore h = (1.1)\left(\frac{\Delta t}{D_0}\right)^{1/4} = (1.1)\left(\frac{40}{0.25}\right)^{1/4} = 3.92\,[\mathrm{kcal/m^2 \cdot h \cdot ℃}]$$

그림 3-18에서 $\log N_{Nu} = 1.4 N_{Nu} = 25.12$

$$\therefore h = (N_{Nu})\frac{k_f}{D_0} = (25.12)\left(\frac{0.023}{0.25}\right) = 2.31\,[\mathrm{kcal/m^2 \cdot h \cdot ℃}]$$

3. 상변화를 동반하는 경우

(1) 증기가 응축할 경우

포화증기(飽和蒸氣)가 저온의 고체벽에 닿으면 즉시 응축하며 다량의 잠열을 방출하므로 상변화를 동반하지 않는 경우보다 열전달속도가 대단히 크다. 일반적으로 금속표면의 응축은 **막상응축**(膜狀凝縮, film condensation)과 **적상응축**(滴狀凝縮, dropwise condensation)의 두 가지로 나눌 수 있다. 막상응축은 응축한 액이 피막상으로 벽면에 붙어서 중력에 의해 흘러내리는 상태로 응축할 때 방출하는 열량이 흘러내리는 응축액의 막을 통과하여 고체면에 전달되므로 액의 점도가 높을 때는 막이 두꺼워져서 저항이 커지므로 열전달속도는 적상응축의 $\frac{1}{10}$ 정도이다.

적상응축은 직접 증기와 접촉하는 고체면이 넓어서 열전달속도는 막상응축의 2배 이상이 된다. 열전달면에 먼지가 있거나 증기 중에 유분(油分)이 포함되어 있을 때 이것이 핵이 되어 적상으로 되기 쉽다. 응축열전달에는 적상응축이 요구되지만 일반적으로 유기물은 적상응축을 일으키기 곤란하며 벽면이 부식 또는 오염되어 있을 경우에도 일어나기 힘들다.

수증기의 응축시에는 소량의 올레인산과 메르캅탄을 증기 중에 가하면 이것이 벽면에 흡착되어 적상응축을 일으킨다고 알려져 있으며 동관에 크롬도금을 하거나 벽면에 기름을 바르는 것도 적상응축을 촉진시킨다.

적상응축일 경우의 h를 구하는 식은 아직 얻어지지 않고 있으며 순수 포화증기의 막상응축에 대해서는 다음과 같은 무차원식이 있다.

① 수직관의 내・외벽 및 수직 벽면상의 막상응축

$4\Gamma/\mu_f < 2100$일 경우 다음 식이 이론적으로 얻어진다.

$$h\left(\frac{\mu_f^2}{k_f^3\rho_f^2 g}\right)^{1/3} = 1.47\left(\frac{4\Gamma}{\mu_f}\right)^{-1/3} \tag{3-72}$$

여기서 h는 관 전체를 통한 평균 응축경막 열전달계수이며 Γ는 수직관의 관 주위 단위길이당의 응축유량[kg/m・h]으로 단일관에서는 $\Gamma = w/\pi D$, 관군의 경우에는 $\Gamma = w/LN$ (w : 총응축액량[kg/h], L : 관의 길이, N : 응축관 내의 관수)이다.

한편 μ_f, k_f, ρ_f는 다음 식으로 정의되는 기준온도에 의해 얻어진다.

$$t_f = t_h - \frac{3(t_h - t_w)}{4} \tag{3-73}$$

여기서 t_h는 응축증기의 온도, t_w는 관벽의 외표면 온도이다.

식 (3-72)는 $h = q/A_0 \Delta t_0 = (w\lambda/\pi D_0 L \Delta t_0) = (\Gamma\lambda/\Delta t_0)$(여기서 하첨자 0은 외경을 의미한다)에 의하여 Γ를 소거하면

$$h = 0.943\left(\frac{k_f^3 \rho_f^2 g \lambda}{\Delta t_0 L \mu_f}\right)^{1/4} \tag{3-74}$$

여기서 λ는 증기의 증발잠열[kcal/kg], L은 관 또는 벽의 높이[m], Δt_0는 증기와 벽면의 온도차[℃]이며, 각 물성값(物性値)은 t_f(= 증기의 온도 − $0.75\Delta t_0$)에서의 값을 사용한다.

② 수평관의 바깥면에 응축할 경우

단일 수평관에 대하여는 다음 식이 성립한다.

$$h\left(\frac{\mu_f^2}{k_f^3 \rho_f^2 g}\right)^{1/3} = 1.51\left(\frac{4\Gamma}{\mu_f}\right)^{-1/3} \tag{3-75}$$

또는

$$h = 0.725\left(\frac{k_f^3 \rho_f^2 g \lambda}{\Delta t_0 D_0 \mu_f}\right)^{1/4} \tag{3-76}$$

수평한 관군에 대해서는 응축액이 관에서 관으로 축적되어 맨밑의 하단에서 적하(滴下)한다. 그런데 실제로는 응축액이 각 관을 이동할 때 똑똑 떨어지지 않고 튀기 때문에 $\Gamma = w/LN$는

$$\Gamma = \frac{w}{LN^{2/3}} \tag{3-77}$$

과 같이 계산하는 것이 정확하다. 따라서 식 (3-76)을 다음과 같이 하여 관군에 대해서 사용할 수 있다.

$$h = 0.725\left(\frac{k_f^3 \rho_f^2 g \lambda}{N^{2/3} \Delta t_0 D_0 \mu_f}\right)^{1/4} \tag{3-78}$$

이상에서 주어진 식들은 층류에 대하여 성립하는 식인 데 $4\Gamma/\mu_f$가 2100 이하가 되더라도 응축막이 충분히 두꺼워서 관 밑부분에서는 난류를 일으키기가 쉬워서 실제로 실험으로 열전달계수를 결정해보면 계산값보다 항상 약 20[%]가 크다. 따라서 식 (3-72), (3-74), (3-78)의 계산값에 1.2배를 해주는 것이 좋다(1.47→1.76, 0.943→1.13, 0.725→0.87).

그림 3-19는 수직관에 대해서 $h(\mu_f^2/k_f^2\rho_f^2 g)^{1/3}$를 N_{Re}에 대해서 그린 것이다. 여기서 AA선은 $N_{\mathrm{Re}} < 2100$에 대한 이론적 관계이고, BB선은 **리플효과**(effect of ripple, 잔 물결이 생기는 효과)를 고려한 것이다.

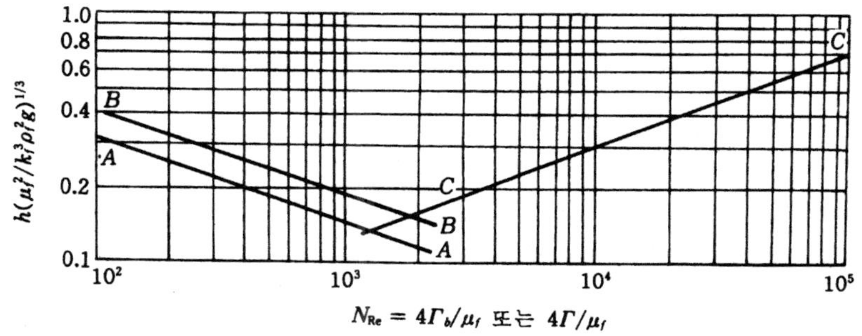

그림 3-19 막상응축에서 열전달계수

또한 CC선은 N_{Re}가 2100을 넘을 때 사용할 수 있다.

$(k_f^3\rho_f^2 g/\mu_f^2)^{1/3}$은 보통 압력범위에서의 온도의 함수이기 때문에 그림 3-19를 사용할 때는 주어진 물질에 대하여 온도를 독립변수로 하여 몇 점을 계산하고 이 관계를 그림으로 나타내서 사용하면 편리하다.

예제 3-11

외경 20[mm], 길이 1.5[m]의 수평관의 외면에서 105[℃]의 포화수증기가 막상응축을 할 때 h의 값을 구하라. 단 관 외면의 평균온도를 95[℃]로 한다.

풀이

물의 물성값은 응축수막의 평균온도 $t_f = 105 - 0.75(105-95) = 97.5$ [℃]에서 $\mu_f = 0.98$ [kg/m · h], $k_f = 0.587$ [kcal/m · h · ℃], $\rho_f = 958$ [kg/m³], 105[℃]에서 $\lambda = 536$ [kcal/kg], $\Delta t_m = 105-95 = 10$ [℃], $D = 0.02$ [m], $g = 9.8$ [m/s²] $= 1.27\times10^8$ [m/h²]

$$\therefore\ h = 0.725\left(\frac{(0.587)^3(958)^2(1.27\times10^8)(536)}{(10)(0.02)(0.98)}\right)^{1/4}$$

$$= 13,200\ [\text{kcal/m}^2 \cdot \text{h} \cdot ℃]$$

여기서 응축수의 흐름이 층류일 것이 충분히 예상되나 확인하여 보자. 관 한 개의 응축수량

$$w = \frac{(13,200)(0.02\times\pi\times1.5)(105-95)}{536} = 23.2\ [\text{kg/h}]$$

$$\Gamma = \frac{w}{2L} = \frac{23.2}{(2)(1.5)} = 7.73\ [\text{kg/m} \cdot \text{h}]$$

$$\therefore\ N_{Re} = \frac{4\Gamma}{\mu} = \frac{(4)(7.73)}{0.98} = 31.6(\text{층류})$$

(2) 증기가 비응축 기체를 포함하는 경우

증기가 비응축 기체를 함유할 경우에는 증기만이 응축하고 비응축 기체는 남게 되므로 이것이 기체의 경막을 만든다. 따라서 증기는 응축하기 전에 먼저 이 기체경막을 통과해야 한다. 비응축 기체를 함유할 경우는 그 응축상태에 관계없이 기체경막의 저항이 존재하므로 경막계수 h는 작아진다.

보통 물에는 공기가 녹아 있기 때문에 보일러로부터 나오는 수증기도 반드시 다소의 공기를 함유하고 이것이 응축기 내에서 축적되어 열전달저항을 주게 되므로 적당한 위치에 탈기구(vent)를 장치하여 이를 배출해야 한다.

수증기 중에 0.5[%] 정도의 공기를 함유할 경우 h는 반으로 줄어진다. 따라서 증기를 응축시킬 경우 응축액 및 비응축 기체의 신속한 제거가 필요하다.

(3) 비등액체의 경우

비등액체로 열전달을 일으키는 문제는 단위조작에서 증발, 증류 및 여러 가지 일반적인 공정인 수증기 발생, 석유정제공업, 그리고 화학반응의 온도조절 등에 많이 응용된다. 비등액체는 수평판이나 수직판 또는 관내를 흐르며 가열표면을 갖도록 조립된 장치로 조작되며 가열관 내를 흐르면서 강제대류나 자연대류에 의하여 관벽을 통해 유체에 열전달이 일어난다. 액체의 온도는 포화온도와 같아지거나 또는 약간 높을 때(포화비등)도 있고 포화온도 이하일 때(표면비등)도 있으며 포화온도와 실제의 액체온도와의 차를 **과냉도**(過冷度)라고 부르고 있다.

그림 3-20은 대기압하에서 포화온도의 물속에 수평가열관을 담궈서 가열할 경우의 비등특성곡선이다. 이 때의 현상은 네 가지로 구분할 수 있다.

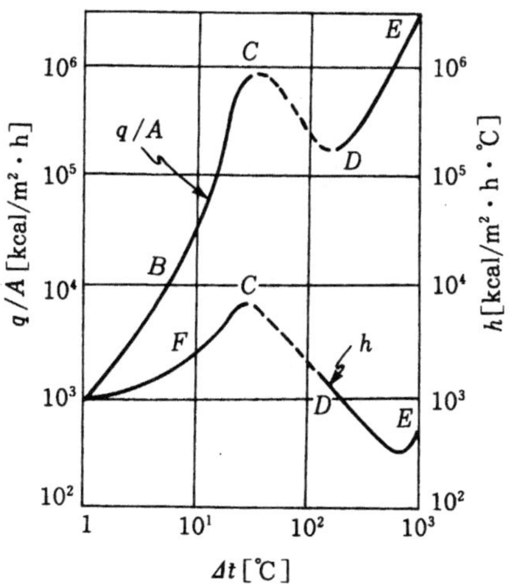

그림 3-20 물의 비등 특성 곡선

$A-B$구간은 **자연대류**(natural convection) **영역**으로 비등을 수반하지 않는다. 가열관의 온도가 액체의 비점과 거의 같은 온도에 도달하면 기포가 발생한다. 기포가 발생하면 교란효과 때문에 열전달계수 h가 매우 증가하며 그 결과 열전달면과 액체의 온도차 Δt의 약간의 증가에 의해서도 열부하(熱負荷, heat flux) q/A가 직선적 ($q/A = a\Delta t^{0.25}$)으로 급격히 증가한다.

$B-C$구간은 **핵비등**(核沸騰, nucleate boiling) **영역**이며, $A-B$보다 기울기만 더 커진 직선으로 표시된다. 즉 과열관의 온도증가에 따른 Δt의 증가와 함께 기포의 발생이 활발해져서 자연대류 현상은 파괴되고 열전달계수와 열부하가 증가하여 최대점 C에 도달하게 된다. C점에서의 Δt를 **임계온도차**(critical temperature drop), q/A를 **최대 열부하**(maximum heat flux)라고 한다.

$C-D$구간은 **전이비등**(轉移沸騰, transition boiling) **영역**이라고 부르며 표면온도가 상승하면 간헐적으로 열전달면을 덮는 불안정한 증기막이 형성되어 열부하는 감소하여 최소점 D(**Leidenfrost점**이라고 한다)에 도달한다.

$D-E$구간은 **막비등**(膜沸騰, film boiling)구간으로 명백한 열전달기구의 현상이 일어난다. 표면온도가 다시 증가하면 가열표면은 비활동성의 증기막으로 덮이게 되며 이 층을 통과하는 열은 전도와 복사에 의해 전달된다. 온도차의 증가로 인해서 열부하는 상승하여 최대 열부하를 갖게 된다. 이 현상은 비등 열전달의 특징이며, 복사 열전달이 전도 열전달보다 중요하게 취급되는 구간이다.

열부하가 C점 이상으로 증가하면 가열면 온도는 F점에 대응하는 값으로 뛰고 이 온도는 대부분의 경우 금속의 융점 이상이 되므로 C점 이상으로 열부하를 증가시키고자 하면 열전달면은 타버리게 된다. 이와 같은 뜻에서 C점은 보통 **번아웃점**(burnout point)이라고 부르고 있으나 C점 이상의 열부하에 있어서도 액체의 물성값이나 열전달면의 재질에 따라서 물리적 파손이 반드시 일어난다고 할 수는 없으므로 번아웃점이라는 명칭은 정확하게 현상의 성격을 나타내고 있는 것은 아니다. 그러나 번아웃점은 설계상의 한도를 나타내므로 특별히 관심을 가질 필요가 있다.

산업적으로는 핵비등이 과잉의 가열면을 필요로 하지 않으면서 상당히 높은 열부하를 부여하므로 중요하게 사용되며 막비등은 큰 온도차에 비해 열부하가 작아서 실제로 이용되지는 않는다.

4. 평균 온도차

이미 기술한 바와 같이 열전달속도는

$$q = U_{av} A_{av} \Delta t_{av} \text{ [kcal/h]} \tag{3-79}$$

로 나타내며, 여기서 U_{av}는 평균열전달면적 A_{av}를 기준으로 한 총괄 열전달계수로 위에 설명한 바와 같이 구할 수 있다. 그러나 온도차 Δt는 보통 많은 열전달장치에서 일정하지 않고 위치에 따라 달라진다. 그림 3-21에 간단한 연속 열전달장치에서의 온도분포를 표시하였다.

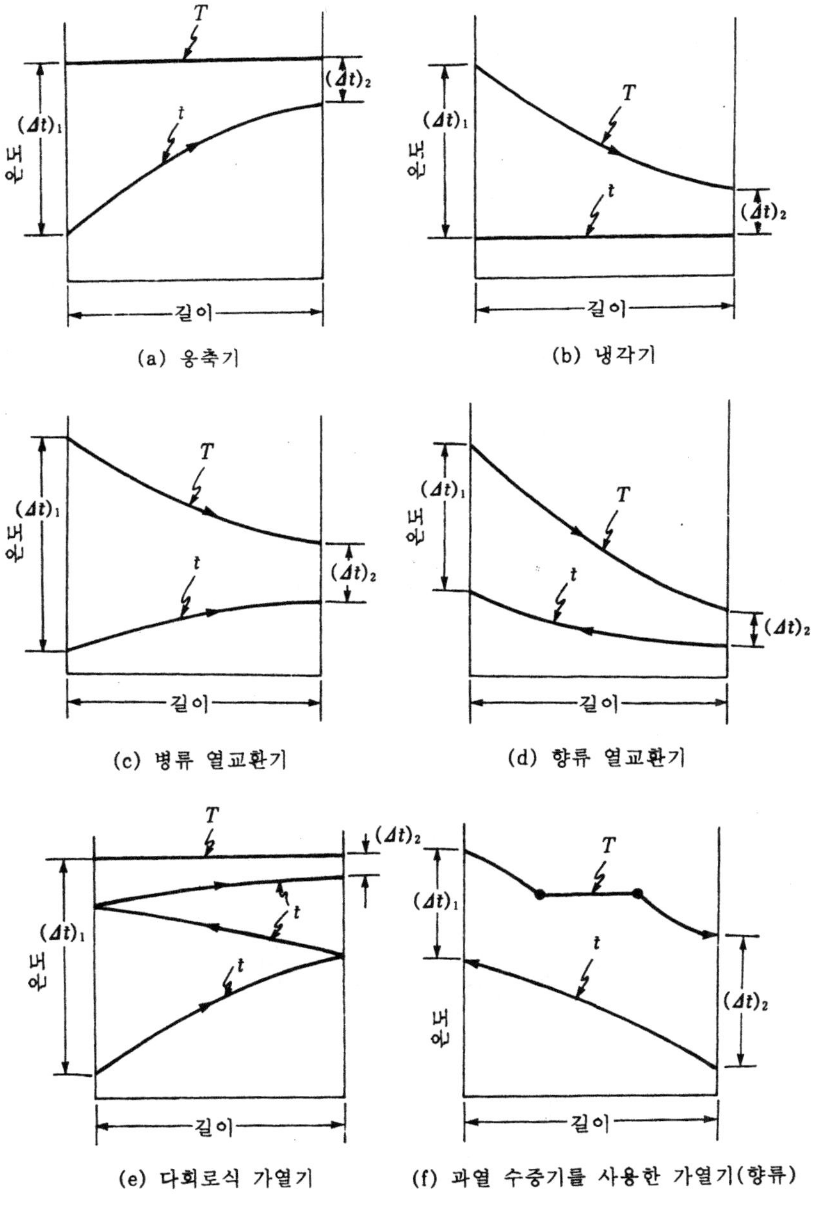

그림 3-21 열전달장치에서의 온도분포

어느 장치나 입구와 출구의 온도차 Δt_1, Δt_2가 다르므로 온도차를 구할 때는 다음과 같이 대수평균 온도차 (Δt_{av})를 취하는 것이 정확하다.

$$\Delta_{av} = \frac{\Delta t_1 - \Delta t_2}{2.303\log\left(\dfrac{\Delta t_1}{\Delta t_2}\right)} \ [℃] \qquad (3\text{-}80)$$

그림 3-21 (e)는 다회로 가열기인데 고온 응축증기 T가 항상 일정할 경우에는 식 (3-80)에서 평균온도차를 얻을 수 있으나, 양변에 온도변화가 일어나는 경우에는 대수평균에 1보다 작은 계수 F를 곱해 주어야 한다.

먼저 열전달 계산에는 열전달속도 q [kcal/h]를 측정하는 일이 필요하다.

지금 평균정압비열이 C_p [kcal/kg · ℃]인 액체를 속도 w [kg/h]로 온도변화 $(t_2 - t_1)$을 일으키는 데 사용된 증기의 응축량을 w' [kg/h], 그 증발잠열을 λ [kcal/kg]라 할 때 열전달속도 q [kcal/h]는

$$q = wC_p(t_2 - t_1) = w'\lambda \ [\text{kcal/h}] \qquad (3\text{-}81)$$

가 된다(가열기 및 응축기인 경우).

예제 3-12

아래 그림과 같은 장치에서 100 [℃]의 수증기로 어떤 회박용액(물성이 물과 동일)을 25 [m^3/h]의 속도로 10 [℃]에서 80 [℃]까지 가열할 경우 외경 15.9 [mm], 두께 0.89 [mm], 내경 14.1 [mm], k = 100 [kcal/m · h · ℃]의 관을 60줄 사용할 경우 관의 길이를 구하라. 단, 수증기측 경막계수는 6,000 [kcal/m^2 · h · ℃]이다.

풀이

식 (3-79)에서 $q = U_{av}A_{av}\Delta t_{av}$ -①

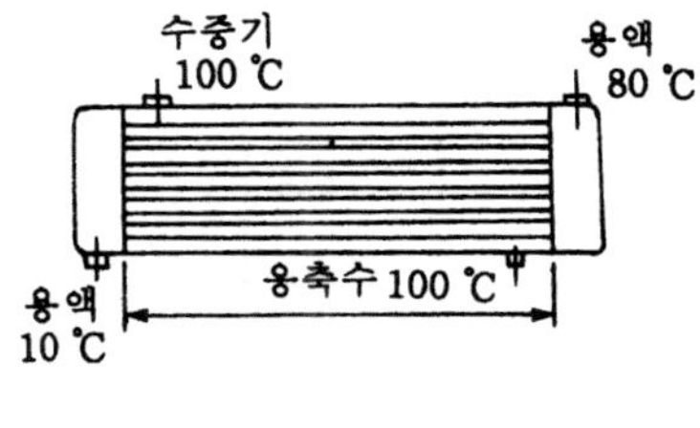

예제 3-12 설명도

q를 구하기 위하여 식 (3-81)을 사용, 물의 $\rho = 1000\,[\mathrm{kg/m^3}]$, $C_p = 1\,[\mathrm{kcal/kg \cdot ℃}]$, $w = Q\rho = (25)(1000)\,[\mathrm{kg/h}]$

$$q = (25)(1,000)(80-10) = 1,750,000\,[\mathrm{kcal/h}]$$

$$\Delta t_{av} = \frac{(100-10)-(100-80)}{2.303\log\left(\frac{100-10}{100-80}\right)} = 46.5\,[℃]$$

$$A_{av} = \pi d_{av} LN$$

$$= (3.14)\left(\frac{0.0159+0.0141}{2}\right)(L)(60) = 2.82L\,[\mathrm{m^2}]$$

식 (3-40)에서 $A_2(A_{av})$를 기준으로 취하면

$$\frac{1}{U_{av}} = \frac{A_{av}}{h_1 A_1} + \frac{l_2}{k_2} + \frac{A_{av}}{h_3 A_3}$$

$$= \frac{d_{av}}{h_1 d_1} + \frac{l_2}{k_2} + \frac{d_{av}}{h_3 d_3}\ \text{(1. 액측, 3. 수증기측)}$$

$$d_1 = 0.0141\,[\mathrm{m}],\quad d_3 = 0.0159\,[\mathrm{m}],\quad d_{av} = 0.0150\,[\mathrm{m}]$$

액측 경막계수 (h_1)

$$\bar{u} = \frac{(25)}{(60)\left(\frac{3.14}{4}\right)(0.0141)^2(3600)} = 0.742\,[\mathrm{m/s}]$$

입구와 출구의 평균온도 $= \dfrac{10+80}{2} = 45\,[℃]$

45 [℃]에서 액의 물성

$\mu = 0.00060\,[\mathrm{kg/m \cdot sec}]$, $k = 0.541\,[\mathrm{kcal/m \cdot h \cdot ℃}]$, $C_p = 1\,[\mathrm{kcal/kg \cdot ℃}]$

$$N_{Re} = \frac{d_1 \mu \rho}{\mu} = \frac{(0.0141)(0.742)(1,000)}{0.00060} = 17,400$$

식 (3-46)에서

$$\frac{h_1 d_1}{k} = (0.023)\left(\frac{d_1 u_1 \rho}{\mu}\right)^{0.8}\left(\frac{C_p \mu}{k}\right)^{0.4} = (0.023)(17,400)^{0.8}$$

$$\left(\frac{(1)(0.00060)}{0.541/3600}\right)^{0.4} = 96.0$$

$$\therefore\ h_1 = \frac{(96)(0.541)}{(0.0141)} = 3690\,[\mathrm{kcal/m^2 \cdot h \cdot ℃}]$$

증기측 경막계수 $h_3 = 6000\,[\mathrm{kcal/m^2 \cdot h \cdot ℃}]$

금속벽 $k_2 = 100\,[\mathrm{kcal/m \cdot h \cdot ℃}]$

$l_2 = 0.89\,[\mathrm{mm}] = 0.00089\,[\mathrm{m}]$

$$\frac{1}{U_{av}} = \frac{0.0150}{(3690)(0.0141)} + \frac{0.00089}{100} + \frac{0.0150}{(6000)(0.0159)}$$

$$= 0.000455 \quad \therefore U_{av} = 2200\,[\text{kcal/m}^2 \cdot \text{h} \cdot ℃]$$

①에 대입하면

$$(2200)(2.82L)(46.5) = 1,750,000$$

$$\therefore L = \frac{1,750,000}{(2.82)(46.5)(2,200)} = 6.06\,[\text{m}]$$

실제는 20 % 여분이 필요하므로 7.2 m의 관이 필요하다.

3-5 복사(輻射)

1. 복사의 본성

복사는 전도나 대류와 달리 에너지가 전자파의 형태로 어떤 매체(媒體)의 존재없이 전달하는 현상이다. 모든 물체는 절대영도(絶對零度)가 아닌 한 그 표면에서 에너지를 복사하는데 그 복사 에너지를 **복사선**(輻射線)이라고 한다.

전자파는 10^{-11} [cm]의 파장을 갖는 단파인 우주파로부터 10^3 [m] 이상의 파장을 갖는 장파인 방송파까지 다양하지만 열흐름에 있어서 중요한 복사선은 0.5~50 [μm]의 적외선이다. 온도가 500 [℃] 이상의 물체는 0.38~0.78 [μm] 영역의 가시광선을 복사선으로 방출하며 이것을 "**적열**" 또는 "**백열**"이라고 한다. 복사체의 온도가 높아질수록 열복사는 짧은 파장을 갖게 되며 가시광선의 영역을 갖는다.

단일파장의 복사선을 **단색광**(單色光, monochromatic)이라 하며 복사선은 파장이 다른 여러 단색광의 다발로 구성된다. 어떤 물체가 외부로부터 복사 에너지를 받을 때는 반사(reflection), 흡수(absorption) 및 투과(transmission)가 동시에 일어나며, 이를 그 물체의 **반사율**(reflectivity, r), **흡수율**(absorptivity, a) 및 **투과율**(transmissivity, t)이라고 하며 이들 사이에는 다음과 관계가 성립한다.

$$r + a + t = 1 \tag{3-82}$$

2. 흑체 복사와 방사율

어떤 물체에 전달된 복사 에너지는 그 물체에 흡수된 양만이 열로 변화된다. 받은 복사 에너지의 전부를 흡수하고 반사나 투과는 전혀없는 즉 흡수율이 1인 물체를 **흑체**(黑體, black body)라고 한다.

흑체는 어떤 주어진 온도에서 최대의 **방사율**(emissivity, 복사능, 흑도)을 가지며 모든 복사체의 기본이 되는 물질이다.

방사율은 다음과 같이 정의된다.

$$\varepsilon = \frac{W}{W_b} \tag{3-83}$$

여기서 W는 물질의 전체 복사강도(total radiating power) [kcal/h]이며 W_b는 흑체의 복사강도 [kcal/h]이다.

단색광의 방사율 ε_λ는 단색광의 복사강도 W_λ에 대한 흑체의 복사강도의 비로서 단일파장에 대해 다음 식으로 표시된다.

$$\varepsilon_\lambda = \frac{W_\lambda}{W_{b\lambda}} \tag{3-84}$$

만약 어떤 물체가 표면에서 단색광의 복사능이 모든 과정에 대해서 같다고 하면 이 물체를 **회색체**(灰色體, gray body)라고 한다.

흑체는 실제로 존재하지 않으며 가장 근접한 물질은 카본 블랙(carbon black)으로 거의 흑체에 가깝다. 흑체를 실험적으로 평가해 보면 불투명한 벽으로 전체가 둘러싸여 있고 일정한 온도를 가진 노의 내부를 작은 구멍으로 볼 때 흑체라고 할 수 있으며 즉 노내의 온도가 균일하다고 생각하는 한 노 내부의 또는 노내에 있는 모든 물체를 흑체라고 볼 수 있다. 그것은 이 구멍으로 입사한 복사는 노내의 벽에 거듭 반사되는 동안 전부가 흡수되기 때문이다.

3. 흑체 복사의 기본법칙

(1) Stefan-Boltzmann의 법칙

흑체의 전체 복사능은 절대온도의 4승에 비례한다는 것으로 모든 방향으로 방사되는 전복사 에너지에 적용할 수 있다. 즉

$$W_b = \sigma T^4 \ [\mathrm{kcal/m^2 \cdot h}] \tag{3-85}$$

여기서 비례상수 σ를 **Stefan-Boltzmann의 정수**라 하며 $4.88 \times 10^{-8}\,[\mathrm{kcal/m^2 \cdot h \cdot K^4}]$ 또는 $0.1713 \times 10^{-8}\,[\mathrm{Btu/ft^2 \cdot h \cdot {}^\circ R^4}]$이다.

복사면적 $A\,[\mathrm{m^2}]$에 대해서는 다음과 같이 나타낼 수 있다.

$$q = AW_b = 4.88\,A(T/100)^4 \ [\mathrm{kcal/h}] \tag{3-86}$$

실제 물체의 경우에는 복사 에너지가 같은 온도에 있는 흑체의 복사 에너지보다 항상 작으므로

$$q = AW = A\varepsilon W_b = 4.88\,\varepsilon A(T/100)^4\ [\text{kcal/h}] \tag{3-87}$$

이 된다.

(2) Planck의 법칙

Planck는 흑체가 내놓는 스펙트럼(spectrum)에서의 에너지 분포 즉 흑체의 단색광 복사능을 양자론으로부터 유도하였다.

$$W_{b\lambda} = \frac{2\pi h C^2 \lambda^{-5}}{e^{hc/k\lambda T} - 1} = \frac{C_1 \lambda^{-5}}{e^{hc/k\lambda T} - 1} \tag{3-88}$$

여기서 C_1 : $2\pi h C^2 = 3.22 \times 10^{-16}$ [kcal/m^2 · h] $= 3.742 \times 10^{-16}$ [W · m^2]

C_2 : 1.439 [cm · K] = 0.01439 [m · K]

h : Planck 정수 ; 6.626×10^{-34} [J · s] $= 4.40 \times 10^{-41}$ [kcal · h]

k : Boltzmann 정수 ; 1.380×10^{-23} [J/K] $= 3.30 \times 10^{-27}$ [kcal/K]

C : 빛의 속도 ; 2.898×10^8 [m/s]

λ : 복사선의 파장

(3) Wien의 법칙

어떤 주어진 온도에서 최대 복사강도에서의 파장 λ_{max}는 절대온도에 반비례한다고 하는 것으로

$$\lambda_{max} = \frac{C}{T} \tag{3-89}$$

Wien의 전이법칙(displacement law)이라고 하며 보통 고체가 고온이 되는데 따라서 파장이 짧은 쪽으로 이동하여 색깔이 암적(暗赤), 적(赤), 황(黃), 백(白)으로 변화하는 것을 설명하고 있다.

여기서 C는 T = [K]일 때 C = 0.2898 cm, T = [°R]일 때 C = 5200 micron이다.

예제 3-13

태양을 흑체라고 가정할 경우 $\lambda_{max} = 0.5\mu$인 경우 태양의 표면온도는 얼마인가?

풀이

$$T = \frac{C}{\lambda_{max}} = \frac{0.2898}{0.5 \times 10^{-4}} = 5800\ [°\text{K}]$$

4. 불투명체에 의한 복사선의 흡수

투과율이 0인 물체를 **불투명체**라고 한다. 따라서 불투명체의 경우에는 반사율과 흡수율의 합이 1.0이 된다.

(1) 코사인 법칙

일반적으로 불투명체의 반사율은 온도, 표면특성, 재질, 입사선의 파장 및 입사각에 따라 달라진다. 반사에는 **반사경적 반사**(specular reflection)와 **확산반사**(diffuse reflection)가 있는데 반사경적 반사는 금속 거울과 같이 잘 연마된 매끈한 면을 가지므로 반사면에 대해 뚜렷한 각을 이루며 입사각과 반사각이 같다. 또한 반사율이 거의 1에 가깝고 흡수율이 영에 가까워진다.

확산반사는 표면이 거칠 때 일어나는 것으로 모든 방향으로 반사하며 반사각이 뚜렷하지 않고 흡수율이 거의 1에 가까워진다. 따라서 복사선의 파장이 표면의 조도보다 적을 경우 이러한 거친면에서는 개개의 복사선은 반사경적이라고 할 수 있으나 전체적으로 확산반사를 일으킨다.

화학공학 대부분의 취급 재료의 표면에서는 확산반사이며 매우 중요한 가정으로서 반사율과 흡수율이 입사각에 무관하다고 생각하는 것이다. 이것이 **코사인 법칙**(cosine law)이며, 이 법칙이 뜻하는 의미는 확산표면에 대하여서는 표면을 떠나는 복사선의 강도가 그 면을 바라보는 각도에 무관하다는 뜻이다.

실제적인 표면에 대하여서는 표면의 흡수율은 모든 파장에 대하여 같다고 하는 가정이 성립되는 물체 즉 회색체로부터의 확산복사에 있어서는 단파장의 흡수능이 입사각과 파장에 무관하며 따라서 전 흡수율과도 같아진다.

(2) 키르히호프(Kirchhoff)의 법칙

어떤 물체로부터 방사되는 열복사량은 그 표면의 온도와 표면의 조건에 따라 달라진다.

그림 3-22는 몇 개의 온도에서 방사된 복사선 강도 분포를 보여 주고 있다. 온도가 변화하면 전방사능과 그의 에너지분포가 변하는 것이다. 최대 방사능을 가진 파장은 방사체의 온도가 증가할수록 감소하고 있다.

가시광선[파장역 3,500 ~ 7,800($\times 10^{-8}$)]은 이 그림에서 맨 왼쪽에 위치하며 온도가 증가하면 분포에서 알 수 있는 바와 같이 방사량이 빛으로 증가하게 된다.

지금 열을 생성할 수 없는 작은 물체 하나 또는 여러 개가 한 큰 진공밀폐용기 속에 들어있다고 하자. 그러면 자연 이들은 열적 평형에 도달하게 되며 이 평형에서는 각 물체가 같은 속도로 열을 얻기도 하며 잃어버린다.

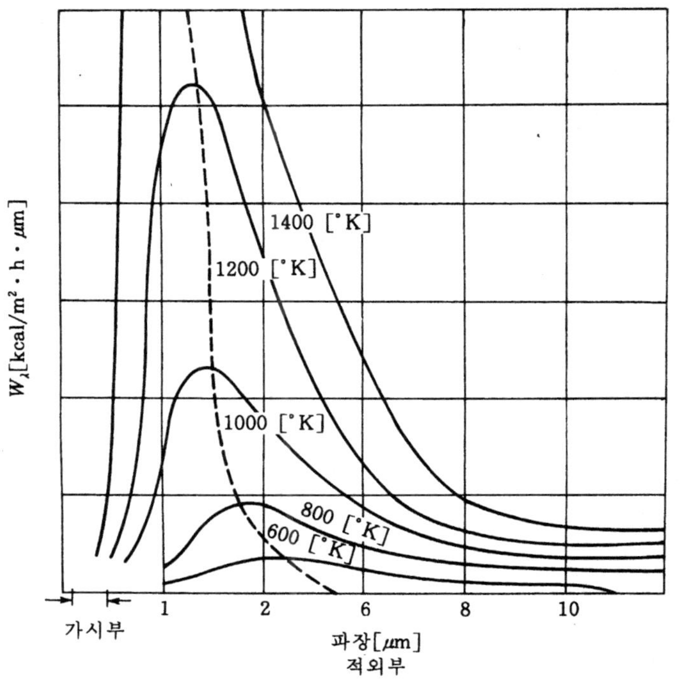

그림 3-22 열복사선의 강도 분포

Kirchhoff의 법칙은 열평형이 이루어진 계에 있어서는 모든 물체는 온도가 같아야 하며 전체 복사강도와 흡수능의 비는 그 물체의 온도에만 의존한다는 것이다. 즉

$$\frac{W_1}{a_1} = \frac{W_2}{a_2} \tag{3-90}$$

여기서 a는 물체의 흡수율이다. 식 (3-90)을 변형하면

$$\frac{W_1}{W_2} = \frac{a_1}{a_2} = \varepsilon_1 \tag{3-91}$$

하첨자 2를 흑체로 보면 $a_2 = 1$이므로 비흑체에 대해서는

$$a_1 = \varepsilon_1$$

즉 열평형계에서는 어떤 물체의 방사율은 흡수율과 같다고 하는 것이다.

방사율도 흡수율과 같이 잘 연마된 면에서는 그 값이 작으며 산화금속의 표면에서는 큰 값을 갖는다.

5. 두 물체 표면에서의 복사

(1) 복사속도(輻射速度)

면적이 A_1, 복사율이 ε_1, 절대온도가 T_1인 부투명체에서의 전체 복사량 q는 단위면적당으로 다음과 같다.

$$\frac{q}{A_1} = \sigma \varepsilon_1 T_1^4 \tag{3-92}$$

실제로 어떤 물체든지 절대영도 이상이면 복사선을 방출한다. 한 물체가 복사선을 방출하기만 하고 주위로부터 흡수할 에너지가 없으므로 복사에 의한 에너지 손실은 식 (3-92)를 계산한 값보다는 적다.

마주보는 두 물체에서 복사선을 더 많이 방출하는 고온 표면을 **복사원**(輻射源)이라고 하며, 에너지를 많이 받아 들이는 저온 표면을 **수체**(受體)라고 한다. 두 물체 사이의 복사형태 중에서 가장 간단한 것은 그림 3-23(a)와 같이 아주 큰 두 개의 평행판이 마주보고 있을 경우로서 양쪽 표면이 모두 흑체이다. 이러한 경우 한 표면에서 방출하는 복사선은 전부 다른 표면에 흡수된다. 표면이 흑체이므로 고온 표면에서의 실질 에너지 손실은 저온 표면에서의 실질 에너지 획득과 같으며 고온 표면의 방출 에너지가 σT_1^4이면 $T_1 > T_2$를 가정할 때 실질 에너지 획득은 $\sigma T_1^4 - \sigma T_2^4$ 또는 $\sigma(T_1^4 - T_2^4)$이 된다. 그러나 실제의 경우 표면이 흑체가 아니며 두 물체가 완전히 서로 보고 있는 경우는 드물다.

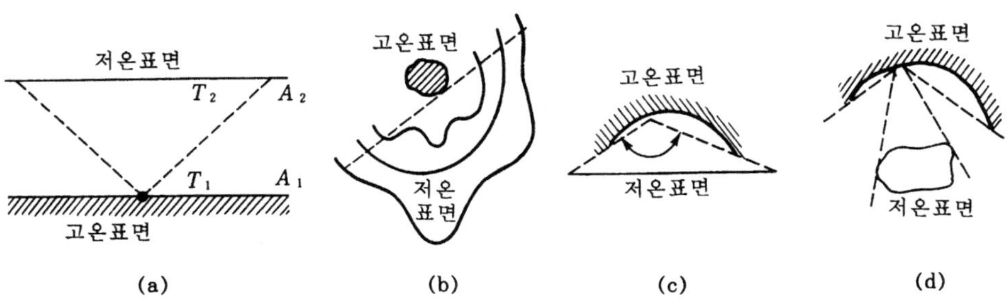

그림 3-23 시 각

(2) 시각(視角)

복사선을 받는 물체가 복사원을 보는 각도 즉 복사선을 차단하여 받아들일 수 있는 각도를 시각이라고 말한다. 구형 고체의 시각은 2π Rad(입체)로 가장 크지만 만약 시각이 2π Rad 보다 적으면 전체 복사선을 받을 수 없게 된다. 그림 3-23에서 (a)의 경우는 두 평행판이 무한대이면 시각은 모두 2π Rad(입체)가 되며, (b)의 경우는 고온체의 모든 점이 저온체를 보고 있으므로 역시 시각은 2π Rad(입체)가 된다. 그러나 (c)의 경우는 고온체로부터 저온체에 미치는 시각은 작으며 (d)의 경우는 고온체의 일부만이 저온체를 보고 있으므로 많은 복사선이 저온체에 도달하지 않고 다른 곳으로 가게 될 것이다. 따라서 저온 표면에서 받아들이는 순수한 에너지는 시각을 어느 물체에 중점을 두느냐에 따라서 달라진다.

위의 시각에 따라서 작은 복사체 표면에서 발산된 에너지 중에서 큰 표면이 차단하는 에너지는 달라지며 이 에너지는 표면사이의 거리에 무관하다. 또한 수체 표면의 단위면적에서 받는 에너지는 두 표면의 거리의 곱에 반비례한다.

(3) 두 흑체 표면간의 복사 열전달

그림 3-24와 같은 두 흑체의 표면사이의 실질 복사 열전달은 앞의 여러 법칙에 의하여 다음과 같이 표시된다.

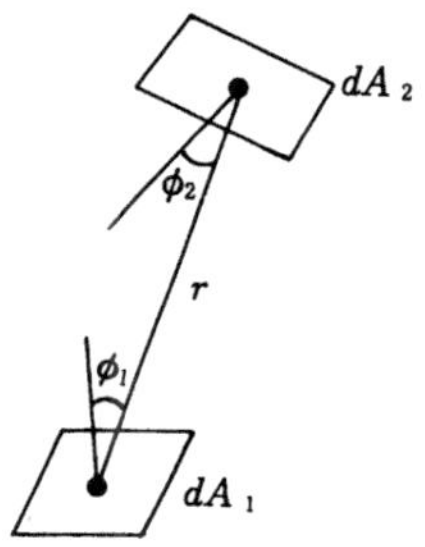

그림 3-24 두 흑체표면 사이의 복사

$$dq_{1,2} = \sigma \frac{\cos\phi_1 \cos\phi_2 \, dA_1 dA_2}{\pi r^2}(T_1^4 - T_2^4) \tag{3-93}$$

여기서 σ : 스테판·볼쯔만 정수

T_1, T_2 : 두 표면 dA_1, dA_2에서의 절대온도

ϕ_1, ϕ_2 : 두 표면을 연결하는 선과 각 표면에서의 법선이 이루는 각도

r : 두 표면사이의 거리.

이 식은 스테판·볼쯔만 식, 코사인 법칙, 거리자승의 법칙이 복합된 것이다. 이 식으로부터 다음과 같은 식을 얻을 수 있다.

$$q_{1,2} = \sigma AF(T_1^4 - T_2^4) \tag{3-94}$$

여기서 F는 표면의 기하학적 형태에 따라서 달라지는 정수가 된다. 이를 보통 **보기인자** 또는

시각인자(view factor or angle factor)라고 한다. 식 (3-94)를 A_1, A_2의 각 표면에 대하여 쓰면

$$q_{1,2} = \sigma A_1 F_{1,2}(T_1^4 - T_2^4) \text{ 또는 } q_{1,2} = \sigma A_2 F_{2,1}(T_1^4 - T_2^4) \quad (3\text{-}95)$$

따라서

$$A_1 F_{1,2} = A_2 F_{2,1} \quad (3\text{-}96)$$

이 된다. $F_{1,2}$는 A_1에서 발산된 복사선 중에서 A_2가 차단하는 분율이라고 볼 수 있다. 만약 A_1이 A_2만 본다면 $F_{1,2} = 1$이다. 만약 여러 표면을 본다면

$$F_{1,1} + F_{1,2} + F_{1,3} + F_{1,4} + \cdots = 1.0 \quad (3\text{-}97)$$

$F_{1,1}$은 A_1 자신이 자기 표면의 일부를 보는 분율이 된다.

만약 A_1이 다른 표면을 대면하지 않는다면 $F_{1,1} = 0$이 되며 $F_{1,1}$이 0이면 순수한 복사 열전달량도 0이 된다.

(4) 흑체가 아닌 경우

흑체가 아닌 표면사이의 복사 열전달은 흡수율과 복사율이 일반적인 경우와 다르며 또 파장과 입사각에 의존되므로 상당히 복잡해진다. 간단한 예로서 작은 물체가 큰 흑체 표면으로 둘러싸인 경우를 생각해 보자. 두 표면을 각각 A_1, A_2, 온도를 T_1, T_2라고 하면 A_2에서 A_1에 도달하는 복사 에너지는 $\sigma A_2 F_{2,1} T^4$이며, 이 중에서 α_1 분율이 A_1에 흡수될 것이며 나머지는 A_1에서 반사되어 다시 A_2로 돌아가 완전 흡수될 것이다. A_1에서는 $\sigma A_1 \varepsilon_1 T_1^4$만큼의 복사 에너지를 내며 이 에너지는 전부 A_2에 흡수되어 되돌아오지 않는다.

따라서 A_1에서의 전 복사손실을 다음 식으로 표시된다.

$$q_{1,2} = \sigma \varepsilon_1 A_1 T_1^4 - \sigma A_2 F_2, \ \alpha_1 T_2^4 \quad (3\text{-}98)$$

그러나 식 (3-96)에 의하여 $A_1 = A_2 F_{2,1}$이므로

$$q_{1,2} = \sigma A_1(\varepsilon_1 T_1^4 - \alpha_1 T_2^4) \quad (3\text{-}99)$$

만약 A_1이 회색체라고 하면 $\varepsilon_1 = \alpha_1$이므로

$$q_{1,2} = \sigma A_1 \varepsilon_1 (T_1^4 - T_2^4) \quad (3\text{-}100)$$

① 두 개의 무한히 큰 평행평판의 경우

그림 3-25와 같이 무한히 큰 두 평판이 서로 평행하게 있을 때 평판 ①과 ②의 절대온도

및 방사율을 각각 T_1, ε_1 및 T_2, ε_2라고 하면 두 면사이의 복사 열전달량 q는

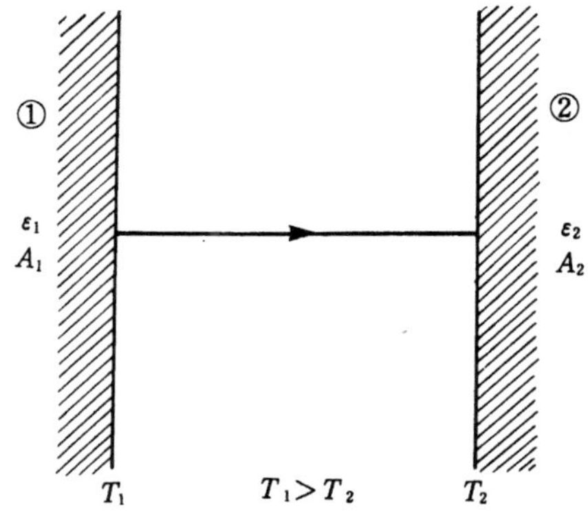

그림 3-25 평행평판

$$q = W_{b1} - W_{b2} = 4.88 A_1 \mathcal{F}_{1,2}\left[\left(\frac{T_1}{100}\right)^4 - \left(\frac{T_2}{100}\right)^4\right] [\text{kcal/h}] \tag{3-101}$$

이 된다. 여기서 $\mathcal{F}_{1,2}$는 총괄적 교환인자로서 다음과 같다.

$$\mathcal{F}_{1,2} = \frac{1}{\dfrac{1}{F_{1,2}} + \dfrac{1}{\varepsilon_1} - 1 + \dfrac{A_1}{A_2}\left(\dfrac{1}{\varepsilon_2} - 1\right)} \tag{3-102}$$

만약 A_1이 A_2만 본다면 $\mathcal{F}_{1,2} = 1$이므로

$$\mathcal{F}_{1,2} = \frac{1}{\left(\dfrac{1}{\varepsilon_1}\right) + \left(\dfrac{A_1}{A_2}\right)\left(\dfrac{1}{\varepsilon_2} - 1\right)} \tag{3-103}$$

두 개의 무한히 큰 평판의 경우에는 $A_1 = A_2$이므로 식 (3-101)은 다음과 같이 나타낼 수 있다.

$$q = 4.88 A_1 \frac{1}{\dfrac{1}{\varepsilon_1} + \dfrac{1}{\varepsilon_2} - 1}\left[\left(\frac{T_1}{100}\right)^4 - \left(\frac{T_2}{100}\right)^4\right] [\text{kcalh}] \tag{3-104}$$

② 한 쪽 물체가 다른 물체에 둘러싸인 경우

한 물체가 다른 물체에 둘러 싸인 경우 즉 $A_1 > A_2$일 때의 복사 열전달량은

$$q = 4.88 A_2 \frac{1}{\frac{1}{\varepsilon_2} + \left(\frac{A_2}{A_1}\right)\left(\frac{1}{\varepsilon_1} - 1\right)} \left[\left(\frac{T_1}{100}\right)^4 - \left(\frac{T_2}{100}\right)^4\right] [\text{kcal/h}] \tag{3-105}$$

이 된다. 만약 그림 3-26과 같이 큰 공동(空洞) 안에 작은 물체가 들어 있는 경우라면 $A_1 \gg A_2$이므로 식 (3-105)는

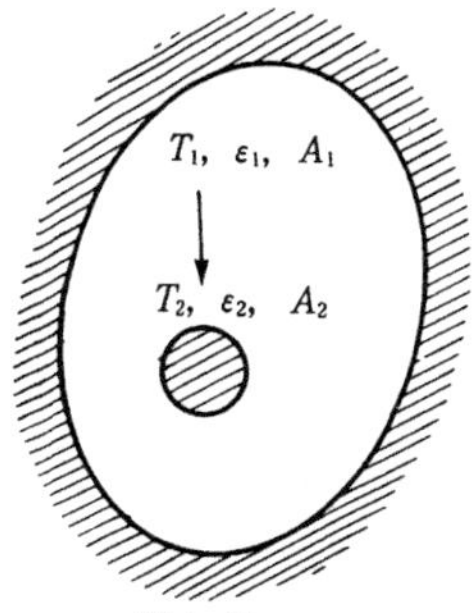

그림 3-26 큰 공동 내의 복사

$$q = 4.88 A_2 \varepsilon_2 \left[\left(\frac{T_1}{100}\right)^4 - \left(\frac{T_2}{100}\right)^4\right] [\text{kcal/h}] \tag{3-106}$$

예제 3-14

어떤 원통로내에 외경 15 [cm], 길이 50 [cm]의 금속관이 들어 있다. 노의 온도는 927 [℃], 관의 표면온도는 427 [℃]이며, 노벽과 관의 복사능은 각각 0.8, 0.6이다.

(a) 노가 관에 비해서 아주 클 때

(b) 노의 내경 30 [cm], 길이 1 [m]일 때

각각에 대한 복사 열전달량을 계산하라.

풀이

(a) $A_1 \gg A_2$이므로

$$q = 4.88\, \varepsilon_2 A_2 \left[\left(\frac{T_1}{100}\right)^4 - \left(\frac{T_2}{100}\right)^4\right]$$

$$= 4.88 \times 0.6 \times (\pi \times 0.15 \times 0.5) \left[\left(\frac{927 + 273}{100}\right)^4 - \left(\frac{427 + 273}{100}\right)^4\right]$$

$= 12,649\,[\text{kcal/h}]$

(b) $A_1 = \pi \times 0.3 \times 1 = 0.942\,[\text{m}^2]$, $A_2 = \pi \times 0.15 \times 0.5 = 0.236\,[\text{m}^2]$

$$q = 4.88\,A_2 \frac{1}{\dfrac{1}{\varepsilon_2} + \dfrac{A_2}{A_1}\left(\dfrac{1}{\varepsilon_1} - 1\right)} \left[\left(\frac{T_1}{100}\right)^4 - \left(\frac{T_2}{100}\right)^4\right]$$

$$= 4.88 \times 0.236 \times \frac{1}{\dfrac{1}{0.6} + \dfrac{0.236}{0.942}\left(\dfrac{1}{0.8} - 1\right)} \left[\left(\frac{1200}{100}\right)^4 - \left(\frac{700}{100}\right)^4\right]$$

$= 13,164\,[\text{kcal/h}]$

---

6. 복사 열전달계수

어떤 고온 물체로부터 주위에 열이 발산될 때는 때에 따라서 전도-대류 및 복사에 의한 두 기구가 다 중요한 때가 있다.

예를 들면 스팀 라디에이터(steam radiator)나 실내에 뜨거운 관이 있을 때를 들 수 있다. 이때는 두 기구의 손실을 합한 형태의 전체 열전달량으로 표시한다.

$$\frac{q_T}{A} = \frac{q_c}{A} + \frac{q_r}{A} = h_c(T_w - T) + 4.88\,\varepsilon_w \left[\left(\frac{T_w}{100}\right)^4 - \left(\frac{T}{100}\right)^4\right] \tag{3-107}$$

여기서 q_T, q_c, q_r : 각각 전체 열전달량, 대류 열전달량, 복사열전달량[kcal/h]

h_c : 대류 열전달계수[kcal/m^2 · h · ℃]

ε_w : 벽면의 방사율

T_w, T : 벽면 및 주위의 온도[°K]

이 식은 때로 다음과 같이 쓸 수도 있다.

$$\frac{q_T}{A} = (h_c + h_r)(T_w - T) \tag{3-108}$$

여기서 h_r을 **복사 열전달계수**라고 하며 다음과 같이 표시한다.

$$h_r = \frac{q_r}{A(T_w - T)} = \frac{\sigma(T_w^4 - T^4)}{(T_w - T)} \tag{3-109}$$

여기서 $\sigma = 4.88 \times 10^{-8} \varepsilon_w$로 표시되며 온도차 $T_w - T$에 따라 크게 달라지는 것은 물론 T_w 및 T의 절대값에 따라서 변한다.

예제 3-15

Freon-11(CCl_3F) 중에 외경이 32[mm], 길이가 10[m]인 수평가열관을 담궈서 대기압 중에서 가열한다. Freon-11의 표준비점은 23.8[℃], 관벽의 온도는 150[℃]이다. 가열관의 방사율은 0.85일 때 복사 열전달계수 h_r을 구하라. 단, 증기막은 복사선을 흡수하지 않으며 비등액은 불투명체라고 가정한다.

풀이

$T_w = 150 + 273 = 423\,[°K]$, $T = 23.8 + 273 = 296.8\,[°K]$

가열관은 회색체이며 주위의 비등을 흑체로 가정하면

$$\frac{q_r}{A} = 4.88\,\varepsilon_w\left[\left(\frac{T_w}{100}\right)^4 - \left(\frac{T}{100}\right)^4\right]$$
$$= (4.88)(0.85)(4.23^4 - 2.968^4)$$
$$= 1006\,[\text{kcal/m}^2\cdot\text{h}]$$

식 (3-109)에서

$$\therefore h_r = \frac{q_r}{A(T_w - T)} = \frac{1006}{(423 - 296.8)} = 7.97\,[\text{kcal/m}^2\cdot\text{h}\cdot℃]$$

7. 반투명체의 복사

산업적으로 중요한 많은 물질이 복사 에너지를 상당량 투과시킨다. 유리, 플라스틱, 얇은 액층 및 대부분의 기체와 증기는 반투명체이다. 이들의 투과율과 흡수율은 복사경로의 두께 및 복사선의 파장에 따라 변한다.

(1) 액체 또는 고체층의 복사

보통의 두께의 모든 고체 및 액체는 불투명체로 대부분의 복사선을 흡수하게 된다. 그러나 층이 얇은 대부분의 액체와 고체는 가해진 복사선의 한 부분만 흡수하고 나머지는 투과시키게 되는데 이 투과량은 층의 두께와 복사 파장에 따라 달라진다.

물의 얇은 층에 대하여 두께와 파장에 따른 흡수율의 변화를 그림 3-27에 표시하였다. 여기서 보면 얇은 층(0.01[mm] 두께)은 3과 6[μm]을 제외하고는 1과 8[μm] 사이의 대부분의 복사선을 투과시키고 있다. 그러나 몇 [mm]만 되더라도 가시광선(0.38~0.76[μm])은 통과시키나 1.5[μm]보다 큰 파장을 가진 복사선은 실질적으로 다 흡수해버린다. 따라서 열교환시에는 이러한 물층의 흡수율은 1로 간주해야 한다.

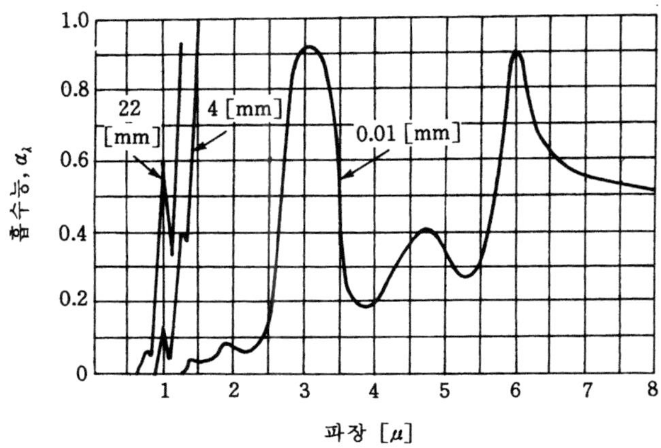

그림 3-27 얇은 물층의 흡수율의 스펙트럼 분포

플라스틱과 같은 물체도 유사한 생각을 할 수 있으나 흡수 피크(absorption peak)가 보통 적다. 보통 사용하는 유리는 파장이 짧은 복사선에 대해서는 투명하지만 긴 파장에 대해서는 불투명하게 작용한다. 이것이 소위 **청색집 효과**(greenhouse effect)를 일으켜서 유리벽으로 둘러싸여진 내부를 태양에 노출하면 바깥 주위 온도보다도 뜨거워지게 된다.

약 6000[℃]의 태양표면으로부터 오는 복사선은 주로 파장이 짧은 것으로서 유리를 쉽게 통과하여 들어갈 수 있으나 이 내부의 공기로부터의 복사 즉 25[℃]의 면에서부터의 복사선은 파장이 길어서 유리를 통과하여 밖으로 나갈 수 없게 된다. 따라서 내부온도는 대류 열손실이 들어오는 복사선의 에너지와 같아질 때까지 상승하게 된다.

(2) 기체의 복사

단원자(monoatomic) 또는 2원자 기체(diatomic gas) 즉 수소, 산소, 헬륨, 아르곤 및 질소는 실질적으로 적외선 복사에 대해서 투명체인 것이다. 보다 복잡한 다원자 분자(polyatomic molecule) 즉 수증기, 탄산가스 및 유기증기(organic vapor)는 강하게 복사선을 흡수하여 특히 특수한 파장의 복사선을 잘 흡수한다.

기체나 증기의 주어진 양에 의하여 흡수된 입사 복사선의 분율은 투과경로에 의존하며 투과가 일어나는 동안 충돌한 분자수는 가스나 증기의 밀도에 비례한다. 따라서 주어진 가스의 흡수율은 그 기체 분압의 함수이며, 온도에는 크게 의존하지 않는다.

지금 흡수 기체를 가열했다고 하면 찬 주위로 흡수 때와 같은 파장으로 복사선을 낸다. 기체의 방사율은 또한 온도와 압력의 함수이다. 투과경로의 효과 때문에 기체의 방사율과 흡수율은 특정한 기하학적 고려를 해서 정의를 해야 한다.

(3) 기체 중에 있어서의 온도계의 오차

온도가 t_g인 기체 가운데 온도계를 넣어 기체의 온도를 측정할 경우 만일 주위의 벽의 온도 t_w가 t_g와 같은 경우에는 별 문제가 되지 않으나, t_w가 t_g와 다를 때에는 주위의 벽과 온도계와의 사이에서 복사에 의하여 온도계는 정확한 기체의 온도를 나타내지 않는다. 지금 $t_g > t_w$의 경우 기체로부터 온도계로 대류에 의하여 열전달이 일어나고 온도계로부터 벽으로 복사가 일어나 온도계는 두 전달이 동적인 평형이 성립하는 온도를 나타내며 이 온도는 t_g보다 약간 낮게 된다. 따라서 고온의 기체의 진온도를 측정하려고 할 경우 복사 방패나 빠른 기체속도가 필요하다.

방패를 흑체 성질로부터 먼 물질(닦은 금속 등)로 만들면 복사에 의한 손실이 매우 작아지고 기체의 속도를 빨리하면 기체와 방패사이의 온도차가 작아진다.

3-6 열전달장치

두 물질간에 열에너지의 수수(授受)가 되고 있는 곳에 그 작용을 유효하게 할 목적의 장치를 **열교환기**라고 하는데 화학공업에서는 투입 열에너지의 회수용이나 반응온도의 유지용으로 또는 반응조절용으로 사용되나 그 열회수율은 65 [%]를 상회하고 있다.

열교환 방법에는 두 유체를 직접 접촉시키는 것과 고체벽을 사이에 두고 간접적으로 열을 전달하는 방법이 있는데 여기서는 간접적인 열전달에 관하여 설명하고 직접적인 열전달은 증발, 증류, 흡수 등의 단위조작에서 다루기로 한다.

열교환기는 사용하는 목적에 따라 형식, 구성재료가 선택되고 또 가장 목적에 합치한 것을 설계하지만 열이동의 이론적 해명이 어느 정도 되어 있고 그 설계치에 신뢰도가 높아진 현재 열교환기는 차차 표준화되고 규격화된 전문 제조업체에서 제작되는 시장상품 중에서 프로세스에 가장 알맞은 것을 선택함으로써 플랜트의 건설비를 최소화하고자 화공관계 기술자들은 노력하고 있다.

열교환기의 종류는 사용상과 구조상으로 분류하여 설명할 수 있는데 사용목적에 따른 분류로는 상변화를 수반하는 경우와 상변화가 없는 경우가 있으며, 이들 명칭은 조작상태를 주로 하여 사용되고 있다. 즉 ① 가열기(Heater), ② 예열기(Preheater), ③ 과열기(Superheater), ④ 증발관(Evaporator), ⑤ 재비기(再沸器, Reboiler), ⑥ 냉각기(Cooler), ⑦ 심냉기(深冷器, Chiller), ⑧ 응축기(Condenser), ⑨ 전축기(全縮器, Total condenser), ⑩ 분축기(分縮器, Partial condenser), ⑪ 협의의 열교환기(Heat exchanger) 등으로서 협의의 열교환기란 두 유체간에 열교환을 시켜서 동시에 한 쪽은 가열 다른 쪽은 냉각시키는 목적에 사용하는 장치이다.

또한 구조상의 종류로는 열전달부터 형식에 따라 ① 관 형상, ② 판 형상, ③ 블록 형상 등으로 분류되지만 특히 관 형상의 것이 많이 사용되고 있다. 관 형상은 다시 단관식, 이중관식, 다관식, 다관원통식 열교환기 등으로 분류되고 특히 화학공장에서는 다관원통식 열교환장치(shell and tube type heat exchanger)가 많이 이용되고 있다. 여기서는 주로 관 형상 열교환기에 관하여 설명하였다.

1. 열교환기의 종류

(1) 단관식 열교환기(single pipe heat exchanger)

열전달부에 직관을 사용하여 리턴 밴드(return bend)와 조합해서 열교환량에 필요한 열전달면적을 사관상(蛇管狀)으로 조립한다. 그림 3-28에서 (a)는 종형으로 하여 상부로부터 냉각수를 적하(滴下)시켜 열전달과 내의 유체를 냉각하는 트롬본형 냉각기(별명 ; 개방 액막식 열교환기), (b)는 횡형으로 하여 탱크 밑면에 증기를 통과시켜 탱크 내의 유체를 가열하는 탱크 가열기, (c)는 사각인 상자내에 사관을 종횡으로 줄지어서 설치하고 상자 내에 냉각수를 유입하여 열전달관 내의 유체를 냉각하는 상자형 냉각기, (d)는 열전달면의 관을 코일상으로 말아서 용기 내에 삽입하여 관내 유체와 용기내 유체를 열교환시키는 코일형 열교환기 등이

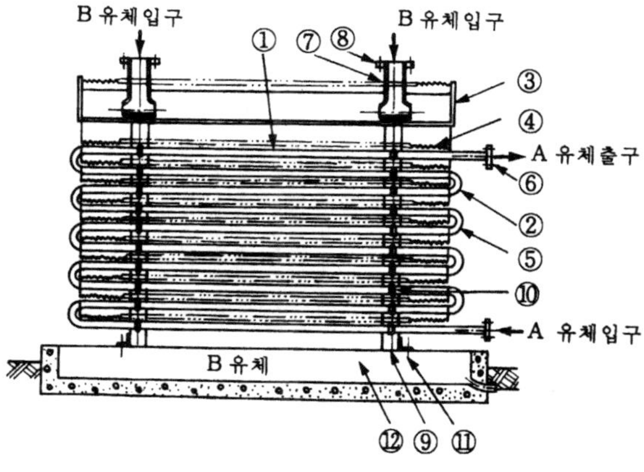

① 열전달관(pipe : heat transfer pipe)
② 리턴밴드(return bend)
③ 주수용기(water box)
④ 주수용기 적하판(box drip plate)
⑤ 열전달관 적하판(pipe drip plate)
⑥ 열전달관 플랜지(pipe flange)
⑦ 주수노즐(water nozzle)
⑧ 주수노즐 플랜지(water nozzle flange)
⑨ 지주(support)
⑩ U볼트(u-bolt)
⑪ 기초볼트(foundation bolt)
⑫ 수조(receiver pool)

(a) 토롬본형 냉각기

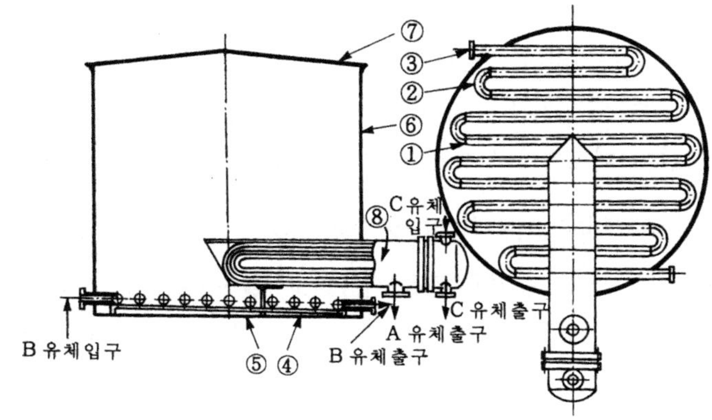

① 열전달관(pipe : heat transfer pipe)
② 리턴밴드(return bend)
③ 열전달관 플랜지(pipe flange)
④ 가대(support)
⑤ 탱크저판(tank bottom plate)
⑥ 탱크측판(tank side plate)
⑦ 탱크지붕판(tank roof plate)
⑧ 흡입히터(suction heater)

(b) 탱크 가열기(흡입히터 달림)

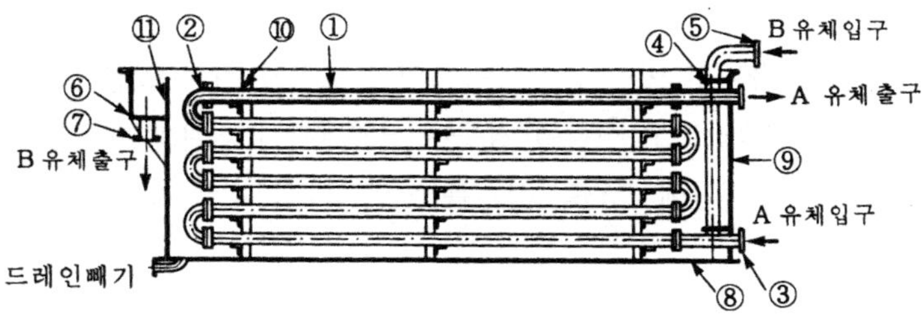

① 열전달관(pipe : heat transfer pipe)
② 리턴 밴드(return bend)
③ 열전달관 플랜지 (pipe flange)
④ 냉각수도입관(water inlet pipe)
⑤ 냉각수도입관 플랜지(water inlet pipe flange)
⑥ 냉각수출구 노즐(water outlet nozzle)
⑦ 냉각수출구 노즐 플랜지(water outlet nozzle flange)
⑧ 용기저판(box bottom plate)
⑨ 용기측판(box side plate)
⑩ 지주(support)
⑪ 막이판(weir plate)

(c) 상자형 열교환기

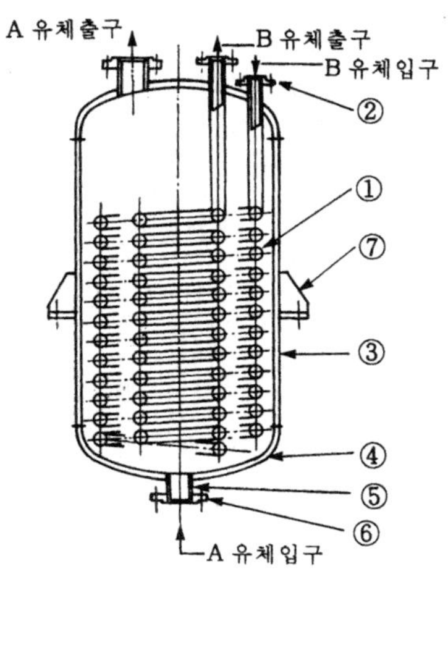

① 열전달관(coil pipe : heat transfer pipe)
② 열전달관 플랜지(pipe flange)
③ 동판(shell plate)
④ 경판(head nozzle)
⑤ 동노즐(shell nozzle)
⑥ 동노즐 플랜지(shell nozzle flange)
⑦ 지지동(bracket)

(d) 코일형 열교환기

그림 3-28　단관식 열교환기

있다. 이들의 구조는 열전달관 내에 부식성, 고온, 고압 등의 유체를 유통시킬 때가 많으며 이 경우 누수의 염려는 접속부위의 접속방법에 주의하고 재질의 선정은 관만 조심하면 되므로 광범위한 재질 즉 강관, 주철관, 동관 등의 금속판에서 유리관, 도자기관, 불침투성 흑연관, 합성수지관 등의 비금속관에 이르기까지 사용할 수가 있다.

(2) 이중관식 열교환기(double pipe heat exchanger)

열전달관의 유체를 포함하는 용기에 관을 사용하고, 열전달관 내 및 외관 동체와의 환상부에 각각 유체를 유통시켜 열교한시키는 구조인 열교환기이다. 구조는 비교적 간단하며 재료는 시장성이 넓은 배관용 강관이 많이 사용되며 가격도 비교적 싸고 열전달면적의 증가도 자유로이 할 수 있다. 열전달면적이 10～15 [m^2] 이하에 널리 사용된다.

구조의 형식으로서는 유체의 오염, 온도 등의 조건에 의해 직관, U자관 등으 열전달관이 사용된다. 즉 동체측(열전달관 외면을 흐르는 유체가 통과하는 부분) 유체의 오염이 커서 청소가 필요할 경우에는 U자관 또는 직관으로 열전달관을 빼낼 수 있는 구조를, 관측(열전달관 내면을 흐르는 유체가 통과하는 부분) 유체의 오염이 클 경우에는 직관과 리턴 밴드를 빼낼 수 있는 플랜지 이음 또는 유니언 이음 등을, 2유체의 온도차가 커서 열전달관과 동체사이에 신축을 흡수하는 구조가 필요하다고 생각될 경우에 열전달관이 직관일 때에는 동체에 신축이음을 설치하든가 또는 동체 일단에 스터핑 상자를 설치한다. U자형 열전달관을 사용하면 이 점은 자연히 해결된다.

그림 3-29에서 (a)는 열전달관과 관상 동체로 되어 있고 동체 양단은 열전달관에 용접 고

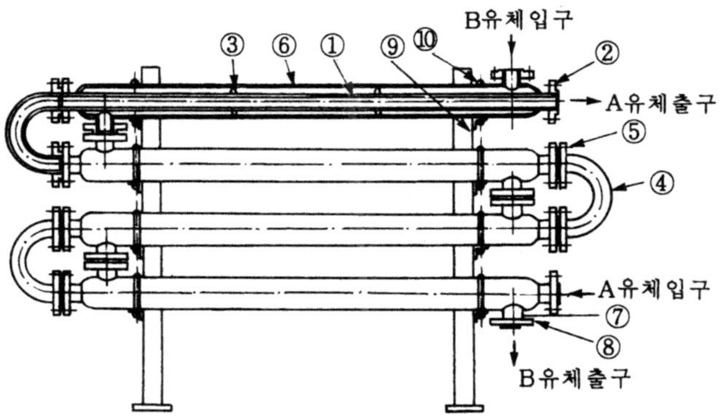

① 열전달관(inner pipe : heat transfer pipe)
② 열전달관 플랜지(inner pipe flange)
③ 지지편(support piece)
④ 리턴밴드(return bend)
⑤ 리턴밴드 플랜지(return bend flange)
⑥ 동관(shell pipe)
⑦ 동측노즐(shell nozzle)
⑧ 동측노즐 플랜지(shell nozzle flange)
⑨ 지주(support)
⑩ U-볼트(U-bolt)

(a) 이중관 고정형 열교환기

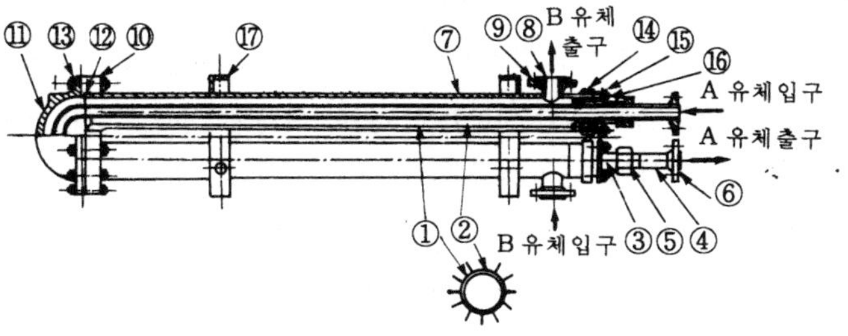

① 열전달관(inner pipe : heat transfer pipe)
② 세로핀(longitudina fin)
③ 유니언 나사(union screw)
④ 유니언 메일(union male)
⑤ 유니언 너트(union nut)
⑥ 열전달관 플랜지(inner pipe flange)
⑦ 동관(shell nine)
⑧ 동노즐(shell nozzle)
⑨ 동노즐 플랜지(shell nozzle flange)
⑩ 동플랜지(shell flange)
⑪ 동커버(shell cover)
⑫ 개스킷(gasket)
⑬ 스터드 볼트(stud bolt)
⑭ 스터핑 상자(stuffing box)
⑮ 패킹(packing)
⑯ 누르개(gland)
⑰ 지지각(support saddle)

(b) 핀달림-이중관 헤어 핀형 열교환기

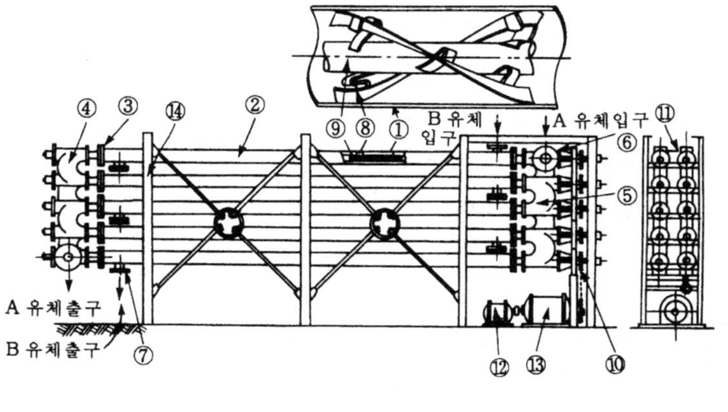

① 열전달관 노즐(inner pipe : heat transfer pipe)
② 동관(shell pipe)
③ 스터핑상자(stuffing box)
④ 후부 리턴밴드(rear return bend)
⑤ 주부 리턴밴드(main return bend)
⑥ 열전달관 노즐(inner pipe nozzle)
⑦ 동체 노즐(shell nozzle)
⑧ 스크레이퍼판(scraper plate)
⑨ 스크레이퍼축(scraper shaft)
⑩ 스프로케트(sprocket)
⑪ 연동쇄(drive chain)
⑫ 전동기(motor)
⑬ 감속기(reducer)
⑭ 지주(support)

(c) 이중관 스크랩면형 열교환기

그림 3-29 이중관식 열교환기

정된 이중관 고정형 열교환기(fixed type double pipe heat exchanger)로 관측 유체와 동체측 유체의 온도에 의한 열전달관 및 동체가 신축하는 양의 차에 따라 발생하는 열응력이 작을 경우 또는 동체측 유체의 오염이 적고 청소가 필요하지 않을 경우에 사용된다. (b)는 U자관 열전달관과 관상동체 및 동체 덮개로 되어 있는 이중관 헤어 핀형 열교환기(hair pin type double pipe heat exchanger)로 열전달관은 온도에 의한 신축이 자유로이 되며 또 내관을 빼낼 수 있으므로 동체측 유체의 오염이 심하여 청소가 필요할 경우에 많이 사용된다. (c)는 2중관 스크랩면형 열교환기(scraped surface type double pipe heat exchanger)로 내면에 회전하는 스크레이퍼판을 설치한 열전달관과 관상 동체로 되어 있으며 회전하는 스크레이퍼판에 의해 열전달면의 경막 저항부를 끊임없이 뜯어내어 새로운 면을 노출시킴과 동시에 교반효과를 내는 구조의 열교환기이다. 석유정제공업의 탈연장치, 석탄화학공업의 탈증류장치, 식품공업의 마가린 제조장치, 섬유공업의 전분 풀 만들기 장치 등 고점도 유체의 가열 또는 냉각에 많이 사용된다.

(3) 다관식 열교환기(multi-tube heat exchanger)

다관식 열교환기는 열교환기의 대표적인 것으로 각종 화학공업에 광범위하게 이용되고 있다. 다른 형식의 열교환기에 비해 열전달면적이 수십 [m^2]에서 수백 [m^2]까지 광범위하게 제작된다. 2개의 관판과 이것을 연결한 다수의 열전달관(tube)으로 구성되며 그 바깥은 원통형의 동체(shell)로 밀폐한 구조를 갖고 있다.

일반적으로 부식성 유체, 오염성 유체, 고압 유체 및 특수 재질을 요구하는 고온 유체는 관내를 흐르게 하며 유량이 작은 유체, 고점도 유체 및 허용 압력손실이 작은 유체는 관 바깥을 흐르게 한다. 또 다관식 열교환기에 있어서는 관외 유체의 유속을 증가시키기 위해 그림 3-30과 같은 방해판(baffle)을 설치하는 것이 보통이며 동체측 유체의 입구부에는 불필요한 힘이 열전달관에 작용하지 않도록 완충판(impingement baffle)을 설치한다.

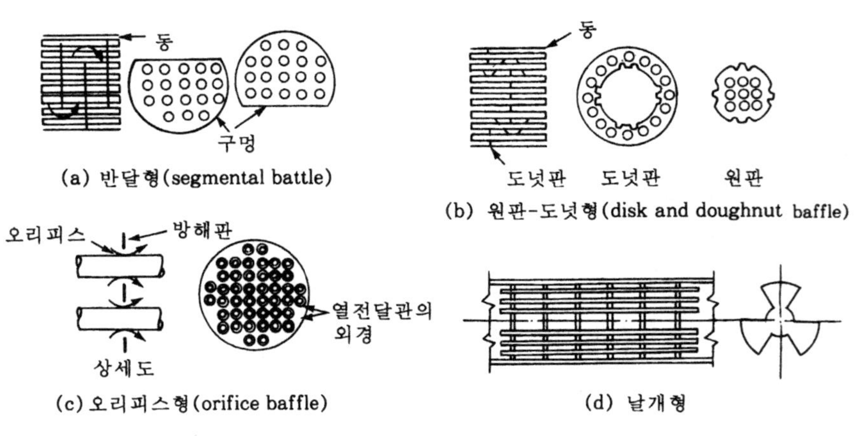

그림 3-30 여러 가지 방해판

(4) 다관 원통식 열교환기(shell and tube heat exchanger)

다관식의 관속(管束)을 원통 용기에 삽입한 구조이며 관판과 동체와의 연결구조에 따라 고정관판형, 유동 두형, U자관형 등의 열교환기가 있으며 사용유체의 압력, 온도, 오염, 기타의 조건을 고려해서 선택한다.

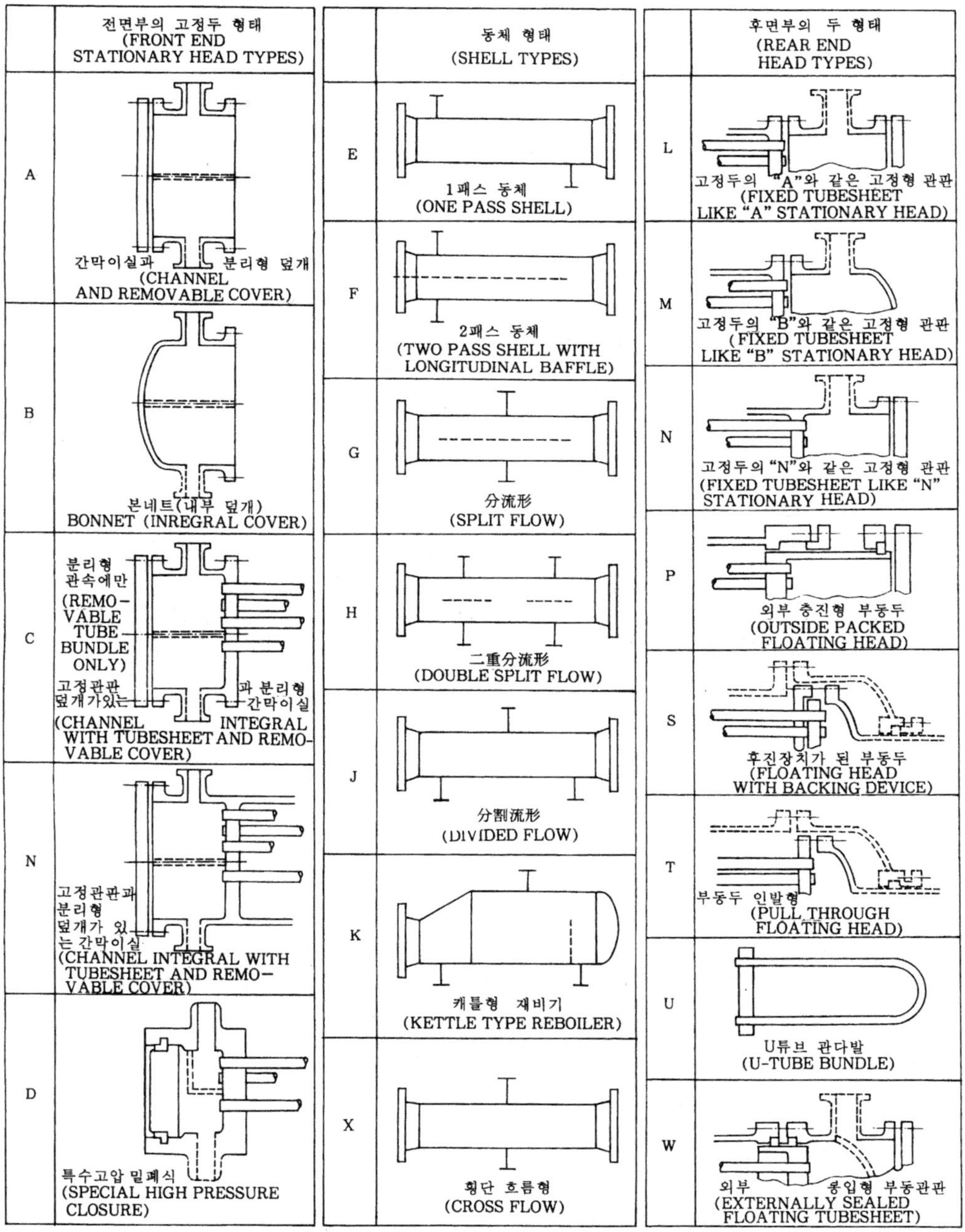

그림 3-31 TEMA에서 제시한 열교환기의 형태

1. 고정두(Stationary Head)-간막이실(Channel)
2. 고정도(Stationary Head)-보닛(Bonnet)
3. 고정두 플랜지(Stationary Head Flange)-간막이 실이나 본네트(Channel or Bonnet)
4. 간막이실 덮개(Channel Cover)
5. 고정두 노즐(Stationary Head Nozzle)
6. 고정관판(Stationary Tubesheet)
7. 열전달관(Tubes)
8. 동체(Shell)
9. 동체 덮개(Shell Cover)
10. 동체 플랜지(Shell Flange)-동체 고정두(Stationary Head End)
11. 동체 플랜지(Shell Flange)-동체 후면두(Rear Head End)
12. 동체 노즐(Shell Nozzle)
13. 동체뚜껑 플랜지(Shell Cover Flange)
14. 확장연결(Expansion Joint)
15. 유동관판(Floating Tubesheet)
16. 유동두 덮개(Floating Head Cover)
17. 유동두 플랜지(Floating Head Flange)
18. 유동두 후진장치(Floating Head Backing Device)
19. 분리형 전단고리(Split Shear Ring)
20. 미그럼형 후진 플랜지(Slip-on Backing Flange)
21. 외부 부동두 덮개(Floating Head Cover-External)
22. 부동관판 스커트(Floating Tubesheet Skirt)
23. 패킹상자(Packing Box)
24. 패킹(Packing)
25. 패킹 그랜드(Packing Gland)
26. 채광고리(Lantern Ring)
27. 고정봉 및 공간유지봉(Tierods and Spacers)
28. 세로형 방해판 혹은 지지판(Transverse Baffles or Support Plate)
29. 완충판(Impingement Plate)
30. 수평형 방해판(Longitudinal Baffle)
31. 간막이판(Pass Partition)
32. 탈기구 연결구(Vent Connection)
33. 배수구 연결구(Drain Connection)
34. 계기 연결구(Instrument Connection)
35. 지지각(Support Lug)
36. 조철구(Lifting Lug)
37. 지지선반(Support Bracket)
38. 일류둑(Weir)
39. 액위 연결구(Liquid Level Connection)

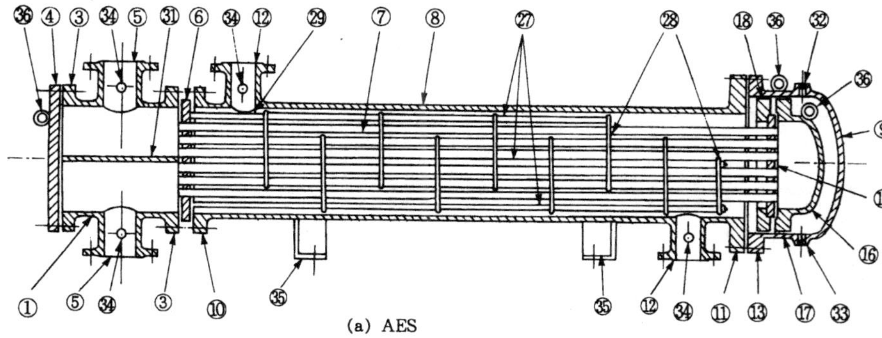

(a) AES

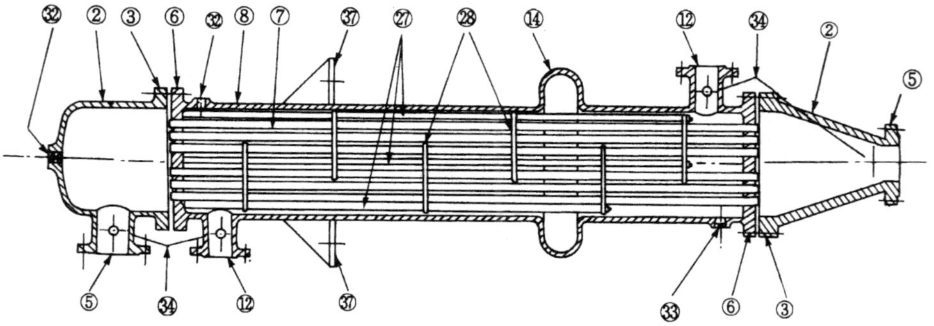

(b) BEM

그림 3-32 열교환기의 형태별 결합 예와 부품 명칭

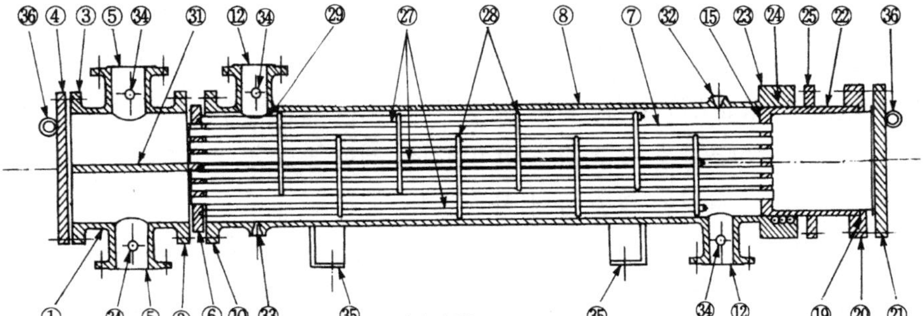

(c) AEP

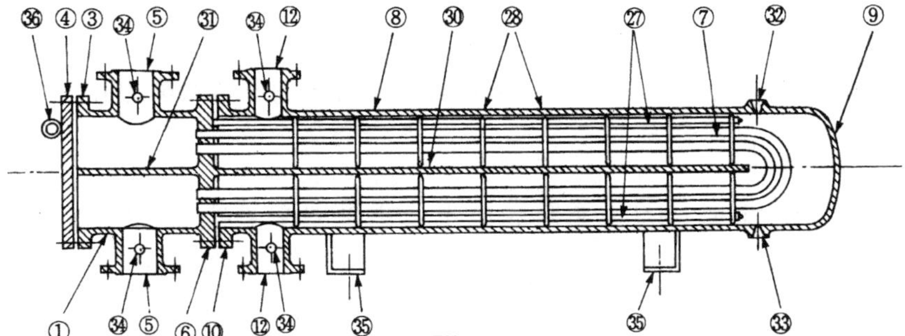

(d) CFU

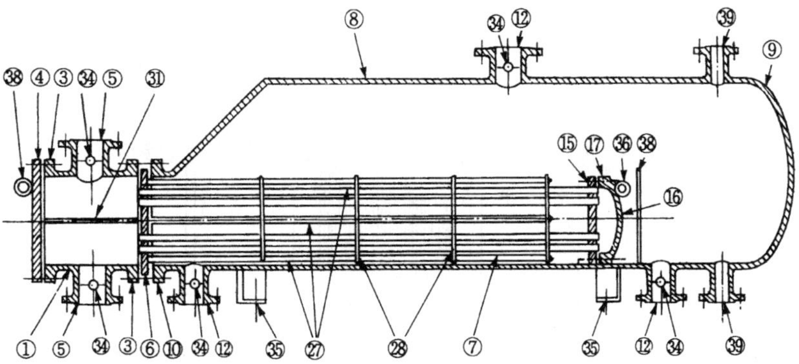

(e) AKT

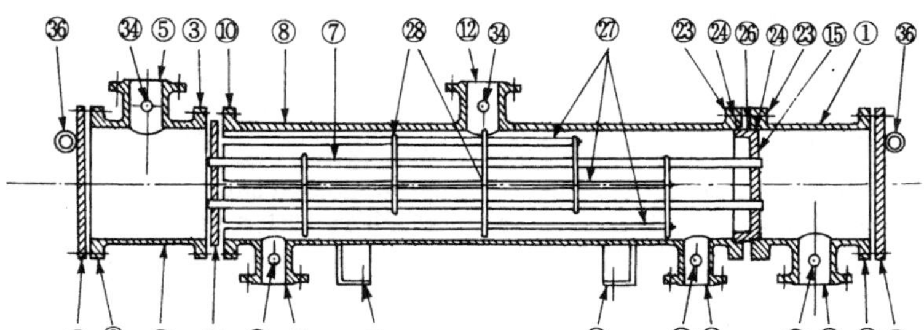

(f) AJW

그림 3-32 계 속

이 형식의 열교환기는 현재 화학공업에서 사용되고 있는 압력이나 온도에 대해서는 문제가 없으며 또 조작상태(가열, 증발, 냉각, 응축)에 대해서도 상응된 구조(증류실 등)를 일부 설치함으로써 거의 제한없이 광범위하게 사용된다. 일반적으로 열전달관을 수평으로 한 수평형이 사용되지만 조업상태의 증발조작을 시킬 경우 설치면적의 제한을 받을 경우 기타 열전달관을 수직으로 하는 편이 성능상 유리할 경우 등에 사용된다.

미국 열교환기 제작협회(TEMA : Tubular Exchanger Manufactures Association)에서 작성된 규격(standards)에 의하면 열교환기의 왼쪽(전면부) 뚜껑, 중앙부의 열전달장치, 오른쪽(후면부) 뚜껑을 각 부위별로 공정상 적합한 형태를 선택, 조합하여 열교환기의 형태를 정하도록 하였다. 그림 3-31에 TEMA에서 제시한 열교환기의 부위별 형태를 나타내었고 그림 3-32에는 위에 제시한 형태별 결합 예와 그 때의 각 부품의 명칭을 수록하였다.

(5) 기타 형식의 열교환기

관상 이외에 열전달부가 판 형상(板形狀)으로서 그림 3-33과 같이 (a) 평판식 열교환기(plate heat exchanger), (b) 평판 핀식 열교환기(plate fin heat exchanger), (c) 소용돌이형 열교환기(spiral heat exchanger), (d) 자켓형 열교환기(jacket heat exchanger) 등이 있으며 열전달부가 블록 형상의 열교환기도 있다.

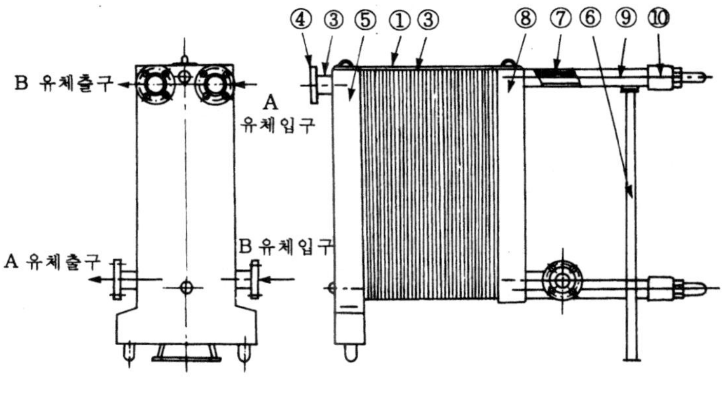

① 열전달판(plate : heat transfer plate)
② 개스킷(gasket)
③ 노즐(nozzle)
④ 노즐 플랜지(nozzle flange)
⑤ 스탠드(stand)
⑥ 가이드 바 지지봉(guide bar support)
⑦ 가이드 바(guide bar)
⑧ 앤드플레이트(end plate)
⑨ 디스탠드 컬러(distance collar)
⑩ 결합너트(tighting nut)

(a) 평판식 열교환기

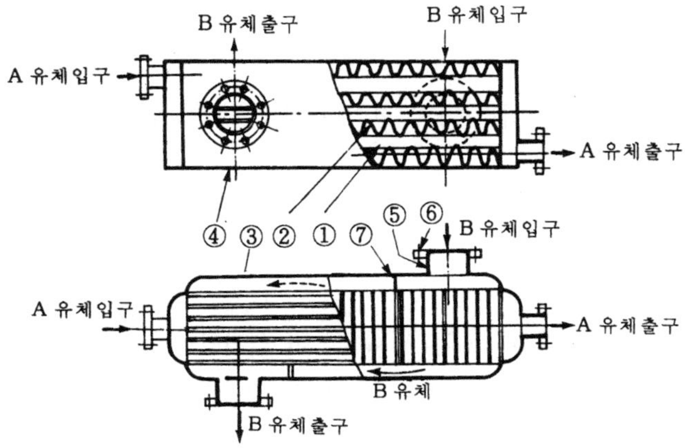

① 열전달판(plate : heat transfer plate)
② 핀(fin)
③ 간막이실(channel)
④ 저판(bottom plate)
⑤ 간막이실 노즐(channel nozzle)
⑥ 간막이실 노즐 플랜지(channel nozzle flange)
⑦ 간막이판(pass partition plate)

(b) 평판 핀식 열교환기

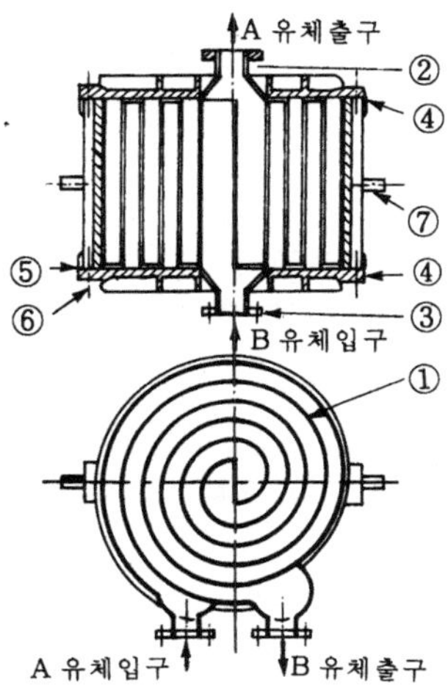

① 열전달판(spiral plate : heat transfer plate)
② 노즐(nozzle)
③ 노즐 플랜지(nozzle flange)
④ 뚜껑(cover)
⑤ 개스킷(gasket)
⑥ 결합볼트 · 너트(bolt-nut)
⑦ 지지봉(arm bar)

(c) 소용돌이형 열교환기(액-액체 향류형)

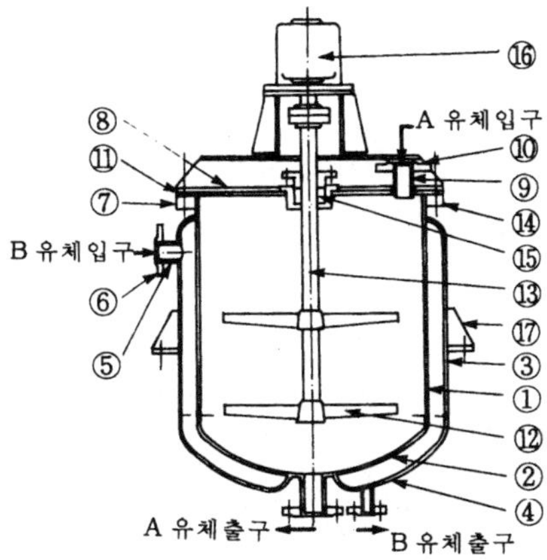

① 동체(shell)
② 동뚜껑(shell head)
③ 자켓(jacket)
④ 자켓뚜껑(jacket head)
⑤ 자켓측 노즐(jacket nozzle)
⑥ 자켓측 노즐 플랜지(jacket nozzle flange)
⑦ 동 플랜지(shell flange)
⑧ 동 평뚜껑(shell nozzle flange)
⑨ 동노즐(shell nozzle)
⑩ 동측 노즐 플랜지(shell nozzle flange)
⑪ 개스킷(gasket)
⑫ 교반날개(blade)
⑬ 회전축(shaft)
⑭ 누르개(gland)
⑮ 패킹(packing)
⑯ 전동기(motor)
⑰ 까치발(bracket)

(d) 자켓형 열교환기(교반달림)

그림 3-33 판 형상 열교환기

3-7 열교환기의 설계

3-6절에서 살펴본 바와 같이 여러 가지 형식의 열교환기가 있으나 설계 계산의 순서는 모두 같다.

1. 총괄 열전달계수 (U_{av})

열교환기 등은 오래 사용하면 관석(罐石, scale)이 열전달면상에 석출하며 이것은 열전도도가 작아서 열저항이 크므로 장치를 설계할 때는 미리 고려해 넣어야 한다. 관석의 열전도도를 k_s [kcal/m · h · ℃], 두께를 l_s [m]라 하면 $h_s = \frac{k_s}{l_s}$ [kcal/m^2 · h · ℃]를 **오염계수**(汚染係數, fouling factor), $R_s = \frac{1}{h_s}$ [m^2 · h · ℃/kcal]를 **오염저항**(汚染抵抗, fouling resistance)이라 한다. 오염계수를 고려하면 총괄 열전달계수 (U_0)는 다음과 같다.

$$U_0 = \frac{1}{\frac{1}{h_0} + \frac{1}{h_{s0}} + \left(\frac{l}{k_{av}}\right) \cdot \left(\frac{A_0}{A_{av}}\right) + \left(\frac{1}{h_{si}}\right) \cdot \left(\frac{A_0}{A_i}\right) + \left(\frac{1}{h_i}\right) \cdot \left(\frac{A_0}{A_i}\right)} \quad (3\text{-}110)$$

총괄 열전달계수와 오염계수는 경험적인 값을 사용하는 것이 일반적이며 표 3-5와 표 3-6에는 각각 이것을 나타냈다.

➡**표 3-5** 각종 열교환기의 총괄 열전달계수 U (Brown ; Unit Operation)

열교환기의 형식	관내		관외		총괄 열전달계수	
	유체	유속 [m/s]	유체	유속 [m/s]	[kcal/m^2·h·deg]	[W/m^2·℃]
다관식	염수	0.3~1	물	0.3~1.5	250~2000	290~2324
	물	0.6	가스유	1	250~350	290~406
	물	0.6	등유	0.15	200	232
	물	0.6	윤활유	0.06	75	87
	물	1.5	가솔린	응축	450	523
	물	1	등유	응축	250	290
	원유	0.6	가솔린	응축	100~150	116~174
	원유	3	가스유	2	400~450	465~523
	물	1	부탄	0.6	450	523
	물	1~2	수증기	응축	2000~4000	2324~465
	물	1~1.5	암모니아	응축	750~1500	870~1740
	물	1.2	프레온 12	응축	750~870	870~1010
2중관식	물	1~2.5	염수	1~2.5	750~1500	870~1740

➡표 3-5 계 속

열교환기의 형식	관내		관외		총괄 열전달계수	
	유체	유속 [m/s]	유체	유속 [m/s]	[kcal/m²·h·deg]	[W/m²·℃]
사관식	물 가솔린 등유 가스유	0.3~1 응축 응축 응축	물 물 물 물	자연대류 자연대류 자연대류 자연대류	100 75~120 50~100 40~100	116 87~139 58~116 46~116
수평관 리보일러	수증기	응축	부탄	비등	500~750	581~870
라디에이터	수증기	응축	공기	자연대류	5~20	6~23
관군식	수증기 수증기	응축 과열	공기 연도기체	3	45 10~30	52 11~35
수직관 증발기	물	비등	수증기	응축	2000~5000	2324~5810
바스켓형 증발기	염수	비등	수증기	응축	750~1400	870~1627

➡표 3-6 오염계수 h_s

유 체	h_s [kcal/m²·h·deg]	[W/m²·℃]	유 체	h_s [kcal/m²·h·deg]	[W/m²·℃]
응축하는 수증기	15000	17430	하수(평균)	1200~1700	1394~1975
응축하는 유증기	2500	2905	브라인, 냉매액		
증 류 수	10000	11620	유기물 액체	5000	5810
해 수	5000~10000	5810~11620	연료유	1000	1162
수도, 우물물	2500~500	2905~581			

예제 3-16

내경 30 [mm], 두께 5 [mm]인 가열기의 안쪽을 가열용 수증기($h = 6000$ [kcal/m² · h · ℃]), 바깥쪽은 액체($h = 3000$ [kcal/m² · h · ℃])가 흐른다. 가열관의 열전도도가 40 [kcal/m² · h · ℃]라고 할 때 외측기준 총괄 열전달계수와 내측기준 열전달계수를 구하여 비교하라.

풀이

$$\text{(a)}\quad U_{av} = \frac{1}{\dfrac{1}{h_o} + \left(\dfrac{l}{k_{av}}\right)\left(\dfrac{D_o}{D_{av}}\right) + \left(\dfrac{1}{h_i}\right)\left(\dfrac{D_o}{D_i}\right)}$$

D_{av}는 $D_o/D_i = 40/30 = 1.3 < 2$이므로 산술평균을 사용해도 좋다.

$$\therefore\ D_{av} = \frac{30+40}{2} = 35\,[\mathrm{mm}] = 0.035\,[\mathrm{m}]$$

$$\therefore\ U_0 = \frac{1}{\dfrac{1}{3000} + \left(\dfrac{0.005}{40}\right)\left(\dfrac{40}{35}\right) + \left(\dfrac{1}{6000}\right)\left(\dfrac{40}{30}\right)} = 1432\,[\mathrm{kcal/m^2 \cdot h \cdot ℃}]$$

(b) $$U_i = \frac{1}{\left(\dfrac{1}{h_o}\right)\left(\dfrac{D_i}{D_o}\right) + \left(\dfrac{l}{k_{av}}\right)\left(\dfrac{D_i}{D_{av}}\right) + \dfrac{1}{h_i}}$$

$$= \frac{1}{\dfrac{1}{3000} \cdot \left(\dfrac{30}{40}\right) + \left(\dfrac{0.005}{40}\right)\left(\dfrac{30}{35}\right) + \dfrac{1}{6000}} = 1909\,[\mathrm{kcal/m^2 \cdot h \cdot ℃}]$$

$h_0 < h_i$이므로 U_0를 사용하는 것이 타당하다.

---

2. 열전달면적(A)

다음 순서에 따라 A를 구한다.

① $\dfrac{1}{h_i}$, $\dfrac{1}{h_s}$, $\dfrac{1}{h_o}$를 유체의 상태, 장치의 종류에 따라 적당한 식을 이용하여 구한다. 계산이 곤란할 때는 같은 액체에 의한 유사한 장치 및 조작조건에서의 경험값을 참조한다. h_s는 U의 값에 영향을 주므로 관석의 발생 가능성을 고려하여 실측값이 없으면 참고자료를 이용한다.

② 식 (3-110)으로부터 총괄 열전달계수 U를 구한다.

③ $q = WC_p(T_1 - T_2) = w\,c_p(t_2 - t_1)$ (3-111)

$q = w\lambda$ (3-112)

현열변화의 경우는 식 (3-111)에 의해 구하고 잠열변화의 경우는 식 (3-112)로부터 열전달량을 구한다.

④ 평균온도차 $\Delta \overline{T}_L$

ⓘ 다회통과(多回通過)의 경우에 평균온도차는 양 유체의 입구 및 출구의 온도차에 대한 대수평균온도차 $\Delta \overline{T}_{L'}$에 보정계수 F를 곱한다.

$$\Delta \overline{T}_L = F\Delta \overline{T}_{L'} \tag{3-113}$$

보정계수 F는 그림 3-35로부터 구한다. 그림 중의 P와 R은

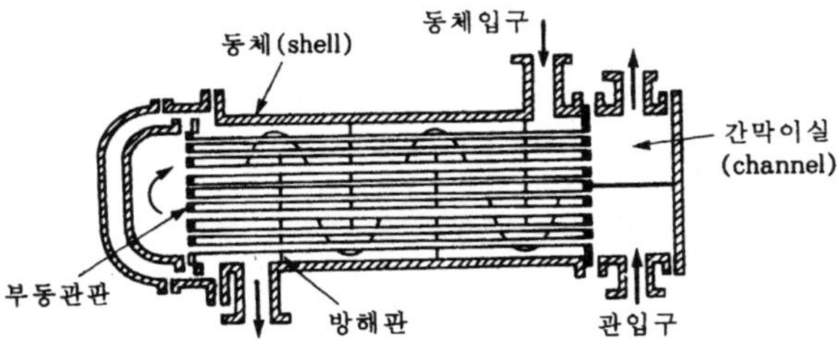

그림 3-34 다관식 열교환기(관측 2회, 동체측 1회 통과)

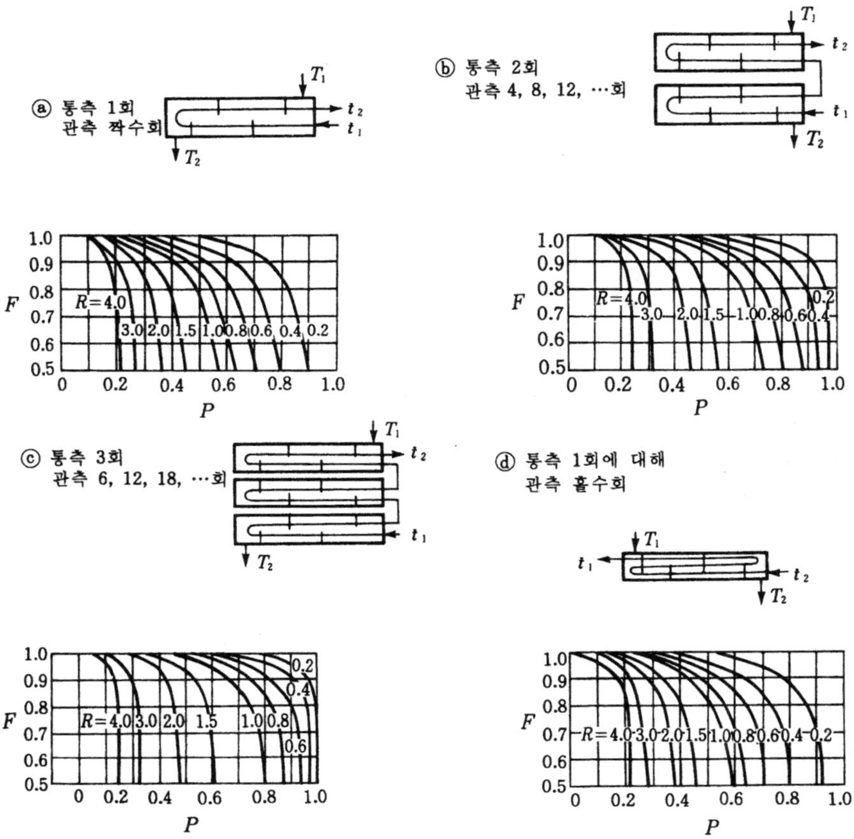

그림 3-35 열전달면적의 보정계수 F

$$P = \frac{t_2 - t_1}{T_1 - t_1}, \quad R = \frac{T_1 - T_2}{t_2 - t_1} \tag{3-114}$$

로서 표시되는 값이다. P는 가열효율이라고도 한다.

⑪ 응축이나 비등을 동반하는 경우는 한쪽 유체가 일정한 온도에 있기 때문에 복잡한

통로일 경우에도 $F=1$로 한다.

$q = UA_{av}\Delta \overline{T}_L$에 의해 열전달면적 A_{av}를 구한다.

예제 3-17

1-2열교환기(투측 1통과 관측 2통과 열교환기의 약칭)에서 $t_2 = 70\,[°F]$, $t_1 = 130\,[°F]$, $T_1 = 240\,[°F]$, $T_2 = 120\,[°F]$이다. 보정한 대수 평균 온도차를 구하여라. 같은 조건에서 2-4열교환기의 경우는 어떻게 되느냐?

풀이

(a) 그림 3-35에서 F를 구하기 위하여

$$P = \frac{130-70}{240-70} = 0.353, \quad R = \frac{240-120}{130-70} = 2.00$$

그림 3-35(a)에서 $F = 0.735$

또 각 종점에서의 온도차는

$$\Delta t_1 = 240 - 130 = 110\,[°F] \quad \Delta t_2 = 120 - 70 = 50\,[°F]$$

$$\Delta \bar{t}_L = \frac{110-50}{2.303\log(110/50)} = 76\,[°F]$$

보정온도는 $76 \times 0.735 = 56\,[°F]$이다.

(b) 그림 3-35(b)에서 $P = 0.353$, $R = 2.0$일 때

$$F = 0.945$$

보정온도 $= 76 \times 0.735 = 72\,[°F]$

---

3. 형식, 치수

관의 직경, 관의 길이, 관의 수, 배열[관외 유체가 깨끗할 때는 삼각배치(triangular pitch)를 하지만 보통은 청소가 용이한 사각배치(square pitch)를 한다], 통과횟수, 통의 내경, 방해판의 간격 등을 정한다.

삼각배치 및 사각배치일 때의 상당직경은 각각 다음과 같이 계산한다.

$$\text{삼각배치}: \; D_e = 4\left(\frac{P_T}{2} \times 0.86\,P_T - \frac{\pi}{8}D_0\right)\Big/\frac{\pi}{2}D_0 \qquad (3\text{-}115)$$

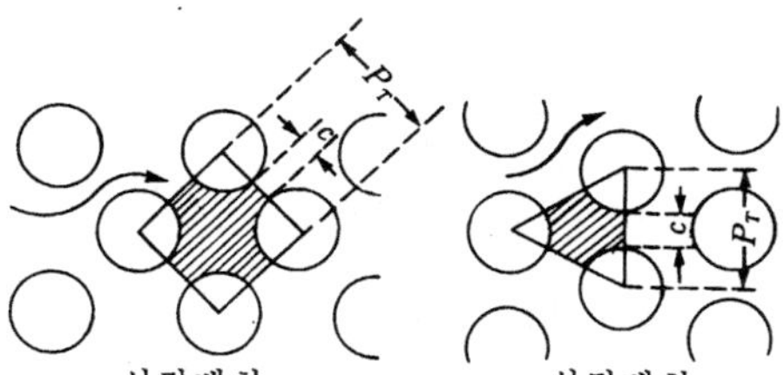

그림 3-36 관의 배열

$$\text{사각배치 : } D_3 = 4\left(P_T^2 - \frac{\pi}{4}D_0^2\right)\bigg/\pi D_0 \tag{3-116}$$

여기서 P_T는 피치(pitch) [m]이며 D_0는 관의 외경 [m]이다.

한편 통의 내면적 A는

$$A = D_i \times C' \times B/P_T$$

와 같이 구한다. 여기서 D_i는 통의 내경 [m], C'는 관의 가장 좁은 간격 [m], B는 방해판의 간격이다.

예제 3-18

내관의 내경이 0.0276 [m], 외경이 0.034 [m]인 이중관의 환상로(環狀路)에 물을 통하고 내관에서 이것과 향류로 들어가는 공기를 냉각한다. 공기는 입구에서 1 [atm], 70 [℃], 20 [kg/h]이며 이것을 20 [℃]까지 냉각하기 위해 10 [℃]의 냉각수를 1000 [kg/h]로 보낸다면 이중관의 길이를 얼마로 하면 좋겠는가? 단, 물측의 경막 열전달계수는 12,000 [kcal/m^2 · h · ℃], 관벽의 열전도도를 45 [kcal/m^2 · h · ℃], 또 공기 45 [℃]에서의 비열을 0.24 [kcal/m^2 · h · ℃]로, 열전도도를 0.0235 [kcal/m^2 · h · ℃], 경도를 0.0193 [cp]로 하며 관석은 없는 것으로 한다.

풀이

(a) 열의 이동은 내관의 관벽을 통해서 일어나므로 내관의 외경 D_o를 기준으로 한 총괄 열전달계수 U_o를 구한다.

$$U_o = \frac{1}{\dfrac{1}{h_o} + \left(\dfrac{l}{k_{av}}\right)\left(\dfrac{D_o}{D_{av}}\right) + \dfrac{1}{h_i}\left(\dfrac{D_o}{D_i}\right)}$$

U_o를 구하기 위해서는 공기측의 경막 열전달계수 h_i를 알아야 하며 따라서 N_{Re}를 먼저 구해야 한다.

$$D_i = 0.0276\,[\mathrm{m}],\quad A = \pi D_i^{\,2}/4 = \pi \times (0.0276)^2/4 = 5.96 \times 10^{-4}\,[\mathrm{m}^2]$$

$$\bar{u} = \frac{W}{A\rho} = \frac{20 \times \left(\frac{22.4}{29}\right)\left(\frac{318}{273}\right)}{5.96 \times 10^{-4} \times 3600} = 8.39\,[\mathrm{m/s}]$$

45[℃]의 $\rho = \left(\frac{29}{22.4}\right)\left(\frac{273}{318}\right) = 1.11\,[\mathrm{kg/m^3}],\quad \mu = 0.0193 \times 10^{-3}\,[\mathrm{kg/m \cdot s}]$

$$\therefore N_{\mathrm{Re}} = \frac{D\bar{u}\rho}{\mu} = \frac{0.0276 \times 8.39 \times 1.1}{0.0193 \times 10^{-3}} = 13,318$$

즉 난류이므로 식 (3-46)으로부터 h_i를 구할 수 있다.

$$\frac{h_i D}{k} = 0.023\, N_{\mathrm{Re}}^{0.8}\, N_{\mathrm{Pr}}^{1/3}$$

$$N_{\mathrm{Pr}} = \frac{C_p\mu}{k} = \left(\frac{0.24 \times 0.0193 \times 10^{-3} \times 3600}{0.0235}\right) = 0.709$$

$$\therefore h_i = 0.023\left(\frac{0.0235}{0.0276}\right)(13,318)^{0.8}(0.709)^{1/3}$$

$$= 34.8\,[\mathrm{kcal/m^2 \cdot h \cdot ℃}]$$

따라서 총괄 열전달계수 U_o는

$$l = \frac{0.034 - 0.0276}{2} = 3.2 \times 10^{-3}\,[\mathrm{m}]$$

$$D_o/D_i = 0.034/0.0276 = 1.23 < 2$$

$$D_{\mathrm{av}} = \frac{0.0276 + 0.034}{2} = 0.0308$$

$$\therefore U_o = \frac{1}{\frac{1}{h_o} + \frac{l}{k_{\mathrm{av}}}\left(\frac{D_o}{D_{\mathrm{av}}}\right) + \frac{1}{h_i}\left(\frac{D_o}{D_i}\right)} = \frac{1}{\frac{1}{12,000} + \frac{3.2 \times 10^{-3}}{45}\left(\frac{0.0304}{0.0308}\right) + \frac{1}{34.8}(1.23)}$$

$$= 28.17\,[\mathrm{kcal/m^2 \cdot h \cdot ℃}]$$

(b) 식 (3-111)로부터 열전달량 q, 냉각수의 출구온도 t_2를 구한다.

$$q = WC_p(T_1 - T_2) = w\,c_p(t_2 - t_1)$$

$$\therefore q = 20 \times 0.24 \times (70 - 20) = 240\,[\mathrm{kcal/h}]$$

또한 $240 = 1000 \times 1 \times (t_2 - 10)$

$$\therefore t_2 = 10.24\,[℃]$$

(c) 평균 온도차를 구한다. 향류이므로 $\Delta t_1 = (70 - 10.24) = 59.76\,[℃]$,

$\Delta t_2 = 20 - 10 = 10\,[℃]$

$$\therefore \Delta t_{\mathrm{av}} = \frac{10 - 59.76}{\ln 10/59.76} = 27.83\,[℃]$$

(d) 관의 길이를 구한다.

$$q = U_o A_o \Delta t_{\mathrm{av}} = U_o \pi D_o L \Delta t_{\mathrm{av}}\ [\because A_o = \pi D_o L \text{이므로}]$$

$$\therefore L = \frac{q}{U_o \pi D_o \Delta t_{av}} = \frac{240}{28.17 \times \pi \times 0.034 \times 27.83}$$
$$= 2.87\,[\text{m}]$$

예제 3-19

내경 140[mm]의 내관 중에 외경 20[mm], 두께 2[mm]의 강관 18줄을 넣은 다관형 열교환기에서 온수의 열회수를 한다. 온수는 3,000[kg/h]의 속도로 관내를 2유로로 흐르며 55[℃]에서 40[℃]까지 냉각한다. 한편 외관에는 25[℃]의 냉수가 9,000[kg/h]의 속도로 흐른다. 이 열교환기를 설계하라.

풀이

식 (3-79)에서 $q = U_i A_i \Delta t - ①$

(1) 열전달량

식 (3-111)에서 $q = (3,000)(1)(55-40)$

$$= (9,000)(1)(t_2 - 25)$$

$$\therefore q = 45,000\,[\text{kcal/h}]$$

$$t_2 = \frac{45,000}{9,000} + 25 = 30\,[℃]$$

(2) 평균온도차

입구 온도차 $(\Delta t_1)\ 55 - 30 = 25\,[℃]$

출구 온도차 $(\Delta t_2)\ 40 - 25 = 15\,[℃]$

$$\Delta t_1 / \Delta t_2 < 2,\ \ \Delta t_{av} = \frac{\Delta t_1 + \Delta t_2}{2} = \frac{25 + 15}{2} = 20\,[℃]$$

관내는 2 유로이므로 그림 3-35에서 보정계수 F를 구한다.

$$\text{횡축}\ \ P = \frac{t_2 - t_1}{T_1 - t_1} = \frac{30 - 25}{55 - 25} = 0.167$$

$$R = \frac{T_1 - T_2}{t_2 - t_1} = \frac{55 - 40}{30 - 25} = 3$$

$$F = 0.96$$

$$\therefore \text{평균온도차} = 20 \times 0.96 = 19.2\,[℃]$$

(3) 총괄 열전달계수

관내측 h_1

2유로이므로 1유도당의 관수는 18/2 = 9본

$$유속\ \bar{u} = \frac{3.000/1.000}{9 \times \frac{\pi}{4}(0.016)^2} = 1,660\,[\mathrm{m/h}] = 0.461\,[\mathrm{m/s}]$$

레이놀즈 수

$d = 1.6\,[\mathrm{cm}]$, $\bar{u} = 46.1\,[\mathrm{cm/s}]$, $\rho = 1\,[\mathrm{g/cm^3}]$

$$\mu\left(\frac{55+40}{2} = 47.5℃\ 에서\ 물의\ 점도,\ 부록\ 2\right) = 0.56\,[\mathrm{cp}]$$

$$= 0.0056\,[\mathrm{g/cm \cdot s}]$$

$$N_{\mathrm{Re}} = \frac{d\bar{u}\rho}{\mu} = \frac{(1.6)(46.1)(1)}{0.0056} = 13,200$$

식 (3-46)에서 $h_1 = (0.023)\left(\frac{k}{d}\right)\left(\frac{du\rho}{\mu}\right)^{0.8}\left(\frac{c_p\mu}{k}\right)^{0.4}$

k(47.5 ℃에서 열전도도, 부록 2) = 0.56 [kcal/m · h · ℃]

$$h_1 = (0.023)\left(\frac{0.56}{0016}\right)(13,200)^{0.8}\left(\frac{(1)(0.0056 \times 360)}{0.56}\right)^{04}$$

$$= 2,570\,[\mathrm{kcal/m^2 \cdot h \cdot ℃}]$$

오염계수 $h_{d1} = 10,000\,[\mathrm{kcal/m^2 \cdot h \cdot ℃}]$(표 3-6)

관외측 h_3

관의 유로의 단면적 $\frac{\pi}{4}[(0.140)^2 - (18)(0.020)^2] = 0.00974\,[\mathrm{m^2}]$

$$\bar{u} = \frac{9,000/1,000}{0.00974} = 924\,[\mathrm{m/h}] = 0.257\,[\mathrm{m/s}]$$

상당직경 (d_e)

$$d_e = \frac{(0.140)^2 - (18)(0.020)^2}{(18)(0.02)} = 0.0345\,[\mathrm{m}] = 3.45\,[\mathrm{cm}]$$

$$수력직경\ D_e = \frac{(0.140)^2 - (18)(0.020)^2}{(18 \times 0.02) + 0.14} = 0.0249\,[\mathrm{m}] = 2.49\,[\mathrm{cm}]$$

레이놀즈 수

$$\mu\left(\frac{25+30}{2} = 27.5[℃]에서\ 점도,\ 부록\ 2\right) = 0.83\,[\mathrm{cp}]$$

$$= 0.0083\,[\mathrm{g/cm \cdot s}]$$

$$N_{\mathrm{Re}} = \frac{D_e\bar{u}\rho}{\mu} = \frac{(2.49)(25.7)(1)}{0.0083} = 7,700$$

식 (3-49)와 그림 3-14에서

$$\mu_s\left(\frac{47.5+27.5}{2} = 37.5[℃]에서\ 점도\right) = 0.71\,[\mathrm{cp}]$$

$$= 0.71\,[\mathrm{g/cm \cdot s}]$$

k(27.5 [℃]에서 열전도도, 그림 3-5) = 0.525 [kcal/m · h · ℃]

$$\left(\frac{hde}{k}\right)\left(\frac{\mu_s}{k}\right)^{0.14}\left(\frac{C_p\mu}{k}\right)^{-033} = f\left(\frac{D_e\mu\rho}{\mu}\right) = 32$$

$$h_3 = (32)\left(\frac{0.0071}{0.083}\right)^{-0.14}\left(\frac{(1)(0.0083\times 360)}{0.525}\right)^{0.33}\left(\frac{0.525}{0.0345}\right)$$

$$= 1,160\,[\mathrm{kcal/m^2\cdot h\cdot ℃}]$$

관벽 두께 2 [mm] = 0.002 [m]

열전도도(그림 3-3, 온도 37.5 ℃) = 36 [kcal/m · h · ℃]

오염계수 $h_{d3} = 5,000\,[\mathrm{kcal/m^2\cdot h\cdot ℃}]$

관 외벽을 중심으로 한 총괄 열전달계수 $(U_3) \sim h_3$가 적은 값

$$U_3 = \frac{1}{\left(\frac{1}{2,570}\right)\left(\frac{20}{16}\right) + \left(\frac{1}{10,000}\right)\left(\frac{20}{16}\right) + \left(\frac{0.002}{36}\right)\left(\frac{20}{18}\right) + \frac{1}{5,000} + \frac{1}{1,160}}$$

$$= 596\,[\mathrm{kcal/m^2\cdot h\cdot ℃}]$$

①에 대입 $A_3 = \frac{q}{U_3\Delta t_{av}} = \frac{45,000}{(596)(20\times 0.96)} = 3.93\,[\mathrm{m^2}]$

외경 20 [mm]관 18줄이므로

관의 길이 $= \frac{3.93}{(18)(3.14)(20\times 10^{-3})} = 3.47\,[\mathrm{m}]$

20% 여유를 주면 $3.47\times 1.2 = 4.35 \fallingdotseq 4.5\,[\mathrm{m}]$

연습문제

1 두께가 100 [m]의 붉은 벽돌로 된 벽이 있다. 내면온도 275 [℃], 외면온도 40 [℃]일 때, 표면 10 [m^2]로부터 손실되는 열량은 매시 얼마인가? 단 붉은 벽돌의 열전도도는 평균온도에 있어서 760 [kcal/m · h · ℃]이다.

2 두께가 114 [mm]의 내화 단열벽돌 (k_{av} = 0.21 [W/m · ℃])과 두께가 210 [mm]의 블록벽돌 (k_{av} = 0.581 [W/m · ℃])로 된 노벽이 있다. 노내 벽면의 온도가 1,300 [℃]이고 외벽면의 온도가 100 [℃]일 때

① 이 노벽 1 [m^2]당 매시 열손실은 얼마인가?
② 또 양 벽돌의 접촉면의 온도를 구하라.

단, 벽돌층 사이의 접촉저항은 없는 것으로 한다.

3 증기가 통과하는 외경 100 [mm]의 강관을 두께 50 [mm]의 A 보온재 (k = 0.06)를 바르고 그 위에 25 [mm]의 두께로 B 보온재 (k = 0.075)를 감았다.
A 보온재의 내면 및 B 보온재의 외면의 온도가 각각 170 [℃], 38 [℃]일 경우 길이 1 [m]당 열손실을 구하라.

4 50 [℃]의 중유 25,000 [kg/h]를 $1\frac{1}{2}$″ 관 내에 통하고 외부로부터 2.0 [kg/cm^2 · gage]의 포화수증기를 통해서 95 [℃]까지 가열한다. 경막 열전달계수값을 중유측 650.7, 포화수증기측 13,944 [W/m^2 · ℃]로 하고 열손실은 무시할 때 열전달관의 필요한 길이를 구하라. 단 강관의 열전도도는 46.48 [W/m · ℃], 중유의 평균비열은 2.93 [J/kg · deg]이다. 또한 수증기의 잠열이 이용되는 것으로 할 때 수증기의 소비량을 구하여라.

5 처리량 1,600 [kg/h]로 70 [℃]의 알코올을 30 [℃]까지 냉각한다. 2″ 강관을 외관으로 하고 외경 40 [mm], 두께 2 [mm]의 강관을 내관으로 하는 2중관식 열교환기를 사용하며 환상로에 알코올을, 내관에 20 [℃]의 냉각수를 통하며 서로 향류로 한다. 출구온도를 30 [℃]로 할 경우,

① 필요한 열교환기의 용량
② 소요 냉각수량
③ 물 및 알코올의 평균유속
④ 물측 및 알코올측의 경막 열전달계수와 총괄 열전달계수
⑤ 소요 열전달면적과 2중관의 관의 길이

를 구하라. 단 알코올의 평균온도(50 [℃])에서의 물성값은 $\rho = 0.76$ [g/cc], $\mu = 0.68$ [cp], $k = 0.153$ [kcal/m · h · deg], $C_p = 0.68$ [kcal/m · h · deg]이며, 물의 평균온도 (25 [℃])에 있어서 물성값은 $\rho = 1.00$ [g/cc], $\mu = 0.88$ [cp], $h = 0.522$ [kcal/m · h · deg], $C_p = 1.00$ [kcal/m · h · deg]이다. 또한 물측 및 알코올측의 오염계수를 각각 2500, 5000 [kcal/m · h · deg]로 한다.

6 온도 1000 [℃], 흑도 0.80의 H면과 온도 600 [℃], 흑도 0.38의 C면이 다음과 같이 상대적 위치에 있을 때 H면의 단위면적으로부터 C면으로의 복사 열전달량을 구하라.

① 두 면이 1 [m] 거리에서 서로 보며 무한평행면일 때
② H면, C면이 각각 직경이 0.10, 0.20 [m]의 원통으로 H면이 C면으로 싸여 있을 때

7 기온 20 [℃]의 넓은 방에 보온된 증발관이 있다. 이의 전 표면적은 22 [m^2]로 표면의 온도가 35 [℃]이다. 공기의 자연대류에 의한 경막 열전달계수를 평균 11.62 [W/m · ℃]로 하고 보온재료의 흑도를 0.6으로 해서 증발량의 열손실을 구하라.

1. 78,120 [kcal/h]
2. ① 열손실 : 1324.7 [W]
   ② 접촉면의 온도 : 570 [℃]
3. 57.1 [kcal/h]
4. 관의 길이 $L = 203$ [m],
   수증기 = 1,530 [kg/h]
5. ① 43,500 [kcal/h],
   ② 4350 [kg/h],
   ③ 알코올측 : 0.621 [m/s],
      물측 : 1.19 [m/s],
   ④ ⓐ 물측 $h_w = 3420$ [kcal/m^2 · h · deg], ⓑ 알코올측 $h_a = 741$ [kcal/m^2 · h · deg],
      ⓒ 총괄 열전달계수 $U = 431$ [kcal/m^2 · h · deg],
   ⑤ 2중관의 길이 : 37.0 [m], 열전달면적 : 4.65 [m^2]
6. ① 34,600 [kcal/m^2 · h]
   ② 48,200 [kcal/m^2 · h]
7. $q_r = 5054.7$ [W]

제4장

증 발

용액을 가열, 비등시켜서 용매(보통 수분)만을 기화시켜 용액을 분리, 농축하는 조작을 **증발**(蒸發, evaporation)이라고 하는데 화학공학에서는 특히 휘발성 용매와 비휘발성 용질의 혼합용액에서 휘발성 물질을 분리, 제거하고 용액을 농축하는 조작을 의미하며 사탕용액, 바닷물, 가성소다 수용액, 과즙 등의 농축이 이에 해당한다. 증발조작에서 발생한 증기는 물과 같이 거의 무시해도 좋은 물질이다.

4-1 증발장치의 종류 및 특성

증발장치는 **증발관**(蒸發罐, evaporator)이라고 부르며 취급처리량 용액의 성질(점도, 열량 등), 관석의 석출정도 및 제거방법, 열원의 비용 및 조작방법에 따라 적합한 형식을 선택한다.

1. 증발관의 분류

증발관은 가열방식에 따라 다음과 같이 분류한다.

- 직화가열식(直火加熱式)
- 액중가열식(液中加熱式)
- 이중솥식(jacket식)
- 수증기 가열식(다관식)
  - 수평관식 – 침수식(浸水式), 액막식(液膜式)
  - 수직관식 – 표준형 또는 단관형(短管型), 바스켓(basket)형, 장관형(長管型)
  - 특수관식 – 경사관식, 코일(coil)형, 헤어 핀(hair pin)형

2. 증발관의 구조

그림 4-1과 같은 표준형 3중 효용관을 예로서 설명한다. 증발관은 액을 가열하는 가열부(calandria라고 한다)와 액이 증발하는 증발부(vapor head)로 되어 있다. 가열부는 상하의 관판(罐板)에 의해 고정된 다수의 가열관에서 액을 가열하여 그 중앙에는 지름이 큰 빈 공간인 하강관(下降管, down-take)을 두어 액의 순환을 좋게 해준다. 즉 비등에 의해 발생된 증기가 액과 함께 가열관 사이로 상승하고 상부에 있는 액은 하강관을 통해서 하강하여 액의 순환이 일어난다.

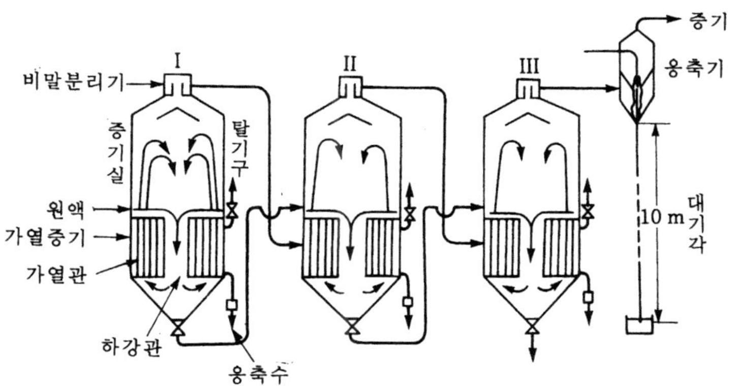

그림 4-1 표준형 3중 효용 증발관

증발실은 미리 진공펌프 및 응축기에 의해 감압되어 있기 때문에 이 압력에 대응하는 비점에 도달한 액을 심하게 비등하면서 증발이 활발히 일어난다. 증발실의 용적을 충분히 크게 하여 증발효율을 좋게 하는 동시에 비말동반(飛沫同伴, entrainment)을 방지한다. 비말동반을 방지하기 위해서는 증발실의 상부에 방해판(baffle plate)이나 비말분리기(save all 또는 catch all)를 설치해준다. 증발실을 감압하는 것은 액의 비점을 떨어뜨려 가열증기를 절약하는

동시에 제품의 변질이나 분해를 막을 수 있다.

액으로부터 발생한 증기는 순차적으로 다음 가열부의 열원으로 사용한다. 가열부에서는 가열증기가 응축하여 응축수(drain)로 되지만 증기에 포함된 공기는 가열부 위쪽에 점차 축적되어 열량을 떨어뜨린다. 따라서 탈기구(脫氣口, vent)를 설치하여 공기를 제거해 준다. 또 응축수도 조속히 배출시킬 필요가 있는데 이것은 원액의 예열에 이용한다.

최종관(最終罐)에서 발생한 증기는 응축기(condenser)에서 응축시킨 후 진공펌프로 연결된다. 응축기 자체만으로도 진공을 유지하는 것이 가능하지만 수증기 중의 비응축가스(주로 공기)가 축적되기 때문에 진공펌프를 설치하는 것이 좋다. 응축기의 하부에는 관의 길이가 최소한 10 [m](=1 [atm])가 되도록 하여 물탱크에 삽입하면 응축수가 대기로 용이하게 배출되도록 하는 동시에 증발관을 감압상태로 유지할 수 있는데 이 관을 **대기각**(大氣脚, barometric leg)이라고 한다.

증발관 2개를 1조로 하여 이용하는 방법을 **이중 효용관**(二重效用罐, double effect evaporator)이라 하며, 2관 이상의 것을 **다중 효용관**(多重效用罐, multiple effect evaporator)이라 하는데 관의 최대수는 보통 6관 정도이다. **단일 효용관**(單一效用罐, single effect evaporator)은 다중 효용관에 비해 가열증기량이 많아서 비경제적이나 액의 점도나 농도가 높을 때 또는 결정이 석출되는 경우에는 조작하기 편리하다.

3. 증발관의 특성

(1) 직화(直火) 및 이중솥 가열식

주철(鑄鐵)이나 강철(鋼鐵)로 만든 냄비형 증발기는 직화로 가열하여 고점도 물질로서 온도에 따른 변질이 없는 물질, 예를 들면 가성소다의 농축 등에 이용된다. 그 외에는 수증기 보일러에서 많이 볼 수 있다.

이중솥 가열식은 증기나 열유(熱油)를 이중솥에 통과시켜 가열하는 장치로 소규모로 액을 농축할 때 사용한다.

(2) 액중가열식(液中加熱式)

낮은 농도의 인산용액이나 황산용액에 석탄가스를 직접 불어 넣어서 가열하는 방식으로 연료의 절약효과가 크다고 할 수 있다.

(3) 수증기 가열식

수증기를 열원으로 사용하는 것은 가장 일반적인 가열방식으로 공업적으로 대규모 증발을 할 때는 대부분 이 방식을 채택하고 있다. 가열관의 배치방법에 따라 수평관식과 수직관식으로 나누어지며 액의 순환방법으로는 자연순환과 강제순환방식이 있다. 강제순환방식은 원심펌프를 이용하여 액의 순환속도를 증가시키는 것으로 오염의 정도가 클 때, 점도가 높을 때(10 [cp] 이상), 결정이 석출될 때 및 열전달계수를 크게 할 경우 등에 사용한다.

① 수평관식 증발관(horizontal tube type evaporator)

그림 4-2에 침수식과 액막식 수평 증발관을 나타냈다. 침수식은 용액 속에 잠겨 있는 수평관 내를 가열 수증기가 통과하는 방식이며 액막식은 수평관 내를 액이 통과하면서 끓는 방식이다. 그림 4-2(b)는 가열부와 증발실을 분리한 액막형으로서 용량이 클 때는 증발실은 수평으로 한다. 또 가열관 내의 용액을 펌프에 의해 강제순환시키면 유속이 증가하여 액의 순환이 빨라지므로 관 내의 열전달계수를 증가시킬 수 있다. 액막식은 침수식에 비해 조작이 어려운 단점이 있으나 다음과 같은 장점이 있다.

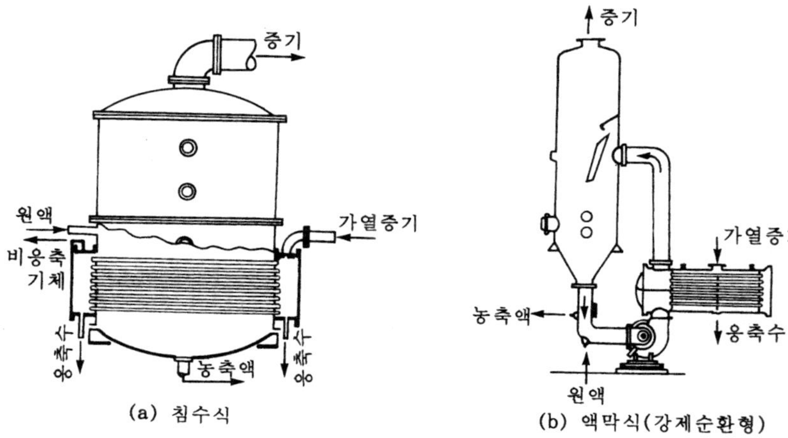

그림 4-2 수평관식 증발관

ⅰ 비점에서 머무는 시간이 짧기 때문에 열에 민감한 물질을 처리할 수 있다.

ⅱ 액의 깊이에 의한 비점상승도(沸點上昇度)가 매우 적다.

ⅲ 거품이 생기기 쉬운 용액의 증발이 가능하다.

② 수직관식 증발관(vertical tube type evaporator)

그림 4-3에는 여러 형식의 수직관식 증발관을 나타냈다.

(a)와 같은 표준형은 직경이 2~4″, 길이 1.3~1.5 [m]의 관군을 가진 형식으로 가열관 내의 비등에 의한 상승류가 관군 중앙의 하강관(down-take)에 의하여 하강되어 자연순환속도가 증가되며 열전달속도의 증가를 꾀하는 것으로 구조가 간단하고 가격이 낮아서 많이 사용되며 특히 소형의 경우 적합하다. 하강관 내에 펌프날개를 붙여서 가열관 내의 유속을 증가시키고 스케일이 많든가 결정이 생성될 경우 등에 많이 사용된다.

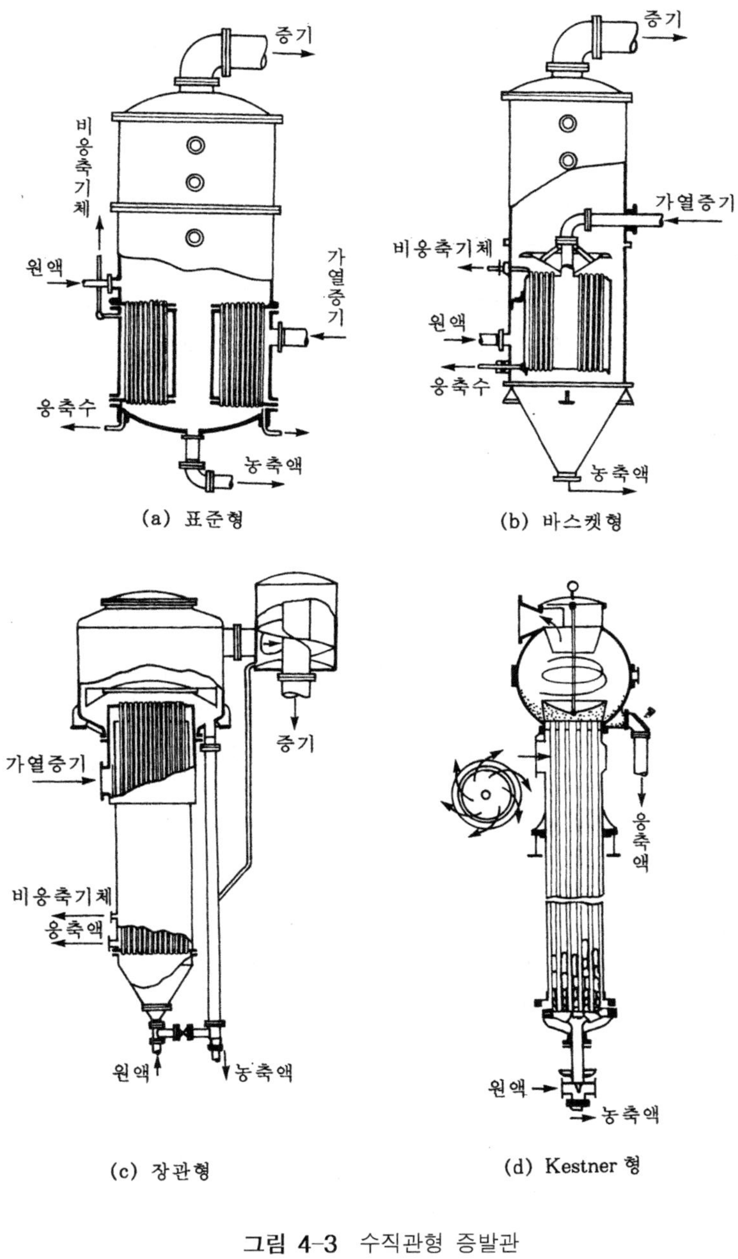

그림 4-3 수직관형 증발관

(b)는 바스켓형으로 표준형과 비슷하나 가열관군이 독립된 원통형의 바스켓을 형성하고 있으며 하강관이 표준형과 달리 바스켓의 주위에 원환으로 되어 있다. 이 형은 관의 청소나 수리시 바스켓을 통체로 빼낼 수 있는 것이 장점이다.

(c)와 같은 장관형은 표준형의 단점을 보완한 것이다. 표준형이나 바스켓형과 같이 가열관

전체가 용액에 잠겨져 있지 않고 가열면의 반 이상이 액면보다 위에 있어서 기포와 더불어 에어 리프트(air lift)와 같이 가열관을 올라가면서 증발이 되므로 열전달계수가 커지며 증발속도도 커진다.

직경 $1\sim2\frac{1}{2}$″정도, 길이 4~7[m]의 수직장관의 가열관군을 가진 것으로 상면적이 적다. 자연순환에 있어서도 증발능력이 크다. 가열관 내에서 발생하는 증기에 의한 고속 기·액 혼합류에 기인한 경막의 열전달저항의 감소를 이용한 형식이다. 혼합류의 가열관내 한 번 통과에 의하여 농축을 끝낼 경우(one pass)에는 열사이폰에 의한 자연순환 및 관액 관로 중에 펌프를 설치해서 강제순환을 행할 경우가 있으며 취급 용액의 성질, 농축률 등에 의하여 적합한 방법을 선정한다.

(d)에 소개한 Kestner 증발관은 관의 길이가 6~8[m]이며 외부에서 증기로 가열된다. 원액은 밑에서 위로 연속 공급되며 가열면을 올라오는 동안 끓어서 증기와 액체가 같이 상승하므로 속도가 커지고 열전달계수도 증가한다. 기포가 많아서 관내의 정압은 0.6~1[m]에 불과하다.

침수식에 대한 수직관식과 수평관식 증발관을 비교해 보면 수직관식은 액의 순환이 좋아서 열전달계수가 크기 때문에 증발효과가 좋고 관석이 생성될 경우에 가열관의 청소가 쉬우므로 많이 사용되며 수평관식은 액층이 얕아서 비점상승도가 낮고 증기 중의 비응축기체의 탈기효율이 좋은 외에는 특별한 장점이 없어서 수직관보다는 덜 사용된다.

4. 증발관의 열원

증발을 연속적으로 하기 위해서는 증발에 필요한 열량을 외부로부터 공급할 것과 생성된 증기를 연속적으로 제거하는 것이 필요하다. 수증기를 열원(熱源)으로 사용할 경우에는 수증기의 응축잠열이 금속벽을 통해서 전달되어 용액이 비등한다. 수증기를 사용할 경우의 이점으로는 다음과 같은 것들이 있다.

ⓘ 물은 다른 액체나 기체보다 열전도도가 크므로 수증기의 열전달계수가 크다.
ⓘⓘ 가열이 균일하여 국부가열(局部加熱)의 염려가 없다.
ⓘⓘⓘ 압력조절밸브를 사용하면 온도변화를 쉽게 조절할 수 있다.
ⓘⓥ 증기기관의 폐증기를 이용할 수 있다.
ⓥ 다중 효용관이나 자기증기 압축법에 의한 증발을 할 수 있다.
ⓥⓘ 비교적 값이 싸며 쉽게 얻을 수 있다.

공업적인 증발조작에서는 대부분 수증기를 사용하며 특수한 경우에만 직화가열법을 사용한다. 수증기를 열원으로 사용할 경우에는 수증기가 응축하여 물이 되고 또 증발물질이 수용액일 때가 많으므로 물에 대한 물리적 성질을 잘 이해해야 한다. 물의 증발잠열, 포화증기압, 증기의 비용, 엔탈피(enthalpy) 및 엔트로피(entropy) 등을 종합하여 나타낸 것을 **수증기표**(steam table)라고 하며, 부록 3과 17에 수록하였다.

5. 증발관의 조작방법

증발조작비는 운전비를 지배하는 에너지 비용과 증발장치 비용의 합이다. 따라서 증발관의 선택시에는 입지조건에 따라 가장 적합한 장치와 조작방법을 찾아야 한다.

(1) 다중 효용관

단일 효용관의 경우에는 증발한 수증기를 그대로 응축기에 보내므로 대부분의 잠열을 그대로 버리는 셈이 된다. 다중 효용관은 수증기의 효율을 높이기 위해 증발관을 2중 이상으로 설치하여 증발관에서 발생한 증기를 다시 이용하겠다는 것이 목적이다. 증발관 몇 개를 직렬로 배치하고 앞에서 발생한 증기를 보다 저압인 다음 증발관의 가열증기로 사용한다. 따라서 최종 증발관쪽으로 갈수록 압력이 낮아야 하므로 응축기와 진공장치를 설치한다. 다중 효용관은 대규모 증발일 경우에 실용되며 증기와 농축액의 급액방법(給液方法)에 따라 그림 4-4와 같이 분류한다.

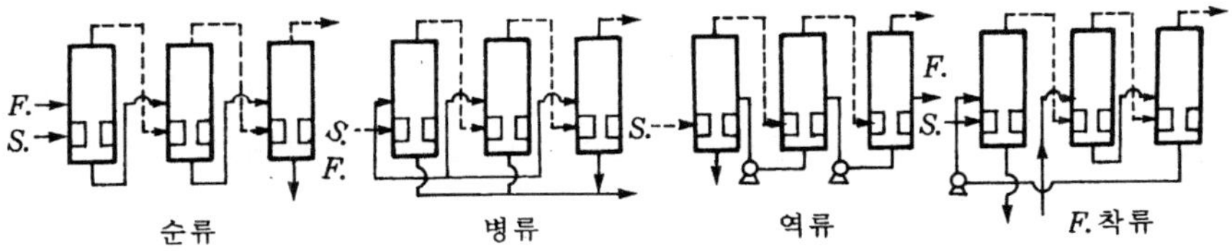

그림 4-4 3중 효용관의 조작방식

즉 증기와 농축액의 흐르는 방향이 동일한 방법을 **순류식**(順流式, forward feed)이라 하며 용액의 점도가 낮고 온도가 높을 때 사용하는 방식으로 가장 많이 이용된다. 관내의 압력차를 이용하므로 증발관 사이에 송액(送液)용 펌프가 따로 필요없다.

병류식(竝流式, parallel feed)은 원액을 주관(主管)에서 각 증발관에 동시에 공급하는 방법이며 **역류식**(逆流式, backward feed)은 수증기와 원액의 공급하는 방향이 정반대인 급액방법이다. 이 역류식은 원액의 점도가 높고 온도가 낮을 때 주로 사용하며 원액을 고압관으로 수송하기 위한 펌프가 필요하다.

그리고 **착류식**(錯流式, feedback feed) 또는 **혼류식**(混流式, mixed feed)은 원액을 2번째 관에 공급하며 최종관을 나가는 농축액을 다시 제1관으로 되돌려 보내어 증발능률을 높일 목적으로 행하는 방법으로 원액의 농도범위가 넓고 최종액의 농도가 큰 경우 또는 결정의 석출 때문에 온도에 제한을 받는 경우에 이용된다.

(2) 자기증기압축법(自己蒸氣壓縮法)

증발관에서 발생한 증기를 압축기 등으로 압축하면 압력의 증가와 함께 온도가 상승하고 엔탈피가 증가한다. 이것을 다시 열원으로 사용하여 증발에 필요한 에너지 비용을 절감하는 방법으로 **자기증기압축법**(auto-vapor recompression method)이라고 한다.

공급되는 에너지는 증발잠열에 상당하는 기계적 에너지가 아니고 열전달을 가능하게 하기 위한 증기의 압력상승에 필요한 에너지이다. 비점 상승도가 적은 액의 비점과 가열증기의 온도차가 적을 때 유효하다.

압축방식에는 동력 압축기를 사용하는 **기계적 압축**(mechanical compression)과 증기 이젝터를 사용하는 **열 압축**(thermo compression)이 있다. 기계적 압축은 연료가 비싸고 전력이 싼 곳에서는 유리하나 다량의 저압증기를 처리하기 위한 압축기가 비싸고 비말동반에 의한 부식도 문제되므로 실제 사용에는 신중한 검토가 필요하며 열 압축은 대체로 이젝터에서 사용한 증기의 3배 가량을 증발시킬 수 있으나 고온고압의 증기가 필요하므로 동력기관의 폐증기를 사용할 수가 없다.

(3) 진공증발법(眞空蒸發法)

화학공장에서는 열원으로 증기기관에서 나오는 폐증기를 이용하는 경우가 많은데 폐증기의 온도가 낮으므로 농도가 높아서 비점 상승도가 큰 용액의 증발이 어려울 때가 많다. 진공펌프를 사용하여 상압(常壓) 이하에서 증발을 시키면 용액의 비점이 내려가고 따라서 제품의 분

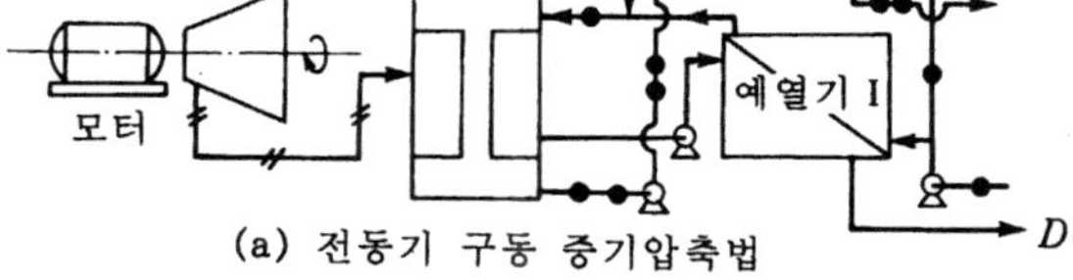

(a) 전동기 구동 증기압축법

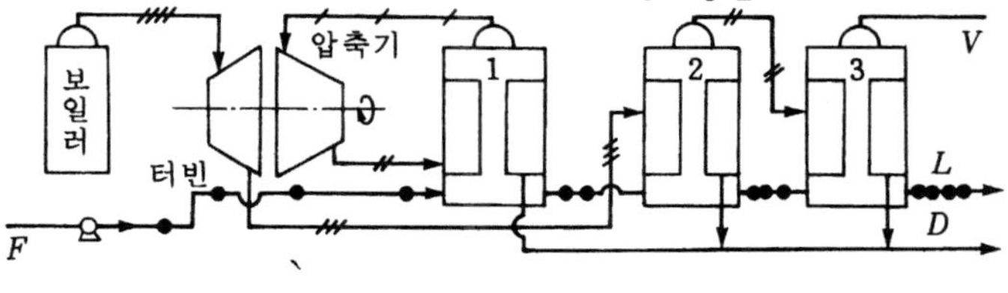

(b) 터빈 구동 효용관을 겸한 증기압축법

그림 4-5 기계적 자기 증기압축법

해, 변질 및 착색(着色)을 방지할 수가 있다. 진공증발의 주목적은 증기의 경제적 이용이며 과즙, 젤라틴 등과 같이 열에 민감한 물질을 처리하는 데 주로 사용된다.

진공증발에는 증발관 내를 감압상태로 유지하기 위하여 발생한 증기의 응축이 필요하다. 증기상태로 뽑아내려면 막대한 동력이 요구되므로 우선 응축기에서 액화시켜 용적을 작게 한 다음 진공펌프로 뽑아낸다.

응축기에는 표면 응축기와 접촉 응축기가 있는데 표면 응축기는 증기와 냉각수가 금속벽을 통해 간접적으로 접촉하는 것으로 고도의 진공이 필요하거나 응축액이 가치있는 것일 때는 사용하지만 그렇지 않은 경우에는 구조가 복잡하고 값이 비싸므로 접촉 응축기를 사용한다. 접촉 응축기에는 병류식과 향류식이 있는데 그림 4-6, 4-7은 이들을 나타낸 것이다. 병류식은 물과 비응축 기체를 동시에 같은 펌프로 뽑아내지만 향류식은 상부에서 비응축 기체, 하부에서 응축액을 따로 따로 펌프로 뽑아내는 것이 보통이며 이러한 경우 펌프 대신에 그림 4-8과 같은 대기각을 사용할 때가 많다.

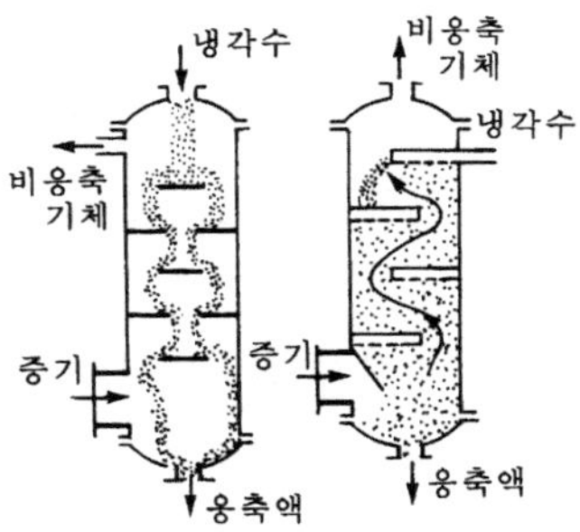

그림 4-6 향류 건식 접촉 응축기

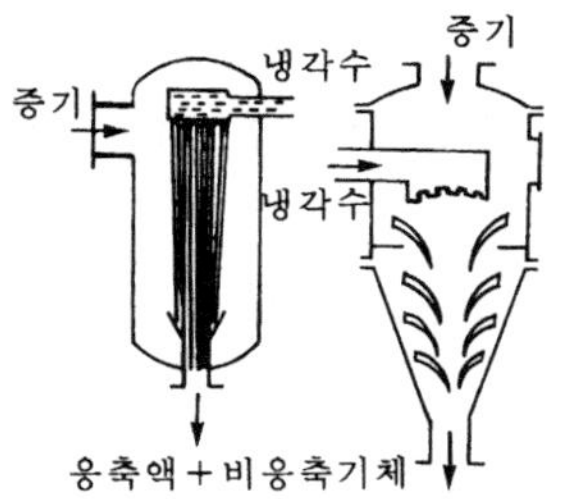

그림 4-7 병류 습식 접촉 응축기

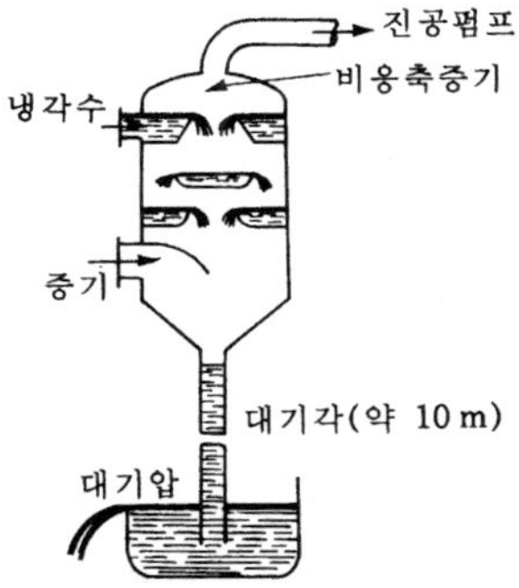

그림 4-8 대기식 향류 접촉 응축기

(4) 다단 플래시 증발법

가열한 용액을 고진공실로 보내어 자기증발을 행하는 열전달이 없는 증발방식을 **플래시 증발**(flash evaporation)이라 한다. 다단 플래시 증발법은 각단에서 증발된 증기의 응축열에 의해 들어가는 원액을 순차적으로 예열하고 최고압관을 나오는 예열된 원액을 가열용 증기로 다시 가열하여 최고압관으로 보내어 플래시 증발을 행한 다음 이 관으로부터 압력이 낮은 각 증발관에 순차적으로 보내어 최저압관에서 배출된다. 최근 바닷물의 담수화(淡水化)에 이용되고 있다.

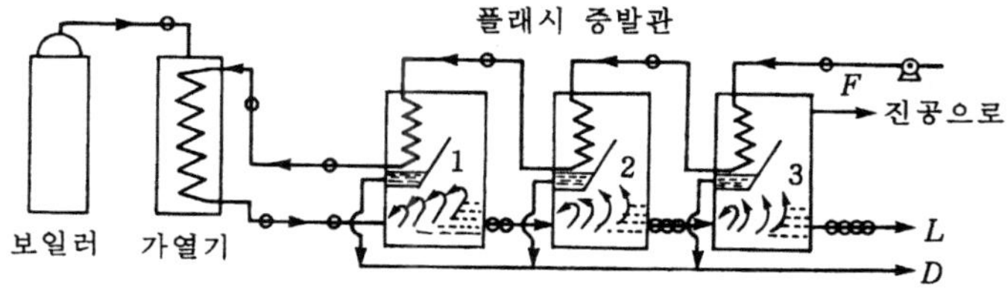

그림 4-9 다단 플래시 증발법

(5) 냉매압축법(冷媒壓縮法)

NH_3와 같은 냉매가스를 증발장치의 가열부로 보내어 그 응축열로 액을 증발시키는 저온 증발법으로 과즙의 증발 등에 적당하다.

6. 증발조작시의 특성

(1) 비점 상승(沸點上昇)

일정한 온도에서 순수한 액체에 용질을 첨가하면 그 용액의 증기압은 순수한 액체의 증기압보다 낮아진다. 따라서 용액의 비점은 순용매의 비점보다 높아지게 되며 이것을 **비점 상승**(boiling point raising)이라 하며 순용매의 비점과 그 용액의 비점차를 **비점 상승도**(B.P.R.)라고 한다.

공학적 문제에 있어서는 용액의 비점 상승을 쉽게 찾을 수 있는 경험적 법칙이 있는데 즉 "일정한 농도의 용액과 순용매가 동일한 증기압을 나타내는 온도는 서로 직선관계에 있다"고 하는 것으로 이것을 **Dühring의 법칙**이라고 한다. 이 법칙에 따라 일정농도에서 용액의 비점과 용매의 비점을 플로트(plot)하면 직선이 되는데 이 그림을 **Dühring선도**라고 한다. 그림 4-10은 여러 농도에서 NaOH 수용액에 대한 Dühring선도이다.

예제 4-1

270 [mmHg]에 있는 30 [%] NaOH 수용액에 비점 및 비점 상승도는 얼마인가?

풀이

그림 4-10에서 30 [%] NaOH 용액의 비점은 $A \rightarrow B \rightarrow C$에서 88 [℃]

순수한 H_2O의 비점은 B점에서 73 [℃]

비점 상승 $= 88 - 73 = 15$ [℃]

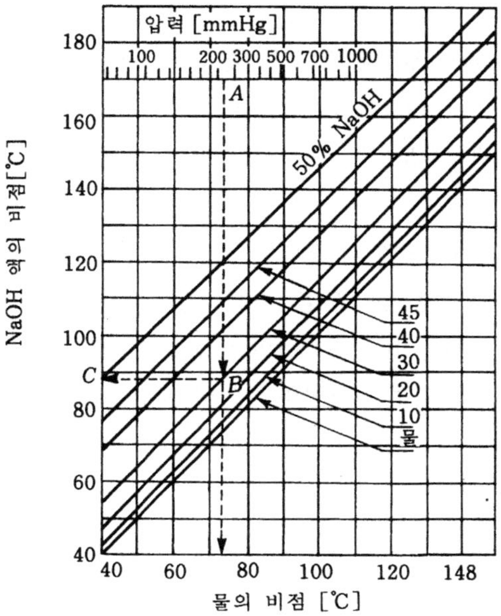

그림 4-10 NaOH 용액의 Dühring선도

비점 상승의 또 다른 원인은 액면의 깊이에 의한 것이 있다. 액면으로부터 h인 점에서의 압력은 표면보다 ρh에 해당하는 정압만큼 더 크며 그에 상당하는 비점 상승이 있게 된다. 즉 h점에서의 압력 P는

$$P = p + \frac{\rho h}{13.6} \text{ [mmHg]} \tag{4-1}$$

가 된다. 여기서 p는 액면의 압력이다.

예제 4-2

물을 감압증발할 경우 관내의 압력이 150 [mmHg]이고 액의 평균깊이가 0.5 [m]라면 깊이에 대한 B.P.R.을 구하라.

풀이

깊이 0.5 [m] (=500 [mm])에서의 압력 P는

$$P = p + \rho H = 150 + (1)\left(\frac{500}{13.6}\right) = 186.8 \text{ [mmHg]}$$

수증기표에서 150 [mmHg] 및 186.8 [mmHg]에서 물의 비점은 각각 60.1 [℃], 64.9 [℃]이다.

∴ 비점 상승 = 64.9 − 60.1 = 4.8 [℃]

(2) 비말동반(飛沫同伴)

액체 표면에서 올라간 액체 방울의 일부가 증기와 함께 밖으로 배출되는 현상을 **비말동반**(entrainment)이라고 부른다. 이것은 기포가 액면에서 파괴될 때 생성되는 현상으로 지배적 요인은 액면에서의 증기 발생속도이며 액의 밀도, 표면장력, 점도 및 장치의 구조와도 관련이 있다.

비말동반은 용액의 손실과 응축액의 오염을 초래하지만 비말의 생성을 막기란 어려우므로 생성된 비말을 분리하여 액의 손실과 오염을 막는다. 비말분리법으로는 그림 4-11과 같은 비말분리기를 이용하는 것이 보통이다. 증발관의 상부에 큰 공간을 두고 증기의 속도를 느리게 하여 비교적 큰 비말을 떨어뜨리는 침강법과 증기의 유로에 방해판을 두어 급격한 방향전환으로 분리하는 방법[그림 4-11(a), (b)] 및 증기에 회전운동을 주어 원심력에 의해 분리하는 방법[그림 4-11(c)] 등이 있다.

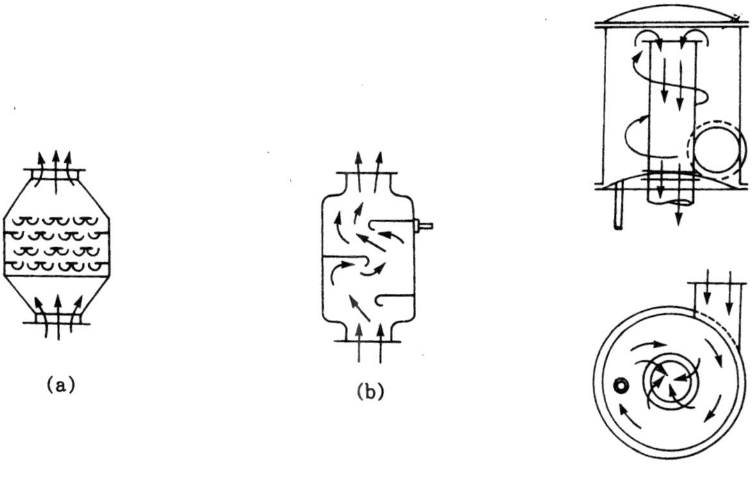

(a) (b) (c)

그림 4-11 비말분리기

(3) 거품과 관석

용액을 증발시키는데 **거품**(泡沫, foam)과 **관석**(罐石, scale)을 빼놓을 수 없는 특성의 하나이다.

거품의 발생 원인은 불확실하지만 액체 표면에 액체의 표면장력과 다른 표면장력을 가진 역층을 형성하는 것과 표면층을 안정하게 하는 미세한 고체 입자가 콜로이드(colloid)의 존재에 기인한다고 알려져 있다. 거품은 증기와 함께 증발관을 빠져나가 비말동반과 비슷한 손해를 주며 극단적인 경우에는 용액이 전부 거품으로 없어지는 경우도 있다.

거품을 제거하는 방법으로는 거품을 가열표면까지 끌어올려 뜨거운 표면과 접촉하여 부서지게 하거나 거품층에 수증기를 분출하여 파괴하는 방법이 있으며 거품을 운반하는 액체를 고속으로 방해판에 분출시켜 기계적으로 부서지게 하는 방법도 있다. 가끔 아주 적은 양의 황화(黃化) 피마자유, 면실유(綿實油) 등의 식물유나 폴리에틸렌 글리콜(polyethylene glycol), 옥틸 알코올(octyl alcohol) 등을 소포제(消泡劑, antifoaming agent)로 첨가하여 거품이 억제되거나 제거되는 수도 있다. 그러나 어느 것도 완전한 방법은 못 된다.

관석은 관벽에 침전물이 단단하고 강하게 부착되는 현상이며, 열전도도가 작기 때문에 증발능력을 떨어뜨리는 원인이 된다. 대부분의 용질은 온도가 증가함에 따라 용해도가 증가하는데 반해 $CaCO_3$, $CaSO_4$, Na_2SO_4 및 Na_2CO_3 등은 온도가 올라가면 오히려 용해도가 떨어진다. 따라서 이러한 염류가 포함된 용액을 가열하면 이들이 관벽에 석출하여 관석을 형성하게 된다.

관석의 제거방법으로는 제거기구를 사용하는 기계적 방법과 산, 알칼리 등의 화학약품으로 처리하는 방법이 있으나 둘다 만족한 방법은 못되며, 강제순환과 같은 방법으로 액의 순환속도를 빠르게 하면 관석의 생성속도를 감소시킬 수 있다.

7. 증발관의 능력

용액으로부터 수분을 증발하기 위해서는 ① 용액을 비점까지 올리는데 필요한 열량, ② 용액의 비점에서의 증발잠열, ③ 농축열, 결정열, 전도, 복사에 의한 손실열량 등이 주어지지 않으면 안된다. 단위시간당 증발한 수분의 양을 **증발능력**이라고 한다. 이것은 단위시간당 용액에 공급되는 열량 q에 의해 결정된다.

$$q = UA\Delta t \; [\mathrm{kcal/h}] \tag{4-2}$$

여기서 U는 총괄 열전달계수, A는 가열관의 면적, Δt는 가열증기와 용액의 온도차이다. 증발능력은 U과 Δt가 큰만큼 커진다.

(1) 총괄 열전달계수

증발의 경우 총괄 열전달계수는 관의 두께와 수증기측의 관석 저항을 무시할 경우

$$U = \frac{1}{\dfrac{1}{h_1} + \dfrac{l}{k_2} + \dfrac{l_s}{k_s} + \dfrac{1}{k_3}} \; [\mathrm{kcal/m^2 \cdot h \cdot ℃}] \tag{4-3}$$

여기서 h_1은 수증기측의 경막 열전달계수, k_2는 관의 열전도도, l은 관의 두께, l_s는 관석의 두께, k_s는 관석의 열전도도, h_3는 액측의 경막 열전달계수이다.

수증기측의 경막 열전달계수는 비교적 크므로 수증기측의 저항 $1/h_1$과 관의 전도저항 l/k_2은 특별한 경우를 제외하고는 비교적 적으므로 총괄 열전달계수는 액측의 저항 $1/h_3$과 액측 관석의 저항 l_s/k_s에 지배된다.

액측의 경막 열전달계수에 대한 실험식으로는 수직관식으로 자연순환의 경우 다음과 같이 주어진다.

$$\frac{h_3}{k_L} = 0.0086\left(\frac{DU_m\rho_L}{\mu_L}\right)^{0.8}\left(\frac{C_L\mu_L}{k}\right)^{0.4}\left(\frac{\sigma_w}{\sigma}\right)^{0.33} \text{(평균오차 } \pm 4\%) \qquad (4\text{-}4)$$

여기서 C_L은 액의 비열, D는 관의 직경, ρ_L은 액의 밀도, k_L은 액의 열전도도, μ_L은 액의 점도, σ는 액의 표면장력, σ_w는 물의 표면장력[Kg/m], U_m은 입구와 출구 유속의 대수 평균값으로 입구유속은 표준형에서는 0.2[m/s], 장관형에서는 0.4[m/s] 정도로 한다.

또한 수직장관식 액막형일 경우에는 다음과 같은 Keville의 식이 있다.

$\dfrac{D_1 u_V \rho_L}{\mu_L} > 7000$일 때

$$\frac{h_L D_1}{k_L} = 5.40\times10^{-6}\left(\frac{D_1 u_V \rho_L}{\mu_L}\right)^{0.5}\left(\frac{C_{PL}\mu_L}{k_L}\right)^{0.3}\left(\frac{PL}{\sigma}\right)^{0.9} \qquad (4\text{-}5)$$

$\dfrac{D_1 u_V \rho_L}{\mu_L} < 7000$일 때

$$\frac{h_L D_1}{k_L} = 1.98\times10^{-5}\left(\frac{D_1 u_V \rho_L}{\mu_L}\right)^{0.35}\left(\frac{C_{PL}\mu_L}{k_L}\right)^{0.3}\left(\frac{PL}{\sigma}\right)^{0.9} \qquad (4\text{-}6)$$

단 L은 관의 길이, σ는 액의 표면장력, P는 압력이다.

➡**표 4-1** 총괄 열전달계수 U

방 식	U[kcal/m²·h·℃] (제1관)
수평관형	1,000
코일형	1,000
수직관(표준형)	1,200
수직장관형	(10 cp까지) 2,500
	(100 cp까지) 1,000
	(2~6 m/s) 4,000
강제순환형	(0.8~1.2 m/s) 2,500
	(100 cp) 1,500
교반액막형	(1,000 cp) 1,000

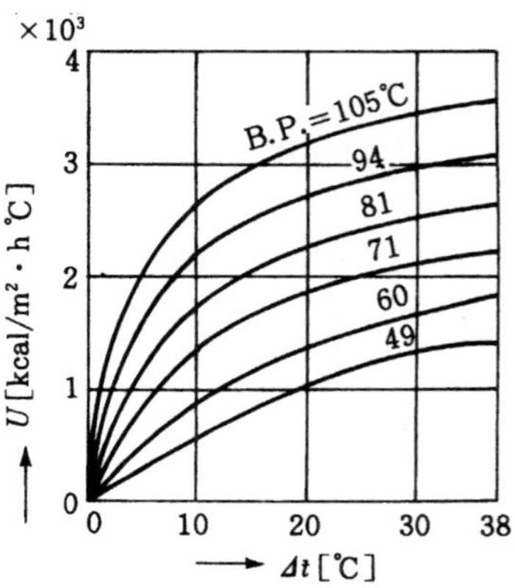

그림 4-12 U의 변화(자연순환형 수직관)

한편 강제순환식일 경우에는 강제대류 열전달의 식을 사용하여 액측경막 열전달계수를 구한다. 총괄 열전달계수는 액의 성질, 운전조건 등에 따라 크게 달라진다. 대표적인 경우의 총괄 열전달계수를 표 4-1에 나타냈다. 또 총괄 열전달계수가 액의 비점과 온도차의 감소와 함께 급격히 감소하는 것을 그림 4-12로부터 알 수 있다.

(2) 온도차(溫度差)

온도차란 가열증기의 온도와 용액의 비점의 차를 말한다. 용액의 비점은 용액의 농도가 증가함에 따라 비점이 상승됨은 앞서 설명한 것과 같고 그 상승된 비점은 Dühring선도에 의하여 쉽게 찾아낼 수 있다.

그러나 또 한 가지 액의 깊이 때문에 다시금 비점이 상승되는 것을 고려해 주어야 함을 설명한 바 있다. 그것은 대부분의 증발관에 있어서 가열면의 일부 또는 전부가 액의 밑면에 있어 액의 높이에 의한 정압으로 밑면의 온도가 표면온도보다 약간 높아야 비등이 일어나기 때문이다.

실제 증발조작에서 일어나는 온도변화를 생각해보자. 그림 4-13은 이들 관계를 매우 간단하게 나타낸 그림이다. 급액은 t_F[℃]로 들어가고 증기공간의 압력에 해당하는 순수(純水)의 비등을 t_1이라고 하자. 이것은 용액이 대단히 묽어서 비점 상승이 없을 때는 용액의 비점이 된다. 그림에서는 점선으로 표시하였다. 그러나 큰 비점 상승을 가지는 용액에서는 그 비점이 t_2이다.

수증기는 약간 과열되어 t_4에서 들어오고 그 포화온도를 t_S라고 하자. 응축액은 가열표면을 나가기 전에 t_3으로 냉각된다. 식 (4-2)에 사용할 수 있는 실제로 작용하는 Δt는 다음과 같다.

$$\Delta t = t_S - t_2$$

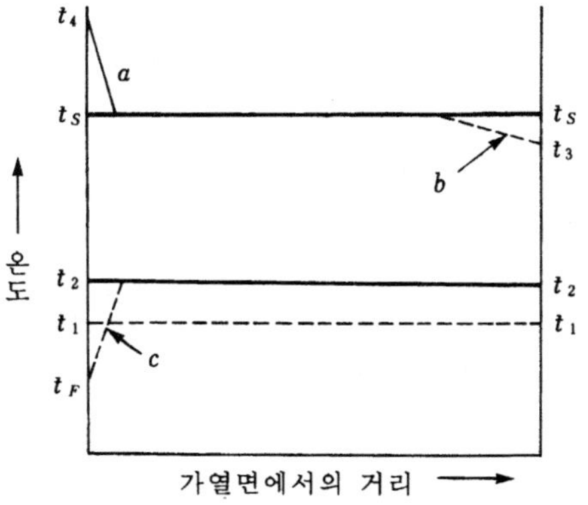

그림 4-13 증발기 내의 온도차

이것을 **진유효온도차**(眞有效溫度差, net effective temperature)라 한다. 여기서 수증기 온도 t_S는 수증기 압력을 측정하여 포화 수증기표에서 취한다. 이와 마찬가지로 t_2도 증기 공간의 압력을 측정하고 수증기표로부터 t_1을 읽고 t_1에 비점 상승을 더함으로써 결정한다. 실제로 취급하는 많은 물질에 대하여 비점 상승을 모르거나 정확하게 알려져 있지 않다. 이러한 경우 비점 상승을 무시하고 유효 온도차로 다음과 같이 **겉보기 온도차**(apparent temperature drop)를 써 왔다.

$$\Delta t_{app} = t_S - t_1$$

어느 온도차를 사용하느냐에 따라 총괄 열전달계수도 겉보기 총괄계수와 진총괄계수로 구별한다.

예제 4-3

절대압 2.0 [Kg/cm²]의 포화증기를 가열해서 사용하며 증발실을 200 [mmHg 절대]로 유지해서 NaOH 40 [%] 수용액을 얻는다고 한다. 조작이 정상, 연속이라 하면 이 증발의 겉보기 및 진유효온도차는 어떻게 되겠는가? 단 가열관 내의 액의 높이는 평균 1.00 [m]로 보며 액의 비중은 1.37로 한다.

풀이

관내 압력차 $= \dfrac{(1000)(1.37)}{(13.6)} + 200 = 300$ [mmHg 절대]

그림 4-10에 의하여 300 [mmHg]에 있어서 40 [%] NaOH의 비점은 109 [℃]이다.

2.0 [kg/cm² 절대]의 포화온도는 역시 119.5 [℃]이다.

∴ 진유효온도차 = 119.5 − 109 = 10.5 [℃]

300 [mmHg]에 있어서 물의 비점은 80 [℃]

∴ 겉보기 온도차 = 119.5 − 80 = 39.5 [℃]

따라서 위 양자의 온도차는 29 [℃]로 대단히 큼을 알 수 있다.

(3) 열전달면적(熱傳達面積)

열전달면적의 결정은 증발관의 설계 계산에 아주 중요하며 열전달면적을 결정하려면 관의 직경, 관의 길이를 결정하지 않으면 안 된다. 이들은 증발관의 형식, 크기, 액의 성상(性狀) 등에 따라 결정된다. 예를 들면 관석이 생기기 쉽거나 점도가 높은 액에 대해서는 관경이 아주 작으면 곤란하며 보통 20～100 [mm]의 것이 많이 사용되며, 관의 간격은 $\frac{1}{2} \sim \frac{3}{4}$″가 적당하다고 알려져 있다.

4-2 증발관의 계산

1. 단일효용 증발관의 계산

(1) 증발관의 물질수지와 에너지 수지

증발관의 용량은 어떤 열전달장치와 같이 $q = UA\Delta t$로 주어지는데 이 식을 해결하기 위해서는 먼저 증발에 필요한 열량 q를 결정해야 한다. 그러기 위하여 먼저 물질수지와 열량수지 관계를 고찰하자. 그림 4-14는 단일효용 증발관의 흐름 과정을 나타낸 것이다. 지금 원액을 F [kg/h]의 속도로 공급할 때 증발하는 증기의 양을 V [kg/h], 농축액을 L [kg/h]로 표시하면 다음과 같은 물질수지식을 얻을 수 있다.

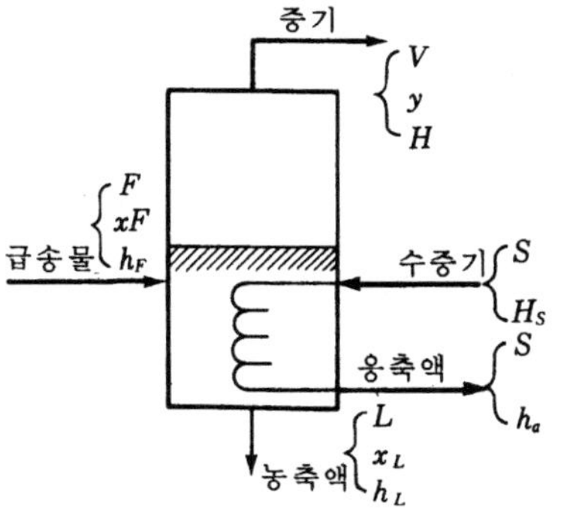

그림 4-14 단일효용 증발관의 흐름 과정

$$F = L + V \tag{4-7}$$

이 때 원액, 증기 및 농축액 중에 포함된 용질의 중량분율을 각각 s_F, y, x_L이라고 하면 용질에 대한 물질수지는

$$Fx_F = Lx_L + Vy \tag{4-8}$$

이다.

그리고 들어오고 나가는 열량을 엔탈피(기체 : H, 액체 : h)로 표시할 때 증발에 필요한 열량을 공급하기 위하여 H_S [kcal/kg]의 엔탈피를 가진 수증기 S [kg/h]를 가열표면에 공

급하여 h_c의 엔탈피를 가진 S [kg/h]의 응축액으로 나간다고 하면 정상상태에서의 열수지는 들어온 열량 = 나가는 열량이므로 (원액의 열)+(증발증기의 열)+(응축액의 열)+(복사에 의한 손실열)이다. 여기서 복사에 의한 열손실과 희석열 등을 무시하면 다음과 같은 열수지식이 얻어진다.

$$Fh_F + SH_S = VH + Lh_L + Sh_c \tag{4-9}$$

이 식으로부터 증발에 필요한 열량 및 열원으로서의 수증기의 양을 구할 수 있다.

예제 4-4

그림 4-15와 같은 단일효용 증발관으로 2 [wt %]의 용액을 5 [wt %]로 농축하려고 한다. 급액속도는 1000 [kg/h]이며, 급액의 온도는 80 [℃]이다. 1 [atm]에서 조작하며 증발시키기 위하여 가열표면에 공급하는 포화수증기는 0.467 [Kg/cm^2 · G]이다. (a) 증발되는 수분의 양, (b) 농축액의 양, (c) 가열수증기의 양, (d) 총괄 열전달계수가 500 [kcal/m^2 · h · ℃]일 때의 가열면적을 계산하라.

풀이

(a), (b)

총괄 물질수지 $F = V + L$

$1000 = V + L$

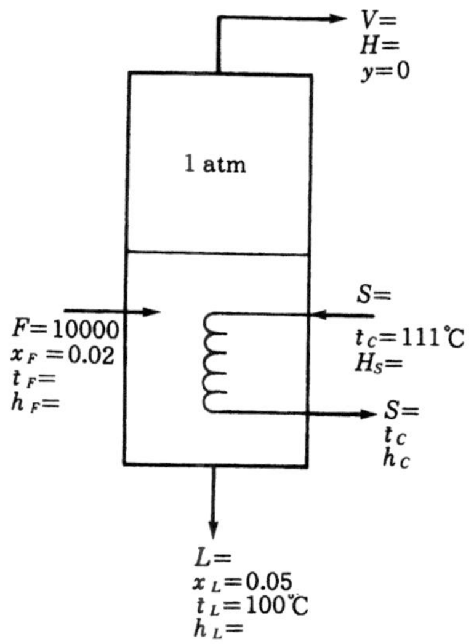

그림 4-15 예제 4-3의 흐름과정

용질의 물질수지 $Fx_F = vy + Lx_L$

$$1000 \times 0.02 = V \times 0 + L \times 0.05$$

$$\therefore L = 400\,[\text{kg/h}]$$

$$\therefore V = 1000 - 400 = 600\,[\text{kg/h}]$$

(c) 에너지 수지식 $Fh_F + SH_S = VH + Hh_L + Sh_c$에서 각 성분의 엔탈피를 부록의 포화 수증기표로부터 구한다.

원액의 엔탈피 (h_F) = 80 [℃]인 포화 액체의 엔탈피

≒ 80 [kcal/kg]

농축액의 엔탈피 (h_L) = 1 [atm], 100 [℃]인 포화 액체의 엔탈피

≒ 100 [kcal/kg]

증발증기의 엔탈피 (H) = 100 [℃]인 포화 수증기의 엔탈피

≒ 639 [kcal/kg]

가열 수증기의 엔탈피 (H_S) = 1.033 + 0.467 = 1.5 [Kg/cm^2]에서의 포화증기의 엔탈피

≒ 643 [kcal/kg]

응축액의 엔탈피 (h_c) = 1.5 [Kg/cm^2]에서의 포화 액체의 엔탈피

≒ 111 [kcal/kg]

윗식에 대입하면

$$(1000 \times 80) + (S \times 643) = (600 \times 639) + (400 \times 100) + (S \times 111)$$

$$\therefore S = 645\,[\text{kg/h}]$$

(d) $q = UA\Delta t$ 로부터

$$q = w\lambda = 645 \times (643 - 111) = 343,140\,[\text{kcal/h}]$$

$$U = 500\,[\text{kcal/m}^2 \cdot \text{h} \cdot ℃]$$

Δt = 포화 수증기의 온도 − 액의 비점 = 111 − 100 = 11 [℃]

$$\therefore A = \frac{q}{U\Delta t} = \frac{343,140}{500 \times 11} = 62.4\,[\text{m}^2]$$

---

(2) 엔탈피-농도 도표

앞에서 설명한 비점 상승은 용액의 여러 가지 열역학적 특성(비열, 용액의 발열량)이 순용매와는 다르다는 것을 나타낸다. 따라서 각 농도에 대한 열역학적 특성값이 모두 다르므로 증발관의 설계시는 이것을 고려해야만 한다. 용액의 이러한 특성값을 고려하여 얻은 도표가 엔

탈피-농도 도표이다. 그림 4-16에는 NaOH 수용액의 엔탈피-농도 도표를 나타냈다.

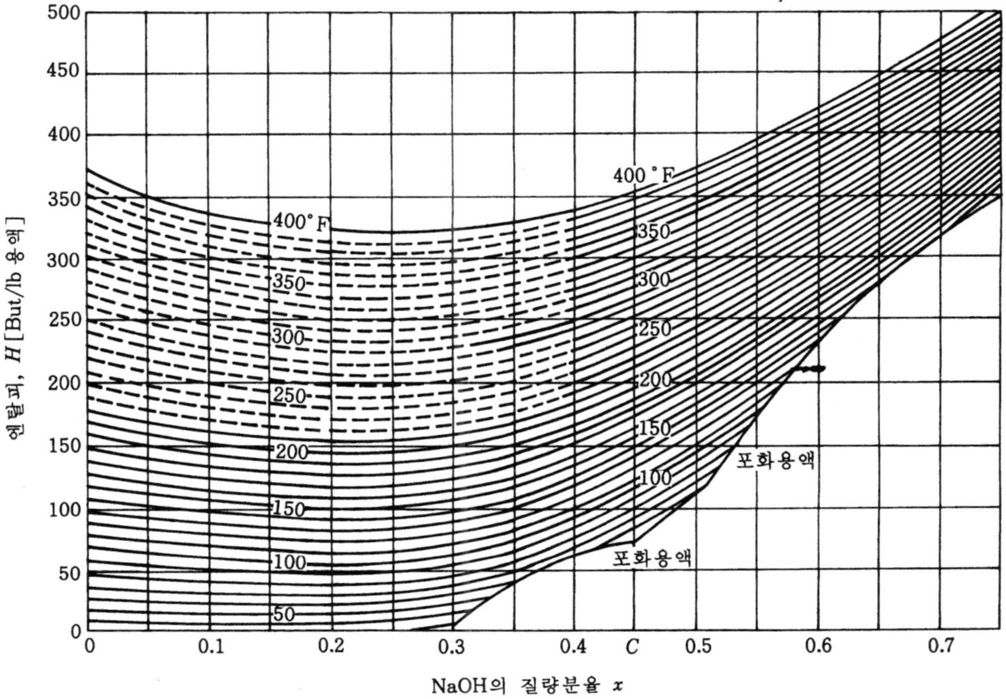

그림 4-16 NaOH 수용액의 엔탈피-농도 도표

예제 4-5

단일효용 증발관에 20 [wt %]의 NaOH 수용액을 70 [℃]에서 1000 [kg/h]의 속도로 공급하여 40 [wt %]까지 농축한다. 증발관은 1 [atm]에서 조작되며, 가열 수증기는 4 [Kg/cm^2 G]에서 공급된다. 응축액은 수증기 온도로 나가며 복사에 의한 손실을 무시할 경우 가열 수증기의 양을 구하라. 또 총괄 열전달계수가 500 [$kcal/m^2 \cdot h \cdot$ ℃]라면 가열면적은 얼마냐?

풀이

$$F = 1000\,[kg/h],\ \ x_F = 0.2,\ \ x_L = 0.4,\ \ t_F = 70\,[℃],\ \ Y = 0$$

또 수증기표로부터

$$H_S \fallingdotseq 656\,[kcal/kg]\,(1.03 + 4 \fallingdotseq 5\,[Kg/cm^2]\text{에서}),\ \ t_S = 153\,[℃]$$

$$h_C = 153\,[kcal/kg]\,(5.033\,[kg/cm^2]\text{에서})$$

$$h_F = 115\,[Btu/lb] = 63.8\,[kcal/kg]\,(\text{그림 } 4-16,\ 70\,[℃] = 158\,[°F]\text{에서})$$

농축용액의 비점은 그림 4-10으로부터

$t_L = 127\,[℃] = 261\,[°F]$ (1 [atm] 에서)

$h_L = 230\,[Btu/lb] = 128\,[kcal/kg]$ (그림 4-16)

127 [℃]에서의 수증기의 엔탈피

$H = 638.8 + 0.46(127 - 100) = 651.22\,[kcal/kg]$

물질수지 $Fx_F = Lx_L \times Vy$에서

$1000 \times 0.2 = L \times 0.4$

$\therefore L = 500\,[kg/h], \quad V = 500\,[kg/h]$

에너지 수지 $Fh_F = SH_S = VH + Lh_L + Sh_C$에서

$(1000 \times 63.8) + S \times (656) = (500 \times 651.22) + (500 \times 128) + S \times (143.6)$

$\therefore$ 가열 수증기의 양 $S = \dfrac{325,800}{656 - 153} = 647.7\,[kg/h]$

가열면적은 $q = UA\Delta t$로부터

$q = w\lambda = 647.7(656 - 153) = 325,800\,[kcal/h]$

$\therefore A = \dfrac{325,800}{500 \times (153 - 127)} = 25.1\,[m^2]$

---

2. 다중효용 증발관의 계산

다중효용관을 사용하는 것은 수증기의 경제성을 증가시키기 위함이며 급액방법에 대해서는 앞에서 설명한 바 있다.

(1) 효용관의 수

효용관의 수는 증기비, 운전비, 건설비, 조작의 난이(難易), 금리(金利) 등을 고려하여 가장 경제적이 되도록 결정한다. 관수를 늘리면 증발비(蒸發比, 가열증기 1 [kg]당의 증발수량 [kg])가 커져서 수증기의 양은 절약되지만 1관당의 유효 온도차는 작아져서 증발관의 총괄 열전달면적이 증가하기 때문에 건설비와 유지비 등의 고정비용이 관수에 비례하여 증가한다. 따라서 건설비는 효용관의 가열면적과 증발비를 동시에 고려하여 산출해야 한다.

(2) 열전달면적, 증발비 및 조작조건의 결정

열전달면적의 계산은 증발비, 증발실의 압력, 용액의 비점, 용액의 농도 등 증발관의 조작기준을 동시에 고려해야 한다.

그림 4-17과 같은 3중 효용관을 예로서 고찰한다.

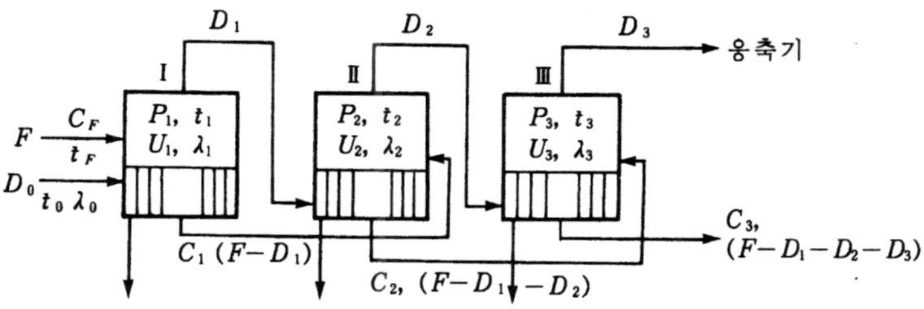

그림 4-17 3중 효용관

계산을 위하여 다음과 같은 가정과 조건을 따르는 것으로 한다.

① 각 관의 가열증기의 온도는 그의 압력에 대한 포화온도와 같으며, 증기의 현열(顯熱) 및 각 증발관의 열손실은 무시한다.

② 액의 비등온도는 농축 후의 농도에 해당하는 비점에다 용질에 의한 비점상승을 더한다. 또 액 깊이에 의한 비점 상승도는 무시한다.

③ 드레인은 응축온도로 각 관을 나간다.

④ 용액의 증발잠열은 그의 비등온도에서 물의 증발잠열과 같다.

⑤ 총괄 열전달계수는 모두 알고 있으며, 각 증발관의 가열면적은 같은 것으로 한다.

지금 F : 원액 공급량[kg/h], D_0, D_1, D_2, D_3 : 가열용 증기량 및 각관 용액으로부터의 증발증기량[kg/h], C_F, C_1, C_2, C_3 : 원액 및 각관 용액의 농도[wt %], λ_0, λ_1, λ_2, λ_3 : 가열증기 및 각 증발관 발생증기의 증발잠열, t_F, t_0, t_1, t_2, t_3 : 원액, 가열증기 및 각 증발관에 있어서 증기온도[℃]라 하고 물질수지, 열수지 및 열전달속도식을 세우자.

① 물질수지

전　체 $FC_F = [F-(D_1+D_2+D_3)]C_3$ (4-10-a)

제1증발관 $FC_F = (F-D_1)C_1$ (4-10-b)

제2증발관 $(F-D_1)C_1 = (F-D_1-D_2)C_2$ (4-10-c)

제3증발관 $(F-D_1-D_2)C_2 = (F-D_1-D_2-C_3)C_3$ (4-10-d)

② 열수지

제1증발관 $FC_P t_F + D_0\lambda_0 = D_1\lambda_1 + (F-D_1)C_P ti_1 + D_0 C_P t_0$

(원액 현열) (가열증기 잠열) (발생증기 잠열) (잔액의 현열) (드레인의 현열)

$D_0\lambda_0 = D_1\lambda_1 + F(t_1-t_F)$(단 $C_P=1$, $D_0 t_0 = D_1 t_1$) (4-11-a)

제2증발관 $D_1\lambda_1 = D_2\lambda_2 + (F-D_1)(t_2-t_1)$ (4-11-b)

제3증발관 $D_2\lambda_2 = D_3\lambda_3 + (F - D_1 - D_2)(t_3 - t_2)$ (4-11-c)

③ 열전달속도식

제1증발관 $q_1 = D_0\lambda_0 = U_1A_1\Delta t_1$ (4-12-a)

제2증발관 $q_2 = D_1\lambda_1 = U_2A_2\Delta t_2$ (4-12-b)

제3증발관 $q_3 = D_2\lambda_2 = U_3A_3\Delta t_3$ (4-12-c)

단, 3중 효용관의 온도차는 그림 4-18과 같으므로 e_1, e_2를 비점 상승도라고 할 때

$$\Delta t_1 = t_0 - t_1,\ \ \Delta t_2 = (t_1 - e_1) - t_2,\ \ \Delta t_3 = (t_2 - e_2) - t_3$$

$$\Sigma\Delta t = \Delta t_1 + \Delta t_2 + \Delta t_3 = (t_0 - t_3) - (e_1 + e_2)$$

이다.

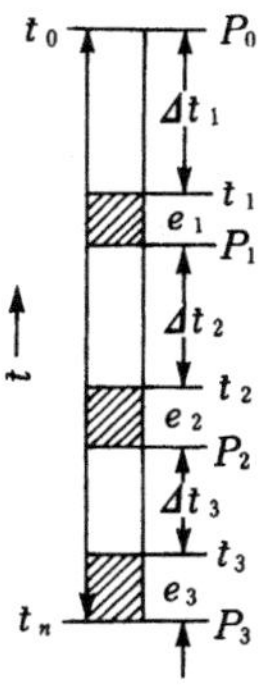

그림 4-18 온도차

(3) Badger법에 의한 열전달면적의 근사해법

식 (4-10-a)~(4-12-c)로부터 열전달면적을 계산할 수 있으나 계산이 복잡하므로 다음과 같은 가정을 이용한 근사해법이 이용되고 있다.

① 비점상승도를 무시하고 식 (4-12)의 $\Delta t_1 = t_0 - t_1$, $\Delta t_2 = t_1 - t_2$, $\Delta t_3 = t_2 - t_3$로 한다.

② 원액을 t_F로부터 t_1까지 높이는데 필요한 현열을 무시한다. 그러면 q_1은 증기 D_1을 증발시키는데 필요한 잠열과 같으며 D_1은 제2증발관의 가열증기로 이용되므로 $q_1 = q_2 = q_3$가 된다.

즉 $D_0\lambda_0 = D_1\lambda_1 = D_2\lambda_2$에서 $\lambda_0 \fallingdotseq \lambda_1 \fallingdotseq \lambda_2 \fallingdotseq \lambda_3$로 하면, $D_0 \fallingdotseq D_1 \fallingdotseq D_2 \fallingdotseq D_3$이 되며 따라서 $U_1A_1\Delta t_1 = U_2A_2\Delta t_2 = U_3A_3\Delta t_3$가 된다.

③ 3중 효용관에 적용하면 $A_1 = A_2 = A_3$로 가정하였으므로 $U_1\Delta t_1 = U_2\Delta t_2 = U_3\Delta t_3$이

다. 따라서

$$\frac{\Delta t_1(=t_0-t_1)}{\frac{1}{U_1}} = \frac{\Delta t_2(=t_1-t_2)}{\frac{1}{U_2}} = \frac{\Delta t_3(=t_2-t_3)}{\frac{1}{U_3}} = \frac{t_0-t_3}{\frac{1}{U_1}+\frac{1}{U_2}+\frac{1}{U_3}} \quad (4\text{-}13)$$

윗식으로부터 다중효용 증발관의 온도차는 총괄 열전달계수에 반비례함을 알 수 있다. 즉

$$\Delta t_1 : \Delta t_2 : \Delta t_3 = \frac{1}{U_1} : \frac{1}{U_2} : \frac{1}{U_3} \quad (4\text{-}14)$$

의 관계가 성립한다. 이 관계로부터 t_1, t_2를 구하여 식 (4-10), (4-11)에 대입하여 D_0, D_1, D_2를 구한 다음 식 (4-12)에서 $A_1 = A_2 = A_3$가 될 때까지 Δt_1, Δt_2, Δt_3의 비례배분을 적당히 조절하며 이 방법을 반복한다. 다음의 예제로서 알아보자.

예제 4-6

3중 효용 증발관에서 비점 상승이 매우 작은 액체를 농축한다. 첫째 효용관에 들어가는 수증기 온도는 115[℃]이다. 마지막 효용관의 진공도는 0.774[Kg/cm^2]이다. 총괄계수는 차례로 500, 400, 200[kcal/m^2 · h · ℃]이다. 첫째와 둘째 효용관의 비점을 구하여라.

풀이

식 (4-14)로부터

$$\Delta t : \Delta t_1 = \frac{1}{U} : \frac{1}{U_1}, \quad \Delta t : \Delta t_2 = \frac{1}{U} : \frac{1}{U_2}$$

$$\frac{1}{U} = \frac{1}{U_1} + \frac{1}{U_2} + \frac{1}{U_3} = \frac{1}{500} + \frac{1}{400} + \frac{1}{200} = 0.002 + 0.0025 + 0.005 = 0.0095$$

$t_3 = 65.4$[℃](진공도 0.774[kg/cm^2] 즉 절대압 0.26[Kg/cm^2]에서의 포화온도)

$\therefore \Delta t = t_0 - t_3 = 115 - 65.4 = 49.6$[℃]

$$\Delta t_1 = t_0 - t_1 = \Delta t \frac{\left(\frac{1}{U_1}\right)}{\left(\frac{1}{U}\right)} = 49.6 \times \left(\frac{0.002}{0.0095}\right) = 10.4$$

$\therefore t_1 = 115 - 10.4 = 104.6$[℃]

$$\Delta t_2 = t_1 - t_2 = \Delta t \frac{\left(\frac{1}{U_2}\right)}{\left(\frac{1}{U}\right)} = 49.6 \times \left(\frac{0.0025}{0.0095}\right) = 13.05$$

$\therefore t_2 = 104.6 - 13.05 = 91.55$[℃]

예제 4-7

동일용량의 이중 효용관을 사용하여 3 [wt %] 식염수 1,800 [kg/h]를 7 [wt %]로 농축한다. 다음 그림과 같은 데이터가 얻어졌을 때 (a) 각 관의 증발량, (b) 열전달면적, (c) 소요 수증기의 양을 계산하라. 휘발액의 B.P.R.은 무시하고 증발잠열은 550 [kcal/kg], 액의 비열은 1.0 [kcal/kg ℃]이다. 제1관, 제2관의 총괄 열전달계수는 각각 1,900, 1,300 [kcal/m^2 · h · ℃]이다.

풀이

(계산의 기준) 1 [h]

각 증발관의 조건

조 건	(1)	(2)	조 건	(1)	(2)
관내압력 [mmHg]	P	110	열전달 면적 [m^2]	A_1	A_2
액의 온도 [℃]	t_1	$t_2 = 53.5$	증기발생량 [kg/h]	x_1	x_2
열원 온도 [℃]	104	t_1	U [kcal/m^2·h·℃]	1,900	1,300
가열수증기량 [kg/h]	S	x_1			

제2관의 압력이 110 [mmHg]이므로 수증기표에서 53.5 [℃]가 되고, B.P.R.이 무시되므로 온도 t_2도 53.5 [℃]가 된다. 들어가는 열원의 온도는 1.2 [kg/cm^2 abs]의 포화수증기의 온도 104 [℃]이다.

물질수지 : 원액의 유량 1,800 [kg/h], 농축액의 유량 w' [kg/h]이므로 NaCl수지 (1,800) (0.03) = (w') (0.07)

$$w' = (1,800)\left(\frac{0.03}{0.07}\right) = 722 \text{ [kg/h]}$$

$$\text{총증발량} = 1,800 - 722 = 1,028 \text{ [kg/h]}$$

$$\therefore x_1 + x_2 = 1,028 \text{ [kg/h]} \quad ①$$

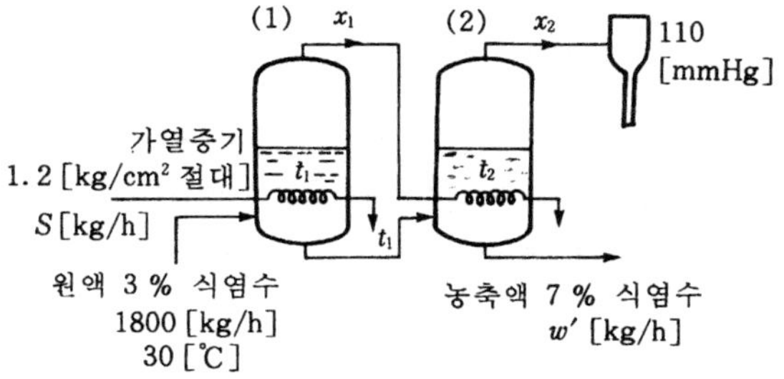

열수지 : 열원의 응축열은 가열용액의 현열과 증발잠열과의 합이다.

제1관 $55S = (1,800)(1)(t_1 - 30) + 550x_1$ ②

제2관 $550x_1 = (1,800 - x_1)(1)(53.5 - t_1) + 550x_2$ ③

열전달식 $q = UA\Delta t$ 에서

제1관 $550S = (1,900)(A_1)(104 - t_1)$ ④

제2관 $550x_1 = (1,300)(A_2)(t_1 - 53.5)$ ⑤

각 미지수를 구하기 위하여 시행법을 한다. 즉 제1관의 온도 t_1 을 가정 ①③식에서 x_1, x_2를 구한다. 다음 ②식에서 S를 구하고 ④⑤식에서 A_1, A_2를 계산하여 $A_1 \fallingdotseq A_2$가 되는 t_1에 해당하는 각 값이 답이 된다. 이것을 표로 표시하면 다음과 같다.

가정 t_1		81 [℃]	79 [℃]	79.8 [℃]
①과 ③	x_1	481	484	483 [kg/h]
	x_2	547	544	545 [kg/h]
② S		648	655	646 [kg/h]
④와 ⑤	A_1	8.16	7.46	7.33 [m²]
	A_2	7.40	8.03	7.78 [m²]

따라서 $t_1 = 79.8$ [℃]의 가정이 적당하고, 열전달면적도 평균하여 $A = 7.76$ [m^2], 제1관에서 압력은 수증기표에서 355 [mmHg]

가열증기 1 [kg]당 증발량은 $\dfrac{x_1 \times x_2}{S} = \dfrac{1,028}{646} = 1,59$ [kg]

제1관의 농축액의 농도 $= \dfrac{(1,800)(0.03)}{1,800 - 483} \times 100 = 4.1$ [wt %]

비점상승을 고려할 경우는 더 복잡하나 구하는 순서는 동일하다.

예제 4-8

3중 효용관을 사용해서 고체 10 [%]를 함유하는 용액을 50 [%]로 농축한다. 가열증기는 15.5 [lb/in² gauge], 제 3 효용관의 진공도는 660 [mmHg]이다. 원액의 온도는 21 [℃]로서 매시 2500 [kg]을 처리한다. 열전달계수는 제1, 제2, 제3관에 있어서 각각 2700, 1700, 1000 [kcal/m² · h · ℃]이다. 각 관의 열전달면적을 같도록 설계하려면 가열면적, 수증기 소비량, 온도분포 및 각 관의 열전달은 얼마냐?

풀이

가열증기 15.5 [lb_f/in^2 gauge] = 1.033 + (15.5/14.7) = 2.12 [kg/cm^2 절대]

위의 포화온도 $t_0 = 121$ [℃]

진공도 660 [mm] = 100 [mmHg 절대], 포화온도 $t_3 = 52$ [℃]

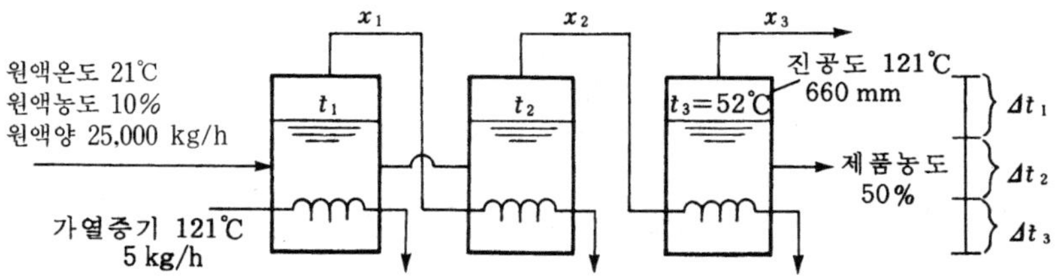

그림 4-19

➡표 4-2

	제1관	제2관	제3관
관 내 압 력	p_1	p_2	$p_3 = 100$ [mmHg]절대
용 액 온 도	t_1	t_2	$t_3 = 52$[℃]
열 원 온 도	121 [℃]	t_1	t_2
온 도 차	$\varDelta t_1 = 121 - t_1$	$\varDelta t_2 = t_1 - t_2$	$\varDelta t_3 = t_2 - 52$
발 생 증 기 량	x_1	x_2	x_3 [kg/h]
열 전 달 계 수	2700	1700	1000
가 열 증 기 량	S	x_1	x_2 [kg/h]

원액으로부터 증발되는 수분을 x [kg/h]라 두고, 고체의 물질수지로부터

$$25,000(0.10) = (25,000 - x)(0.50)$$

$$\therefore x = 25,000\left(1 - \frac{0.1}{0.5}\right) = 20,000 \text{ [kg/h]}$$

각 관에서 열원과 용액과의 온도차를 각각 $\varDelta t_1$, $\varDelta t_2$, $\varDelta t_3$라 하면

$$\text{전 온도차 } t_0 - t_3 = \varDelta t_1 + \varDelta t_2 + \varDelta t_3 = 121 - 52 = 69 \text{ [℃]}$$

(제1시행) 전온도차 69 [℃]를 각 관에 분배해 본다. 각 관의 온도차 $\varDelta t_1$, $\varDelta t_2$, $\varDelta t_3$는 근사적으로 열전달계수 U_1, U_2, U_3에 반비례한다고 생각하면

$2700\varDelta t_1 = 1700\varDelta t_2 = 1000\varDelta t_3$ 이므로

$$\varDelta t_3 = 2.7\varDelta t_1,\quad \varDelta t_2 = 1.59\varDelta t_1$$

$$\therefore\ \varDelta t_1 + \varDelta t_2 + \varDelta t_3 = (1 + 2.7 + 1.59)\varDelta t_1 = 69$$

$$\therefore\ \varDelta t_1 = 13,\quad \varDelta t_2 = 21,\quad \varDelta t_3 = 35$$

일반적으로 제1관은 원액을 그의 비점까지 예열할 필요가 있기 때문에 다른 관에 비해서 부하가 크므로 온도차 $\varDelta t_1$을 크게 할 필요가 있지만 그대로 적용하면

$\varDelta t_1 = 121 - t_1,\ \varDelta t_2 = t_1 - t_2,\ \varDelta t_3 = t_2 - 52$이므로

$$t_1 = 108\,[℃],\quad t_2 = 87\,[℃]$$

각 온도에 대응하는 물의 잠열을 수증기표로부터 구하면 다음과 같다.

$t_0 = 121\,[℃]$,	$t_1 = 108\,[℃]$,	$t_2 = 87\,[℃]$,	$t_3 = 52\,[℃]$
525	534	547	567 [kcal/kg]

그러므로 다음의 물질수지와 각 관의 열수지가 성립한다.

물질수지 :	$x_1 + x_2 + x_3 = 20,000$	(1)
제 1 관 :	$25,000(108 - 21) + 534x_1 = 525S$	(2)
제 2 관 :	$547x_2 - (25,000 - x_1)(108 - 87) = 534x_1$	(3)
제 3 관 :	$567x_3 - (25,000 - x_1 - x_2)(87 - 52) = 547x_2$	(4)
(3)으로부터	$1066x_2 = x_1 + 1023$	(5)
(4)로부터	$35x_1 - 522x_2 + 567x_3 = 625,000$	(6)
(6)과 (1)로부터	$x_1 + 2028x_2 = 19,670$	(7)
(5)와 (7)로부터	$x_1 = 6106,\ x_2 = 6688,\ x_3 = 7206\,[\mathrm{kg/h}]$	

$q = UA\varDelta t$의 관계로부터 각 관의 열전달면적을 구한다.

$$A_1 = \frac{(25,000)(87) + 534(6106)}{(2700)(13)} = 154.6\,[\mathrm{m^2}]$$

$$A_2 = \frac{(534)(6106)}{(1700)(21)} = 91.1\,[\mathrm{m^2}]$$

$$A_3 = \frac{(547)(6688)}{(1000)(35)} = 104.6\,[\mathrm{m^2}]$$

즉 각 면적이 상당한 차가 있으므로 재검토를 요한다.

(제2시행) A_1, A_2, A_3의 산술평균을 구하면 $A_m = 116.8\,[\mathrm{m^2}]$, 일반적으로 S, x_1, x_2, x_3는 관의 온도가 다소 변하더라도 그다지 달라지지 않는다. 따라서 열전달면적 A를 지배하는 인자는 온도차 $\varDelta t$이다. 그래서 $A_1 = A_2 = A_3 = A_m = 116.8$에 가깝도록 $\varDelta t$를 보정할 필요가 있

다.

근사적으로 $A_1\varDelta t_1 = A_2\varDelta t_2 = A_3\varDelta t_3$로 고려해서 다음과 같이 계산하다.

$$\varDelta t_1 = 13\left(\frac{154.6}{116.8}\right) = 17.2 \xrightarrow{\times 1.06} 18.3 \cdots\cdots 18$$

$$\varDelta t_2 = 21\left(\frac{91.1}{116.8}\right) = 16.4 \xrightarrow{\times 1.06} 17.4 \cdots\cdots 18$$

$$\varDelta t_3 = 35\left(\frac{104.6}{116.8}\right) = 31.3 \xrightarrow{\times 1.06} 33.3 \cdots\cdots 33$$

$$\varDelta t_1 + \varDelta t_2 + \varDelta t_3 = 64.9 \xrightarrow{\times 1.06} 69.0 \cdots\cdots 69$$

즉 제1시행의 $\varDelta t$는 A에 반비례하므로 그의 합을 구하면 69[℃]로 되지 않기 때문에 공통적으로 1.06배로 한다. 소숫점을 버리면 오른쪽의 열과 같은 수치로 된다. 이 새로운 온도차를 사용해서 제1시행과 같은 방법으로 물질수지와 열수지로부터 x를 구하면 다음과 같이 된다.

$$\varDelta t_1 = 18,\ \ \varDelta t_2 = 18,\ \ \varDelta t_3 = 33,\ \ t_1 = 103,\ \ t_2 = 85$$

$$x_1 = 6170,\ \ x_2 = 6673,\ \ x_3 = 7157$$

$$A_1 = 112.9,\ \ A_2 = 108.2,\ \ A_3 = 110.9$$

$$A_m = (A_1 + A_2 + A_3)/3 = 110.7$$

즉 이 다음은 다관의 열전달면적이 상호 조금만 더하면 똑 같아지게 되며 만족할 결과가 얻어진다. 이 값을 채용해서 각 관의 열전달량을 다시 계산한다.

제 1 관 $q_1 = 25,000(108-21) + 537(6170) = 5,488,000$ [kcal/h]

제 2 관 $q_2 = 537(6170) = 3,313,000$ [kcal/h]

제 3 관 $q_3 = 548(6673) = 3,657,000$ [kcal/h]

또한 제1관에 들어가는 가열증기량 $525S = q_1$으로부터

$$S = 5,488,000/525 = 10,450 \text{ [kg/h]}$$

가열증기 1[kg]당 증발수량은 20,000/10,450 = 1.91[kg/kg]

3중 효용관에서 증발수량이 비교적 적은 값이 되는 것은 원액의 온도가 낮기 때문이다.

연습문제

1 200[℃], 1[atm]의 수증기 1[kg]의 엔탈피를 구하여라. 0[℃], 1[atm]의 물의 엔탈피를 기준으로 한다. 단, 물의 평균비열을 1[kcal/kg·deg], 수증기 평균비열을 0.46[kcal/kg·deg]이라 한다.

2 5[wt%]의 식염수 100[kg/h]를 상압하에서 농축해서 20[wt%]로 하려 한다. 원액온도가 20[℃]라면 이 때 필요한 열전달량을 구하여라.
단, 용액의 비열은 0.95[kcal/kg·deg], 상압하의 비점 상승은 4.7[℃]이다.

3 8[%] NaOH 용액을 18[%] 농축하기 위하여 21[℃]의 원액을 4540[kg/h]의 유량으로 증발기로 보낸다. 유효열전달면적이 37.2[m^2]일 때, 총괄 열전달계수는 얼마인가? 또한 증발기 내의 압력을 417[mmHg], 가열증기 온도를 110[℃]로 할 때 이론상 필요한 수증기량은 얼마인가?

4 1시간에 2[m^3]의 물을 냉각관에 통과시켜 80[℃]로부터 30[℃]까지 냉각시키려 한다. 냉각수는 향류로서 표면냉각기에 15[℃]로 들어가서 60[℃]로 배출된다. 열수와 냉각수의 유속은 각각 0.02[m/s]로 같다. 냉각관으로 안지름 20[mm]의 강관을 사용할 경우 관 1개의 길이와 소요개수를 구하여라.
단, 총괄 열전달계수(U)는 170[kcal/m^2·h·℃]로 한다.

5 같은 크기의 순류식 이중 효용관을 사용하여 1500[kg/h]의 5[wt%] 식염수를 25[%] 농축한다. 열원은 절대압 1.2[kg/cm^2]의 포화증기를 사용하고 응축기에는 28[℃]의 냉각수를 사용하여 650[mmHg]의 진공도를 유지한다.

(1) 각관의 증발량과 소요열원 증기량
(2) 온도와 압력의 분포

(3) 각관의 가열면적

(4) 증기 1 [kg]당 총 증발량

(5) 각관의 농도

액의 B.P.R.은 생략하고 증발열은 550 [kcal/kg], 액의 비열은 1.0 [kcal/kg · ℃]이며 관 Ⅰ, 관 Ⅱ의 총괄 열전달계수는 각각 1900 및 1300이다.

---

1. 685 [kcal/kg]
2. 48,750.5 [kcal/h]
3. 3120 [kg/h]
4. ① 6.05 [m], ② 88.5 본
5. (1) 633 [kg/h], 487 [kg/h], 533 [kg/h]
   (2) Ⅰ) 104 [℃], 83.7 [℃],
   Ⅱ) 81.5 [℃], 58.6 [℃], 53.5 [℃]
   (3) 9.03 [m^2]
   (4) 1.61 [kg/kg]
   (5) 11.9 [wt %], 25.0 [wt %]

제5장

증 류

2종 이상의 휘발성분이 포함된 액체 혼합물을 가열하면 그 증기의 조성은 액체일 때보다 휘발성이 높은 성분의 함량이 훨씬 많다. 이와 같이 휘발성의 차이를 이용하여 액체 혼합물로부터 각 성분을 분리하는 조작을 **증류**(蒸溜, distillation)라고 한다.

혼합물 중의 두 성분이 모두 휘발성분인 점에서 한쪽 성분이 비휘발성인 증발과는 구분된다. 원유(原油)를 상압증류탑(常壓蒸溜塔)에서 가열하면 휘발성이 낮은 것부터 기화하여 증기가 되고 이 증기를 모아서 응축하면 액화되어 원유와 분리된다. 일반적으로 증기압이 큰 성분 즉 비점이 낮은 성분이 휘발하기 쉽다. 따라서 증류에서는 각 성분의 증기압이 분리의 척도가 된다.

5-1 기체-액체의 평형

증류에 의한 물질전달일 경우에는 기체와 액체사이의 평형관계를 많이 다루게 된다. 기체와 액체의 각 성분조성과 압력사이에는 밀접한 관계가 있으므로 이에 관해 살펴본다.

1. Raoult의 법칙

액체 혼합물에서 한 성분이 나타내는 증기압은 그 온도에서 2성분이 단독으로 존재할 때 나타내는 증기압에 용액 중에 존재하는 2성분의 몰분율을 곱한 것과 같다. 이것을 **Raoult의 법칙**이라 한다.

지금 순수한 두 성분 A, B의 증기압을 각각 P_A°, P_B° 라 하고, 액상 중의 저비점성분 A의 몰분율을 x_A라 하면 고비점성분 B의 몰분율은 $x_B=(1-x_A)$가 된다. 여기서 이 액체와 평형상태에 있는 증기 중의 A, B 성분의 분압을 각각 P_A, P_B라 하면

$$P_A = P_A^{\circ}\, x_A,\quad P_B = P_B^{\circ}\, x_B = P_B^{\circ}\,(1-x_A) \tag{5-1}$$

이 된다. Raoult의 법칙을 나타낸 이 식들이 적용될 수 있는 범위는 극히 제한되어 있으나 증류현상을 고찰할 때 가끔 사용된다. 다음 기상에 있어서는 Dalton의 법칙이 성립된다고 하면 전압을 P, 저비점성분의 몰분율을 y_A라 했을 때 고비점성분의 몰분율은 $y_B=(1-y_A)$가 되므로 Raoult의 법칙과 Dalton의 법칙을 결합하면

$$P = P_A + P_B = P_A^{\circ}\, x_A + P_B^{\circ}\,(1-1x_A) \tag{5-2}$$

$$y_A = \frac{P_A}{P},\quad y_B = (1-y_A) = \frac{P_B}{P} \tag{5-3}$$

$$y_A = \frac{P_A}{P} = \frac{P_A^{\circ}\, x_A}{P} = \frac{P_A^{\circ}\, x_A}{P_A^{\circ}\, x_A + P_B^{\circ}\,(1-1x_A)} \tag{5-4}$$

이 된다. 이것은 일정온도에서의 증기압으로부터 기-액 평형을 구하는 중요한 관계식이다. Raoult의 법칙을 따르는 용액을 **이상용액**(理想溶液, ideal solution)이라 한다. Raoult의 법칙에 따르는 용액은 benzene-toluene계, methane-ethane계, methanol-ethanol계 등과 같이 구조가 유사한 물질로 된 2성분계이다.

예제 5-1

벤젤-톨루엔 혼합물이 90 [℃], 전압 760 [mmHg]에서 기-액 평형에 도달하였다. 벤젠의 액상 및 기상에서의 조성을 구하여라. 단, 벤젠과 톨루엔의 순성분증기압은 각각 1016, 405 [mmHg]이다.

풀이

$P = P_A^{\circ}\, x_A + P_B^{\circ}\,(1-x_A)$

$760 = 1016 x_A + 405(1-x_A)$

$\therefore\ x_A = \dfrac{760-405}{1016-405} = 0.58$

$$y_A = \frac{P_A^{\circ} x_A}{P} = \frac{1016 \times 0.58}{760} = 0.78$$

---

2. Henry의 법칙과 비휘발도(比揮發度)

Raoult의 법칙과 유사한 것에 Henry의 법칙이 있다. 휘발성의 용질을 함유한 묽은 용액이 기상과 평형에 있을 때 기상내의 용질의 분압 P_A는 액상에서의 몰분율 x_A에 비례한다. 이것을 식으로 표시하면

$$P_A = Hx_A \tag{5-5}$$

와 같이 쓸 수 있다. 여기서는 H는 Henry의 상수이며, 엄밀하게 말해서 일정한 온도에서만 일정한 정수로 된다. 식 (5-1)과 식 (5-5)를 비교해보면 Raoult의 법칙은 Henry의 법칙에서 특별한 경우 즉 H가 순수한 A성분의 증기압과 같은 경우에 해당됨을 알 수 있다.

지금 용액 중의 A성분의 몰분율을 x_A, 이것과 평형에 있는 기상의 A성분 분압을 P_A라 하면 다음과 같은 식을 얻는다.

$$P_A = k_A x_A \tag{5-6}$$

$$k_A = P_A / x_A \tag{5-7}$$

여기서 k_A를 A성분의 **휘발도**(volatility)라 한다. k_A는 항상 일정한 경우도 있고 x_A에 반비례하는 경우도 있다.

액상과 평형에 있는 증기상에 대하여 성분 B에 대한 성분 A의 휘발도의 비를 **비휘발도**라 하며, 다음과 같이 정의된다.

$$\alpha_{AB} = \frac{k_A}{k_B} = \frac{P_A/x_A}{P_B/x_B} \tag{5-8}$$

여기에 Raoult의 법칙을 적용하면

$$\alpha_{AB} = \frac{P_A^{\circ}}{P_B^{\circ}} = \frac{P_A/x_A}{P_B/x_B} = \frac{Py_A/x_A}{(P-Py_A)/(1-x_A)}$$

$$= \frac{Py_A/x_A}{P(1-y_A)/(1-x_A)} = \frac{y_A/x_A}{(1-y_A)/(1-x_A)} \tag{5-9}$$

$$\therefore \alpha_{AB} = \frac{y_A/x_A}{y_B/x_B} = \frac{y_A/x_B}{x_A/x_B} \tag{5-10}$$

일반적으로 비휘발도 $\alpha_{AB} > 1$이 되도록 P_A°/P_B°를 선택한다. 비휘발도가 클수록 증류에 의

한 분리가 용이하다. 기-액 평형과 비휘발도의 관계를 식 (5-4)로부터 구하면

$$y_A = \frac{P_A^{\circ} x_A}{P_A^{\circ} x_A + P_B^{\circ}(1-x_A)} = \frac{(P_A^{\circ}/P_B^{\circ})x_A}{(P_A^{\circ}/P_B^{\circ})x_A + (1-x_A)}$$

$$= \frac{\alpha_{AB} x_A}{\alpha_{AB} x_A + (1-x_A)} \tag{5-11}$$

정리하면

$$\therefore\ y_A = \frac{\alpha_{AB} x_A}{1+(\alpha_{AB}-1)x_A} \tag{5-12}$$

예제 5-2

1 기압하에 있는 메탄올 수용액에서 메탄올의 몰분율이 0.40이고 이것과 평형에 있는 증기에서의 몰분율이 0.73이라고 할 때 물에 대한 메탄올의 비휘발도는 얼마인가?

풀이

$x_A = 0.4,\ y_a = 0.73$이므로 $x_B = 0.6,\ y_B = 0.27$이다.

$$\alpha_{AB} = \frac{y_a/x_A}{y_B/x_B} = \frac{0.73/0.4}{0.27/0.6} = 4.05$$

예제 5-3

예제 5-1에서 벤젠의 비휘발도 α_{AB}와 기-액 평형의 관계식을 구하라.

풀이

$$\alpha_{AB} = \frac{P_A^{\circ}}{P_B^{\circ}} = \frac{1016}{405} = 2.51$$

$$y_A = \frac{\alpha_{AB} \cdot x_A}{1+(\alpha_{AB}-1)x_A} = \frac{2.51 x_A}{1+1.51 x_A}$$

3. 증기압곡선과 휘발도

2성분 용액에서 증류를 생각할 때 한 성분만 휘발성물질이면 문제는 간단하나 두 물질이 모두 휘발성물질이라면 문제는 복잡하다. 양자의 상호관계를 표시하는 여러 방법이 있으나 용액의 각 조성에 대하여 일정한 온도에서 증기압을 나타내면 그림 5-1과 같다.

그림 5-1(a)는 Raoult의 법칙을 완전히 따르는 이상용액의 증기압 곡선이다. 그러나 실제

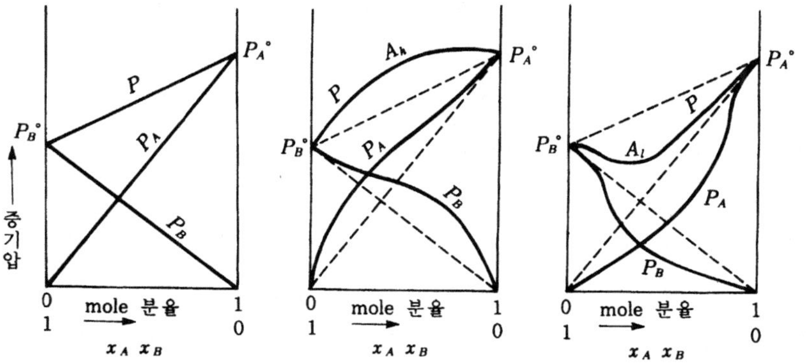

(a) 이상용액 (b) 정편차(최저공비혼합물) (c) 부편차(최고공비혼합물)

온도일정 ($P = P_A + P_B$, $x_A + x_B = 1$)

그림 5-1 증기압 도표

로는 많은 경우가 Raoult의 법칙으로 벗어난다. 그림 5-1(b)와 같이 이상용액에 비해 증기압이 크게 나타나는 경우를 **정편차**(正偏差, positive deviation)라고 하며 극대점(極大點) A_h를 갖는다. 그림 5-1(c)는 증기압이 이상용액에 비해 작게 나타나는 경우로 **부편차**(負偏差, negative deviation)라고 하며 극소점(極小點) A_l을 갖는다. 이러한 용액을 **비이상용액**(nonideal solation)이라고 하며, 이 때의 증기압은 다음과 같이 표시한다.

$$P_A = r_A P_A^{\circ} x_A = k_A x_A \tag{5-13}$$

$$P_B = r_B P_B^{\circ} (1 - x_A) = k_B (1 - x_A) \tag{5-14}$$

$$P = P_A + P_B = r_A P_A^{\circ} x_A + r_B P_B^{\circ} (1 - x_A) \tag{5-15}$$

따라서 액상이 비이상용액이고 기상이 이상기체인 경우는 비휘발도는 다음 식으로 표시된다.

$$\alpha_{AB} = \frac{k_A}{k_B} = \frac{r_A P_A^{\circ}}{r_B P_B^{\circ}} \tag{5-16}$$

여기서 r_A, r_B는 각각 용액 중의 저비점성분 및 고비점성분의 **활동도 계수**(活動度 係數, activity coefficient)이며, k_A, k_B는 각 성분의 **휘발도** 또는 **평형계수**라고 한다.

그림 5-1을 다시 설명하면 (a)는 벤젠-톨루엔 계, 메탄올-에탄올계, $CCl_4 - SiCl_4$계 및 메탄-에탄계와 같이 두 물질의 구조가 비슷하여 동종분자간 인력(同種分子間引力) ≈ 이종분자간 인력(異種分子間引力)일 경우에 나타나며 이 때 $r_a = r_B = 1$로서 휘발도는 정규상태(正規狀態, normal state)이다.

그림 5-1(b)는 $r_A > 1$, $r_B > 1$로서 휘발도가 정규상태보다 비정상적으로 높은 경우이며 물-

에탄올계, 에탄올-벤젠계 및 아세톤 $-$ CS_2계가 이에 속하며, 동종분자간 인력 > 이종분자간 인력일 때 나타난다.

그림 5-1(c)는 $r_A < 1$, $r_B < 1$로서 휘발도가 정규상태보다 비정상적으로 낮으며, 아세톤-클로로포름계, 물-염산계, 물-질산, 물-황산계와 같이 동종분자간 인력 < 이종분자간 인력일 경우에 볼 수 있다.

한편 2성분계에서 이종분자간 인력이 아주 작은 경우에는 상호간의 용해에 한도가 있으며, 이 때는 소량으로 용해되어 있는 성분이 현저하게 큰 휘발도를 나타낸다. 그러나 양 액상이 공존하는 범위에서의 증기조성은 일정하다. 이와 같은 사실을 수증기 증류의 원리와 밀접한 관계가 있고 또 알코올의 증류에 있어서의 퓨젤유(fusel oil)의 분리에도 이용된다.

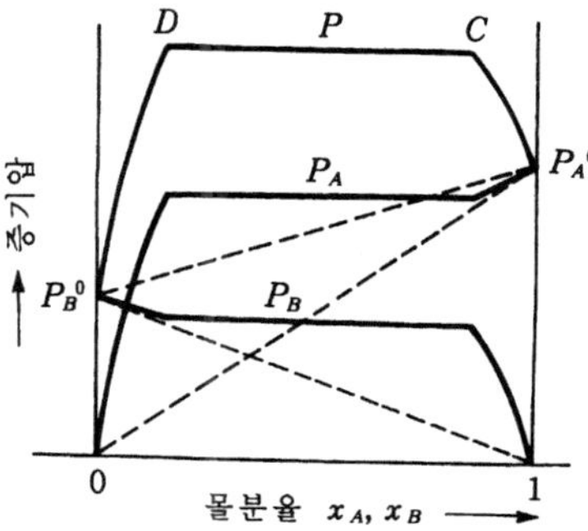

그림 5-2 상호 용해에 한도가 있는 경우의 증기압 곡선

4. 비점도표(沸點圖表)와 기-액 평형도표(平衡圖表)

일정한 압력에서 액체의 혼합물을 가열해서 발생된 증기의 조성과 이와 평형상태에 있는 액의 조성 사이에는 일정한 관계가 있다. 증류조작은 일정한 압력에서 행하는 경우가 많다. 지금 벤젠-톨루엔의 혼합물에 대하여 생각해 보자.

일정한 압력에서 두 성분의 조성을 몰분율로 표시해서 액체의 비점에 대하여 나타낸 것이 표 5-1이다.

여기서 x, y는 모두 저비점성분의 액상 및 기상에서의 몰분율로 나타낸 조성이다. 따라서 고비점성분은 $1-x$, $1-y$이며 이 관계를 그림으로 나타낸 것이 그림 5-3이며 **비점도표** 또는 **온도조성도표**라고 한다.

그림에서 아래쪽 곡선을 액상선 또는 비등선, 위쪽의 곡선을 기상선, 응축선 또는 노점선(露點線)이라 한다. 즉 그림에서 x_1의 액체를 가열해서 증기 y_1, y_1을 응축해서 얻은 액 x_2로부터 다시 증기 y_2를 응축 …… 이를 반복하면 x의 몰분율이 1에 가까워지며 높은 순도의 제

표 5-1 벤젠 및 톨루엔의 증기압과 그 혼합물의 온도 조성 데이터

비점온도 [℃]	증기압 [mmHg]		혼합물 중 벤젠의 몰분율	
	벤 젠	톨루엔	액 상 x	기 상 y
80.1	760	—	1.000	1.000
85	877	345	0.780	0.900
90	1,016	405	0.581	0.777
95	1,168	475	0.411	0.632
100	1,344	557	0.258	0.456
105	1,532	645	0.130	0.261
110	1,748	743	0.017	0.039
110.6	1,800	760	0.000	0.000

품을 얻을 수 있음을 의미한다.

그런데 y_1을 제거해 버리면 남은 액은 x_1보다 낮은 몰분율이 되며 이 제거되는 증기량이 많을수록 또한 원액이 일정량이면 제품을 많이 빼낼수록 제품의 순도는 낮아진다.

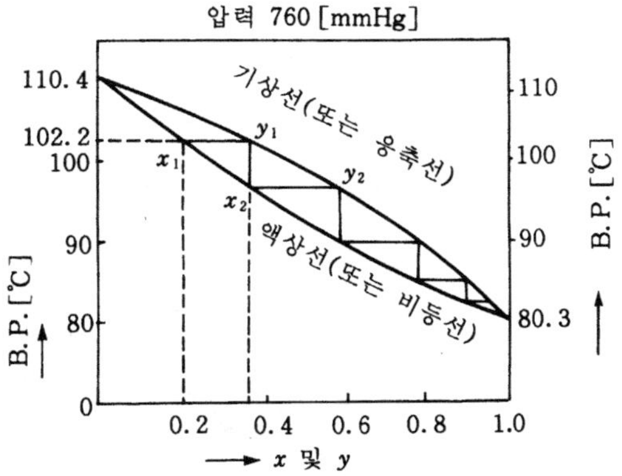

그림 5-3 비점도표

그림 5-4는 비점도표의 여러 가지형을 나타낸 것이다. 그림 5-4(a)는 그림 5-1(b)와 같이 증기압 곡선에서 극대점을 가지는 용액의 비점도표이며 그림 5-4(b)는 그림 5-1(c)와 같이 극소점을 갖는 경우이다. 또 그림 5-4(c)는 상호용해에 한도가 있는 경우의 비점도표이다. (a)와 (b)는 비점도표에서 각각 극소점 (A_l)과 극대점 (A_h)을 갖는데 이 점에서는 액과 평형상태에 있는 증기의 조성이 같아서 보통의 증류방법으로는 고순도의 제품을 얻을 수 없다. 이 점을 **공비점**(共沸點, azeotropic point)이락 하며, 공비점을 갖는 혼합물을 **공비혼합물**(共沸混合物 azeotropic mixture)이라 한다. 또한 a와 같이 극소점을 갖는 용액을 **최저 공비혼합물**

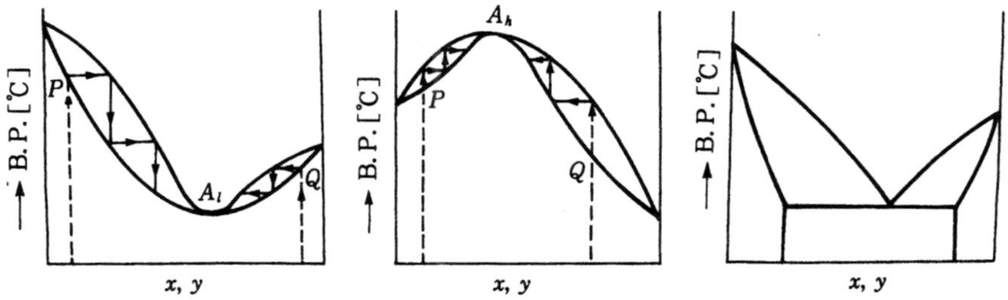

(a) 최저 공비 혼합물의 비점 도표　(b) 최고 공비 혼합물의 비점도표　(c) 상호용해에 한도가 있는 경우의 비점도표

그림 5-4 비점도표의 형태

(最低共沸混合物, minimum azeotropic mixture), (b)와 같이 극대점을 갖는 용액을 **최고 공비혼합물**(最高共沸混合物, maximum azotropic mixture)이라고 한다. 공비혼합물은 일정한 비점을 가지므로 그대로는 혼합물의 각 성분을 분리할 수가 없기 때문에 압력을 가하거나 내려 비점에 변화를 주거나 제3의 성분을 넣어서 증류하여야 한다.

5. 기-액 평형도표

2성분계의 액상조성 x와 증기조성 y의 관계는 Raoult의 법칙에 적용되는 경우에는 식 (5-4)로부터 구할 수 있으나 실제의 경우에는 비점도표로부터 x와 y를 동일한 도표상에 그려서 사용할 때가 많다. 이것을 **기-액 평형도표** 또는 **$x-y$선도**라고 한다.

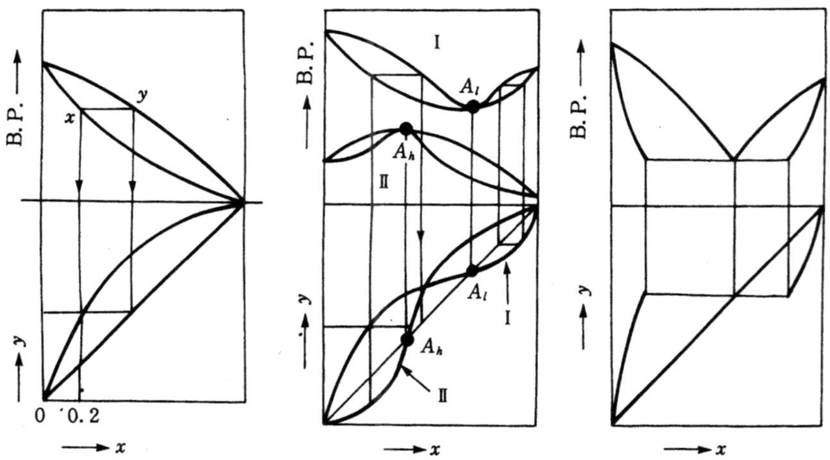

(a) 이상용액　(b) 최고, 최저, 공비 혼합물　(c) 상호용해에 한도가 아는 경우

그림 5-5 $x-y$ 선도

보통 증류는 대기압하에서 조작되므로 x와 y의 값은 1 기압하에서의 측정치가 표시된다. 그림 5-5는 비점도표로부터 $x-y$ 선도를 얻는 방법을 나타낸 것이다. 증류조작의 단수설계(段數設計) 등의 문제해결에는 주로 $x-y$ 선도가 이용된다.

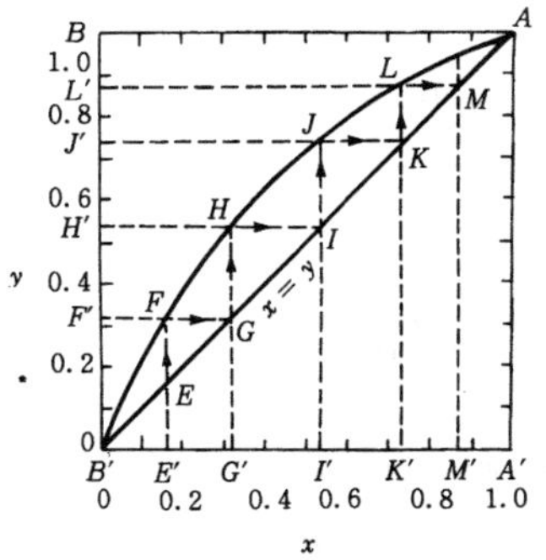

그림 5-6 벤젠-톨루엔계의 기-액 평형도표($x-y$ 도표)

5-2 증류조작 방법

실제의 증류는 그 목적과 조작방법에 따라 여러 가지로 분류할 수가 있다. 조작압력에 의한 방법으로 상압증류나 감압 및 진공증류가 있고 급액(給液)에 의한 방법으로 **회분증류**(回分蒸溜, batch distillation)나 **연속증류**(連續蒸溜, continuos distillation)가 있으며 특수방법으로 수증기 증류가 있다.

1. 단증류(單蒸溜)

일정량의 액체 혼합물을 가열하여 생긴 증기를 냉각기로 보내어 응축시켜 저비점성분이 풍부한 액체를 얻는 방법을 **단증류**(simple distillation) 또는 **미분증류**(微分蒸溜, differential distillation)라고 하며 회분조작을 하므로 **회분단증류**(simple batch distillation)라고도 한다. 단증류는 분리도가 나쁘므로 실험실 또는 소규모 공업에 이용된다. 단증류를 하는 동안에 증기의 조성은 계속 변하며 이 때의 유출액(溜出液)의 양과 농도의 관계를 Rayleigh가 다음과 같이 구하였다.

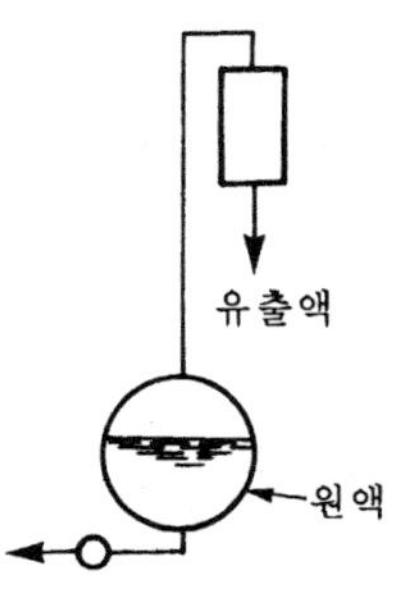

그림 5-7 단증류 조작

지금 단증류를 시작한 후의 어떤 순간에 증류기내의 액량을 W [kg−mol], 저비점성분의 몰분율을 x라 하면 증류기 내에는 Wx의 저비점성분이 있게 된다. 이 때 액과 평형상태에 있는 증기 중의 저비점성분의 몰분을 y라고 하자. dW만큼 증류되었다고 하면 유출액 중의 저비점성분의 양은 $y \cdot dW$이며 증류기내에 남은 액량은 $(W - dW)$ [kg－mol]이며, 이것의 몰분율은 $(x - dx)$가 되므로 증류기내에 남은 저비점성분의 양은 $(W - dW)(x - dx)$ [kg－mol]이 된다. 따라서 다음의 물질수지가 성립한다.

$$Wx = ydW + (W - dW)(x - dx) \tag{5-17}$$

여기서 2차 미분항인 $dW \cdot dx$는 작으므로 무시하고 정리하면

$$\frac{dW}{W} = \frac{dx}{y - x} \tag{5-18}$$

최초의 증발기내 액량 W_1으로부터 단증류 후의 증발기내 액량 W_2까지 또한 이에 따른 액의 조성변화 x_1으로부터 x_2까지 적분하면 다음의 Rayleigh 식이 얻어진다.

$$\int_{W_2}^{W_1} \frac{dW}{W} = \ln \frac{W_1}{W_2} = \int_{x_2}^{x_1} \frac{dx}{y - x} \tag{5-19}$$

이 식의 우변 항은 x와 y사이의 관계를 나타내는 평형도표로부터 도식적분(圖式積分, graphical integration)으로 구한다. 그러나 용액이 Raoult의 법칙에 적용되는 이상용액과 근사하다면 식 (5-12)를 대입하고 적분하면 다음 식이 얻어지며 이 식을 사용하여 해석적으로 구할 수 있다.

$$\ln \frac{W_1}{W} = \frac{1}{\alpha - 1}\left(\ln \frac{x_1}{x_2} + \alpha \cdot \ln \frac{1 - x_2}{1 - x_1}\right) \tag{5-20}$$

한편 증류기내의 액이 W_1으로부터 W_2까지 증류될 때 유출된 양을 D라고 하고 유출액의 평균조성을 x_{Dav}(mol fraction)라고 하면 물질수지에 의해

$$W_1 - W_2 = D, \quad W_1 x_1 - W_2 x_2 = D x_{Dav} \tag{5-21}$$

지금 β를 유출률(溜出率)이라고 하면

$$\beta = \frac{D}{W_1} \tag{5-22}$$

이며 이것을 식 (5-19)에 대입하면 다음과 같이 된다.

$$\ln \frac{W_1}{W_2} = \ln \frac{W_1}{W_1 - D} = \frac{1}{\ln(1 - \beta)} = \int_{x_1}^{x_2} \frac{dx}{y - x} \tag{5-23}$$

이 식은 증가하는 유출량에 대한 순간의 유출액 조성을 나타낸다.

예제 5-4

벤젠 55[mol%]인 벤젠-톨루엔 혼합액 100[kg−mol]을 단증류해서 남은 액을 벤젠 5[mol%]로 하는 데는 이론상 유출량 및 그의 평균조성을 얼마로 하면 되겠는가? 도식적분에 의한 값과 해석적 방법에 의한 값을 비교하라.

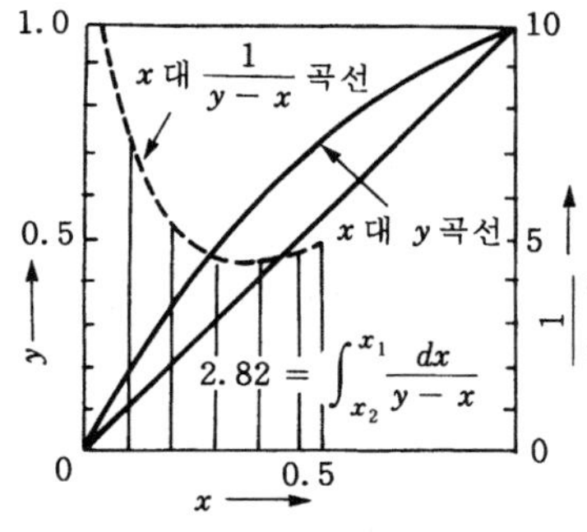

그림 5-8

풀이

(a) 도식적분에 의한 해법

지금 표 5-1의 데이터로부터 그림 5-8에 $x-y$ 평형곡선과 x대 $\frac{1}{y-x}$을 그렸다. 따라서 이 $\frac{1}{y-x}$ 곡선과 x축 사이의 면적의 합계가 적분값이다.

➡표 5-2

x	y	$y-x$	$1/(y-x)$	Δx	$(1/y-x)_{av}$	$\Delta x/(y-x)$
0.55	0.75	0.200	5.00			
				0.05	4.90	0.245
0.50	0.707	0.207	4.83			
				0.10	4.65	0.465
0.40	0.620	0.220	4.55			
				0.10	4.60	0.460
0.30	0.515	0.215	4.65			
				0.10	5.00	0.500
0.20	0.385	0.185	5.40			
				0.10	6.50	0.650
0.10	0.225	0.125	8.00			
				0.05	10.00	0.500
0.05	0.120	0.070	14.30			

계 2.823

$$\therefore \text{ 식 (5-19)로부터 } 2.3\log W_1/W_2 = \int_{0.05}^{0.55} \frac{dx}{y-x} = 2.82$$

$W_1/W_2 = 17.8$, $W_1 = 100\,[\text{kg}-\text{mol}]$이기 때문에 $W_2 = 5.6\,[\text{kg}-\text{mol}]$

따라서 나온 양 D 및 그의 평균조성 x_{Dav}는 식 (5-21)에 의하여

$$D = 100 - 5.6 = 94.4\ [\mathrm{kg-mol}]$$

$$x_{Dav} = (100 \times 0.55 - 0.56 \times 0.05) / 94.4 = 0.58$$

(b) 해석적 방법

$$\ln \frac{W_1}{W_2} = \frac{1}{\alpha - 1}\left(\ln \frac{x_1}{x_2} + \alpha \ln \frac{1 - x_2}{1 - x_1}\right)$$

벤젠-톨루엔 계는 이상용액이므로 표 5-2의 데이터를 이용하여

$$\alpha_{AB} = \frac{y_A / x_A}{y_B / x_B} = \frac{0.75 / 0.55}{0.25 / 0.45} = 2.45$$

$$\therefore\ \frac{W_1}{W_2} = \frac{1}{2.45 - 1}\left(\ln \frac{0.55}{0.05} + 2.45 \ln \frac{1 - 0.05}{1 - 0.55}\right) = 2.916$$

$$\therefore\ \frac{W_1}{W_2} = 18.47$$

$$W_1 = 100\ [\mathrm{kg-mol}]$$

$$\therefore\ W_2 = 100 / 18.47 = 5.41\ [\mathrm{kg-mol}]$$

$$D = W_1 - W_2 = 100 - 5.41 = 94.59\ [\mathrm{kg-mol}]$$

$$x_{Dav} = \frac{W_1 x_1 - W_2 x_2}{D} = \frac{100 \times 0.55 - 5.41 \times 0.05}{94.59}$$

$$\therefore\ x_{Dav} = 0.58$$

따라서 두 방법으로 구한 값의 차이가 거의 없음을 알 수 있다.

---

2. 평형증류(平衡蒸溜)

평형증류(equilibrium distillation)는 원액을 연속적으로 공급하며 발생증기와 잔액이 평형을 유지하면서 증류하는 조작으로 **플래시 증류**(flash distillation)라고도 한다.

실제로는 증류조작에서 보다도 그의 보조조작으로 사용하는 경우가 많다. 석유공업에서는 증류탑에 보낼 때까지의 원유를 가열하고 감압밸브를 통해서 연속적으로 분리기에 보내어 순간적으로 저비점성분이 풍부한 혼합물을 증발시켜 증기로 하고 이와 평형상태에 있는 액을 분리하는데 사용된다.

(1) 이성분계의 평형증류

그림 5-9와 같이 원액 F [kg−mol/h]가 유출액(溜出液, overhead product) D [kg−mol/h]와 관출액(罐出液, bottom product) W [kg−mol/h]로 분리된다고 했을 때 물질수지에 의해

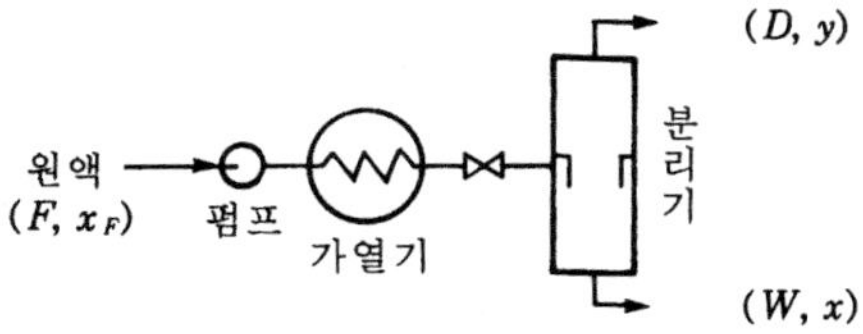

그림 5-9 평형증류

$$F = D + W\,[\text{kg}-\text{mol/h}] \tag{5-24}$$

여기서 F, D 및 W의 저비점성분의 몰분율을 x_F, y, x라고 하면

$$F x_F = Dy + Wx\,[\text{kg}-\text{mol/h}] \tag{5-25}$$

또는

$$F x_F = Dy + (F-D)x\,[\text{kg}-\text{mol/h}] \tag{5-26}$$

여기서 x와 y는 서로 평형관계에 있는 값이므로 2성분계의 $x-y$도표에서 쉽게 구할 수 있다. 식 (5-24), (5-25)에서 F를 소거하면

$$\frac{W}{D} = \frac{y - x_F}{x_F - x} \tag{5-27}$$

가 되며 실제의 경우 유출액과 관출액의 비로서 기-액 조성이 결정된다. 한편 원액의 공급량 F에 대한 유출액량 D의 비 즉 $D/F = f$라고 하면 식 (5-26)으로부터 원액의 조성 x_F에 대한 x와 y의 관계를 구할 수 있다.

$$y = -\frac{1-f}{f}x + \frac{x_F}{f} \tag{5-28}$$

즉 기울기가 $-(1-f)/f$인 직선의 방정식이며 이것을 $x-y$선도에 나타내면 $x = y$의 대각선상의 x_F점을 지난다.

(2) 다성분 혼합물의 평형증류

r개의 성분을 포함하는 혼합물의 평형증류에 있어서 각 성분에 대한 물질수지식은 다음과 같다.

$$y_A = -\frac{(1-f)}{f}x_A + \frac{x_{FA}}{f}$$

$$y_B = -\frac{(1-f)}{f}x_B + \frac{x_{FB}}{f}$$

....

$$y_r = -\frac{(1-f)}{f}x_r + \frac{x_{Fr}}{f} \tag{5-29}$$

성분이 r개 있기 때문에 방정식은 최소한도 $r-1$개는 있어야 한다. 기-액 평형조성은 다음과 같은 과정에 의하여 구할 수 있다. 공급액 조성과 f값은 안다고 하자. 그러면 평형관계를 이용하여 y와 x의 값을 식 (5-29)가 만족되고

$$\sum_{i=A}^{i=r} y_i = \sum_{i=A}^{i=r} x_i = 1 \tag{5-30}$$

이 성립되도록 시행오차에 의하여 구한다.

그런데 분배계수(distribution coefficient) $K = y_i/x_i$를 주어진 증류에 적용할 수 있으면 계산과정이 좀 간단해질 수 있다. 임의의 i성분에 대해서 식 (5-29)를 다음과 같이 쓰자.

$$\frac{y_i}{x_i} = \frac{1}{f}\left(\frac{x_{Fi}}{x_i} + f - 1\right) \tag{5-31}$$

$y_i/x_i = K_i$로 놓고 x_i에 대하여 쓰면

$$x_i = \frac{x_{Fi}}{1 + f(K_i - 1)} \tag{5-32}$$

예제 5-5

벤젠의 몰분율이 0.81인 벤젠-톨루엔 혼합물을 평형증류하여 벤젠의 조성이 0.90인 유출물을 얻었다. 원액 5000 [kg-mol]를 공급했을 때 유출액과 관출액의 비를 구하라.

풀이

1 기압에서 $y = 0.90$과 평형인 $x = 0.78$ 표 (5-1)

식 (5-26)

$$Fx_f = Dy + (F-D)x$$

$$5000 \times 0.81 = 0.9D + (5000 - D)0.78$$

$\therefore D = 1250$ [kg-mol/h]

$\therefore W = 5000 - 1250 = 3750$ [kg-mol/h]

$\therefore \frac{W}{D} = \frac{3750}{1250} = 3$

예제 5-6

30 [mole %]의 n-핵산, 45 [mole %] n-헵탄 그리고 25 [mole %] n-옥탄의 혼합물을 99 [℃] 대기압하에서 평형증류한다. 공급액의 0.60(분율)이 기화된다면 다음을 계산하라. 단, 99 [℃], 1 [atm]에서 n-헥산의 분배계수 $K_A = 2.18$, n-헵탄의 분배계수 $K_b = 0.99$, n-옥탄의 분배계수 $K_C = 0.46$이다. (a) 분리기의 온도, (b) 분리기를 떠나는 액과 증기의 조성을 구하라.

풀이

n-핵산을 A, n-헵탄을 B 그리고 n-옥탄을 C라 하자. 온도를 가정하고 식 (5-32)와 K값으로부터 x_i 의 값들이 $\Sigma x_i = 1$이 되는가를 알아본다.

$K_A = 2.18$, $K_B = 0.99$, $K_C = 0.46$이므로

$$x_A = \frac{0.30}{1 + 0.60(2.18 - 1)} = 0.176$$

$$x_B = \frac{0.45}{1 + 0.60(0.99 - 1)} = 0.454$$

$$x_C = \frac{0.25}{1 + 0.60(0.46 - 1)} = 0.370$$

$y_i = K_i x_i$이므로

$$y_A = 2.18 \times 0.716 = 0.384$$

$$y_B = 0.99 \times 0.454 = 0.449$$

$$y_C = 0.46 \times 0.370 = 0.170$$

식 (5-30)이 만족되는가를 보면

$$\Sigma x_i = 0.176 + .454 + 0.370 = 1.000$$

$$\Sigma y_i = 0.384 + 0.449 + 0.170 = 1.003$$

으로 잘 만족한다. 따라서 ⓐ 분리기의 온도는 99 [℃]이며 ⓑ 액상조성은 n-헵탄 17.6 [%], n-헵탄 45.4 [%] 그리고 n-옥탄 37.0 [%]이며 기상조성은 각각 38.4 [%], 44.9 [%] 그리고 17.0 [%]이다. 만일 가정이 $\Sigma x_i = 1$을 만족하지 않을 때는 다른 온도를 가정해서 만족될 때까지 반복하면 된다.

---

3. 수증기 증류(水蒸氣蒸溜)

윤활유(潤滑油), aniline, nitro benzene, glycerine 및 고급지방산 등과 같이 증기압이 낮

아서 비점이 높은 물질들은 상압(常壓)에서 증류에 의해 비휘발성의 불순물로부터 분리하기가 쉽지 않다.

수증기 증류(steam distillation)는 비점이 높아서 분해의 우려가 있으며 전열이 나쁜 물질 중의 비휘발성 불순물의 분리를 목적으로 하고 있는 경우가 많으며 증류기내의 액에 직접 수증기를 불어넣기 때문에 물에 용해하기 힘든 물질의 처리에도 적합하다. 수증기는 열원과 증류물질의 분압을 낮추어 비점을 떨어뜨리는 역할을 한다. 지금 전압을 P, 수증기의 증기압을 P_A, 증류 목적물의 증기압을 P_B라고 하고 불순물은 완전히 비휘발성이라고 가정하면

$$P = P_A + P_B \tag{5-33}$$

수증기의 양과 분자량을 각각 W_A, M_A라 하고 유출된 증류 목적물의 중량과 분자량을 각각 W_B, M_B라고 하여 수증기와 증류 목적물의 중량비를 구하면 다음과 같다.

$$\frac{W_A}{W_B} = \frac{P_A M_A}{P_B M_B} = \frac{(P - P_B) M_A}{P_B M_B} = \alpha_{AB} \frac{M_A}{M_B} \tag{5-34}$$

수증기 증류의 대상이 되는 물질은 증류 후 물과의 분리가 쉬워야 하므로 물에 녹지 않는 물질을 선택해야만 한다. 고급 지방산과 같이 비점이 아주 높은 물질은 상압 수증기에 의해 증류하면 수증기 1 [kg]과 함께 유출되는 목적성분의 양이 아주 적어서 실용가치가 낮다. 이런 경우에는 진공펌프를 사용하며 가능한 높은 온도에서 과열 수증기를 사용하는 진공 수증기 증류 방법을 사용한다.

진공 수증기 증류에 있어서는 과열 수증기 대신에 질소, 수소 등을 사용해도 무방하나 물은 이와 같은 경우에 화학적으로 안정하며 증기의 응축분리, 기타 취급하기가 편리하므로 보통 많이 사용된다.

예제 5-7

95.25 [℃], 1 [atm]에서 bromo benzene (C_6H_5Br M.W=157)을 수증기 증류할 때 유출액 중의 bromo benzene과 수증기의 중량비를 구하라. 단, 1 [atm]에서 수증기와 bromo benzene의 분압은 각각 $P_A = 640$, $P_B = 120$ [mmHg]이다.

풀이

C_6H_5Br의 분자량, $M_B = 157$

$$\frac{W_A}{W_B} = \frac{P_A M_A}{P_B M_B} = \frac{640 \times 18}{120 \times 157} = \frac{0.61}{1.00}$$

4. 공비혼합물의 증류

공비혼합물이 생기는 경우에는 보통의 증류만으로 양 성분을 순수하게 분리시킬 수 없다. 이와 같은 경우에 순성분을 분리하려면 우선 보통의 증류에 의하여 공비혼합물에 가까운 것을 얻고 그 후에 다른 방법을 취한다. 이 경우 대표적인 방법이 **추출증류**(extractive distillation)와 **공비증류**(azeotropic distillation)이다.

(1) 추출증류(抽出蒸溜)

공비혼합물 중의 한 성분과 친화력(親和力)이 크고 비교적 비휘발성 물질을 제3의 물질로 첨가하여 그 성분의 증기분압을 저하시킨 상태에서 증류하는 방법이다.

추출증류의 대표적인 예는 황산첨가에 의한 질산의 탈수증류이다. 황산은 물과의 친화력이 대단히 강하므로 이것을 질산수용액에 가하면 물의 증기압이 현저히 저하하여 액과 평형이 될 증기속에는 수분이 감소하여 비교적 질산이 증가하는 것이다. 그림 5-10은 물-HNO_3계의 $x-y$도표에 미치는 황산의 영향을 나타낸다. 곡선 (Ⅰ)은 황산이 없는 경우로서 68 [wt %] ($x=0.377$)의 점에 최고 공비혼합물이 있으므로 단순한 증류로는 이 농도보다 더 진한 것을 얻을 수 없다. 그러나 황산을 가하면 증기 속에 질산함량 y가 증가하여 곡선 (Ⅱ)로 되고 황산의 양을 더욱 증가시키면 곡선 (Ⅲ)과 같이 공비점이 없어진다.

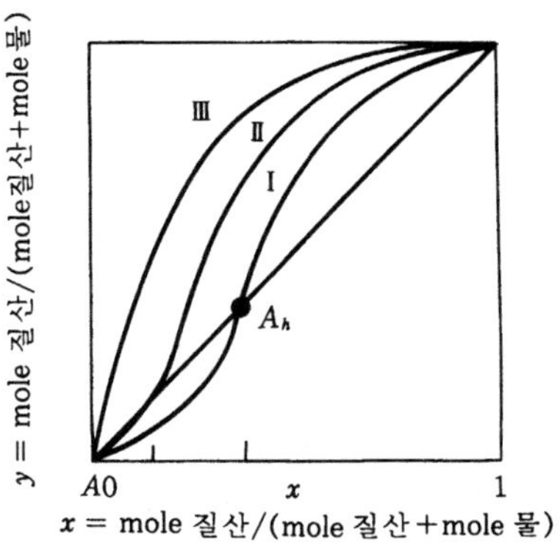

그림 5-10 물-HON_3의 기-액 평형에 미치는 H_2SO_4의 영향

추출증류는 최근 석유화학의 분야에도 널리 응용되고 있다. 예를 들면 benzene과 cyclohexane을 분리하려면 furfural이 사용된다. furfural는 benzene과 친화력이 크므로 이것을 가하면 cyclohexane의 비휘발도가 커지므로 비교적 용이하게 분리할 수 있게 된다.

이 추출증류의 특수한 예로 염을 첨가제로 사용할 경우가 있다. 한 예로 i-propyl alcohol-물계에 $CaCl_2$를 첨가하는 것이 있다.

그 원리는 앞에서 설명한 바와 동일하나 가격이 싸고 염의 회수가 용이하고 분리효과가 크기 때문에 상당히 관심이 큰 방법이다.

이와 같은 추출조작은 연속조작에만 사용되고 첨가제는 반드시 탑꼭대기 부근에 보내져야 한다.

(2) 공비증류(共沸蒸溜)

첨가하는 물질이 한 성분과 친화력이 크고 휘발성이어서 원료 중의 한 성분과 공비혼합물을 만들어 고비점성분을 분리시키고 다시 이 새로운 공비혼합물을 분리시키는 조작을 공비증류라 하고 이 때 사용된 첨가제를 특히 **공비제**(共沸劑, entrainer)라고 한다.

그 대표적인 예가 벤젠첨가에 의한 알코올의 탈수증류이다.

벤젠은 물과의 친화력이 극소로서 거의 용해하지 않으며 알코올과의 친화력은 상당히 크므로 함수 알코올에 벤젠을 가하면 알코올의 증기압이 상당히 감소하여 증기 속에는 수증기의 함량이 증가한다. 그러므로 이것을 증류하면 수분은 휘발하고 알코올이 남게 된다.

또 초산(118.5 ℃)-물(100 ℃)계는 공비혼합물을 만들지는 않지만 액과 증기와의 조성의 차 ($y-x$)가 적어서 즉 비휘발도가 적어서 이론적으로 증류효과가 좋지 않다. 환류를 아주 크게 해주든지 또는 다수의 단수를 필요로 한다. 그러나 이 때 초산 부틸과 같이 물에 불용성인 휘발성 첨가제를 사용하면 y가 커져서 탈수효과를 높일 수 있다.

이상의 공비혼합물의 분리방법 이외에 감압(減壓) 및 가압(加壓)하에서 증류조작을 하므로 분리시킬 수 있는 방법도 있다.

5. 정류(精溜)

(1) 정류의 원리

액체 혼합물을 증류할 때 발생하는 증기를 이것과 향류로 강하하는 증기의 응축액과 접촉시켜 증기의 응축열을 이용하여 다시 저비점성분을 증발시키는 조작을 반복하는 증류를 **정류**(rectification)라 한다. 이것을 액의 증발에 의한 상호 확산물질 이동조작으로 비점이 비슷한 혼합물의 분리에 특히 효과적이다. 오늘날에는 석유공업, 알코올 공업 등에서 많이 사용되고 있다.

일반적으로 정류는 저비점성분이 많은 것이 탑 위로, 고비점성분이 많은 것이 탑 밑으로 나오는 것이지만 석유공업에서는 한 탑에서 두 종이 혼합물이 유출하는 **분류**(分溜, fractional distillation) 및 두 종 이상이 유출하는 다성분계 정류가 많은데 이 경우에는 필요한 성분은 탑 중간의 적당한 단에서 빼낸다[이것을 **측류**(側溜)라고 한다].

그림 5-11에는 연속식 정류장치를 나타냈다. 주요 요소는 증기를 발생시키는 비기(沸器,

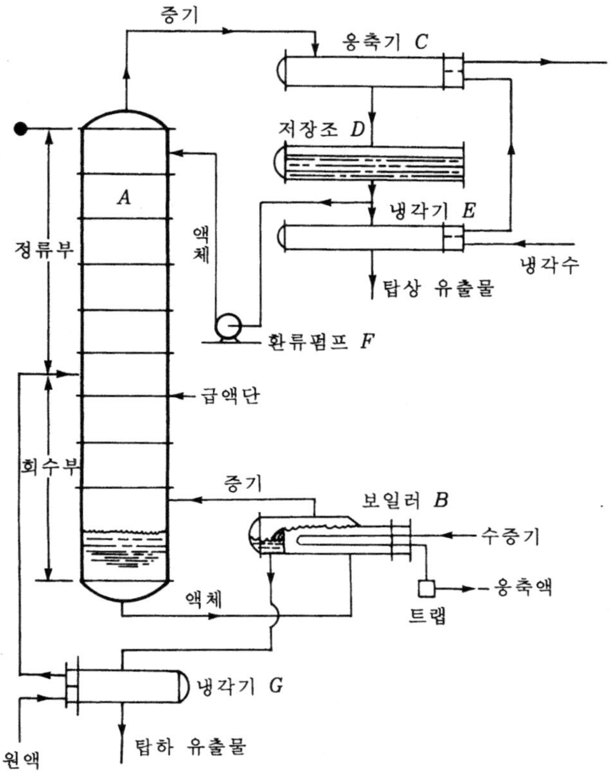

그림 5-11 연속정류장치

still) 또는 재비기(再沸器, reboiler), 증기가 되돌아 오는 응축액과 향류접촉을 하게 되어 있는 정류탑(精溜塔, rectifying column) 및 탑의 최상단에서 나온 증기를 모두 응축시키고 응축액을 제품으로써 내놓은 응축기(condenser)로 되어 있다.

원료가 공급되는 단을 **원료 공급단**(feed plate) 또는 **급송단**(給送段)이라 하며 윗단으로 올라갈수록 저비점성분이 많아지며 아랫단으로 내려갈수록 낮아진다. 원료 공급단의 윗부분을 **농축부**(濃縮部, enriching section) 또는 **정류부**(精溜部, rectifying section)라고 하고, 그 아랫부분을 **회수부**(回收部, stripping section)라고 한다.

원료는 가열기에서 가열되며 비점으로 공급하는 것이 보통이며 저비점성분은 증기로서 탑꼭대기에서 나와 응축기[**전축기**(全縮器)와 **분축기**(分縮器)의 두 종류가 있다]에서 액상으로 된다. 이를 **유출액**(distillate)이라 하며 제품으로 한다. 유출액의 전부를 빼내면 탑 내에는 저비점성분이 감소하므로 유출액의 일부를 최상단으로 되돌려 보낸다. 이 조작을 **환류**(還流, reflux)라 한다.

환류액은 최상단에서 저비점성분이 가장 풍부하며 밑단으로 강하면서 각 단의 액조성을 일정하게 조절하는 역할을 한다. 각 단상의 과잉액은 바로 밑단으로 흘러내리는데 이것을 **일류**(溢流, overflow)라 한다.

환류액량 L [kg−mol/h]과 유출액량 D [kg−mol/h]의 비를 **환류비**(還流比, reflux ratio)라 하여 $R(=L/D)$로 표시한다. 환류비를 크게 하면 제품의 순도는 높아지나 유출액량은 적어지며 또한 환류비를 적게 하면 유출액은 많으나 제품의 순도는 낮아진다.

(2) 정류탑(精溜塔)

정류탑에서 기체와 액체의 접촉과 혼합 및 분리효과를 일으키는 장치로는 여러 가지가 있는데 크게 나누면 단탑(段塔, plate column)과 충전탑(充塡塔, packed column)으로 분류된다.

단탑은 다공판형(多孔板型, perforated plate column)과 포종형(泡鐘型, bubble-cap column)이 있다.

다공판 단탑은 그림 5-12와 같이 구멍의 크기는 $\frac{1}{4} \sim \frac{1}{2}$ in의 것이 많이 사용되며, 이 구멍으로 증기가 상승하여 각 단에 머무르고 있는 하강 액체와 접촉하게 되고 그 액체의 양이 어느 높이 이상이 되면 아랫단으로 흐르게 하는 **일류로**(溢流路, overflow path)를 설치한다. 그러나 보통 사용되는 단탑은 포종탑이며, 이것은 그림 5-13과 같이 각 단에 증기 상승관이 있고 그 위에 포종을 씌운 형태이다. 포종의 밑둘레에는 삼각형 또는 장방형(長房形)으로 도려내었거나 작은 구멍(slot)이 뚫려 있어서 증기가 이곳에서 기포가 되어 액과 접촉한다. 일류로의 상단 높이는 액의 깊이를 결정하므로 적당히 설치하여야 하며 또 하단은 액 중에 잠기어 증기가 이로부터 상승하는 것을 방지하게 되어 있다. 충전탑은 코크스 괴(cokes 傀)나 라시히 링(raschig ring)과 같은 인공충전물을 채운 것으로서 이 충전물의 표면에서 액과 증기의 접촉이 연속적으로 일어나도록 되어 있다. 충전탑은 액의 유속이 적으며 기-액의 접촉이 나빠지지만 포종탑에서는 액량이 거의 일정하므로 접촉효과가 좋다. 증류조작에서는 상승 증기량에 비해 유출액량이 적은 것이 일반적이므로 접촉효과를 고려하면 포종탑을 사용하는 것이 좋다.

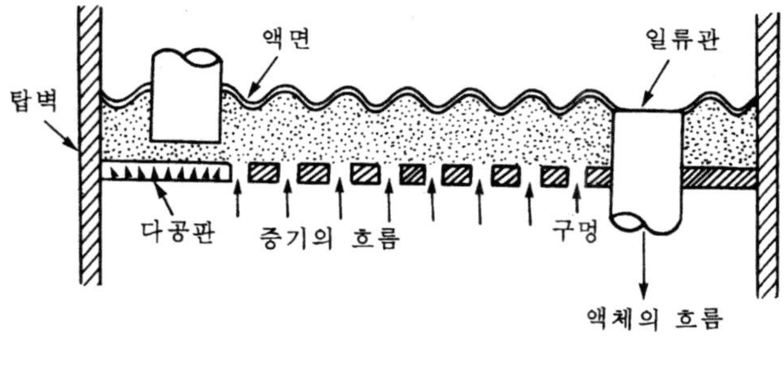

그림 5-12 다공판 단탑

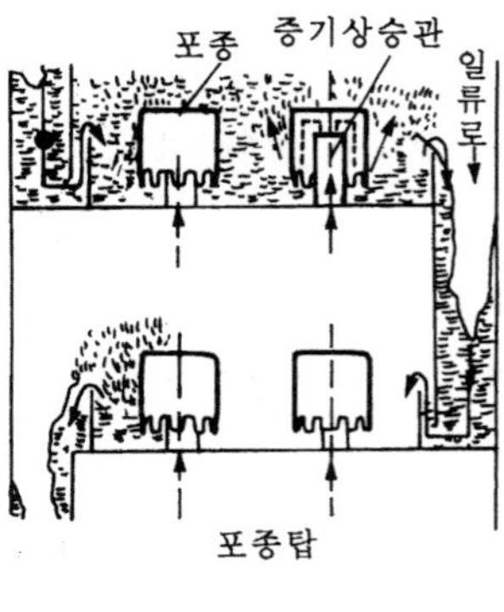

그림 5-13 포종탑의 구조

5-3 정류탑의 단수 설계

정류탑의 설계는 결국 단수와 탑지름을 결정하는 것이다. 이 때 각 단상에서 액과 증기는 평형상태를 유지하면서 접촉하고 또한 다른 조건도 이상적인 이상탑으로 보고 이론단수(理論段數, number of theoretical plate)를 구한다. 2성분계의 연속정류에서 이론단수를 구하는 방법으로는 McCabe-Thiele법과 Ponchon-Savarit법이 있다. McCabe-Thiele법은 몰분율과 $x-y$도표를 이용하여 단수를 결정하고, Ponchon-Savarit법은 중량분율과 엔탈피-농도 도표를 가지고 단수를 결정한다.

1. McCabe-Thiele법

지금 위로부터 셈하여 n번째단에서 두 성분 중의 저비점성분만을 생각하자. x, y를 각각 액, 증기 중의 저비점성분의 몰분율이라 하자. $(n-1)$단으로부터 내려오는 액은 $(n+1)$단으로부터 상승하는 증기와 접촉하여 가열되며 저비점성분의 일부가 증발한다. 또한 상승증기는 액과 접촉해서 냉각되며 고비점성분의 일부를 액화한다. 이렇게 혼합된 양자가 평형점에 달하게 되면 다음 그림 5-14에서 보는 바와 같은 현상이 이루어진다.

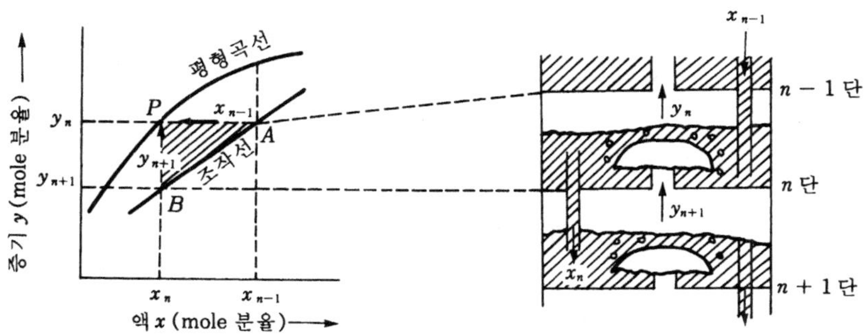

그림 5-14 정류탑의 평형현상

결국 저비점성분에 관하여 액은 A점에서 P점까지 진행하고 x_{n-1}에서 x_n까지 감소하며 증기는 B점에서 P점까지 진행하여 y_n+1에서 y_n까지 증가한다.

이것을 조작선에서 생각하면 상단에서의 저비점성분은 액의 경우에는 $A \rightarrow B$로, 증기의 경우에는 $B \rightarrow A$로 변한다고 볼 수 있다. 이상과 같은 작용이 각 단마다 이루어진다고 본다.

지금 F를 원료 공급량[kg−mol/h], D를 유축액량[kg−mol/h], x, y를 액 및 증기 중 저비점성분의 몰분율, Q_s를 비기에 가하는 열량[kcal/h], Q_c를 콘덴서에서 제거하는 열량

[kcal/h], V, L을 농축부에 있어서 상승증기 및 강하액량[kcal/kg−mol], V', L'를 회수부에 있어서 상승증기 및 강하액량[kg−mol/h], H, h를 증기 및 액의 엔탈피[kcal/kg− mol]라 하자. 일반적으로는 $V \neq V'$ 또한 $L \neq L'$이다.

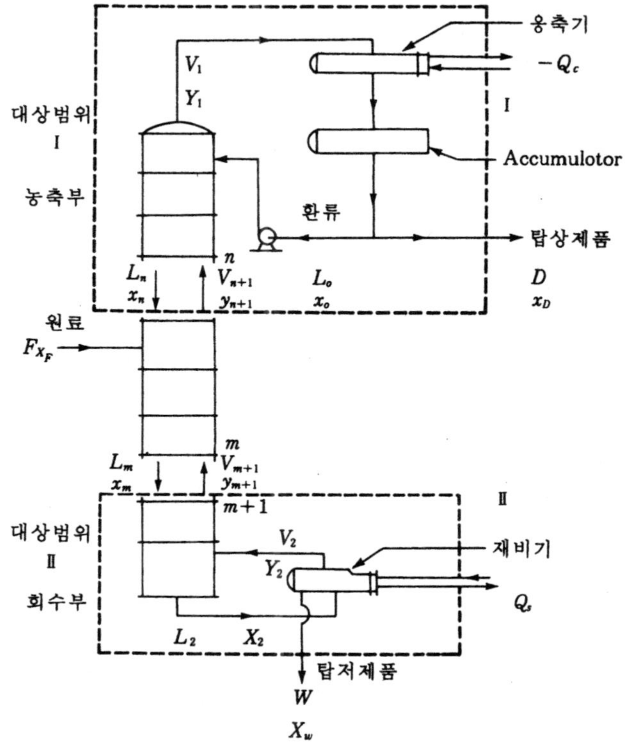

그림 5-15 정류탑의 물질수지

McCabe-Thiele법은 물질수지의 원리를 기본으로 한 방법으로 복잡한 현상을 직선식으로 만들어 이로부터 정류탑의 이론단수를 쉽게 산출할 수가 있으며 다음과 같은 가정이 필요하다.

① 탑벽에 의한 열손실은 없으며 혼합열도 무시한다.

② 각 성분의 분자증발잠열(分子蒸發潛熱) λ 및 액체의 엔탈피 h는 탑내에서 같다.

즉
$$h = h_f = h_n = h_D = h_m \tag{5-35}$$
$$\lambda + h = H\,[\text{kcal/kg} - \text{mol}] \tag{5-36}$$

따라서 각 단에서 상승하는 증기의 엔탈피 H는 모두 같다고 본다.

$$H_n = H_f = H_m = H_D = H\,[\text{kcal/kg} - \text{mol}] \tag{5-37}$$

각 단의 상승증기의 몰수는 농축부 및 회수부에 있어서 각각 일정하다는 것을 증명한다. 즉 농축부의 열수지와 물질수지는 그림 5-15에서 보는 바와 같이

$$V_{n+1} = L_n + D \tag{5-38}$$

가정으로부터

$$V_{n+1} \cdot H_{n+1} = L_n h_n + D \cdot h_D + Q_c = V_{n+1}(H - \lambda) + Q_c \ [\mathrm{kcal/h}]$$

$$\therefore V_{n+1} = Q_c / \lambda \ [\mathrm{kg-mol/h}] \tag{5-39}$$

윗식은 단수에 관계없이 V는 Q_c/λ와 같다는 것을 표시한다. 따라서

$$V_1 = V_2 = \cdots\cdots = V_n = V_{n+1} \cdots\cdots = Q_c / \lambda \ [\mathrm{kcal/h}] \tag{5-40}$$

즉 농축부에 있어서 각 단의 상승증기의 몰수[kg−mol/h]는 모두 같으며 Q_c/λ이다.

회수부에 있어서도 마찬가지로

$$V'_{m+1} = L'_m - W \tag{5-41}$$

$$V'_{m+1} \cdot H_{m+1} = L'_m h_m - W \cdot h_m + Q_s$$

$$= V'_{m+1}(H_m - \lambda_m) + Q_s \ [\mathrm{kJ/h}]$$

$$\therefore V'_{m+1} = Q_s / \lambda_m$$

$$\therefore V'_1 = V'_2 = \cdots\cdots = V'_m = V'_{m+1}$$

$$= \cdots\cdots = Q_s / \lambda_m \ [\mathrm{kg-mol/h}] \tag{5-42}$$

각 단의 하강액의 몰수는 농축부 및 회수부에서 일정하다는 것을 역시 증명해 보자.

농축부에서는

$$L_{n+1} + D = V_n = V_{n+1} = L_n + D \ [\mathrm{kg-mol/h}]$$

$$\therefore L_{n-1} = L_n = L \ [\mathrm{kg-mol/h}] \tag{5-43}$$

회수부에는

$$L'_{m-1} - W = V'_m = V'_{m+1} = L'_m - W \ [\mathrm{kg-mol/h}]$$

$$\therefore L'_{m-1} = L'_m = L' \tag{5-44}$$

(1) 농축조작선의 방정식

탑 전체 $F = D + W$

저비점성분 $F x_F = D x_D + W x_W$ (5-45)

농축부 $V_{n+1} = L_n + D$ (5-46)

$$V_{n+1} y_{n+1} = L_n x_n + D x_D \quad (5\text{-}47)$$

$$\therefore\ y_{n+1} = \frac{L_n}{V_{n+1}} x_n + \frac{L_n}{V_{n+1}} = \frac{L_n}{L_n + D} x_n + \frac{D x_D}{L_n + D}$$

$L = RD$이므로

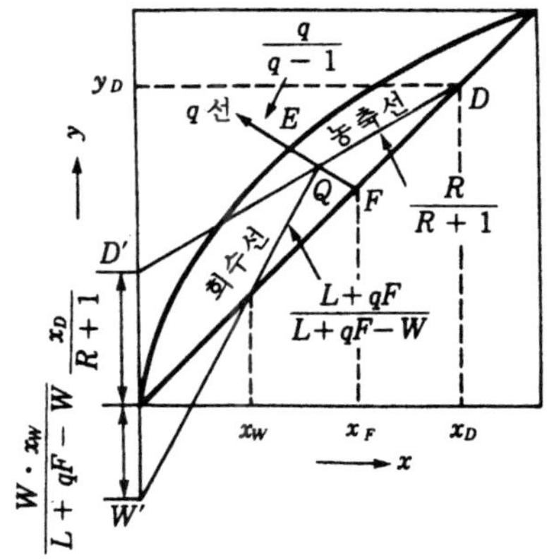

그림 5-16 농축, 회수조작선 및 q선

$$y_{n+1} = \frac{R}{R+1} x_n + \frac{1}{R+1} x_D \quad (5\text{-}48)$$

식 (5-48)을 **농축조작선**(enriching operating line)**의 방정식**이라 한다. 이는 점 (x_n, y_{n+1}) 즉 점 $(x_0, y_1) = D(x_D, y_1)$을 통해서 $\frac{R}{R+1}$의 기울기를 가진 직선이다. 또한 점 D와 y축을 $\frac{x_D}{R+1}$로 끊는 D'점과를 연결한 직선이다.

(2) 회수조작선의 방정식

회수부에 있어서 물질수지를 취하면 식 (5-41)에 의하여

$$L'_m = V'_{m+1} + W \quad \therefore\ V'_{m+1} = L'_m - W \quad (5\text{-}49)$$

저비점성분에 관하여는

$$V'_{m+1} y_{m+1} = L'_m x_m - W x_W \quad (5\text{-}50)$$

$$\therefore\ y_{m+1} = \frac{L'_m}{V'_{m+1}} x_m - \frac{W x_W}{V'_{m+1}}$$

$$= \frac{L'_m}{L'_m - W} x_m - \frac{W}{L'_m - W} x_W \qquad (5\text{-}51)$$

공급단 f에서 물질수지를 취하면

$$F + L_{f-1} + V'_{f+1} = L'_f + V_f$$

$$F = (L'_f - L_{f-1}) + (V'_f - V_{f+1}) \qquad (5\text{-}52)$$

위에 의하여 $L'_f = L'$, $V'_{f+1} = V'$, $L_{f-1} = L$, $V_f = V$로 쓸 수 있기 때문에

$$F = (L' - L) + (V - V') \qquad (5\text{-}53)$$

공급액 중 액량의 분율을 q라고 하면 식 (5-53)에서

$$L' - L = qF \quad \therefore L' = L + qF \qquad (5\text{-}54)$$

또한

$$V - V' = (1 - q)F \qquad (5\text{-}55)$$

이다. 식 (5-51)에 식 (5-54)를 대입하면

$$y_m + 1 = \frac{L + qF}{L + qF - W} x_m - \frac{W}{L + qF - W} x_W \qquad (5\text{-}56)$$

식 (5-51)에 식 (5-54)을 **회수조작선**(stripping operating line)**의 방정식**이라 한다.

(3) q 선(원료선)의 방정식

회수조작선의 방정식을 사용하지 않고도 회수조작선을 얻는 간편한 방법이다. 농축선과 회수선과의 교점의 좌표를 (x_j, y_j)라 하면 이 점은 양 조작선상에 있기 때문에 농축부 및 회수부에 있어서 액의 조성은 모두 x_j, 증기의 조성은 모두 y_j이다. 따라서 다음 식이 성립한다.

식 (5-47)로부터

$$V y_j = L x_j + D x_D \quad \text{(농축부)} \qquad (5\text{-}57)$$

식 (5-50)으로부터

$$V' h_j = L' x_j - W x_W \quad \text{(회수부)} \qquad (5\text{-}58)$$

식 (5-58)에서 식 (5-57)을 빼면

$$(V' - V) y_j = (L' - L) x_j - (D x_D + W x_W) \qquad (5\text{-}59)$$

식 (5-59)에 식 (5-54), (5-55) 및 (5-45)를 대입하면

$$(q - 1) F y_j = q F x_j - F x_F$$

$$y_j = \frac{q}{q-1}x_j - \frac{x_F}{q-1} \tag{5-60}$$

윗식을 q선 또는 **원료선의 방정식**이라 한다.

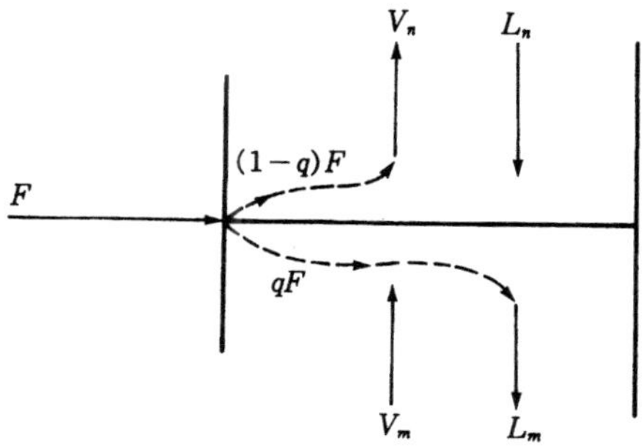

그림 5-17 급액단 아래와 위에서 흐름 관계

이상으로부터 농축선에 있어서 $n=0$이라 하면 $(x_0,\ y_1)$은 탑 꼭대기의 상태를 나타낸다. 1단으로부터의 상승증기 y_1의 냉각된 것이 x_0로서 x_D가 환류해서 1단으로 되돌아온 하강액은 x_0이다. 결국 $(x_0 = x_D,\ y_1 = x_D)$의 좌표점이 탑 꼭대기의 상태를 나타낸다. 따라서 x_D로부터 그은 수직선이 대각선과 만나는 점 $D(x_D,\ y_D)$가 1단이 상태이다. 또한 탑 밑의 액은 결국 관출액 x_W로서 관출액의 일부를 취하여 이를 전부 증기로 한 것이기 때문에 이 증기의 조성도 결국 x_W이다. 따라서 x_W로부터 그은 수직선이 대각선과 만나는 점 $W(x_W,\ y_W)$가 탑저의 상태를 나타낸다.

(4) q선 및 그의 기울기

송입하는 원료에 있어서 액 및 증기부분의 엔탈피의 합계를 h_H로 표시하면 식 (5-37)에 의하여

$$F h_H = qF h_f + (1-q)FH_f \tag{5-61}$$

따라서 q는 다음과 같은 의미를 가진다.

$$q = \frac{H_f - h_H}{H_f - h_f} = \frac{\text{원료 1[mol]을 실제로 증발시키는데 필요한 열량}}{\text{원료의 비점에서의 분자 증발잠열}}$$

H_f와 h_f는 일정하기 때문에 이 식에서 q값은 공급단의 엔탈피 h_H의 함수임을 나타내고 있다.

즉 q는 원료의 가열상태에 의한 h_H의 값에 의하여 다음과 같이 다섯 개의 경향을 가진다.

① 원료가 비점의 액으로 송입될 때 : $h_H = h_f \quad \therefore q = 1$

$$\therefore V = V',\ \ F = L' - L$$

② 비점의 포화증기일 때 : $h_H = H_f \quad \therefore q = 0$

$$\therefore L = L',\ \ F = V - V'$$

③ 비점 이하의 액일 때 : $h_H < h_f \quad \therefore q > 1$

④ 과열증기일 때 : $h_H > H_f \quad \therefore q < 0$

⑤ 액과 증기가 공존할 때 : $h_f > h_H < H_f \quad \therefore 0 < q < 1$

이상 q의 값에 대한 q선의 기울기는 아래 그림 5-18과 같다.

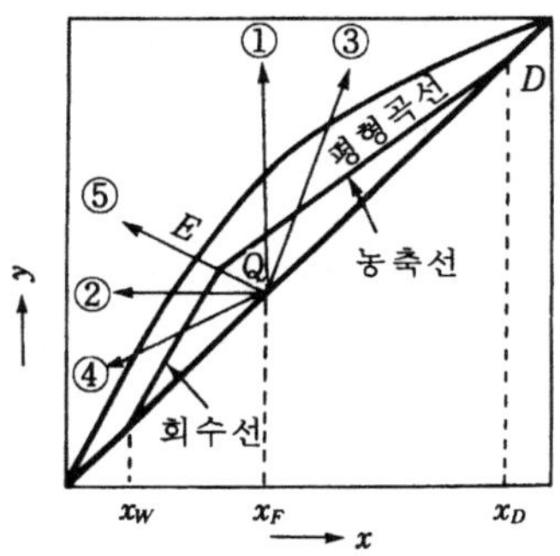

위 번 호	q의 값	q선의 경사
①	$q=1$	↑
②	$q=0$	←
③	$q>0$	↗
④	$q<0$	↙
⑤	$0<q<1$	↖

그림 5-18 q선도

(5) 단수작도법

연속조작 증류탑에서 조성이 x_F이고 엔탈피가 h_F인 급송물로부터 x_D인 탑상 제품과 조성이 x_W인 탑저 제품을 얻는데 필요한 이론단수를 도해적으로 풀려면 아래와 같은 단계를 밟

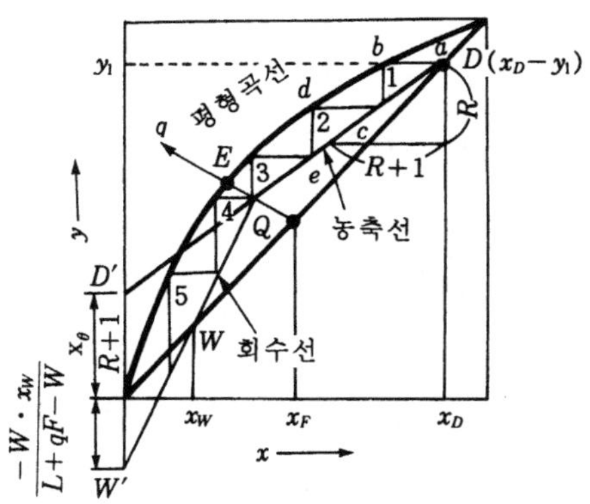

그림 5-19 McCabe-Thiele법에 의한 단수작도법

아야 한다.

① 2성분계의 기-액평형도표와 대각선 ($x=y$)을 그린다.

② 점 $D(x_D,\ x_D)$를 지나고 절편이 $x_D/(R+1)$인 직선을 그린다(농축조작선이다).

③ 점 $F(x_F,\ x_F)$를 지나고 기울기가 $\dfrac{q}{q-1}$인 직선을 그려 농축조작선과의 교점을 구한다. 이 점이 농축 및 회수조작선의 교점이다.

④ 점 $W(x_W,\ x_W)$를 지나고 ③의 교점과 연결하여 회수조작선을 그린다.

⑤ 점 D에서부터 시작하여 농축조작선과 평형곡선 사이에서 직각단계를 q선을 지날 때까지 작도하고 그 다음부터는 회수조작선과 평형곡선 사이에서 단계를 $x=x_W$인 점을 지날 때까지 작도한다(q선과 평형곡선의 교점 E에서 상하로 작도해 나가는 법도 있다).

⑥ 작도에 의해 얻어진 삼각형의 수가 이론 계단수 S이며 q선을 타고 넘어가는 계단이 최적 급송단이 된다.

⑦ 탑 밑에 비기(또는 재비기), 탑 꼭대기에 전축기가 아닌 분축기를 설치하였을 때는 이를 각각 하나의 단수로 볼 수 있기 때문에 이론단수를 N이라 하면 재비기(또는 분축기)만 있을 때는 $N=S-1$, 둘 다 있을 때는 $N=S-2$가 된다.

예제 5-8

정류탑에 벤젠 40[mol%], 톨루엔 60[mol%]의 혼합액을 95.3[℃]의 비점의 상태로 10[kg-mol/h]로 공급하여 상압정류한다. 제품과 관출액 중의 벤젠은 각각 93 및 13[mol%]이다. 환류비를 2로 하여 정류탑의 단수를 구하여라. 단 단효율은 70[%]이다.

풀이

$F=10,\ \ x_F=0.4,\ \ x_D=0.93,\ \ x_W=0.13,\ \ R=2,\ \ \eta=0.7$일 때

절편 $\dfrac{x_D}{R+1}=\dfrac{0.093}{2+1}=0.31 \quad R=L/D=2\dfrac{R}{R+1}=\dfrac{2}{3}$

즉 D점으로부터 $\dfrac{2}{3}$의 절편 0.31과 농축조작선을 긋고 x_F로부터의 수직선과의 교점 F를 구한다. 다음 F와 W를 연결한다.

D 또는 W로부터 계단작도하여 계단수는 8.3이며 스틸과 전축기를 가진 일반 증류조작이라 생각하면

$$\text{N.T.P.}=8.3-1=7.3\,[\text{단}]$$

$$\therefore \text{ 실제 소유단수}: 7.3/0.7=10.4 \fallingdotseq 11\,[\text{단}]$$

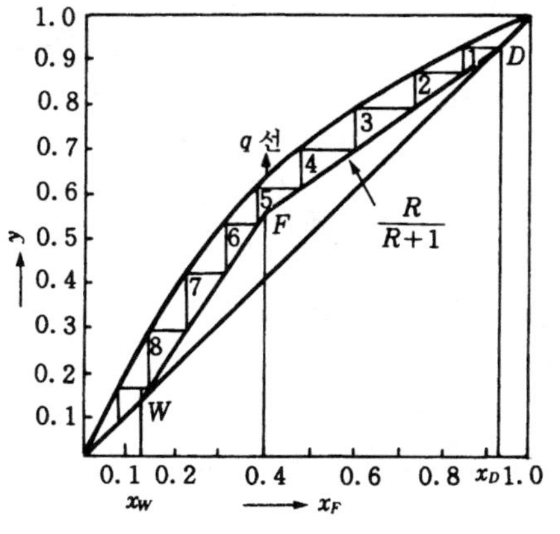

그림 5-20 예제 508의 작도

예제 5-9

예제 5-8에서 허용증기속도를 0.3 [m/ sec]로 할 때 정류탑의 탑지름을 구하여라.

풀이

$Fx_F = Dx_D + Fx_W - Dx_W$

$\therefore D = F(x_f - x_W)/(x_D - x_W) = 10(0.4 - 0.13)/(0.93 - 0.13) = 2.7/0.8 = 3.38$ [kg − mol/h]

또한 $V_n = L + D = RD + D = D(R+1) = 3.38(2+1) = 10.1$ [kg − mol/h]

공탑속도는 0.3 [m/s]이고, STP에서 1 [kg − mol] = 22.4[m^3]이기 때문에

$$(0.3)(3600)D^2\pi/4 = (10.1)(22.4)\ [\mathrm{m^3/h}]$$

$$\therefore D = \sqrt{\frac{(10.1)(22.4)}{(0.3)(3600)(\pi/4)}}\ [\mathrm{m}] = \sqrt{0.267} = 0.517\ [\mathrm{m}]$$

예제 5-10

정류탑에 벤젠 0.4 [mol 분율]인 벤젠-톨루엔의 혼합액을 비등 액체인 상태로 10 [kg−mol/h]로 공급하여 상압정류한다. 제품과 관출액 중의 벤젠은 각각 0.93 및 0.13 [mol 분율]이다. 환류비를 2로 하여 정류탑의 단수를 구하라.

풀이

그림 5-21과 같이 평형선과 대각선을 작도하고 점 $D(x_D, x_D)$, $F(x_F, x_F)$, $W(x_W, x_W)$을 풀로트한다.

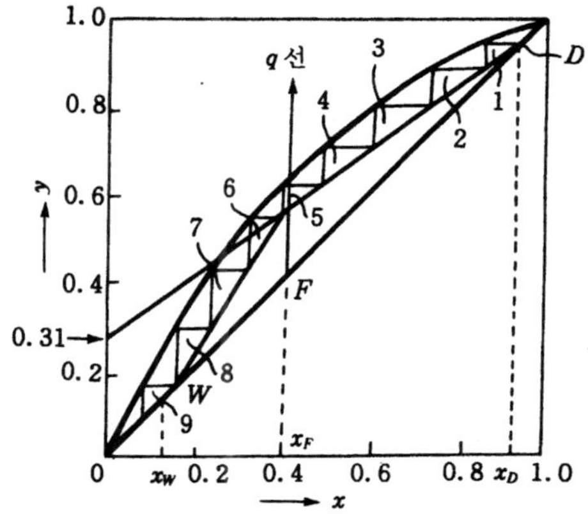

그림 5-21 예제 5-10의 풀이

다음 점 $D(x_D, x_D)$를 지나고 절편이 $\frac{x_D}{R+1} = \frac{0.93}{2+1} = 0.31$인 농축조작선을 그린다. 점 $F(x_F, x_F)$를 지나고 기울기가 ∞인 q line을 그려 농축조작선과의 교점을 정하고 이 점과 점 $W(x_W, x_W)$를 연결하여 회수조작선을 구한다. 점 D부터 평형선과 조작선 사이를 계단 작도하여 점 W를 지나는 계단의 수 8.3단 즉 9단이 이론단수이고 q line을 지나는 계단 5단이 최적 급송단이다.

---

(6) 증류탑의 가열과 냉각

탑의 복사전열은 사실상 적고 탑 자체가 실질적으로 단열적이라고 볼 수 있다. 전체적으로 열효과가 있는 곳은 탑상의 냉각기와 탑저의 재비기이다. 지금 증발잠열 λ(일정분자류 가정)는 일정하며 재비기에 가해진 열량 q_c는 $V'\lambda$이며 냉각기에서 제거되는 열량 q_c는 $-V\lambda$이다. 열효과는 이 계에 열이 가해질 때 양(+)이고 빼낼 때 음(−)이다.

지금 사용되는 수증기가 포화증기라면 재비기에 필요한 수증기량 w_s는

$$w_s = V'\lambda/\lambda_s \tag{5-62}$$

단 V'는 재비기로부터 들어가는 탑저 증기량, λ_s는 수증기의 잠열, 그리고 λ는 혼합물의 증발잠열이다.

냉각기에서 필요한 냉각수량 w_c는

$$w_c = V\lambda/(T_2 - T_1) \tag{5-63}$$

여기서 $T_2 - T_1$은 냉각수의 온도상승이다.

한편 q의 값은 열수지로부터 다음과 같이 구할 수 있다. 원액이 비점 이하인 때

$$q = 1 + \frac{Cp_L(t_b - t_F)}{\lambda} \tag{5-64}$$

원액이 과열증기일 때는

$$q = \frac{Cp_V(t_F - t_d)}{\lambda} \tag{5-65}$$

여기서 Cp_V, Cp_L : 증기와 액체의 비열[kcal/kg · ℃]
t_F : 급액온도[℃]
t_b, t_d : 원액의 비점과 노점[℃]
λ : 증발잠열[kcal/kg]

예제 5-11

예제 5-8에서 재비기에 1.5[Kg/cm^2]의 증기를 사용한다. 탑의 열손실은 무시하며 탑의 증기가 포화증기라면 필요한 증기량은 매시 얼마이겠는가? 또한 냉각기에 물이 20[℃]로 들어가서 60[℃]로 나온다면 얼마의 물이 필요하겠는가? 단, 혼합증기의 증발잠열은 7675 [kcal/kg−mol]이다.

풀이

(a) 필요한 수증기량 : 액이 비점상태로 공급되기 때문에 탑상에서 응축되는 증기열량과 탑저에서 증발되는 증기량은 같다.

$$V = V' = L + D = D(R+1) = (3.38)(2+1) = 10.14\,[\text{kg}-\text{mol/h}]$$

수증기는 1.5[kg/cm^2]의 압력의 것이므로 중기도표로부터 531.9[kcal/kg]이다.

$$w_s = (10.14)(7675)/(531.9) = 146.3\,[\text{kg/h}]$$

(b) 필요한 냉각수량 :

$$w_c = \frac{(10.14)(7675)}{(60-20)} = 1946\,[\text{kg/h}]$$

예제 5-12

어떤 연속식 정류탑에 40[wt %] 벤젠과 60[wt %] 톨루엔의 혼합액을 급송물로 도입하여 탑상부에 벤젠 96[wt %]를 함유한 유출물과 톨루엔 98[wt %]를 함유한 잔류물을 탑저로

분리하려고 한다. 급송속도는 30,000 [lb/h]이고 환류비는 R_D는 3.5이다. 벤젠과 톨루엔의 몰 잠열은 각각 7675 [cal/g−mol]이다.

(a) 시간당 얻을 수 있는 탑상 제품과 탑저 제품의 몰수를 구하라.

(b) 이상단수와 공급단의 위치를 다음에 주어진 조건으로 각각 구하라.

ⓘ 급송물은 액체이고 비점으로 급송될 경우

ⓘⓘ 급송물은 액체이고 20 [℃](비열=0.44)로 공급될 때

ⓘⓘⓘ 급송물은 혼합물이고 2/3는 증기, 1/3은 액체일 경우

(c) 열원으로 20 [lb_f/in^2] 게이지의 수증기를 사용할 때 위에 기재한 세 가지 조건에 대하여 시간당 소비되는 증기량은 얼마냐? 단, 열손실은 무시하고 환류는 포화액체로 간주한다.

(d) 응축기에 들어가는 냉각수는 80 [°F](26.7 [℃])이고 나가는 온도는 150 [°F](65.5 [℃])일 때 냉각수의 소요량은 몇 [gal/min]이냐?

풀이

(a) 벤젠과 톨루엔의 분자량은 각각 78과 92이다.
급송물의 농도와 탑상 제품과 탑저 제품의 벤젠의 몰분율은

$$x_f = \frac{40/78}{40/78 + 60/92} = 0.440 \qquad x_D = \frac{97/78}{97/78 + 3/92} = 0.974$$

$$x_B = \frac{2/78}{2/78 + 98/92} = 0.0235$$

급송물의 평균분자량은

$$\frac{100}{40/78 + 60/92} = 85.8$$

급송물 흐름속도는 $F = 30,000/85.8 = 350$ [lb − mol/h]이다.
식 (5-19)를 이용하여 총괄 벤젠수지를 취하면

$$D = 350\frac{0.440 - 0.0235}{0.974 - 0.235} = 153.4\,[\text{lb}-\text{mol/h}](= 1.93 \times 10^{-2}\,[\text{kg}-\text{mol/s}])$$

$$B = 350 - 153.4 = 196.6\,[\text{mol/h}](= 2.475 \times 10^{-2}\,[\text{kg}-\text{mol/s}]$$

(b) ⓘ 우선 평형도표를 그리고 x_D, x_F와 x_B에서 수직선을 그어 대각선과의 교점을 정한다. 다음은 급송선을 긋는다. 이 때 $q = 1$이므로 급송선은 수직이고, $x = x_F$의 연장선이 된다. 다음에 조작선을 긋는다.
정류부 조작선의 y축 절편은 식 (5-48)로부터 $0.974/(3.5 + 1) = 0.216$이다. 정류부의 조작선과 공급선의 교점을 이용하여 회수부의 조작선을 긋는다. 이어서 조작선과 평형선

사이에 삼각형의 계단을 그린다. 급송선은 탑상으로부터 7번째 단이 되고 필요한 이상단의 수는 재비기를 빼면 11단이 된다.

ⓘⓘ 이 조건의 풀이 방법도 ⓘ과 같은 방법으로 이용된다. 그림 5-22인 비점도표로부터 급송

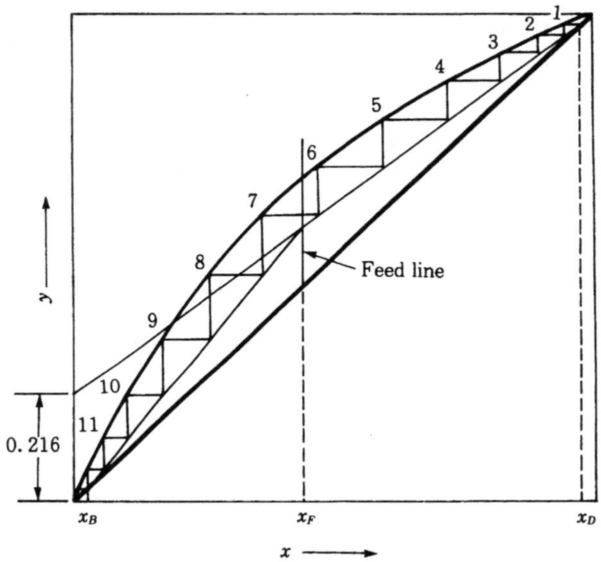

그림 5-22 (b) (i)

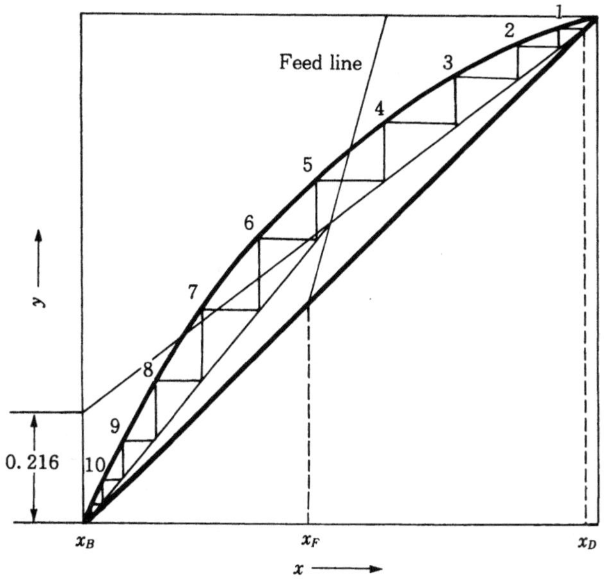

그림 5-23 (b) (ii)

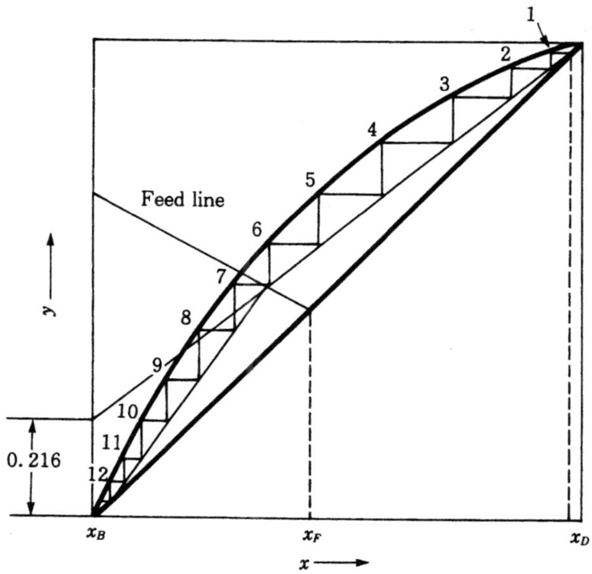

그림 5-24 (b) (iii)

물의 비점을 구하면 95.3 [℃]이고 비열은 $Cp_L = 0.44$ [Btu/lb − °F]이고 급송물의 증발잠열은 $\lambda_L = 7675 \times 1.8/85.8 = 161.0$ [Btu/lb]이다.

식 (5-35)에 대입하면

$$q = 1 + \frac{0.44(95.3 - 20)(1.8)}{161.0} = 1.370$$

식 (5-42)로부터 급송선의 기울기를 구하면

$$1.370/(1.370 - 1) = 3.70$$

이 경우도 앞의 경우와 동일한 방법으로 하여 그림 5-23과 같이 구할 수 있다.

ⅲ q의 정의로부터 $q = \frac{1}{3}$일 때 급송선의 기울기는 -0.5가 된다. 이 조건의 풀이는 그림 5-24와 같다.

(c) 정류탑 내에서 전응축기에 도입되는 증기흐름 V는 탑상 유출물 1몰 당 4.5몰이다. 즉 4.5×153.4=690 [몰/h]이다.

식 (5-55)로부터

$$V' = 690 - 350(1 - q)$$

증발잠열은 7675 [cal/g − mol] 또는 7675 × 1.8 = 13,815 [Btu/lb − mol], 20 [lbr/in^2 − 게이지]의 수증기 1 [lb]의 잠열은 부록 17에서 939 [Btu/lb]임을 알 수 있다. 식 (5-62)로부터

$$w_s = \frac{13,815}{939} V = \frac{13,815}{939} [690 - 350(1-q)] [\text{lb/h}]$$

이 결과는 표 5-3과 같다.

(d) 필요한 냉각수량은 모든 경우에 있어서 동일하므로 식 (5-63)으로부터

$$w_c = \frac{1.3815 \times 690}{150 - 80} = 136,300 [\text{lb/h}](=61,880.2 [\text{kg/h}])$$

따라서 공급되는 양은 $136,300/(60 \times 8.33) = 273 [\text{gal/min}](=1,03134 [\text{kg/min}])$

➡표 5-3

case	q	증기소요량 w_s[lb/h]
(c) (i)	1	10,152
(c) (ii)	1.37	12,080
(c) (iii)	0.333	6,720

(7) 환류비와 단수

환류비를 변화시킴에 따라 단수가 달라지는데 대하여 설명하기로 하자.

$x_F = 0.4$, $x_D = 0.9$의 벤젠-톨루엔의 증류에서 양자의 관계를 따져보면 그림 5-25 및 표 5-4와 같다. 단, 여기서 편의상 $q = 1$로 한다.

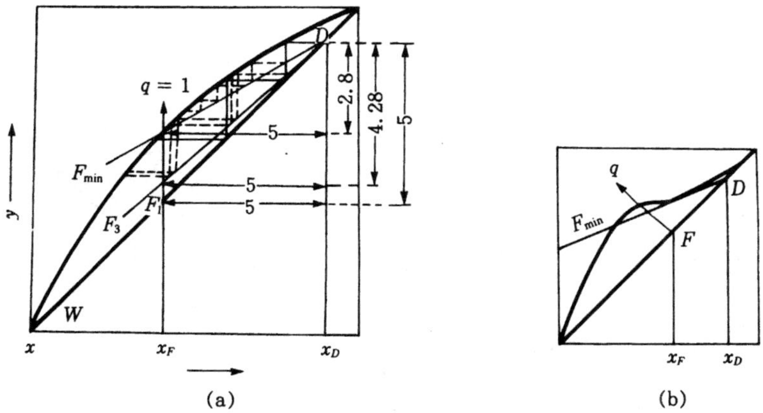

그림 5-25 환류비에 따른 단수변화 및 최소 환류비

➡표 5-4 환류비에 따른 단수 변화

환류비 $R\left(=\frac{L}{D}\right)$	조 작 선		이론단수 (N.T.P.)
	경사 $R/R+1$	명 칭	
∞	1	$(FD)_1$	2.8
9	9/10	$(FD)_2$	3.1
6	6/7	$(FD)_3$	3.2
4	4/5	$(FD)_4$	34
3	3/4	$(FD)_5$	37
2	2/3	(FD)	4.4
(최소 환류비)	2.8/5	$(FD)_{min}$	∞

또한 환류비 R과 이론 단수 N(N.T.P.)과의 관계를 그림으로 나타내면 그림 5-25와 같다. 즉

① 환류비 R이 커질수록 단수 N은 적어져서 좋다. 다만 다음에 알 수 있는 바와 같이 가열증기량은 커지며 전축기와 탑지름이 커져야 한다. 환류비를 ∞로 하면(全還流) 단수는 최소가 되며 유출량이 0이 되어 실제로는 사용되지 않으나 이 때를 **최소 이론단 수** N_m(minimum number of theoretical plate)이라 하여 한 기준으로 사용된다.

② 환류비를 적게 하면 단수가 많아진다. 환류비 최소의 경우를 **최소 환류비** R_m(minimum reflux ratio)이라 하며, 단수는 ∞가 된다.

따라서 환류비가 커지면 그만큼 단수는 감소하고 따라서 공정경비는 급격히 적어지나 일정한 처리량을 위해서는 그만큼 탑지름이 커져야 하기 때문에 어떤 한계점을 지나서는 다시 증가한다. 또한 냉각과 가열에 드는 경비도 환류비에 따라 증가하기 때문에 이 두 인자로부터 경제적 최적 환류비가 있다. 따라서 그림 5-27의 DE선과 DF선 사이에서 계단의 작도가 이루어져야 한다.

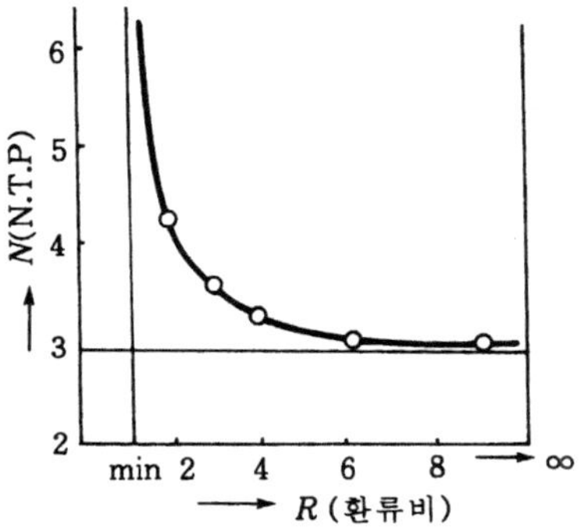

그림 5-26 환류비와 단수

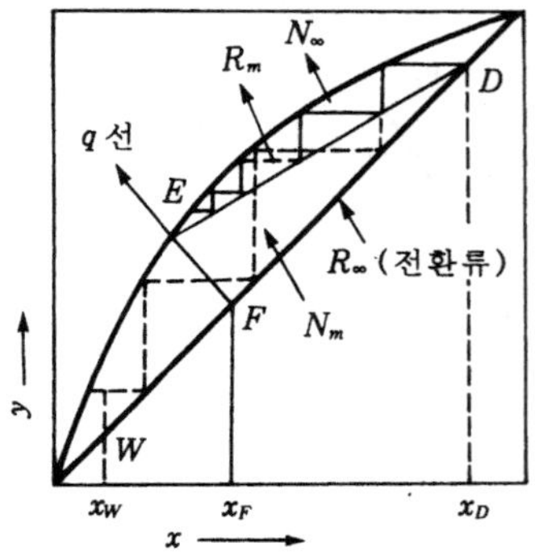

그림 5-27 최적 환류비

(8) 두 성분 정류에 있어서 최소 환류비

① 작도에 의한 방법

$x-y$ 평형곡선과 q 선과의 교점을 통하는(그림 5-28의 E 점) 조작선을 그으면 그 경사가 최소 환류비를 준다. 점 E의 좌표를 (x_E, y_E)라 한다.

최소 환류비를 나타내는 조작선의 경사는

$$\frac{L_n}{L_n+D} = \frac{R}{R+1} = \frac{y_D-y_F}{x_D-x_E}$$

이므로

$$\frac{R_m}{R_m+1} = \frac{y_D-y_E}{x_D-x_F}$$

$x_D = y_D$ 이기 때문에 윗식으로부터 최소 환류비는

$$R_m = (L/D)_{\min} = (y_D-y_E)/(y_E-x_E) \tag{5-66}$$

② 계산에 의한 방법

휘발도 α가 주어져 있을 때는 식 (5-12)에 의하여

$$y_E = \alpha x_E / \{1+(\alpha-1)x_E\} \tag{5-67}$$

이므로

$$qx_E + (1-q)y_E = x_F \tag{5-68}$$

α, q, x_F가 주어져 있으므로 식 (5-67)과 (5-68)에 의하여 x_E 및 y_E가 구해진다[또한 그림으로부터는 $E(x_E, y_E)$의 좌표를 읽어서 식 (5-66)이 구해진다].

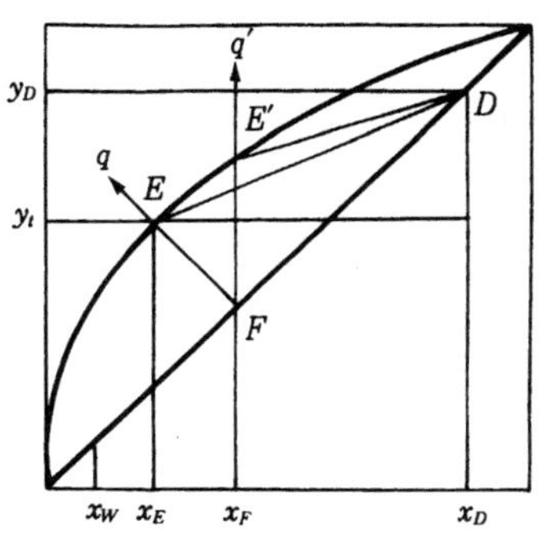

그림 5-28 최소 환류비

원료가 비점의 액인 경우는 선 q는 q'가 되며 이 때에 E를 E'라고 하면 그림 또는 식 (5-68)에 의하여 $x_E = x_{E'} = x_F$가 되어 식 (5-67)로부터

$$y_{E'} = \frac{\alpha x_F}{1 + (\alpha - 1)x_F} \tag{5-69}$$

따라서 식 (5-66)에 의하여

$$R_m = \frac{y_D - Y_{E'}}{y_{E'} - x_{E'}} = \frac{y_D - y_{E'}}{y_{E'} - x_F} \tag{5-70}$$

식 (5-70)로부터 R_m이 간단히 구해진다.

(9) 최소 이론단수 N_m과 비휘발도 α와의 관계

최소 이론단수 N_m은 비휘발도 α가 일정할 경우는 작도에 의하여 구하지 않더라도 다음의 Fenske의 식에 의하여 구할 수도 있다.

$$S_m = N_m + 1 = \log\left(\frac{x_D}{1 + x_D} \cdot \frac{1 - x_W}{x_W}\right) \Big/ \log \alpha_{\text{av}} \tag{5-71}$$

이 식이 성립함을 증명하자.

N_m은 $R = \infty$ 즉 양 조작선이 대각선과 일치할 때로서 전환류의 경우이므로 다음의 농축 조작선

$$y_n + 1 = \frac{L}{L + D} x_n + \frac{D}{L + D} x_D \tag{5-72}$$

에서 $D = 0$이며 따라서

$$y_n + 1 = x_n \tag{5-73}$$

이다. 그런데 $p_A = P_A^0 x$, $p_B = P_B^0 y = P_B^0 (1 - x)$이며

$$p_A + p_B = P, \quad p_A = Py, \quad p_B = P - p_A = P(1 - y)$$

이므로

$$\therefore \alpha = \frac{P_A^0}{P_B^0} = \frac{p_A/x}{p_B/(1 - x)} = \frac{Py/x}{P(1 - y)/(1 - x)} = \frac{y(1 - x)}{x(1 - y)}$$

또는

$$\alpha_1 \frac{x_1}{1 - x_1} = \frac{y_1}{1 - y_1}, \quad \alpha_W \frac{x_W}{1 - x_W} = \frac{y_W}{1 - y_m} \tag{5-74}$$

또한 스틸을 m단, 그 위를 $m-1$ …… 3, 2, 1단으로 하면 스틸은 식 (5-72)에 의하여

$$\alpha_W \frac{x_W}{1-x_W} = \alpha_m \frac{x_m}{1-x_m} = \frac{y_m}{1-y_m} \tag{5-75}$$

그런데 식 (5-73)에 의하여 $y_m + 1 = x_m$이기 때문에

$$\frac{y_m}{1-y_m} = \frac{x_{m-1}}{1-x_{m-1}}$$

따라서 식 (5-75)에 의하여

$$\alpha_m \frac{x_m}{1-x_m} = \frac{x_{m-1}}{1-x_{m-1}} \tag{5-76}$$

같은 방법으로 전체 단에 관하여

$$\left(\alpha_m \frac{x_m}{1-x_m}\right)\left(\alpha_{m-1} \frac{x_{m-1}}{1-x_{m-1}}\right) \cdots\cdots \left(\alpha_2 \frac{x_2}{1-x_2}\right)\left(\alpha_1 \frac{x_1}{1-x_1}\right)$$

$$= \frac{x_{m-1}}{1-x_{m-1}} \cdot \frac{x_{m-2}}{1-x_{m-2}} \cdots\cdots \frac{x_1}{1-x_1} \cdot \frac{x_0}{1-x_0} \tag{5-77}$$

또한 $x_0 = x_D$이기 때문에

$$\alpha_m \alpha_{m-1} \cdots\cdots \alpha_2 \alpha_1 \frac{x_m}{1-x_m} = \frac{x_0}{1-x_0} = \frac{x_D}{1-x_D} \tag{5-78}$$

여기서, $\alpha_m \alpha_{m-1} \cdots\cdots \alpha_2 \alpha_1 = \alpha_{av}^{Sm}$으로 하고 S_m을 스틸을 한 단으로 보고 단수에 가한 step수라고 하면 식 (5-73)과 (5-76)은

$$\alpha_{av}^{Sm} \frac{x_W}{1-x_W} = \frac{x_D}{1-x_D}$$

$$S_m \log \alpha_{av} = \log\left(\frac{x_D}{1-x_D} \middle/ \frac{x_W}{1-x_W}\right)$$

$$S_m = \log\left(\frac{x_D}{1-x_D} \cdot \frac{1-x_W}{x_W}\right) \Big/ \log \alpha_{av} \tag{5-79}$$

로서 $S_m = N_m + 1$이기 때문에 최소 이론단수 N_m도

$$N_m = \frac{\log\left(\frac{x_D}{1-x_D} \cdot \frac{1-x_W}{x_W}\right)}{\log \alpha_{av}} - 1 \tag{5-80}$$

여기서 α_{av}는 보통 탑저 및 탑 꼭대기의 α의 평균을 취한다(즉 α의 변화가 적을 때는 산술평균, 클 때는 기하평균 $\sqrt{\alpha_1 \alpha_W}$를 취한다). 이 Fenske의 식은 두 성분계는 물론 다성분계의 단수계산에도 적용되는 것으로 편리한 것이다.

예제 5-13

n-heptane, n-octane의 혼합물에서 n-heptane이 0.05 [mol 분율]로부터 0.9 [mol 분율]까지 전환류로서 농축할 때 이론단수를 구하여라. 단 비휘발도 α는 2.16이다.

풀이

$$N_m + 1 = \frac{\log\left(\frac{90}{10} \cdot \frac{95}{5}\right)}{\log 2.16} = \frac{\log 171}{\log 2.16} = \frac{2.231}{0.332} = 6.72$$

$\therefore N_m = 5.7$ [단]

예제 5-14

예제 5-10과 같은 조건에서 다음을 구하라.

(a) 최소 이론단수를 도해법과 Fenske식에 의하여 구하라.
(b) 최소 환류비를 도해법과 해석적 방법에 의하여 구하라.

풀이

(a) 도해법은 그림 5-29에서 5.2단 즉 6단이므로 재비기가 있으면 5단이다.

$$\alpha_{av}\left(\begin{array}{l} \text{유출물 } \alpha = \dfrac{0.97}{0.03} \Big/ \dfrac{0.93}{0.07} = 2.30 \\ \text{관출물 } \alpha = \dfrac{0.25}{0.75} \Big/ \dfrac{0.13}{0.87} = 2.36 \end{array}\right) \alpha_{av} = \frac{2.30 + 2.36}{2} = 2.33$$

Fenske식에 의하면

$$N_m + 1 = \log\left(\frac{x_D}{1 - x_D} \cdot \frac{1 - x_W}{x_W}\right) \Big/ \log \alpha_{av}$$

$$= \log\left(\frac{0.93}{0.07} \cdot \frac{0.87}{0.13}\right) \Big/ \log 2.33$$

$$= \frac{\log 89.0}{\log 2.33} = \frac{1.948}{0.368} = 5.30$$

$$N_m = 4.30$$

$\therefore$ 5 단

(b) 최소 환류비의 도해법에 의하면 그림 5-29의 q line과 $x-y$도표와의 교점의 좌표 (x', y')에서

$$R_m = \frac{x_D - y'}{y' - x'} = \frac{0.93 - 0.61}{0.61 - 0.4} = 1.52$$

한편 $x'(x_F) = 0.4$와 평형상태에 있는 y'를 비휘발도로 구하면

$$y' = \frac{\alpha x'}{1 + (\alpha - 1)x'} = \frac{(2.33)(0.4)}{1 + (1.33)(0.4)} = \frac{0.920}{1532} = 0.608$$

$$R_m = \frac{0.930 - 0.608}{0.608 - 0.40} = 1.55$$

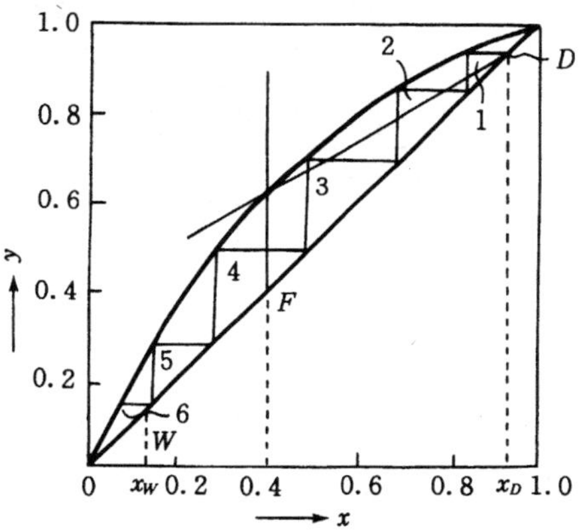

그림 5-29 예제 5-14의 풀이

---

(10) 그림을 사용하여 환류비로부터 이론단수를 구하는 방법

환류비 R의 여러 값에 대한 이론단수는 일일이 그림으로부터 구해야 하기 때문에 귀찮은 일이다. 여기서 R과 N과의 관계를 간단히 그림으로 표시하는 **Gilliland상관도** 그림 5-30을 생각해 보자. 이것은 분축기가 아닌 전축기의 경우로서 임의의 환류비 R에서 이론단수 N을 구하게 된다.

즉 우선 최소 환류비 R_m 및 최소 이론단수 N_m을 구한다. 다음에 R의 임의의 값으로부터 $(R-R_m)/(R+1)$을 계산에 의하여 구하고 그림에서 $(S-S_m)/(S+1)$의 값을 얻는다(S는 단수로서 비기를 1단으로 보고 이론단 N에 가한 값인 $S=N+1$이다). 여기에 최소 단수 $S(=N_m+1)$의 값을 넣어 S를 구하고 $N=S-1$로 하여 이론단수를 구한다. 전축기는 정류작용이 없으므로 단수로 치지 않는다.

예제 5-15

p-xylene(비점 136[℃]) 40[mol%] 및 o-xylene(비점 141[℃]) 60[mol%]의 혼합물을 연속정류에 의하여 유출액 중의 p-xylene을 95[mol%], 관출액 중의 것을 7[mol%]로 하고자 한다. 원료는 비점까지 예열하여 송입하며 정류탑은 전축기를 구비하고 있다.

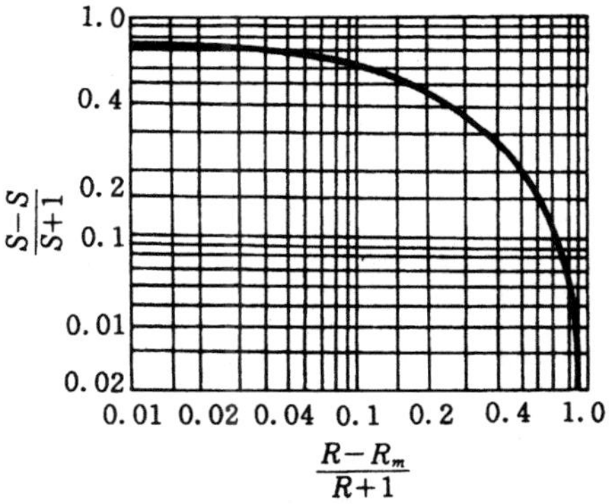

그림 5-30 Gilliland의 상관도

(a) 최소 환류비 R_m, (b) 최소 이론단수 N_m, (c) 환류비를 최소 환류비의 2배로 할 때 이론단수를 구하여라. 단 비휘발도 α는 1.2로 한다.

풀이

(a) 최소 환류비 R_m : 원료는 비점으로 공급되므로 선 q의 방정식 $y_j = \frac{q}{q-1}x_j - \frac{x_F}{q-1}$ 에 의하여

$$qx_j - x_F = (q-1)y_j \quad \therefore x_j = x_F = 0.4, \;\; y_j = 0$$

평형선과 선 q와의 교점을 $E'(x_E', y_E')$라 하면 $x_E' = x_j = x_F = 0.4$

따라서

$$y_E' = \frac{\alpha x_F}{1+(\alpha-1)1x_F} = \frac{(1.2)(0.4)}{1+(0.2)(0.4)} = \frac{0.48}{10.8} = 0.444$$

또한 $y_D = x_D = 0.95$, 따라서 식 (5-39)에 의하여

$$R_m = \frac{y_D - y_E'}{y_E' - x_E'} = \frac{0.95-0.444}{0.444-0.4} = 11.5$$

(b) 최소 이론단수 : $x_d = 0.95$, $x_W = 0.07$, $\alpha = 1.2$이므로 식 (5-49)에 의하여

$$N_m = \frac{\log \dfrac{x_D}{1-x_D} \cdot \dfrac{1-x_W}{x_W}}{\log \alpha_{av}} - 1 = \frac{\log\left(\dfrac{0.95}{0.05}\right)\left(\dfrac{0.93}{0.07}\right)}{\log 1.2} - 1$$

$$= \frac{2.42}{0.079} = 29.6\,[\text{단}]$$

(c) 이론단수 : $\left(R_m = 11.5,\ R = \dfrac{L}{D} = (11.5)(2) = 23\text{일 때}\right)$

$D = 1$로서 $R_m = 11.5$, $N_m = 29.6$, $R = 23$에 대하여

$$\frac{R - R_m}{R+1} = \frac{23 - 11.5}{23+1} = \frac{11.5}{24} = 0.48$$

Gillilnad의 상관도에 의하여

$$\frac{S - S_m}{S+1} = 0.23 \quad S_m = N_m + 1 = 29.6 + 1 = 30.6$$

$$\therefore \frac{S - 30.6}{S+1} = 0.23 \quad S = 40$$

$$\therefore N = S - 1 = 39\,[\text{단}]$$

---

(11) 원료공급단의 위치

평형곡선과 조작선 사이에 그린 계단에서 선 q를 지나는 계단이 구하고자 하는 이론공급단의 위치로서 단효율로 나눔으로써 실공급단의 위치가 된다. 계산으로 구할 때는 최소 이론단수 $S_m = N_m + 1 = \log\left(\dfrac{x_D}{1-x_D} \cdot \dfrac{1-x_W}{x_W}\right) \Big/ \log \alpha_{av}$의 $\dfrac{1-x_W}{x_W}$의 대신에 $\dfrac{1-x_F}{x_F}$를 사용하면 탑 꼭대기로부터 원료공급단까지 최소 이론공급단의 위치를 구한다. 즉 $S_m' = N_m' + 1 = \log\left(\dfrac{x_D}{1-x_D} \cdot \dfrac{1-x_F}{x_F}\right) \Big/ \log \alpha_{av}$(α_{av}는 일반적으로 탑 꼭대기의 것과 원료의 것을 기하평균 $\sqrt{\alpha_1 \cdot \alpha_F}$ 해서 사용한다).

다음에 Gilliland 상관도에 의하여 $\dfrac{R - R_m}{R+1}$에 대응하는 $\dfrac{S - S_m}{S+1}$을 구하여 이론계단수 S로 하고 똑같이 $\dfrac{S' - S_m'}{S'+1}$로서 공급계단 위치를 구한다. S, S'로부터 1을 빼낸 것이 구하는 이론단수 및 공급단 위치이다.

(12) 탑효율

이상단을 실제단으로 옮겨갈 때는 탑의 효율을 알아야 하며, 탑의 효율에는 세 가지가 있다. ① 총괄효율, ② 머프리(Murphree)효율, ③ 국부(local)효율이다.

총괄효율 (η)은 전탑에서 실제단수와 필요한 이상단수의 비이며 머프리 효율 η_M은

$$\eta_M = \frac{y_n - y_n + 1}{y_n^* - y_n + 1} \tag{5-81}$$

여기서 y_n : n단을 떠나는 증기 실제 농도, $y_n + 1$: n단을 들어가는 증기 실제 농도, y_n^* : n단을 떠나는 액과 평형인 증기농도로 정의되는 효율이다.

국부효율 (η_1)은 단 전체 중 한 국부에서 성립되는 머프리 효율을 말한다. 그림 5-31은 O′connel의 포종탑에 대하여 일반적으로 성립하는 총괄효율 η를 액의 휘발도와 점도의 곱에 대한 함수로 나타낸 것이다.

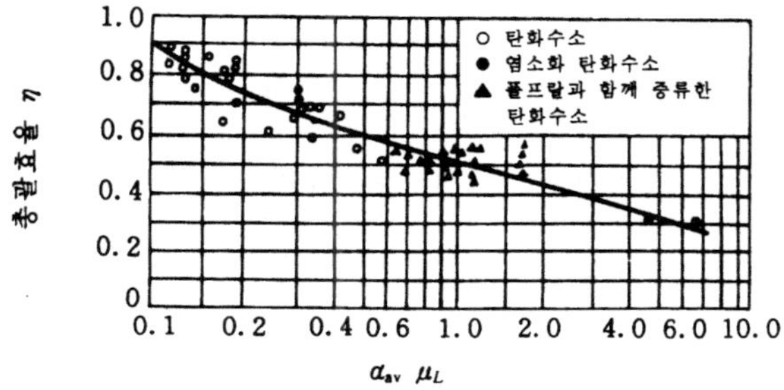

그림 5-31 O′connel 도표

예제 5-16

93[℃]에서 벤젠(몰분율 0.4)과 톨루엔의 기-액 혼합원료(원료 중 액상은 90[m%])를 정류하여 유출물 및 관출물 중의 벤젠의 몰분율을 각각 0.93, 0.05로 하였다. 환류비는 최소 환류비의 1.7배이며 전축기 사용, 탑 압력 1[atm]의 조작조건에서 $x_c = 0.83$, $x_F = 0.37$, $y_F = 0.56$, $y_W = 0.08$이었을 때 이론단수, 공급단의 위치를 구하라. 또 93[℃]에서 벤젠의 점도가 0.25[c.p], 톨루엔의 점도가 0.28[c.p]일 때 총괄효율을 구하고 이 값으로부터 계산된 단수와 비교하라.

풀이

비휘발도 α를 계산하기 위하여 조건을 정리하면

최상단 $x_c = 0.83$, $x_D = y_1 = 0.93$

$$\therefore \alpha_1 = \frac{y_1}{1 - y_1} \cdot \frac{1 - x_1}{x_1} = \frac{0.93}{0.07} \cdot \frac{0.17}{0.83} = 2.72$$

원료 공급단 $x_F = 0.37$, $y_F = 0.56$

$$\alpha_F = \frac{y_F}{1-y_F} \cdot \frac{1-x_F}{x_F} = \frac{0.56}{0.44} \cdot \frac{0.63}{0.37} = 2.17$$

탑저 $x_W = 0.05$, $y_W = 0.08$

$$\alpha_W = \frac{y_W}{1-y_W} \cdot \frac{1-x_W}{x_W} = \frac{0.08}{0.92} \cdot \frac{0.95}{0.05} = 1.65$$

$$\therefore \alpha_{av} = \sqrt{\alpha_1 \alpha_W} = 2.12, \quad \alpha_{avF} = \sqrt{\alpha_1 \alpha_F} = 2.43$$

(1) 최소 이론단수 : $S_m = N_m + 1 = \left[\log\left(\frac{x_D}{1-x_D} \cdot \frac{1-x_W}{x_W}\right) \Big/ \log \alpha_{av}\right]$

$$= \left[\log\left(\frac{0.93}{0.07} \cdot \frac{0.95}{0.05}\right) \Big/ \log 2.12\right] = 7.43$$

$$\therefore N_m = 6.43 \text{ 단}$$

(2) 최소 공급단수 :

$$S_m' = N_m' + 1 = \frac{\log\left(\frac{x_D}{1-x_D} \cdot \frac{1-x_F}{x_F}\right)}{\log \alpha_{avF}} = \frac{\log\left(\frac{0.93}{0.07} \cdot \frac{0.63}{0.37}\right)}{\log\sqrt{2.72 \times 2.17}} = 3.5 \text{ 단}$$

Gilliland의 상관도를 이용하기 위해 먼저 R_m을 구한다. 식 (5-67)과 (5-68)로부터 $\alpha_{av} = 2.12$, $q = 0.9$, $x_F = 0.37$

$$y_E = \frac{2.12 x_E}{1 + 1.12 x_E} \quad \cdots\cdots ⓐ$$

$$0.9 x_E + (1-0.9) y_E = 0.37 \quad \cdots\cdots ⓑ$$

ⓐ, ⓑ를 연립하여 풀면 $x_E = 0.35$, $y_E = 0.55$. 또 $x_D = y_D$이므로 식 (5-66)에 의해

$$R_m = \frac{y_D - y_E}{y_E - x_E} = \frac{0.93 - 0.55}{0.55 - 0.35} = 1.9$$

$$\therefore R = R_m \times 1.7 = 3.23$$

$$\therefore \frac{R - R_m}{R+1} = \frac{3.23 - 1.9}{3.23 + 1} = 0.315$$

Gilliland의 상관도로부터 $\frac{S - S_m}{S+1} = 0.38$ ⋯⋯ ⓒ

(3) 이론단수 N : $S_m = 7.34$이므로

$$\frac{S - 7.43}{S+1} = 0.38$$

$$\therefore\ S = 12.6$$

$$\therefore\ \text{이론단수}\ N = S - 1 = 11.6\,\text{단}$$

한편 총괄효율을 구하면 먼저 μ_{av}를 계산한다.

$$\mu_{av} = \mu_1 x_1 + \mu_2(1 - x_1)$$

$$= 0.25 \times 0.4 + 0.28 \times 0.6 = 0.268$$

$$\therefore\ \alpha_{av}\,\mu_{av} = 2.12 \times 0.268 = 0.568$$

그림 5-23으로부터 $\eta = 0.55$이므로

$$\therefore\ N = \frac{N_m}{\eta} = \frac{6.43}{0.55} = 11.7\,\text{단}$$

(4) 원료 공급단 : ⓒ식으로부터

$$\frac{S' - S_m'}{S' + 1} = 0.38$$

$$S_m' = 3.5\text{이므로}\ \ \therefore\ S' = 6.26$$

$$\therefore\ N' = S' - 1 = 5.26\,\text{단}$$

즉 6단이다.

한편 $S' = \dfrac{S_m'}{\eta} = \dfrac{3.5}{0.55} = 6.36$

$$\therefore\ N' = 6.36 - 1 = 5.36\,\text{단}$$

---

2. Ponchon-Savarit법

지금까지 설명한 McCabe-Thiele의 방법은 엔탈피-농도 도표상의 포화액체와 포화증기선이 직선이고 서로 평형해야 한다는 전제조건이 필요하다. 이들 조건이 만족하지 않으면 Ponchon-Savarit법을 사용한다.

증류성분에 있어서 물 증발잠열에 현저한 차이가 있고 각 성분의 엔탈피를 알 수 있을 때 Ponchon-Savart법은 증류이론단수와 각 단에 출입하는 몰 질량 및 열량을 합리적으로 산출하는 특징을 가지고 있다. 그러나 작도법이 복잡한 단점이 있다.

지금 액의 엔탈피를 h [kcal/kg−mol], 증기의 것을 H [kcal/kg−mol], 전축기(total condenser)에서 제거되는 열량을 q_c [kcal/h], 재비기(reboiler)에서 얻는 열량을 q_r [kcal/h], 또한 V, L, W, D, F의 단위를 앞에서와 같이 [kg−mol/h]라 하면 그림에서와 같이 농축부에 있어서 열수지 및 물질수지는(외부와의 열출입은 전축기와 재비기 이외에는 없고 탑의 열손실도 없으며 각 단에서 기-액은 평형상태에 있다.)

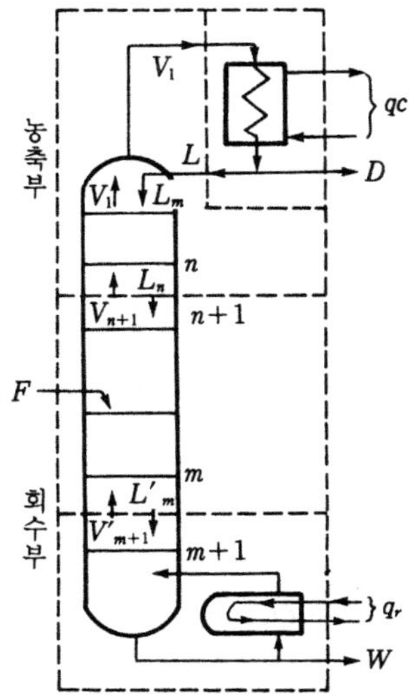

그림 5-32 정류탑

$$V_{n+1}H_{n+1} = L_n h_n + Dh_D + q_c\,[\text{kcal/h}] \tag{5-82}$$

$$V_{n+1}y_{n+1} = L_n x_n + Dh_D\,[\text{kg}-\text{mol/h}] \tag{5-83}$$

또한 회수부에 있어서도 같은 방법으로

$$V'_{m+1}H_{m+1} = L'_m h_m - Wh_W + q_c\,[\text{kcal/h}] \tag{5-84}$$

$$V'_{m+1}y_{m+1} = L'_m x_m - Wh_W\,[\text{kg}-\text{mol/h}] \tag{5-85}$$

또한 식 (5-82) 및 (5-83)에

$$V_{n+1} = L_n + D\,[\text{kg}-\text{mol/h}]$$

인 관계를 각각 대입하면

$$\frac{L_n}{D} = \frac{(h_d + q_c/D) - H_{n+1}}{H_{n+1} - h_n}\,[-] \tag{5-86}$$

$$\frac{L_n}{D} = \frac{x_D - y_{n+1}}{y_{n+1} - x_n}\,[-] \tag{5-87}$$

여기서 q_c/D를 Q_{cD}라 하면(1 kg−mol 당 열량) 식 (5-85) 및 (5-86) 중에서

$$h_d + q_c/D = h_d + Q_{cD}$$
$$= M_D \,[\text{kcal/kg}-\text{mol}] \qquad (5\text{-}88)$$

로 하고, 식 (5-86)과 (5-87)을 같게 놓음으로써 다음 관계를 얻는다.

$$\frac{M_D - H_{n+1}}{x_D - y_{n+1}} = \frac{H_{n+1} - h_n}{y_{n+1} - x_n} = \frac{(M_D - H_{n+1}) + (H_{n+1} - h_n)}{(x_D - y_{n+1}) + (y_{n+1} - x_n)}$$
$$= \frac{M_D - h_n}{x_D - x_n} \qquad (5\text{-}89)$$

또한 식 (5-83)과 (5-84)에 $V'_{m+1} = L'_m - W\,[\text{kg}-\text{mol/h}]$인 관계를 대입하고 전과 같이 $q_r/W = Q_{rW}$라 하자.

따라서

$$h_W - q_r/W = h_W - Q_{rW} = M_W\,[\text{kcal/kg}-\text{mol}] \qquad (5\text{-}90)$$

에 있어서 위와 같은 방법으로 풀면 다음 관계가 얻어진다.

$$\frac{x_m - x_W}{h_m - M_W} = \frac{y_{m+1} - x_W}{H_{m+1} - M_W} \qquad (5\text{-}91)$$

여기서 액조성 x와 평형에 있는 증기조성 y와의 관계 및 이들 조성의 엔탈피는 알고 있는 것으로 횡축에 x [몰분율], 종축에 그의 조성에 상당하는 엔탈피를 취하면 그림 5-33과 같은 엔탈피-조성선도가 구해진다.

이와 같은 좌표에 있어서 식 (5-89)와 (5-91)은 다음을 의미한다. 즉 D점 (x_D, M_D)과 V점 (y_{n+1}, H_{n+1})과 L점 (x_n, h_n)의 3점 및 W점 (x_W, M_W)과 L'점 (x_m, h_m)과 V'점 (y_{m+1}, H_{m+1})의 3점이 일직선상에 있는 것을 의미한다.

기상선과 액상선과를 연결한 선(그림의 점선)을 **대응선**(對應線, tie line)이라 하며 x와 평형에 있는 y를 연결한 것이다.

Ponchon-Savarit법에 의한 이론단수의 작도법을 그림 5-25를 예로 하여 설명한다.

① $D(x_D, M_D)$, $F(x_F, h_F)$, $W(x_W, M_W)$ 점을 연결한다.

② D점에서 아래로 수직선을 내려 기상선과 만나는 점을 V_1이라 하고 계속 내려간 수직선이 $x-y$도표의 대각선과 만나는 점 D'로부터 수평선을 그어 기-액 평형선과 만나는 점 A에서 수직선을 올려서 액상선과 만나는 점을 L_1이라고 한다.
(V_1와 L_1을 연결한 대응선이 제1단을 나타낸다.)

③ L_1과 D점을 연결했을 때 이 선이 기상선과 만나는 점을 V_2라고 하며 ②와 같은 방법

으로 시행하여 찾은 L_2를 연결한 대응선이 제2단이 된다.

④ 만약 $L_3{}'$점이 DFW선을 넘었을 때는 D대신에 점 W와 연결하여 기상선과의 교점 $V_4{}'$

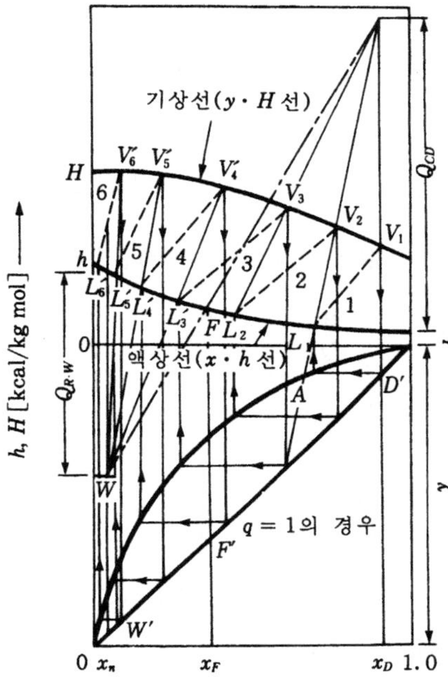

그림 5-33 엔탈피-조성선도

를 구한다(DFW선을 지나는 대응선 즉 제3단이 원료공급단이 된다).

⑤ L'점이 W에서 올린 수직선을 넘을 때까지 ④를 계속하여 얻은 대응선의 수가 이론단수가 된다(그림 5-25에서는 5.6이다. 만약 전축기와 재비기가 있다면 이론단수는 $5.6-1=4.6$단이 된다).

이 때 환류비 $R=L/D$는 M_D와 관계를 갖고 있다. 전축기에 대하여 열수지를 취하면

$$V_1H_1 = Dh_D + q_c + RDh_D \, [\text{kcal/h}] \tag{5-92}$$

여기서 $V_1 = D + RD \, [\text{kg}-\text{mol/h}]$이기 때문에 윗식으로부터

$$R = \frac{(h_D + q_c/D)H_1}{H_1 - h_D} = \frac{M_D - H_1}{H_1 - h_D} \tag{5-93}$$

또한 탑 전체의 열수지에 의하여

$$Fh_F = Dh_D + q_c + Wh_W - q_r \, [\text{kcal/h}] \tag{5-94}$$

여기서 $F = D + W$ [kg−mol/h]이기 때문에 윗식은

$$(D+W)h_F = D(h_D + q_c/D) + W(h_W - q_F/W)\ [\text{kcal/h}]$$

이며 따라서 $D(h_F - M_D) = W(M_N - h_f)$ [kcal/h]

$$\frac{W}{D} = \frac{h_F - M_D}{M_W - h_F} \tag{5-95}$$

한편 $Fx_F = Dx_D + Wx_W$ [kg−mol/h], $F = D + W$ [kg−mol/h]으로부터

$$(D+W)x_F = Dx_D + Wx_W\ [\text{kg}-\text{mol/h}]$$

$$\frac{W}{D} = \frac{x_F - x_D}{x_W - x_F} \tag{5-96}$$

식 (5-95)와 (5-96)에 의하여

$$\frac{x_W - x_F}{M_W - h_F} = \frac{x_D - x_F}{M_D - h_F} \tag{5-97}$$

이상은 이미 말한 바와 같이 점 $D(x_D, M_D)$, 점 $F(x_F, h_F)$, 점 $W(x_W, M_W)$의 3점이 일직선상에 있음을 의미한다. 따라서 R가 주어지면 식 (5-93)에 의하여 M_D가 구해지고 다음에 점 D, F를 연결하여 연장선상에서 점 W를 얻게 된다.

최소 이론단수는 전환류시 얻어질 수 있기 때문에 D점은 무한대에 위치하게 되며 각 단에서의 조작선은 수직선이 된다. 이와 같이 수직인 조작선에 의하여 얻어지는 단수가 최소 이론단수가 된다.

또한 최소 환류비는 환류비가 적어짐에 따라 D점이 기상선 근처로 접근한다. 그러나 만일 접근된 이 D점을 지나는 조작선이 대응선과 평형이 되든가 이보다 기울기가 적어진다면 단수는 무한대가 되기 때문에 결국 이 때 얻어지는 환류비가 최소 환류비가 된다.

예제 5−17

암모니아 0.25(몰분율)의 암모니아−물 혼합물 100 [kg−mol]를 7 [atm, abs]에서 전축기 및 재비기를 가진 연속정류탑에서 정류한다.

유출액은 암모니아 85 [mol %]로서 이는 원료 중의 98 [%]에 상당한다. 환류비를 1로 하고 원료액은 비점의 상태로 공급할 때 소요 이론단수를 구하여라. 단 $x-y$ 평형관계 및 증기의 7 [atm], 비점에서의 엔탈피는 그림 5-34에 표시하여 놓았다.

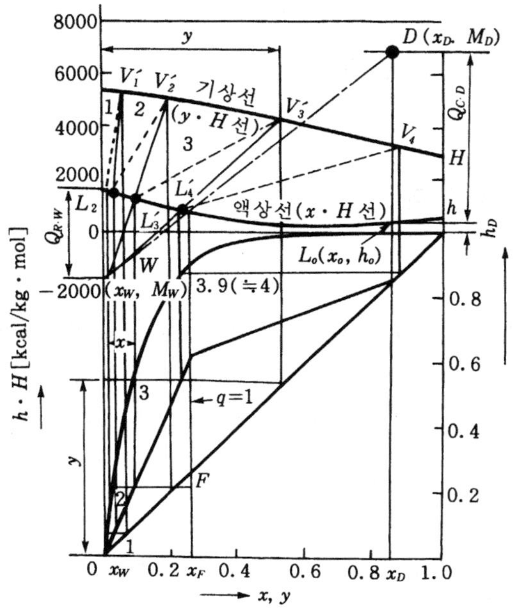

그림 5-34 엔탈피 조성도표

풀이

$x_F = 0.25,\ x_D = 0.85,\ F : 100\,[\text{kg}-\text{mol/h}]$

유출액의 암모니아는

$$0.98 \times 0.25 \times 100 = 24.5\,[\text{kg}-\text{mol/h}]$$

$$D = 24.5 / 0.85 = 28.8\,[\text{kg}-\text{mol/h}]$$

$$W = 100 - 28.8 = 71.2\,[\text{kg}-\text{mol/h}]$$

$$\therefore\ x_W = (25 - 24.5) / 71.2 = 0.007(-)$$

점 D : 그림 5-34에서

$$h_D = 200\,[\text{kcal/kg}-\text{mol}]$$

$$H_1 = 3500\,[\text{kcal/kg}-\text{mol}]$$

따라서 $R = 1$이고

$$R = \frac{(h_D + q_c D) - H_1}{H_1 - h_D} = \frac{M_D - H_1}{H_1 - h_D} \text{에서}$$

$$M_D = 2H_1 - h_D = (2 \times 3500) - 200 = 6800\,[\text{kcal/h}]$$

점 W : D, F를 연결하고 이를 연장해서 $x_W = 0.007$과의 교점을 W라고 한다.

그림과 같이 작도하면 재비기를 포함해서 이론단수는 3.9단이다.

$$\therefore \text{ 이론단수(N.T.P.)} = 3.9 - 1 \fallingdotseq 3$$

원료공급단 = 재비기를 빼고 탑 밑으로부터 세 번째(최상단)

---

3. 정류탑의 지름과 단의 간격

(1) 탑지름

허용증기속도[m/s]를 알면 이로 상승증기량[m^3/s]을 나눠서 탑의 단면적을 구하여 탑지름을 얻는다. 비말동반이 없고 단상의 액이 일류관에 의하여 역류하지 않는 허용증기속도에 관하여 여러 가지 식이 있으나 여기서는 Gilliland식으로부터 산출하는 방법에 관하여 기술한다. 즉 허용증기속도를 u_C [m/s]라 하면

$$u_C = C\left(\frac{\rho_L - \rho_V}{\rho_V}\right)^{1/2} \text{ [m/s]} \qquad (5\text{-}98)$$

여기서, ρ_L : 강하액의 밀도[kg/m^3]
ρ_V : 증기의 밀도[kg/m^3]
C : 비례계수(그림 5-35)에 의하여 구해진다.

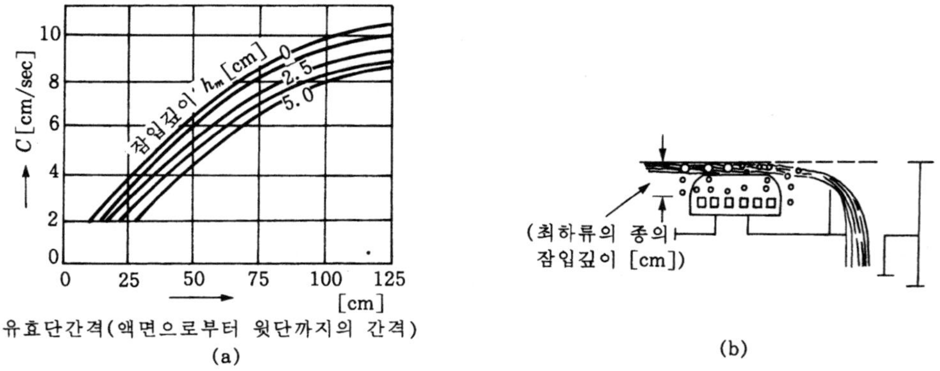

그림 5-35 Gilliland 정수, C

예를 들면 $h_m = 1\sim4$ [cm]에 대하여

u_C는 경험상 대체로 { 상압탑 0.3~0.4 [m/s]
감압탑 1.2~1.5 [m/s]이다.

(2) 단견격

포종탑의 단간격은 일반적으로 150~750 [mm] 정도에서 여러 조건에 의하여 변한다. 대체의 기준은 표 5-5와 같다.

➡표 5-5 포종탑의 탑지름과 단간격

탑지름[m]	0.45~076	0.76~1.2	1.5~6
단간격[m]	0.3	0.45	0.6

예제 5-18

어떤 유기물질 수용액으로부터 유기물질을 수증기로 추출하는 방산탑(放散塔)의 탑지름을 구하여라. 단 작업압력, 1 [atm], 작업온도 95 [℃], 증기유량 6520 [kg/h], 증기밀도 $\rho_V = 0.68$ [kg/m³], 유기물질 수용액의 밀도 $\rho_L = 960$ [kg/m³], 단간격 0.5 [m], 액의 깊이 2.54 [cm]로 한다.

풀이

그림 5-35(a)에 의하여

$$C = 5.3\,[\mathrm{cm/s}]$$

$$u_C = 5.3\left(\frac{960-0.68}{0.68}\right)^{1/2} = 53(1410)^{1/2} = 1.99\,[\mathrm{m/s}]$$

$$\therefore \text{ 탑단면적} = 6520/0.68(3600)(1.99) = 1.34\,[\mathrm{m^2}]$$

$$\text{탑경} = (1.34/0.785)^{1/2} = 1.3\,[\mathrm{m}]$$

5-4 다성분계 정류탑의 단수 계산

1. 기초적 관계

Raoult의 법칙을 따르는 다성분계에서는 기-액의 평형관계는 평형비를 알 수 있으면

$$y_i = K_i x_i \tag{5-99}$$

로 주어지며 또한 상대휘발도

$$\alpha_{ij} = K_i / K_j \tag{5-100}$$

를 알 수 있을 때는 다음 관계로 계산된다(예로 제1성분을 기준으로 한다).

$$y_i = \alpha_{i1} x_i \;/\; \sum_{j=1}^{N} \alpha_{j1} x_j \tag{5-101}$$

또는

$$x_i = \alpha_{1i} y_i \;/\; \sum_{j=1}^{N} \alpha_{1j} y_j \tag{5-102}$$

여기서 x_i, y_i는 i성분의 액 및 증기조성으로 K_i, K_j는 i성분과 j성분의 평형비이다.

n성분계의 정류에 있어서도 물질수지와 조작선의 식은 2성분계와 같아서 농축부에서

$$y_{jn+1} = \frac{L}{V} x_{in} + \frac{D}{V} x_{iD} \tag{5-103}$$

회수부에서

$$y_{jm} = \frac{L}{V} x_{im+1} - \frac{W}{V} x_{iW} \tag{5-104}$$

전환류에서 조작선은

$$y_{i,\,n+1} = x_{in}, \quad y_{im} = x_{im+1}$$

이며, Rault의 법칙이 성립하는 계에서는 Fenske의 식이 성립한다.

$$S_m = N_{m+1} = \frac{\log\left(\dfrac{x_{lkD}}{x_{hkD}} \cdot \dfrac{x_{hkW}}{x_{lkW}}\right)}{\log \alpha_{lk,\,hk}} \tag{5-105}$$

여기서 lk는 저비점 한계성분을 나타내며(이보다 가벼운 성분은 관출액에서는 무시된다), hk는 고비점 한계성분을 나타낸다(즉 이보다 무거운 성분은 유출액에서는 무시한다). $\alpha_{lk,\,hk}$는 lk성분의 hk성분에 대한 상대 휘발도의 평균치이다.

2. 최소 환류비

다성분계의 경우의 최소 환류비는 Underwood의 방법에 의하여 계산된다.

N성분계 원료의 성분에 가장 비점이 낮은 것으로부터 순서대로 번호를 붙여 1, 2, ……, N으로 하고 제1성분을 기준으로 한 상대휘발도를 $\alpha_{11}(=1)$, α_{12}, ……, α_{1N}으로 하고 조성을 x_{1F}, x_{2F}, ……, x_{NF}로 한다. 즉

$$\sum_{i=1}^{N} \frac{x_{iF}}{k - \alpha_{1i}} = \frac{1-q}{k} \tag{5-106}$$

를 풀어서(q는 원료 중 액의 분율), α_{1lk}(저비점 한계성분의 상대휘발도)와 α_{1hk}(고비점 성분의 상대휘발도)와 사이에 있는 k의 근을 구하고 이것을 다음 식에 대입하면 R_m가 된다.

$$R_m = k\left(\sum_{i=1}^{N} \frac{x_{iD}}{k-\alpha_{1i}}\right) - 1 \tag{5-107}$$

여기서 x_{iD}는 유출물 중의 i 성분의 몰분율이다.

식 (5-105)에 의하여 최소 이론단수를 알 수 있고 식 (5-107)로부터 최소 환류비를 알면 이 등의 값을 사용하여 Gilliland의 상관관계(그림 5-28)에 의하여 임의의 환류비에 대한 전 이론단수를 구할 수 있다. 일반적으로는 환류비의 값은 최소 환류비의 1.2~2배 사이의 값 (1.5 배)을 취하는 것이 적합하다.

예제 5-19

다음 표와 같은 분리를 연속증류탑에서 행한다. 환류비는 최소 환류비의 2배로 하고 이론단수를 구하라. $q=1$로 한다.

성 분 i	x_{iF}	x_{iD}	x_{iW}	α_{1i}
1	0.60	0.95	0.050	1.0
2	0.08	0.05	0.127	1.2
3	0.06	—	0.154	2.0
4	0.26	—	0.669	3.0

풀이

한계성분은 1과 2이기 때문에 식 (5-105)에 의하여

$$S_m = N_{m+1} = \frac{\log\left(\frac{0.95}{0.05}\frac{0.127}{0.050}\right)}{\log\left(\frac{1.2}{1.0}\right)} = 21.3$$

식 (5-106)은 다음과 같다.

$$\frac{0.60}{k-1.0} + \frac{0.08}{k-1.2} + \frac{0.06}{k-2.0} + \frac{0.26}{k-3.0} = 0$$

이 식을 풀어서 $\alpha_{11}=1$와 $\alpha_{12}=1.2$ 사이의 근을 구하면 $k=1.175$

이를 식 (5-107)에 대입하면

$$R_m = 1.175\left(\frac{0.95}{1175-1.0} + \frac{0.05}{1175-1.2}\right) - 1 = 3.02$$

환류비는 3.02×2 ≒ 6이기 때문에 $(R-R_m)/(R+1)=0.426$, 따라서 그림 5-28로부터 중축은 0.27 즉 $(s-s_m)/(s+1)=0.27$, s_m에 21.3을 대입해서 풀면 $s=29.5$, 따라서 전이론단수는 28.5이다.

---

3. 연속단 계산법

다성분계 정류탑의 단수 계산은 Lewis-Matheson의 연속단 계산법이 가장 신뢰성이 있다. 이 방법의 계산은 식 (5-99) 또는 (5-101), (5-102)의 평형관계와 조작선의 식 (5-103), (5-104)를 순차로 사용해서 탑정(또는 탑저)으로부터 차례로 액 및 증기의 조성을 계산해나가며 탑저(또는 탑정)의 조성이 요구하는 값에 도달할 때까지 행하여 이론단수를 결정하는 방법으로 원료공급단을 넘어설 때 조작선을 바꾸어야 하는 것은 McCab-Thiele법과 같다. 또한 탑정 및 탑저의 양쪽으로부터 계산을 행하여 원료공급단에서 합쳐지도록 해도 된다. 원료 중에 포함되어 있는 성분이 유출물 또는 관출액에 임의 포함되어 있으면 공급단에서 계산을 시작하면 좋고 무시할 수 있는 정도의 성분일 때는 상하 양단에서 시작하는 것이 좋다. 원료공급단의 위치는 한계성분의 비가 조작선의 교점에서 한계성분의 비를 넘는 점으로 하는 것이 보통이다. 조작선의 교점의 조성 x_{iG}는 다음 식과 같다.

$$x_{iG}=x_{iF}-(1-q)(D/V)x_{iD}/q+(1-q)(L/V) \tag{5-108}$$

이의 계산은 각 단의 온도를 가정하고 이 온도에 있어서의 평형비 또는 상대휘발도를 사용하여 행하나(만일 상대휘발도가 일정하다고 하면 그럴 필요가 없다) 탑내 온도의 변화는 각단마다 다음 관계에 의하여 정하는 것이 보통이다. 상대휘발도의 기준을 k성분으로 하면

$$P_k=y_kP/x_k=P\ /\ \sum_{i=1}^{N}\alpha_{ik}x_i \tag{5-109}$$

즉 전압이 알려지면 온도를 가정해서 식 (5-109)의 우변을 계산하고 이 값을 제 k성분의 증기압으로서 주어진 온도와 비교한다. 이와 같은 관계는 평형비를 사용할 때는

$$\sum_{i=1}^{N}K_ix_i=\sum_{i=1}^{N}y_i=1$$

또는

$$\sum_{i=1}^{N}y_i/K_i=\sum_{i=1}^{N}y_i=1 \tag{5-110}$$

식 (5-110) 또는 식 (5-109)에 의하여 각 단의 온도를 구하여 수차계산을 행한다.

예제 5-20

페놀 35 [mol %], o-크레졸 15 [mol %], m-크레졸 30 [mol %], 키시레놀 15 [mol %], 나머지 고비점성분 5 [mol %]의 원료를 비점까지 예열하여 ($q=1$) 연속정류탑에 공급하며 페놀 90 [%]를 탑정으로부터, o-크레졸 90 [%]를 탑저로부터 얻는다. 관의 압력은 250 [mmHg]를 한 이론단수마다 4 [mmHg]의 압력강하가 있다. 환류비를 10으로 할 때 단수를 구하라. 단, 이 계의 기-액 평형은 다음 그림 5-36을 사용한다.

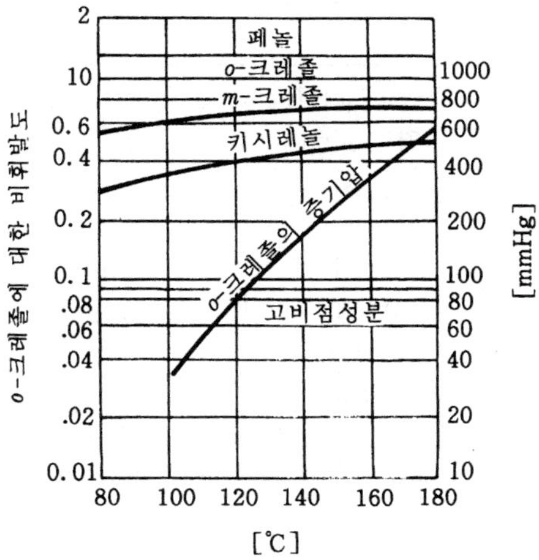

그림 5-36 상대휘발도 데이터

풀이

주어진 조건에 의하여 원료 100 [mol] ($=F$)에 대한 페놀은 35 [mol], 그의 90 [%]가 탑정에서 나오기 때문에 $35 \times 0.9 = 31.5$ [mol], 따라서 탑저로부터 $35 - 13.5 = 3.5$ [mol], 또한 o-코레졸은 탑저로부터 $15 \times 09 = 13.5$ [mol], 탑정으로부터 $15 - 13.5 = 1.5$ [mol], 간단히 하기 위해서 m-크레졸이 탑정으로부터 0.05 [mol] 유출한다고 하면 유출량은

$$31.5 + 1.5 + 0.5 = 33.05\,[\text{mol}] = D$$

따라서 탑저로부터 관출액량은

$$3.5 + 13.5 + 29.95 + 15.0 + 5.0 = 66.95\,[\text{mol}] = W$$

이로부터 조성을 계산하면 다음 표와 같이 된다.

또한 $L = RD = 10 \times 33.05 = 330.5$

$V = 330.5 + 33.05 = 363.5 = V'$

$L' = 330.5 + 100 = 430.5$

i	성 분	x_{iF}	x_{iD}	x_{iW}
1	페 놀	0.35	0.9530	00525
2	o-크레졸	0.15	0.0455	0.2020
3	m-크레졸	0.30	0.0015	0.4465
4	키시레놀	0.15	−	0.2240
5	고비점 성분	0.05	−	0.0750
		1.00	1.0000	1.0000

탑저에는 전성분이 나타나기 때문에 아래로부터 계산한다.

i	x_{iW}	α_{i2} (160℃)	$\alpha_{i2}x_{iW}$	$y_{iW}=\alpha_{i2}x_{iW}/0.6848$ (평형관계)	$(V'/W)y_{iW}=548y_{iW}$	$x_{i1}=\{(V'/W)y_{iW}+x_{iW}\}/(L'/W)$ (식 5-72)
1	0.0525	1.25	0.0656	0.096	0.521	0.089
2	0.2020	1.0	0.202	0.295	1.60	0.280
3	0.4465	0.7	0.312	0.455	2.48	0.455
4	0.2240	0.44	0.099	0.144	0.79	0.157
5	0.0750	0.087	0.006	0.0088	0.048	0.019
	1.0000	3	0.6848	0.999	5.44	1.000

식 (5-109)로부터 $P_2=P/(\Sigma\alpha_{i2}x_i)=250/0.68=365$ [mmHg]. 그림 5-34에 의하여 $T=165$ [℃],

i	$(L'/W)\alpha x_{i1}=6.43\alpha x_{i1}$	$5.43y_{i1}$	x_{i2}	$6.43\alpha x_{i2}$	$5.43y_{i2}$	x_{i3}	$6.432\alpha x_{i3}$
1	0.716	0.775	0.129	1.035	1.045	0.170	1.37
2	180	1.95	0.334	2.152	2.18	0.370	2.38
3	2.05	2.22	0.415	1.865	1.89	0.364	1.635
4	0.444	0.48	0.109	0.310	0.31	0.083	0.233
5	0.011	0.012	0.013	0.008	0.008	0.013	0.007
	5.021	5.437	1.000	5.370	5.438	1.000	5.625

i	$5.43y_{i3}$	x_{i4}	$6.43\alpha x'_{i4}$	$5.43y_{i4}$	x_{i5}	$6.43\alpha x_{i5}$	$5.43y_{i5}$	x_{i6}
1	1.32	0.213	1.72	1.60	0.257	2.07	1.87	0.299
2	2.30	0.389	2.50	2.33	0.393	2.53	2.28	0.386
3	1.575	0.315	1.41	1.31	0.274	1.23	1.11	0.243
4	0.225	0.070	0.198	0.184	0.064	0.18	0.16	0.059
5	0.007	0.013	0.007	0.006	0.012	0.007	0.006	0.013
	5.427	1.000	5.835	5.430	1.000	6.017	5.426	1.000

$P_2=(250-4\times5)/(6.017/6.43)=246$에 의하여 $T_S=153$ [℃]

똑같은 계산을 반복하면 다음과 같은 13단의 액조성은 다음과 같이 된다.

i	x_{i13}	$6.43\alpha x_{i13}$	y_{i13}	페놀과 o-크레졸의 비
1	0.525	4.25	0.634	
2	0.252	1.62	0.242	
3	0.160	0.70	0.104	$x_{113}/x_{213}=0.525/0.252=2.08$
4	0.051	0.129	0.019	
5	0.012	0.007	0.001	
	1.000	6.706	1.000	

다음 값은 $x_{1G}/x_{2G}=x_{1F}/x_{2F}=0.35/0.15=2.33$에 가까우므로 13단을 원료공급단으로 한다. 따라서 이로부터 농축부의 조작선 즉

$$x_{in}=\{(V/D)\,x_{in-1}-x_{iD}\}(L/D)=(11y_{in-1}-x_{iD})/10$$

를 사용하여 계산을 계속한다.

i	y_{i13}	$11y_{i13}$	x_{i14}	$10\alpha x_{i14}$	$11y_{i14}$	x_{i15}	x_{i16}	x_{i17}	x_{i18}	$10\alpha x_{i18}$
1	0.634	6.974	0.602	7.59	7.54	0.660	0.705	0.742	0.778	9.81
2	0.242	2.662	0.262	2.617	2.60	0.250	0.241	0.222	0.202	2.02
3	0.104	1.144	0.114	0.77	0.77	0.0765	0.0493	0.031	0.019	0.128
4	0.019	0.209	0.021	0.082	0.081	0.0081	0.0031	0.0011	0.0004	0.002
5	0.001	0.011	0.001	0.001	0.001	0.0001	8×10^{-5}	7×10^{-6}	—	—
	1.000	11.000	1.000	11.060	11.092	1.000				11.960

$P_2=(250-4\times18)/(11.960/10)=149\rightarrow T_{18}=138$ [℃]

i	x_{i19}	x_{i20}	x_{i21}	x_{i22}	x_{i23}	x_{i24}	$10\alpha x_{i24}$	x_{i25}	x_{i26}	$y_{i26}\fallingdotseq x_iD$
1	0.807	0.835	0.858	0.879	0.896	0.915	11.52	0.926	0.942	0.952
2	0.181	0.160	0.139	0.120	0.102	0.086	0.86	0.070	0.058	0.047
3	0.0113	0.0064	0.0035	0.0018	0.0007	—	—	—	—	—
4	2×10^{-3}	7×10^{-4}	—	—	—	—	—	—	—	—
5	—	—	—	—	—	—	—	—	—	—
							12.38			

$P_2=(250-4\times24)/(12.38/10)=124\rightarrow T_{24}=133$ [℃]

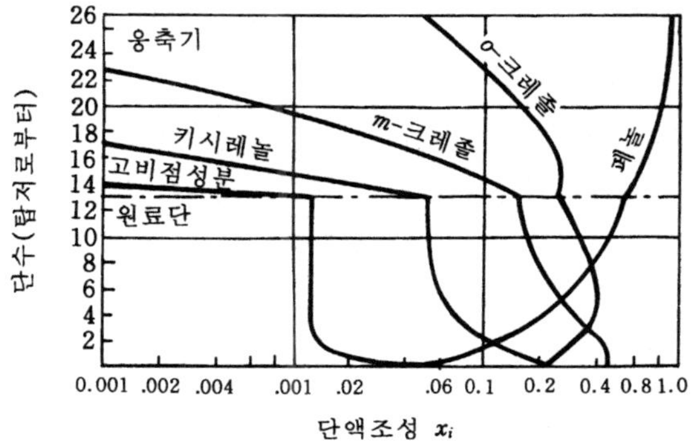

그림 5-37 탑내 조성변화

연습문제

1 벤젠 65 [mol %] 및 톨루엔 35 [mol %]의 혼합물을 1 [atm]에서 단증류하여 전량의 40 [mol %]만큼 유출했을 때 잔액 및 유출액의 평균조성을 계산하여라.

2 메탄올 0.45 [mol 분율]의 메탄올-물 혼합액을 1 [atm]에서 단증류하여 그의 1/3을 유출시켰다. 다음의 조성을 구하여라.

① 유출액 및 잔액의 조성
② 단증류 때 발생된 증기의 1/3이 항상 분축될 때 유출액의 조성

단, 메탈올-물 계의 평형값은 다음과 같다.

x	0.050	0.100	0.150	0.200	0.300	0.400	0.500	0.600	0.800
y	0.269	0.418	0.517	0.579	0.665	0.729	0.779	0.825	0.915

3 벤젠 40 [mol %]인 벤젠-톨루엔 혼합액을 정류해서 유출액의 조성이 벤젠 90 [mol %], 관출액의 조성이 벤젠 10 [mol %] 이하로 하려고 한다. 원액은 비점으로 공급하며 환류비는 제품 1 [mol]에 대하여 3 [mol]로 한다. 이와 같은 정류탑의 이론단수 및 원액공급단 위치를 구하여라.

4 서로 용해하지 않는 물 50 [g]과 에틸아닐린 50 [g]과의 혼합액을 1 [atm]에서 끓일 때 기체의 조성을 [mol 분율]로 표시하여라. 다음에 양자의 관계를 표시한다.

[℃]	물 p_A[mmHg]	에틸아닐린 p_B[mmHg]	$P = p_A + p_B$[mmHg]
64.4	119.7	5	205
80.6	363.9	10	374
96.0	657.6	20	678
99.15	737.2	22.8	760
113.2	1225	40	1265
204	−	760	−

5 벤젠 60 [mol %], 톨루엔 40 [mol %]의 혼합액을 1 [atm]에서 평형증류하여 원액의 55 [mol %]를 증류하였다. 증기 및 잔액의 조성을 구하여라.

6 메탄올 50 [mol %]와 물과의 혼합액(27 [℃])을 매시 2000 [kg], 1 [atm]에서 연속정류하여 유출액 및 탑저액 중의 메탄올을 각각 96 [몰 %] 및 1 [몰 %]로 한다. 원액은 비점의 상태로 공급하며 환류비는 0.7로 한다. 다음을 구하여라. [1)]

① 제품의 양, ② 최소 환류비, ③ 최소 이론단수, ④ 이론단수

단, 메탄올-물의 평형값은 다음과 같다.

x	y	x	y	x	y
0.05	0.027	0.3	0.665	0.6	0.825
0.1	0.418	0.4	0.729	0.8	0.915
0.2	0.579	0.5	0.779	1.0	1.0

7 $x = 40$ [몰 %], $y = 60$ [몰 %]인 기-액 혼합물을 정류탑에서 정류하여 유출액으로서 $x_D = 90$ [몰 %]를 얻는다. 공급원액은 그의 $\frac{1}{2}$이 증기이며, 환류비 $R = 3$, $\alpha = 2.2$이다. 이 때 이론단수 및 공급단 위치를 구하여라. 단, 관출액 $x_W = 0.1$이다.

[주] Ponchon-Savarit법은 q_e와 q_r이 간단히 구해지기 때문에 냉각기와 재비기의 설계도 같이 하게되는 것이다. 그러나 일반적으로는 엔탈피의 데이터가 많지 않아 McCabe-Thiele법만큼 일반적인 방법은 못된다.

8 벤젠 0.4 [몰분율], 톨루엔 0.6 [몰분율]의 혼합액을 상압에서 10 [kg−mol/h]를 증류한다. 제품의 조성은 벤젠 0.95 [몰분율], 관출액 0.05 [몰분율]이다. 원액은 95.2 [℃]로 공급한다. 다음을 구하라.

(1) 관출액 및 유출액의 양
(2) 최소 환류비
(3) 이론단수 및 급송단
(4) 총괄 탑효율, 실제 단수 및 실제 급송단
(5) 탑의 지름
(6) 탑의 높이
(7) 최소 이론단수

9 어떤 연속의 정류탑에 0.4 [몰분율]의 벤젠을 포함한 벤젠-톨루엔의 혼합액을 도입하여 탑상부에서 벤젠 0.97 [몰분율]을 함유한 유출물과 0.98 [몰분율]의 톨루엔을 함유한 잔유물을 얻었다. 급액속도는 350 [kg−mol/h]이다. 환류비는 3.5이다.

(1) 시간당 얻은 유출물과 관출액의 양은?
(2) 원액이 비점일 경우 이상단수와 공급단의 위치를 McCabe-Thiele법과 Ponchon-Savarit법으로 구하라.

10 암모니아 25 [mol %]의 암모니아-물의 혼합물 100 [kg−mol/h]을 7 [atm, abs]에서 전축기 및 재비기를 가진 연속정류탑에 의하여 정류한다. 유출액은 암모니아 85 [mol %]로서 이는 원료 중의 98 [%]에 상당한다. 환류비를 1로 하고 원료액은 비점의 상태로 공급할 때 소요 이론단수를 구하여라.

11 벤젠 60 [mol %], 톨루엔 40 [mol %]의 혼합액을 1 [atm]에서 평형증류하여 원액의 55 [mol %]를 증류하였다. 증기 및 잔액의 조성을 구하여라.

12 벤젠 농도 45 [mol %]의 벤젠-톨루엔 혼합액(비점액)을 상압에서 95 [mol %] 벤젠의

유출액과 95 [mol %] 톨루엔의 관출액으로 분리한다.
이 때 최소 환류비, 최소 이론단수를 구하라. 또 최소 환류비의 1.5배의 환류비로 조작할 경우 소요 이론단수, 공급단의 위치를 결정하라. 용액의 평균 비휘발도를 2.4로 계산하라.

13 스테아린산을 정제하기 위하여 증류관을 250 [℃], 300 [mmHg]로 유지하고 과열 수증기를 보내어 수증기증류를 한다. 유출액 중 스테아린산 1 [kg]에 수반되어 나오는 수증기량을 구하라. 200 [℃], 150 [mmHg]에서 조작할 때는 어떠냐? 지금 스테아린산의 증기압은 250 [℃], 200 [℃]에서 각각 23.0 [mmHg], 2.5 [mmHg]이다.

---

1. 잔액 $x_2 = 55.2$ [mol %] 벤젠, 유출액 $x_D = 79.7$ [%]
2. ① $x_1 = 0.312$, $x_D = 0.726[-]$ ② $x_{Dav} = 0.845[-]$
3. N.T.P = 6.2 [단], 원료공급단 위치 = 4 [단]
4. $1 - y = p_B/P = 22.8/760 = 0.03$ [몰분율(에틸아닐린)]
5. 증기 $y = 0.68$ [몰분율], 잔액 = 0.48 [몰분율]
6. ① 제품의 양 : 966 [kg/h], ② 최소 환류비 $R_m = 0.6$, ③ 최소 이론단수 $N_m = 4.6$ [단]
   ④ 이론단수 $N = 20.9$ [단]
7. 이론단수 10.8, 원료공급단 6번째 단.
8. (1) 3.89 [kg − mol/h], 6.11 [kg − mol/h] (2) $R_m = 1.6$, $R = 2$
   (3) 12.4단, 6.9단 (4) 70%, 10단, 18단
   (5) 0.5 [m] (6) 3 [m]
9. (1) 153.4 [kg − mol/h], 196.6 [kg − mol/h] (2) 10단, 6단
10. 3단, 셋째단.
11. 0.68, 0.48
12. 5.57단, 1.273, 11단, 6단
13. 0.763 [kg], 3.74 [kg]

제6장

추 출

추출(抽出, extraction)은 고체 또는 액체 원료를 액체 용제로 처리하여 원료 중에 함유된 가용성(可溶性) 성분을 용해 분리하는 조작이다. 고체 또는 액체 원료를 **추료**(抽料, feed), 액체 용제를 **추제**(抽劑, extracting solvent), 추료 중에 포함된 가용성 성분을 **추질**(抽質, raffinate)이라고 하며, 추출하여 얻는 액을 **추출액**(抽出液), 남은 액을 **추잔액**이라고 부른다.

고-액 추출(solid-liquid extraction)은 **침출**(浸出, leaching)이라고도 하며 소다법에 의한 흑회(黑灰)의 추출, 황산에 의한 보크사이트 중의 알루미나 추출, CIF_3에 의한 우라늄과 토륨의 추출을 비롯하여 식물 종자의 기름 추출이나 사탕수수의 추출 및 생물체의 세포내에 있는 특정 성분의 처리 등에 이용되고 있다.

액-액 추출(liquid-liquid extraction)은 단순히 **추출**이라고도 하며 빙초산 수용액으로부터 벤젠에 의한 초산의 농축, 고급 윤활유의 정제, 벤젠에 의한 페놀의 추출 및 디에틸렌그리콜에 의해 탄화수소 화합물 중의 방향족 탄화수소의 추출 등에 이용된다.

많은 경우의 액-액분리에서는 증류가 추출보다 비용이 적게 드는 조작이지만 비점차가 별로 없거나 너무 높은 비점 때문에 분해할 우려가 있는 성분이 있을 경우에는 증류가 불가능하며 추출에 의한 분리가 필요하다.

6-1 추출장치 및 조작

추출장치는 추료의 종류에 따라 달라지며 추출조작은 크게 **회분 추출**과 **향류 추출**로 나누어진다. 회분 추출은 하나의 추출기로 매회 새로운 원료를 처리하는 것으로 1회만 추출하는 경우를 **일회 추출**(一回抽出, single extraction), 동일한 추료에 추제를 나누어 반복처리하는 것을 **다회 추출**(多回抽出, multiple extraction)이라고 한다.

향류 추출은 새로운 추료가 농도가 높은 추출액이며 추질 잔량이 작은 추잔물은 새로운 추제로 처리되도록 추료와 추제를 향류시키는 조작으로 공업적으로 중요하다.

1. 고체 추출장치 및 조작

추료가 고체일 때는 향류 연속조작이 가능하지만 조립(組粒)이 함유된 추료일 때는 이 조작보다는 고체는 정지시켜 놓고 추제와 추출액을 이동시키는 다단법이 주로 이용된다. 추료가 분말인 경우는 적당한 교반에 의해 추료를 추제 중에 현탁시키고 신속하게 추출을 행한다.

(1) 고정상 추출장치(stationary-bed extractor)

가장 간단한 형식은 침출조(浸出槽)로 바닥에 유공판(有孔板)이나 여포(濾布)를 가진 탱크를 이용하며 위로부터 조립을 집어 넣고 아래에서 추제를 공급하여 추출을 행한다. 추출액은 바닥으로 나오며 새로운 추제를 가하여 추출을 반복한다.

그림 6-1은 추제 회수용 증발관을 가진 단일 추출장치이다. 추제를 추출관(抽出罐) A에 넣고 추제 저장조 D로부터 추제를 가해 추출을 행한다. 추출액은 증발관 B에 넣어 추출을 몇 회 반복한 다음 가열코일 F로 증류하여 추제를 응축기 C에서 응축시켜 추제 저장조에 보내고 추질은 증발관 바닥으로부터 얻는다. 또 물과 혼합하지 않는 추제는 마지막에 증발관 및 추출관에 수증기를 직접 불어 넣어 회수한다.

한편 회분 추출에서는 사용하는 추제의 양이 비교적 많기 때문에 추출액의 농도가 낮은 결점이 있다. 이러한 단점을 해결하게 위해 고체를 액체에 대해 연속적으로 이동시키는 것은 기술적으로 곤란하기 때문에 고체는 정치(靜置)시켜 놓고 추제를 반향류 또는 반연속적으로 흐르게 하는 다중단 침출장치(多重段浸出裝置)를 사용한다.

추제를 이동시키는데 중력을 사용하는 경우를 **생크스법**(Shanks process)이라 하고 펌프를 이용하여 가압하에서 추출하는 방법을 **강제 연속 추출법** 또는 **확산기구법**(diffusion battery process)이라 한다. 흑회의 추출이나 유지, 사탕무우 및 탄닌 등의 추출에 널리 이용된다. 그림 6-2에는 생크스법의 계통도를 나타냈다.

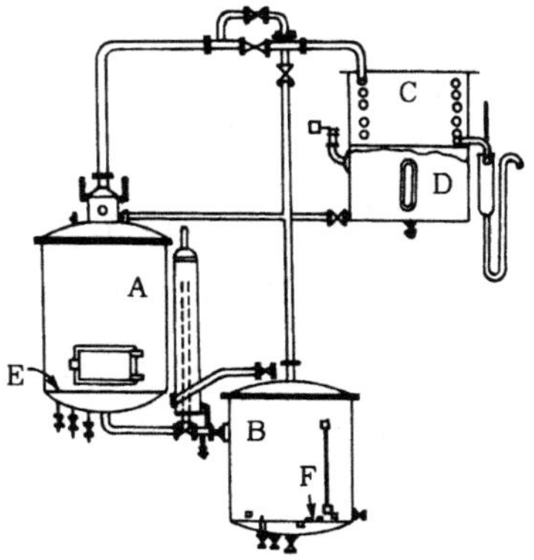

그림 6-1 단일 추출장치

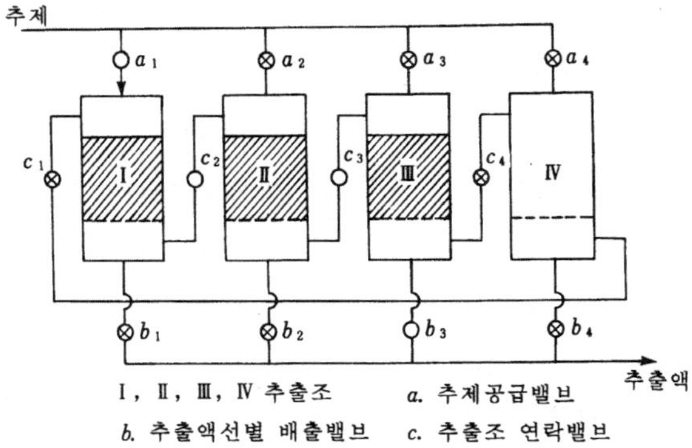

그림 6-2 Shanks법 계통도

(2) 이동상 추출장치(moving-bed extractor)

수직 원통 또는 경사 원통의 내부에 나선형 운반기를 설치하여 추료와 추제를 향류로 접촉시키는 방식으로 **향류 연속 추출장치**라고도 한다.

그림 6-3의 볼만 추출기(Bollman extractor)는 밀폐된 용기 내에 버킷승강기(bucket elevator)를 부착시킨 것이다. 부착된 각 버킷은 바닥에 작은 구멍이 있으며 장치의 우측 상단에 있는 작은 용기에는 조각(flake) 상태의 원료가 들어 있는데 장치 내부로 잘 이동되도록

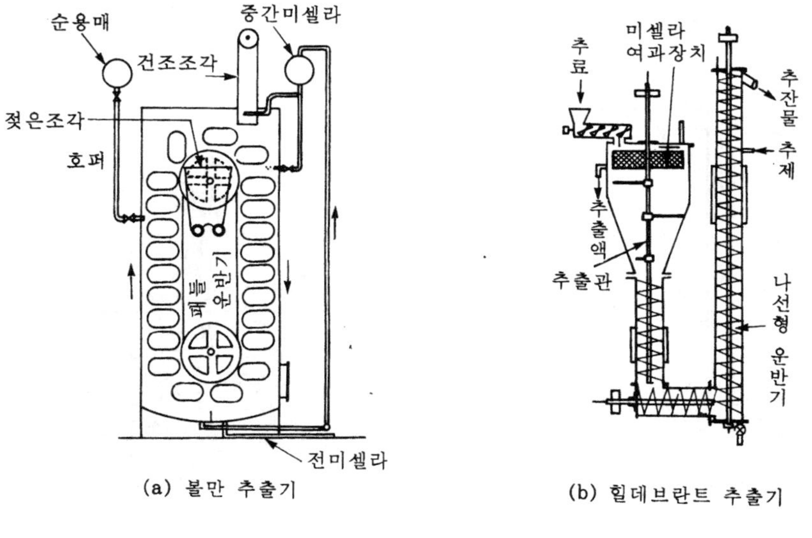

그림 6-3 이동상 침출장치

적당한 크기의 중간 미셀라(half miscella)로 만들어 분무시킨다.

대두유(大豆油) 추출의 경우 중간 미셀라는 일부 추출된 기름과 미세한 고체 입자를 포함하는 용매이다. 고체들과 용매는 장치의 우측하단으로 병류 이동하며, 이 때 용매는 대부분의 기름을 콩으로부터 추출한다. 동시에 미세한 고체 입자들은 용매의 출구에서 여과되고 추출성분과 용매의 혼합물인 전미셀라(full miscella)는 바닥에서 배출되어 오른쪽으로 이동한다. 일부 추출된 콩은 다시 장치의 왼쪽으로 올라가면서 순수한 용매와 향류 접촉한다. 이들은 왼쪽 용기에 모아진 후 중간 미셀라 저장용기로 들어간다. 완전히 추출된 콩은 승강기의 상부에서 패들운반기(paddle conveyor)에 의해 버킷으로부터 이탈된다. 보통 50～500 [ton/day]의 콩을 처리할 수 있다.

힐데브란트 추출기(Hildebrandt extractor)는 각 부분마다 분리나선바퀴가 달린 U자 모양의 나선형 컨베이어로 구성되어 있다. 이 장치는 한 쪽으로 고체 원료가 공급되고, 다른 쪽으로 순수한 용매가 공급되어 향류 접촉한다.

(3) 파츄카 탱크(Pachuca tank)

그림 6-4와 같이 탱크의 중앙에 수직관 A가 있고 이 관의 중앙에 작은 관 B가 있다. B로 들어간 공기는 하단으로부터 나와 공기양액 펌프(air lift pump)로 작용한다. 추제와 추료는 공기로 혼합되므로 A관내를 상승하며 교반이 행해진다. 작은 관 C는 분말 속에 B가 막힌 경우 공기를 불어 넣어 퇴적물을 떨어뜨리는 역할을 한다.

(4) 분산상 침출장치(dispersed-solid extractor)

추출을 행하기 전이나 도중에 용매가 잘 침투되지 않는 고체들은 탱크나 혼합기에서 기계적인 교반에 의해 고체들을 분산시켜 추출한다. 침출된 잔여물은 정치 또는 여과에 의해 용액

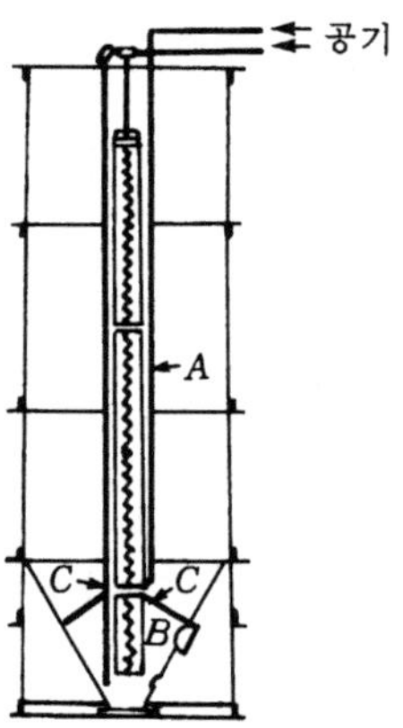

그림 6-4 파츄카 탱크

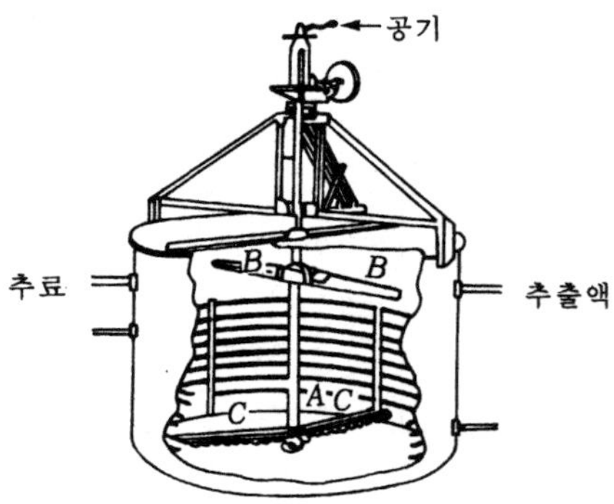

그림 6-5 도르 교반기

과 분리한다.

잔여물이 적은 양일 때는 정치시킨 다음 교반탱크 밑으로 제거할 수 있도록 설계된 회분식 침출을 행할 수 있으며, 연속식 향류 침출은 일련의 중력 농축기들이 연결되어 있거나 각 조의 농축기 사이에 교반탱크가 놓여져 농축기 내의 접촉이 부적절할 때 행한다. 고체들이 너무 미세하여 중력에 의해 배출할 수 없을 때는 연속식 나선형 컨베이어의 원심력에 의해 미셀라로부터 잔여물을 분리한다.

그림 6-5와 같은 Dorr교반기는 기포를 불어 넣는 중공축(中空軸)이 있고 이 축의 상, 하부에는 노형 회전날개가 달려 있으며 회전에 의해 침강물을 중심으로 모으는 갈고리가 있다. 중공축은 상승한 혼합액을 회전날개 위로 흘러 다수의 작은 구멍을 통해 한 쪽으로 분출하여 흘러내린다. 이 외에도 여러 개의 방으로 된 회전 원통에 추료를 넣고 용매를 분사시켜 추출하는 로토셀 추출기(Rotocel extractor)도 있다.

(5) 향류 다단 추출장치(counter current multistage extractor)

다중단 침출조에서는 고체는 이동하지 않고 액상만 이동한다. 이것에 비해 양자가 향류로 이동하는데 이 조작을 **향류 다단 추출조작**이라고 한다. 고체가 분립체(粉粒體)일 경우는 그림 6-6과 같은 침강조를 이용하여 연속적으로 향류 다단 추출을 한다. 분말 원료는 혼합조에서 제2침강조의 일류액(溢流液, overflow)과 혼합되어 제1침강조에 공급된다. 제1침강조에서 고체나 액체는 중력분리되며 고체와 분리된 상징액(上澄液)은 일류하여 최종 추출액으로 나온다. 침강조 바닥으로 나오는 배니(排泥)는 제3침강조에서 상징액과 혼합되어 제2침강조로 보내지는 조작이 계속 반복된다.

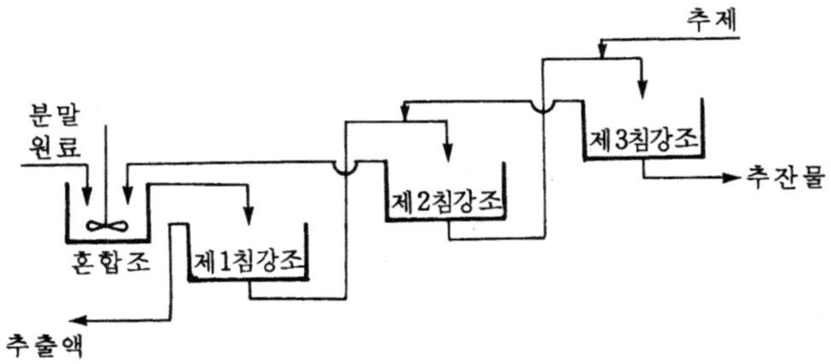

그림 6-6 침강조에 의한 향류 다단 추출

2. 액체 추출장치 및 조작

액체추출은 기체 흡수나 증류처럼 두 상이 잘 접촉하여 물질전달이 원활하도록 하는 것이다. 그러나 흡수나 증류조작은 기상과 액상의 밀도차가 크므로 쉽고 신속하게 분리할 수 있지만 액체추출은 밀도차가 작으므로 분리가 어렵다. 액체 추출장치는 기계적 교반을 하는 형식과 유체 자신의 흐름에 의해 교반하는 형식으로 분류되며 조작은 회분식도 가능하나 다회 추출, 향류 다단 추출, 연속미분 추출 및 환류 추출과 같은 연속식이 주로 사용된다.

(1) 회분식 추출장치(batch-type extractor)

추료와 추제를 교반조에 넣고 일정시간 심하게 교반한 후 정치하여 분리하는 방식으로 이상적인 평형조작을 할 수 있지만 정치시키는데 시간이 많이 걸리므로 원료의 양이 많거나 몇 차례의 접촉을 요구할 경우에는 사용하기 힘들다.

그림 6-7에는 회분 추출에 대한 설명도를 나타냈다.

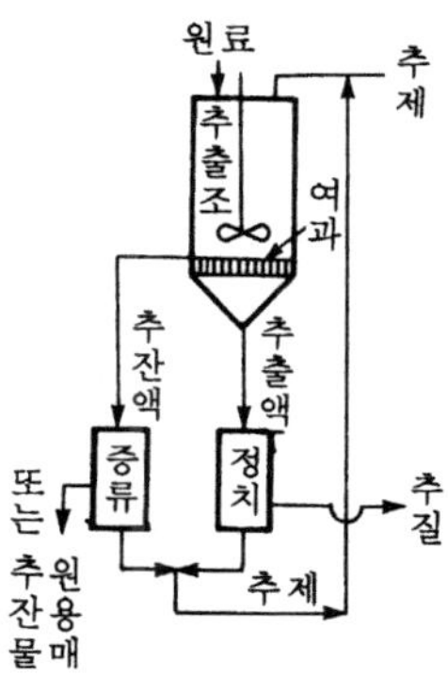

그림 6-7 회분추출 설명도

(2) 혼합 침강기(mixer-settler)

조형 추출기의 대표적인 형식으로 그림 6-8과 같이 혼합조(mixer)와 침강조(settler)가 직렬로 연결된 것으로 여러 개를 조합하여 병류 및 향류조작을 하기도 한다. 장치의 구조가 간단하여 고정비가 적게 들고 조작조건과 추료나 추제의 종류도 광범위하며 수용액으로부터 우

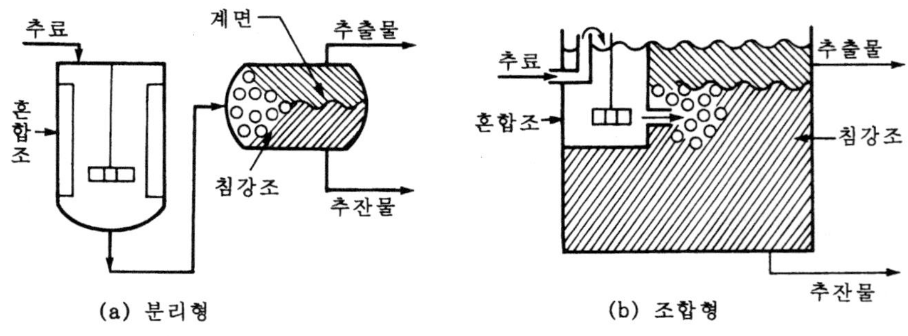

그림 6-8 혼합침강기

라늄염이나 구리염의 추출에 이용되고 있다.

(3) 충전 및 분무 추출탑(Racked and Spray-type extraction tower)

충전 및 분무 추출탑은 그림 6-9와 같이 무거운 액(heavy liquid)이 탑상에서 들어가서 연속상(continuous phase)으로 탑을 채운 상태로 바닥으로 나간다. 가벼운 액(light liquid)은 바닥에 있는 노즐을 통해 분산 또는 분무된 액체방울로서 위쪽으로 상승하여 탑상부에서 합쳐진 후 나간다. 또 다른 방식으로는 무거운 액이 연속상으로 상승하는 가벼운 액속으로 분무되는 것이 있다.

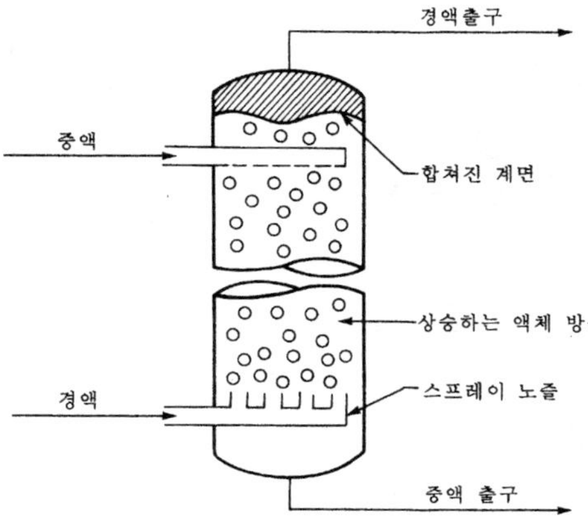

그림 6-9 분무 추출탑

탑 내부에 벌 새들(berl saddle)이나 라시히 링(reschig ring)을 충전하여 액체방울이 합쳐지거나 재분산되는 것을 원활하게 해주면 더욱 효과적이다.

(4) 다공판 및 방해판 탑(perforated-plate and baffle plate tower)

액체방울의 생성소멸이 1회에 그치는 분무탑의 결점을 해결한 것으로 그림 6-10(a)와 같이 다공판을 통해 액체방울의 재형성 및 재분산이 일어나도록 여러 번 반복하여 효율을 높이는 것이다. 일반적으로 가벼운 액체는 분산상으로 도입되며, 일류관(down comer)은 다음 단으로 무거운 액체를 옮겨주는 역할을 한다. 다공판 탑의 변형으로는 유로에 디스크 도넛형(disc and doughnut), 측부 조립형(side to side) 및 중심 조립형(center to side)과 같은 수평 방해판(baffle)을 설치하여 접촉을 원활히 하도록 한 방해판 탑이 있다. 방해판의 간격은 보통 10~15 [cm]이며 부식에 의해 구멍이 커지거나 막히는 일이 없으므로 현탁된 고체를 함유한 용액의 취급에 적당하다.

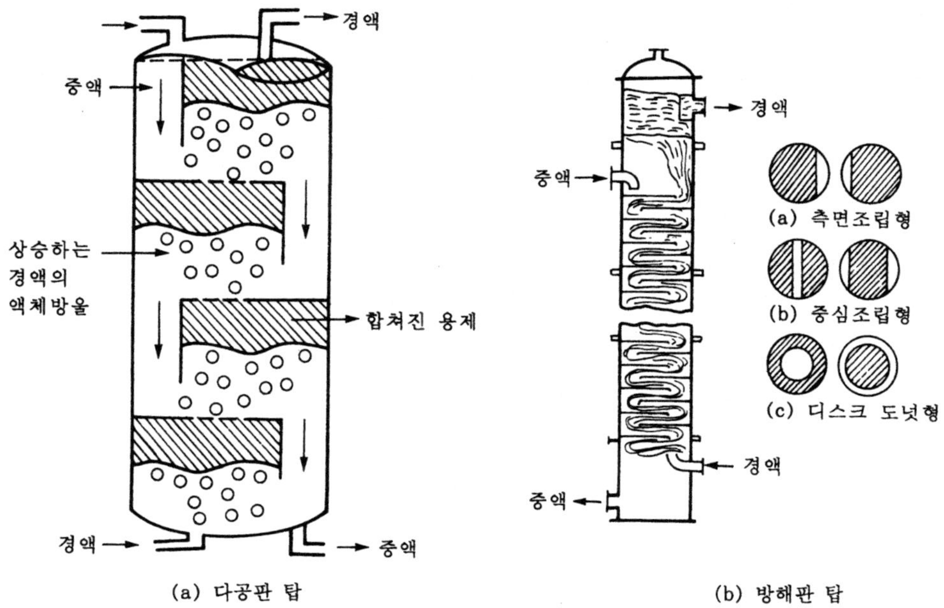

그림 6-10 다공판 및 방해판탑

(5) 교반탑(agitated tower)

터빈이나 중심에 회전축이 있는 교반기로 기계적 에너지를 공급하여 두 색상을 혼합하는 것으로 교반날개 사이에는 혼합 침강기의 효과를 얻기 위해 간막이나 무풍구역(無風區域, calming section)을 설치한다. 무풍구역은 상(phase)들의 혼합과 분리를 촉진하기 위해 철망(wire mesh)으로 설치되어 있다.

각 교반날개의 거리는 30～60 [cm]이며 이것은 짧은 탑내에서 많은 접촉이 일어나도록 한 것이다. 이 탑은 부식성 액체를 사용하면 내부장치가 침식되므로 사용할 수 없다. 그림 6-11은 패들(paddle)형 교반기를 사용하는 샤이벨 탑(Scheibel tower)이며 원판형 날개를 사용하는 회전원판탑도 있다.

(6) 맥동탑(脈動塔, pulse tower)

맥동탑에서는 왕복펌프가 작은 진폭의 빠른 운동을 함으로써 정상적인 흐름을 유지하면서도 전체 내용물을 맥동시킨다. 맥동탑은 보통의 충전물이나 특수한 체판을 갖는다. 충전탑에서 맥동은 액체를 확산시키고 편류현상(偏流現象, channeling)을 없애며 액상사이의 접촉을 활발하게 한다. 왕복운동에 의한 이상적인 맥동은 피스톤이 위로 올라갈 때는 가벼운 액체가 무거운 액체 속으로 확산되며 아래로 내려갈 때는 무거운 액체가 가벼운 액체 속으로 주입된다. 두 상의 부피가 거의 같고 부피변화가 거의 없다면 이 때의 단효율은 70 [%]에 이른다. 맥동탑은 이론적인 접촉만을 고려할 때 비맥동탑에서 요구되는 높이의 $\frac{1}{3}$ 보다 작아도 되는 장점이 있다.

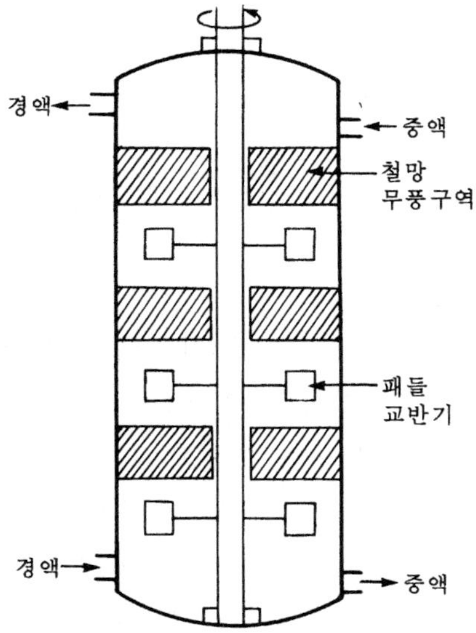

그림 6-11 교반탑

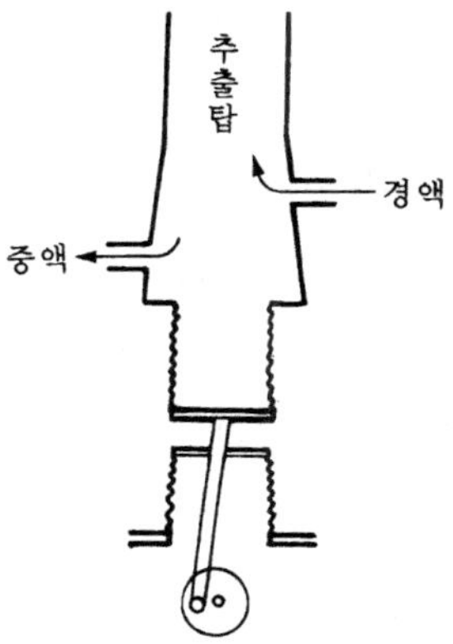

그림 6-12 맥동추출탑

(7) 원심추출기(centrifugal extractor)

고속회전에 의한 원심력을 이용하는 것이기 때문에 비중차가 적을 때 적합하다. 포드빌락(Podbielniak) 추출기는 무거운 금속통 속에 액이 들어오고 나갈 수 있도록 속이 비어 있는 횡축에 나선형의 리본이 감겨져 있다. 가벼운 액체는 3~12 기압의 원심력으로 나선형의 바깥쪽으로 펌핑되고 무거운 액체는 중심쪽으로 펌핑된다. 이들 액체는 리본과 벽면 사이의 통로를 따라 서로 반대방향으로 흐른다. 즉 무거운 액체는 나선형의 바깥면을 따라 외측으로 이동

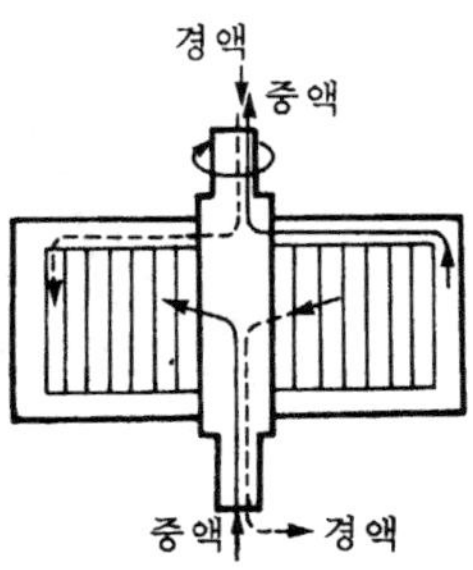

그림 6-13 포드빌락 원심 추출기

하고 가벼운 액체는 안쪽 면을 따라 내측으로 이동된다.

원심추출기는 적은 공간에서 이론적 접촉이 많고 체류시간이 짧아서 처리량이 큰 장점이 있으나 구조가 복잡하고 값이 비싸서 사용이 제한되는 편이다. 비타민이나 항생물질 등의 예민한 물질의 추출에 유용하다.

6-2 3성분계의 평형관계

1. 삼각도표(triangular diagram)

3성분계에 대한 관계는 일정한 온도에서 3각 도표에 나타낼 수 있다. 그림 6-14와 같이 정 3각형 도표와 직각 3각형 도표가 있으나 보통 간편한 직각 3각형 도표를 사용하며 이것에 대한 사용법을 설명한다.

직각 3각형의 정점에는 어느 성분이나 표시할 수 있으나 그림과 같이 추제(S), 추질(A) 및 원용매(B)를 나타낼 경우 수평축 SB는 추제와 원용매와의 혼합물, 수직축 AS는 추제와 추질의 혼합물을 표시하며, 빗변 AB는 추질과 원용매사이의 가능한 모든 혼합물의 궤적을 나타낸다. x_A, x_B 및 x_S는 각각 성분 A, B 및 S의 중량분율이며 다음과 같은 관계가 있다.

$$x_A + x_B + x_S = 1 \tag{6-1}$$

$$x_A = 1 - x_B - x_S \tag{6-2}$$

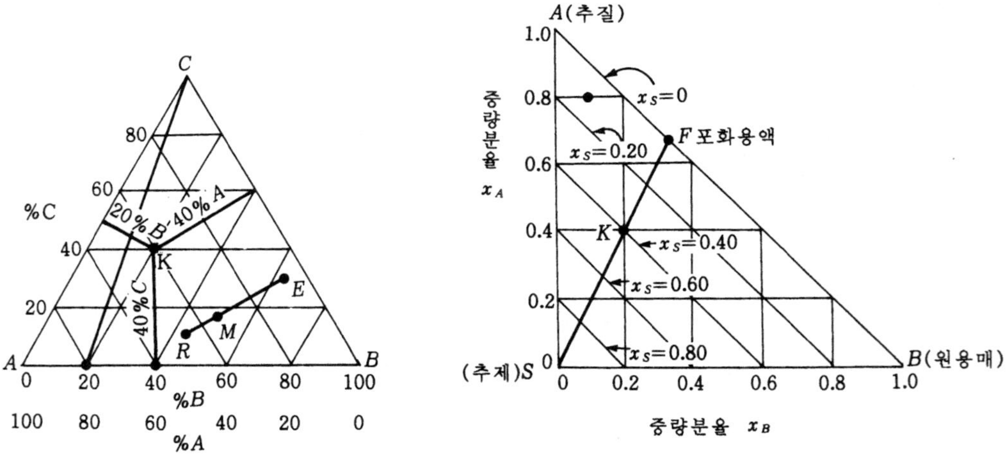

(a) 정3각형 도표

(b) 직각 3 각형 도표

그림 6-14 삼각도표

따라서 성분 A의 농도는 독립적이 아니고 x_B와 x_S가 정해지면 따라서 결정된다. 즉 임의의 점 K에 대한 조성은 $x_A = 0.4$, $x_B = 0.2$ 및 $x_S = 1 - 0.4 - 0.2 = 0.4$이다. 원점 S ($x_A = 0$, $x_B = 0$)는 추제만을 나타내며 일정한 온도에서 원용매가 추질로 포화된 포화용액은 F점이 된다. SF선의 아래쪽은 아직 용해되지 않은 추질성분을 함유하고 있는 영역을 표시하며 SF선의 위쪽에 있는 영역은 추제의 용해된 부분을 나타내는데 대부분의 추출은 이 영역에서 이루어진다.

2. 용해도 곡선 ; 대응선 및 상계점

액-액 추출에서는 추질, 원용매 및 추제의 3성분의 혼합비율에 의해 전부가 용해되어 균일한 액상을 나타내는 경우와 두 상으로 분리되는 경우가 있다.

간단한 예로 초산(A), 물(B)의 혼합액에 벤젠(S)을 가하여 추출을 행한 결과를 나타낸 표 6-1을 보자

➡**표 6-1** 초산-벤젠-물의 액-액 평형에서 벤젠으로 추출(25 [℃])

벤젠상(抽出相) [wt %]				수상(抽殘相) [wt %]			
	초산 (A)	벤젠 (S)	물 (B)		초산 (A)	벤젠 (S)	물 (B)
E_1	0.15	99.85	0.001	R_1	4.56	0.04	95.4
E_2	1.4	98.56	0.04	R_2	17.7	0.20	82.1
E_3	3.27	96.62	0.11	R_3	29.0	0.40	70.6
E_4	13.3	86.4	0.4	R_4	56.9	3.3	39.8
E_5	15.0	84.5	0.5	R_5	59.2	4.0	36.8
E_6	19.9	79.4	0.7	R_6	63.9	6.5	29.6
E_7	22.8	76.35	0.85	R_7	64.7	7.7	27.5
E_8	31.0	67.1	1.9	R_8	65.8	18.1	16.1
E_9	35.3	62.2	2.5	R_9	64.5	21.1	14.4
E_{10}	37.8	59.2	3.0	R_{10}	63.4	23.4	13.2
	44.7	50.7	4.6		59.3	30.0	10.7
P	52.3	40.5	7.2	P	52.3	40.7	7.2

평형상태를 유지할 경우 두 상으로 나누어지는 영역의 조성과 전체가 균일한 액상영역의 조성에 대한 경계점을 연결하면 그림 6-15에 나타낸 곡선 $E_5 E_7 P R R_7 R_5$가 된다. 이 곡선을 **용해도 곡선**(solubility curve)이라고 하며 이 곡선영역 안에 있는 임의의 점은 두 상으로 나누어 진다. 추출조작은 이러한 성질을 이용하여 추출상에 추질이 많이 용출되도록 하는 것이다.

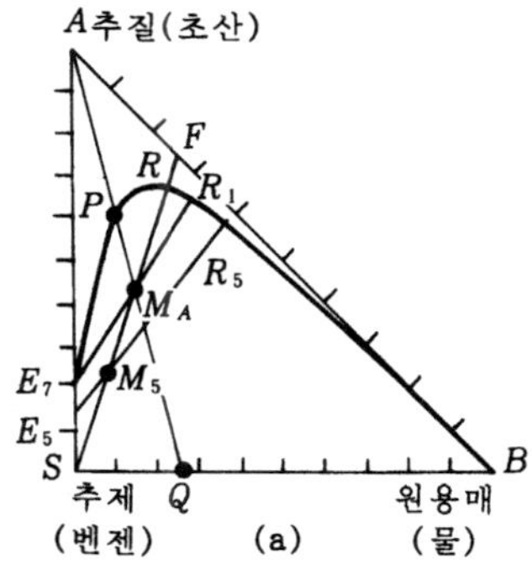

그림 6-15 초산-물-벤젠의 직각 3각 도표

그림 6-15와 같은 형은 A와 S, A와 B는 서로 완전히 용해하나 S와 B는 서로 용해하지 않는 가장 잘 나타나는 형으로 제 I 형이라고 한다.

지금 물(B) 25 [wt %]와 초산(B) 75 [wt %]인 원용액(F)에 벤젠(S)을 가해 초산을 벤젠상으로 이동시키면 A와 B의 비율은 변하지 않으나 액의 조성은 FS선을 따라 S쪽으로 이동한다. 처음에는 3성분이 투명한 하나의 균일상이나 벤젠을 추가하여 용해도 곡선상의 R까지 오면 액은 탁해지고 두 상이 생긴다.

더욱 벤젠을 가하여 M_7에 도달했을 때 잘 교반하여 평형이 되게 가만히 두면 두 상으로 분리된다. 이 때 상층인 벤젠상을 **추출상**이라 부르며 조성은 E_7($A=22.8$, $B=0.85$, $S=76.35$)이고 하층의 **추잔상**인 수상(水相)의 조성은 R_7($A=64.7$, $B=27.5$, $S=7.8$)이다. 다시 벤젠을 더 가해서 M_5까지 이르면 벤젠상과 수상의 조성은 각각 E_5와 R_5로 표시된다. 이와 같이 임의의 3성분의 조성을 나타내는 점 M_7, M_5가 각각 용해도 곡선상의 E_7, R_7 및 E_5, R_5와 같이 두 상으로 나누어 질 때 두 상이 서로 평형에 있는 한 쌍의 점의 조성을 **액-액 평형값**이라 하며, 이 점들을 연결한 E_7R_7, E_5R_5 등을 **대응선**(對應線, tie line) 또는 **연결선**이라고 한다. 대응선은 용해도 곡선상에 연속적으로 존재하게 된다.

두 상으로 분리될 경우 두 상의 중량 비율은 지렛대 법칙에 의해 구할 수 있다. 즉 M_7에 대한 E_7과 R_7의 중량 비율은 다음과 같이 성분의 역비에 해당한다.

$$E_7/R_7 = R_7M_7/E_7M_7 \tag{6-3}$$

한편 추질 (A)는 B와 S 어느 것과도 용해하는데 추출상과 추잔상에서의 추질의 농도가 같은 점 P를 **상계점**(相界點, plait point) 또는 **임계점**(critical point)이라고 한다. 상계점에서는 대응선의 길이가 0이 되며 이 상계점을 경계로 추제성분이 많은 PE쪽이 추출상이고 원용매가 많은 PR측이 추잔상이다.

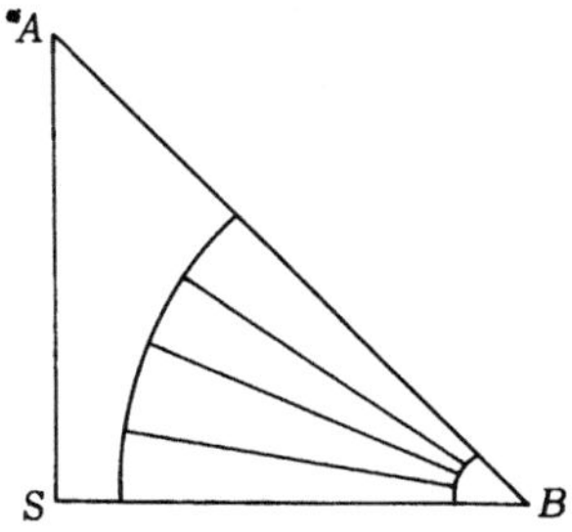

그림 6-16 제2형

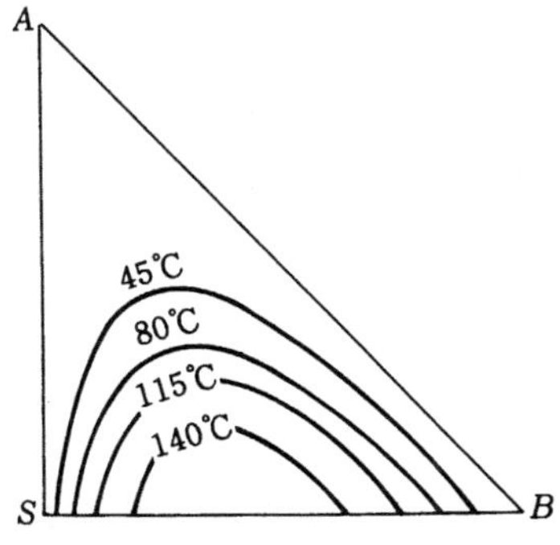

그림 6-17 용해도 곡선에 대한 온도의 영향

어떤 3성분계에서는 제 I 형과 달리 S와 B 및 A와 B 또는 S와 A가 완전히 용해하지 않는데 이것을 II 형이라고 부르며 n-butane (A)-methyl · cyclohexane (B)-aniline (S)와 chlorobenzene (A)-methylethyl ketone (B)-water (S) 등이 여기에 속한다(그림 6-16). 또 용해도 곡선은 온도에 따라 그림 6-17과 같이 변화한다.

그림 6-18의 (b)와 같이 추잔상에서의 추질의 농도(중량 분율)를 x, 추출상에서의 추질의 농도(중량 분율)를 y로 하여 액-액 평형치를 나타낸 것을 **평형곡선** 또는 **$x-y$곡선**이라고 하며, 그림 6-18의 (a)와 같이 직각 3각 도표상에 용이하게 대응선을 그릴 수 있다. 제 II 형의 경우는 P'와 같이 45° 선과 만나지 않는데서 종점이 되며, pyridine-chlorobenzene-물 및 acetone-benzene-물 등에서는 증류 때의 공비점과 같이 $x-y$곡선이 45° 선과 만나는 솔루트로프(solutrope) 현상이 있다. 상계점의 작도는 (c)와 같이 대응선의 양 점으로부터 수직 및 수평선을 그어 만나는 점을 **공액선**(共軛線, conjugate line)이라 하며 이것과 용해도 곡선과의 교점이 상계점이다.

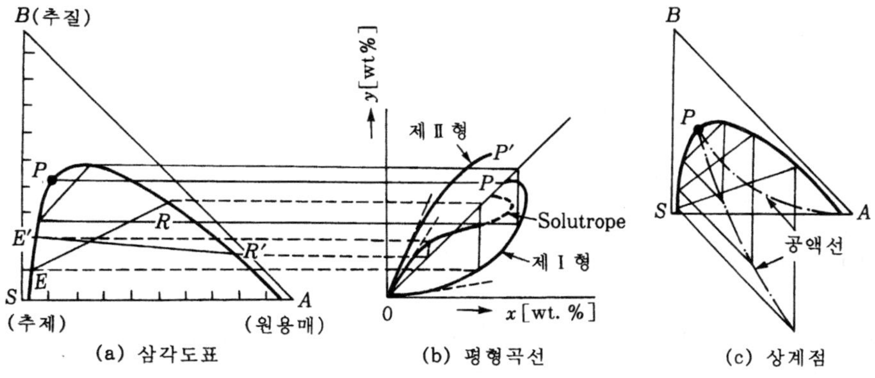

그림 6-18 대응선, 평형곡선 및 상계점의 작도법

예제 6-1

초산과 물의 혼합액에 벤젠을 추제로 가하여 초산을 추출한다. 추출상의 조성이 초산 15.0, 벤젠 84.5, 물 0.5이고 이것과 평형에 있는 추잔상의 조성이 초산 59.2, 벤젠 4.0, 물 36.8 이라고 할 때 추출상 및 추잔상으로부터 추제를 회수하였을 때 추출제품과 추잔제품의 조성을 구하라.

풀이

추출상 및 추잔상으로부터 벤젠이 완전히 회수되었다면 각 상에 대한 초산의 중량 분율은

추출상 : 기준 100 [kg]

$$\text{초산의 조성} = \frac{15}{15.0 + 0.5} = 0.968$$

추잔상 : 기준 100 [kg]

$$\text{추산의 조성} = \frac{59.2}{59.2 + 36.8} = 0.617$$

이것을 그림으로부터 구하면 그림 6-19와 같다.

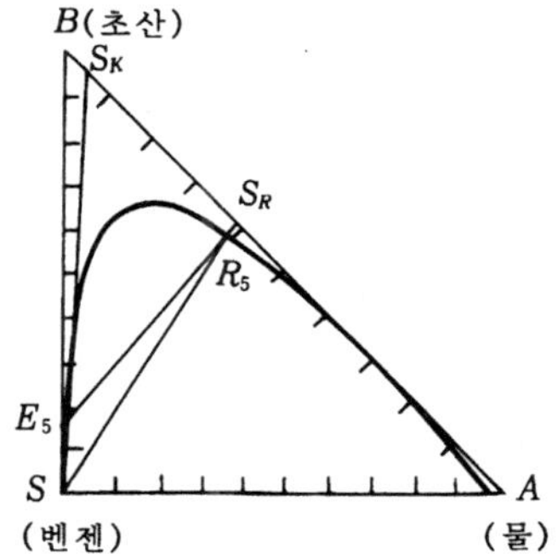

그림 6-19 추출제품과 추잔제품

S와 E_5를 연결한 선으로부터 구한 S_E가 추출제품의 조성이고 S와 R_5를 연결한 선으로부터 구한 S_R이 추잔제품의 조성이다.

3. 추질의 분배법칙

상호 용해도에 한계가 있는 혼합물에 제3의 성분을 가하면 추출상과 추잔상으로 분리되며 두 상이 평형상태에 있을 때의 조성을 나타낸 평형곡선[그림 6-18의 (b)]을 **분배곡선**(distribution curve)이라고 하며 대응선의 자료로 이용된다. 일반적으로 추제의 농도가 낮은 부분에서는 근사적으로 직선관계가 성립하는데 이것을 **분배법칙**이라 하며 다음과 같이 나타낸다.

$$K = y/x \tag{6-4}$$

여기서 K는 분배계수(distribution coefficient)이며 추제의 능력을 판별하는 요소이다. 분배법칙은 흡수에서 헨리의 법칙에 상당하며 분배계수가 온도에 따라 변하는 것은 용해도 곡선과 대응선이 변하는 것과 비교된다. 이 법칙은 보간적(補間的)으로 이용되는 것이기 때문에 곡선부분의 값은 직선부분보다 정밀도가 떨어진다.

4. 추제의 조건

고-액 추출이나 액-액 추출에서 가장 중요한 문제는 추제의 선택이다. 추제가 갖추어야 할 조건으로는 다음과 같은 것들이 있다.

① 선택도(選擇度, selectivity) 또는 선택성이 커야 한다.
추제를 목적으로 하는 추질은 가능한 많이 용해하되 원용매는 되도록 용해하지 않는 선택도가 큰 것이 필요하다. 이것을 정량적으로 표시하면 성분 A에 대한 추제 S의 선택도 β는 다음과 같다.

$$\beta = \frac{K_A}{K_B} = \frac{y_A/x_A}{y_B/x_B} = \frac{y_A/y_B}{x_A/x_B} \tag{6-5}$$

여기서 x는 추잔상에서의 중량분율이고 y는 추출상에서의 중량분율이다. 또 A는 추질, B는 원용매이고 K는 분배계수이다. 선택도는 증류에서의 비휘발도와 유사하며 β가 작을수록 추제가 많이 필요하기 때문에 그 값이 클수록 분리효과가 좋다(상계점에서는 $\beta = 1.0$으로 분리가 불가능하다).

② 회수가 용이해야 한다.

③ 값이 싸고 화학적으로 안정해야 한다.

④ 비점 및 응고점이 낮으며 부식성과 유독성이 적고 추질과의 비중차가 클수록 좋다.

예제 6-2

25[℃]에서의 초산-물-벤젠계의 액-액 평형값이 표 6-2에 주어져 있다. 초산에 대한 벤젠의 선택도와 초산의 분배곡선을 구하여라.

➡표 6-2 초산-물-벤젠계의 액-액 평형값(25 [℃])

실험 No.	추출상 [wt %]			추잔상 [wt %]		
	초산 (A)	물 (B)	벤젠 (S)	초산 (A)	물 (B)	벤젠 (S)
1	0.15	0001	99.85	4.56	95.40	0.04
2	327	0.11	96.62	29.00	70.60	0.40
3	15.00	050	84.50	59.20	36.80	4.00
4	22.8	0.85	76.35	64.70	27.50	7.70
5	35.3	2.50	62.20	64.50	14.40	21.1
6	44.7	4.60	50.70	59.30	13.20	30.00

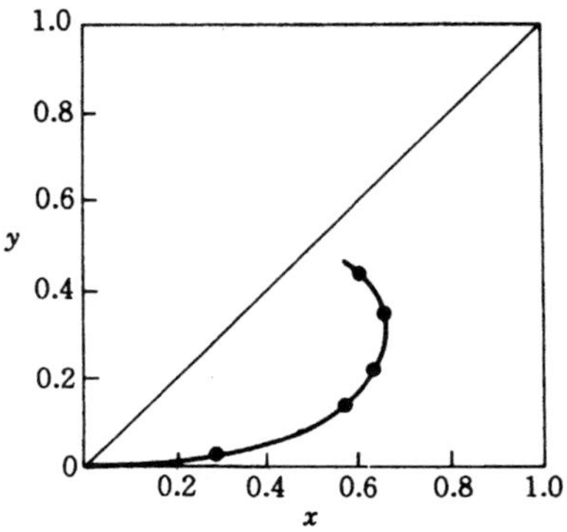

그림 6-20 초산-물-벤젠계의 분배곡선

(풀이)

선택도의 예로서 No.3과 No.6에 대하여 풀어보자.

$$\beta_3 = \frac{y_A/x_A}{y_B/x_B} = \frac{15.0/59.2}{0.50/36.80} = 18.65$$

$$\beta_6 = \frac{y_A/x_A}{y_B/x_B} = \frac{44.7/59.30}{4.60/13.20} = 2.16$$

액-액 평형값을 이용한 분배곡선은 그림 6-20과 같다.

6-3 추출조작 및 계산

1. 고-액 추출조작 및 계산

(1) 침출조작의 수율

고체의 추출에 있어서는 대개 추잔물이 추제의 전연 불용해라고 볼 수 있다. 따라서 일정량의 추료를 일정량의 추제로 처리하여 충분한 시간을 주어 평형에 도달시키면 고체의 추잔물 내와 같은 농도의 용액으로 된다. 그런데 추출액과 추잔물을 분리할 때 입자 내부에 있는 액과 표면에 부착한 액은 추잔물과 같이 남게 된다. 분리된 추제의 양 V[kg/h]와 남은 추제의 양 v[kg/h]와의 비 $\alpha(V/v)$를 **추제비**(抽劑比, solvent ratio)라고 한다.

① 다회 추출(회분조작)의 수율

문제를 간단히 하기 위하여 흡착의 영향을 생략하고 또 v[kg/h]만큼의 추제가 처음으로부터 추료에 포함되어 있다고 가정하고 이것을 $V(=\alpha v)$량의 추제와 접촉시켜서 평형에 도달한 후 추출액을 분리하고 추잔물에 다시 V량의 새로운 추제를 가하는 형식으로 이를 반복하는 경우에 잔유물과 같이 남는 추질의 양을 생각해 본다. 지금

a_0 : 추료 속의 추질의 양

$a_1, a_2, \cdots$: 1회 추출, 2회 추출…후에 남는 추질의 양

c_0 : 추료 속의 액의 추질의 농도

$c_1, c_2 \cdots$: 1회 추출, 2회 추출…에 있어서의 평형 후의 농도라고 하고 α를 각 회의 추제비라고 한다면 $a_0 = c_0 v$, $a_1 = c_1 v$ ……이므로

$$\frac{a_0}{c_0} = \frac{a_1}{c_1} = \frac{a_2}{c_2} = \frac{a_n}{c_n}(=v) \tag{6-6}$$

그런데 매회의 추출에 따라 액의 부피는 $(\alpha+1)$배로 되므로

$$c_1 = \frac{c_0}{\alpha+1},\ c_2 = \frac{c_1}{\alpha+1} = \frac{c_0}{(\alpha+1)^2},\ \cdots,\ c_n = \frac{c_0}{(\alpha+1)^n} \tag{6-7}$$

식 (6-6)과 (6-7)을 정리하면 추잔율은 다음과 같다.

$$\frac{a_1}{a_0} = \frac{1}{\alpha+1} \tag{6-8}$$

$$\frac{a_n}{a_0} = \frac{1}{(\alpha+1)^n} \tag{6-9}$$

$$\text{추출율은}\quad \eta = 1 - \frac{1}{(\alpha+1)^n} \tag{6-10}$$

이 된다.

식 (6-8)과 (6-9)는 매회 새로운 추제를 사용하고 추제사용량이 추출회수에 비례하여 증가하는 경우이다. 그런데 만약 일정량 $V(=\alpha v)$의 추제를 취하여 이를 m등분하여서 m회추출을 행할 경우 매회의 추제비(抽劑比)는 α/m가 되므로 잔유율은 식 (6-9)에서

$$\frac{a_m}{a_0} = \frac{1}{(\alpha/m+1)^m} \tag{6-11}$$

로 된다.

② 다중단추출의 이론적 수율

Hawley는 다중단추출의 경우에 대하여 추제비 α로 향류조작을 행할 때 추잔율은

$$\frac{a_p}{a_0} = \frac{1}{1+a+a^2 \cdots a^p} + \frac{a-1}{a^p+1-1} \quad (6\text{-}12)$$

이 된다고 보고 하였다.

예제 6-3

(1) 추제비 $a=6$일 경우 추제를 $m=1, 2, 3, \cdots \infty$로 등분하여 m회 추출할 경우 추잔율을 구하여라.

(2) 향류다단 추출에서 추제비 2, 단수 5로 조작할 때 추출율을 구하라.

풀이

(1) 식 (6-11)에서 $\frac{a_m}{a_0} = \frac{1}{(a/m+1)^m}$

$$\frac{a_1}{a_0} = \frac{1}{(6/1+1)^1} = 0.143$$

$$\frac{a_3}{a_0} = \frac{1}{(6/2+1)^2} = 0.063$$

$$\frac{a_3}{a_0} = \frac{1}{(6/3+1)^3} = 0.037$$

$$\frac{a_m}{a_0} = \left| \frac{1}{\left(\frac{a}{m}+1\right)^m} \right|_m + m = e^{-a} = 0.002$$

(2) 식 (6-12)에서 $\frac{a_p}{a_0} = \frac{a-1}{a^{p+1}-1}$

$$a=2,\ \ p=5$$

$$\frac{a_p}{a_0} = \frac{2-1}{2^{5+1}-1} = 0.0159$$

추출율 $E = 1 - \frac{a_p}{a_0} = 1 - 0.0159 = 0.9841$

---

(2) 향류 다단식 추출계산

추제(solvent)의 추출작용으로 고체에서 가용성 성분을 분리하는 것은 두 단계로 되어 있다고 생각할 수 있다. (1) 고체를 액상과 접촉시키고 (2) 고체에서 액상을 분리하는 것이다. 정류의 경우에서와 같이 계산을 하는데 있어 단의 개념을 사용하는 것이 편리하다. 한 개의 단은 위에서 말한 것처럼 두 단계로 되어 있다. 고체-액체 추출에서 추출상(抽出相)으로 나가는 용액의 농도와 추잔상(抽殘相)의 고체에 붙어 있는 용액의 농도가 같은 단을 이상단(理想段)이라 한다.

대부분의 고체-액체 추출계는 3성분으로 구성되어 있다고 생각할 수 있다. 즉 추질(solute) A, 불활성 고체(inert matter) B, 추제(solevent) S가 그것이다.

고체-액체 추출계의 계산은 종류의 경우와 마찬가지로 물질 및 에너지수지와 이상단의 개념에 그 기초를 두고 있다. 그런데 실제 추출과정에서는 에너지수지식은 생략하고 추제에 대한 물질수지를 고려한다.

단수를 결정하는데 대수적인 해법과 도해적인 해법이 있다.

그림 6-21은 연속 침출의 물질수지를 나타낸다. 여기서 각 이상단의 번호는 고체의 흐르는 방향으로 붙였다.

그림에서 추제(solvent)는 제 N단에 도입되고, 추출 원료는 제1단에 도입되어 향류된다. 또한 추료중 순수고체는 추제에 녹지 않는다고 본다. V는 건조고체 단위 질량을 기준으로 한 추출액의 흐름이며 L은 고체 중에 동반되는 용액의 흐름을 표시한다. y와 x는 추출상과 추잔상에서 A성분의 농도이다.

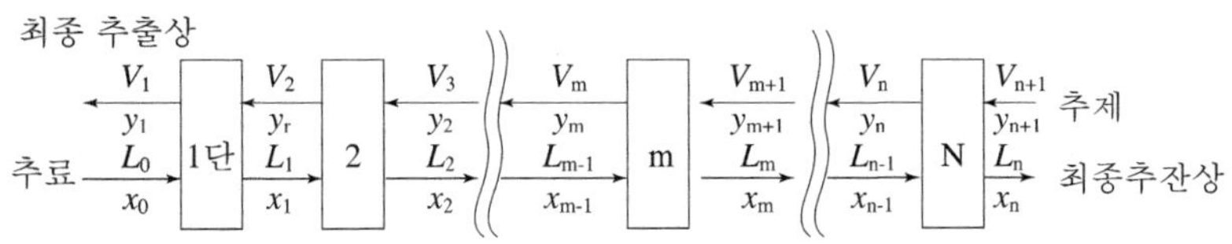

그림 6-21 향류 다단추출의 약도

그림 6-21을 바탕으로 물질수지를 세우면 다음 식을 얻는다.

총괄 물질수지는

$$L_0 + V_{n+1} = L_n + V_1 \text{ [kg/hr]} \tag{6-13}$$

A성분 수지는

$$L_0(x_A)_0 + V_{n+1}(y_A)_{n+1} = L_n(x_A)_n + V_1(y_A)_1 \text{ [kg/hr]} \tag{6-14}$$

S성분 수지는

$$L_0(x_S)_0 + V_{n+1}(y_S)_{n+1} = L_n(x_S)_{n+1} = L_n(x_S)_n + V_1(y_S)_1 \text{ [kg/hr]} \tag{6-15}$$

가 된다. 이를 $A-B-S$ 3성분계의 조성은 종축을 A의 농도, 횡축을 S의 농도로 표시한 직각 3각 좌표상에 나타낼 수 있다. 지금부터 간단히 표시하기 위하여 점 $((x_A)_0, (x_S)_0)$를 점

x_0로, 점 $((y_A)_{n+1}, (y_S)_{n+1})$을 점 y_{n+1}로 나타낸다.

추출단수를 도해적으로 구하기 위해서는 앞서 설명한 직각 3각 좌표상에 추출상과 추잔상의 위치를 결정하여야 한다. 추출액상선 즉 상류조성의 궤적은 불활성물질 B가 포함되지 않으므로 추질 A와 추제 S 2성분 선인 3각형의 사변(斜邊)이 된다.

추잔상 선인 하류조성의 궤적은 불활성 물질 단위 [kg] 당 포함되어 있는 용액의 양 [kg]을 알면 근사적으로 그을 수 있다. 예를 들면 이 비가 1.5라면 삼각형의 사변과 평행하고 수직축과 $x_S = 0.600$에서 만나는 직선이다.

식 (6-13)에서 두 흐름의 합류를 M류라 하면

$$M = L_0 + V_{n+1} = L_n + V_1 \text{ [kg/hr]} \tag{6-16}$$

$$Mx_M = L_0 x_0 + V_{n+1} y_{n+1} = L_n x_n + V_1 y_1 \text{ [kg/hr]} \tag{6-17}$$

가 된다.

식 (6-16)과 (6-17)에서 점 x_M, x_0, y_{n+1}은 동일 직선상의 점이다(직선혼합법칙). 이 점의 위치는 지렛대 법칙에 의하여 V_{n+1}/L_0의 비로서 결정된다.

즉 $$\frac{V_{n+1}}{L_0} = \frac{(x_S)_M - (x_S)_0}{(y_S)_{n+1} - (x_S)_M} = \frac{(x_A)_0 - (x_A)_M}{(x_A)_M - (y_A)_{n+1}} \tag{6-18}$$

또한 점 x_n, x_M 및 y_1은 동일직선상에 있어야 한다. 하류조성의 궤적이 알려져 있으므로 점 x_n의 위치는 주어진 $(x_A)_n$의 값에서 이 궤적상에 결정된다. 점 y_1의 위치는 점 x_n을 x_M과 지나는 선과 상류조성의 궤적과의 교점으로 정해진다. 이리하여 양단의 흐름의 모든 조성이 알려진다.

계(系) 가운데 제1단에서 $m+1$단에 이르는 부분에 걸쳐 물질수지식을 쓰고 이를 정리하면

$$L_0 - V_1 = L_m - V_{m+1} \tag{6-19}$$

$$L_0 x_0 - V_1 y_1 = V_1 y_1 = L_m x_m - V_{m+1} y_{m+1} \tag{6-20}$$

$$(m = 1, 2 \cdots, n)$$

R을

$$R = L_0 - V_1 \text{ [kg/hr]} \tag{6-21}$$

$$Rx_R = L_0 x_0 - V_1 y_1 \text{ [kg/hr]} \tag{6-22}$$

로 정의하면 식 (6-14)와 (6-15)로부터

$$R = L_0 - V_1 = L_1 - V_2 = \cdots = L_n - V_{n+1} \text{ [kg/hr]} \tag{6-23}$$

$$Rx_R = L_0x_0 - V_1y_1 = L_1x_1 - V_2y_2 = \cdots = L_nx_n - V_{n+1}y_{n+1}\ [\text{kg/hr}] \qquad (6\text{-}24)$$

식 (6-23)과 (6-24)에 의하면 점 x_R의 위치는 점 x_0와 y_1을 지나는 직선과 점 x_n과 y_{n+1}을 지나는 직선과의 교점에 의하여 정해진다.

단수를 결정하기 위한 작도를 제1단에서 시작하면 점 y_1이 알려져 있으므로 이상단개념을 사용하여 원점(모든 용질이 용해되었다고 가정하면)과 점 y_1을 지나는 선을 긋고 그 선과 하류조성의 궤적과의 교점을 결정하여 점 x_1의 위치를 정한다. x_1과 x_2이 알려져 있으므로 점 x_1과 x_R을 연결한 선과 상류조성의 궤적과의 교점을 구함으로써 y_2가 결정될 수 있다.

이상 나타낸 과정을 되풀이하여 $(x_A)_n$보다 작거나 같은 x_A의 값이 얻어질 때까지 이를 계속한다. 요구되는 이상단의 수는 tie line 즉 원점과 y_1, y_2 … 등을 연결하는 선의 수와 같다. 그림 6-23에 작도법을 표시하였다.

예제 6-4

연속 향류추출기를 사용하여 벤젠으로 가루에서 기름을 추출하려고 한다. 그 장치는 1시간에 2,000 [kg]의 가루(완전히 탈유된 고체기준)을 처리한다. 미처리 된 가루에는 800 [kg]의 기름과 50 [kg]의 벤젠이 들어 있다. 새로운 세척용액은 20 [kg]의 기름이 1,310 [kg]의 벤젠에 용해되어 있는 것이다. 탈유된 고체는 120 [kg]의 추출되지 않은 기름을 포함한다고 한다.

추잔상 중 고체 4 [kg]에 포함되어 있는 용액의 무게는 2 [kg]이다.

다음을 구하여라.

(1) 강용액의 조성

(2) 추출된 고체에 부착해 있는 용액의 조성

(3) 추출된 가루와 같이 나가는 용액의 무게

(4) 강용액의 무게

(5) 필요한 장치의 수

풀이

(계산의 기준) 1 [hr]

$L_0 = 2,000 + 800 + 50 = 2,850$ [kg]

$$(x_A)_0 = \frac{800}{2,850} = 0.281$$

$$(x_S)_0 = \frac{50}{2,850} = 0.01754$$

$$V_{mtl} = 20 + 1,310 = 1,330\ [\mathrm{kg}]$$

$$(y_A)_{n+1} = \frac{20}{1,330} = 0.0150$$

$$(y_B)_{n+1} = 0$$

$$(y_S)_{n+1} = 0.985$$

$$M = L_0 + V_{n+1} = 2,850 + 1,330 = 4,180\ [\mathrm{kg}]$$

$$\frac{L_0}{M} = \frac{2,850}{4,180}$$

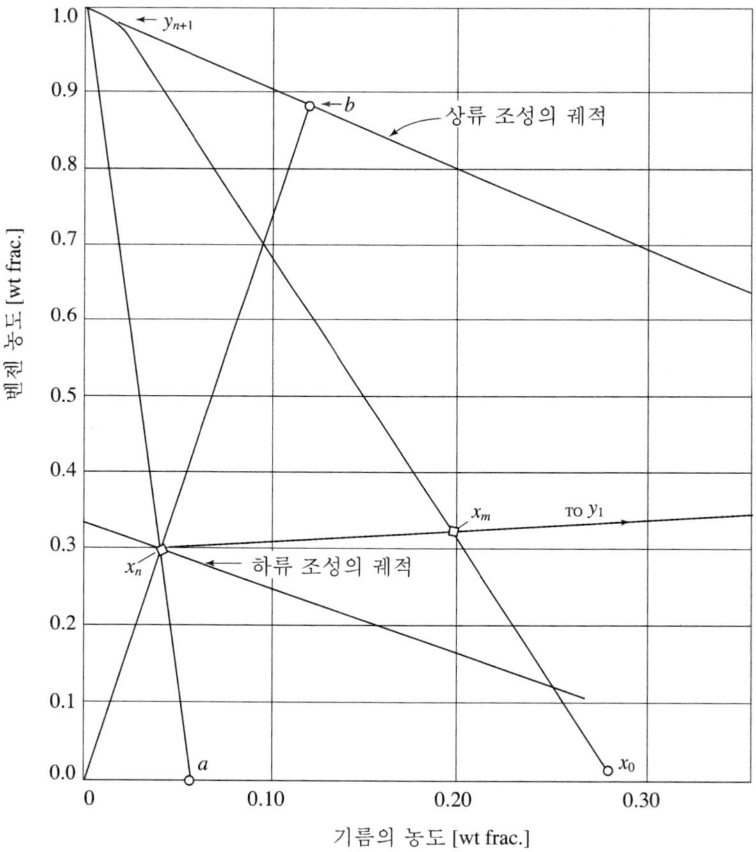

그림 6-22 예제 6-4의 말단상태

한편 $\dfrac{L_0}{M} = \dfrac{(y_S)_{n+1} - (x_S)_M}{(y_S)_{n+1} - (x_S)_0} = \dfrac{0.985 - (x_S)_M}{0.985 - 00175}$

$$(x_S)_M = 0.985 - \frac{(2,850)(0.9675)}{4,180} = 0.985 - 0.660 = 0.325$$

그림 6-22에 보여진 바와 같이 점 x_M의 위치는 $(x_S)_M = 0.325$에서 점 x_0와 y_{n+1}을 연결하는 선상에 정해진다. 조작선은 대각선이 상류조성의 궤적이 되고 $x_S = 0.333$을 지나고 대각선에 평형선이 하류조성이 궤적이 된다. 이 그림은 말단의 상태를 표시하는 점을 나타낼만한 자리를 만들기 위하여 용질축에 확대된 눈금을 사용한다.

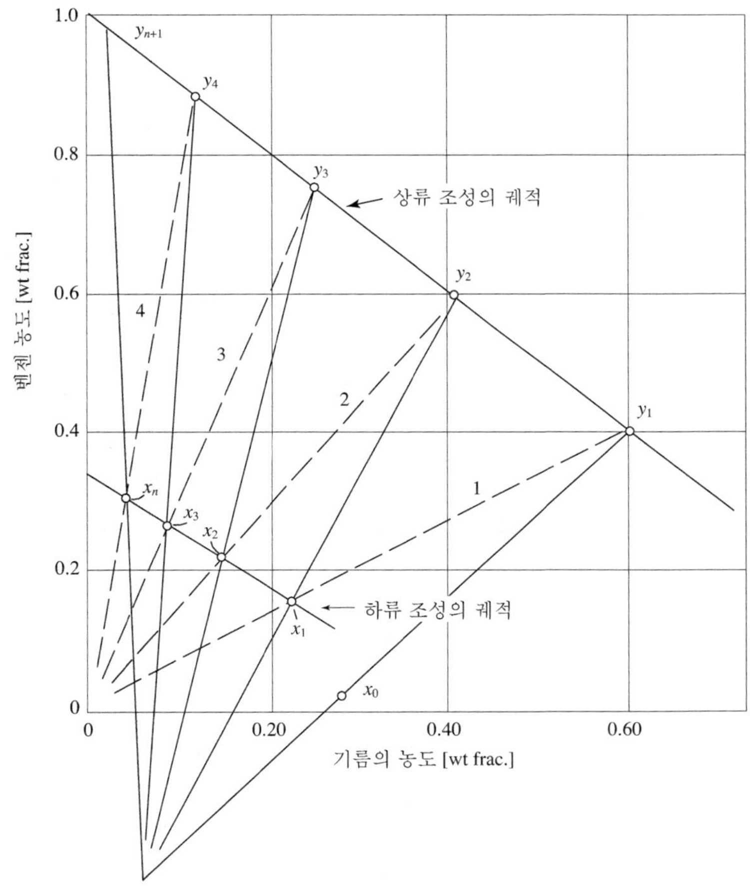

그림 6-23 예제 6-4의 완전 도해법

추진상의 전 무게는 다음의 비에서 결정될 수 있다.

$$\frac{L_n}{M} = \frac{(y_A)_1 - (x_A)_M}{(y_A)_1 - (x_A)_n} = \frac{0.061 - 0.196}{0.601 - 0.040} = \frac{0.405}{0.561}$$

그러므로 $L_n = \dfrac{(0.405)(4,180)}{0.561} = 3,018\,[\text{kg}]$

추진상(하류)인 L_n류에서 포함된 용액의 무게 (3)

$$3,018 - 2,000 = 1,018\,[\text{kg}]$$

이고 계에서 나오는 상류의 무게 (4)

$$M - L_n = V_1 \quad \therefore\ V_1 = 4,180 - 3,018 = 1,162\,[\mathrm{kg}]$$

이상단을 구하기 위한 도해법은 그림 6-23에 주어져 있다. 단수는 4단 조금 못된다.
점 x_n의 위치~무용매 기준으로의 조성은

$$\frac{(x_A)_n}{(x_A)_n + (x_B)_n} + \frac{120}{2,120} = 0.0566$$

이다. 점 a(0.0566, 0)은 수평축상에 있다. 위의 조성을 갖는 기름과 가루의 모든 점의 궤적은 위의 점 a와 순수한 벤젠을 표시하는 점을 연결하는 선으로 표시된다. 따라서 점 x_n은 위의 선과 하류조성의 궤적의 교점이다.
그림 6-22로부터 $(x_A)_n = 0.040$이다. 이 때 이 추잔성에 붙어 있는 용액의 조성은 추출상의 용액의 조성과 동일하므로 원점과 x_n의 연잔상과 상류조성의 궤적과의 교점(b점), 즉 0.119중량분율의 기름을 가진다.(2)
제1단에서 나가는 용액의 조성을 표시하는 점 y_1은 점 x_M을 지나는 선과 상류조성의 궤적과의 교점이다. 그림 6-22의 압축된 그림 6-23에서 $(y_A)_1 = 0.601$이라는 것을 알게 된다.(1)

추출에 있어서도 증류나 흡수에서와 같이 $x-y$도표에 나타낸 조작선이 직선일 경우에는 McCabe-Thiele법으로 단수를 구할 수 있다. 고-액 추출인 침출에서는 평행선이 항상 직선이므로 다음 식으로 이론단수 N을 구할 수 있다.

$$N = \frac{\log (y_{n+1} - x_n)/(y_1 - x_0)}{\log (y_{n+1} - y_1)/(x_n - x_0)} \qquad (6\text{-}25)$$

$$N - 1 = \frac{\log [(y_{n+1} - x_n)/(y_1 - x_0)]}{\log [(y_{n+1} - y_1)/(x_n - x_0)]} \qquad (6\text{-}25)$$

예제 6-5

석유를 사용하여 2[ton/day]의 왁스 종이로부터 왁스를 회수한다. 왁스 종이는 25[%]의 왁스와 75[%]의 종이 펄프로 되어 있다. 추출된 펄프는 건조기에 넣어 석유를 증발시키며 추출이 안된 왁스가 100[kg]의 순수 펄프 당 0.2[kg] 이상 포함되지 않도록 한다.
사용하는 석유는 100[kg]의 순수 석유 기준으로 0.05[kg]의 왁스를 포함하고 있다. 실험에 의하면 펄프는 순수 펄프 1[kg]당 2.0[kg]의 석유를 동반하여 각 단으로 흐른다. 추출액은 순수 석유 100[kg] 기준으로 4[kg]의 왁스를 포함한다. 향류 연속 추출기의 필요한 이론단수의 수를 해석적으로 구하라.

풀이

이 장치의 물질수지를 표시해 보면

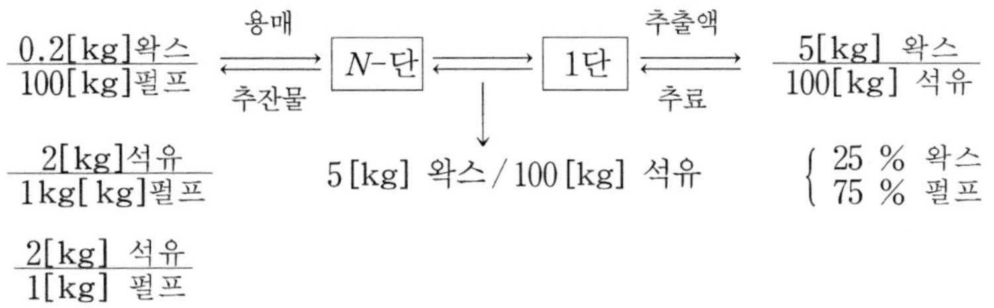

이 문제에서 석유와 펄프의 비가 일정하므로 L상의 흐름을 일정히 할려면(이 경우 조작선이 직선이 됨) 모든 유속은 석유의 [kg]수를 기준으로 표시한다. 따라서 농도는 [kg] 왁스/[kg] 순수 석유로 표시한다. 원료 펄프는 석유를 포함하지 않으므로 제1단은 별도로 하고 나머지 단에 대하여서는 식 (6-20)을 사용한다.

먼저 왁스 수지를 취하여 석유의 도입량을 구한다. 순수 펄프 100[kg]을 기준으로 하고 S[kg]을 석유 도입량이라 하면

펄프에 동반 도입되는 왁스 : $(100)\left(\frac{25}{75}\right) = 33.33$ [kg 왁스]/100 [kg 펄프]

용매에 동반 도입되는 왁스 : $(S)\left(\frac{0.05}{100}\right) = 0.0005S$

펄프에 동반 배출되는 왁스 : 0.2

용액에 동반 배출되는 왁스 : $(S-200)(5/100) = 0.05S-10$

$$\text{왁스 입량} = \text{왁스 배출량}$$

$$33.33 + 0.0005S = 0.058 - 10 + 0.2$$

따라서 $S = 871$ [kg]이다.

배출 펄프에 동반되는 석유는 200 [kg]이므로 추출액 중의 석유는 $871-200 = 671$ [kg]이다. 이 중 왁스 함량은 $671 \times \frac{5}{100} = 33.35$ [kg]이다.

제2단에 도입되는 L상의 농도에 제1단에서 배출되는 V상의 농도와 같으므로 0.05(kg 왁스)/(kg 석유)이다. L상에서 제2단에 도입되는 왁스와 유량은 $(200)\times(0.05) = 10$ [kg], V상에서 제2단에서 제1단에 도입되는 왁스의 유량은 제1단의 왁스 수지로부터

$$10 + 33.35 - 33.33 = 10.02 \text{ [kg]}$$

따라서 이 흐름의 왁스 농도는 $10.02/871 = 0.0117$ [kg] 왁스/ [kg] 석유

종합하면 $y_1 = 0.0117$ $y_{n+1} = 0.0005$

$x_1 = 0.05$ $x_{n+1} = 0.2/200 = 0.001$

식 (6-20)에서

$$N-1=\frac{\log\{(0.005-0.001)/(0.0117-0.05)\}}{\log\{(0.005-0.0117)/(0.001-0.05)\}}=3$$

필요한 이상단수는 N은 $3+1=4$단이다.

---

2. 액-액 추출조작 및 계산

액-액 추출에 대한 평형관계는 고체 추출과 근본적으로 같으며 6-2절에서 이미 설명하였으므로 생략하기로 한다.

(1) 액체의 추출속도

액체 추출의 경우에는 기체흡수에서 설명한 바와 같은 2중경막이 존재하며 이 경막을 통해 추질이 추제 본체로 확산한다. 추출상 본체 및 계면에서의 추질농도를 각각 C, C_i로 나타내고 추잔상 본체 농도에 대한 평형농도를 C^*, 접촉면적을 A로 했을 때 추출속도 N은 다음 식으로 주어진다.

$$N=k_e A(C_i-C)=K_e A(C^*-C) \tag{6-26}$$

여기서 k_e는 경막추출계수, K_e는 총괄 추출계수이다.

(2) 회분 추출조작(single stage equilibrium extraction)

추질 및 원용매로 이루어진 원료를 추출 탱크에 넣고 추제를 넣어 충분히 교반한 후 완전평형에 달하면 탱크 밑으로 빼내어 추출상과 추잔상을 분리하는 조작을 **회분 추출** 또는 **평형 추출**이라 한다.

이 때 양적관계를 생각해 보자. 지금 추질 농도가 x_F [wt 분율]인 원료 F [kg]에 추제(solvent) S [kg]을 가하여 추질 농도가 x_M [wt 분율]인 양 M [kg]이 되었다면

$$\text{추질수지}\quad Mx_M=(F+S)x_M=Fx_F\ [\text{kg}] \tag{6-27}$$

따라서

$$x_M=\frac{Fx_M}{M}=\frac{Fx_M}{F+S}\quad\text{또는}\quad S=\frac{F(x_F-x_M)}{x_M} \tag{6-28}$$

이 된다.

원액에 추제를 가하여 충분히 교반한 후 가만히 두면 추출상 E [kg]과 추잔상 R [kg]의 두 액상으로 나눈 경우는 다음 관계가 성립한다.

$$F+S=M=E+R \tag{6-29}$$

또한 추출상 및 추잔상 중의 추질의 농도를 각각 x_E, x_R이라 하면 추질의 양에 관하여는 다음 관계가 성립한다.

$$Mx_M = Ex_E + Rx_R \tag{6-30}$$

x_E와 x_R은 대응점이므로 $x_E = y$, $x_R = x$가 되어

$$Mx_M = Ey + Rx \tag{6-31}$$

식 (6-29)와 (6-30)에서

$$\frac{R}{E} = \frac{(y - x_M)}{(x_M - x)} \tag{6-32}$$

이 된다. 이 식에서 E와 R을 구할 수 있다.

예제 6-6

식초산 50 [wt %]의 수용액 100 [kg]을 25 [℃]에서 벤젠 150 [kg]으로 1회분 평형 추출하면 초산은 추출상과 추잔상에 어떻게 분배할 것인가?

풀이

계산의 기준 ; 용액 100 [kg]

그림 6-24를 이용한다.

① 물 50 [wt %], 식초산 50 [wt %]의 추료를 점 F

② SF를 연결해서 SF상에 점 M의 조성

$$x_A = \frac{50}{50 + 50 + 150} = 0.2, \quad x_B = \frac{50}{250} = 0.2, \quad x_s = \frac{150}{250} = 0.6$$

③ M을 통하는 대응선을 긋고 추출상 E, 추잔상 R을 구한다.

$$E + R = 100 + 150 = 250\ [\text{kg}]$$

E의 질량 $= 250\ [\text{kg}] \times \dfrac{\overline{MR}}{\overline{ER}} = 250 \times \dfrac{13}{22} = 148\ [\text{kg}]$

R의 질량 $= 250 - 148 = 102\ [\text{kg}]$

E점의 추질의 조성이 0.12이므로

E중의 추질 $= 148 \times 0.12 \fallingdotseq 18\ [\text{kg}]$

R중의 추질 $= (100)(0.5) - 18 = 32\ [\text{kg}]$

추출상의 추질의 비율 $= \dfrac{18}{50} \times 100 = 36\ [\%]$

추잔상의 추질의 비율 $= \frac{32}{50} \times 100 = 64\,[\%]$

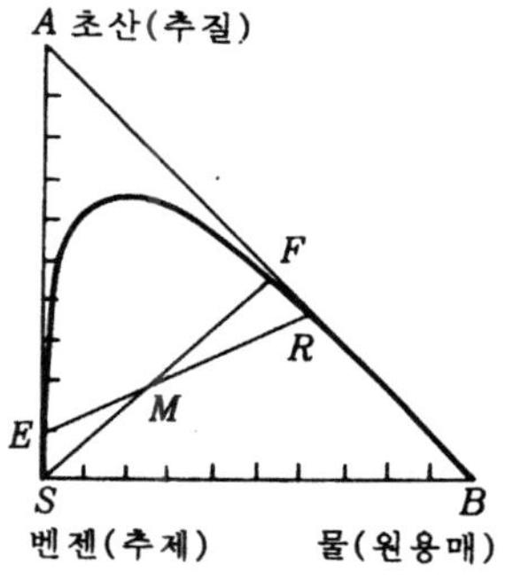

그림 6-24 예제 6-6의 해

(3) 향류 다단 추출조작(counter current multistage extraction)

향류 다단 추출에 있어서 추출 액상 및 추잔 액상의 액량과 조성에 관하여 설명하자. 그림 6-25와 같이 원료 F[kg/h]를 제1조에, 추제 S[kg/h]를 최후의 제 N단에 공급하여 서로 향류로 보낸다.

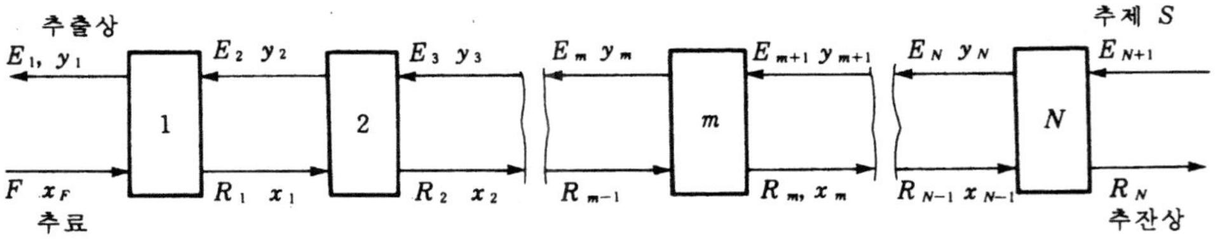

그림 6-25 향류 다단 추출

한편 최후 추출액은 E_1[kg/h]으로 나오고 최종 추잔액은 R_N[kg/h]로 N단을 나온다. 전체 물질수지는

$$F + S = R_N + E_1 \tag{6-33}$$

이 되고 이 흐름의 합류를 M류라면

$$F + S = R_N + E_1 = M \tag{6-34}$$

이 된다. 식 (6-34)의 점 M은 점 F와 점 S의 연결선상의 점임과 동시에 점 R_N, 점 E_1의

연결선상의 점이다.

다음 각 단의 출입구에 대하여 물질수지를 취하면

1단에 대하여 ;

$$F + E_2 = R_1 + E_1$$

$$F - E_1 = R_1 - E_2 \tag{6-35}$$

m단에 대하여 ;

$$R_{m-1} + E_m + 1 = E_m + R_m$$

$$R_{m-1} - E_m = R_m + Em + 1 \tag{6-36}$$

N단에 대하여 ;

$$R_{N-1} + S = R_N + E_N$$

$$R_{N_1} - E_N = R_N - S \tag{6-37}$$

가 된다. 따라서

$$D = F - E_1 = R_1 - E_2 = R_2 - E_3 = \cdots = R_m - E_m + 1 = \cdots = R_N - S \tag{6-38}$$

점 F와 E_1, R_1과 R_2, R_2와 E_3 … R_m과 E_m+1 … R_N과 S를 연결하는 선은 모두 한 점 D를 통하며 이 점을 **조작점**(操作點, operating point)이라 한다.

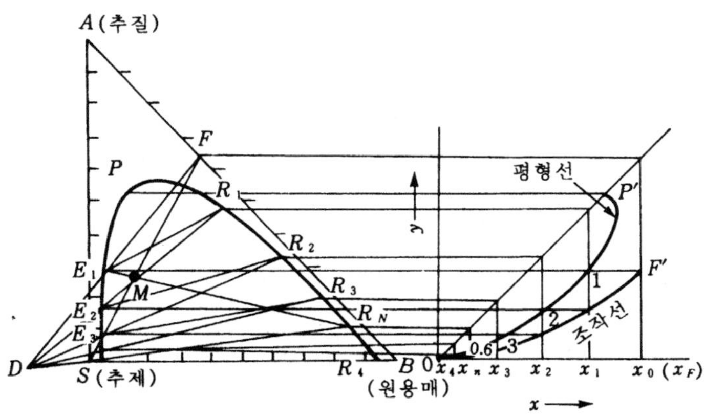

그림 6-26 향류 다단 추출계산

지금 F, S의 양[kg/h] 및 그의 조성이 주어졌고 R_N(혹은 E_1)의 조성이 주어졌으면 다음 순서에 의하여 이론단수를 구할 수 있다(그림 6-26 참조).

① F, S의 양에서 지렛대 법칙으로 점 M을 구한다.

② 점 M은 점 R_N과 E_1의 연결선상에 있으므로 점 M과 R_N을 연장하여 용해도 곡선상에서 만나는 점 E_1을 구한다.

③ 점 F와 E_1, 점 R_N과 S를 연결하는 직선의 교점으로 점 D를 정한다.

④ E_1의 대응점 R_1과 D를 연결하여 E_2를 구하고 E_2와 대응점 R_2와 조작점 D에서 E_3, 순차적으로 $E_3 R_3$, $E_4 R_4 \cdots$를 구하여 R_N을 통과하는 대응선을 그으면 대응선의 수가 단수이다.

그림 6-26에서는 4단이 된다. 그리고 그림 6-26의 SF선상에서 추제량 S가 감소하면 점 M은 차차 점 S로부터 멀어져 F점에 가까워진다.

$\overline{R_N S}$의 연장선상에서 $\overline{FE_1}$과의 교점 D도 S로부터 멀어진다. 이 때 점 S에서 가장 먼 점 D'를 가진 M'를 주는 추제량을 **최소 추제량**(minimum solvent)이라 한다.

여기서 FE_1이 마지막 대응선과 일치하는 곳($FR'E'$)에서는 추출조작을 계속해도 대응선은 이동하지 않는다.

따라서 F와 R_N이 주어져 있을 때의 최소 추제량($S_{\min}$)은 F를 통과하는 대응선 $FR'E'$를 그어 $\overline{E' R_N}$과 $\overline{FS}$와의 교점이 $M_{\min}$이 된다.

이 때 최소 추제량 $S_{\min}$은 지렛대 법칙에서

$$S_{\min} = F \frac{\overline{FM_{\min}}}{\overline{M_{\min} S}} \ [\mathrm{kg/h}] \tag{6-39}$$

가 된다.

향류 다단 추출에서 이론단수를 맥케이브-티일레법으로 구해보자.

그림 6-26에서 제1단과 제 m단 사이에 대하여 추질 성분에 대한 물질수지를 취하면

$$F x_F + E_{m+1} y_{m+1} = R_m x_m + E_1 y_1 \tag{6-40}$$

이 되고, 따라서

$$y_{m+1} = (R_m / E_{m+1}) x_m + (E_1 y_1 - F x_F) / E_{m+1} \tag{6-41}$$

식 (6-41)은 제 m번째 출입하는 추질성분 (y_{m+1}, x_m)의 추출상 (E_{m+1})과 추잔상 (R_m) 사이의 관계를 표시하는 것으로 이를 향류 다단 추출에 있어서 **조작선**(操作線, operating line)**의 방정식**이라 한다.

여기서 $x-y$선도상에 평형곡선 및 조작선을 그리는데는 그림 6-26에서와 같이 S, F, M,

R_N, E_1에 의하여 대응선 E_1R_1, E_2R_2, …를 구하고 E_1과 R_1, E_2와 R_2, E_3와 E_3, …에 의하여 각 교점 및 P', O와를 연결하여 평형곡선을 그린다. 다음 E_2, R_2, E_3, R_3, …에 의하여 1, 2, 3, …점을 구하고 이들의 점과 점 F'에 의하여 조작선을 그린다. $x-y$선도상에 평형곡선 및 조작선이 그려지면 추출단의 입구에 있어서 액의 조성이 주어져 있을 때 단수는 증류 때와 같이 그림의 F에 대한 F'로부터 시작해서 R_N에 대한 x_n을 넘을 때까지 계단작도를 하면 된다. 그림 6-26에서는 3, 6단을 나타낸다.

예제 6-7

메틸나프탈렌 45 [wt %]과 페놀 55 [wt %]로 된 원료 200 [kg/h]에 메탄올 70 [wt %]의 수용액을 추제로 하여 25 [℃]에서 페놀을 향류 다단 추출한다. 이 3성분계의 25 [℃]에 있어서 평형관계는 표 6-3과 같다.

(1) 추잔상 중의 페놀을 5 [wt %]로 하고 추제를 완전히 분리한 추출액 중의 페놀을 80 [wt %]로 하기 위하여 가할 추제의 양은 얼마이냐?
(2) 이론단수를 3각 도표에 의한 풀이와 맥케이브-티일레법에 의한 풀이로 구하라.

➡표 6-3 페놀(A)-메틸나프탈렌(B)-메탄올 수용액(S)의 액-액 평형값

추출상 [wt %]			추잔상 [wt %]		
A	B	S	A	B	S
0.0	0.5	99.5	00	98.2	1.8
7.0	1.0	92.0	2.1	95.8	2.1
13.1	1.7	85.2	4.9	91.5	3.6
19.6	3.9	76.5	9.0	85.7	5.3
25.5	7.2	67.3	14.0	77.0	9.0
30.1	11.0	58.9	20.2	66.5	13.3
32.1	17.5	49.9	28.2	51.5	20.3

풀이

윗표를 사용하여 용해도 곡선과 $x-y$선도상에 평형곡선을 그린다. AB의 혼합액 중에 A가 80 [wt %]의 점 E와 S를 연결한 직선의 용해도 곡선과의 교점을 E_1, 용해도 곡선상의 A가 5 [wt %]인 점 R_N을 구하여 이들을 연결한다. 다음에 원료점 F와 점 S를 연결한 선 FS와 선 R_NE_1과의 교점을 M이라고 하면 소요 추제량 $S = F \times \dfrac{\overline{FM}}{\overline{MS}} = 240$ [kg/h]가 된다. FE_1의 연장선과 R_NS의 연장선과의 교점을 D(조작점)로 하고 E_1의 대응성 E_1R_1을 그어 다시 R_1과 D를 연결, 용해도 곡선과의 교점을 E_2로 한다. 같은 방법으로 E_2를 통한 대응선 E_2R_2를 그으면 점

R_n을 통과한다. 단수는 1.7단으로 2단이면 충분하다. 그림 6-27에서 보는 바와 같이 맥케이브-티일레법도 마찬가지이다.

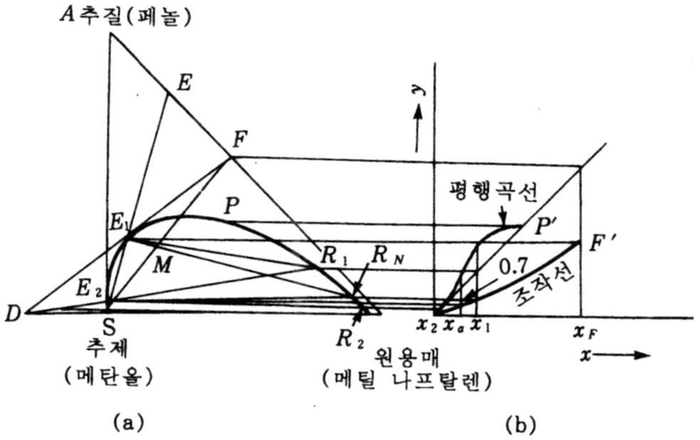

그림 6-27 예제 6-7의 풀이

---

(4) 병류 다단 추출

추잔액에 새로운 추제를 가해서 남은 추질을 병류로 여러 번 반복 추출하는 방법을 병류 다단 추출이라고 하며 각 단에서 얻은 추출액은 모아서 추제를 분리 회수한다.

지금 그림 6-28과 같은 N단 추출의 경우에 대하여 최종 추출상과 추진상의 추질의 농도를 삼각도표와 평형분배곡선에 의하여 구하여 보자.

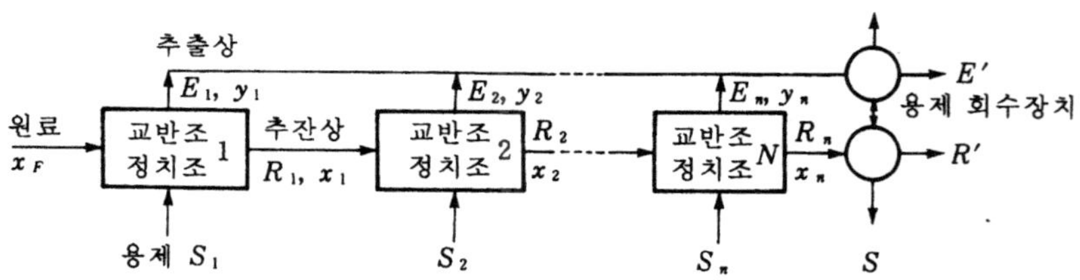

그림 6-28 병류 다단 추출

그림 6-29에서 추로 F에 순추제 S_1[kg]을 가할 때의 전체의 혼합조성은 M_1이 된다. 점 M_1은 용해도 곡선 내에 있으므로 추출상과 추잔상으로 되어 있다. 교반정치 후에는 두 액상의 조성이 E_1(추출상), R_1(추잔상)이 되고 다음 단에서 추잔상 R_1에 S_2[kg]의 추제를 가할 때의 전혼합액의 조성은 M_2가 된다. 이와 같은 방법으로 E_2, R_2 및 E_3, R_3가 구해진다.

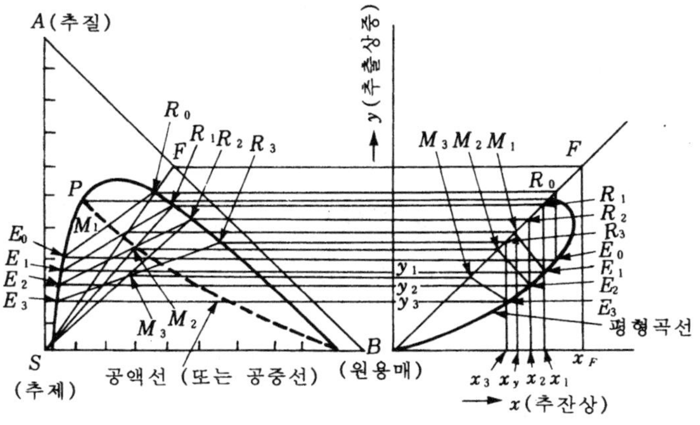

그림 6-29 향류 다단 추출작도

그러나 추제와 원용매가 용해하지 않을 경우에는 추출 횟수 n과 최종농도 x_n, y_n을 계산하는 것이 문제가 된다.

지금 원용매의 질량을 B, 추질의 질량을 A, 또한 추제의 질량을 S [kg]이라 하고 B와 S는 용해하지 않는다고 한다. $x' = \dfrac{A}{B}$, $y' = \dfrac{A}{S}$라 하고 y_1', y_2', …, y_n'를 각각 1, 2, …, n회 추출조작 후의 추출액 중의 추질농도 y_S'를 최초의 추제 중의 추질농도라 하고 물질수지를 취하면 1회 추출 후에는

$$Bx_F' + S_1 y_S' = S_1 y_1' + B_1 x_1' \tag{6-42}$$

B와 S가 용해하지 않으므로 B는 전부 B_1으로서 다음 탱크에 들어간다. 즉 $B = B_1 \fallingdotseq B_2 \fallingdotseq \cdots \fallingdotseq B_n$, 따라서 식 (6-42)는

$$B(x_F' - x_1') = S_1(y_1' - y_S') \tag{6-43}$$

제1단 및 제2단에서 사용되는 추제량 S_1과 S_2는 각각

$$S_1 = B\frac{x_F' - x_1'}{x_1' - x_F'}, \quad S_2 = B\frac{x_1' - x_2'}{y_2' - y_S'} \tag{6-44}$$

식 (6-44)를 다시 표시하면

$$-\frac{B}{S_1} = \frac{y_1' - y_S'}{x_1' - x_f'}, \quad -\frac{B}{S_2} = \frac{y_2' - y_S'}{x_2' - x_1'} \tag{6-45}$$

이 된다. 이들은 경사가 $-\dfrac{B}{S_1}$, $-\dfrac{B}{S_2}$ …인 직선관계를 나타낸다.

이들 관계는 그림 6-30에 표시하였다. 그림에서와 같이 평형곡선(x', y'로 수정)과 $y = ys'$ 사이를 작도하여 x_n'를 넘어서는 점 x_4'가 정해지면 이론단수는 4단이다.

가해지는 추제의 양이 같아지면($S_1 = S_2 = \cdots S_n$) 경사 $-(B/S)$가 같아서 거의 평행선이 된다. 평형선이 직선일 경우에는

$$y' = mx' \tag{6-46}$$

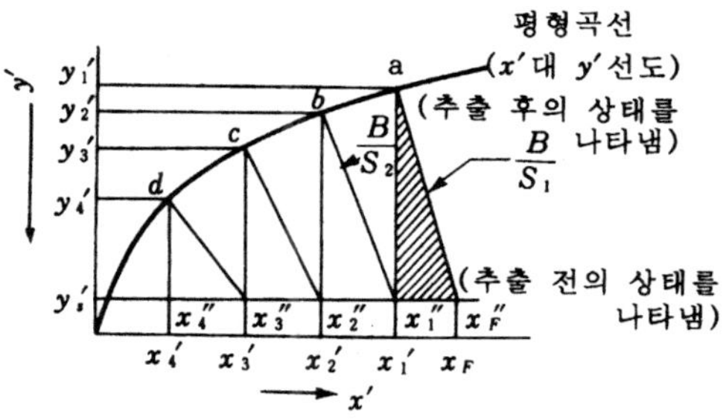

그림 6-30 병류 다단 추출계산

와 같이 표시되며 또한 $ys' = 0$ 즉 각회 추제량도 같다고 하면 식 (6-45) 및 (6-46)에서

$$x_1' = \frac{x_F'}{1 + m\dfrac{S}{B}}, \quad x_2' = \frac{x_F'}{\left(1 + m\dfrac{S}{B}\right)^2}$$

가 된다. 따라서 병류 다단 추출조작에서 n단 추출에 대한 추잔율은 다음과 같이 구할 수 있다.

$$\frac{x_n'}{x_F'} = \frac{1}{\left(1 + m\dfrac{S}{B}\right)^n}$$

예제 6-8

11 [kg]의 아세트알데히드와 10 [kg]의 아세톤으로 된 용액을 17 [℃]의 물 80 [kg]으로 추출한다. 이 온도에서 추출액과 추잔액의 평형관계는 $y = 2.2x$이다. 1회 추출액에서 추출되는 아세트알데히드의 양을 구하라.

풀이

추출률 $= 1 - \dfrac{x_n'}{x_F'} = 1 - \dfrac{1}{\left(1 + m\dfrac{S}{B}\right)^n}$ 에서 $m = 2.2$, $S = 80$, $n = 1$

$$추출률 = 1 - \frac{1}{\left(1 + 2.2\frac{80}{10}\right)^1} = 0.945$$

$\therefore$ 추출된 양 $= 11 \times 0.945 = 10.4$ [kg]

예제 6-9

아세톤 160 [wt %], 물 140 [wt %]의 혼합액 100 [kg] 중의 아세톤을 추제로 methyl isobuthyl ketone(MIK)을 1회 50 [kg]씩을 사용해서 상온에서 병류로 2회 추출을 행할 때 마지막 회에서 추출액, 추잔액의 각 양 및 조성을 구하라.

풀이

아세톤-물-MIK의 상호 용해도 곡선과 공액선을 사용한다. 그림 6-31에서 추료 조성점 F에서 추제 S를 가하면 선분 SF를 100 : 50으로 양분하는 점 M_1이 결정된다. 점 M_1을 통하여 대응선 $\overline{E_1R_1}$을 공액선 SOP를 이용하여 구한다.

제1단

선분 E_1R_1의 길이 $= 100 + 50 = 150$ [kg]

$E_1 : R_1 = \overline{M_1R_1} : \overline{E_1M_1} = 2 : 1$

$R_1 = (150) \times \left(\frac{1}{3}\right) = 50$ [kg]

제2단

점 R_1에서 추제 S를 가하여 점 M_2($R : S = 50 : 50$)가 결정되고 이 점과 공액선으로 M_2를 지나는 대응선을 얻어 그 양단을 E_2, R_3로 한다.

$E_2 : R_2 = \overline{M_2R_2} : \overline{E_2M_2} = 7 : 3$

추출액량 (E_2) $= (100)(7/10) = 70$ [kg]

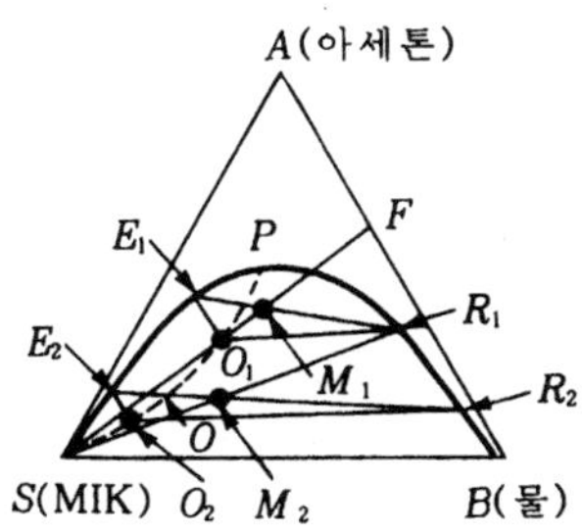

그림 6-31 예제 6-9의 풀이

추잔액량 $(R_2) = 100\left(\frac{3}{10}\right) = 30\,[\mathrm{kg}]$

추출액 조성은 물 : 3.70 [wt %], 아세톤 : 18.50 [wt %], MIK : 77.80 [wt %]

추잔액 조성은 물 : 86.00 [wt %], 아세톤 : 11.40 [wt %], MIK : 2.60 [wt %]

연습문제

1 벤젠-물계에 대한 피크린산의 분배계수는 농도에 따라 변한다. Y는 [g-mol 피크린산/l 벤젠], X는 [g-mol 피크린산/l 물]일 때 분배계수 K는 15~18[℃]에서 다음 표와 같이 변한다. 17[℃]의 피크린산을 포함하는 용액이 있다고 할 때 이 피크린산을 벤젠으로 추출한다.

Y	K
0.0000932	0.23
0.0025	1.45
0.01	0.705
0.02	0.505
0.05	0.320
0.10	0.240
0.18	0.187

(a) 이 수용액 중에 피크린산이 0.2[g-mol/l] 함유한다고 할 때 용액 1[l]를 추출하여 0.02[g-mol/l]의 피크린산을 포함하는 벤젠용액을 만들기 위해 필요한 벤젠의 양은 얼마인가?

(b) 수용액으로부터 회수되는 피크린산의 비율을 구하라.

2 벤젠 1[l]에 0.01[g-mol]의 피크린산을 함유한 용액에 물 1[l]를 혼합시켰다. 벤젠 및 물에 대한 피크린산의 농도를 구하라.

3 파라핀유를 니트로벤젠으로 처리하여 V.G.C를 제거한 윤활유를 얻고자 한다. 향류 3단 추출을 하여 최후 추출유 및 추잔유 중의 추제 함유량을 구하라.

추료유 100에 가한 추제의 양	추잔유		추출유	
	추제량 [%]	V.G.C(추제제외)	추제량 [%]	V.G.C(추제제외)
50	20.6	0.842	58.4	0.899
100	17.4	0.830	70.2	0.894
300	12.5	0.815	84.4	0.880
500	12.7	0.807	86.7	0.868

4 100 [kg/h]로 들어가는 40 [wt %]의 초산 수용액 중의 초산을 이소프로필 에테르로 향류 추출하여 추제를 제외한 추잔액 중의 초산을 2 [wt %] 이하로 할 때의 최소 추제량을 구하라. 단, 추출조작은 20 [℃]에서 생기며 평형값은 다음과 같다.

추 출 상 [wt %]			추 잔 상 [wt %]		
초산 $100y$	물	이소프로필 에테르	초산 $100y$	물	이소프로필 에테르
018	0.5	99.0	0.69	98.1	1.2
0.36	0.7	98.9	1.41	97.1	1.5
0.79	0.8	98.4	2.89	95.5	1.6
1.93	1.0	97.1	6.42	91.7	1.9
4.82	1.9	93.3	13.30	84.4	2.3
11.40	3.9	84.7	25.50	71.1	3.4
21.60	6.9	71.5	36.70	58.9	4.4
31.10	10.8	58.1	44.30	45.1	10.6
36.20	15.1	48.7	46.40	37.1	16.5

---

1. (a) 8 [l] (b) 80 [%]
2, 벤젠 중의 피크린산 농도 0.029 [g - mol/l], 수용액 중의 피크린산 농도 0.071 [g - mol/l]
3. 추출유 중 추제량 = 65, 추잔유 중 추제량 = 13
4. S_{min} = 1430 [kg/h]

제7장

물질전달

물질전달(物質傳達) 또는 **물질이동**(mass transfer)은 같은 상(相)이나 서로 다른 상 사이의 경계면(境界面)에서 물질이 서로 이동하는 것을 말하며 그 예로는 용액 중의 우라늄염을 유기용매에 의해 추출하는 조작이나 증류에 의한 알코올 수용액으로부터의 알코올 분리, 연도가스 중의 SO_2를 용액에 흡수하는 조작 및 목재 중의 수분을 건조하는 조작 등이 여기에 속한다.

물질이동은 **확산**(擴散, diffusion)이라는 작용에 의하여 일어나며 물질 자신의 분자운동에 의해 일어나는 **분자확산**(分子擴散, molecular diffusion)과 교반이나 빠른 유속 등에 의한 난류상태에서 일어나는 **난류확산**(亂流擴散, eddy diffusion or turbulent diffusion)이 있다. 그러나 실제의 조작에서는 두 가지의 확산이 같이 일어나는 경우가 많으며 대부분 난류확산이 물질이동을 일으키는 것이 된다.

7-1 이동현상

1. Fick의 법칙

분자확산은 각 분자가 무질서한 개별운동에 의해 유체 속을 운동 또는 이동해 나가는 것이다. 각 분자는 직선운동을 하지만 다른 분자와의 충돌에 의해서 방향이 임의로 바뀌는 무질서한 경로(random path)를 가지고 이동한다. 그림 7-1은 분자확산 과정을 나타낸 것으로 분자 A가 (1)지점에서 (2)지점까지 B분자들 사이에서 확산해 나가는 무질서한 경로를 보여준다. 만일 A, B 두 성분 혼합물이 z방향으로 농도차가 있을 때는 여기에 직각인 단위단면적에 대해 단위시간당 A성분이 확산하는 속도 N_A [kg−mol/m^2·h]는 단면에서의 농도 기울기 dC_A/dz에 비례한다. 즉

$$N_A = \frac{dn_A}{d\theta} = -D_{AB}\frac{dC_A}{dz} \ [\mathrm{kg-mol/m^2 \cdot h}] \tag{7-1}$$

여기서 비례상수 D_{AB}를 **분자확산계수**(分子擴散係數, molecular diffusivity)라고 한다. 또 C_A는 A성분의 몰농도[kg−mol/m^3], z는 확산거리이다. 이 식 (7-1)을 Fick의 법칙이라고 하며 확산의 기본식이다.

정상상태에서 식 (7-1)을 변수분리하여 적분하면

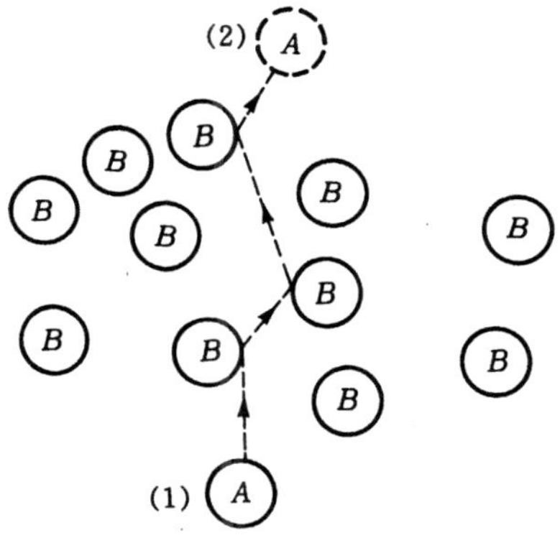

그림 7-1 분자확산 공정

$$N_A\int_{z_1}^{z_2} dz = -D_{AB}\int_{C_{A1}}^{C_{A2}} dC_A$$

$$N_A = \frac{D_{AB}(C_{A1}-C_{A2})}{z_2-z_1} \tag{7-2}$$

이상기체법칙으로부터 $C_{A1}=p_{A1}/RT$, $C_{A2}=p_{A2}/RT$이므로

$$N_A = \frac{D_{AB}(p_{A1}-p_{A2})}{RT(z_2-z_1)} \tag{7-3}$$

2. 이동현상 공정의 유사성

단위조작에서 취급하는 여러 조작은 기본적으로 **운동량 전달**(momentum transfer), **열전달**(heat transfer) 및 **물질전달**(mass transfer)과 같은 세 가지의 이동(또는 수송)공정으로 나누어 생각할 수 있다.

운동량 전달은 유체흐름, 혼합, 침강, 여과와 같은 단위조작에서 일어나며 열전달은 열의 전도, 대류 및 증류, 증발, 건조 등의 조작에서 또 물질전달은 증류, 흡수, 추출, 건조 등의 조작에서 일어난다.

이 세 가지의 이동공정은 다음과 같은 일반식으로 나타낼 수가 있다.

$$\text{이동공정의 전달속도} = \frac{\text{추진력}}{\text{저항}} \tag{7-4}$$

각 이동공정에 대한 기본식을 비교해 보면 이들 공정사이의 유사성을 발견할 수 있다.

운동량 전달 : Newton의 법칙 $\tau = \dfrac{F}{A} = -\mu \dfrac{du}{dy}$ (7-5)

열전달 : Fourier의 법칙 $q = \dfrac{Q}{A} = -k \dfrac{dt}{dl}$ (7-6)

물질전달 : Fick의 법칙 $N_A = \dfrac{dn_A}{d\theta} = -D_{AB} \dfrac{dC_A}{dz}$ (7-7)

위 세 식으로부터 각 이동공정의 추진력이 각각 속도차, 온도차 및 농도차 임을 알 수 있으며 비례상수에 해당하는 것이 점도, 열전도도 및 분자확산계수이다.

예제 7-1

He와 N_2 혼합기체가 298 [K], 전압 1 [atm]에서 파이프를 통해 일정하게 빠져나가고 있다. 파이프 끝의 한 점 p_{A1}에서 He의 분압은 0.6 [atm]이고, 0.2 [m] 떨어진 다른 끝 p_{A2}에서는 0.2 [atm]이다. He$-N_2$ 혼합물의 분자확산계수가 $D_{AB} = 0.687 \times 10^{-4}$ [m^2/s]라면 He의 전달속도는 얼마인가?

풀이

식 (7-3)에 $R = 82.05 \times 10^{-3}$ [m^3 · atm/kg − mol · K]를 대입하면

$$N_A = \frac{(0.687 \times 10^{-4})(0.6-0.2)}{(82.05 \times 10^{-3})(298)(0.2-0)}$$

$$\therefore N_A = 5.62 \times 10^{-6} \text{ [kg − mol/m}^2 \cdot \text{s]}$$

확산에 대한 추진력은 농도차외에도 온도, 압력, 기전력 등에 의해서도 생길 수 있다.

7-2 확 산

1. 기상에서의 확산

(1) 등몰확산(equimolar counter diffusion)

그림 7-2와 같이 관으로 연결된 두 개의 큰 용기내에 A, B 두 기체가 들어 있고 전압은 P로 일정하며 정상상태에서 분자확산이 일어나는 경우를 생각하자. 각 용기는 교반에 의해 일정한 농도를 유지하고 분압은 $p_{A1} > p_{A2}$, $p_{B2} > p_{B1}$이라고 하면 A성분은 오른쪽으로 B성분은 왼쪽으로 확산하게 된다.

전압이 일정하므로 A성분이 오른쪽으로 확산한 총 몰수와 B성분이 왼쪽으로 확산한 총 몰수는 같다. 이러한 확산을 **등몰확산**이라고 하며 증류조작이 이것에 해당한다.

등몰확산은 A와 B의 확산속도는 같고 방향만 반대이므로

$$N_A = -N_B \tag{7-8}$$

이며 A, B 두 성분에 대한 식은 식 (7-3)으로부터

$$N_A = \frac{D_{AB}(p_{A1} - p_{A2})}{RT(z_2 - z_1)}, \quad N_B = \frac{D_{AB}(p_{B1} - p_{B2})}{RT(z_2 - z_1)} \tag{7-9}$$

이며

$$N_A = \frac{D_{AB}(p_{A1} - p_{A2})}{RT(z_2 - z_1)} = \frac{D_{AB}(p_{A1} - p_{A2})}{(z_2 - z_1)} = \frac{D_m(y_{A1} - y_{A2})}{(z_2 - z_1)} \tag{7-10}$$

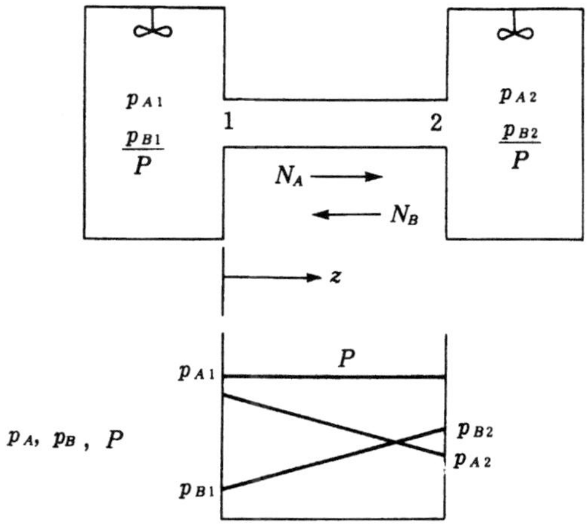

그림 7-2 기상에서의 등몰확산

이다. 여기서 $y_A = C_A/C$로 무차원 농도를 나타내며, D_m은 **몰확산계수**라고 한다. 따라서 등몰확산의 경우에는 분자확산속도는 위치 1～2 사이의 분압차 또는 농도차에 비례하고 확산거리에는 반비례함을 알 수 있다.

예제 7-2

암모니아 기체 (A)가 1 [atm], 298 [K]에서 질소 기체 (B)가 들어 있는 0.1 [m] 길이의 일정한 관을 통해 확산하고 있다(그림 7-2 참조). 1지점에서 $p_{A1} = 0.1$ [atm], 2지점에서 $p_{A2} = 0.05$ [atm]이다. 정상상태에서 분자확산계수 $D_{AB} = 10.230 \times 10^{-4}$ [m²/s]라고 할 때 N_A 및 N_B를 계산하라.

풀이

(a) $$N_A = \frac{D_{AB}(p_{A1} - p_{A2})}{RT(z_2 - z_1)} = \frac{(0.23 \times 10^{-4})(0.1 - 0.05)}{(0.082)(298)(0.1 - 0)}$$

$$N_A = 4.71 \times 10^{-7}\ [\text{kg} - \text{mol/m}^2 \cdot \text{s}]$$

(b) $$p_{B1} = P - p_{A1} = 1 - 0.1 = 0.9$$

$$p_{B2} = P - p_{A2} = 1 - 0.05 = 0.95$$

$$N_B = \frac{D_{AB}(p_{B1} - p_{B2})}{RT(z_2 - z_1)} = \frac{(0.23 \times 10^{-4})(0.9 - 0.95)}{(0.082)(298)(0.1 - 0)}$$

$$N_B = -4.71 \times 10^{-7}\ [\text{kg} - \text{mol/m}^2 \cdot \text{s}]$$

(2) 일방확산(steady state diffusion of A through stagnant B)

일방확산은 기체 중의 한 성분만이 한 방향으로만 확산하는 경우를 말하며 흡수, 추출 및 증발 조작 등에서 일어난다. 그림 7-3과 같이 공기(B) 중에 포함된 $NH_3\,(A)$를 물에 의해

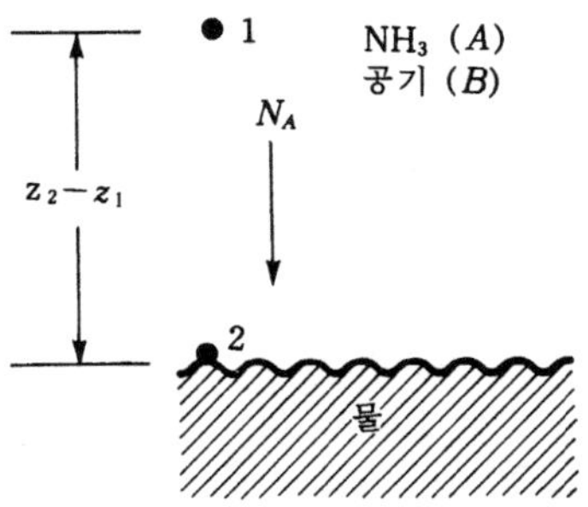

그림 7-3 공기 중의 암모니아 흡수

흡수하는 경우를 생각해 보자.

$NH_3(A)$가 기체 본체로부터 물쪽으로 확산할 때는 공기(B)도 그 반대방향으로 확산하지만 공기(B)는 물에 대한 용해도가 아주 낮으므로 그 뒤쪽의 경계면으로부터 보충되지 않기 때문에 계면에서의 기체 전압은 약간 낮아진다. 이것을 **기체의 전체운동**(total bulk motion)이라고 한다. 전체 운동에 의한 A, B 두 성분의 z방향으로의 이동속도는 $N_A + N_B$로 나타내진다. 한편 B에 대해서는 자신의 확산속도와 전체 이동과는 반대방향이므로 상쇄되어 실제로는 이동이 일어나지 않는 **비확산기체**(非擴散氣體, nondiffusing gas)이며 A만이 일방확산한다. A에 대해서는 A자신의 확산과 전체 이동이 같은 방향이므로 그 합이 이동속도가 된다. 따라서 다음 식이 성립한다.

$$N_A = -\frac{D_{AB}\,dC_A}{dz} + (N_A + N_B)\frac{p_A}{P} \tag{7-11}$$

$C_A = p_A/RT$를 대입하면

$$N_A = -\frac{D_{AB}\,dp_A}{RT\,dz} + (N_A + N_B)\frac{p_A}{P} \tag{7-12}$$

A만의 일방확산이므로 $N_B = 0$. 따라서 적분하여 정리하면

$$N_A\left(1 - \frac{p_A}{P}\right) = -\frac{D_{AB}\,dp_A}{RT\,dz} \tag{7-13}$$

$$N_A\int_{z_1}^{z_2} dz = -\frac{D_{AB}}{RT}\int_{p_{A1}}^{p_{A2}} \frac{dp_A}{1-(p_A/P)} \tag{7-14}$$

$$\therefore\ N_A = \frac{D_{AB}P}{RT(z_2 - z_1)}\ln\frac{P - p_{A2}}{P - p_{A1}} \tag{7-15}$$

지금 비확산기체 B의 대수평균 분압을 p_{BM}이라고 하면

$$p_{BM} = \frac{p_{B2} - p_{B1}}{\ln(p_{B2}/p_{B1})} = \frac{p_{A1} - p_{A2}}{\ln[(P - p_{A2})/(P - p_{A1})]} \tag{7-16}$$

따라서 식 (7-15)는

$$N_A = \frac{D_{AB}P(p_{A1} - p_{A2})}{RT(z_2 - z_1)p_{BM}} = \frac{D_{AB}P(p_{B1} - p_{B2})}{RT(z_2 - z_1)p_{BM}} \tag{7-17}$$

여기에 식 (7-10)의 관계를 도입하면

$$N_A = \frac{D_{AB}P(p_{A1}-p_{A2})}{RT(z_2-z_1)p_{BM}} = \frac{D_{AB}P(C_{A1}-C_{A2})}{(z_2-z_1)p_{BM}} = \frac{D_m(y_{A1}-y_{A2})}{(z_2-z_1)y_{BM}} \tag{7-18}$$

$$y_{BM} = \frac{y_{B2}-y_{B1}}{\ln(y_{B2}/y_{B1})} = \frac{p_{BM}}{P} \tag{7-19}$$

$$p_A = C_ART = Py_A \tag{7-20}$$

$$D_m = \frac{D_{AB}}{C} = \frac{D_{AB}P}{RT} \tag{7-21}$$

이 식 (7-18)의 확산속도 N_A가 확산물질의 분압차 또는 농도차에 비례하고 확산거리에 반비례하는 것 즉 확산의 추진력이 분압차 또는 농도차이며 확산저항은 대수평균 분압 또는 대수평균 농도임을 나타낸다. 그림 7-4는 식 (7-18)의 관계를 나타낸다.

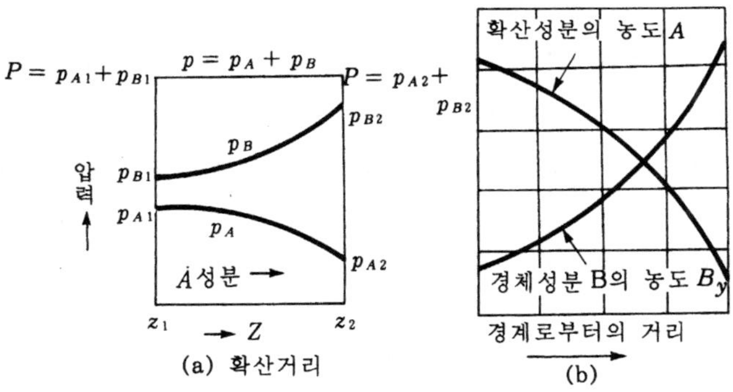

그림 7-4 일방확산

등몰확산과 일방확산의 확산속도를 비교하면 일반적으로 $P > p_{BM}$이므로 일방확산의 속도가 등몰확산속도보다 P/p_{BM}배 빠른 것이 보통이며, A성분의 농도가 아주 적을 때는 $p_{BM} \fallingdotseq P$로 일방확산과 등몰확산의 속도가 거의 같아진다.

예제 7-3

293 [K], 일정압력에서 좁은 금속관에 물이 들어 있다. 공기의 압력은 1 [atm]이고 온도는 293 [K]이다. 물은 금속관에 들어 있는 공기를 통해 증발 및 확산하며 확산거리는 15 [cm]이다. 정상상태에서 증발속도를 계산하라. 단 수증기의 확산계수 및 분압은 293 [K], 1 [atm]에서 0.250×10^{-4} [m^2/s], 0.023 [atm]이다.

풀이

$p_{A1} = 0.023$ [atm], $p_{A2} = 0$(∵ 순수한 공기)

$p_{B1} = P - p_{A1} = 1 - 0.023 = 0.977$ [atm]

$p_{B2} = P - p_{A2} = 1 - 0 = 1$ [atm]

$$p_{BM} = \frac{p_{B2} - p_{B1}}{\ln(p_{B2}/p_{B1})} = \frac{1 - 0.977}{\ln(1 - 0.977)} = 0.988 \text{ [atm]}$$

$$N_A = \frac{D_{AB} P(p_{A1} - p_{A2})}{RT(z_2 - z_1) p_{BM}} = \frac{(0.25 \times 10^{-4}) \times 1 \times (0.023 - 0)}{(0.082)(293)(0.15)(0.988)}$$

$N_A = 1.61 \times 10^{-7}$ [kg − mol/m^2 · s]

---

(3) 기체의 확산계수

기체 분자의 확산은 분자들의 선형운동에 기인한 것이다. 분자가 작으면 큰 것보다 평균속도는 커지나 충돌수는 적어지며 또 온도가 높아지면 평균속도가 커진다. 따라서 분자확산은 온도가 높고 분자의 크기가 작을수록 잘 일어난다. 분자확산계수를 측정하기 위한 방법으로는 좁은 관이 들어 있는 순수한 액체를 기체와 함께 꼭대기까지 증발시켜 시간에 따른 액체높이의 감소를 측정하는 방법과 같은 압력을 가진 순수한 두 기체를 긴 관에 의해 분리해 놓고 일정시간 확산시킨 다음에 각 부분의 농도를 분석하는 방법이 있다. 표 7-1에는 여러 가지 기체들의 분자확산계수에 대한 실험값을 나타낸다.

확산계수를 추산하는 식은 여러 가지가 제안되어 있으나 Chapman과 Enskog는 2성분계에 대하여 다음 식을 제안하였다.

$$D_{AB} = \frac{1.8583 \times 10^{-7} T^{3/2}}{P \sigma_{AB}^2 \Omega_{D,AB}} \left(\frac{1}{M_A} + \frac{1}{M_B} \right)^{1/2}$$

여기서 M은 분자량, P는 절대압, σ_{AB}는 평균충돌 직경, $\Omega_{D,AB}$는 충돌비(collision integral)이다. 이 식은 약 1000 [K]에서 8 [%] 정도의 오차범위내에서 확산계수를 예측할 수 있다. 그러나 이 식은 σ_{AB}의 계산이 어렵기 때문에 Fuller 등이 제안한 다음과 같은 반실험식이 주로 이용된다.

$$D_{AB} = \frac{1 \times 10^{-7} T^{1.75} (1/M_A + 1/M_B)^{1/2}}{P[(\Sigma V_A)^{1/3} + (\Sigma V_B)^{1/3}]^2} \tag{7-23}$$

여기서 ΣV는 구조적인 확산부피 증가의 합이다. 표 7-2에는 몇 가지 물질에 대한 이 값을 나타냈다.

➡표 7-1 기체의 확산계수(1 [atm])

계	온도		확산계수
	℃	K	$[(m^2/s)10^4$ 또는 $cm^2/s]$
Air-NH_3	0	273	0.198
Air-H_2O	0	273	0.220
	25	298	0.260
	42	315	0.288
Air-CO_2	3	276	0.142
	44	317	0.177
Air-H_2	0	273	0.611
Air-C_2H_5OH	25	298	0.135
	42	315	0.145
Air-CH_3COOH	0	273	0.106
Air-n-hexane	21	294	0.080
Air-benzene	25	298	0.0962
Air-toluene	25.9	298.9	0.086
Air-n-butanol	0	273	0.0703
	25.9	298.9	0.087
H_2-CH_4	25	298	0.726
H_2-N_2	25	298	0.784
	85	358	1.052
H_2-benzene	38.1	311.1	0.404
H_2-Ar	22.4	295.4	0.83
H_2-NH_3	25	298	0.783
H_2-SO_2	50	323	0.61
H_2-C_2H_5OH	67	340	0.586
He-Ar	25	298	0.729
He-n-butanol	150	423	0.587
He-air	44	317	0.765
He-CH_4	25	298	0.675
He-N_2	25	298	0.687
He-O_2	25	298	0.729
Ar-CH_4	25	298	0.202
CO_2-N_2	25	298	0.167
CO_2-O_2	20	293	0.153
N_2-n-butane	25	298	0.0960
H_2O-CO_2	34.3	307.3	0.202
CO-N_2	100	373	0.318
CH_2Cl-SO_2	30	303	0.0693
$(C_2H_5)_2O$-NH_3	26.5	299.5	0.1078

➡표 7-2 확산부피 증가값

	원자와 구조적인 확산부피 증가, v		
C	16.5	(C1)	19.5
H	1.98	(S)	17.0
O	5.48	Armatic ring	-20.2
(N)	5.69	Heterocyclic ring	-20.2
	단순한 분자들의 확산부피 합, Σv		
H_2	7.07	CO	18.9
D_2	6.70	CO_2	26.9
He	2.88	N_2O	35.9
N_2	17.9	NH_3	14.9
O_2	16.6	H_2O	12.7
Air	20.1	(CCl_2F_2)	114.8
Ar	16.1	(SF_6)	69.7
Kr	22.8	(Cl_2)	37.7
(Xe)	37.9	(Br_2)	67.2
Ne	5.59	(SO_2)	41.1

예제 7-4

n-butanol(A)이 1[atm] 하에서 공기[B]를 통해 확산한다. Fuller의 식을 사용하여 다음 조건에서 구한 값을 실험값과 비교해 보라.

(a) 0[℃] (b) 25.9[℃] (c) 0[℃], 2[atm]

풀이

(a) $P = 1$[atm], $T = 273$[K], $M_A = 74$, $M_B = 29$

$\Sigma V_A = 4 \times 16.5 + 10 \times 1.98 + 1 \times 5.48 = 91.28$

$\Sigma V_B = 20.1$

식 (7-22)에 대입하면

$$D_{AB} = \frac{1 \times 10^{-7}(273)^{1.75}(1/74 + 1/29)^{1/2}}{1[(91.28)^{1/3} + (20.1)^{1/3}]^2}$$

$$D_{AB} = 7.703 \times 10^{-6}\,[\mathrm{m^2/s}]$$

이것을 표 7-1에 주어진 실험값 $D_{AB} = 7.03 \times 10^{-6}$ [$\mathrm{m^2/s}$]와 비교하면 약 $+10.8$[%]의 오차가 있음을 알 수 있다.

(b) $T = 273 + 25.9 = 298.9$

$$D_{AB} = \frac{1 \times 10^{-7}(298.9)^{1.75}(1/74 + 1/29)^{1/2}}{1[(91.28)^{1/3} + (20.1)^{1/3}]^2}$$

$$D_{AB} = 9.02 \times 10^{-6}\ [\mathrm{m^2/s}]$$

이 값은 실험값 $8.70 \times 10^{-6}\ [\mathrm{m^2/s}]$와 약 $+4\ [\%]$의 오차가 있다.

(c) 온도는 (a)와 같고 전압만 2 [atm]이므로

$$D_{AB} = 7.703 \times 10^{-6}(1/2) = 3.852 \times 10^{-6}\ [\mathrm{m^2/s}]$$

---

2. 액상에서의 확산

액상 중의 용질확산은 액-액 추출, 용제 추출, 기체 흡수 및 증류와 같은 분리조작에서 특히 중요하다. 액상에서의 분자확산속도는 기상에 비해 아주 느리다. 액체는 기체보다 분자간 거리가 가깝기 때문에 확산하려고 하는 용질 (A)의 분자는 액체 (B)의 분자와 충돌하게 되어 확산이 늦어지게 된다. 일반적으로 기상에서의 확산계수는 액상에서보다 약 10^5배 정도 큰 값을 가지나 이동속도는 액상에서의 농도가 기상보다 훨씬 높은 관계로 100배 정도 빠른 것이 보통이다.

(1) 등몰확산

액체는 기체보다 분자가 훨씬 밀집되어 있어서 밀도와 점도가 상당히 크며 따라서 확산에 대한 저항은 아주 크다. 또 분자사이의 상호인력도 중요한 역할을 한다.

액상에서의 확산도 기상에서의 확산과 기본원리는 같으며 다른 점이 있다면 확산계수가 확산성분의 농도에 의존한다는 것이다. 기상에 대한 등몰확산식 (7-10)을 이용하여 액상에서의 등몰확산을 나타내면

$$N_A = \frac{D_{AB}(C_{A1} - C_{A2})}{(z_2 - z_1)} = \frac{D_{AB}\rho_m(x_{A1} - x_{A2})}{(z_2 - z_1)} \tag{7-24}$$

여기서 x는 몰분율이며 ρ_m은 평균 몰밀도로 다음과 같이 정의된다.

$$\rho_m = \left(\frac{\rho}{M}\right)_{av} = \left(\frac{\rho_1}{M_a} + \frac{\rho_2}{M_2}\right)\Big/2 \tag{7-25}$$

M_1 : 1지점에서 용액의 평균분자량

M_2 : 2지점에서 용액의 평균분자량

ρ_1 : 1지점에서 용액의 평균밀도

ρ_2 : 2지점에서 용액의 평균밀도

(2) 일방확산

액상에서의 확산에서 가장 중요한 것은 용질 A는 확산하고 용매 B는 정지 또는 확산하지 않는 경우이다. 액상에서의 일방확산의 경우도 기상에서의 경우와 원리가 같으며 P/p_{BM} 대신에 ρ_m/C_{BM}을 적용할 수 있다.

식 (7-18)로부터

$$N_A = \frac{D_{AB}P(C_{A1}-C_{A2})}{(z_2-z_1)p_{BM}} = \frac{D_{AB}\rho_m(x_{A1}-x_{A2})}{(z_2-z_1)x_{BM}} \tag{7-26}$$

여기서 x_{BM}은 대수평균 몰분율로 다음과 같이 정의된다.

$$x_{BM} = \frac{x_{B2}-x_{B1}}{\ln(x_{B2}/x_{B1})} = \frac{p_{BM}}{P} = \frac{C_{BM}}{\rho_m} \tag{7-27}$$

C_A의 농도가 아주 묽을 경우에는 $x_{BM} \fallingdotseq 1$이 되어 식 (7-24)와 같이 된다.

예제 7-5

에탄올은 가용, 물은 불용성인 유기용매의 한 표면에서 에탄올(A)-물(B) 용액이 293 [K]에서 2 [mm] 두께의 정지한 경계막에서 접촉하고 있다. 1지점에서 에탄올의 농도는 16.8 [wt %]이고 용액의 밀도는 $\rho_1 = 0.9728$ [g/cm^3], 2지점에서 에탄올의 농도는 6.8 [wt %]이며, $\rho_2 = 0.9881$ [g/cm^3]이다. 에탄올의 확산계수 $D_{AB} = 0.740\times10^{-9}$ [m^2/s]일 때 정상상태에서의 확산속도 N_A를 구하라.

풀이

$N_B = 0$이므로 일방확산이다. $M_A = 46$, $M_B = 18$이므로 용액 100 [kg]을 기준으로 하면

$$x_{A1} = \frac{(16.8/46)}{(16.8/46)+(83.2/18)} = \frac{0.365}{0.365+4.622} = 0.073$$

$$\therefore x_{B1} = 1 - x_{A1} = 1 - 0.073 = 0.927$$

$$x_{A2} = \frac{(6.8/46)}{(6.8/46)+(93.2/18)} = \frac{0.148}{0.148+5.178} = 0.028$$

$$x_{B2} = 1 - 0.028 = 0.972$$

$$M_1 = M_A x_{A1} + M_B x_{B1} = 46\times0.073 + 18\times0.927 = 3.358 + 16.686$$
$$= 20.04\ [\text{kg/kg}-\text{mol}]$$

$$M_2 = M_A x_{A2} + M_B x_{B2} = 46\times0.028 + 18\times0.972 = 1.288 + 17.496$$
$$= 18.784\ [\text{kg/kg}-\text{mol}]$$

$\rho_1 = 0.9728\,[\text{g/cm}^3] = 972.8\,[\text{kg/cm}^3]$, $\rho_2 = 0.9881\,[\text{g/cm}^3] = 9.881\,[\text{kg/m}^3]$

$$\rho_M = \frac{\rho_1/M_1 + \rho_2/M_2}{2} = \frac{(972.8/20.04) + (988.1/18.784)}{2} = \frac{48.543 + 52.603}{2}$$

$\therefore\ \rho_M = 50.573\,[\text{kg}-\text{mol/m}^3]$

여기서 x_{BM}은 $x_{B2}/x_{B1} < 2$이므로 산술평균을 사용할 수 있다.

$$\therefore\ x_{BM} = \frac{x_{B1} + x_{B2}}{2} = \frac{0.927 + 0.972}{2} = 0.9495$$

이상의 값을 식 (7-26)에 대입하면

$$N_A = \frac{D_{AB}\,\rho_m(x_{A1} - x_{A2})}{(z_2 - z_1)x_{BM}} = \frac{(0.740 \times 10^{-9})(50.573)(0073 - 0.028)}{(2/1000 - 0)(0.9495)}$$

$\therefore\ N_A = 8.84 \times 10^{-7}\,[\text{kg}-\text{mol/m}^2 \cdot \text{s}]$

---

(3) 액체의 확산계수

액상에서의 확산계수를 실험적으로 구하는 방법은 여러 가지가 있으나 한 가지 방법은 긴 모세관내에서 비정상상태 확산을 수행하여 농도구배로부터 확산계수를 결정하는 방법이나 확산계수의 값이 용질의 농도에 크게 지배되는 단점이 있다. 보다 보편적인 방법은 비교적 묽은 용액과 약간 농도가 높은 용액을 소결된 유리의 다공성 막을 통해 확산시키는 것이다. 표 7-3에는 2성분 혼합물에 대한 확산계수의 실험값을 정리하였다.

액상에서의 확산계수를 추산하는 식은 여러 가지가 제안되어 있으나 Wilke-Chang이 제안한 다음 식이 가장 일반적으로 사용된다.

$$D_{AB} = 7.4 \times 10^{-12}(\varphi M_B)^{1/2}\frac{T}{\mu_b V_A^{0.6}}\,[\text{m}^2\text{s}] \tag{7-28}$$

여기서 M_B는 용매(B)의 분자량, μ_B는 B의 점도[cp], V_A는 비점에서의 몰부피로 표 7-4로부터 계산된다. φ는 용매의 회합인자(會合因子, association parameter)로 물 ; 2.6, methanol ; 1.9, ethanol ; 1.5이고 benzene, ether, heptane 및 비회합용매에 대해서는 1.0이다.

식 (7-29)는 1비전해질에만 해당하는 식이며, $V_A < 200$일 경우에는 Wilke-Thake는 다음과 같이 간단한 식으로 계산할 수 있다고 하였다.

$$D_{AB} = 1.4 \times 10^{-8}/\mu^{1.1}\,V_A^{0.6}\,[\text{m}^2/\text{s}] \tag{7-29}$$

➡표 7-3 묽은 액체 용액에 대한 확산계수

용 질	용 매	온 도		확산계수
		℃	K	[(m^2/s)10^9 또는 (cm^2/s)10^5]
NH_3	water	12	285	1.64
		15	288	1.77
O_2	water	18	291	1.98
		25	298	2.41
CO_2	water	25	298	2.00
H_2	water	25	298	4.8
Methyl alcohol	water	15	288	1.26
Ethy alcohol	water	10	283	0.84
		25	298	1.24
n-Propyl alcohol	water	15	288	0.87
Formic acid	water	25	298	1.52
Acetic acid	water	9.7	282.7	0.769
		25	298	1.26
Propionic acid	water	25	298	1.01
HCl(9g-mol/liter)	water	10	283	3.3
(2.5g-mol/liter)		10	283	2.5
Benzoic acid	water	25	298	1.21
Acetone	water	25	298	1.28
Acetic acid	Benzene	25	298	2.09
Urea	Ethanol	12	285	0.54
Water	Ethanol	25	298	1.13
KCl	Water	25	298	1.870
KCl	Ethylene glycol	25	298	0.119

예제 7-6

25[℃]의 물에서 acetone(CH_3COCH_3)의 확산계수를 Wilke-Chang의 식을 사용하여 구한 다음 실험값과 비교해 보라. 단 35[℃]에서 물의 점도는 0.8937[cp]이다.

풀이

표 7-4로부터 V_A를 계산하면 $CH_3COCH_3 = 6C + 6H + O$이므로

$$V_A = 6 \times 14.8 + 6 \times 3.7 + 6 \times 7.4 = 74.0\,[\mathrm{cm^3/g-mol}]$$

$\varphi = 2.6$, $M_B = 18\,[\mathrm{kg/kg-mol}]$, $T = 298\,[\mathrm{K}]$를 대입하면

$$D_{AB} = \frac{(7.4 \times 10^{-12})(\varphi M_B)^{1/2}\,T}{\mu_B V_A^{0.6}} = \frac{(74 \times 10^{-12})(2.6 \times 18)^{1/2}(298)}{(0.8937)(74.0)^{0.6}}$$

➡표 7-4 정상 비점에서의 원자부피

물 질	원자부피 [cm^3/g-mol]	물 질	원자부피 [cm^3/g-mol]
C	14.8	Ring, 3-membered	-6
H	3.7	4-membered	-8.5
O(이중결합 포함)	7.4	5-membered	-11.5
aldehydes, ketones	7.4	6-membered	-15
methyl esters	9.1	Naphthalene ring	-30
methyl ethers	9.9	Anthracene ring	-47.5
ethyl esters	9.9		
ethyl ethers	9.9		분자 부피
higher esters	11.0		[cm^3/g-mol]
higher ethers	11.0	Air	29.9
acids(-OH)	12.0	O_2	25.6
S, P, N과 결합	8.3	N_2	31.2
N		Br_2	53.2
이중결합	15.6	Cl_2	48.4
1차 아민	10.5	CO	30.7
2차 아민	12.0	CO_2	34.0
Br	27.0	H_2	14.3
ClRCHClR′	24.6	H_2O	18.8
ClRCl(말단)	21.6	H_2S	32.9
F	8.7	NH_3	25.8
I	37.0	NO	23.6
S	25.6	N_2O	36.4
P	27.0	SO_2	44.8

$$\therefore D_{AB} = 1.276 \times 10^{-9} \, [m^2/s]$$

이 값은 표 7-3의 실험값인 $D_{AB} = 1.28 \times 10^{-9}$ [m^2/s]와 비교해 볼 때 -0.3 [%]의 오차 정도로서 거의 일치하는 것을 알 수 있다.

한편, $V_A = 74.0 < 200$이므로 식 (7-29)도 사용이 가능하다.

$$D_{AB} = 1.4 \times 10^{-8} / (0.8937)^{1.1} (74.0)^{0.6}$$

$$D_{AB} = 1.198 \times 10^{-9} \, [m^2/s]$$

7-3 물질전달계수

물질전달은 유효경막(有效境膜)내에서 분자확산에 의하여 일어난다. 확산속도의 기초식으로부터 물질전달속도를 구하는 데 필요한 물질전달계수(物質傳達係數, mass transfer coefficient)에 대하여 알아본다.

1. 기체 경막에서의 물질전달계수

기상내 확산을 나타낸 그림 7-5를 보자. 계면 1로부터 두께가 Z인 유효경막을 통해 확산성분 A가 이동하는 경우 p_{A1}과 p_{A2}를 각각 계면 및 본체에서의 분압이라고 하고 $p_{A1} > p_{A2}$로서 p_{A1}에서 p_{A2}로 확산한다고 하면 물질전달속도는 식 (7-10)과 식 (7-18)로부터 각각 다음과 같이 된다.

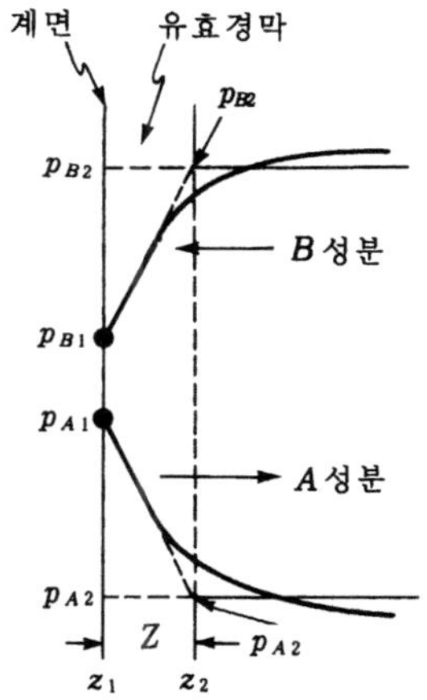

그림 7-5 기상내 확산

(1) 등몰확산

$$N_A = \frac{D_{AB}(p_{A1} - p_{A2})}{RTZ} = \frac{D_{AB}(C_{A1} - C_{A2})}{Z} = \frac{D_{AB}P(y_{A1} - y_{A2})}{RTZ} \tag{7-30}$$

$$N_A = k_G'(p_{A1} - p_{A2}) = k_C'(C_{A1} - C_{A2}) = k_y'(y_{A1} - y_{A2}) \tag{7-31}$$

여기서

$$\begin{bmatrix} k_G' = D_{AB}/RTZ \\ k_C' = D_{AB}/Z = k_G'RT \\ k_y' = D_{AB}P/RTZ = k_G'P \end{bmatrix} \tag{7-32}$$

(2) 일방확산

$$N_A = \frac{D_{AB}P(p_{A1}-p_{A2})}{RTZp_{BM}} = \frac{D_{AB}P(C_{A1}-C_{A2})}{Zp_{BM}} = \frac{D_{AB}P(y_{A1}-y_{A2})}{RTZy_{BM}} \quad (7\text{-}33)$$

$$N_A = k_G(p_{A1}-p_{A2}) = k_C(C_{A1}-C_{A2}) = k_y(y_{A1}-y_{A2}) \quad (7\text{-}34)$$

여기서
$$\begin{bmatrix} k_G = D_{AB}P/RTZp_{BM} = k_G'(P/p_{BM}) \\ k_C = D_{AB}P/Zp_{BM} = k_C'(P/p_{BM}) \\ k_y = D_{AB}P/RTZy_{BM} = k_y'(1/y_{BM}) \end{bmatrix} \quad (7\text{-}35)$$

식 (7-31)과 식 (7-34)의 k_G', k_C', k_y' 및 k_G, k_C, k_y를 **기상 물질전달계수**(gas phasemass transfer coefficient) 또는 **기체 경막 물질전달계수**(gas film mass transfer coefficient)라고 하며 이들의 단위는 확산기체 A의 추진력을 분압으로 표시하면 [kg−mol/m^2 · h · atm]이고, 몰농도로 표시하면 [kg−mol/m^2 · h (kg−mol/m^3)]이다. 또 몰분율로 나타내면 [kg−mol/m^2 · h · Δy]이며 Δy는 기상에서 확산물질의 몰분율이다.

2. 액체 경막에서의 물질전달계수

액상에 대해서도 그림 7-5의 원리를 적용할 수 있다. Z를 액상에서의 유효경막 두께, 그 양단에서의 농도를 C_{A1}, C_{A2}라고 하면 식 (7-24)와 (7-26)으로부터 물질전달속도를 다음과 같이 정의할 수 있다.

(1) 등몰확산

$$N_A = \frac{D_{AB}(C_{A1}-C_{A2})}{Z} = \frac{D_{AB}\rho_m(x_{A1}-x_{A2})}{Z} \quad (7\text{-}36)$$

$$N_A = k_L'(C_{A1}-C_{A2}) = k_x'(x_{A1}-x_{A2}) \quad (7\text{-}37)$$

여기서
$$\begin{Bmatrix} k_L' = D_{AB}/Z \\ k_x' = D_{AB}\rho_m/Z = k_L'\rho_m \end{Bmatrix} \quad (7\text{-}38)$$

(3) 일방확산

$$N_A = \frac{D_{AB}P(C_{A1}-C_{A2})}{Zp_{BM}} = \frac{D_{AB}\rho_m(C_{A1}-C_{A2})}{ZC_{BM}} = \frac{D_{AB}\rho_m(x_{A1}-x_{A2})}{Zx_{BM}} \quad (7\text{-}39)$$

$$N_A = k_L(C_{A1}-C_{A2}) = k_x(x_{A1}-x_{A2}) \quad (7\text{-}40)$$

여기서
$$\begin{Bmatrix} k_L = D_{AB}P/Zp_{BM} = D_{AB}\rho_m/ZC_{BM} \\ k_x = D_{AB}\rho_m/Zx_{BM} = k_x' - (1/x_{BM}) \end{Bmatrix} \quad (7\text{-}41)$$

C_A의 농도가 묽으면 $k_L = k_L'(\because \rho_m \fallingdotseq C_{BM})$이 되며 식 (7-36)과 일치한다. D_{AB}는 용질의 농도 C_A에 따라 크게 변하고 $C_A + C_B$도 다소 변하기 때문에 보통은 식 (7-37)을 사용한다. k_L', k_x', k_L, k_x를 **액상 물질전달계수**(liquid phase mass transfer coefficient) 또는 **액 경막 물질전달계수**(liquid film mass transfer coefficient)라고 하며, 기상 물질전달계수와 단위는 같으나 액상에서의 몰분율 x로 표시할 경우에는 [kg− mol/m^2 · h · Δy]가 된다.

이상과 같이 기-액 경막 물질전달계수는 모두 분자확산계수 D_{AB} 즉 확산물질의 종류에 따라 달라지며 동일물질도 압력, 온도가 일정한 상태에서 유효경막의 두께에 따라 다른 것을 알 수 있다.

예제 7-7

2 [atm]에서 많은 양의 기체 B가 순수한 액체 A가 기화하고 있는 표면 위로 흐르고 있다. 표면에서의 A의 증기압은 0.2 [atm]이다. $k_y' = 6.78 \times 10^{-5}$ [kg − mol/m^2 · s · Δy]일 때 기화속도 N_A 및 k_y, k_G를 구하라.

풀이

B를 통하여 A가 확산하는 경우로 B가 A에 용해하지 않으므로 $N_B = 0$이다. A의 경우 $p_{A1} = 0.2$ [atm], $p_{A2} = 0$이다. 또 $y_{A1} = p_{A1}/P = 0.2/2.0 = 0.1$, $y_{A2} = 0$이다.

식 (7-35)로부터

$$k_y = k_y'(1/y_{BM})$$

$y_{B1} = 1 - y_{A1} = 1 - 0.1 = 0.9$, $y_{B2} = 1 - y_{A2} = 1 - 0 = 1$이므로

$$y_{BM} = \frac{y_{B2} - y_{B1}}{\ln(y_{B2}/y_{B1})} = \frac{1 - 0.9}{\ln(1/0.9)} = 0.95$$

$$\therefore k_y = \frac{6.75 \times 10^{-5}}{0.95} = 7.14 \times 10^{-5} \text{ [kg − mol/m}^2 \cdot \text{s} \cdot \Delta y]$$

또 식 (7-35)로부터

$$k_G = k_G'\left(\frac{P}{p_{BM}}\right) = k_G'\left(\frac{1}{y_{BM}}\right) = \left(\frac{k_y'}{P}\right)\left(\frac{1}{y_{BM}}\right) = \frac{k_y}{P}$$

$$\therefore k_G = \frac{7.14 \times 10^{-5}}{2} = 3.57 \times 10^{-5} \text{ [kg − mol/m}^2 \cdot \text{s} \cdot \text{atm]}$$

한편 기화속도 N_A는 식 (7-34)로부터

$$N_A = k_y(y_{A1} - y_{A2})$$

$$= 7.14 \times 10^{-5}(0.1 - 0)$$

$$\therefore N_A = 7.14 \times 10^{-6} \text{ [kg-mol/m}^2 \cdot \text{s]}$$

또는

$$N_A = k_G(p_{A1} - p_{A2})$$

$$= 3.57 \times 10^{-5}(0.2 - 0)$$

$$\therefore N_A = 7.14 \times 10^{-6} \text{ [kg-mol/m}^2 \cdot \text{s]}$$

예제 7-8

9 [wt %]의 초산 수용액 (A)에 물에 녹지 않는 용제 (B)를 가하여 초산을 추출할 때의 물질이동계수 k_L', k_L, k_x' 및 k_x를 구하라. 물과 용제 계면에서의 초산농도는 3 [wt %]이고 이동속도는 5.55×10^{-6} [kg−mol/m^2 · s]이다. 단, 3 [wt %] 및 9 [wt %] 초산 수용액의 밀도는 각각 1003, 1012 [kg/m^3]이다.

풀이

액상에서의 일방확산으로 식 (7-37), (7-38), (7-40) 및 식 (7-41)로부터 구한다.

식 (7-37) : $N_A = k_L'(C_{A1} - C_{A2}) = k_x'(x_{A1} - x_{A2})$

초산 수용액 100 [kg]을 기준으로 몰분율을 구하면

$$x_{A1} = \frac{9/60}{(9/60) + (91/18)} = \frac{0.15}{0.15 + 5.06} = 0.029$$

$$x_{B1} = 1 - 0.029 = 0.971$$

$$x_{A2} = \frac{3/60}{(3/60) + (97/18)} = \frac{0.05}{0.05 + 5.39} = 0.009$$

$$x_{B2} = 1 - 0.009 = 0.991$$

$x_{B2}/x_{B1} < 2$이므로 x_{BM}은

$$x_{BM} = \frac{0.971 + 0.991}{2} = 0.981$$

$$\therefore k_x' = \frac{N_A}{(x_{A1} - x_{A2})} = \frac{5.55 \times 10^{-6}}{(0.029 - 0.009)} = 2.78 \times 10^{-4} \text{ [kg-mol/m}^2 \cdot \text{s} \cdot \Delta x]$$

식 (7-41) : $k_x = k_x'(1/x_{BM}) = 2.78 \times 10^{-4}/0.981 = 2.83 \times 10^{-4}$ [kg−mol/m^2 · s · Δx]

한편

$$M_1 = M_A x_{A1} + M_B x_{B1} = 60 \times 0.029 + 18 \times 0.971 = 19.22 \text{ [kg/kg-mol]}$$

$$M_2 = M_A x_{A2} + M_B x_{B2} = 60 \times 0.009 + 18 \times 0.991 = 18.38\,[\mathrm{kg/kg-mol}]$$

$$\rho_m = \frac{\rho_1/M_1 + \rho_2/M_2}{2} = \frac{1012/19.22 + 1003/18.33}{2} = 53.61\,[\mathrm{kg-mol/m^3}]$$

$\rho_m x = C$이므로

$$C_{A1} = \rho_m x_{A1} = 53.61 \times 0.029 = 1.55\,[\mathrm{kg-mol/m^3}]$$

$$C_{A2} = \rho_m x_{A2} = 53.61 \times 0.009 = 0.48\,[\mathrm{kg-mol/m^3}]$$

$$C_{B1} = \rho_m x_{B1} = 53.61 \times 0.971 = 52.05\,[\mathrm{kg-mol/m^3}]$$

$$C_{B2} = \rho_m x_{B2} = 53.61 \times 0.991 = 53.13\,[\mathrm{kg-mol/m^3}]$$

$$C_{BM} = \frac{52.05 + 53.13}{2} = 52.59\,[\mathrm{kg-mol/m^3}]$$

$$\therefore\ k_L' = \frac{N_A}{(C_{A1} - C_{A2})} = \frac{5.55 \times 10^{-6}}{(1.55 - 0.48)} = 5.19 \times 10^{-6}\,[\mathrm{kg-mol/m^2 \cdot s \cdot (kg-mol/m^3)}]$$

식 (7-38), (7-41) : $k_L = k_L'(\rho_m / C_{BM})$

$$= 5.19 \times 10^{-6} \times \frac{53.61}{52.59} = 5.29 \times 10^{-6}\,[\mathrm{kg-mol/m^2 \cdot s(kg-mol/m^3)}]$$

---

3. 기-액 경막에서의 물질전달

(1) 2중 경막설(二重境膜說)

두 상이 접할 때 두 상이 접한 경계면이 양측에 경막이 존재한다는 가정을 Lewis-Whitman의 **2중 경막설**(double film theory)이라고 하며 이 때 확산을 일으키는 추진력은 두 상에서의 확산물질의 농도차 또는 분압차이며 주어진 온도, 압력에서 평형상태가 되면 물질의 이동은 정지한다.

한 예로 액상으로의 기체흡수에 관하여 생각하면 그림 7-6과 같이 기액 양상의 본체 내에 있어서는 확산물질의 농도 기울기는 거의 없으나 기액의 각 경막 내에서는 농도 기울기가 있다. 또한 양상의 경계면에 있어서는 평형이 유지된다고 본다.

그림 7-6은 기-액 본체에 있어서 압력 또는 농도를 각각 p_G [atm], C_L [kg-mol/m^3], 경계면의 기체 및 액측 농도를 각각 p_i [atm], C_i [kg-mol/m^3]로 했을 때 평형상태를 나타낸다. 유효경막 내의 확산에는 경막의 두께를 확산거리로 생각한다.

액상에서의 기체흡수를 생각하고 확산기체가 기-액 양 경막을 확산할 때 다음 조건을 성립시키는 것으로 한다.

첫째, 기-액의 계면(interface)에서는 저항이 없고 순간적으로 평형이 성립하며 계면에 있

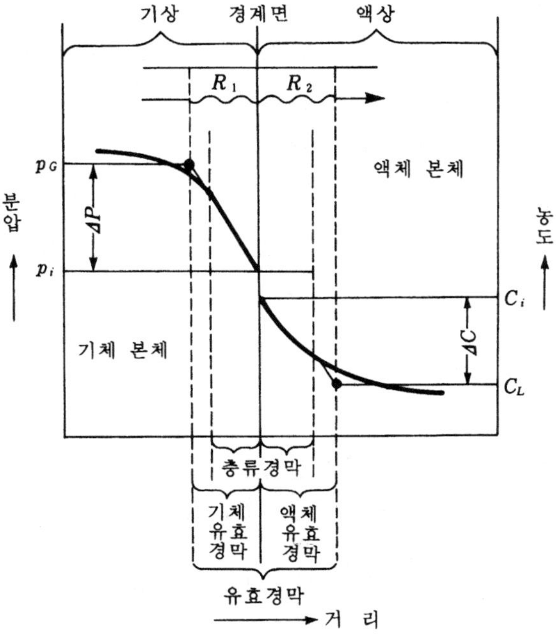

그림 7-6 기-액 2중 경막설

어서 확산기체와 분압 p_i [atm]와 확산기체의 농도 C_i [kg−mol/m^3]와는 다음 관계가 성립한다. 즉

$$C_i = Hp_i \tag{7-42}$$

여기서 H는 Henry 상수이다.

둘째, 확신기체의 기상에 있어서 분압 p, 액상에 있어서 농도 C, 경막내의 분압 분포 및 농도 분포는 시간적으로 변화가 없고 정상상태에 있다고 한다. 확산기체 A가 경막내를 확산할 때 확산 속도는 다음 식이 성립한다.

기상 경막내 $$N_A = k_G(p_{A1} - p_{A2}) = k_G(p_G - p_i) \tag{7-43}$$

액상 경막내 $$N_A = k_L(C_{A1} - C_{A2}) = k_L(C_i - C_L) \tag{7-44}$$

정상상태에서 기상과 액상의 물질전달 속도가 동일하므로 식 (7-43), (7-44)에서

$$\frac{p_G - p_i}{C_L - C_i} = -\frac{k_L}{k_G} \tag{7-45}$$

관계가 성립한다.

기-액 양 계면상에서는 p_i와 C_i가 평형에 있으나 실제로는 흡수는 완료되지 않고 진행 중

에 있기 때문에 기체 본체 중의 확산기체 분압 p_G는 계면에 있어서 확산기체 분압 p_i보다는 크다($p_g > p_i$). 또한 확산기체가 기체측으로부터 액측으로 진행하기 위해서는 확산기체의 계면에 있어서 농도 C_i가 본체에 있어서 농도 C_L보다 크지 않으면 안 된다($C_i > C_L$).

따라서 기체 본체에 있어서 확산기체의 분압이 p_G, 액체 본체에 있어서 농도가 C_L일 경우 이와 접하고 있는 계면에서의 분압 C_i는 그림 7-7에 표시한 바와 같이 조작선상의 점 P (C_L, p_G)로부터 기울기가 $-k_L/k_G$인 경사선과 평형곡선과의 교점 Q를 구하면 얻어진다.

k_G, k_L, p_i, p_G, C_i, C_L 등의 값은 물질전달장치(예 : 연속 흡수장치)의 설계에 사용된다.

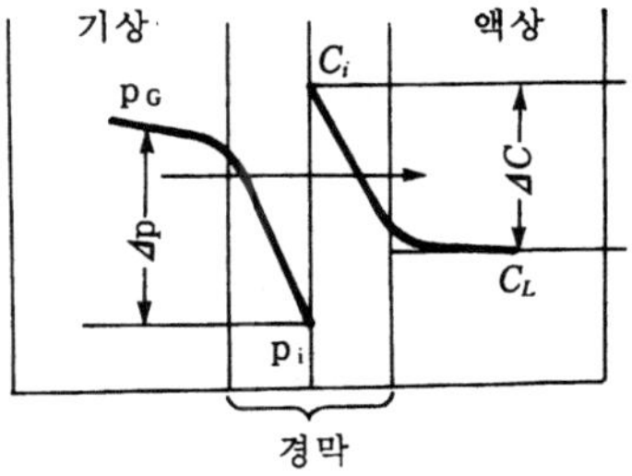

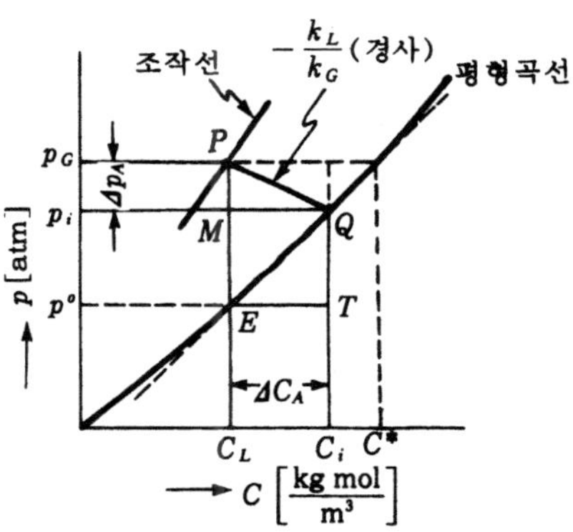

그림 7-7 기-액 물질전달의 계면 및 본체의 조건과의 관계

(2) 총괄 물질전달계수(總括物質傳達係數)

기체 경막과 액 경막의 경계면에 있어서 저항은 확산저항에 비해서 대단히 적기 때문에 보통은 이를 무시한다. 보통 표시되는 평형값은 경계면에 있어서의 값이며 기체 흡수의 경우도 경계면에 있어서는 그때 온도에서의 p_i [atm], C_i [kg－mol/m^3] 사이에 이미 말한 바와 같이 순간적으로 평형관계가 성립하며 Henry의 법칙의 직선적 관계가 적용되는 것으로 해석된다.

여기서 k_G와 k_L의 값을 안다면 앞서 설명한 바와 같이 작도에 의하여 p_i, C_i가 구해지나 이를 알지 못할 때는 C_i, p_i의 측정이 논란하므로 이로부터 직접 k_G, k_L을 산출할 수 없고 다음과 같이 총괄 물질전달계수를 사용한다.

지금 식 (7-43), (7-44)로부터 C_i 및 p_i를 소거하고 식 (7-45)에 대입하면

$$N_A = \frac{k_G k_L (H p_G - C_L)}{H k_L + k_G} = \frac{H p_G - C_L}{\dfrac{H}{k_G} + \dfrac{1}{k_L}} \quad (7\text{-}46)$$

이 된다. 지금 p_G와 평형에 있다고 가정할 경우의 액의 평형농도를 C^* [kg−mol/m^3]라 하면

$$C^* = H p_G \quad (7\text{-}47)$$

이고 이를 식 (7-46)에 대입하면

$$N_A = \frac{C^* - C_L}{\dfrac{H}{k_G} + \dfrac{1}{k_L}} \ [\text{kg}-\text{mol/h}] \quad (7\text{-}48)$$

여기서 H/k_G는 기체 경막저항, $1/k_L$은 액 경막저항을 나타낸다.

$$\frac{H}{k_G} + \frac{1}{k_L} = \frac{1}{K_L} \ [\text{s/m}] \quad (7\text{-}49)$$

라 하면 $1/K_L$은 양 경막에 대한 저항을 나타내며 K_L을 **총괄 액상 물질전달계수**(over-all liquid phase mass transfer coefficient)라 한다. 단위는 k_L [kg−mol/(m^2)(h)(kg−mol/m^3)]과 같다. 따라서 식 (7-48)은

$$N_A = K_L (C^* - C_L) \ [\text{kg}-\text{mol/h}] \quad (7\text{-}50)$$

로 표시되고 농도를 몰분율 x를 사용하면

$$N_A = K_L \rho_m (x^* - x) \ [\text{kg}-\text{mol/h}] \quad (7\text{-}51)$$

또한 p^*를 확산기체가 액 본체의 농도 C_L과 평형에 있다고 가정할 때의 분압이라면 Henry의 법칙에 의하여

$$C_L = H p^* \quad (7\text{-}52)$$

이 식을 식 (7-46)에 대입하면

$$N_A = \frac{(p_G - p^*)}{1/k_G + 1/H k_L} \ [\text{kg}-\text{mol/h}] \quad (7\text{-}53)$$

이 되고 이 식의 분모를

$$\frac{1}{k_G} + \frac{1}{Hk_L} = \frac{1}{K_G} \tag{7-54}$$

로 놓으면 l/K_G은 전저항을 나타내며 K_G를 **총괄 기상 물질전달계수**(over-all gas phase mass transfer coefficient)라 하며 단위는 [kg−mol/m^2 · h · atm]이다. 따라서 식 (7-53)은

$$N_A = K_G(p_G - p^*) \tag{7-55}$$

이 되고 이를 기상 몰분율 y로 표시하면

$$N_A = K_G P(y - y^*) \tag{7-56}$$

가 된다.

한 물질전달 과정에서 기체 경막저항과 액 경막저항 어느 것이 지배적인가를 결정하려 할 때는 H의 값 즉 용해도의 크기를 알아야 한다.

용해도가 대단히 큰 경우(H가 큰 경우), $1/k_G \gg 1/Hk_L$이 되어 식 (7-54)에서 $K_G = k_G$가 된다. 이때를 **기체 경막저항지배**라 한다.

용해도가 대단히 작을 경우(H가 작은 경우) $H/k_G \ll 1/h_L$이 되어 식 (7-49)에서 $K_L = k_L$이 된다. 이 때는 액 경막저항이 지배적이 됨을 알 수 있다.

예제 7-9

2 [atm], 15.6 [℃]에서 공기-암모니아 혼합기체 중의 암모니아를 물에 흡수시킨다. Henry의 법칙이 적용되며 $H = 65.3$이다. k_G, k_L의 평균값이 각각 0.975 [kg−mol/m^2 · h · atm], 0.335 [kg−mol/m^2 · h(kg−mol/m^3)]일 때 총괄 물질전달계수 K_G를 구하고 기-액 양 경막에서의 저항비를 구하라.

풀이

$$\frac{1}{K_G} = \frac{1}{k_G} + \frac{1}{k_L H} = \frac{1}{0.975} + \frac{1}{0.335 \times 65.3}$$

$$= 1.026 + 0.046 = 1.072$$

$$\therefore K_G = 1/1.072 = 0.9333\ [\text{kg} - \text{mol/m}^2 \cdot \text{h} \cdot \text{atm}]$$

$$\text{기체 경막저항비} = \frac{\text{기체 경막저항}}{\text{전체 저항}} \times = \frac{1.026}{1.072} \times 100$$

$$= 95.7\ [\%]$$

액체 경막저항 $= 100 - 95.7 = 4.3$ [%]

(3) 물질이동계수를 구하는 방법

확산물질의 이동조작은 상 사이에 긴밀한 접촉을 하도록 되어 있는 장치에 의하여 행한다. 실제 장치에서의 물질이동속도는 접촉 면적의 대소, 교란의 정도, 확산을 조장 또는 방해하는 물질의 유무, 확산물질의 종류, 성질, 순도 등 접촉시의 동역학, 상의 물리적 성질 및 확산성분의 확산율에 따라 변화한다.

확산조작에 있어서 $C^* = Hp_G$, $C_L = Hp^*$가 성립할 때 경막 물질이동계수 k_G, k_L과 총괄 물질 이동계수 K_G, K_L 사이에 일정한 관계가 있다는 것에 관하여는 이미 말하였다.

k_G, k_L은 분자확산계수 D_{AB} 및 유효경막의 두께 Z의 함수이며, Z는 또한 N_{re}의 함수이다.

물질이동계수에 대해서는 유벽탑(濡壁塔, wetted wall tower)에 의한 차원해석으로부터 다음 관계가 성립하는 것이 알려져 있다.

$$\frac{k_C D}{D_{AB}} = \varphi\left(\frac{Du\rho}{\mu},\ \frac{\mu}{\rho D_{AB}}\right) = \varphi(N_{Re}\ N_{Sc}) \tag{7-57}$$

여기서 D는 유효경막의 두께에 관계되는 장치의 대표적 길이이다. N_{Sc}는 **슈미트수**(Schmidt number)라고 하며 열전달에서의 N_{Pr}에 해당한다. 또 $k_C D/D_{AB}$는 다음과 같이 정의되는 **셔우드수**(Sherwood number)로 나타낼 수 있으며 이것은 열전달에서의 N_{Nu}에 해당한다.

$$N_{Sh} = \frac{k_L D}{D_{AB}} = \frac{k_C\, y_{BM} D}{D_{AB}} = \frac{k_x'}{C}\frac{D}{D_{AB}} \tag{7-58}$$

또한 물질이동계수는 다음과 같이 무차원의 물질전달 j인자 즉 j_D인자와 관계지을 수 있다.

$$j_D = \frac{f}{2} = \frac{k_C'}{u}(N_{Sc})^{2/3} = \frac{k_G' P}{G_M}(N_{Sc})^{2/3} \tag{7-59}$$

여기서 G_M은 몰속도로 $G_M = u\rho/M_{av} = \text{uc}[\text{kg}-\text{mol/m}^2\cdot\text{s}]$이다. j_D인자는 열전달에서의 j_H인자에 대응하며 둘 사이에는 다음과 같은 관계가 있다.

$$\frac{f}{2} = j_H = \frac{h}{C_p G}(N_{Pr})^{2/3} = j_D = \frac{k_C'}{u}(N_{Sc})^{2/3} \tag{7-60}$$

식 (7-60)은 물질이동과 열전달 및 유체 유동사이의 유사성을 나타내며 마찰계수 f를 알면 열전달계수 h와 물질전달계수 h_C'를 예측할 수 있다. 표면이 평면상태에 대해 평행한 흐름일 경우의 j_D인자에 대해서는 다음과 같은 식이 주어져 있다.

$$\left.\begin{aligned} j_D &= 0.664 N_{\mathrm{Re}}{}^{-0.5} (N_{\mathrm{Re}} < 15,000\text{의 기체 또는 액체}) \\ j_D &= 0.036 N_{\mathrm{Re}}{}^{-0.2} (N_{\mathrm{Re}} = 15,000 \sim 300,000\text{의 기체}) \\ j_D &= 0.99 N_{\mathrm{Re}}{}^{-0.5} (N_{\mathrm{Re}} = 600 \sim 50,000\text{의 액체}) \end{aligned}\right\} \tag{7-61}$$

한편 물질이동계수 k_G를 구하기 위한 실험식으로는 원관내에서 $N_{\mathrm{re}} > 2100$인 기체 또는 액체의 난류흐름에 대하여 다음과 같은 Gilliland-Scherwood의 식이 일반적으로 사용된다.

$$N_{\mathrm{Sh}} = k_C' \frac{D}{D_{AB}} = \frac{p_{BM}}{P} \frac{k_C D}{D_{AB}} = 0.023 \left(\frac{Du\rho}{\mu} \right)^{0.83} \left(\frac{\mu}{\rho D_{AB}} \right)^{0.33} \tag{7-62}$$

이 식은 $N_{\mathrm{Sc}} = 0.6 \sim 3000$의 범위에서 잘 적용되는데 기체일 경우 $N_{\mathrm{Sc}} = 0.5 \sim 3$, 액체일 경우 $N_{\mathrm{Sc}} > 100$이 보통이다. 또 식 (7-62)는 제3장의 강제대류 열전달에서의 Dittus-Boelter의 식과 잘 일치하는 데 이것으로 두 전달과정의 유사성을 확인할 수 있다.

예제 7-10

26.1[℃]에서 흐름방향으로 $D = 0.244$ [m]인 고체 안식향산의 표면 위를 많은 양의 순수한 물이 평형하게 흐르고 있다. 물의 속도는 0.061 [m/s]이고 물에 대한 안식향산의 용해도는 0.0295 [kg=mol/m^3]이다. 물질이동계수 k_L과 이동속도 N_A를 구하라. 단 안식향산의 $D_{AB} = 1.24 \times 10^{-9}$ [m^2/s], 26.1[℃]에서 물의 점도 및 밀도는 각각 8.71×10^{-4} [kg/m · s], 996 [kg/m^3]이다.

풀이

$$N_{\mathrm{Sc}} = \frac{\mu}{\rho D_{AB}} = \frac{8.71 \times 10^{-4}}{996 \times 1.24 \times 10^{-6}} = 705$$

$$N_{\mathrm{Re}} = \frac{Du\rho}{\mu} = \frac{(0.244)(0.061)(996)}{8.71 \times 10^{-4}} = 17,020$$

$$\therefore j_D = 0.99 N_{\mathrm{Re}}^{-0.5} = 0.99 (17,020)^{-0.5} = 7.59 \times 10^{-9}$$

식 (7-59)에서 $j_D = \dfrac{k_C'}{u} (N_{\mathrm{Sc}})^{2/3}$

$$\therefore k_C' = j_D u (N_{\mathrm{Sc}})^{-2/3} = (7.59 \times 10^{-9})(0.061)(705)^{-2/3}$$

$$= 5.84 \times 10^{-6} \text{ [m/s] 또는 [kg-mol/m}^2 \cdot \text{s(kg-mol/m}^3\text{)]}$$

일방확산이므로 식 (7-37), (7-41)로부터

$$N_A = \frac{k_L'}{x_{BM}} (C_{A1} - C_{A2}) = k_L (C_{A1} - C_{A2})$$

아주 묽은 용액이므로 $x_{BM} \approx 1.0$. 따라서 $k_L' = k_L$

$$k_L = 5.84 \times 10^{-6}\ [\mathrm{kg-mol/m^2 \cdot s(kg-mol/m^3)}]$$

$C_{A1} = 0.0295\ [\mathrm{kg-mol/m^3}]$(용해도), $C_{A2} = 0$(순수한 물)이므로

$$N_A = (5.84 \times 10^{-6})(0.0295 - 0)$$

$$\therefore N_A = 1.72 \times 10^{-7}\ [\mathrm{kg-mol/m^2 \cdot s}]$$

7-4 물질전달 조작의 단수 계산

두 상 사이에 물질전달이 일어나기 위해서는 두 상을 충분히 접촉시킬 필요가 있다. 공업적으로는 향류 접촉방식이 많이 이용되며 그 조작으로는 계단식과 연속식이 있다.

그림 7-8(a)와 같은 계단식 접촉조작에서는 두 상이 접촉하여 물질전달이 일어나는 장소를 단(段, stage)이라 하며 두 상은 각 단에서 그 조성이 평형상태에 도달한 후에 각각 다음의 상·하 단으로 이동한다. 각 단은 정체량(hold up)에 대해 출입하는 양이 대단히 적어서 평형에 도달하는 조건과 시간이 문제되지 않고 발열 또는 흡열에 의한 열량의 증감이 없는 **이상단**(理想段, ideal stage)으로 생각한다. 그러나 실제로는 정체량에 대한 출입량이 적지 않으며 두 상 사이의 접촉도 충분하지 못하므로 평형상태에 도달하기 전에 다음 단으로 이동하게 된다. 따라서 물질전달에 필요한 실제단수는 이상단의 수 즉 **이론단수**(이론단수, number of theoritical stage)보다 많아진다. 실제단수에 대한 이론단수의 비를 **단효율**(stage efficiency)

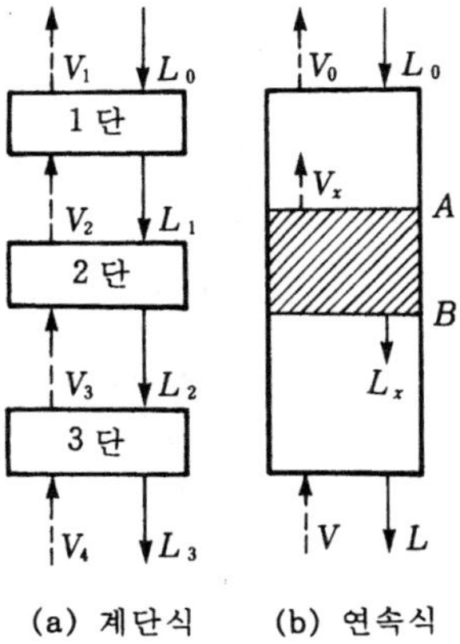

그림 7-8 접촉조작 방식

이라 한다.

연속식 접촉조작에서는 그림 7-8(b)에서는 두 상의 평형관계가 성립될 높이의 간격 AB를 가상해서 하나의 이론단에 상당하는 것으로 계산하며 이 높이가 낮을수록 효율이 좋다.

그림 7-9와 같이 다단 향류 접촉공정에 대한 이상단수를 구하는 방법을 설명하기로 한다.

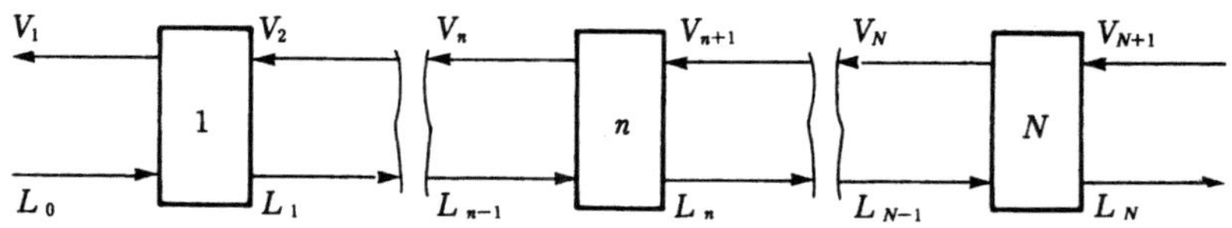

그림 7-9 다단 향류 접촉공정

전체 공정에 대한 총괄 물질수지 및 성분수지는 다음과 같다.

$$L_0 + V_{N+1} = L_N + V_1 \tag{7-63}$$

$$L_0 x_0 + V_{N+1} y_{N+1} = L_N x_N + V_1 y_1 \tag{7-64}$$

여기서 L, V는 각각 액상 및 기사의 전달속도이며 x, y는 각각 액상의 몰분율과 기상의 몰분율을 나타낸다. 한편, 임의의 단 n까지에 대한 물질수지는

$$L_0 + V_{n+1} = L_n + V_1 \tag{7-65}$$

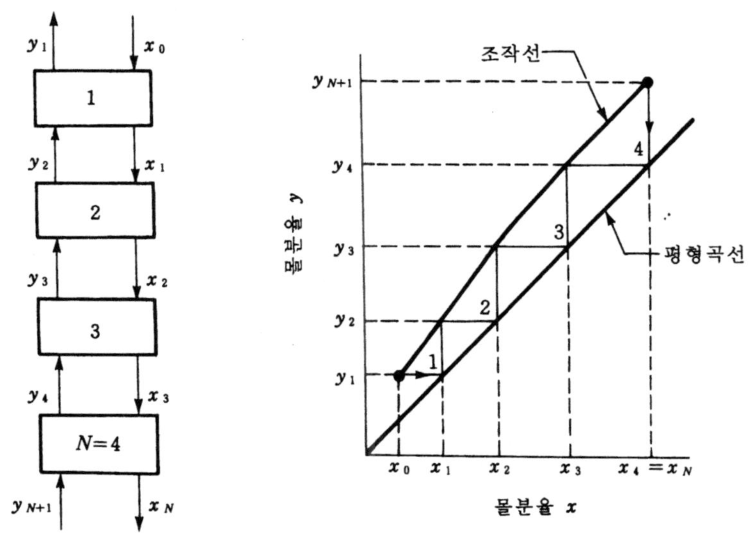

그림 7-10 다단 향류 접촉에서의 이론단수 계산 방법

$$L_0 x_0 + V_{n+1} y_{n+1} = L_n x_n + V_1 y_1 \tag{7-66}$$

식 (7-66)으로부터 다음과 같은 조작선의 방정식이 얻어진다.

$$y_{n+1} = \frac{L_n}{V_{n+1}} x_n + \frac{V_1 y_1 - L_0 x_0}{V_{n+1}} \tag{7-67}$$

따라서 각 단에 대한 $x-y$ 관계와 조작선의 방정식을 가지고 작도하면 이상단수를 구할 수 있다. 그림 7-10은 4단 접촉공정에서의 단수작도 방법을 나타낸 것으로 삼각형의 수가 이론단수가 된다. 삼각형의 작도는 y_1 또는 y_{N+1} 어느쪽에서 출발하여도 좋다.

예제 7-11

향류 접촉탑에서 공기 중에 0.1[m%]의 아세톤이 포함된 기체로부터 아세톤의 90[%]를 물에 흡수한다. 출구에서의 기체 유속은 30[kg-mol/h], 물의 유속은 90[kg-mol/h]이다. 이 조작은 1[atm], 300[K]에서 이루어지며 기-액에서의 아세톤(A)에 대한 평형관계는 $y_A = 2.53\, x_A$이다. 접촉탑의 이론단수를 구하라.

풀이

$y_1 = 0$, $y_{AN+1} = 0.01$, $x_{A0} = 0$, $V_{N+1} = 30$ [kg-mol/h], $L_0 = 90$ [kg-mol/h]

들어가는 아세톤의 양 $= V_{N+1} y_{AN+1} = (30)(0.01) = 0.3$ [kg-mol/h]

들어가는 공기의 양 $= V_{N+1}(1 - y_{AN+1}) = (30)(0.99) = 29.7$ [kg-mol/h]

V_1에 포함되어 나가는 아세톤 $= (0.3)(0.1) = 0.03$ [kg-mol/h]

L_N에 포함되어 나가는 아세톤 $= (0.3)(0.9) = 0.27$ [kg-mol/h]

$\therefore\ V_1 = 29.7 + 0.03 = 29.73$ [kg-mol/h]

$y_{A1} = 0.03/29.73 = 0.001$

$L_N = 90 + 0.27 = 90.27$ [kg-mol/h]

$x_{AN} = 0.27/90.27 = 0.003$

따라서 $L_0 = 90$ [kg-mol/h]의 액체가 들어가서 $L_N = 90.27$ [kg-mol/h]의 액체가 출구로 나가며 기체는 30[kg-mol/h]이 들어가서 29.73[kg-mol/h]이 나온다.

이상의 결과로부터 이론단수를 작도하면 그림 7-11과 같으며 이론단수는 약 5.2단이다(최종 단수의 경우에는 $\overline{AB}/\overline{AC}$로 구한다. 그림에서는 0.2[mm]/1.2[mm] ≒ 0.2).

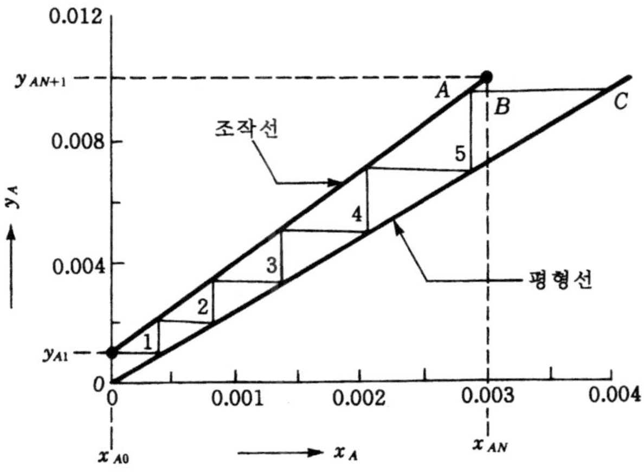

그림 7-11 예제 7-11의 단수 작도

연습문제

1 298 [K], 1 [atm]에서 관 속에 CH_4와 He가 들어있다. 한 점에서의 CH_4의 분압 $p_{A1} = 0.6$ [atm]이고, 0.02 [m] 떨어진 다른 점에서 $p_{A2} = 0.2$ [atm]이다. 관내에서 일정한 전압이 유지된다면 CH_4의 전달속도는 정상상태에서 얼마인가?

2 298 [K], 1 [atm]에서 24.4 [mm]의 내경을 가진 0.610 [m] 길이의 직관을 통하여 NH_3 (A)와 $N_2(B)$가 상호확산하고 있다. 관의 양끝은 아주 큰 용기에 연결되어 있다. 한쪽 용기에서 NH_3의 분압은 0.2 [atm]이고 또다른 용기에서의 분압은 0.06 [atm]이다. 298 [K], 1 [atm]에서 $D_{AB} = 2.30 \times 10^{-5}$ [m^2/s]라고 할 때 NH_3의 확산속도를 구하라.

3 NH_3 기체가 정상상태에서 비확산성분인 N_2를 통해 확산하고 있다. 298 [K]에서 전압은 1 [atm]이며 한 점에서의 NH_3 분압 $p_{A1} = 0.13$ [atm], 20 [mm] 떨어진 곳에서는 $p_{A2} = 0.065$ [atm]이다. NH_3의 $D_{AB} = 2.30 \times 10^{-5}$ [m^2/s]일 때 NH_3의 확산속도를 구하라.

4 282.9 [K]와 298 [K]에서의 묽은 아세트산 수용액의 확산계수를 Wilke-Change의 식으로 계산하라.

5 비확산기체 B를 통해 일방확산하는 기체 A에 대한 k_G의 실험값이 1.344×10^{-8} [kg−mol/m^2 · s · atm]이다. 같은 농도, 같은 흐름에 대하여 등몰확산의 k_G'와 N_A를 구하라. 단 $p_{A1} = 0.05$ [atm], $p_{A2} = 005$ [atm], $P = 1$ [atm]이다.

6 NH_3 − Air 혼합기체를 접촉탑의 하부에서 공급하며 상부로부터 가하는 물에 의해 NH_3를 회수한다. 혼합기체의 암모니아 몰분율은 0.13이고 그 양은 30 [kg − mol/h]이다.

가하는 물의 양을 700 [kg]으로 하고 탑 내는 평균 20 [℃], 1 [atm]으로 유지한다. NH_3의 95 [%]를 회수하는데 필요한 이론단수를 계산하여라. 단 1 [atm]에 있어서 $NH_3 - H_2O$의 흡수율은 다음과 같다.

액 중 암모니아 농도 [$gNH_3/100g \cdot H_2O$]	2	3	5	7.5	10	12.3
기체 중 암모니아의 분압 [mmHg]	12	18.2	31.7	50	70	90

---

1. $N_A = 5.53 \times 10^{-5}$ [kg − mol/m^2 · s]
2. $N_4 = 9.5 \times 10^{-11}$ [kg − mol/s]
3. $N_A = 3.44 \times 10^{-6}$ [kg − mol/m^2 · s]
4. $D_{AB} = 0.898 \times 10^{-9}$ [m^2/s](282.9 [K]), $D_{AB} = 1.40 \times 10^{-9}$ [m^2/s](298 [K])
5. $k_G' = 1.258 \times 10^{-8}$ [kg − mol/m^2 · s · atm]
   $N_A = 1.912 \times 10^{-4}$ [kg − mol/m^2 · s]
6. 3.1 단

제8장

흡 수

흡수(吸收, absorption)는 혼합기체 중에서 가용성인 한 성분을 액체에 용해시켜 분리하는 조작이다. 화학공업에서 전형적인 예는 암모니아와 공기 혼합물로부터 물에 의해 암모니아를 흡수하는 것이며 이 밖에도 기체의 정제, 분리 및 액체와의 반응 등에 많이 사용되고 있다.

8-1 흡수장치

흡수가 일어날 때 제7장에서 설명한 물질전달속도에 관한 식 (7-50)과 (7-56)에 의해 기체의 흡수량을 크게 하기 위해서는 기-액의 접촉면적 및 접촉시간이 커야 하며 기-액의 교반등과 같이 K_L과 K_G를 크게 할 수 있는 조건이나 농도차(또는 분압차)를 크게 할수록 좋다.

흡수장치를 접촉방법에 따라 나누면 그림 8-1과 같이 ① 기포탑(氣泡塔, bubble tower), ② 액적탑(液滴塔, spray tower) ③ 충전탑(充塡塔, packed tower) 등으로 대별된다.

기포탑은 밑으로부터 기체를 하강하는 액속으로 상승공급하는 방식이며 탑의 압력손실이 커서 송풍동력이 큰 단점이 있으나 기포를 작게 만들어 분산시키면 접촉면적이 커져서 흡수속도를 크게 할 수 있으며 기포생성시의 흡수속도가 크다. 그러나 다량의 기체 흡수에는 대형화된 플레이트탑(포종탑, 다공판탑)이 접촉면적이 크고 건설비가 싼 이점 때문에 이용되는 경향이다.

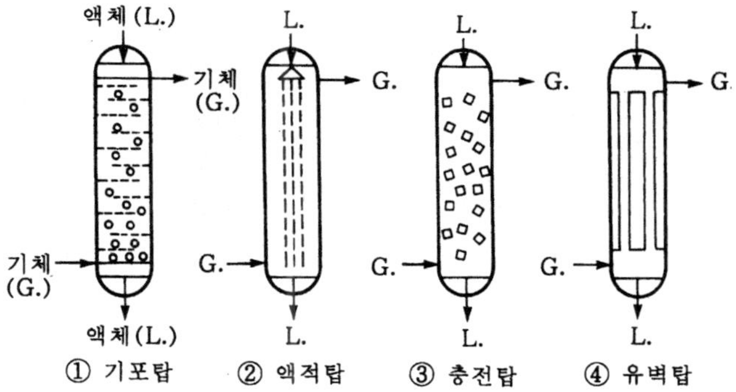

그림 8-1 흡수장치의 종류

액적탑은 상승하는 기류 속을 액이 분산하며 하강하여 흡수가 일어나는 방식이며 탑의 압력손실은 다른 형식에 비해 가장 적으나 비말동반 때문에 액적을 너무 작게 할 수는 없다. 액적의 흡수속도는 처음엔 크지만 차차 작아진다. 또 낙하속도가 낙하거리의 평방근에 비례해서 증가하기 때문에 기-액의 접촉시간을 늘리기 위해서는 탑통이를 크게 해야 하는 단점이 있다. 액적의 집진효과가 커서 사이클론(cyclone)이나 벤투리 스크러버(venturi scrubber) 등 집진장치에도 많이 이용된다.

충전탑은 그림 8-2와 같은 충전물을 충전하여 접촉면적을 크게 한 방식으로 기-액을 난류상태로 접촉시켜 흡수속도를 크게 하여 준다. 충전물의 재질은 목재, 도자기, 카본, 강철 등이 이용되며 대형(2″~8″)인 (g), (h)는 규칙적으로, 소형($\frac{1}{4}$″~2″)인 (a)~(f)는 불규칙하게 충

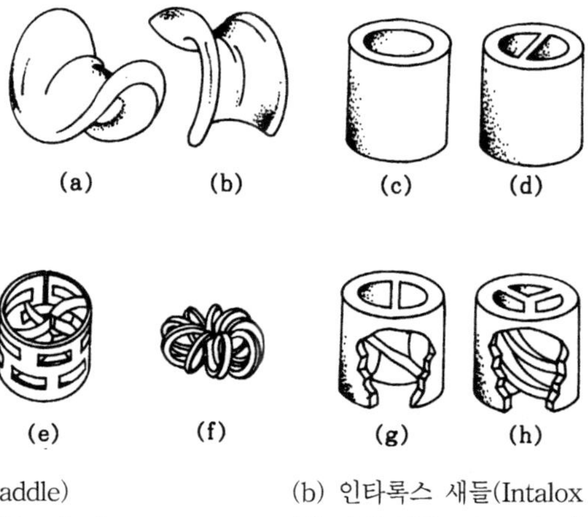

(a) 벌 새들(Berl Saddle)
(b) 인타록스 새들(Intalox saddle)
(c) 라시히 링(Raschig ring)
(d) 레싱 링(lessing ring)
(e) 팔 링(pall ring)
(f) 텔러렛(Tellerette)
(g) 2층 나선링(Double spiral ring)
(h) 3중 나선링(Truple Spiral ring)

그림 8-2 대표적인 충전물

전하는 것이 보통이다.

충전물 지지판(支持板)의 공극(空隙)은 적어도 충전물의 공극률(空隙率, porosity)인 대형 60 [%]~소형 80 [%] 정도일 필요가 있다. 공업적으로 많이 사용되는 라시히 링의 크기는 1″, $1\frac{1}{2}$″, 2″이다. 충전물은 일반적으로 값이 비싸므로 비교적 소형인 탑에 이용되며 부식성 액에 대해서는 자제(磁製) 충전물을 사용한다. 기체 흡수에서는 주로 충전탑을 사용하며 다관식 유도탑도 충전탑의 일종으로 볼 수 있다. 탑의 충전물은 기-액 접촉의 중요한 매개물이며 구비해야 할 주요 조건은 다음과 같다.

ⓐ 탑내의 유체와 화학작용이 없는 비활성물질이어야 한다[즉 내식성(耐蝕性)이 있을 것].
ⓑ 가볍고 견고해야 한다.
ⓒ 단위용적당의 표면적(表面積)이 커야 한다.
ⓓ 액과 기체의 접촉이 원활해야 한다.
ⓔ 공극률이 커야 한다(액의 체류시간이 길거나 압력강하가 크지 않도록 두 흐름에 적절한 통로가 있어야 한다).
ⓕ 가격이 저렴하며 제조가 간단해야 한다.

표 8-1에는 충전물의 특성값을 나타냈다.

➡표 8-1 충전물의 특성값

			치수	건조시 공극률 V_d [%]	비표면적 a [m²/m³]	단위용적당 충전수 [N/m³]	겉보기비중
불규칙충전	라시히 링	자제	1/2″	53	374	378,000	1.04
			1″	68	190	47,000	0.721
			$1\frac{1}{2}$″	68	118	13,400	0.721
		강제	1/2″	85	400	–	1.200
			1″	86	184	–	1.139
	벌새들	자제	1/2″	68	462	530,000	0.721
			1″	69	259	81,200	0.674
	인타록스	자제	1/2″	78	623		0.722
			1″	77	256		0.706
			$2\frac{1}{2}$″	80	194		0.674
	팔링	강제	1″	94	207		0.481
규칙충전	나선형링	석제	$3\frac{1}{4}$″	66	112		0.834
			4″	67	92		0.882
			6″	70	62		0.818

8-2 충전탑의 성질

(1) 충전탑내 유하액(流下液)의 분포

기-액 접촉이 원활해야 한다는 조건은 대형 탑일 때 특히 충족시키기 어렵다. 이상적으로는 액체가 충전물 상단에 분산되고 나면 모든 충전물의 전 표면 위에 얇은 막을 형성하며 탑 아래로 흐르게 된다. 그러나 실제적으로는 이 막은 곳에 따라 두꺼워지거나 얇아져서 액체가 작은 개울처럼 모여 충전물의 어떤 특정한 통로를 따라 흐르게 된다. 특정 액체의 유속이 낮은 경우에는 대부분의 충전물이 마른 채로 있거나 한 쪽에 고여 있게 된다. 이와 같이 액체가 한 쪽으로만 흐르는 현상을 **채널링**(channeling, 偏流)이라고 하며, 대형 탑의 기능을 저하시키는 큰 요인이 된다.

채널링은 규칙충전되어 있는 탑에서 아주 심하고 분쇄된 고체 입자를 불규칙충전하였을 땐 덜 심하며 특히 링과 같이 가지런한 충전물을 불규칙 충전하였을 때가 채널링이 가장 적다. 탑의 크기가 적당할 때 탑의 직경 D와 충전물 직경 d의 비는 액의 분포에 깊은 관계가 있는데 $D/d = 8 \sim 10$에서 채널링은 최소가 되며 $D/d < 8 \sim 10$일 때는 액이 벽으로 모이는 경향이 있고 $D/d > 8 \sim 10$에서는 반대로 중앙으로 모이는 경향이 있다. 다량의 충전물이 채워진 기다란 탑의 경우에는 채널링이 극심하기 때문에 충전층의 높이 3~4.5 [m]마다 액체의 재배분기(redistributor)를 설치한다.

충전물의 표면상태도 액의 분포에 영향을 주는데 유하액으로 적셔진 면이 전부 흡수의 유효면적이 되지는 않으나 단위 단면적에 대한 유하액을 증가시키면 액의 분포는 점차 균일해지므로 액의 분포를 균등하게 유지하려면 단면적을 너무 크게 해서는 안 된다.

또한 유속이 너무 낮으면 대부분의 충전물 표면은 유체의 흐름에 의해 젖지 않으나 유속이 증가하면 젖은 표면이 증가하며 매우 높은 임계속도로 하면 모든 충전물의 표면이 젖게 되어 효과가 현저히 커진다. 임계속도보다 높은 유속에서는 채널링이 대수롭지 않다.

(2) 충전탑 내의 압력강하

충전탑에서는 탑 상부에서 내려오는 액과 반대로 탑 하부에서 충전물을 통해 기체를 올려보낼 경우 압력강하가 생긴다. 액량을 일정하게 하고 기체량을 변화시켜 보면 기체량이 많아질수록 충전탑의 압력손실도 커진다.

그림 8-3은 충전탑에서의 압력강하와 기체 유속사이의 관계를 나타낸다. 충전물이 건조할 때 즉 액체를 흘리지 않을 때는 압력강하는 기울기 1.8인 A선을 따라 비례적으로 증가한다. 만약 충전물이 일정한 속도를 갖는 액체로 적셔진다면 액체의 유속이 적당하거나 그 이하일 경우에는 압력강하가 선분 BL과 같이 유속의 1.8승에 비례하지만 같은 기체속도라면 건조할

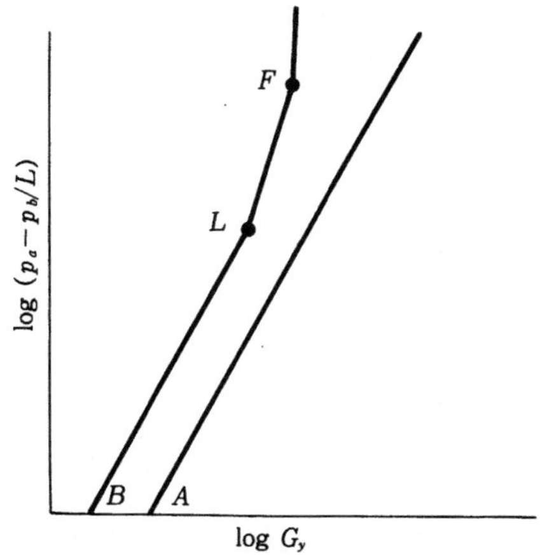

그림 8-3 충전탑에서의 압력강하

때보다 압력강하가 크다. 기체속도가 증가하면 압력손실이 급격히 커지고 탑내에 액체의 정체량이 증가하여 액체가 아래로 이동하는 것을 방해하는 점 (L)이 나타난다. 이 점을 **부하점**(負荷點, loading point)이라고 하며, 이 때의 속도를 **부하속도**(負荷速度, loading velocity)라고 한다. 흡수탑의 작업은 이 점을 넘지 않는 속도범위에서 행하여야 한다.

부하점을 넘어서 기체속도가 더욱 증가하면 액체의 정체량도 급격히 많아져서 압력강하가 더욱 커지는 F점이 나타난다. 이 점을 **왕일점**(汪溢點, flooding point)이라고 한다. 왕일점에서는 기체가 거품상으로 강하액을 불어올려 충전물의 상단은 액체층으로 덮여지고 배출기체는 비말동반(飛沫同伴, entrainment)을 일으킨다. 액체는 충전물을 통해 더 이상 흘러내릴 수 없게 되어 향류조작이 되지 않으며 액체층이 커지면 기체와 함께 탑꼭대기를 흘러나오게 된다.

부하점 및 왕일점에서의 압력손실은 충전물의 종류, 크기 및 충전상태 등에 따라 달라질 수 있으며, 기체속도가 낮을수록 동력비는 감소하나 탑의 크기가 커지고 기체의 속도가 커지면 동력비는 상승하나 탑의 규모는 작아진다.

8-3 기체의 용해도

액체에 대한 기체의 용해도는 일반적으로 온도가 낮을수록 크며 일정온도에서 평형상태에 있는 이들의 관계는 다음과 같은 Henry의 식으로 표현된다.

$$C = HP \tag{8-1}$$

여기서 C는 액체 중의 기체농도[kg−mol/m³], P는 기체의 분압[atm], H는 용해도 계수 또는 Henry상수라고 하며 단위는 [kg−mol/m³ · atm]이다.

한편 Busen의 용해도 계수 α는 기체의 분압이 1 기압일 때 단위부피에 용해한 부피를 표준 상태로 환산한 값으로 용해에 의한 액의 부피변화가 적은 경우에는 다음의 관계가 성립한다.

$$H = \alpha / 22.4 \tag{8-2}$$

그림 8-4에는 물에 대한 기체의 평형관계를 나타냈다. Henry의 법칙은 산소, 수소, 탄산가스와 같이 용해도가 낮은 기체에는 잘 적용되나 암모니아, 염화수소와 같이 용해도가 크거나 SO_2와 같이 용해도가 중간인 기체들은 H가 농도에 따라 변한다.

Henry의 법칙이 성립할 때 액체와 평형상태에 있는 기체의 몰분율을 y라고 하면

$$y = \frac{p}{P} = \frac{C}{HP} = \frac{\rho_m x}{HP} = mx \tag{8-3}$$

식 (8-3)은 평형곡선의 방정식이며 **방산도**(放散度, stripping degree)라고 부르는 m은 다음과 같이 정의된다.

$$m = \frac{\rho_m}{HP} = \frac{y}{x} \tag{8-4}$$

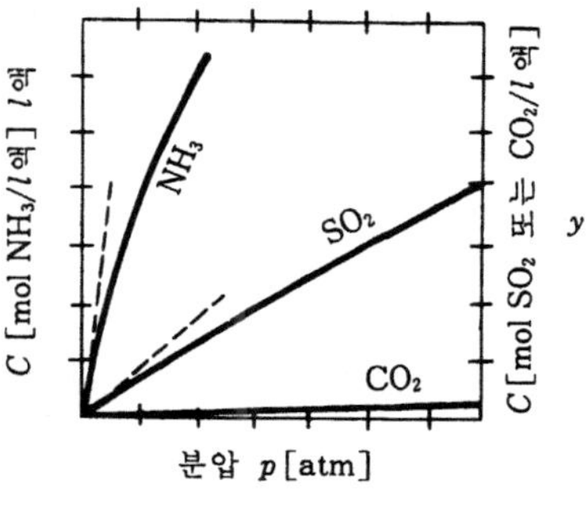

그림 8-4 기체의 용해도

예제 8-1

물에 대한 CO_2의 용해도가 헨리의 법칙에 따른다고 할 때 25[℃], 10[atm]에서의 방산도를 구하고 평형관계를 P 대 C 및 x 대 y로 표시하라.

단 25[℃]에서 Bunsen 용해도 계수 $\alpha = 0.759$ [m³/m³ · atm]이다.

풀이

$$H = \frac{\alpha}{22.4} = \frac{0759\,[\mathrm{m^3/m^3 \cdot atm}]}{22.4\,[\mathrm{m^3/kg-mol}]} = 0.034\,[\mathrm{kg-mol/m^3 \cdot atm}]$$

$$\therefore\ C = HP = 0.034P$$

$$\rho_M = \rho_{\mathrm{co_2}} + \rho_{\mathrm{H_2O}} \fallingdotseq \rho_{\mathrm{H_2O}}\ (\because\ \text{묽은 용액이므로})$$

$$= \frac{1000}{18} = 55.5\,[\mathrm{kg-mol/m^3}]$$

$$\therefore\ m = \frac{\rho_M}{HP} = \frac{55.5}{0.034 \times 10} = 163$$

$$\therefore\ y = mx = 163x$$

8-4 충전탑의 설계

흡수탑의 여러 형식 중 기체 흡수에 있어서는 충전탑이 보다 중요하므로 여기서는 충전탑에 대하여 설명하기로 한다. 충전탑의 설계에 단면적 다음으로 중요한 문제는 충전탑의 높이이다.

충전탑의 높이는 평형곡선과 조작선 외에도 용량계수(容量係數, volumetric coefficient)나 이론단의 상당높이(height equivalent theoritical plate, H.E.T.P) 또는 이동단위수(height of transfer unit, H.T.U.) 중에서 하나를 알아야 한다. 그런데 이 값들은 충전물의 모양, 크기, 용매의 종류, 작업조건 및 장치의 형식 등에 딸라 달라진다.

충전탑의 높이를 구하는 원리는 물질수지, 평형관계 및 흡수속도를 적용하여 높이와 흡수량의 관계를 유도하고 이것을 도해적 또는 해석적으로 적분하는 것이다.

1. 충전탑의 물질수지

그림 8-5와 같이 충전탑내의 미소부분 dZ에서 일어나는 흡수를 생각하자. 충전탑내 임의의 단면에서의 액체 및 기체의 농도(몰분율)를 각각 x, y라고 하고 순용매의 통과속도를 L_M' [kg−mol/m² · h], 동반기체의 통과속도를 G_M' [kg−mol/m² · h]라 하면 단위면적, 단위시간당 흡수된 기체의 흡수속도 N_A는

$$N_A = G_M'\left(\frac{y}{1-y} - \frac{y_2}{1-y_2}\right)$$

$$= L_M'\left(\frac{x}{1-x} - \frac{x_2}{1-x_2}\right) \qquad (8\text{-}5)$$

$y = p/P,\ \ x = C/\rho_m$ 이므로

$$N_A = G_M'\left(\frac{p}{P-p} - \frac{p_2}{P-p_2}\right) = L_M'\left(\frac{C}{\rho_m - C} - \frac{C_2}{\rho_m - C_2}\right) \tag{8-6}$$

입구에 있어서 x, y, G_M', L_M' 또는 p, C, G_M', L_M'가 주어지면 식 (8-5)에 의해 $x-y$의 관계곡선 또는 식 (8-6)에 의해 $p-C$의 관계곡선 즉 충전탑에 대한 조작선의 방정식을 얻을 수 있다. x와 y 또는 p와 C가 작을 때는 분모가 거의 1이 되어 조작선은 거의 직선이 된다. 즉 액체 농도와 기체 농도가 희박할 경우에는 G_M', L_M' 대신에 탑의 전체 단면적을 기준으로 한 전체 기체 및 전체 액체의 몰질량 속도 G_M과 L_M을 사용하면 조작선의 방정식은

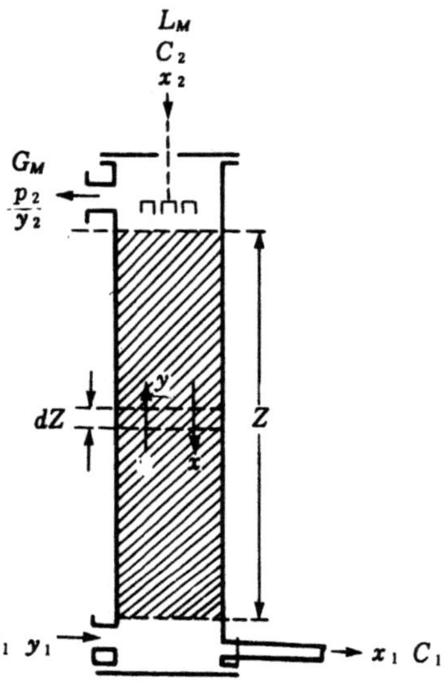

그림 8-5 충전탑의 물질전달

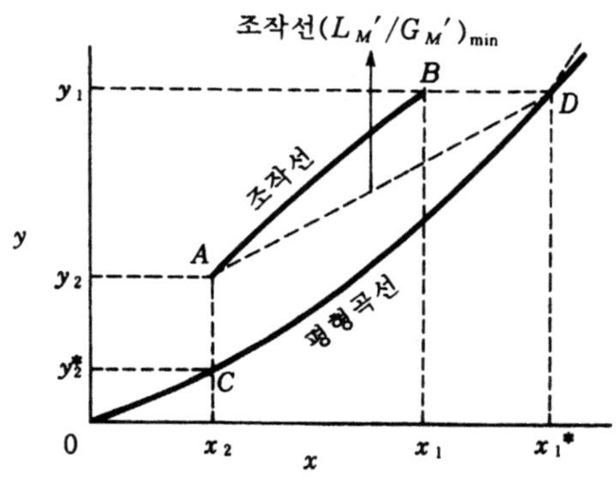

그림 8-6 평형선과 조작선

$$\left.\begin{aligned} N_A &= G_M S(y - y_2) = L_M S(x - x_2) \\ N_A &= \frac{G_M S}{P}(P - p_2) = \frac{L_M S}{\rho_m}(C - C_2) \end{aligned}\right\} \tag{8-7}$$

이 된다. 물질수지를 구할 때는 식 (8-5) 또는 식 (8-6)을 사용하며 탑의 높이를 구할 때는 계산의 편리를 위해 식 (8-7)을 사용한다.

그림 8-6에는 평형선과 조작선을 나타냈다. 흡수가 만족하게 이루어지려면 조작선은 평형선의 좌측 윗부분에 존재해야 한다. 왜냐 하면 평형선과 조작선이 만난다면 그 점에서는 추진력이 0이 되어 실용적이 못 된다.

식 (8-5)를 미분하면 다음과 같다.

$$dN_A = G_M' \frac{dy}{1-y} = L_M' \frac{dx}{1-x} \tag{8-8}$$

식 (8-8)로부터 조작선의 경사를 구하면

$$\frac{dy}{dx} = \frac{L_M'(1-y)}{G_M'(1-x)} \tag{8-9}$$

농도가 묽은 경우에는 $(dy/dx) = (L_M/G_M)$이 되는데 이 비를 **용제비**(溶劑比, solvent ratio)라 한다. 그림 8-6에서 점선 AD는 **최소 용제비** $(L_M/G_M)_{\min}$을 나타내며 이것을 알면 흡수에 필요한 **최소 용제량** $(L_M)_{\min}$을 구할 수 있다.

예제 8-2

공기 3몰에 대해 HCl 기체 5몰의 비율로 혼합하고 있는 기체를 200 [kg−mol/h]의 유량으로 흡수탑에 보내어 탑정으로부터 주입한 16,000 [kg/h]의 순수에 흡수시킨다. 탑저로부터 나오는 수용액이 물 8몰에 대해 HCL 1몰을 함유하고 있다면 배출기체 중의 공기 1몰당 HCl 기체의 몰수를 구하라. 단, 탑내에서 물은 증발하지 않는다.

풀이

HCl의 물질수지를 세우면

물의 유량 $= 16,000/18 = 888$ [kg − mol/h]

물에 흡수되어 탑저로 나오는 HCl $= 888 \times \frac{1}{8} = 111$ [kg − mol/h]

물에 흡수되지 않고 탑정으로 나오는 HCl $= 200 \times \frac{5}{8} - 111 = 14$ [kg − mol/h]

탑정으로 나오는 공기 = 탑저로 들어가는 공기 $= 200 \times \frac{3}{8} = 75$ [kg − mol/h]

∴ 탑정으로부터 나오는 공기 1 몰당의 HCl의 몰수 $= 14/75 = 0.19$ [mol HCl/mol air]

2. 용량계수에 의한 충전탑의 높이 계산

충전탑 내의 한 단면에서의 미소높이 dZ에서 흡수속도 dN_A는 식 (8-7)로부터

$$dN_A = G_M S dy = L_M S dx \tag{8-10}$$

이나 충전물의 접촉면적은 유벽탑을 제외하고는 간단히 계산하기 어렵다. 따라서 충전탑 내의 유효접촉면적 dA는 탑의 단면적을 S라고 하면 높이 dZ부분내의 충전물의 부피는 SdZ가

되므로

$$dA = aSdZ \tag{8-11}$$

여기서 a는 충전물의 단위부피당 유효접촉면적(effective interfacial area [m^2/m^3])이다. 식 (7-43), (7-44)로부터 $p_G = P$, $C_L = C$로 놓고 미소높이 dZ에서 흡수속도 dN_A에 대하여 쓰면

$$dN_A = k_G aS(P - p_i)dZ = k_L aS(C_i - C)dZ \tag{8-12}$$

가 성립한다. 그런데 a의 값은 충전물의 형상, 충전상태, 액의 분포기, 액의 유량 및 유속 등에 따라 다르기 때문에 실제로는 $k_G a$, $k_L a$를 실험에 의해 구하게 되는데 $k_G a$를 **기체 경막 용량계수**(volumetric coefficient of gas film [kg−mole/h · m^3 atm]), $k_L a$를 **액체 경막 용량계수**(volumetric coefficient of liquid film [kg−mol/h · m^3 (kg−mole/m^3)]라고 한다.

식 (8-10)은 더 편리한 형태로 쓸 수 있다. G_M'를 성분 B가 흘러가는 몰수라고 하면

$$G_M = G_M'/(1-y) \tag{8-13}$$

성분 B는 흡수되지 않으므로 G_M'은 탑 전체를 통해 일정하다. 따라서

$$d(G_M y) = G_M' d\left(\frac{y}{1-y}\right) = G_M' \frac{dy}{(1-y)^2} = G_M \frac{dy}{1-y} \tag{8-14}$$

식 (8-11), (8-14)를 식 (8-10)과 (8-12)에 대입하여 정리하면

$$k_G a(P - p_i)dZ = G_M dy/(1-y) \tag{8-15}$$

같은 방법으로 액상에 대해 $L_M = L_M'/(1-x)$를 적용하면

$$k_L a(C_i - C)dZ = L_M dx/(1-x) \tag{8-16}$$

$P = Py$, $p_i = Py_i$, $C = \rho_m x$ 및 $C_i = \rho_m x_i$의 관계를 식 (8-15)와 (8-16)에 적용하면

$$dZ = \frac{G_M dy}{k_G aP(1-y)(y-y_i)} = \frac{L_M dx}{k_L a(1-x)(x_i - x)} \tag{8-17}$$

여기서 $k_G a$와 $k_L a$가 탑내에서 일정하다고 가정하고 탑 전체에 대해 적분하면

$$Z = \frac{G_M}{k_G ap} \int_{y_2}^{y_1} \frac{dy}{(1-y)(y-y_i)} = \frac{L_M}{k_L a\rho_m} \int_{x_2}^{x_1} \frac{dx}{(1-x)(x_i - x)} \tag{8-18}$$

또는

$$Z = \frac{G_M}{k_G a p} \int_{p_2}^{p_1} \frac{dp}{(P-p)(P-p_i)} = \frac{L_M}{k_L a \rho_m} \int_{C_2}^{C_1} \frac{dC}{(\rho_m - C)(C_i - C)} \qquad (8\text{-}19)$$

가 된다. 식 (8-18), (8-19)에서 적분을 할 때에는 평형선의 모양, 흐름의 조성변화 및 두 저항의 상대적 중요성 등을 고려하여야 한다.

가장 일반적인 상황에서는 평형선이 매우 굽어지며 입구 기체는 농축되고 출구 기체는 묽어지며 두 저항이 다 중요하다. 가장 간단한 경우는 평형선이 직선이며 액체와 기체의 농도변화는 작고 두 저항 중 하나를 무시할 수 있다. 또한 이들의 중간 경우도 있다. 다음에서는 먼저 일반적인 방법을 논의하고 다음에 여러 경우를 간단히 다루겠다.

(1) 일반 해법- $\Delta x \Delta y$ 삼각형법

먼저 $k_G a$와 $k_L a$의 값은 안다고 가정한다. 그림 8-7에서 AB는 평형곡선이고 CD는 조작선이다. 기체와 액체의 농도가 각각 y, x인 탑내의 임의 지점을 생각하면 이들의 농도는 조작선상의 점 a에 해당한다.

두 상에서의 물질이동속도는 같으므로 식 (8-10)으로부터

$$G_M y dy/(1-y) = G_M x dx/(1-x) \qquad (8\text{-}20)$$

식이 성립한다. 이 관계를 식 (8-15), (8-16)에 적용하면

또는

$$\left.\begin{aligned} (k_G a)(y-y_i)\,dz &= k_L a(x_i - x)\,dZ \\ \frac{y-y_i}{x_i-x} &= \frac{k_L a}{k_G a} \end{aligned}\right\} \qquad (8\text{-}21)$$

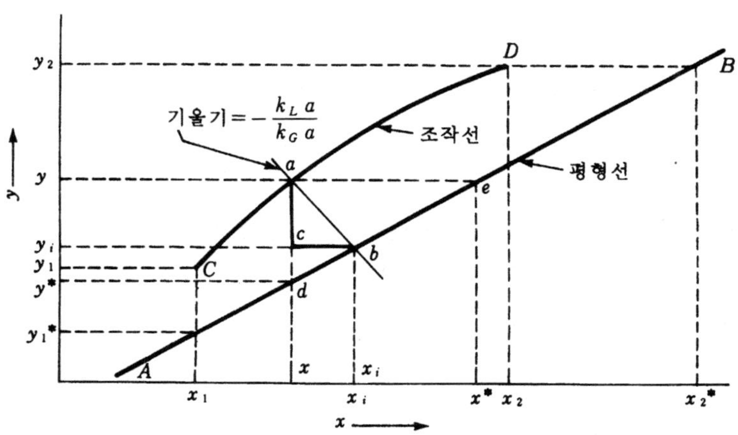

그림 8-7 충전탑에서의 $\Delta x \Delta y$ 삼각형

식 (8-21)을 y에 관하여 풀면

$$y = -\frac{k_L a}{k_G a} x + \left(y_1 + \frac{k_L a}{k_G a} x_i \right) \tag{8-22}$$

식 (8-22)는 $-(k_L a/k_G a)$의 기울기를 갖고 점 (x, y) 및 (x_i, y_i)를 지나는 직선의 식이다. 따라서 $k_L a$, $k_G a$를 알고 있으면 이 식의 기울기를 구할 수 있고 a를 지나는 선분 ab를 그릴 수 있다. 선분 ab와 평형선의 교점인 b의 좌표는 (x_i, y_i)이다. 거리 ac는 기체 저항층으 추진력 $(y-y_i)$이고 거리 bc는 액체 저항층의 추진력 (x_i-x)이다. 삼각형 abc를 $\Delta x \Delta y$ 삼각형이라 하며, 조작선을 따라 여러 개의 삼각형을 그려서 Δx나 Δy를 y나 x의 함수로서 도해적으로 결정할 수 있다.

이들 추진력을 이용하여 식 (8-18)을 변수분리시키고 충전부분의 길이 z에 대해 도식 적분하면 기상과 액상에 대해 각각 다음과 같다.

$$\int_{y_2}^{y_1} \frac{dy}{(1-y)(y-y_i)} = \left(\frac{\overline{k_G a}}{G_M} \right)_{\text{av}} Z \tag{8-23}$$

$$\int_{x_2}^{x_1} \frac{dx}{(1-x)(x_i-x)} = \left(\frac{\overline{k_L a}}{L_M} \right)_{\text{av}} Z \tag{8-24}$$

여기서 $(k_G a/G_M y)_{\text{av}}$ 및 $(k_L a/L_M x)_{\text{av}}$는 탑내에서의 위치에 따라 x, y가 다소 변하므로 탑 전체에 대한 이들 값의 평균값을 나타낸다. 두 식은 같은 결과를 나타내며 어느 한 식을 임의로 사용할 수 있으나 추진력이 큰 쪽을 선택하면 더욱 정확해진다.

예제 8-3

25.4 [mm]의 링을 충전물로 사용하여 공기 중의 SO_2를 흡수할 수 있는 충전탑을 설계하려고 한다. 30 [℃], 2 [atm]에서 흡수탑에 도입하는 기체는 SO_2를 20 [%] 함유하며 물과 향류접촉 후 탑 위로 나가는 배출기체의 SO_2 농도는 0.5 [%] 이하로 하려고 한다. 탑에 공급되는 기체 및 액체의 질량속도는 각각 $G = 2000$ [kg/m^2 · h] 및 $L = 3300$ [kg/m^2 · h]이다. 충전탑의 높이를 구하라. 단 25.4 [mm]의 링으로 충전된 탑에서 SO_2를 흡수시킬 때는 30 [℃], 1 [atm]에서 용량계수들은 다음 식을 이용할 수 있다.

$k_L a = 0.655\, G^{0.82}$, $k_G a = 0.0988\, G^{0.7} L^{0.25}$

풀이

① 다음과 같은 표 8-2의 자료를 이용하여 평형곡선을 그린다(그림 8-8).

➡**표 8-2** 30[℃], 2[atm]에 대한 자료

C_A, kgSO_2/100kg H_2O	P_A[atm]	$y=\frac{P_A}{2}$	$x=(C_A/64)/(C_A/64)+(100/18)$
0.10	0.0062	0.0031	0.00028
0.20	0.0155	0.0078	0.00056
0.30	0.0259	0.0130	0.00084
0.50	0.0474	0.0237	0.00140
0.70	0.0684	0.0342	0.00196
1.00	0.1040	0.0520	0.00280
1.50	0.1650	0.0825	0.00420
2.50	0.2840	0.1420	0.00698
5.00	0.5950	0.2975	0.01390

② 조작선을 그린다.

탑하부에서 도입되는 기체의 평균분자량을 구하면

$$(29\times 0.8)+(64\times 0.2)=36.0$$

따라서 질량속도를 물질량속도로 환산하면

$$G_M=2000/36=55.6\,[\mathrm{kg-mol/m^2\cdot h}]$$

이며 공기만의 유속 $G_M'=55.6\times 0.8=44.5\,[\mathrm{kg-mol/m^2\cdot h}]$이다.

한편 탑정에서의 물의 물질량속도 $L_M=L_M'=33,000/18=1830\,[\mathrm{kg-mol/m^2\cdot h}]$(탑정에서는 SO_2 0.5[%]로 무시할 수 있다. $\therefore L_M=L_M'$)

따라서 SO_2의 흡수 속도식은 식 (8-5)로부터

$$N_A=G_M'\left(\frac{y_1}{1-y_1}-\frac{y_2}{1-y_2}\right)=L_M'\left(\frac{x_2}{1-x_2}\right)$$

$y_1=0.2,\ y_2=0.005,\ x_2=0$(∵ 순수한 물)이므로

$$44.5\left(\frac{0.2}{1-0.2}-\frac{0.005}{1-0.005}\right)=1830\left(\frac{x_1}{1-x_1}-\frac{0}{1-0}\right)$$

$$10.9=1830(x_1/1-x_1)$$

$$\therefore x_1=0.00592$$

$$N_A=10.9\,[\mathrm{kg-mol/m^2\cdot h}]=698\,[\mathrm{kg\ SO_2/m^2\cdot h}]$$

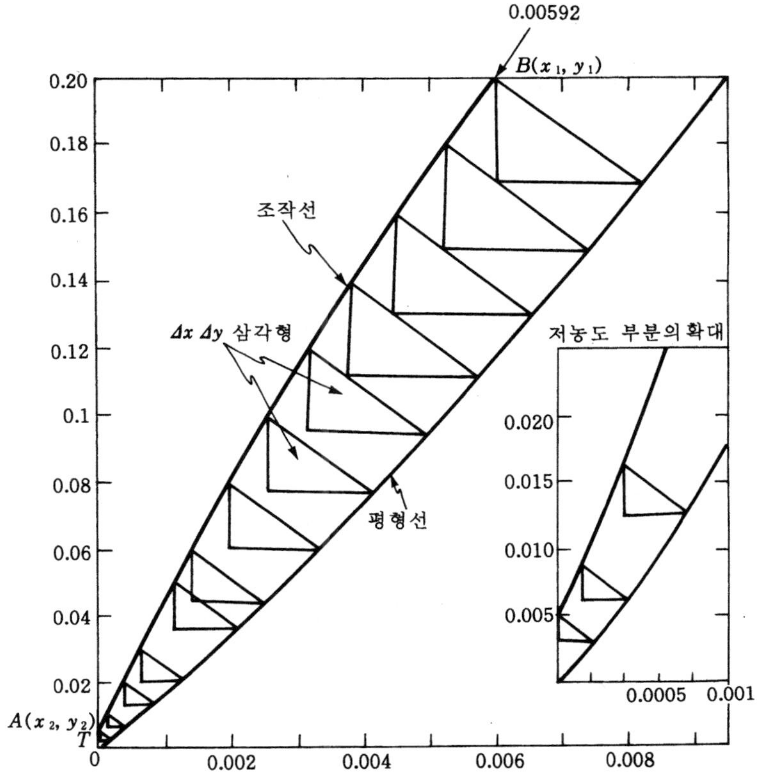

그림 8-8 예제 8-3의 평형곡선, 조작선 및 $\Delta x \Delta y$ 삼각형

한편 전체적인 조작선의 방정식은 식 (8-5)로부터

$$44.5\left(\frac{y}{1-y}-\frac{0.005}{1-0.005}\right)=1830\left(\frac{x}{1-x}-\frac{0}{1-0}\right)$$

$$\therefore\ \frac{y}{1-y}=41.1\frac{x}{1-x}+0.00503$$

따라서 y를 0.005~0.20 사이의 값을 취하여 구한 x를 연결하면 조작선을 그릴 수 있다. 이 때 조작선의 최종좌표 $(x_1,\ y_1)$은 (0.00592, 0.20)이 된다.

③ 조작선 상에 대응선(tie line)을 그려서 $\Delta x \Delta y$ 삼각형을 구한다.

대응선은 $\Delta x \Delta y$ 삼각형의 빗변으로 기울기 $(-k_L a / k_G a)$를 구한다. 탑저에서의 기체와 액체의 질량속도는 $G_1 = 2000,\ L_1 = 33,000 + 698 = 33,698$

이 값을 주어진 식에 대입하면

$$k_G a = 0.0988(2000)^{0.7}(33,698)^{0.25} \fallingdotseq 274$$

$$k_L a = 0.655(33,698)^{0.82} \fallingdotseq 3380$$

$$\therefore\ k_L a / k_G a = 3380/274 = 12.34$$

탑상에서는

$$G_2 = 2000 - 698 = 1302,\quad L_2 = 33,000$$

$$k_G a = 0.0988(1302)^{0.7}(33,000)^{0.25} \fallingdotseq 202$$

$$k_L a = 0.655(33,000)^{0.82} \fallingdotseq 3322$$

$$\therefore\ k_L a / k_G a = 3322/202 = 16.44$$

그런데 탑상과 탑저에서의 변화량이 크지 않다고 하면 대응선의 경사는 일정하게 볼 수 있으므로 탑상과 탑저의 산술평균값을 사용한다.

$$(k_L a / k_G a)_{av} = (12.34 + 16.44)/2 = 14.39$$

즉 기울기가 −14.39%인 대응선을 그려서 그림 8-8과 같은 $\varDelta x \varDelta y$ 삼각형을 구할 수 있다.

④ y_1값을 구하여 도식 적분한다.

삼각형의 빗변과 평형선과의 교점은 임의의 y에 대한 y_i이 값을 이용하여 다음 식에 의해 도식 적분한다.

$$N_G = \int_{0.005}^{0.2} \frac{dy}{(1-y)(y-y_i)}$$

표 8-3은 도식 적분에 대한 종좌표 $1/(1-y)(y-y_i)$을 계산한 것으로 적분값은 $N_G = 13.77$이다.

➡표 8-3 예제 8-3의 도식 적분값

y	$1-y$	y_i	$y-y_i$	$\frac{1}{(1-y)(y-y_i)}$	$\varDelta y$	횡축평균	$\varDelta$면적
0.005	0.995	0.002	0.003	335	0.005	292	1.46
0.01	0.99	0.006	0.004	252.5	0.01	183	1.83
0.02	0.98	0.013	0.007	145.5	0.01	128	1.28
0.03	0.97	0.021	0.009	114.5	0.02	93	1.86
0.05	0.95	0.036	0.014	75.2	0.01	70	0.70
0.06	0.94	0.044	0.016	66.5	0.02	60	1.20
0.08	0.92	0.061	0.019	57.2	0.02	54	0.18
0.10	0.90	0.078	0.022	50.5	0.02	47	0.94
0.12	0.88	0.096	0.024	47.3	0.02	45.2	0.90
0.14	0.86	0.113	0.027	43.0	0.02	43	0.86
0.16	0.84	0.132	0.028	42.5	0.02	42	0.84
0.18	0.82	0.150	0.030	40.6	0.02	41	0.82
0.20	0.80	0.169	0.031	40.3			
계							합계 13.77

⑤ 충전탑의 높이를 구한다.

식 (8-33)에서

$$Z=\int_{y_2}^{y_1}\frac{dy}{(1-y)(y-y_i)}\bigg/\left(\frac{k_G\,a}{G_M}\right)_{\text{av}}$$

탑저에서 $(k_G\,a/G_M)_1=274/55.6=4.93$

탑상에서 $(k_G\,a/G_M)_2=202/(55.6-10.9)=4.725$

$$\therefore\left(\frac{k_G\,a}{G_M}\right)_{\text{av}}=\frac{4.93+4.52}{2}=4.752$$

따라서 충전탑의 높이 Z는 다음과 같다.

$$Z=\frac{13.77}{4.725}=2.91\,[\text{m}]$$

---

(2) 총괄용량계수법

앞에서 설명한 $\Delta x\Delta y$ 삼각형을 이용하는 방법은 평형선이 직선 또는 곡선일 때 모두 적용할 수 있다. 그러나 $k_G\,a$, $k_L\,a$를 알아야 하는데 이 계수들은 장치 전체에 대해서 일정하지 않으므로 실험에 의해 결정하기란 쉽지 않다. 평형선이 직선일 경우에는 이들 대신에 전체값을 대표하는 총괄용량계수를 사용할 수 있으며 이것은 실험적으로 용이하게 결정할 수 있다. 단 $\Delta x\Delta y$ 삼각형의 작도가 불필요하므로 사용하기 간편하다.

총괄용량계수는 열전달에서 사용된 것과 비슷하지만 상(相) 사이의 추진력 변화 때문에 액상이나 기상 중 하나에 대해 정의할 수 있다. 각 계수는 계산된 전체 추진력에 근거를 둔다. 따라서 그림 8-7에서 수직선 ac를 평형선 위의 점 d까지 연장하여 y^*를 알아낸다. y^*는 액 본체 농도와 평형에 있다고 가정한 기체의 몰분율이다. 실제 탑에서는 어떤 위치에서도 평형은 이루어지지 않으므로 y^*는 탑 자체 내의 물리적 의미가 없는 수학적 가설일 뿐이다. 전체 추진력은 선분 ad 또는 $(y-y^*)$에 의해 측정된 것으로 정의된다.

같은 방법으로 액체측의 방정식을 이용하면 점 e에서 평형선과 만나는 수평선 ae는 액체 조성 x^*로 정의된다. 이 x^*는 기체 본체와 평형에 있다고 가정한 액체의 몰분율이다. 따라서 전체 추진력은 선분 ae나 (x^*-x)로 표시된다.

기상 총괄용량계수(over-all gas phase volumetric coefficient) $K_G\,a$와 액상 총괄용량계수(over-all liquid phase volumetric coefficient) $K_L\,a$는 물질전달계수의 경우와 같이 용량계수들과 다음의 관계가 있다.

$$\frac{1}{K_G a} = \frac{1}{k_G a} + \frac{m}{k_L a} \tag{8-25}$$

$$\frac{1}{K_L a} = \frac{1}{k_L a} + \frac{1}{m k_G a} \tag{8-26}$$

여기서 m은 평형직선의 기울기로 다음과 같이 정의된다.

$$m = \frac{y^*}{x} = \frac{y}{x^*} = \frac{y_i}{x_i} = \frac{\rho_m}{\rho_H} \tag{8-27}$$

윗식에서 알 수 있듯이 총괄용량계수는 용량계수나 기울기 m이 일정하면 일정하다. 평형선이 곡선이면 총괄계수는 일정하지 않으며 실제 탑에서의 농도범위가 실험값과 비슷하지 않다면 설계에 이용하기 어렵다.

식 (8-18)과 (8-19)를 $(y-y^*)$를 추진력으로 하는 $K_G a$ [kg−mol/m^3·h·atm] 및 (x^*-x)를 추진력으로 하는 $K_L a$ [kg−mol/m^3·h(kg−mol/m^3)]을 사용하여 나타내면 다음과 같다.

$$Z = \frac{G_M}{K_G a P}\int_{y_2}^{y_1}\frac{dy}{(1-y)(y-y^*)} = \frac{L_M}{K_L \rho_m}\int_{p_2}^{p_1}\frac{dx}{(1-x)(x^*-x)} \tag{8-28}$$

$$Z = \frac{G_M}{K_G a}\int_{p_2}^{p_1}\frac{dp}{(P-p_1)(p_1-p_1^*)} = \frac{L_M}{K_L \rho_m}\int_{c_2}^{c_1}\frac{dC}{(\rho_m - C)(C^*-C)} \tag{8-29}$$

여기서 식 (8-28)의 적분값에 대해서는 다음과 같이 주어진다. 기상 중의 용질의 농도가 아주 적다고 할 때 $(1-y)\fallingdotseq 1$로 볼 수 있고 액상에 대해서도 동일한 방법을 적용하면

$$\int_{y_2}^{y_1}\frac{dy}{y-y^*} = \frac{y_1-y_2}{\ln\left[\dfrac{(y_1-y_1^*)-(y_2-y_2^*)}{\ln\dfrac{(y_1-y_2)}{(y_2-y_2^*)}}\right]} = \frac{y_1-y_2}{y_{LM}} \tag{8-30}$$

$$\int_{x_2}^{x_1}\frac{dx}{x^*-x} = \frac{x_1-x_2}{\ln\left[\dfrac{(x_1^*-x_1)-(x_2^*-x_2)}{\ln\dfrac{x_1^*-x_1}{x_2^*-x_2}}\right]} = \frac{x_1-x_2}{x_{LM}} \tag{8-31}$$

따라서 충전탑의 높이를 구하는 식은 다음과 같이 정리할 수 있다.

$$Z = \frac{G_M}{K_G a P}\int_{y_2}^{y_1}\frac{dy}{y-y^*} = \frac{G_M}{K_G a P}\cdot\frac{y_1-y_2}{y_{LM}} = \frac{N_A}{K_G a P y_{LM}} \tag{8-32}$$

$$Z = \frac{L_M}{K_L a \rho_m}\int_{x_2}^{x_1}\frac{dx}{x^*-x} = \frac{L_M}{K_L a\cdot\rho_m}\cdot\frac{x_1-x_2}{x_{LM}} = \frac{N_A}{K_L a \rho_m x_{LM}} \tag{8-33}$$

$$Z = \frac{G_M}{K_G aP}\int_{p_2}^{p_1}\frac{dp}{p-p^*} = \frac{G_M}{K_G aP}\cdot\frac{p_1-p_2}{P_{LM}} = \frac{N_A}{K_G aP_{LM}} \tag{8-34}$$

$$Z = \frac{L_M}{K_L a\rho_m}\int_{C_2}^{C_1}\frac{dC}{C^*-C} = \frac{L_M}{K_L a\rho_m}\cdot\frac{C_1-C_2}{C_{LM}} = \frac{N_A}{K_L aC_{LM}} \tag{8-35}$$

3. 이동단위수 및 이동단위 높이에 의한 충전탑의 높이 계산

식 (8-28)에서 적분값은 조성의 변화 (y_1-y_2), (x_1-x_2)가 클수록 또한 흡수의 추진력이 적을수록 커지는 것으로 Chilton과 Colburn은 이들 적분값을 **이동단위수**(移動單位數, number of transfer unit, N.T.U.)라 하고 추진력을 기체 기준으로 할 경우를 총괄 기상 이동단위수 N_{OG}로 표시하고 액체 기준으로 할 경우는 총괄 액상 이동단위수라 하여 N_{OL}로 표시하였다. 즉

$$\left.\begin{aligned} N_{OG} &= \int_{y_2}^{y_1}\frac{dy}{(1-y)(y-y^*)} = \int_{p_2}^{p_1}\frac{dp}{(P-p)(p-p^*)} \\ N_{OL} &= \int_{x_2}^{x_1}\frac{dx}{(1-x)(x^*-x)} = \int_{C_2}^{C_1}\frac{dC}{(\rho_M-C)(C^*-C)} \end{aligned}\right\} \tag{8-36}$$

N_{OG}, N_{OL}은 입구와 출구에서 기-액의 농도 (x_1, x_2, y_1, y_2), 액과 기체량의 비 (L_M/G_M) 및 평형관계 $(y=mx)$가 주어지면 계산된다.

또한 높이 Z를 총괄 이동단위수 N_{OG}, N_{OL} 등으로 나눈 값을 **총괄 이동단위 높이**(over-all height of transfer unit, H.T.U.)라 부르고 다음과 같이 표시된다.

총괄 기상 이동단위 높이, $(\mathrm{H.T.U.})_{OG}$ 또는 $H_{OG} = \dfrac{Z}{N_{OG}} = \dfrac{G_M}{K_G aP}$

총괄 액상 이동단위 높이, $(\mathrm{H.T.U.})_{OL}$ 또는 $H_{OL} = \dfrac{Z}{N_{OL}} = \dfrac{L_M}{K_L a\rho_m}$ (8-37)

$$\therefore\ Z = H_{OG}\cdot N_{OG} = H_{OL}\cdot N_{OL}\ [\mathrm{m}] \tag{8-38}$$

이상의 총괄용량계수 $(K_G a,\ K_L a)$대신 $k_G a$, $k_L a$를 사용할 경우를 보통 이동단위수, 이동단위 높이라 부른다. 즉

$$\left.\begin{aligned} \text{기상 이동단위수, } N_G &= \int_{y_2}^{y_1}\frac{dy}{y-y_i} = \int_{p_2}^{p_1}\frac{dp}{p-p_i} \\ \text{액상 이동단위수, } N_L &= \int_{x_2}^{x_1}\frac{dx}{x_i-x} = \int_{C_2}^{C_1}\frac{dC}{C_i-C} \end{aligned}\right\} \tag{8-39}$$

$$\left.\begin{aligned} \text{기상 이동단위 높이 } H_G &= \frac{Z}{N_G} = \frac{G_M}{k_G a P} \\ \text{액상 이동단위 높이 } H_L &= \frac{Z}{N_L} = \frac{L_M}{k_L a \rho_m} \end{aligned}\right\} \tag{8-40}$$

$$\therefore\ Z = H_G \cdot N_G = H_L \cdot N_L\ [\mathrm{m}] \tag{8-41}$$

H_{OG}, H_{OL}, H_G, H_L 등은 단위가 길이[m]이기 때문에 추진력으로 농도차나 분압차를 취해도 수치는 변화가 없다. 그러나 용량계수는 여러 조건에 따라서 값이 상당히 변한다. 이러한 이유로 H.T.U.를 쓰는 것이 용량계수보다도 대체적으로 좋다. 탑의 성능은 H.T.U.의 값이 적을수록 좋다.

H_{OL}, H_{OG}, H_L, H_G도 $K_L a$, $K_G a$, $k_L a$, $k_G a$와 마찬가지로 기-액의 종류 및 조작조건에 맞는 실험식에 의하거나 또는 실험식이 없으면 소형 장치로 실험에 의하여 구해야 한다. Colburn은 H_G, H_L과 H_{OG}, H_{OL} 사이의 관계식을 다음과 같이 제안하였다.

$$\left.\begin{aligned} H_G + (m/R) H_L &= H_{OG} \\ H_L + (R/m) H_G &= H_{OL} \end{aligned}\right\} \tag{8-42}$$

$$\left(\text{단 } m = \text{평형곡선의 경사},\ R = \frac{L_M}{G_M}\right)$$

예제 8-4

높이 6.1[m], 직경 0.35[m]의 흡수탑에서 10[m%]의 NH_3와 90[m%]의 공기로 된 혼합기체 중 NH_3의 95[%]를 이것과 향류로 탑정에서 주입하는 물에 흡수시킨다. 혼합기체의 송입량은 15[kg−mol/h]이다. 탑하부로부터 배출되는 흡수액은 0.368[m^3]당 1[kg−mol]의 NH_3를 함유하고 있다. NH_3는 Henry의 법칙에 따르며 21[℃]에서 1[kg−mol](NH_3)/0.368 m^3(용액)]을 함유한 용액과 평형에 있는 NH_3의 증기압은 0.056[atm]이다. 이때 흡수탑에서의 총괄 용량계수 $K_G a$와 $K_L a$를 구하라.

풀이

기준 : 1[h]

흡수된 NH_3 : $N_A' = 15 \times 0.1 \times 0.95 = 1.43\ [\mathrm{kg-mol/h}]$

헨리상수 $H = \dfrac{C}{P} = \dfrac{1}{0.368 \times 0.056} = 48.5\ [\mathrm{kg-mol/m^3 \cdot atm}]$

$K_G a$: (탑저) $p_1 = 0.1\ [\mathrm{atm}]$ $p_1^* = C_1/H = 1/0.368 \times 48.5 = 0.056\ [\mathrm{atm}]$

$\Delta p_1 = p_1 - p_1^* = 0.1 - 0.056 = 0.044\ [\mathrm{atm}]$

(탑정) $p_2 = (15 \times 0.1 - 1.43) / \{(15 - 15 \times 0.1) + (15 \times 0.1) - 1.43\} = 0.0055\,[\text{atm}]$

$p_2^* = C_2 / H = 0\,[\text{atm}]$ ($\because C_2 = 0$)

$\Delta p_2 = p_2 - p_2^* = 0.0055\,[\text{atm}]$

$P_{LM} = (p - p^*)_{LM} = 0.044 - 0.0055 / \ln\left(\dfrac{0.044}{0.0055}\right) = 0.0185\,[\text{atm}]$

$Z = N_A / K_G a \cdot P_{LM} \quad \therefore K_G a = N_A / Z \cdot P_{LM}$

$N_A = N_A' / A = 1.43 / 3.14(0.03065) = 14.81\,[\text{kg-mol/h} \cdot \text{m}^2]$

$\therefore K_G a = 14.81 / 6.1 \times 0.0185 = 131.2\,[\text{kg-mol/h} \cdot \text{m}^3 \cdot \text{atm}]$

$K_L a$: (탑저) $C_1 = 1 / 0.368 = 2.72\,[\text{kg-mol/m}^3]$

$C_1^* = 48.5 \times 0.1 = 4.85\,[\text{kg-mol/m}^3]$, ($H = 4.85$)

$\Delta C_1 = C_1^* - C_1 = 4.85 - 2.72 = 2.13\,[\text{kg-mol/m}^3]$

(탑정) $C_2 = 0\,[\text{kg-mol/m}^3]$

$C_2^* = 48.5 \times 0.055 = 0.267\,[\text{kg-mol/m}^3]$

$\Delta C_2 = C_2^* - C_2 = 0.267\,[\text{kg-mol/m}^3]$

$C_{LM} = 2.13 - 0.267 / \ln(2.13 / 0.267) = 0.89\,[\text{kg-mol/m}^3]$

$K_L a = N_A / Z C_{LM} = 14.81 / 6.1 \times 0.89 = 2.73\,[\text{kg-mol/h} \cdot \text{m}^2(\text{kg-mol/m}^3)]$

헨리의 법칙이 적용된다면 $HK_L a = K_G a$

$K_G a = HK_L a = 48.5 \times 2.73 = 132.4\,[\text{kg-mol/m}^2 \cdot \text{h} \cdot \text{atm}]$

예제 8-5

흡수탑에서 공기와 SO_2의 혼합가스 340 $[\text{m}^3/\text{min}]$를 이것과 향류로 1000 $[\text{kg/m}^3 \cdot \text{h}]$의 질량속도로 들어가는 물에 흡수시켜 다음과 같은 결과를 얻었다.

탑상 입구 $x_2 = 0\,[\text{kg-mol}(SO_2)/\text{kg-mol}(H_2O)]$

탑하 출구 $x_1 = 0.003\,[\text{kg-mol}(SO_2)/\text{kg-mol}(H_2O)]$

탑하 입구 $y_1 = 0.10\,[\text{kg-mol}(SO_2)/\text{kg-mol}(\text{전 기체})]$

탑상 출구 $y_2 = 0.005\,[\text{kg-mol}(SO_2)/\text{kg-mol}(\text{전 기체})]$

또 20[℃]에서 SO_2의 물에 대한 용해도는 다음과 같다.

$$x = 0.0266P + 0.00271\sqrt{P} \quad (P = SO_2\text{기체의 분압 [atm]})$$

이상으로부터 $N_{OG}\left(=\int_{y_2}^{y_1}\frac{dy}{y-y^*}\right)$와 $N_{OL}\left(=\int_{x_2}^{x_1}\frac{dx}{x^*-x}\right)$를 구하라.

풀이

먼저 점 $A(x_1,\ y_1)$, $B(x_2,\ y_2)$로부터 조작선 AB를 그린다. SO_2가 묽으므로 AB는 직선으로 한다. 다음에 평형곡선을 그린다. 이 경우 P의 값은 y(몰분율)로 보아도 좋으므로 다음과 같은 조건으로부터 x 대 y의 값을 다음과 같이 구한다.

$y_1(=p/P)=0.1$일 때 $x_1^*=0.0266\times0.1+0.00271\times0.32=0.00352$

$y'(=p/P)=0.05$일 때 $x'^*=0.0266\times0.05+0.00271\times0.224=0.001937$

$y''(=p/P)=0.01$일 때 $x''^*=0.0266\times0.01+0.00271\times0.1=0.00537$

$y_2(=p/P)=0.005$일 때 $x_2^*=0.0266\times0.005+0.00271\times0.071=0.000325$

이것으로부터 그림 8-9와 같이 평형곡선을 그린다. 조작선과 평형곡선을 직선으로 보아도 좋은 부분으로 나눈다. 이 경우 $y_1\sim y''$, $y'\sim y''$, $y''\sim y_2$의 3부분으로 하자. 각 부분에 대한 적분값을 구한다. 즉 앞에서 설명한 방법으로 y^*, y'^*, y''^*, y_2^*를 구해 계산한 값은 표 8-4와 같다.

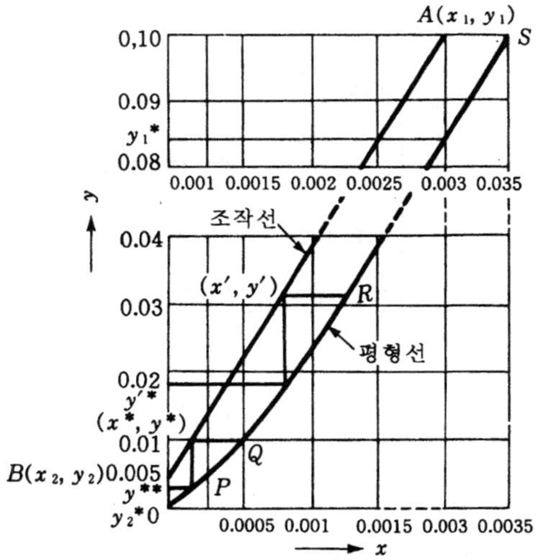

그림 8-9 예제 8-5의 풀이

➡표 8-4

y	y^*	$y-y^*$	$1/(y-y^*)$	$1/(y-y^*)L_M$
$y_1=0.10$	$y_1^*=0.081$	$y_1\sim y_1^*=0.010$	$1/(y_1\sim y_1^*)=62.5$	$L_M'=69.0$
$y'=0.031$	$y'^*=0.018$	$y'\sim y'^*=0.013$	$1/(y'\sim y'^*)=76.9$	$L_M''=100.0$
$y''=0.010$	$y''^*=0.003$	$y''\sim y''^*=0.007$	$1/(y''\sim y''^*)=143.0$	$L_M'''=170.0$
$y_2=0.005$	$y_2^*=0$	$y_2\sim y_2^*=0.005$	$1/(y_2\sim y_2^*)=200.0$	

이 값으로부터 횡축에 y, 종축에 $1/(y-y^*)$를 취해 그림 8-10과 같이 곡선을 그린다. 이 곡선과 $y=y_2$, $y=y_1$ 사이 및 종축에 둘러 싸인 면적이 구하는 적분값이다. 즉

① $\dfrac{y''-y_2}{(y-y^*)L_M'''}=(0.010-0.005)\times 170=0.85$

② $\dfrac{y'-y''}{(y-y^*)L_M''}=(0.031-0.010)\times 100=2.10$

③ $\dfrac{y_1-y'}{(y-y^*)L_M'}=(0.010-0.031)\times 69=4.76$

$\therefore \displaystyle\int_{y_2}^{y_1}\frac{dy}{y-y^*}=0.85+2.10+4.76=7.71$

또 $\therefore \displaystyle\int_{y_2}^{y_1}\frac{dx}{y-y^*}$는 x_1^*, x'^*, x''^*, x_2^*값으로부터 x, x^*, (x^*-x), $1/(x^*-x)$를 계산하여 위와 같은 방법으로 구한다.

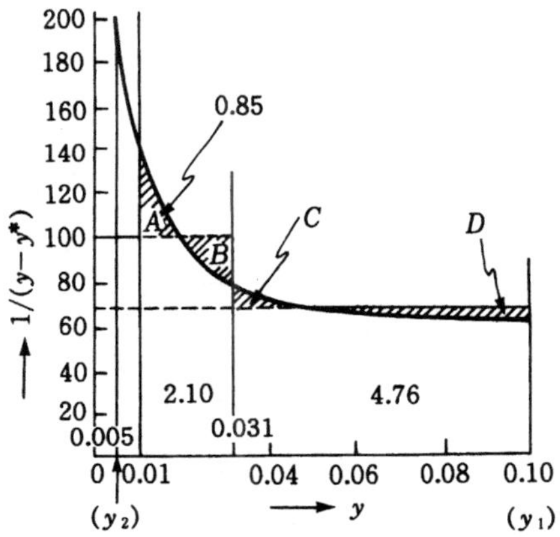

그림 8-10 도식적분

4. 이론단의 상당높이에 의한 충전탑의 높이 계산

충전탑의 높이를 이와 똑같은 성능의 이상단 탑과 비교해서 나타내는 방법이 있다. 즉 충전탑의 높이를 이에 상당하는 이상탑의 단수로 나눈 값 즉 탑의 한 이상단과 똑같은 작용을 하는 충전탑의 높이를 **이론단의 상당높이**(height equivalent to a theoretical plate, H.E.T.P.)라 한다. 평형곡선 및 조작선이 주어진 경우는 작도에 의해 이론단수가 구해진다. 충전탑의 이론단수를 N_P라 하면

$$\text{H.E.T.P.}=Z/N_P \tag{8-43}$$

이 되며

$$Z = (\mathrm{H.E.T.P.}) \cdot N_P \tag{8-44}$$

즉 H.E.L.P.가 적을수록 탑의 성능이 크다는 것을 의미한다. 그러나 실제로 기-액의 조성이 탑내에서 미분적으로 분화하는 충전탑에서는 단탑(段塔)의 개념이 불합리해진다는 이유로 금일에는 거의 H.T.U.만을 사용한다. 그러나 상업적으로 충전물의 성능을 나타내는데는 H.E.T.P.를 사용하는 경향이 있다.

5. 충전탑의 지름

탑의 지름은 직접적으로는 단위시간당의 기체량과 이에 대한 유량속도에 의하여 결정된다. 양적관계로 부하점 또는 이보다 적은 점으로부터 구한다. 보통 탑경의 최소값으로 왕일점(flooding point)의 50~75 [%]로 취한다. 왕일점을 구하는 방법으로 Fuzida의 그림을 이용하는 방법이 있다.

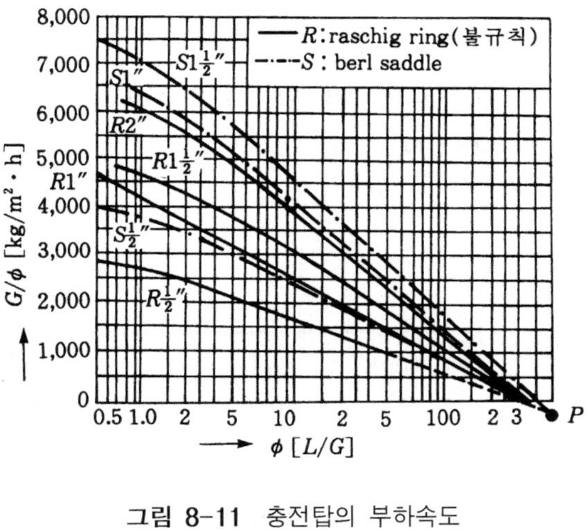

그림 8-11 충전탑의 부하속도

그림 8-11은 라시히 링과 벌 새들을 충전하고 물과 공기를 향류로 할 때 부하점(loading point)을 구하는 것이다. 즉 단위시간당의 물량과 기체량과의 비 L/G을 알면 그림 8-11에서부터 부하점에 있어서 기체의 질량속도 G [kg/m^2 · h]가 구해진다. 공기 이외의 기체에 대하여는 $\phi = \sqrt{\rho_G/1.2}$를 사용한다. 여기서 1.2는 20 [℃], 1 [atm]에 있어서 공기의 밀도이다. 따라서 처리기체 전량을 G_A [kg/h]라 하면 G_A/G [m^2]에 의하여 탑의 단면적이 구해진다. 단, 그림 8-11은 물 이외에는 사용할 수 없다. 탑내의 액량은 전면에 균일하게 분포되어 충전물의

전표면적을 적시는 것이 필요하기 때문에 탑경은 부하점 이상으로 크지 않도록 필요 최소 직경으로 하도록 해야 한다. 즉 액량의 최대값을 충전물 표면을 충분히 적시는데 필요한 최소 액량[$m^3/m^2 \cdot h$]에 의하여 구한다. 경험상 액량은 4 [$m^3/m^2 \cdot h$] 이상이 필요하다.

6. 충전탑의 압력손실

충전탑에서는 충전물이 차 있는 공간을 유체가 흐르는 것으로 복잡한 유로의 확대, 축소, 관벽과의 마찰 및 기체와 액체의 향류 흐름 때문에 압력손실은 한층 더 커진다. 압력손실이 커지면 장치의 제작도 불리해지고 수송동력도 커져서 압력손실이 작을수록 좋다.

압력손실의 계산식은 많이 제안되고 있지만 다음과 같은 Leva의 식은 부하점 이하에서 액과 기체가 향류로 흐를 때 충전탑의 압력손실을 나타낸 것이다.

$$\Delta P/Z = \gamma \cdot 10^{-6} \times (10^{\phi L_M/\rho_L})(G_M^2/\rho_G) \qquad (8\text{-}45)$$

여기서 $\Delta P/Z$: 충전높이 1 [m] 당 압력손실 [$kg/m^2 \cdot m$]

G_M : 공탑기준의 기체 질량속도 [$kg/h \cdot m^2$] [$kg/m^2 \cdot h$]

ρ_G : 기체의 밀도 [kg/m^3]

L_M : 공탑기준의 물만의 질량속도 [$kg/m^2 \cdot h$]

ρ_L : 액의 밀도 [kg/m^3]

γ, ϕ : 상수

➡표 8-5 식 (8-45)의 정수값

충전물	크기 [in]	γ	ϕ	L [$kg/m^2 \cdot h$]	$\Delta P/Z$ [$kg/m^2 \cdot m$]
라시히 링	1/2	14.95	0.0236	1,500∼42,000	0∼0.16
	3/4	3.54	0.0148	8,800∼53,000	0∼0.16
	1	3.45	0.0143	1,760∼132,000	0∼0.16
	$1\frac{1}{2}$	1.30	0.0131	3,500∼88,000	0∼0.16
	2	1.20	0.0097	3,500∼105,000	0∼0.16
벌 새들	1/2	6.50	0.0112	1,500∼69,000	0∼0.16
	3/4	2.59	0.0097	1,760∼70,000	0∼0.16
	1	1.72	0.0097	3,500∼140,000	0∼0.16
	$1\frac{1}{2}$	0.86	0.0074	3,500∼105,000	0∼0.16

예제 8-6

1/2″라시히 링을 충전한 탑에 20 [℃], 1 [atm]의 공기를 $G_M = 100$ [kg/m² · h]로 보내며 흡수액으로 물을 $L_M = 7000$ [kg/m² · h]로 공급할 경우의 공기의 압력손실을 구하여라.

풀이

$\rho_G = (29/22.4)(273/293) = 1.21$ [kg/m³]

또한 표 8-5로부터 $\gamma = 14.95$, $\phi = 0.0236$

식 (8-45)에 의하여 $\rho_L = 1,000$, $\phi L_M/\rho_L = 00236 \times 7000/1000 = 0.165$

$\therefore \Delta P/Z = 14.95 \times 10^{-5} \cdot 10^{0.165} \cdot (1000)^2/1.21 = 17.95$ [kg/m² · m]

8-5 흡수액의 최소량과 순환

1. 최소 한계 액량

충전탑의 흡수에 대한 물질수지는 다음과 같다.

$$L_M'(X_1 - X_2) = G_M'(Y_1 - Y_2) \tag{8-46}$$

흡수탑의 설계에서는 향류의 경우 기체량 G_M', 입구 기체의 몰분율 Y_1, 출구 기체의 몰분율 Y_2 및 처리원액 조성 X_2는 미리 결정되는 것이 보통이므로 액체의 양 L_M'을 얼마로 할 것인가가 문제된다.

그림 8-12(a)에서 조작선은 Y_2, Y_1을 통하지 않으면 안 된다. 조작선 AB가 되도록 액량을 취하면 출구액의 조성은 X_1이 된다. 액량을 이것보다 작게 취할 때는 출구액의 조성 X는 X_1보다 큰 값이 되어 Y_1에 평형인 T점에서의 값 X_1^*에서 최대 농도가 되고 흡수 추진력(액과 기체의 농도차)은 최소로 된다. 따라서 X_1^*로 유지하려면 단수가 무한대가 되며 충전탑식에서는 탑의 높이가 무한대로 된다. 이 때 조작선의 경사는 가장 작아져서 액과 기체량의 비 L_M'/G_M'가 최소값을 나타낸다. 액 농도가 주어져 있을 경우에는 이것에 의해 최소 소요액량을 구할 수 있다. 또 평형선이 그림 8-12(b)와 같을 때는 P점에 대한 접선 AT가 최소 L_M'/G_M'를 나타낸다. 같은 방법으로 액측 농도가 주어져 있을 때는 최소 기체량은 BR선이 된다.

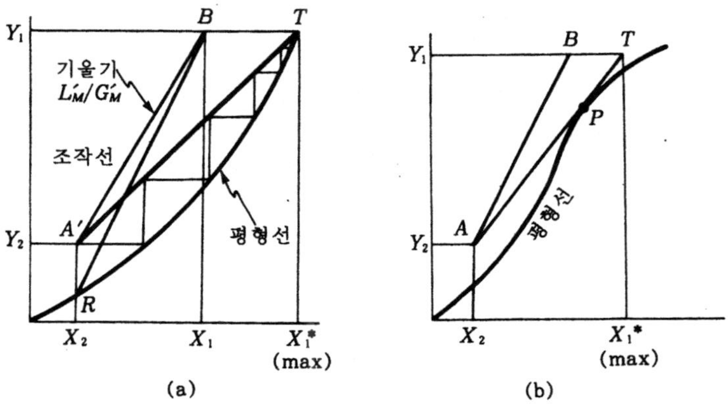

그림 8-12 최소 한계 액량

2. 흡수액의 순환

기체 흡수에서는 흡수된 기체를 방출해서 기체와 액을 회수할 경우가 많은데 이 액 중 기체 농도를 크게 하기 위해서는 액량을 가능한 한 적게 할 필요가 있다. 그런데 충전물 표면을 흐르는 액량에는 한도가 있기 때문에 액의 일부를 순환해서 사용한다. 따라서 그만큼 흡수의 추진력이 적어지기 때문에 탑의 높이가 커진다. 흡수력을 크게 하려면 탑의 높이를 크게 하든가 기체의 송입압을 크게 해주어야 하는데 이러한 점을 종합적으로 고려해서 가장 경제적이 되도록 조건을 결정한다.

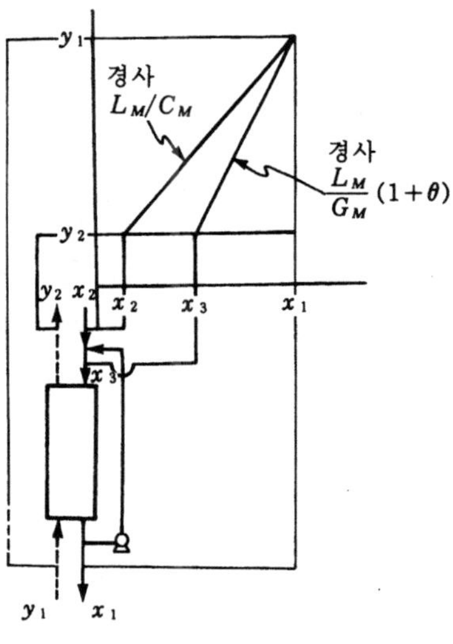

그림 8-13 흡수액의 순환

L_M을 공급액량[kg/m^2 · h], 이 중의 θ[분율]를 순환하는 것으로 하면 순환액량은 $L_M\theta$이며 탑에 공급되는 전 액량은 $L_M(1+\theta)$이다.

기체량을 G_M[kg/m^2 · h]이라 하면 다음 물질수지가 성립한다.

$$G_M(y_1-y_2)=L_M(x_1-x_2)=L_M(1+\theta)(x_1-x_3) \tag{8-47}$$

단, 첨자 1은 탑저, 3은 순환액을 포함한 액의 탑정 입구, 2는 공급액을 나타낸다. 이 경우의 조작선의 경사는 $(L_M/G_M)(1+\theta)$이다. 즉

$$(L_M/G_M)(1+\theta)=\frac{y_1-y_2}{x_1-x_3} \tag{8-48}$$

따라서 θ를 알면 G에 대한 전체 액 $L(1+\theta)$와 공급액량 L을 구할 수 있다.

연습문제

1 303 [K]에서 수용액 중의 CO_2 농도가 0.9×10^{-4} [kg CO_2/kg 몰]이다. 수용액 중에서 CO_2의 기화가 일어나는 것을 유지하려면 CO_2의 분압은 얼마여야 하는가? 단, 303 [K]에서 물에 대한 CO_2의 Henry 상수는 $H = 0.186 \times 10^4$이다.

2 물을 흡수제로 사용하여 공기-암모니아의 급송흐름에서 99 [%]의 암모니아를 회수하려 한다. 급송흐름 중의 암모니아 함량은 30 [mol %]이다. 흡수탑의 온도는 냉각 코일에 의하여 30 [℃]로 유지되며 압력은 1 [atm]이다.

(a) 최소 물의 속도는 얼마가 되어야 하나?
(b) 최소값보다 50 [%] 큰 물의 속도일 때 총괄 기상 이동단위는 얼마가 필요한가?

3 충전탑을 이용하여 가용성 기체를 물에 흡수시킨다. Y_e와 X_e가 용질의 몰수와 불활성 기체의 몰수의 비라고 하면 평형관계식은 $Y_e = 0.06 X_e$이다. 종말조건은 다음과 같다.

	Top	Bottom
X	0	0.08
Y	0.001	0.009

$H_x = 0.24$ [m], $H_y = 0.36$ [m]라고 하면 충전층의 높이와 이상단 수를 구하라.

4 20 [℃], 1 [atm]에서 NH_3 기체 3 [%]를 포함하는 NH_3-Air 혼합기체 1200 [kg/m^2 · h] 중의 암모니아는 $1\frac{1}{2}$″ Raschig ring을 충전한 흡수탑에서 물 2600 [kg/m^2 · h]로 적어도 97 [%]를 흡수 제거한다. 지금 $K_C a = 68$ [kg−mol/m^2 · h · atm] 또는 $y^* = 0.91x$로 하여 탑의 높이와 직경을 구하여라.

5 물을 흡수제로 사용하여 공기 흐름속에 있는 아세톤의 95 [%]를 회수할 수 있는 흡수탑을 설치하려 한다. 도입공기에는 14 [m %]의 아세톤이 함유되어 있다. 흡수탑을 80

[°F], 1 [atm]에서 조작하여 7.0 [m %]의 아세톤을 함유한 생산물을 얻으려 한다. 탑은 플러딩 속도의 5 [%] 속도로 운전되도록 설계되어 있다. (a) 1 [atm], 32 [°F]에서 측정한 기체의 속도가 500 [ft^3/min]이라면 매 시간당 몇 [lb]의 물을 탑에 급송해야 하는가? (b) 총괄 기상 추진력을 기준으로 한 이동단위는 얼마나 필요한가? (c) 탑을 1 [in] 라시히 링으로 충전한다면 충전층의 높이는 얼마가 되어야 하나? 평형상태에서 $y_a = 1.95(1-x)^2$일 때 $p_A = p_A v_A x$라고 가정한다. 또 아세톤의 증기압은 80 [°F]에서 약 0.33 [atm]이며 $H_y = 1.01\, G_y^{0.31} / G_x^{0.33}$이다.

---

1. 0.067 [atm]
2. (a) 1.536 [mol H_2O/mol－도입기체] (b) 7.0 [이동단위]
3. 6.0 [m], 2.81단
4. 탑의 높의 $z = 3.2$ [m], 직경 $D = 0.614$ [m]
5. (a) 2669 [lb/h] (b) 20.5 [이동단위] (c) 약 2 [ft]

제9장

조 습

사진필름, 섬유, 인쇄, 담배 및 약품제조 등과 같은 각종 화학공정에서는 기체의 습도와 온도는 적당히 조절하지 않으면 안 되는 경우가 대단히 많다. 공기 또는 기타 기체 중의 수증기의 양을 올리는 **증습**(增濕, humidification)조작이나 내리는 **감습**(減濕, dehumidification)조작을 통털어서 **조습**(調濕, air conditioning)이라고 하며 물-수증기-공기 사이의 직접접촉에 의한 물질(수증기)이동 및 열이동을 취급한다.

9-1 기초사항

공기는 주성분이 산소와 질소이지만 수증기, 탄산가스 및 미량의 희박기체를 함유한다. 공기 중에 함유된 수증기의 양을 **습도**(濕度, humidity)라고 하며 습도와 관련된 여러 가지 기초사항에 대해서 알아보기로 한다.

1. 습도

(1) 절대습도(絶對濕度)

건조공기 단위질량(1 [kg])당 포함된 수증기의 질량을 **절대습도**(absolute humidity)라고 하며 H로 표시한다.

$$H = \frac{M_v}{M_g}\frac{p_A}{P-p_A} \text{ [kg H}_2\text{O/kg 건조공기]} \tag{9-1}$$

여기서 M_v, M_g는 각각 수증기 및 건조공기의 분자량, P, p_A는 각각 수증기의 전압 및 분압이다. 공기-물계에 대해서는 다음 식이 성립한다.

$$H = \frac{18}{29}\frac{p_A}{P-p_A} \text{ [kg H}_2\text{O/kg 건조공기]} \tag{9-2}$$

윗식에서 수증기의 분압 P_A 대신에 포화증기압 p_s를 사용할 때의 습도를 **포화절대습도**라고 하며

$$H_s = \frac{M_v}{M_g}\frac{p_s}{P-p_s} \text{ [kg H}_2\text{O/kg 건조공기]} \tag{9-3}$$

와 같이 나타내다.

(2) 몰습도

건조공기 단위몰당 포함된 수증기의 몰수로 나타낸 습도를 **몰습도**(mole humidity)라고 하며 포화증기압을 사용한 경우에는 **포화몰습도**(saturated mole humidity)라고 한다.

$$H_m = \frac{p_A}{P-p_A} \text{ [kg-mol H}_2\text{O/kg-mol 건조공기]} \tag{9-4}$$

$$H_{ms} = \frac{p_s}{P-p_s} \text{ [kg-mol H}_2\text{O/kg-mol 건조공기]} \tag{9-5}$$

몰습도와 절대습도사이에는 다음의 관계식이 성립한다.

$$H = \frac{M_v}{M_g}H_m, \quad H_s = \frac{M_v}{M_g}H_{ms} \tag{9-6}$$

(3) 상대습도(相對濕度)

습윤기체의 수증기 분압 p_A와 같은 온도에서의 포화증기압 p_s의 비로 나타낸 습도를 **상대습도**(relative humidity)라 하며 기상학에서 많이 사용한다. 상대습도[%]로 나타내며 상대습도가 100[%]인 공기는 **포화공기**이다.

$$H_R = \frac{p_A}{p_s} \times 100 \text{ [\%]} \tag{9-7}$$

(4) 비교습도(比較濕度)

같은 온도에서 절대습도와 포화상태에 대한 포화절대습도와의 비를 **비교습도**(percentage humidity)라고 하며 [%]로 나타낸다.

$$H_p = \frac{H}{H_s} \times 100 = \frac{H_m}{H_{ms}} \times 100$$

$$= \frac{p_A / P - p_A}{p_s / P - p_s} \times 100 = H_R \cdot \frac{P - p_s}{P - p_A} \ [\%] \qquad (9\text{-}8)$$

예제 9-1

30 [℃], 1 [atm]에 있는 공기의 수증기 분압이 23.87 [mmHg]이다. 절대습도, 포화절대습도, 비교습도 및 상대습도를 구하라. 단, 30 [℃]에서의 포화증기압은 31.82 [mmHg]이다.

풀이

$P = 1\,[\text{atm}] = 760\,[\text{mmHg}],\ p_A = 23.87\,[\text{mmHg}],\ p_s = 31.82\,[\text{mmHg}]$

$$H = \frac{18}{29}\frac{p_A}{P - p_A} = \frac{18}{29}\frac{23.87}{760 - 23.87} = 0.020\,[\text{kg } H_2O/\text{kg 건조공기}]$$

$$H = \frac{18}{29}\frac{p_s}{P - p_s} = \frac{18}{29}\frac{31.82}{760 - 31.82} = 0.027\,[\text{kg } H_2O/\text{kg 건조공기}]$$

$$H_p = \frac{H}{H_s} \times 100 = \frac{0.02}{0.027} \times 100 = 74.1\,[\%]$$

$$H_R = \frac{p_A}{p_s} \times 100 = \frac{23.87}{31.82} \times 100 = 75.0\,[\%]$$

2. 습도 도표(濕度圖表)

물을 냉각하는 냉각탑이나 공기를 조습하는 장치의 설계나 해석시에는 습도 도표가 중요하다. 그림 9-1과 같은 습도 도표(humidity chart)는 습공기의 온도, 습도, 비용, 비열, 공기와 수증기의 양적관계 및 기타 특성을 계산에 의해 구하지 않고 그림을 이용하여 구할 수 있게 만든 것이므로 활용할 수 있는 방법을 잘 알아 둘 필요가 있다.

(1) 습비열(濕比熱)

건조기체 1 [kg]과 여기에 포함된 증기 즉 습윤기체의 온도를 1 [℃] 올리는 데 필요한 열량을 **습비열**(humid heat)이라고 하며 절대습도와는 다음의 관계가 있다.

$$C_H = C_g + C_v H \ [\text{kcal/kg 건조기체 ℃}] \qquad (9\text{-}9)$$

여기서 C_g, C_v는 각각 건조기체 및 증기의 정압비열이며 공기-몰계에 대해서는 $C_g = 0.24$, $C_v = 0.45$ [kcal/kg ℃]이다.

(2) 습비용(濕比容)

건조기체 1 [kg]과 여기에 포함된 증기가 차지하는 전체 부피를 **습비용**(humid volume) [m³/kg 건조기체]이라고 하며 다음 식으로 주어진다.

$$V_H = 22.4\left(\frac{273 + t_G}{273}\right)\left(\frac{760}{P}\right)\left(\frac{1}{M_g} + \frac{H}{M_v}\right) \tag{9-10}$$

여기서 P는 [mmHg]단위로 나타낸 전압이다.

공기-물계에서 1 [atm]에 대한 V_H는 다음과 같다.

$$V_H = (0.082\, t_G + 22.4)\left(\frac{1}{29} + \frac{H}{18}\right) \tag{9-11}$$

윗식에 온도 t_G에서의 포화습도 H_s를 사용하면 **포화비용**(飽和比容, saturated volume)이 얻어지며 **습윤 몰비용** [m³/kg−mol 건조기체]은 다음과 같이 구한다.

$$V_{hm} = \left(\frac{273 + t_G}{273}\right)\left(\frac{760}{P}\right)(H_m + 1) \tag{9-12}$$

(3) 습윤기체의 엔탈피

건조기체 1 [kg]과 이에 포함된 증기의 엔탈피의 합을 **습윤공기의 엔탈피**라고 하며 다음과 같이 주어진다.

$$\begin{aligned} i &= C_g(t_G - t_o) + \{C_v(t_G - t_o) + \lambda_{to}\}H \\ &= C_H(t_G - t_o) + \lambda_{to}H \text{ [kcal/kg 건조기체]} \end{aligned} \tag{9-13}$$

여기서 t_o는 기준온도, λ_{to}는 t_o [℃]의 증발잠열이며 H 대신에 H_s를 사용하면 포화기체의 엔탈피가 얻어지며 공기-물계에 대해서는 0 [℃], 1 [atm]에서 $C_g = 0.24$, $C_v = 0.45$, $\lambda_{to} = 597.2$ [kcal/kg]이다.

(4) 노점(露點)

일정한 습도를 가진 습윤기체를 냉각했을 때 포화상태가 될 때의 온도를 **노점**(dew point) 또는 **이슬점**이라고 하며 노점이하에서는 일부 증기가 응축하게 된다.

(5) 습구온도

다량의 불포화기체 중에 이보다도 낮은 온도의 미소한 액적(液滴)을 놓으면 기체와 액적

표면 사이에 대류전열에 의한 현열이동과 액의 증발에 따른 잠열방출에 의한 온도 저하를 일으킨다. 이 경우 현열이동 속도와 잠열이동 속도는 차차 근접하여 양자가 같아지면 액적은 **동적 평형온도**(動的 平衡溫度, dynamic equilibrium temperature)에 이른다. 이 평형온도를 이 기체의 **습구온도**(wet bulb temperature)라 한다. 이에 대하여 기체 혼합물의 처음 온도를 **건구온도**(乾球溫度, dry bulb temperature)라 한다. 기체의 온도를 t_G[℃], 액적의 표면온도를 t_s[℃]라 하면 액적이 주위로부터 받는 열량 q는 일반적으로 다음 식으로 주어진다.

$$q = (h_G + h_r)A(t_G - t_s)\ [\text{kcal/h}] \tag{9-14}$$

여기서 h_G, h_r은 각각 대류 열전달계수 및 복사열전달계수 [kcal/m^2·h·℃]이다. 또한 액적의 증발속도 N_v [kg－mol/h]는 기체 중의 증기압을 p [mmHg], 온도 t_S에 있어서 액의 포화 증기압을 p_S [mmHg]라고 하면 다음 식으로 표시된다.

$$N_v = K_G A(p_S - P)\ [\text{kg}-\text{mol/h}] \tag{9-15}$$

여기서 k_G는 기상 물질전달계수 [kg－mol/m^2·h·atm]이다.

이미 말한 바와 같이 동적인 평형상태에 있을 때는 식 (9-14) 및 (9-15)에서 다음 관계가 성립한다.

$$(h_G + h_r)A(t_G - t_s) = \lambda_s M_v k_G A(p_s - p) \tag{9-16}$$

여기서 λ_s는 온도 t_s[℃]에 있어서 액의 증발잠열 [kcal/kg]이다. 평형온도 t_s는 이미 말한 습구온도이므로 이를 t_w로 표시하고 h_r이 h_G에 비하여 아주 작다면 식 (9-16)은 다음과 같이 된다.

$$p_w - p = \frac{h_G}{M_v \lambda_w k_G}(t_G - t_w) = K(t_G - t_w) \tag{9-17}$$

대부분의 경우에는 $K \fallingdotseq 0.5$의 값을 나타낸다. 또 혼합물 중의 증기의 분압이 작을 경우에는 식 (9-1) 중 분모의 p가 무시되어 다음과 같이 된다.

$$H = \frac{M_v}{M_g} = \frac{p}{P} \tag{9-18}$$

따라서 $p_w = \frac{M_g}{M_v}PH_w$, $p = \frac{M_g}{M_v}PH$가 되어 식 (9-17)에 대입하면

$$H_w - H = \left(\frac{h_G}{k_G M_g P}\right)\left(\frac{1}{\lambda_w}\right)(t_G - t_w) \tag{9-19}$$

가 된다.

1 기압의 공기에 대해서는 식 (9-19)의 M_g 대신 공기의 평균분자량 29를 넣으면

$$H_w - H = \frac{h_G}{29 k_G \lambda_w}(t_G - t_w) \tag{9-20}$$

이 되므로 어떤 주어진 공기시료의 습구온도와 건구온도를 안다면 H_w, t_G, t_w 및 λ_w를 아니까 시료의 습도 H는 쉽게 구할 수 있다.

식 (9-19)에서 $k_G M_g P$를 습도차 기준 물질전달계수 k_H [kg./m² · hΔH]로 두면

$$H_w - H = \frac{h_G}{k_H \lambda_w}(t_G - t_w) \tag{9-21}$$

이 되고 여기서 $\frac{h_G}{k_H}$는 **습구계수**(濕球係數, psychrometric coefficient)라 하며 여러 가지 공기-액체계에 대한 실험값을 표 9-1에 나타냈다.

➡표 9-1 공기-액체계의 습구계수 $\left(\frac{h_G}{k_H}\right)$의 실험값

물 질	습구계수	물 질	습구계수
벤 젠	0.40～0.44	에틸알코올	0.41
사염화탄소	0.44～0.50	메틸알코올	0.35
클로로벤젠	0.44	n-식초산프로필	0.43～0.52
식초산에틸	0.42～0.46	톨루엔	0.44～0.5
사염화에틸렌	0.5	키시렌	0.55
프로피온산에틸	0.5	물	0.26～0.29

습구계수를 알면 건구온도와 습구온도의 측정에 의해 기체 중의 수증기 분압 또는 습구를 구하게 되며 이 원리를 이용한 습도계가 **건습구 습도계**이다.

(6) 단열포화온도(斷熱飽和溫度)

다량의 물과 습공기를 완전히 단열된 기-액 접촉장치에서 충분한 접촉면적과 시간을 가지고 접촉시키면 먼저 수온이 낮은 경우에는 공기로부터 열을 받아 수온이 올라가고 또 수온이 높은 경우에는 수분의 증발에 의한 잠열을 뺏겨서 수온은 내려간다. 어떤 경우도 결국은 출구에서의 물과 공기의 온도는 같아지게 되며 공기의 습도는 포화상태로 된다. 즉 열 및 수증기의 이동이 더 이상 일어나지 않는 **정적 평형상태**(靜的 平衡狀態, static equilibrium)가 되며 이 때의 온도를 송입공기의 **단열포화온도**라고 부르며, t_s로 나타낸다.

정적 평형상태에 있는 온도 t_s인 물과 온도 t_G, 습도 H, 습비열 C_H의 습공기를 위의 조건

에서 접촉시키면(단, 물의 온도는 t_s로 일정하게 유지된다고 가정한다) 습공기는 온도가 $t_G \rightarrow t_s$로, 습도는 $H \rightarrow H_s$로 된다. 입구와 출구사이의 열수지를 취하면

$$\text{(공기가 잃는 열량)} = \text{(물이 얻은 열량)}$$

$$\left.\begin{aligned} C_H(t_G - t_s) &= (H_s - H)\lambda_s \\ (H_s - H)/(t_G - t_s) &= C_H/\lambda_s \end{aligned}\right\} \tag{9-22}$$

또는

여기서 λ_s는 t_s에서 물의 증발잠열[kcal/kg]이다.

루이스(Lewis)는 물-공기계에서 열이동과 물질이동의 이론에 대한 유사성을 연구하여 다음의 관계를 증명하였다.

$$k_G/k_H \fallingdotseq C_H \tag{9-23}$$

이것을 **Lewis의 법칙**이라 하며 식 (9-17)에 적용하면

$$(h_G - H)/(t_G - t_w) = C_H/\lambda_w \tag{9-24}$$

로 되며 식 (9-22)와 비교하면 물-공기계에서는 공기의 습구온도 t_w와 공기의 단열포화온도 t_s가 거의 같음을 알 수 있다. 따라서 공기-물계에서는 습도 도표상의 등습구온도선과 단열냉각선은 근사적으로 일치한다.

예제 9-2

온도 80[℃]인 공기가 실험에 의하여 50[℃]인 습구온도를 가지는 것을 알았다. 공기의 습도는 얼마냐? 단, 50[℃]에서 포화습도 $H_w = 0.086$ [kg H_2O/kg 건조공기] 50[℃]에서 증발잠열 $\lambda_w = 569$ [kcal/kg]이다.

풀이

$t_g = 80$ [℃], $t_w = 50$ [℃], h_G/k_H(표 9-1) $= 0.26$

따라서 식 (9-21)에서 $H = H_w - \dfrac{h_G}{k_H \lambda_w}(t_G - t_w)$

$$= 0.086 - \frac{(0.26)(80-50)}{(569)} = 0.086 - 0.0137$$

$$= 0.0723 \text{ [kg } H_2O\text{/kg 건조공기]}$$

예제 9-3

건습구 온도계에서 건구 33[℃], 습구 26[℃]를 나타낸다. 이때의 노점, 습비열, 습비용 및 엔탈피를 구하라.

단, 33[℃] 및 26[℃]에서 수증기압은 37.37[mmHg] 및 25.21[mmHg]이다.

풀이

공기 중의 수증기압 p는

$$p = p_w - 0.5(t_G - t_w) = 25.21 - 0.5(33 - 26)$$

$$= 21.71\,[\text{mmHg}]$$

식 (9-9)에서 습비열 $C_H = 0.24 + 0.45H$

$$= 0.2482\,[\text{kcal/kg 건조공기 ℃}]$$

식 (9-11)에서 습비용 $v_H = [(0.082)(33) + (22.4)\left(\frac{1}{29} + \frac{0.01822}{18}\right)$

$$= (2.71 + 22.4)(0.0345 + 0.0010)$$

$$= (25.11)(0.0355) = 0.392\,[\text{m}^3\text{/kg 건조공기}]$$

식 (9-13)에서 엔탈피 $i = (0.248)(33 - 0) + (597)(001822)$

$$= 19.03\,[\text{kcal/kg 건조공기}]$$

노점온도(증기압 $p = 21.17$ [mmHg]가 포화증기압이 되는 온도)는 수증기표에서 22.5[%]이다.

---

(7) 습도 도표의 사용법

그림 9-1은 1[atm]에서의 공기-물계에 대한 습도 도표(humidity chart)로 다음의 각 항이 표시되어 있다.

① 온도 대(versus) 습도~온도에 따른 포화습도, 절대습도 및 비교습도가 식 (9-2), (9-3) 및 (9-8)에 의해 그려져 있다.

② 습도 대 습비열~식 (9-9)에 의하여 왼쪽 위쪽에 그려져 있다.

③ 온도 대 습비용~온도 대 포화비용의 곡선 및 습도 변화에 따른 왼쪽 위쪽의 직선군으로 표시한 온도 대 습비용은 식 (9-11)에서 계산된다.

④ 온도 대 증발잠열~각 온도에 대한 증발잠열을 왼쪽 아래쪽의 곡선에 표시되었다.

⑤ 단열냉각선~일정한 단열포화 온도에 대하여 식 (9-9)와 (9-22)를 그린 선으로 도표상에 오른편 아래쪽의 사선(斜線)으로 표시되어 있다. 단열냉각선의 끝은 단열포화온도와 같다.

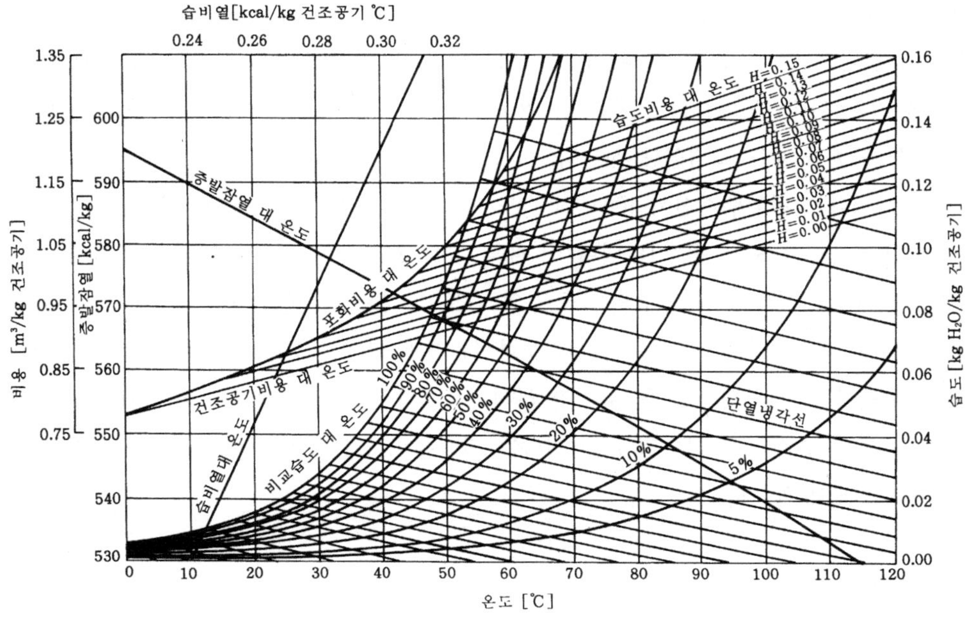

그림 9-1 습도 도표(기준 : 전압 760 [mmHg] 건조공기 1 [kg])

(8) 등습구 온도선(等濕球溫度線)

건구온도와 절대습도의 관계를 식 (9-21)에 의해 그린 것으로 공기-물계에서는 단열냉각선과 일치한다.

그림 9-1의 일부분인 그림 9-2에서 습구 도표의 이용 방법을 알아 보자.

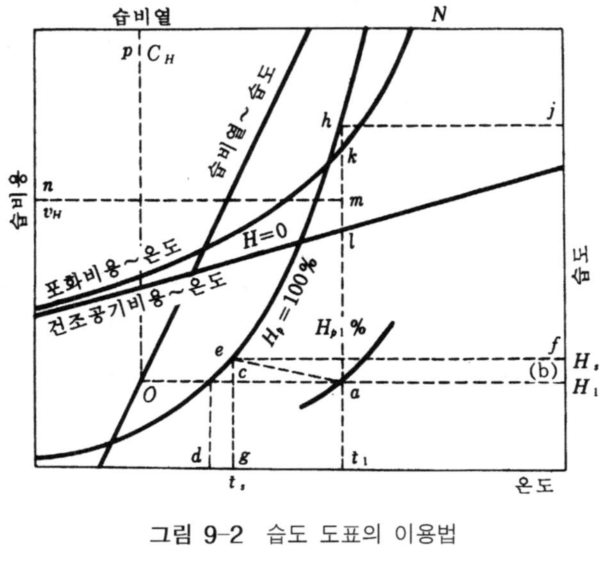

그림 9-2 습도 도표의 이용법

예를 들어 온도가 t_1[℃]이고 비교습도가 H_{p1}[%]인 불포화공기는 온도 t_1인 등온선과 H_{p1}선이 만나는 점 a로 표시된다. 점 a에서 수평선을 그어 오른편의 습도축과 만나는 점 b는 이 공기의 절대습도 H_1[kg H_2O/kg 건조공기]을 표시하며 100[%] 습도선과 만나는 점 c의 온도측 좌표 d는 노점을 표시한다.

점 a를 지나는 단열냉각선이 100[%] 습도선과 만나는 점 e의 온도측 좌표 g는 단열포화 온도 t_s 또는 습구온도 t_w를 나타내며 이 때의 습도 H_s는 점 f에서 읽는다. 점 a를 지나는 수직선이 100[%]선과 만나는 점의 좌표 j의 습도는 정온상태에서 포화시킨 후의 습도를 나타낸다. 또 원래 공기의 습비용은 t_1선과 포화비용선과 교점을 k와 건조공기의 비용선과의 교점 l 사이 습도 H선과의 교점을 m이라 하면 이 때의 습비용축 눈금 n이 원래 공기의 습비용이다. 공기의 습비열 C_H는 점 a를 지나는 절대습도선과 습비열선과의 교점인 점 O의 위쪽의 좌표 p에서 읽는다.

예제 9-4

1[atm], 32[℃]에 있는 포화공기의 절대습도 및 습비용을 구하라.

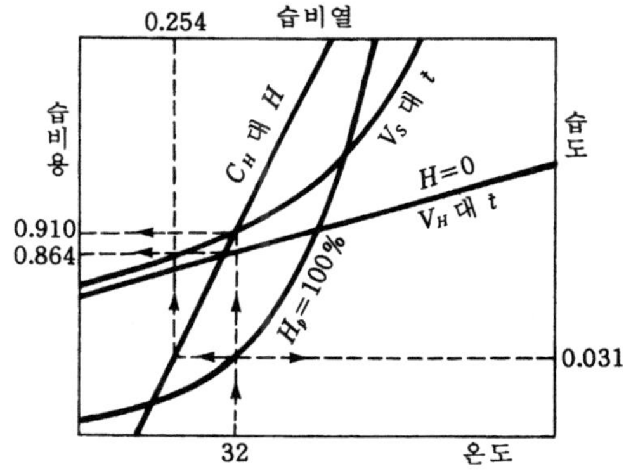

그림 9-3 예제 9-4의 풀이

풀이

그림 9-3에 나타낸 습도 도표에서 온도 32[℃]인 점에서 올린 수직선과 $H_p = 100$[%]인 곡선과 만나는 점에서 오른쪽의 좌표를 읽는 값은 $H_d = 0.031$[kg H_2O/kg 건조공기]이다. 습비열(C_H)은 $H = 0.031$과 습비열 대 습도선과의 교점에서 올린 수직선의 값 $C_H = 0.0254$[kcal/kg 건조공기 ℃]이다.

습비용(V_H) 즉 32[℃]에서 건조공기 1[kg]의 부피는 습비용 대 온도선이 $H = 0$일 때와의 교점으로부터 좌측 좌표의 값을 읽으면 $V_H = 0.864$[m^3/kg 건조공기]이며 포화공기이므로 포화

습비용은 포화습비용 대 온도곡선으로부터 $V_s = 0.910$ [m^3kg 건조공기]는 구할 수 있다.

예제 9-5

건구온도가 45 [℃]인 공기의 절대습도가 0.03 [kg H_2O/kg 건조공기]일 때의 습구온도를 구하라.

풀이

공기-물계에서는 단열포화온도 (t_s) = 습구온도(t_w)로 볼 수 있으므로 $t = 45$ [℃]와 $H = 0.03$의 교점으로부터 단열냉각선을 따라 왼쪽으로 가서 $H_p = 100$ [%]인 비교습도 대 온도선과의 교점에서 수직선을 내려서 읽는 온도 즉 34.0 [℃]가 습구온도이다.

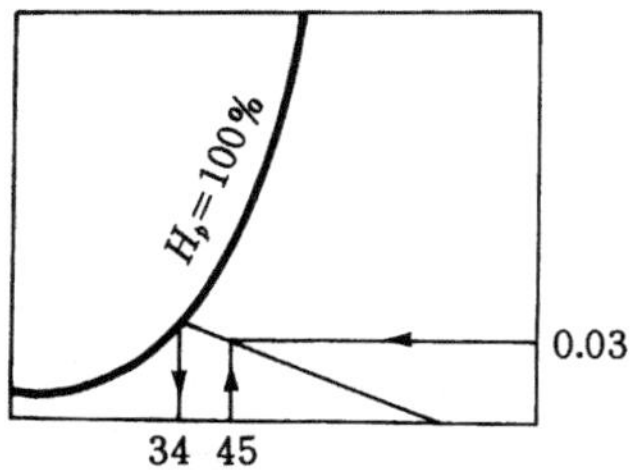

그림 9-4 예제 9-5의 풀이

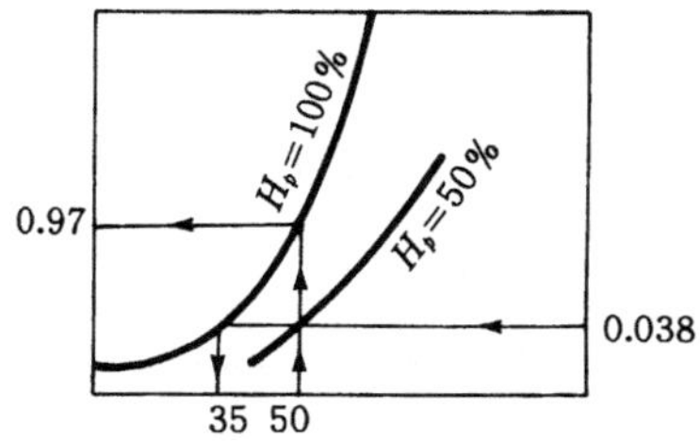

그림 9-5 예제 9-6의 풀이

예제 9-6

50 [℃], $H = 0.038$ [kg H_2O/kg 건조공기]인 공기의 ① 노점, ② 비교습도, ③ 습비열, ④ 습비용, ⑤ 공기의 엔탈피를 구하라.

풀이

① $H = 0.038$의 수평선이 $H_p = 100$ [%]인 선과 만나는 교점의 온도 즉 $t_d = 35$ [℃]가 노점이다.

② 50 [℃]와 $H = 0.038$이 만나는 교점의 비교습도선의 값 즉 $H_p = 50$ [%]이다.

③ 50 [℃]와 $H = 0.038$의 습비용 대 온도선과의 교점으로부터 왼쪽 축의 값을 읽으면 습비열 $V_H = 0.970$ [m^3/kg 건조공기]이다.

④ 습비용은 예제 9-4와 같은 방법으로 구하면 $C_H = 0.257$ [kcal/kg 건조공기 ℃]이다.

⑤ 습공기의 엔탈피

$$i = C_H(t_G - t_O) + \lambda_{to} H = 0.257(50 - 0) + 597.2(0.038)$$

$$\therefore i = 35.54 \text{ [kcal/kg 건조공기]}$$

9-2 조습조작의 종류

조습조작은 특별한 경우를 빼고는 다량의 기체를 조습할 때는 기체와 액체를 접촉시키는 것이 효과적이며 경제적이다. 조습방식은 증습, 감습 및 냉수조작 어느 것도 원리적으로는 공통이며 조작조건을 적당히 선택하면 한 종류의 장치로서 여러 조작을 할 수 있다.

(1) 증습조작(humidification)

$a(t_1, H_1)$의 공기를 $d(t_2, H_2)$까지 증습하는 일반적인 방법은 그림 9-6과 같다.

a) 공기예열 : $a(t_1, H_1)$의 공기를 $b(t_2, H_1)$까지 예열한다.
b) 분무단열냉각 : b점에서 단열선을 따라 $c(t_3, H_2)$까지 단열냉각한다.
c) 재열 : c점에서 $d(t_4, h_2)$까지 다시 가열한다. 증습된 공기는 순환 사용된다.

이 원리에 따라 기체 증습방법은 다음과 같이 구별할 수 있다.

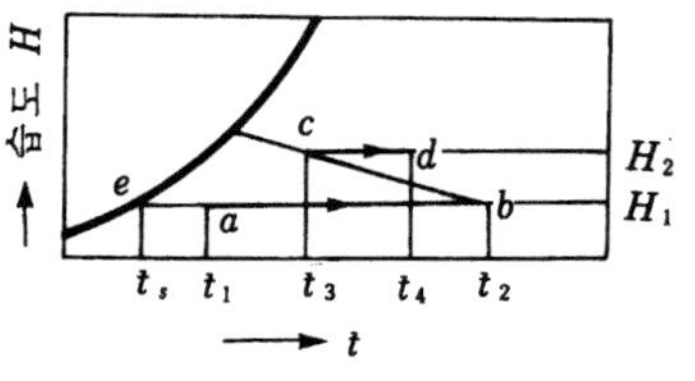

그림 9-6 증습조작

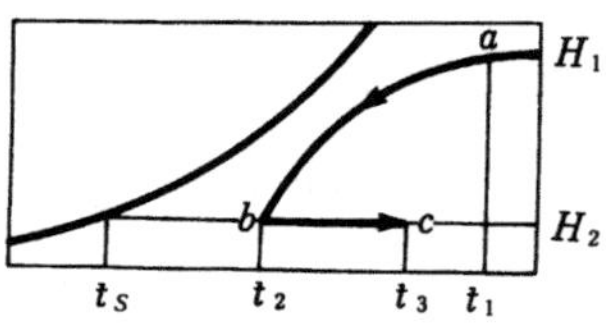

그림 9-7 감습조작

① 기체 중에 생증기를 혼입하는 방법
② 기체 중에 높은 습도의 기체를 혼입하는 방법
③ 기체와 액을 직접 접촉시키는 조작법
  ⓐ 가열된 기체를 장치 내에서 액과 접촉시키는 법
  ⓑ 액을 순환시키는 단열증습

(2) 감습조작(dehumidification)

감습조작은 그림 9-7의 abc의 경로를 거쳐서 감습하는 것으로 원리에 따라 다음과 같이 구별된다.

① **냉각법** : 기체를 간접냉각시키거나 공기 중에 냉수를 분무시켜 감습하는 직접접촉방법이 있다.

② **압축법** : 기체를 압축하여 공기의 포화습도를 감소시킨다.

③ **흡수법** : 고체나 액체 흡수제 예를 들면 P_2O_5, H_2SO_4(100 [%], 에틸렌클리콜 등으로 수분을 흡수한다.)

④ **흡착법** : 실리카겔, 활성탄 등과 같은 고체 흡착제로 수분을 흡착시킨다.

위의 어느 것도 장단점이 있으며 목적과 조건에 따라 적당한 것을 선택하여야 하나 공업적 목적에 대하여서는 일반적으로 직접접촉에 의한 냉각법이 경제적이기 때문에 이 방법을 주로 사용하며 이 방법으로 목적을 달성하기가 힘든 때는 다른 적당한 방법을 택한다. ③, ④의 경우는 특히 감습의 정도, 기체의 성질 및 흡습제의 재생 등에 관하여 사용할 때 적부를 충분히 고려해야 한다.

(3) 냉수조작(water cooling)

물은 자신의 온도보다 낮은 습구온도를 가진 공기와 접촉시키면 반드시 증발한다. 이 때 공기의 온도(乾球溫度)쪽이 물의 온도보다 높고 공기로부터 현열이 물로 전달되더라도 물은 증발하기 때문에 일반적으로 이 현열은 물이 잃은 증발잠열보다는 아주 적으며 물은 냉각된다. 이 원리에 의하여 물을 냉각하는 조작을 **냉수조작**이라 한다. 냉수조작에 의하여 냉각되는 수온은 수량, 공기량 및 공기조건 등에 의하여 다르나 이론적으로 도달되는 최저수온은 근사적으로 공기의 습구온도이다. 그림 9-8은 기-액 접촉에 의한 냉수조작을 나타냈다.

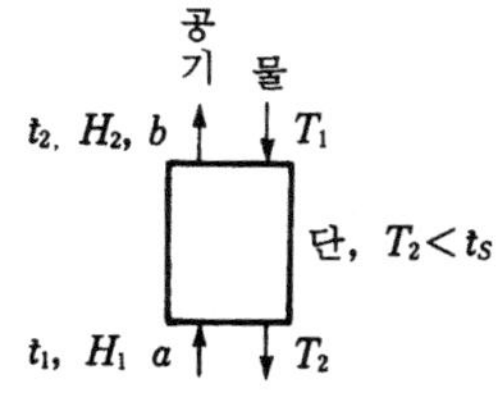

그림 9-8 냉수조작

9-3 조습장치

1. 증습장치(humidifier)

(1) 횡형 분무실(horizontal spray chamber)

(2) 분무탑(spray tower)

(3) 충전탑(packed tower)

그림 9-9는 횡형 분무실로서 예부터 사용되어 왔으나 위의 셋 중 성능이 가장 낮고 충전탑이 가장 높다.

충전탑의 충전물로써는 공기의 압력손실이 비교적 적고 성능이 높은 것은 짧은 소편을 배열한 수직평판형 충전물이 월등하며 라시히 링은 압력손실이 비교적 크나 성능은 대단히 좋다. 그림 9-10은 강제통풍식 냉수탑이며 이는 지금까지 거의 증습탑으로 사용되어 왔다.

2. 감습장치(dehumidifer)

특별히 낮은 습도 기체를 얻는 목적을 제외하고는 일반적으로 기체와 냉수를 직접 접촉시키는 방법이 좋다.

간접냉수에 의한 감습조작은 소위 냉각응축기(cooler, condenser)가 사용되며 직접냉각에 의한 감습조작에는 위에서 말한 그림 9-9와 9-10의 증습장치(humidifier)와 거의 같은 것이 사용된다. 다만 감습장치에서는 그림 9-9에서와 같은 예열기가 필요치 않다.

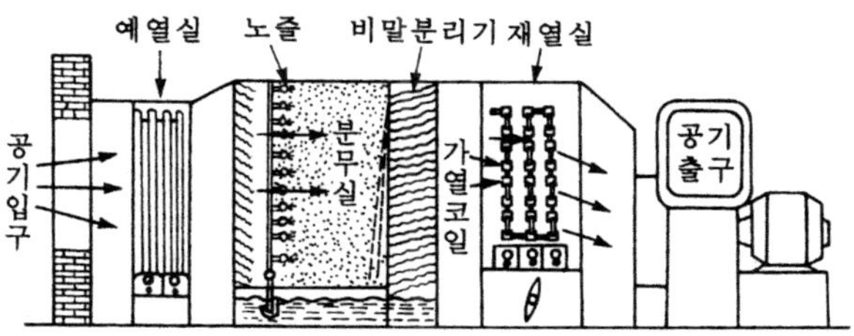

그림 9-9 횡형 분무실식 증습장치

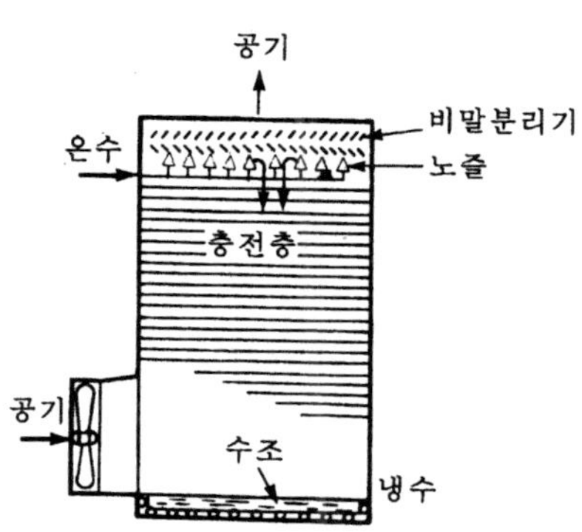

그림 9-10 향류 강제 통풍탑

3. 냉수장치(cooling tower)

① 기계적 통풍탑(mechanical-draft tower) { 강제통풍식(forced-draft type) / 유도통풍식(induced-draft type)

② 자연통풍탑(natural-draft tower) { 연돌식(chimney type) / 대기식(atmospheric type)

③ 분수지(spray pond)

④ 냉수지(cooling pond)

기계적 통풍탑 및 자연통풍탑에서는 각각 분무탑식과 충전탑식이 있으며 조작방식으로는 향류식과 십자류식이 있다.

대표적인 조작방식인 향류식 냉각탑은 탑정으로부터 온수를, 탑저로부터 이것과 향류로 불어 넣는 공기와 직접접촉시키는 것에 의해 물의 현열(顯熱)을 공기에 주는 동시에 증발잠열에 의해 냉각한다. 충전물로는 보통 나무격자가 사용되지만 흡수탑에서 사용되는 것도 좋다.

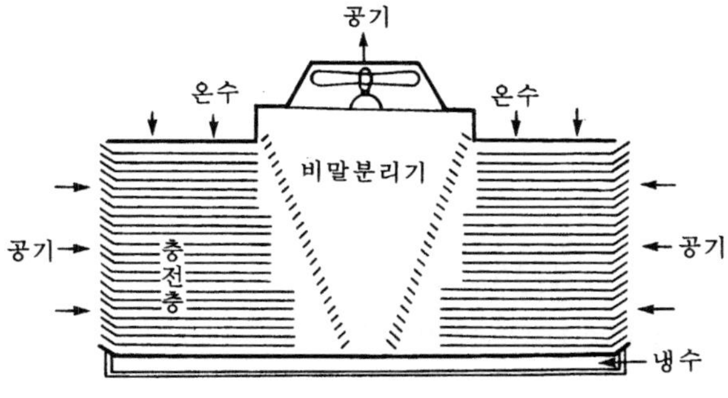

그림 9-11 십자류 강제 통풍탑

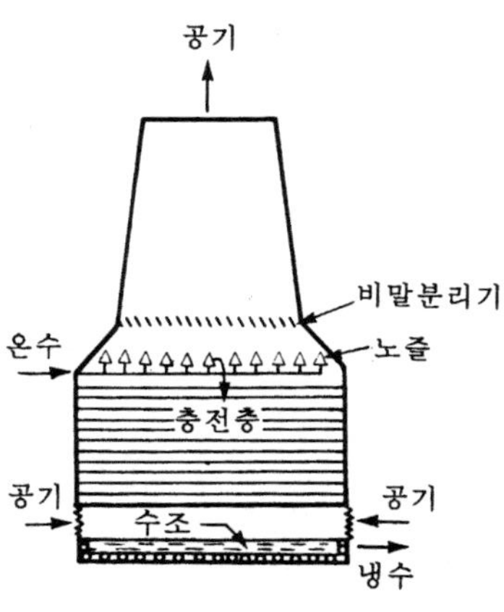

그림 9-12 자연통풍탑

자연통풍탑, 분수지 및 냉수지는 일반적으로 성능이 낮으며 기획조건과 환경조건에 의하여 거의 성능이 좌우되는데 다량의 물을 계획적으로 냉각할 경우와 요구되는 냉각범위가 클 경우에는 적당하지 않다.

그림 9-10은 향류 강제통풍 냉각탑, 그림 9-11은 십자류 강제통풍 냉각탑, 그림 9-12는 자연통풍 냉수탑(煙突式)의 개략도이다.

9-4 조습공정의 계산

1. 공기와 물 간의 상호작용

여러 가지 과정에 있어서 기체-액체 접촉에서 열의 이동과 증기의 이동과의 관계를 나타낸 것이 그림 9-13~그림 9-16이다. 계면에 대한 수직거리를 횡좌표로 하고 온도와 습도를 종좌표로 하였다.

이들 그림에서

t_L : 물의 본체 온도[℃]

t_i : 계면에서의 온도[℃]

t_G : 공기의 본체 온도[℃]

H_i : 계면에서의 습도 [kg H_2O/kg 건조공기]

H : 공기의 본체 습도 [kg H_2O/kg 건조공기]

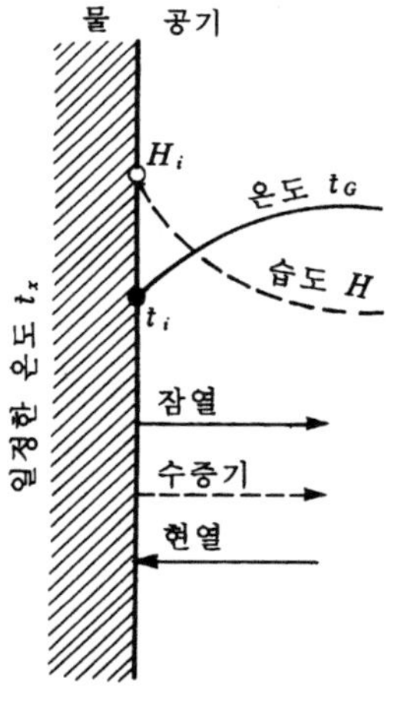

그림 9-13 단열 증습과정

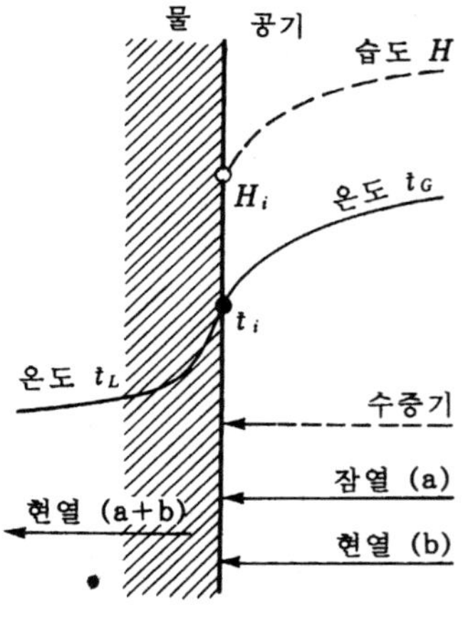

그림 9-14 감습과정

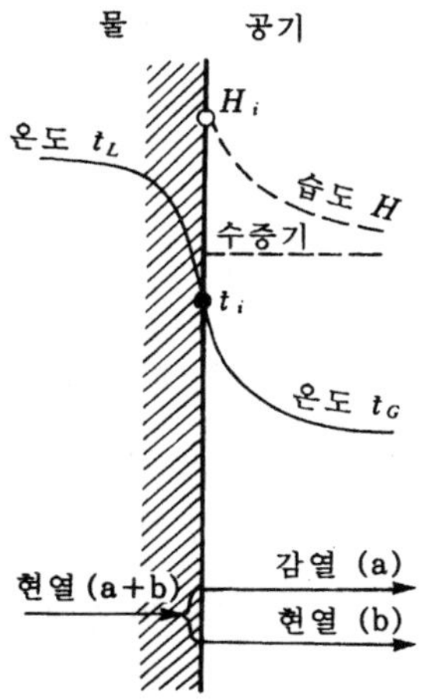

그림 9-15 냉각탑 상부의 조건

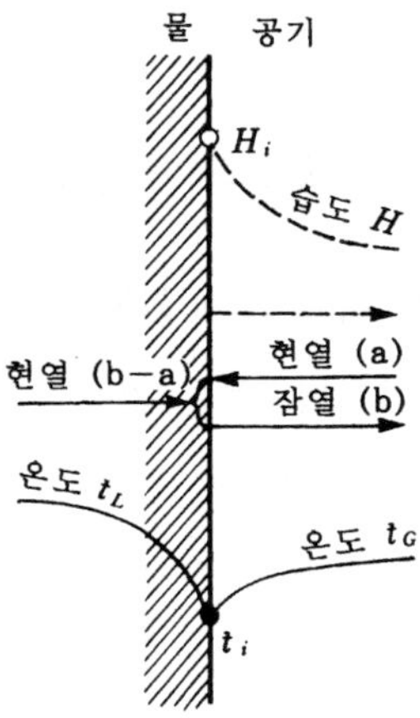

그림 9-16 냉각탑 하부의 조건

점선의 화살표는 수증기가 기상을 지나서 확산하는 방법을 나타내며 실선의 화살표는 열이 공기와 액상간의 흐름의 방향을 나타낸다.

모든 과정에서 t_i와 H_i는 평형상태의 조건이며 습도표의 포화선상에 있는 점의 값이다. 그림 9-13은 일정한 온도의 액체로서 단열 증습하는 경우이다. 액체에서 기체로 흐르는 잠열은 기체에서 액체로 흐르는 현열과 균형을 취하고 있으며 액체에는 온도구배가 없다. 현열이 계면으로 흐를 수 있도록 기체온도 t_G는 계면온도 t_i보다 높아야만 한다. 또한 기체가 증습되기 위하여서는 H_i가 H보다 더 커야만 한다.

그림 9-14는 감습기의 어느 점에서의 조건을 나타내고 있다. 여기서 H는 H_i보다 크다. 그러므로 수증기는 계면으로 확산된다. t_i와 H_i는 포화공기를 나타내기 때문에 t_G도 t_i보다 커야만 한다.

향류식 냉각탑에서 공기-물계의 조건들은 기체의 온도가 계면온도 이상인가 이하인가에 따라 좌우된다.

냉각탑의 윗부분에서는 조건들을 그림 9-15에 나타내었다. 여기서는 열과 수증기의 흐름은 그림 9-14에서 보여준 것과는 정반대이다.

물은 증발이나 현열의 이동에 의하여 냉각되고 있으며 공기의 온도와 습도는 계면에서 공기쪽으로 감소되며 물을 통한 온도차 $t_L - t_i$는 이들 열을 고려할 수 있을 정도로 높은 열전달 속도를 제공할 수 있어야만 한다.

공기의 온도가 계면온도보다 높은 냉각탑의 아랫부분에서의 조건을 그림 9-16에 나타내었다. 여기서는 물이 냉각되고 있으므로 계면은 물의 본체보다 더 차고 물에서의 온도구배는 계면방향이다($t_i < t_L$). 한편 공기 본체에서 계면으로 현열의 흐름이 있어야 한다($t_G > t_i$). 계면을 떠나는 수증기는 양면에서 계면에 공급되는 모든 현열을 잠열로서 운반한다.

2. 기체-액체 접촉조작의 계산

(1) 충전탑에서의 열과 물질전달

그림 9-17과 같은 향류 기-액 접촉 충전탑을 고려해 보자. 습도가 H_1이고, 온도 t_{G_1}인 공기가 접촉기의 아래에 도입되고 습도 H_2와 온도 t_{G_2}가 되어 위쪽으로 나온다. 물은 온도 t_{L_2}에서 위로 들어가고 t_{L_1}이 되어 아래로 나온다. 공기의 질량속도는 장치 단면적 기준 G[kg 무수증기 기체/m^2 · h]이고 입구 및 출구에서 물의 질량속도는 L_2 [kg/m^2 · h], L_1 [kg/m^2 · h]이다.

dZ를 접촉부의 밑에서 거리 Z에 있는 탑의 미소 높이라고 하자. 높이 Z에 있는 액체의 질량속도를 L이라고 하고 기체와 액체의 온도를 각각 t_G와 t_L이라고 하며 습도를 H라고 하자. 또한 기상과 액상사이의 계면에서의 온도를 t_i라고 하고 그 습도를 H_i라고 하자.

탑의 단면적은 S [m^2]이고 접촉보의 전 높이는 Z[m]이다.

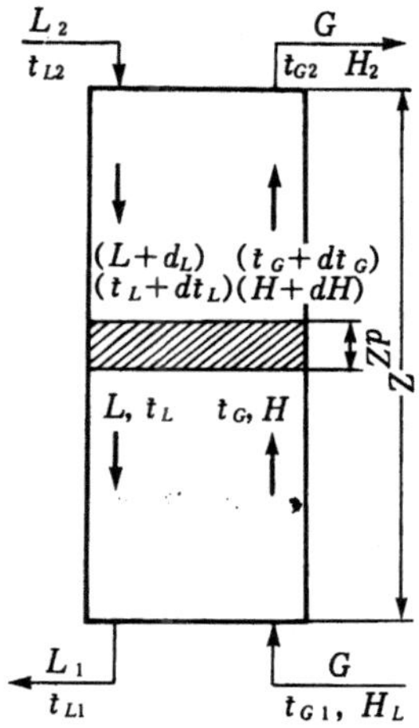

그림 9-17 충전탑의 열 및 물질수지

액체의 온도가 기체의 온도보다 높고 높이 Z에서의 조건들은 그림 9-15에서 나타낸 것과 같다. 미소 부피 SdZ에 대하여 다음 식을 쓸 수 있다.

엔탈피 수지

$$G\,di = d(L\,i_L) = d[LC_L(t_L - t_o)] \tag{9-25}$$

여기서 i와 i_L은 각각 습윤기체와 물의 엔탈피이고 C_L는 물의 비열, t_o는 기준온도이다.

물에서 계면으로 이동하는 열전달 속도는 L와 C_L을 일정하다고 보면

$$d(L\,i_L) = LC_L dt_L = h_L a(t_L - t_i)dZ \tag{9-26}$$

여기서 h_L은 열전달계수이고 a는 장치 단위용적당 기-액 유효접촉면적 [m^2/m^3]이다. 계면으로부터 공기로의 열전달속도는

$$G\,C_H dt_G = h_G a(t_i - t_G)dZ \tag{9-27}$$

이고 계면에서 공기로의 물질전달속도는

$$GdH = k_H a(H_i - H)dZ \tag{9-28}$$

여기서 $k_H a$는 습도차 기준 기상 물질전달 용량계수 [$\mathrm{kg/m^3 \cdot h \cdot} \varDelta H$]이다.

식 (9-25)와 (9-26)을 결합하여 탑 밑에서 탑 꼭대기까지 적분하면

$$G(i_2 - i_1) = LC_L(t_{L2} - t_{L1}) \tag{9-29}$$

식 (9-29)는 i 대 t_L 플로트에서 LC_L/G의 경사를 가지는 탑의 조작선의 식이다.

식 (9-13)을 미분하면

$$di = C_H dt_G + \lambda_{to} dH \tag{9-30}$$

양변에 G를 곱하고 식 (9-27)과 (9-28)을 대입하면

$$\begin{aligned} Gdi &= GC_H dt_G + G\lambda_{to} dH \\ &= \{h_G a(t_i - t_G) + \lambda_{to} k_H a(H_i - H)\}dZ \\ &= k_H a\{C_H(t_i - t_G) + \lambda_{to}(H_i - H)\}dZ \\ &= k_H a\{C_H t_i + \lambda_{to}(H_i - H)\}dZ \\ &= k_H a(i_i - i)dZ \end{aligned} \tag{9-31}$$

이 식이 di/dZ를 주는 관계이고 이 식과 식 (9-27)과의 비를 취하면 di/dt_G가 정해진다.

$$\frac{di}{at_G} = \frac{H_i - H}{t_i - t_G} \tag{9-32}$$

식 (9-32)는 $t_G - i$ 좌표상의 점 $(t_G,\ i)$에 있어서 상태변화의 방향을 주는 식이다.

식 (9-27)과 식 (9-28)로부터 $t_G - H$ 좌표상의 점 $(t_G,\ H)$에 있어서 상태변화의 방향을 주는 다음 식이 얻어진다.

$$\frac{dH}{dt_G} = \left(\frac{H_i - H}{t_i - t_G}\right) \tag{9-33}$$

조작선상의 임의의 점 $(t_L,\ i)$와 여기에 대응하는 기-액 계면의 상태점 $(t_i,\ i_i)$를 연결하는 대응선의 식을 구하기 위해서는 식 (9-31)을 (9-26)으로 나누면

$$\frac{Gdi}{LC_L dt_L} = \frac{k_H a(i_i - i)}{h_L a(t_L - t_i)} \tag{9-34}$$

가 되고 식 (9-25)에 의하면 $Gdi = LC_L dt_L$이므로

$$\frac{i_i - i}{t_i - t_L} = \frac{h_L a}{k_H a} \tag{9-35}$$

이 된다. 따라서 조작선 위의 점 $(t_L,\ i)$를 지나고 기울기가 $-h_L a/k_H a$인 직선과 평형선 $(t_i,\ i_i)$와의 교점이 점 $(t_i,\ i_i)$가 된다.

장치의 높이는 식 (9-25), (9-26), (9-27), (9-28)을 탑 바닥에서 탑 꼭대기까지 적분함으로써 얻을 수 있다.

즉

$$\left.\begin{aligned}
&\int_{t_{L_1}}^{t_{L_2}} \frac{dt_L}{t_L - t_i} = \frac{h_L a}{LC_L} Z = \frac{Z}{H_{Lh}} = N_{Lh} \\
&\int_{t_{G_1}}^{t_{G_2}} \frac{dt_G}{t_i - t_G} = \frac{h_G a}{GC_{Hav}} Z = \frac{Z}{H_{Gh}} = N_{Gh} \\
&\int_{H_1}^{H_2} \frac{dH}{H_i - H} = \frac{k_H a}{G} Z = \frac{Z}{H_{Gm}} = N_{Gm} \\
&\int_{t_1}^{t_2} \frac{di}{t_i - i} = \frac{k_H a}{G} Z = \frac{Z}{H_{Gm}} = N_{Gm}
\end{aligned}\right\} \tag{9-36}$$

여기서 $H_{Lh} = LC_L/h_L a$, $H_{Gh} = GC_H/h_G a$ 및 $H_{Gm} = G/k_H a$는 액상 열전달, 기상 열전달 및 물질전달의 이동단위 높이(height of transfer unit, H.T.U.)이며 N_{Lh}, N_{Gh} 및 N_{Gm}은 각각의 경우에 대한 이동단위수(number of transfer unit. N.T.U.)이다. 각 식의 적분값은 습도 도표를 이용한 특수좌표에서 도식 처분하여 구할 수 있다.

예제 9-7

온도 40[℃], 비교습도 20[%]의 습윤공기 1,750[kg/h]를 내경 1.0[m]의 1″ 라시히 링을 충전한 충전탑에 의하여 증습하여 온도 43.0[℃], 습도 0.055[kg/kg 건조공기]의 공기를 얻는다. 증습조작은 물만을 가열하는 방식에 의하며 물량은 966[kg/h]로 유지하였다. 이

때 충전탑의 높이를 구하라. 단, $k_H a = 10,200$ [kg/m^3 · h · ΔH], $h_L a = 10,700$ [kcal/m^3 · h · ℃]이다.

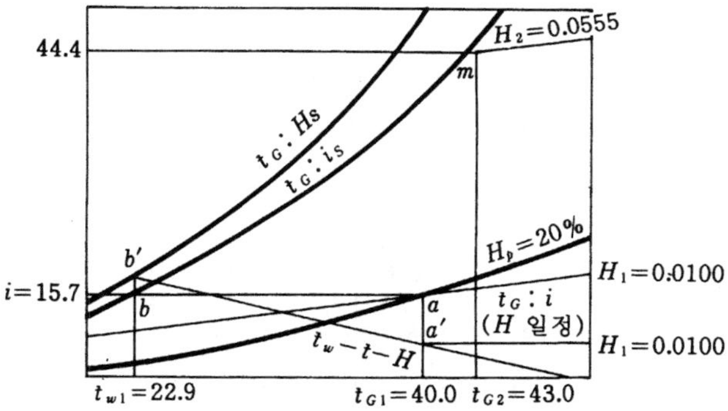

그림 9-18 습도 도표의 사용 예

풀이

적당한 크기의 좌표상에 그림 9-1의 습도 도표를 사용하여 t_G 대 H_S, t_G 대 i_S를 작도한다(그림 9-18). 입구습도는 $t_{G_1} = 40$, $H_p = 20$ [%]의 선과의 교점 a를 지나는 등습도 엘탈피선으로부터

$$H_i = 0.010 \text{ [kg/kg 건조공기]}, \quad i_1 = 15.7 \text{ [kcal/kg 건조공기]}$$

한편 $t_{G_2} = 43.0$, $H_2 = 0.005$의 점 m을 취한다. 따라서 공기의 상태는 점 a로부터 점 m까지 변화한다. 점 m으로부터

$$i_2 = 44.4 \text{ [kcal/kg 건조공기]}$$

이 때 조작선의 경사는 식 (9-29)에서

$$\frac{LC_L}{G} = \frac{(966)(1)}{1,750} = 0.556$$

으로 되며 물의 온도는 입구도 출구도 주어져 있지 않아서 시행오차법으로 구해야 한다.
그런데 수온은 장치내에서 항상 공기의 평형조작 온도보다 높지 않으면 안 되는 것을 알고 있다. 평형조작 온도는 근사적으로 습구온도로 생각할 수 있기 때문에 입구공기의 습구온도를 구해보자. 그림 9-18과 같은 습구 도표에서 $t_{G1} = 40.0$, $H_1 = 0.0100$인 점 a'를 지나는 등습구 온도선을 그려서 점 b'를 읽으면 $t_{w_1} = 22.9$ [℃].
여기서 출구온도는 이보다 높아야 하는 것을 알고 있으나 다음은 모두 적당히 t_{L_1}을 가정해서 (t_{L_1}, t_i)점을 정하고 조작선을 점 a로부터 출발하는 공기의 상태 (t_G, i)곡선 변화를 구해서 최후에 점 m에 도달하도록 하지 않으면 안된다. 그림 9-19는 시행범위 결과를 나타낸 것으로

$t_{L_1} = 35.0$[℃]가 만족되는 값이다. 즉 b를 정하고 조작선 bm를 긋고 대응선의 기울기 $\left(-\frac{h_L a}{k_H a}\right) = \frac{10,700}{10,200} = -1.05$로서 점 a로부터 시작해서 작도하면 꼭 종점이 m이 된다. 따라서 입구 물의 온도는 점 n의 값 86.7[℃]가 된다.

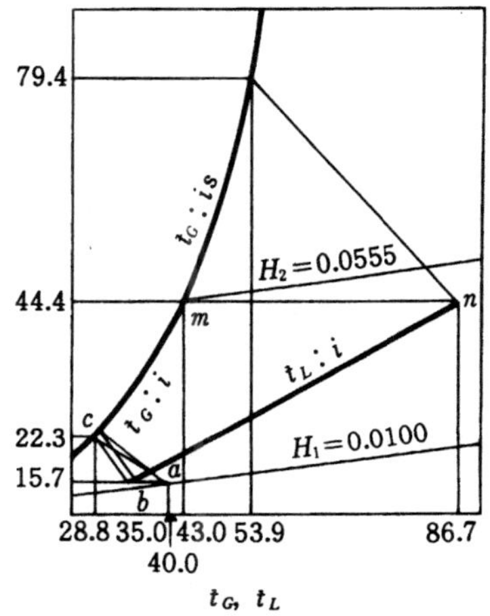

그림 9-19 온수증습의 계산 예

t_i($t_G : i_S$ 선상의 t_G값)와 t_L의 관계로부터 도시 적분에 의하여 이동단위수를 구하면

$$\int_{t_{L_1}}^{t_{L_2}} \frac{dt_L}{t_L - t_1} = N_{Lh} = 3.62$$

이를 식 (9-36)에 대입하면

$$z = (3.62)\left(\frac{966}{\frac{\pi}{4}(1)^2}\right) \bigg/ (10,700) \fallingdotseq 0.420\,[\mathrm{m}]$$

---

(2) 단열증습

증습기를 떠나는 공기가 반드시 포화되지는 않으나 탑에 들어가고 나가는 액의 온도는 같다. 보충되는 물은 단열포화온도 t_s [℃]에서 들어가고 이는 습구온도 t_w [℃]와 같으며 일정하다. 따라서 식 (9-26)은

$$\frac{dt_G}{t_w - t_G} = \frac{h_G a}{GC_{Hav}} dZ \qquad (9\text{-}37)$$

여기서 C_{Hav}는 평균 습비열이며 식 (9-37)을 적분하면

$$\int_{G_2}^{G_1} \frac{dt_G}{t_w - t_G} = \frac{h_G a}{GC_{Hav}} \int_0^2 dZ$$

$$\ln \frac{t_{c_1} - t_w}{t_{c_2} - t_w} = \frac{h_G a \cdot Z}{GC_{Hav}} = \frac{h_G aSZ}{GC_{Hav} S} = \frac{h_G a V}{GC_{Hav} S} \tag{9-38}$$

여기서 V는 탑의 전체 접촉부피 [m^3]이다.

물질전달을 기준으로 유도된 식 (9-28)을 같은 방법으로 적분하면

$$\ln \frac{H_w - H_1}{H_w - H_2} = \frac{k_H a}{G} Z = \frac{k_H a}{GS} V \tag{9-39}$$

가 된다. 같은 방법으로 식 (9-25)와 (9-31)을 적분하여 종합하면 다음과 같은 관계를 얻을 수 있다.

$$\begin{aligned} Z &= \frac{G_{Hav} - G}{h_G a}(2.303) \log \frac{t_{G_1} - t_w}{t_{G_2} - t_w} = \frac{LC_L}{h_L a}(2.303) \log \frac{t_{L_2} - t_w}{t_{L_1} - t_w} \\ &= \frac{G}{k_H a} (2.303) \log \frac{H_w - H_1}{H_w - H_2} = \frac{G}{k_H a}(2.303) \log \frac{i_s - i_2}{i_s - i_1} \\ &= H_{Gh} \cdot N_{Gh} = H_{Lh} \cdot N_{Lh} = H_{Gm} \cdot N_{Gm} \end{aligned} \tag{9-40}$$

(3) 장치의 성능

열 및 물질의 동시 이동의 경우 기상 물질전달 용량계수와 기상 및 액상 열전달 용량계수 등의 실측값은 대단히 적다. 몇 가지 장치에 대한 대표적인 관계식은 다음과 같다.

① 충전탑

ⓐ 벌 새들

헨젤(Henzel), 트레이발(Treybal)은 단면적 0.546 [m]×0.546 [m]의 탑에 자제 $1\frac{1}{2}$″벌 새들을 8~33 [cm]로 충전하고 등수온 증습실험을 하여 $h_G a$ 및 $k_H a$를 구하여 그림 9-20에 나타내었다.

ⓑ 라시히 링

맥 아담스(Mc Adams) 등이 내경 20 [cm]의 탑에 10, 25, 35 및 50 [mm]의 자제 라시히 링을 높이 0.55~0.75 [m]로 충전하여 물 냉각실험을 한 결과 다음 실험식이 얻어졌다.

$$\frac{h_G a D_p^{\ 2}}{k_G} = 0.785 \mathrm{Re}_G^{\ 0.90} \cdot \mathrm{Re}_L^{\ 0.15} \left(\frac{D_p}{D_t} \right)^{0.89} \tag{9-41}$$

$$\frac{k_H a D_p^{\ 2}}{\rho_G D_G} = 0.0628 \mathrm{Re}_G^{\ 0.90} \cdot \mathrm{Re}_L^{\ 0.15} \left(\frac{D_p}{D_t} \right)^{0.20} \tag{9-42}$$

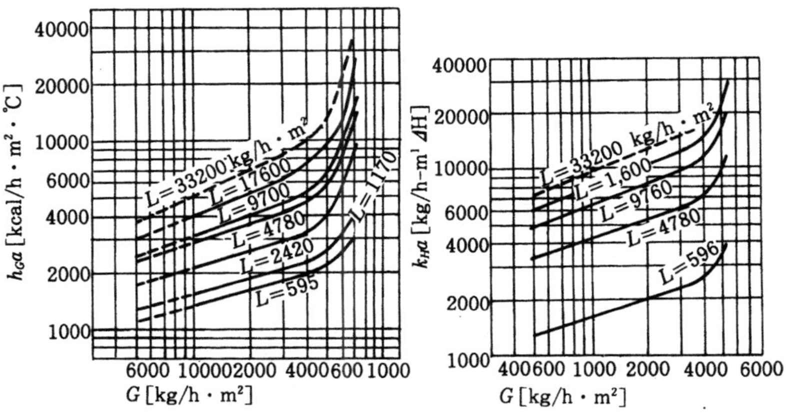

(a) Berl saddle $h_G a$　　(b) 1′/2″ Berl Saddle $k_H a$

그림 9-20 용량계수의 실험값

$$\frac{h_L a D_p^{\ 2}}{k_L} = 0.0625 \mathrm{Re}_G^{\ 0.62} \cdot \mathrm{Re}_L^{\ 0.50} \left(\frac{D_t}{D_p}\right)^{0.20} \tag{9-43}$$

단, $\mathrm{Re}_G = \left(\frac{D_p G}{\mu_G}\right) = 20 \sim 4,500$

$$\mathrm{Re}_L = \left(\frac{D_p L}{\mu_L}\right) = 4 \sim 500$$

$$D_t/D_p = 4 \sim 20, \quad D_p = 10 \sim 50\,[\mathrm{mm}]$$

여기서 D_p는 링의 지름, k는 열전도도, D_t는 탑경, ρ_G는 공기의 밀도, D_G는 증기 확산계수이다.

② 분무탑

보닐라(Bonilla) 등은 내경 0.915 [m], 높이 0.97～1.52 [m]의 3종의 공탑에서 표준 바팔로(Baffalo)형 원공(圓孔) 노즐 3종을 사용하여 향류 증습실험을 하여 다음 실험식을 얻었다.

$$\left.\begin{aligned} &1/16''\text{ 노즐}\quad k_H a = 12.8 P L_N^{\ 5.5} G^{0.71} / S_N Z^{1.03} \\ &3/32''\text{ 노즐}\quad k_H a = 0.126 P L_N^{\ 0.8} G^{0.68} / S_N Z^{0.88} \\ &1/8''\text{ 노즐}\quad k_H a = 0.136 P L_N^{\ 0.68} G^{0.64} / S_N Z^{0.63} \end{aligned}\right\} \tag{9-44}$$

여기서 P는 탑내 전압 [atm], L_N은 노즐 한 개당 수량 [kg/노즐 · h], S_N은 노즐 한 개당 팁의 단면적 [m^2/노즐 · h]으로서 윗식의 적용범위는 표 9-2와 같다.

➡**표 9-2** 노즐의 공경(孔徑)과 조작조건

노즐(공칭)	d_N	G	L_N	P_N	Z
1/16″	0.0661	19.5∼79.6	93∼132	0.442∼0.915	0.976∼1.52
3/32″	0.0938	19.5∼79.6	66∼109	0.562∼1.62	0.976∼1.52
1/8″	0.1251	19.5∼79.6	50∼54	1.05∼1.34	0.976∼1.52

예제 9-8

어떤 공정에서 습도 20[%]이고, 54.5[℃]인 공기가 건조공기 기준으로 15,000[kg/h]가 필요하다. 이러한 조건의 공기는 우선 20[%] 습도와 21[℃]로 조정하고 단열적으로 필요한 습도까지 증습하여 54.5[℃]까지 증습된 공기를 최종적으로 다시 가열하여 얻을 수 있다. 증습 단계는 분무실에서 행하여진다. 분무실을 떠나는 공기는 단열포화온도보다 3[℃] 높다고 하면 공기는 몇 도에서 분무실을 떠나야 하며 분무실의 부피는 얼마라야 하겠는가? $h_G a$는 1,000[kcal/m^3·h·℃]이다.

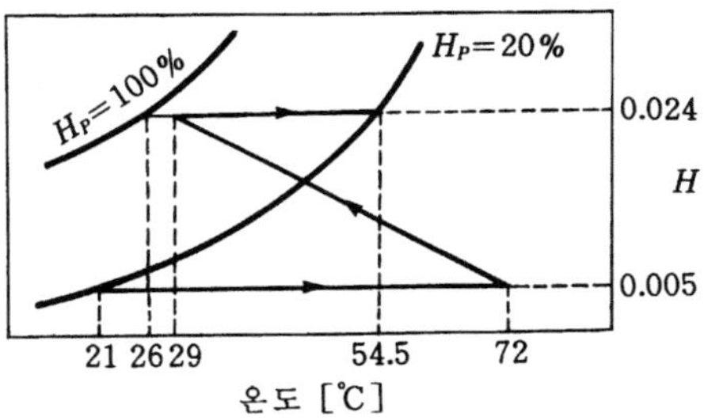

그림 9-21 예제 9-8의 풀이

풀이

가열기와 분무실을 지나는 공기의 온도-습도의 변화 경로를 그림 9-21의 습도 도표 일부에 그렸다.

20[%] 습도와 54.5[℃]인 공기의 절대습도는 0.024이다. 분무기를 떠나는 공기의 습도도 이와 같으며 포화선까지 연장하면 단열포화온도는 226[℃]가 되나, 분무실을 떠나는 공기는 3[℃] 높으므로 29[℃]가 된다. 처음 공기의 습도는 0.005이었다. $t_s = 26$[℃]인 단열냉각선에 도달하기 위해서는 예열기에서 72[℃]까지 예열해야 한다. 분무실의 부피를 계산하기 위하여는 식 (9-38)에 대입하면

$$V = \frac{GC_{Hav}S}{h_G a}(2.303)\log\frac{t_{c_1} - t_w}{t_{c_2} - t_w}$$

$$GS = 15,000\,[\mathrm{kg/h}],\quad G_{Hav} = \frac{0.246 + 0.250}{2} = 0.246\,[\mathrm{kcal/kg}\ \text{건조공기}]$$

$$h_G\,a = 1,000\,[\mathrm{kcal/m^3 \cdot h \cdot ℃}],\quad t_{G2} = 29\,[℃],\quad t_w = 26\,[℃]$$

$$\text{분무실의 부피} = \frac{(15,000)(0.246)}{1,000}(2.303)\log\frac{72-26}{29-26} = 10.1\,[\mathrm{m^3}]$$

연습문제

1 온도 50 [℃], 압력 1 [atm]의 습한 공기 205 [kg]이 있다. 그 중에 5 [kg]의 수증기를 함유한다. 이 공기의 절대습도, 수증기의 분압, 비교습도, 상대습도를 구하라.

2 1 [atm], 40 [℃], 절대습도 0.02의 공기의 습비열 및 습비용을 계산으로 구하라.

3 1 [atm], 25 [℃], $H_p = 50$ [%]의 공기를 65 [℃]로 가열했다. 가열 후의 비교습도, 습비열, 엔탈피, 습구온도를 구하라.

4 건구온도 32 [℃], 1 [atm], 비교습도 50 [%]인 공기에 대하여 절대습도, 습비열, 습비용, 단열냉각온도를 습도 도표에서 구하라.

5 1 [atm]에서 건구온도 30 [℃], 습구온도 16 [℃]의 공기의 절대습도 및 비교습도를 구하라.

6 상압하에서 공기를 단열증습할 때 출구에 단열포화온도에 도달하였다. 들어가는 공기는 24 [℃], 습도 0.004라면 출구의 공기의 습도를 구하라.

7 1 [atm]에서 수증기를 포함하는 공기가 건구온도로서 55 [℃], 절대습도 0.02 [kg H_2O/kg 건조공기]일 때 ① 비교습도, ② 몰습도, ③ 수증기 분압, ④ 관계습도, ⑤ 노점, ⑥ 습윤비용, ⑦ 습윤비열, ⑧ 엔탈피를 구하여라.

8 습윤공기가 건구온도 $t = 65$ [℃], 습구온도 $t_w = 30$ [℃], 전압 1 [atm]일 때 공기의 습도를 구하여라.

9 80 [℃], $H = 0.030$ [kg(H_2O)/kg(건조공기)], 1 [atm]의 공기가 단열포화온도로서 물과 접촉한 결과 증습되었으며 또한 포화도 90 [%]까지 냉각된다. 이 때 공기의 최종온도 및 습도를 구하여라.

10 내경 0.45 [m]의 탑에 35 [mm]의 라시히 링을 채운 충전탑에 의하여 온도 65 [℃], 습도 0.0319 [kg/kg 건조공기]의 습윤공기 581 [kg/h]를 감습해서 습도 0.0155 [kg/kg 건조공기]의 공기를 얻는다. 냉각수로는 16.0 [℃]의 것을 사용하며 물과 건조공기의 유량비를 1.40으로 한다. 소요 충전탑의 높이 및 공기의 출구온도를 구하라(단, $k_H a =$ 13,800 [kg/m^3 · h · ΔH], $h_L a = 75,900$ [kcal/m^2 · h · ℃]로 한다).

---

1. 0.025 [kg H_2O/kg 건조공기], 29.4 [mmHg], 30.7 [%], 33.4 [%]
2. 0.249 [kcal/kg 건조공기 · ℃], 0.915 [m^3/kg 건조공기]
3. 0.5 [%], 0.245 [kcal/kg 건조공기 · ℃], 21.8 [kcal/kg 건조공기 · ℃], 29.5 [℃]
4. 0.0015 [kg H_2O/kg 건조공기], 0.247 [kcal/kg 건조공기], 0.885 [m^3/kg 건조공기], 24 [℃]
5. 0.0055 [kg H_2O/kg 건조공기], 20 [%]
6. 0.009
7. ① 17.55 [%] ② 0.0321 [kg − mol (H_2O)/kg − mol (건조공기)] ③ 0.0311 [atm]
④ 20 [%] ⑤ 25 [℃] ⑥ 0.96 [m^3 (습공기)/kg(건조공기)]
⑦ 0.249 [kcal/℃ kg(건조공기)] ⑧ 25.6 [kcal/kg(건조공기)]
8. 0.012
9. 41 [℃], $H = 0.048$ [kg H_2O/kg 건조공기]
10. 21.4 [℃], 0.864 [m]

제10장

건 조

건조란 고체물질에 함유되어 있는 수분을 가열에 이해 기화시켜 제거하는 조작이다. 고체물질이 갖는 수분은 ① 고체 표면 위를 적시고 있는 수분과 ② 고체 표면구조의 상태에 따라 내부에까지 들어가 있는 수분과 ③ 화학적인 힘으로 고체물질 분자와 결합하고 있는 수분이 있다. 그 중에 가열방법만으로 제거되는 것은 ①과 ②의 수분이다.

건조에는 천일건조와 건조장치에 의한 건조 등 두 방법이 있으며 **천일건조**는 주로 단가가 낮은 제품에 이용하며 화학공업과 같이 공정이 연속화 되어 있을 때는 사용부지, 노동력, 건조시간 등을 생각할 때 건조장치를 이용함이 경제적이다.

고체재료에는 분립체, 덩어리진 것, 판상, 콜로이드상 등의 것이 있으며 건조장치는 원료의 성질, 상태, 제품량, 건조조건 등을 고려해서 가장 경제적으로 합리적인 방법을 선택해야 한다.

열은 주로 전도 또는 대류에 의해 전달되지만 여기서는 열풍에 의한 대류전열(정확히는 경막열전달)을 주로 취급하기로 한다.

10-1 건조이론

건조라고 하는 조작은 물체에 어떤 수단(전도, 대류, 복사)으로 열을 보내서 이 열을 잠열로 바꾸어 수분을 증발시키는 것이기 때문에 열과 물질이 동시에 이동하는 조작이다.

1. 재료의 함수율(moisture content)

재료가 함유한 수분을 나타내는 방법으로는 습한 재료의 중량을 기준으로 한 수분[%]과 완전 건조재료의 중량을 기준으로 나타낸 함수율(含水率)이 있는데 공학계산에서는 기준이 변하지 않는 건량기준이 편리하다. 즉 습한재료의 중량을 W_w[kg], 건조재료의 중량을 W_d라고 하면

$$수분 = \frac{W_w - W_d}{W_w} \times 100\,[\%] \tag{10-1}$$

$$함수율 = \frac{W_w - W_d}{W_d}\,[\text{kg H}_2\text{O/kg 건조고체}] \tag{10-2}$$

각 물질은 일정한 온도와 습도의 공기 중에 오래 놓아 두면 일정량의 수분을 얻어 평형에 달한다. 평형상태에서 고체가 갖는 수분을 **평형함수율**(平衡含水率, equilibrium moisture content)이라고 한다. 그리고 고체가 가진 전체 함수율과 평형함수율의 차를 **자유함수율**(自由含水率, free moisture content)이라고 하는데 일정한 온도와 습도의 공기를 사용하여 건조하는 경우 제거되는 함수율이다.

그림 10-1은 25[℃]에서 몇 가지 물질의 평형함수율과 상대습도의 관계를 나타낸 것이다. 그림에서 상대습도 100[%]와 만나는 점의 평형함수율을 결합수분(bond water)이라 하며 그 이상 함유된 수분을 비결합수분(unbond water)이라 한다.

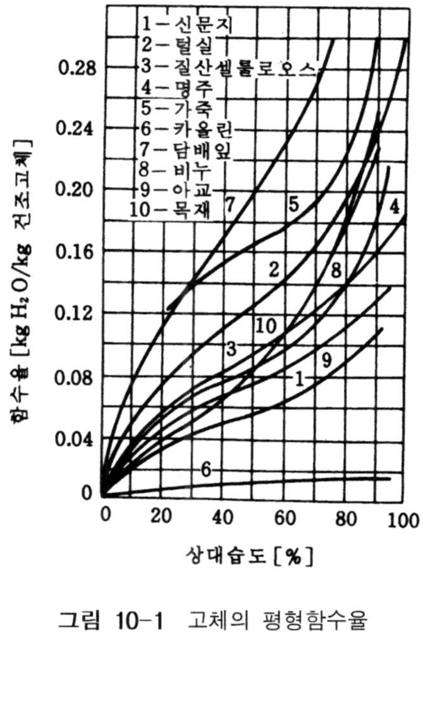

그림 10-1 고체의 평형함수율

2. 건조특성

수분을 함유한 고체물질을 매달아서 일정한 온도, 습도 및 풍속을 가지는 대량의 공기 중에 그림 10-2와 같은 열천칭을 사용하여 재료의 중량 감소를 일정시간만다 측정하고 동시에 재료표면에 삽입된 열전대로서 재료표면 온도를 기록해보면 일반적으로 건조시간에 대한 함수율 및 재료온도의 변화는 그림 10-3과 같이 된다. 그림 10-3에 의하면 건조과정은 다음 세 기간으로 구별된다.

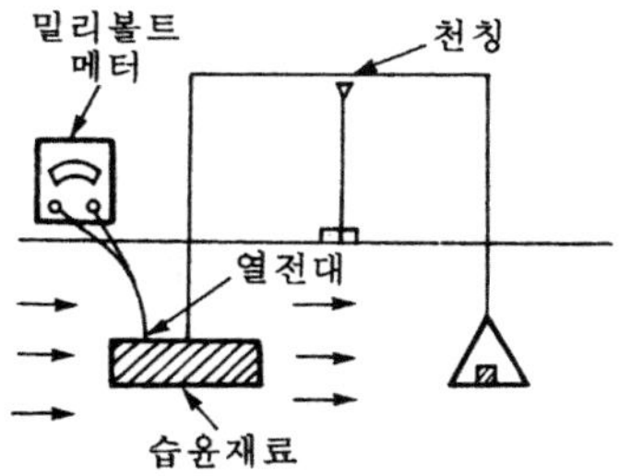

그림 10-2 건조실험 장치

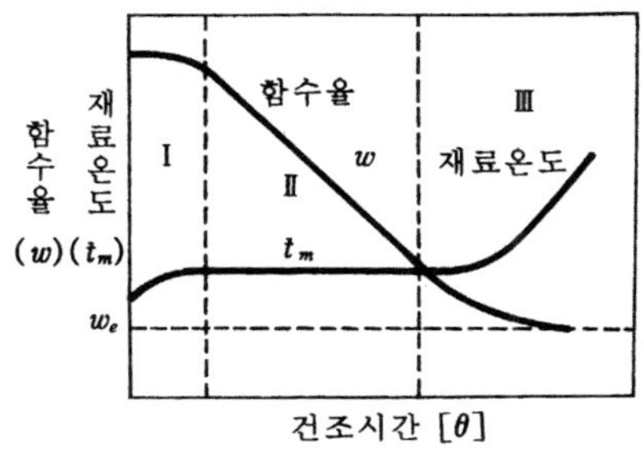

그림 10-3 건조실험 곡선

즉 I은 재료가 예열되고 함수율이 서서히 감소하는 기간 즉 재료 예열기간(豫熱期間, preheating period), II는 재료 함수율이 직선적으로 감소하고 재료온도가 일정기간 즉 항률 건조기간의 기간(恒率乾燥期間, constant-rate drying period), III은 함수율의 감소가 느리며 평형에 달할 때까지의 기간 즉 감률건조기간(減率乾燥期間, falling-rate drying period)이다. 이 함수율 감소곡선의 구배(slope)로부터 건조속도의 변화를 알 수 있다.

건조속도는 정형재료(定形材料)에 대하여서는 단위시간에 단위표면적으로부터 증발되는 수분량 [kg $H_2O/m^2 \cdot h$]으로 표시되며 부정형 재료에 대해서는 1 [kg]의 건조재료당 한 시간에 증발하는 수분량 [kg H_2O/kg(건조고체) · h]으로 표시된다.

무수재료질량을 W [kg], 재료의 건조면적을 A [m^2], 함수율을 w [kg(H_2O)/kg(건조고체)], 시간을 θ [h]라고 하면 전자의 건조속도는 $(W/A)(-dw/d\theta)$이고 후자는 $(-dw/d\theta)$이다.

건조속도의 변화를 함수율에 대해서 도시하면 그림 10-4와 같은 건조 특성곡선이 얻어진다. I, II, III의 3기간은 그림 10-3에 세 기간에 대응하는 것이다. I의 기간은 비교적 짧고 II의 기간에서는 고체표면으로부터의 수분증발은 자유액면으로부터의 증발과 똑같이 생각하면 좋다. III의 감률 건조기간은 온도, 습도 및 풍속 등이 공기측의 조건이 일정하더라도 재료에 따라 모양이 다르며 재료의 건조특성이 가장 단적으로 표시된다.

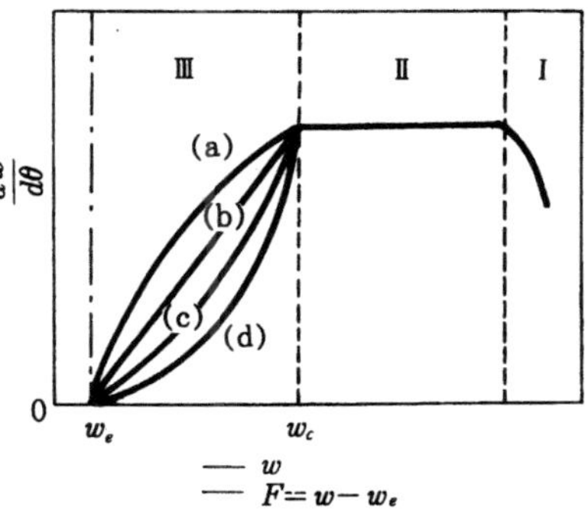

그림 10-4 건조 특성곡선

일반적으로 말해서 섬유재료와 같이 고체내의 수분이동이 모세관 중에서 일어날 경우에는 그림 10-4(a)와 같이 볼록형으로 되며 비누와 같은 치밀한 고체에서 내부 수분의 이동으로 확산이 지배적이라고 생각되는 경우는 그림 10-4(d)와 같이 오목형으로 되며 입상(粒狀) 물질을 여과한 플레이크(flake)상 재료와 같은 것은 그림 10-4(b)와 같이 직선으로 변화한다. 또한 직선적인 부분과 오목형으로 된 두 단계를 나타내는 것 그림 10-4(c)가 있으며 이와 같은 경우 전자를 감률건조 제1단, 후자를 감률건조 제2단이라고 해서 구별하는 것이다.

그림 10-4에서 w_c로 표시되는 함수율은 항률 건조기간으로부터 감률 건조기간으로 이행하는 점으로 **한계함수율**(限界含水率, critical moisture content)이라고 한다. 이 값은 재료 특유의 값이다.

예제 10-1

표면적 0.2 [m^2], 건조무게 15.0 [kg]인 습한재료 44.1 [kg]을 건조기에서 건조하여 다음 결과를 얻었다.

시간 θ [s]	0	0.2	0.4	0.6	0.8	1.0	1.2	1.4
습중량 [kg]	44.1	37.0	30.0	23.5	19.0	17.5	17.0	17.0

건조 실험곡선과 건조 특성곡선을 구하고 평형함수율과 한계함수율을 계산하라.

풀이

시간을 θ [h], 습재료 질량을 B [kg], 건량을 D [kg], 함수율을 w로 하여 다음 자료를 계산한다.

θ[h]	0	0.2	0.4	0.6	0.8	1.0	1.2	1.4
$B-D$	29.1	22.0	15.0	8.5	4.0	2.5	2.0	2.0
함수율 $w=\dfrac{B-D}{D}$	1.94	1.47	1.0	0.57	0.27	0.16	0.13	0.13
평균함수율	1.705	1.235	0.785	0.42	0.215	0.145	0.13	
dw	0.47	0.47	0.43	0.30	0.11	0.03	0	
건조속도 $\left(\dfrac{dw}{Ad\theta}\right)\left[\dfrac{\text{kg}}{\text{m}^2\text{h}}\right]$	11.75	11.75	10.75	7.50	2.75	2.75	0	

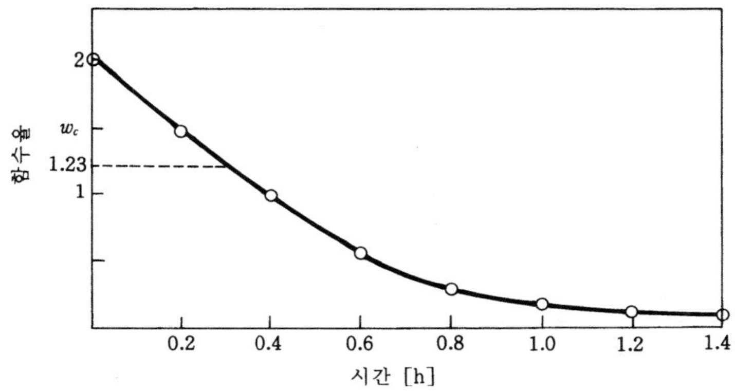

그림 10-5 건조실험 곡선

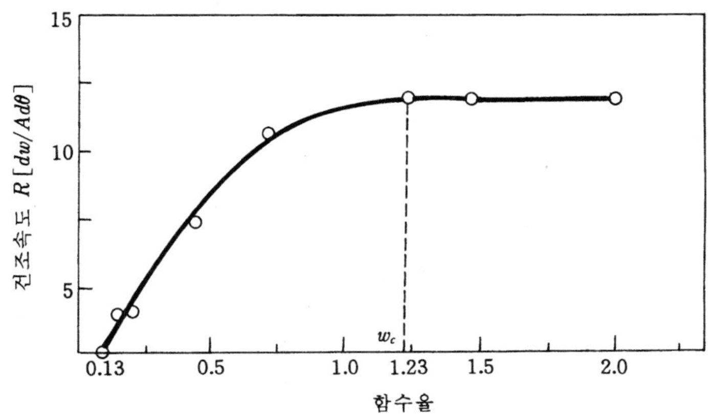

그림 10-6 건조 특성곡선

한계함수율 $w_c = 1.23$(직선부분과 곡선부분의 교점)

평형함수율 $w_e = 0.13$(함수율이 일정하게 되는 점)

예제 10-2

어떤 판상재료를 열풍 중에 건조하여 다음 수치를 얻었다.

건조시간 [min]	0	5	13	20	30	41	64	129	1000
중량 [gr]	487	480	469	461	456	453	450	445	440

시료는 15 [cm]×15.4 [cm]판으로 되어 있고 무수재료의 무게는 420 [g]이다.
건조 조건은 70 [℃], 상대습도 10 [%], 풍속 2.8 [m/sec]이다. 건조 특성곡선 및 각 특성치를 구하라.

풀이

시간 대 함수율을 구하자면 시간이 0일 경우 $w = (487-420)/420 = 0.159$ [kg H_2O/kg 건조재료], 이하 같은 방법으로 계산하면

시간 [min]	0	5	13	20	30	41	64	129	1000
함수율 [%]	15.9	14.3	11.65	9.75	8.57	7.85	7.13	5.95	4.76

이것을 그림 10-7에 표시하였다. 이 실험에서 처음 3점은 1직선상에 있고 이것을 연결한 직선과 그 후의 각 점을 연결한 곡선의 접점이 한계함수율이고 그 값은 10.4 [%]가 된다. 10.4 [%]까지를 항률 건조기간이고 이후가 감률 건조기간이 된다. 항률기간의 직선의 경사는 $(15.9-6)/31 = 0.32$ [%/min]이고 건조 속도 $R_w = 0.32 \times 10^{-2} \times 60 = 0.192$ [kg H_2O/kg(건조재료)·h]가 된다.

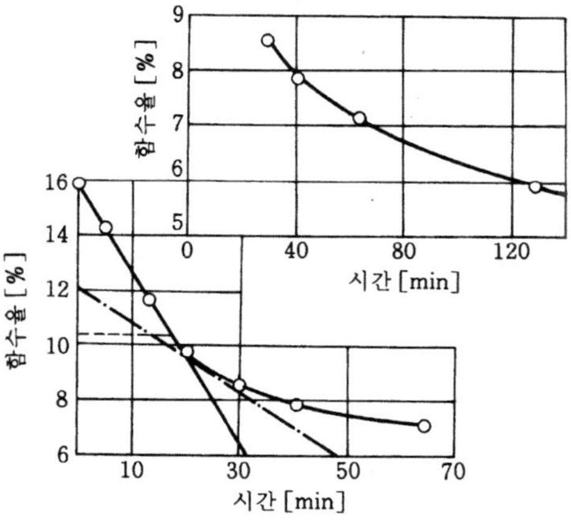

그림 10-7 예제 10-2의 건조실험곡선

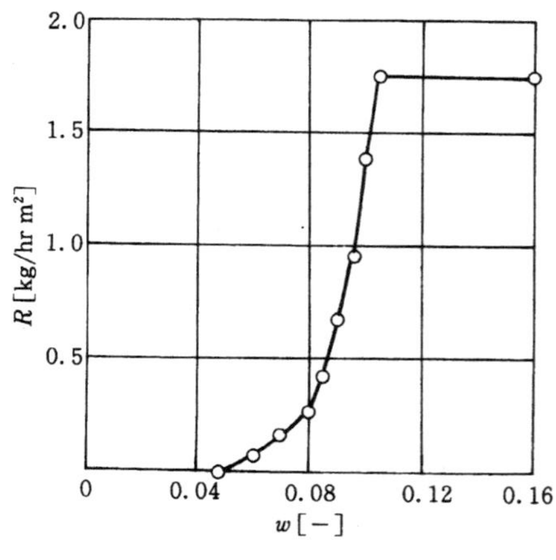

그림 10-8 예제 10-2의 건조 특성곡선

또한 $R = R_w(W/A)$ [kg $H_2O/m^2 \cdot h$]가 된다.

건조면적 $A = 2 \times 15 \times 15.4 = 462$ [cm^2]이므로

항률기간에서 $R = \dfrac{0.192 \times 0.42}{462 \times 10^{-4}} = 1.745$ [kg $H_2O/m^2 \cdot h$]

한계 함수율 (w_c)는 0.104 [kg H_2O/kg 건조재료]이다.

건조 특성곡선은 그림 10-8에 표시하였다.

---

3. 건조속도의 계산

(1) 항률 건조속도

바람이 그림 10-9와 같은 방법으로 재료에 접촉될 경우의 열과 물질이동속도에 대하여 생각하면 그림 10-9(a), (b)와 같은 경우 항률 건조속도 R_c [kg/h · m^2]는 열풍온도를 t [℃], 습도를 H [kg(수증기/kg(건조공기)], 재료 표면온도를 t_i [℃] 및 t_i [℃]에 해당하는 습도를 H_i [kg/kg]으로 하면 열풍과 재료와의 온도차 또는 습도차를 추진력으로 하여 다음 식으로 표시된다.

$$R_c = \left(\frac{W}{A}\right)\left(\frac{-dw}{d\theta}\right)_c = k(H_m - H) = \frac{h_t(t - t_m)}{\lambda_m} \tag{10-3}$$

여기서 k는 절대습도차를 추진력으로 할 경우의 물질이동계수 [kg/h · $m^2 \cdot \Delta H$], h_t는 총괄열이동계수 [kcal/m^2 · h · ℃], λ_m은 t_m에 대응하는 증발잠열 [kcal/kg]이다.

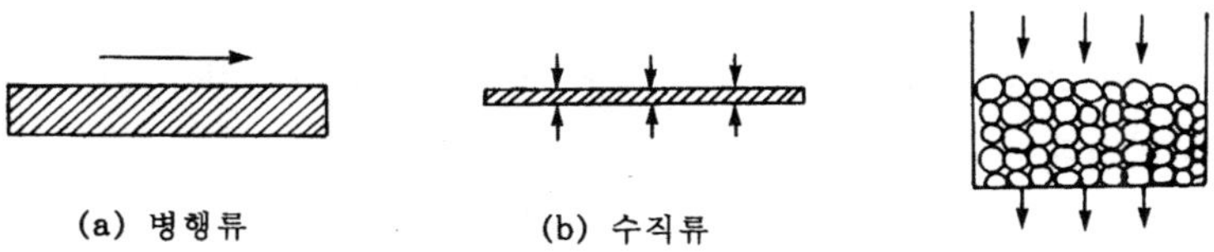

(a) 병행류 (b) 수직류 (c) 통기류

그림 10-9 재료의 열풍접촉법

재료가 열을 받는 것이 대류전열의 경우에는 재료 표면온도 t_m은 열풍의 습구온도 t_m과 같으나 이 대류전열 외에 전도 또는 복사의 영향이 있을 때에는 습구온도보다 높은 온도의 t_m으로 되어 일정해진다. 대류 외에 전도 및 복사에 의하여 열을 받을 때 항률 건조속도는

$$R_c = [\{h(t - t_m) + (t_k - t_m)/R\}(A_h/A) + h_r(t_r - t_m)(A_r/A)]\lambda_m \tag{10-4}$$

단, t_k : 전도 여원온도 [℃], t_r : 복사를 주는 주위벽의 온도 [℃]

A_h 및 A_r : 전도 및 복사 수열면적 [m^2], R : 전도저항

h_r : 복사 열전달계수 [kcal/m^2 · h · ℃]

h_r의 계산에서 재료의 흑도계수가 미지인 것은 0.9~0.95로 취하면 좋다. 열전달계수 h와 물질이동계수 k와의 사이에는 공기-수증기계와 같이 식 (10-5)에서 표시되는 것과 같은 Lewis의 법칙이 성립하는 것으로 h, k를 알면 식 (10-3)으로부터 항률 건조속도가 계산된다.

$$h/k \fallingdotseq C_H \tag{10-5}$$

식 (10-5)에 의하여 건조속도를 계산할 경우는 식 (10-3)은 조건에 따라 성립하는 식이기 때문에 식 (10-3)과 식 (10-4)를 같게 놓으면 H_m, t_m, λ_m의 3개가 미지수로 어느 하나를 가정하면 습도 도표로부터 다른 2개의 값을 시행오차법에 의하여 계산할 수 있다.

열전달계수 h의 값에 관해서는 그림 10-9(a)와 같은 **병행류**의 경우는 Shepherd[1)]에 의한 것으로 G를 열풍의 질량속도 [kg/h · m^2]라 할 때

$$h = 0.0176\,G^{0.8} \qquad 2500 < G < 15,000 \tag{10-6}$$

그림 10-9(b)와 같이 **수직류**에서는 재료의 직각방향으로 적당한 개구비의 노즐로부터 분출되는 소위 분출류를 사용하여 건조하는 경우가 많다.

이와 같은 분출류가 재료에 수직으로 작용할 경우의 열전달계수는

$$h = C\,G^{0.78} \tag{10-7}$$

여기서 C는 ① 노즐과 판면거리, ② 노즐지름, ③ 개구비에 의하여 결정되는 정수로서 0.1~0.4 사이에 있다.

예를 들면 ① 10 [cm], ② 3 [mm], ③ 0.04의 경우 $C = 0.143$이다. 병행류와 비교하면 약 10배 정도를 나타낸다.

그림 10-9(c)와 같은 **통기류**의 경우는 (a), (b)의 경우와는 열풍이 재료층을 통하는 사이에 온도가 떨어지며 층의 입구, 출구에서 추진력이 다르다. 따라서 열이동 용량계수 및 물질이동 용량계수를 사용해서 다음 식에 의하여 계산한다. 열전달은 대류만에 의하여 충전층 중 재료 입자의 표면온도는 항률기간 중은 열풍의 습구온도로서 일정하다고 생각해도 좋다.

$$W(-dw/d\theta)_c = \{ha(\Delta t)_{l\cdot m} V_p\}/\lambda_m = ka(\Delta H)_{l\cdot m} V_p \tag{10-8}$$

여기서 a : 열풍과 재료와의 접촉면적 [m^2/m^3]

V_p : 재료의 충전용적 [m^3]

1) C.B Shepherd, *et al*, I.E.C. 30,388(1938)

식 (10-8)로부터 건조속도를 계산하면 재료층 입구, 출구에서 추진력의 평균값 $(\Delta t)_{t\cdot m}$ 또는 $(\Delta H)_{t\cdot m}$을 계산하기 위하여는 층 출구의 열풍온도를 알 필요가 있으며 시행착오법으로 구해야 하는 것으로 다음과 같이 층 입구의 추진력 $(\Delta t)_1$ 또는 $(\Delta H)_1$으로 계산되는 식을 유도한다.

$$G_0 C_{H1}(t_1 - t_2) = W(-dw/d\theta)_c \{\lambda_w + 0.46(t_2 - t_w)\} \tag{10-9}$$

식 (10-9)의 우변 제1항은 수분증발, 제2항은 온도 t_w에서 증발된 수증기를 t_2까지 올리는데 필요한 열량이다. 일반적으로 통기건조에서는 고온기체는 사용되지 않으며 제2항은 제1항에 비하여 무시된다. 식 (10-9)에서 제2항을 무시해서 식 (10-8)과 조합하면

$$\frac{t_1 - t_2}{(\Delta t)_{t\cdot m}} = \frac{haV_p}{C_0 C_{H1}} = \frac{haL}{GC_{H1}} = N_t \tag{10-10}$$

$$t_2 = t_1 e^{-N_t} + t_w(1 - e^{-N_t})$$

$$(\Delta t)_{l\cdot m} = \frac{t_1 - t_2}{N_t} = \frac{(1 - e^{-Nt})(t_1 - t_w)}{N_t}$$

$$W(-dw/d\theta)_c = \frac{haV_p}{\lambda_w}\frac{(1 - e^{-N_t})(\Delta t)_1}{N_t}$$

$$R_c = (-dw/d\theta)_c = \frac{GC_{H1}(1 - e^{-N_t})(\Delta t)_1}{\rho_s \lambda_w L} \tag{10-11}$$

똑같이

$$R_c = (-dw/d\theta)_c = \frac{G(1 - e^{-Nt})(\Delta H)_1}{\rho_s L} \tag{10-112}$$

여기서 G_0 : 공기의 질량속도 [kg 건조공기/h]
G_H : 공기의 습윤비열 [kcal/kg ℃]
N_t : 이동단위수
ρ_s : 건조재료 충전밀도 [kg/m^3]
L : 충전두께 [m]

통기류의 경우의 충전입자와 열풍 사이에 열전달계수 h 및 물질이동계수 k는 Houger에 의하면

$N_{Re} < 350$일 때 ;

$$\frac{k}{G} = 2.566\left(\frac{D_P G}{\mu}\right)^{-0.51} \tag{10-13}$$

$$\frac{h}{C_H G} = 2.407\left(\frac{D_P G}{\mu}\right)^{-0.51} \tag{10-14}$$

$N_{Re} > 350$일 때 ;

$$\frac{k}{G} = 1.393\left(\frac{D_P G}{\mu}\right)^{-0.41} \tag{10-15}$$

$$\frac{h}{C_H G} = 1.312\left(\frac{D_P G}{\mu}\right)^{-0.1} \tag{10-16}$$

여기서 D_P : 입자의 구경 [m]

G : 공기 질량속도 [kg/h · m^2]

μ : 공기의 점도 [kg/m · h]

한편 a의 추정이 곤란할 때는 다음 실험식이 있다.

생사에 관하여 ;

$$ha = 30.8\,G^{0.43} \tag{10-17}$$

인조섬유에 관하여 ;

$$ha = 9.25\,G^{0.8}D^{-0.27} \tag{10-18}$$

단, D : denier(인견사의 굵기)

니상재료(泥狀材料)의 성형물(10 mm ϕ×50 mm)에 대하여 ;

$$ha = 26\,G^{0.75} \tag{10-19}$$

예제 10-3

일정 건조조건(공기속도 20 [m/s], 공기의 건구온도 160 [℃], 습구온도 90 [℃]에서 행한 건조실험에서 항률 건조속도 0.63 [kg/m^2 · h]를 얻었다. 공기의 속도와 습구온도가 같고 건구온도가 125 [℃]로 변하였을 때의 건조속도를 구하라. 단, 습윤표면으로서의 복사 및 전도는 무시한다.

풀이

복사와 전도를 무시하므로 습윤표면의 온도는 공기의 습구온도와 같다. 또한 $h = h_t$, 따라서 식 (10-3)으로부터

$$R_c = \frac{h_t\,(t-90)}{\lambda_{90}}$$

두 공기조건에 관한 식의 비를 구하면

$$(R_c)_{90} = (R_c)_{160}\left(\frac{125-90}{160-90}\right) = 0.63\left(\frac{35}{70}\right)$$
$$= 0.315\,[\mathrm{kg/m^2 \cdot h}]$$

예제 10-4

충분한 넓이를 가진 두께 3 [cm]의 판상재료를 철사망 위에 놓고 온도 65 [℃], 습도 $H = 0.02$ [kg(H_2O)/kg(건조공기)], 풍속 3 [m/s]의 병행류의 열풍에 의하여 양면으로부터 건조될 경우 항률 건조속도를 구하여라.

풀이

공기의 질량속도 $G = \{(3)(3600)/v_H\}(1+0.02)$
습도 도표(그림 9-10)에 의하여 습윤비용 $v_H = 0.988$ [m²/kg], 습윤비열 $C_H = 0.249$ [kcal/kg ℃], $t_w = 35$[℃], $H_w = 0.034$ [kg/kg]

$$G = 11,120\,[\mathrm{kg/h \cdot m^2}]$$

식 (10-6)에 의하여

$$h = 0.0176(11,120)^{0.8} = 30.6$$

식 (10-3)과 (10-5)에 의하여

$$R_c = (h/C_H)(H_w - H) = (30.6/0.249)(0.034 - 0.02) = 1.72\,[\mathrm{kg/h \cdot m^2}]$$

양면에서 건조되기 때문에 재료 1 [m^2] 판상 면적당(板床面積當)은 (1.72)(2) = 3.44 [kg/h]이다.

예제 10-5

니상재료를 원통형인 지름 135 [cm], 길이 1.28 [cm]로 성형하여 통기 건조한다. 재료는 5.1 [cm]의 높이로 쌓고 온도 82 [℃], 습도 0.01 [kg/kg], 속도 3920 [kg/h · m^2]의 공기를 보낸다. 충전밀도 607 [kg/m^3], 유효 접촉면적 282 [m^2/m^3]이다.
항률 건조속도를 구하여라. 공기의 평균점도 $\mu = 0.019$ [cp]이고 열전도도 $k = 0.0233$ [kcal/h · m^2 ℃]로 한다.

풀이

공기는 충전층을 통과하는 사이에 습도가 증가하는 것으로 공기의 질량속도는 층 입구, 출구에서의 평균값을 사용하든가 공기량에 비해서 증가 수분량은 근소하기 때문에 그대로 입구 송입 질량속도로 계산한다.

한 개의 입자 표면적 $= \left[\frac{\pi}{4}(1.35)^2 \times 2 + \pi(1.35)(1.28)\right] = 8.29\,[\mathrm{cm}^2]$

이 표면적에 해당하는 구(球)지름

$$D_P = \sqrt{\frac{8.29}{\pi}} = 0.016\,[\mathrm{m}]$$

공기점도

$$\mu = (0.019)(3.6) = 0.0685\,[\mathrm{kg/m \cdot h}]$$

$$N_{\mathrm{Re}} = \frac{D_P G}{\mu} = \frac{(0.0163)(3920)}{0.0685} = 933 > 350$$

식 (10-16)에 의하여

$$h = 1.312(933)^{-0.41}(0.245)(3920) = 76.5\,[\mathrm{kcal/h \cdot m^2 \cdot ℃}]$$

$$ha = (76.5)(282) = 21,600\,[\mathrm{kcal/m^3 \cdot h \cdot ℃}]$$

$t = 82\,[℃]$, 습도 $0.01\,[\mathrm{kg/kg}]$의 습구온도 $t_m = 32.3\,[℃]$, $r_w = 578\,[\mathrm{kcal/kg℃}]$

$$t_1 - t_w = 82 - 32.24 = 49.8\,[℃]$$

$$N_t = \frac{haL}{GC_H} = \frac{(21,600)(0.051)}{(3920)(0.245)} = 1.15$$

식 (10-11)에 의하여

$$R_c = (-dw/d\theta)_c = \frac{(3920)(0.245)(1 - e^{-1.15})(49.8)}{(607)(578)(0.051)} = 1.82\,[\mathrm{kg\,H_2O/kg}\ \text{건조공기} \cdot \mathrm{h}]$$

---

(2) 감률 건조속도

이미 말한 바와 같이 감률 건조속도 (R_f)는 재료의 특성에 의하여 복잡하게 변하는 것으로 감률 건조속도가 함수율에 비례해서 감소하는 경우를 빼고는 계산에 의하여 구할 수가 없다.

① 감률 건조속도가 함수율에 비례해서 감소하는 경우
이 경우 건조시간은 계산으로부터 구할 수 있다.

$$R_f = (-dw/d\theta)_f = K(w - w_c) = KF = (-dF/d\theta)_f \qquad (10\text{-}20)$$

여기서 K는 비례상수이다. 식 (10-20)은 한계함수율 F_c에 대해서도 성립하는 것으로

$$R_c = KF_c \quad \therefore K = \frac{R_c}{F_c} \qquad (10\text{-}21)$$

식 (10-21)을 (10-20)에 대입해서

$$R_f = (-dF/d\theta)_f = \frac{F}{F_c} R_c \tag{10-22}$$

만일 그림 10-4(b)와 같이 감률 단계가 직선으로 될 경우 감률 건조시간 θ_f [h]는 근사적으로 다음 관계가 있다.

$$\theta_f = \frac{F_c}{R_c} \ln \frac{F_c}{F_2} \tag{10-23}$$

항률 건조시간은 $R_c = -(dF/d\theta) = (F_1 - F_c)/\theta_c$이므로 $\theta_c = (F_1 - F_c)/R_c$이 되어 한계 함수율이 F_c [kg(H_2O)/kg(건조고체)]인 물질을 F_1으로부터 F_2까지 건조하는데 요하는 전 시간 θ[h]는

$$\theta = \theta_c + \theta_f = \frac{1}{R_C}\left\{(F_1 - F_c) + F_c \ln\left(\frac{F_c}{F_2}\right)\right\} \tag{10-24}$$

예제 10-6

일변의 길이 1 [m], 두께 6 [mm]인 판상(板狀)의 펄프를 일정 건조조건에서 수분 66.7 [%]로부터 35 [%]까지 건조하는데 요하는 시간을 구하라. 단, 이 건조조건하에서 평형수분은 0.5 [%], 한계수분은 62 [%](모두 습량기준이다), 건조재료는 2 [kg]으로 항률 건조속도는 1.5 [kg/m² · h]이며 감률속도는 함수율에 비례해서 감소하는 것으로 한다.

풀이

전 조성을 함수율(건조기간)로 고치면

$$w_1 = \frac{66.7}{100-66.7} = 2, \qquad w_2 = \frac{35}{100-35} = 0.538$$

$$w_c = \frac{62}{100-62} = 1.63, \qquad w_e = \frac{0.5}{100-0.5} = 0.005$$

$$F_1 = 2 - 0.005 = 1.995, \qquad F_2 = 0.538 - 0.005 = 0.533$$

$$F_c = 1.63 - 0.005 = 1.625, \quad F_1 - F_c = 1.995 - 1.625 = 0.370$$

재료의 증발면적은 $(1)^2(2) = 2\,[\mathrm{m}^2]$, 무수중량은 2 [kg]이기 때문에
재료의 증발면적은

$$R_c = (1.5)/(2/2) = 1.5\,[\mathrm{kg\,H_2O/kg\ 건조고체 \cdot h}]$$

식 (10-24)에 의하여

$$\theta = \frac{1}{1.5}\left\{(0.370) + (1.625)(2.3)\log\frac{1.625}{0.533}\right\} = 1.45\,[\mathrm{h}]$$

---

② 감률 건조속도의 감소가 함수율에 비례하지 않을 경우

그림 10-4의 곡선 (a), (c), (d)와 같은 건조특성을 나타내는 것은 계산에 의하여 감률 건조속도를 구할 수 없으며 문헌에 의하든가 예비실험을 해야 한다.

건조조작 중에서 고체내의 함수율 분포는 현재도 연구 중에 있으나 형상이 복잡하기 때문에 현저한 발전을 보지 못했다.

10-2 건조장치

건조장치에는 종류가 대단히 많다. 건조장치는 재료에다 열을 유효하게 전달해야 하는 것으로 재료의 허용온도, 형태, 물리 및 화학적 성질 등에 의하여 열의 도입방법과 장치의 형을 변화시켜 열이 유효하게 재료에 전달되며 수분이 증발하도록 하여야 한다. 따라서 건조장치를 열의 도입방법에 의하여 분류해 보면 표 10-1과 같다. 대규모 화학공업의 발달과 생활변천에 따라 분입체 제품이 많아져서 통기, 기류, 유동층, 분무건조장치의 사용범위가 넓어지는 경향이 있다.

여기서는 건조대상 물질의 형태에 따라 몇 가지 대표적인 예만 살펴 보기로 한다.

➡표 10-1 건조장치의 분류

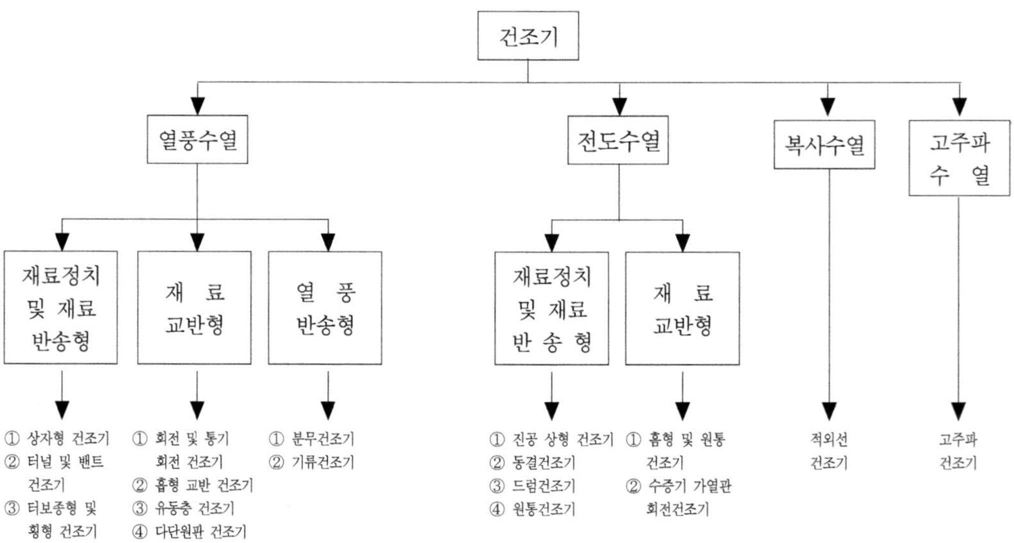

1. 고체의 건조장치

(1) 상자 건조기(tray dryer)

그림 10-10과 같은 상자(箱子) 모양의 건조기 내에 괴상(塊狀), 입상(粒狀)의 원료를 넣고 가열기체 또는 가열공기를 불어 넣는 형이다. 조작은 대체로 회분식이다. 열풍이 재료와 병행한 (a)형과 통기식인 (b)형이 있으며 후자가 최근에는 잘 사용된다. 취급되는 재료는 입괴상(粒塊狀) 플레이크 및 짧은 섬유재료에 적합하다. 통기식에는 통기속도는 0.3~1.2 [m/sec] 정도이며 열풍의 대부분은 순환된다.

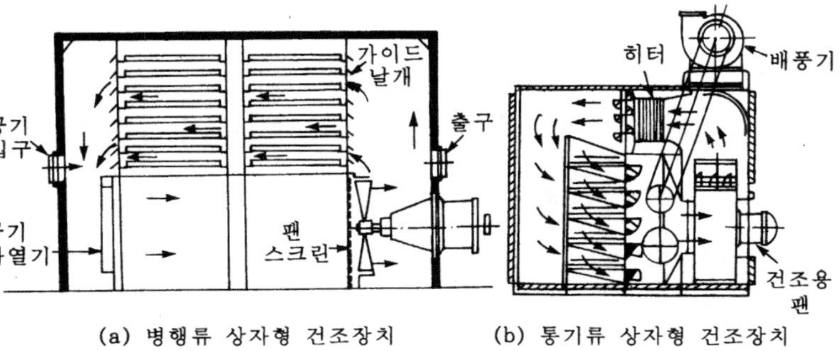

그림 10-10 상자형 건조장치

(2) 터널 건조기(tunnel dryer)

건조기는 그림 10-11과 같이 차에 실린 재료를 건조기 내의 터널에서 이동시키는 것이다. 터널 건조기 속에서의 공기흐름은 병류, 향류 또는 차가 가는 길에 직각이다. 터널 건조기는 비교적 다량의 재료를 천천히 건조시켜야 할 벽돌, 내화제품, 목재에 쓰인다. 이 방법으로 목재를 건조할 때에는 열풍 입구에서의 빠른 건조를 방지하기 위하여 공기를 증습시킬 필요가 있다.

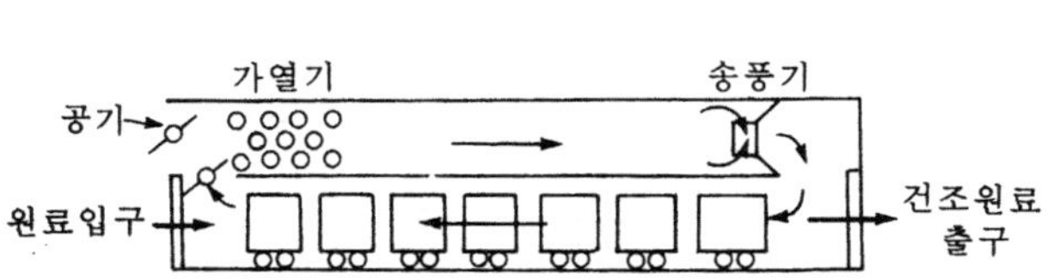

그림 10-11 터널 건조기

(3) 회전 건조기(rotary dryer)

회전 건조기는 조작이 안정하며 견고하고 처리량이 큰 이점을 가지고 있는 것으로 역사가 오래되었으며 분말, 입상, 괴상 등에 적합하다. 약간 경사진 원통속을 재료가 내려오는 사이에 재료의 진행방향과 향류 또는 병류로 열풍과 접촉시킨다. 원통 내부에서 재료의 체류시간이 최대일 때 재료의 보유량을 **최적 보유량**이라 하며 공탑용적에 대하여 8~12[%]가 좋다.

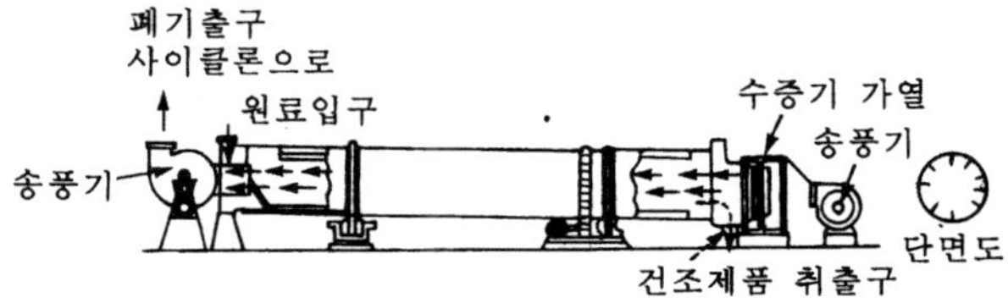

그림 10-12 회전 건조장치

회전 건조기의 결점은 재료와 열풍과의 총괄 열전달계수가 적은 것인데 통기류식은 이러한 결점을 개선하여 수지분말, 결정염, 특히 비중이 적은 재료에 잘 사용된다.

(4) 기류 건조기(pneumatic dryer)

플래시 건조기(flash dryer)로 불리는 것으로 분립체를 열풍 중에 분산부유시켜 열풍과 병류로 건조시키는 방법이다. 재료가 분산되므로 한계함수율은 0.5~2.0[%] 정도로 낮아지며 병류이기 때문에 400~600[℃]의 고온 기체를 사용해도 충분히 안정한 조작이다. 건조시간은 1~5[s]이며 열풍온도는 350[℃] 이상에서는 열효율이 70[%] 정도되며 1[kg]의 건조기체는 0.1~0.15[kg]의 수분을 증발시킨다. 건조관의 길이는 6~20[m]이다.

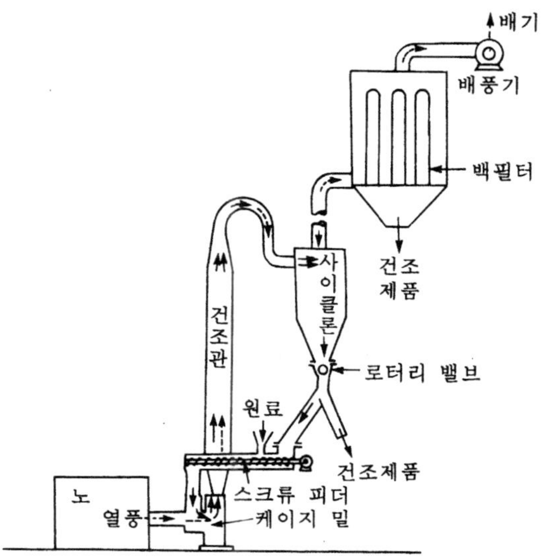

그림 10-13 기류 건조장치

2. 용액 및 슬러리의 건조장치

(1) 드럼 건조기(drum dryer)

모두 회전하는 원통을 가열해서 그 표면에 재료를 부착시켜 건조하는 장치이다. 드럼 건조기는 액상 또는 니상재료를 드럼 표면에 박막(0.3~최대 5 [mm])으로 붙여서 회전할 때 건조하도록 하는 것으로 드럼은 한 개 또는 2개이다. 조작은 상압 및 진공에서 이루어지며 액상·니상재료로부터 플레이크상 또는 분체상 제품을 얻으며 비교적 소량에 적합하다. 건조속도는 상압하에서 1~2 [kg/cm^2]의 수증기로 가열할 경우 15~30 [kg 물/h·m^2]로서 총괄 열전달계수는 150~200 [kcal/h·℃·m^2]를 취한다.

(2) 교반 건조기(agitated dryer)

원료가 점착성이어서 회전 건조기에서는 처리할 수 없고 상자 건조기를 사용하기에는 별로 중요한 것이 아닌 경우에는 기계적으로 교반기를 설치한 건조기가 적당하다. 종류는 대단히 많으며 직접가열, 간접가열, 대기건조, 진공건조가 있다. 대부분은 수평식 원통형으로 내부에

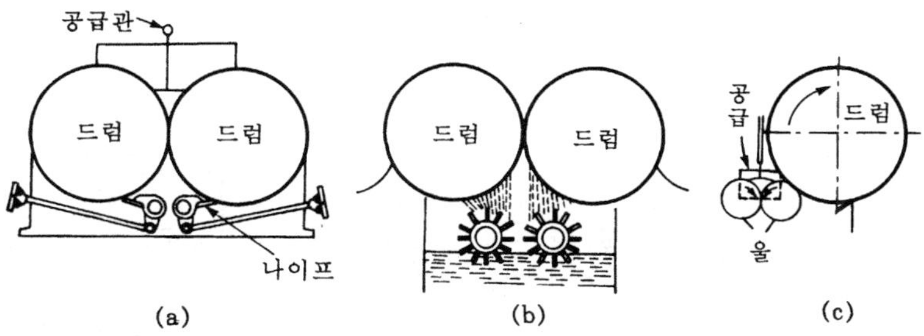

그림 10-14 드럼 및 원통건조장치 원리도

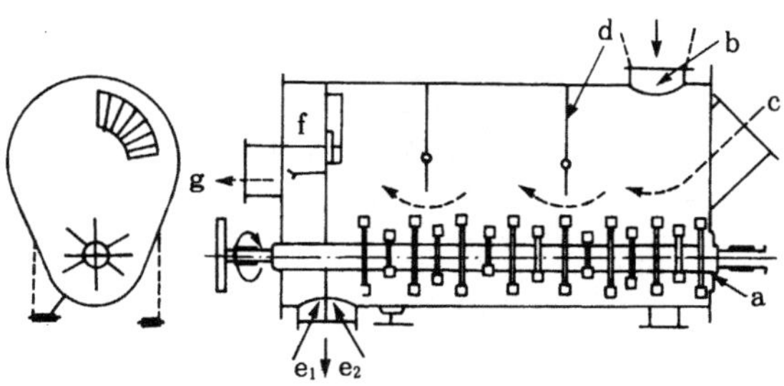

a. 교반날개 b. 재료공급입구 c. 열풍입구
d. 간막이 e_1. 세립출구 e_2. 저립출구
f. 입자-기체분리기 g. 배기 출기

그림 10-15 열풍 수열 홈형 교반 건조기

여러 가지 형태의 교반기를 비치하고 있다.

그림 10-15와 같은 홈형 교반 건조기는 재료를 교반날개로 교반하면서 열풍과 접촉시키는 것이다. 교반날개에 의하여 해쇄(解碎)되어 날아가는 미립자는 cyclone에 의하여 포집한다.

(3) 분무 건조기(spray dryer)

분무 건조기는 액 또는 미립자 현탁액을 노즐(nozzle)이나 고속 회전 디스크(disk)로 건조실내로 분무시켜 고형입자 제품을 얻는 방법으로 단위제품 중량당 증발부하가 큰 것이며 열적으로는 절대적으로 유리한 건조법은 아니다. 중간조작을 생략할 때라든가 다른 건조법에서는 얻을 수 없는 구상제품을 얻을 때 유리하다. 최근에는 분말식품, 세척제 등의 분말식품, 세척제 등의 분말제품의 수요가 급증하기 때문에 분무건조법도 사용범위가 넓어져서 현저한 발전을 보았다.

이 건조법은 액의 미립화, 기체와 액적의 혼합, 액적의 건조 등이며 건조입자의 크기는 10 [μm]~500 [μm]까지로 건조시간은 미소립자의 경우 5 [s], 큰 입자는 60 [s] 정도이다. 건조가 빠르게 일어나며 재료의 온도는 대개 습구온도 이상으로는 되지 않아서 과열에 의한 품질저하를 막을 수 있다. 이 때문에 진공, 저온건조를 필요로 하는 식품과 약재와 같은 것은 이 방법에 의하여 건조하면 좋다.

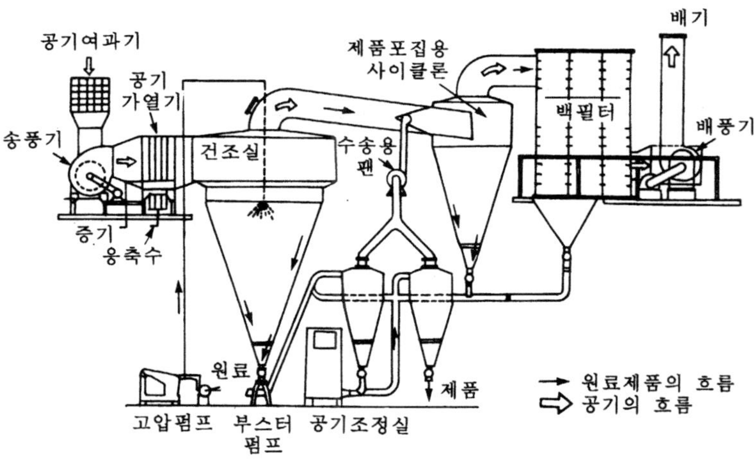

그림 10-16 분무 건조기

3. 연속 시트(sheet)상 재료의 건조장치

(1) 원통 건조기(cylinder dryer)

이 건조기는 종이나 직물(織物)의 연속 시트(連續 sheet)를 건조하는 데 쓰인다. 이것은 수증기로 가열된 높이가 다른 여러 개의 원통으로 되어 있고 그 위를 계속해서 시트가 지나간다.

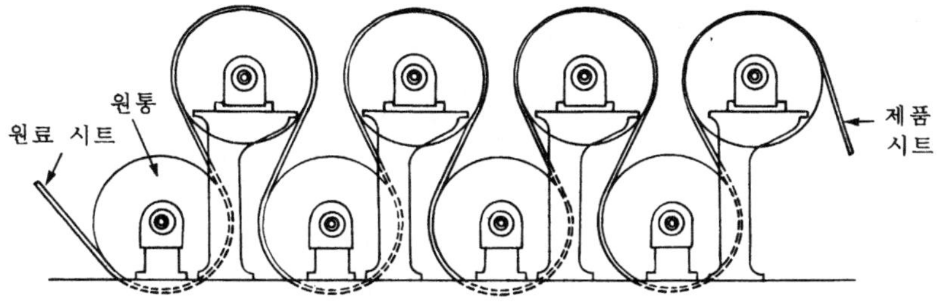

그림 10-17 연속식 원통 건조기

(2) 조하식 건조기(吊下式 乾燥機, festoon dryer)

이 건조기는 직물이나 망판 인쇄용지(網版印刷用紙) 등의 건조에 널리 쓰인다. 그림 10-18에 한 가지 형을 표시하였다. 젖은 시트가 일련의 원통을 통하면 적당한 길이의 고리 모양을 이룬다. 여기에 블로워(blower)로 공기를 불어 넣어 고리를 열고 열풍을 보내어 건조시킨다. 건조가 끝난 후에는 제품용 원통에 감는다.

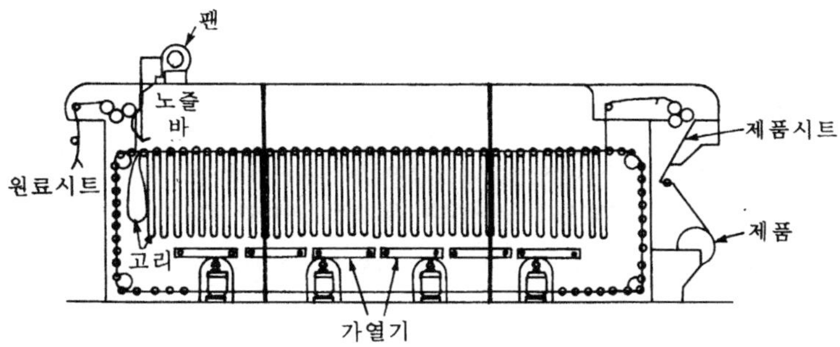

그림 10-18 조하식 건조기

4. 특수 건조기

(1) 유동층 건조기(fludized bed dryer)

미분말을 가는 금망 또는 다공판상에 충전시켜 통풍하면 재료는 유동을 시작하며 마치 물이 끓는 것과 같은 상태로 된다. 이와 같은 재료층의 상태를 **유동층**(流動層)이라고 하며 기체와 고체 미립자가 양호하게 접촉 혼합되는 것으로 대상으로 하는 재료는 15 [mm] 정이 이하이며 코크스, 결정염류, 수지분말 등 저함수율의 것에 적합하다.

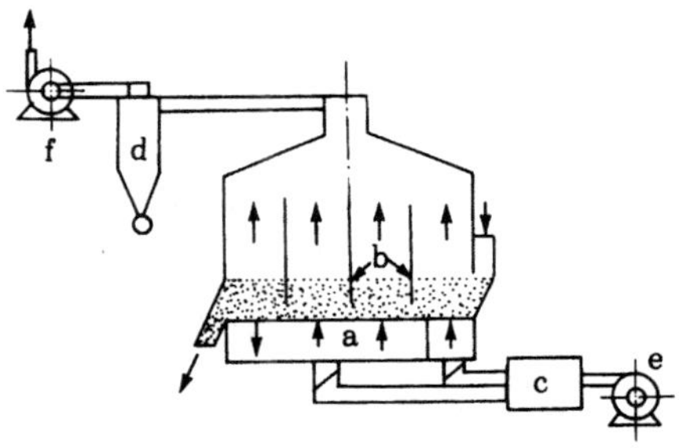

a. 다공판 b. 간막이 c. 가열기
d. 사이클론 e. 송입블로워 f. 배기

그림 10-19 유동층 건조기

(2) 적외선 복사 건조기(infrared radiation dryer)

미국에서 자동차 페인트 건조에 사용된 이래 공업적으로 많이 이용되고 있다. 이는 적외선 복사열을 이용한 것이다. 적외선은 파장이 0.75～400 [μm]의 범위의 전파장이며 적외선 램프, 니크롬 히터 등의 복사원으로부터 복사된 적외선은 물체의 표면에 부딪쳐 흡수되고 열로 변환되어 재료표면의 온도를 상승시켜 급속히 수분을 증발 건조시킨다. 직물, 사진필름 등의 얇은 물건에 그 응용이 한정된다. 장치는 적외선 램프를 2000～3000개 설비한 터널형도 있다. 그러나 전력이 고가일 때는 비경제적이다.

(3) 고주파 건조기(dielectric dryer)

원료를 고주파(5～50 [MHz]), 고전압의 전기장에 놓아 건조 물체의 내부를 균일하게 발열이 일어나도록 하는 방법이다. 건조되기 어려운 두꺼운 판, 열전도가 나쁜 고무의 가황(加黃), 어떤 임의의 파장으로써 한 종류의 재료만 특히 가열하는 선택발열을 이용해서 합판의 접착에도 이용된다.

(4) 동결 건조기(frozen dryer)

항생물질, 혈청 등 액체상태로서 특히 열에 불안정한 물질에 대해서는 동결건조를 한다. 동결건조는 수분을 동결시킨 상태 그대로 진공 중에서 승화에 의하여 수증기를 제거하는 방법이다. 금속판에 재료를 놓고 가열액체 또는 수증기에 의한 간접가열에 의하여 철판상으로 열을 이동시킨다. 비동결의 경우는 조작압력 20～100 [mmHg]에서 재료두께는 3 [cm] 정도가 좋으며, 동결건조에서는 10^{-1} [mmHg] 정도가 좋다.

10-3 건조조작

1.공기의 조건

재료와 접하는 공기의 상대습도가 낮을수록 공기 중의 증기분압이 작으므로 건조속도가 크다. 또 상대습도가 같더라도 공기의 온도를 높이면 포화증기압이 높아지기 때문에 건조속도가 커진다. 그러나 이 경우 온도를 높이면 재료의 질, 수축, 균열 등의 문제를 일으킬 수 있으므로 가열의 최고 온도를 결정할 필요가 있다.

재료의 수분이 한계함수율 이상인 경우는 재료표면은 습구온도 이상은 올라가지 않으므로 위의 영향을 받지 않는다.

2. 공기 흐름의 방향

연속식 열풍건조 장치에서는 재료와 열풍이 향류 또는 병류로 접촉하는 방식이 있으나 모두 재료의 물리, 화학적 성질과 열원의 조건에 의해 결정지어야 한다.

고체의 건조속도는 공기의 흐름이 재료면에 평행인 경우가 최대이고 직각인 경우가 가장 느리다. 병류식과 향류식을 살펴보면 병류식은 건조속도는 초기에는 빠르나 후기에는 상대습도가 커져서 느려진다. 따라서 함수율이 낮은 제품을 원할 때는 바람직하지 않다. 과열되는 경우는 없으나 장치가 크다. 향류식은 병류식과는 모든 조건이 반대라고 생각해도 좋다. 즉 균일한 건조가 가능하며 감률 건조기간이 짧아서 제품의 함수율을 조절할 수 있다. 그러나 과열의 염려가 있다.

3. 가열방식

건조조작에 사용되는 공기의 가열방식으로는 다음과 같은 것들이 있다.

(1) 단열식

한 번 가열공기를 장치 내로 송입한 후에는 다시 가열을 하지 않는 방식으로 증발수분과 소요열량이 적을 때나 여분의 열풍을 이용하려고 할 때 이용된다.

(2) 가열식

정치 내를 가열하여 계속 일정한 온도로 유지하도록 하는 항온식은 증발수분과 소요열량이 많을 때나 건조온도에 제한이 있을 때 사용한다.

다단식은 건조에 사용된 공기를 배출시키지 않고 재가열하여 다시 사용하는 방식으로 가열에 필요한 열량을 절감할 수 있다.

(3) 재순환식

공정에서 나온 공기의 일부를 다시 건조기에 되돌려서 새로 들어가는 공기와 혼합하여 사용하는 방식이다.

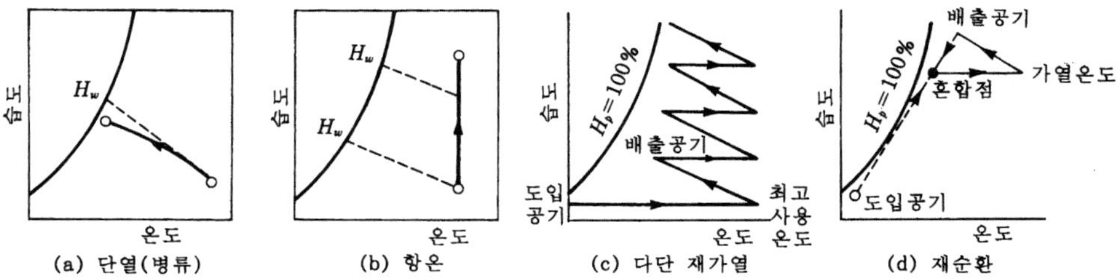

그림 10-20 열풍 공급방법에 따른 온도 및 습도변화

4. 건조수축(乾燥收縮)

건조조작에서 건조속도를 조절하는 중요한 인자로서 함수율이 낮아짐으로써 발생하는 재료의 수축(shringkage)이다. 단단한 다공성(多孔性) 또는 비공성(非孔性) 물질은 거의 수축이 없으나 콜로이드상이나 섬유상 물질은 수분이 제거됨에 따라 심한 수축을 일으킨다.

건조수축은 크게 다음과 같은 세 가지 현상으로 나누어 볼 수 있다.

① 야채나 식물에서와 같이 물질의 단위중량당의 표면적이 변하며 특히 공기에 노출된 표면적이 크게 변한다.

② 점토나 비누처럼 표면층이 경화하는 것으로 액체나 증기로서의 수분의 흐름이 통과하기 어렵게 되어 건조속도가 낮아진다.

③ 목재와 같이 변형, 균열 및 변질 등이 일어나는 것이다.

이와 같은 건조수축의 영향을 피하기 위해서는 가끔 습윤공기를 사용한다. 즉 건조속도를 낮추기 위하여 공기와 고체표면 사이의 습도차를 고의로 감소시키는 것이다. 이로 말미암아 고체의 내부로부터 외부로의 함수율 구배는 작아지며 따라서 수축의 영향이 감소된다. 예를 들면 목재 건조기에는 거의 모든 경우에 공기 습윤장치가 붙어 있고 따라서 건조의 초기단계에 있어서 물질과 공기사이의 온도차가 너무 크지 않도록 또는 습도차가 크지 않도록 한다. 이리하여 재료가 변형되지 않는 점까지 건조속도를 감소시킨다.

10-4 열풍 건조장치의 설계

1. 감률 건조속도(정상 건조조건)가 함수율에 비례하여 감소하는 경우

건조장치는 대부분 이 범위에 속하는 재료가 많은데 특히 재료가 열풍 중에 분산하는 경우는 전부 이 범위에 넣는다. 또 재료내에 커다란 온도구배가 없는 경우 특수한 경우를 제외하고 온도구배를 고려할 필요가 없다.

(1) 건조장치에 출입하는 변수

건조장치에 출입하는 재료 및 열풍의 변수를 그림 10-21에 나타내었다. Ⅰ은 재료 예열기간, Ⅱ는 표면 증발기관, Ⅲ은 감률 건조기간이다. 재료와 열풍간의 수분을 주고 받음에 의해 다음과 같이 표현할 수 있다.

$$W_0(w_1 - w_2) = \pm G_0(H_1 - H_2) \quad (+\text{는 향류}, \ -\text{는 병류}) \tag{10-25}$$

여기서 W_0는 무수재료 질량공급속도[kg/h], G_0는 건조기체 유량[kg/h], H는 습도[kH$_2$O/kg 건조기체], w는 함수율이다.

재료와 열풍간의 열량의 주고 받음에 의해 다음 식이 성립한다.

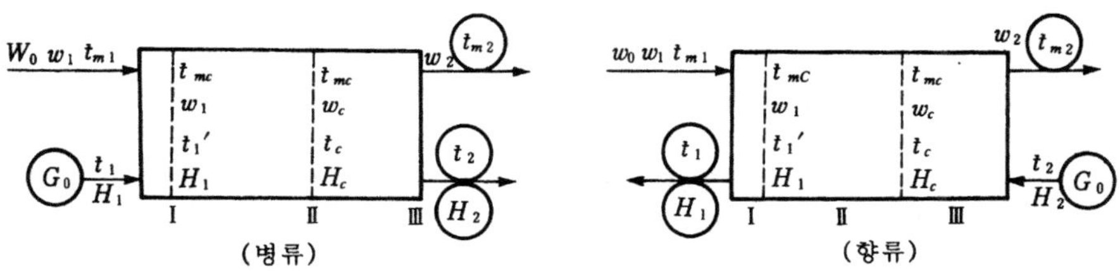

그림 10-21 열풍장치 출입재료 및 열풍 제원

$$G_0\, i_0 \pm W_0(C + C_w W_1)\, t_{m_1} = G_0\, i_1 \pm W_0(C_s + C_w W_2)\, t_{m_2} \tag{10-26}$$

(+는 향류, −는 병류)

여기서 i는 기체의 엔탈피[kcal/kg-건조기체], C_s는 무수재료 비열[kcal/kg ℃]

C_w는 물의 비열[1 kcal/kg ℃], t_m은 재료온도[℃]

일반적으로 그림 10-21 중에서 원(◯)이 그려진 네 개의 값이 주어지지 않으면 방정식은 2개만 있기 때문에 2개를 별도로 구해야 한다.

우선 배기기체의 온도[t_2(병류), t_1(향류)]를 적당히 구한다. 이 값을 낮추면 경제적으로는 유리하지만 장치비가 높게되어 최적값을 선택하여야 하며 많은 장치에 있어서 최적값은 경험값을 이용한다.

다음에 재료의 출구온도 t_{m_2}를 결정한다. 감률기간에 넣으면 재료온도 t_m은 당연히 습구온도보다 높은 온도가 된다. 정상 건조조건하에서 감률 건조속도는 함수율에 비례하여 감소한다고 생각하였으므로 장치내 미소용적 $dV\,[\mathrm{m}^3]$에서의 건조속도는

$$W_0(-dw)\,r_w = ha(t-t_w)(F/F_c)\,dV \tag{10-27}$$

가 성립한다. 여기서 ha는 열전달용량계수 [kcal/h · ℃ · m³ − 건조기 용적], F는 자유함수율, F_c는 한계 자유함수율, t_w는 접한 기체의 습구온도[℃], r_w는 t_w에서의 증발잠열[kcal/kg], V는 건조기용적[m³]이다.

한편 dV에 있어서 열풍과 재료간의 열풍의 주고 받음은 근사적으로

$$ha(t-t_m)\,dV = W_0(-dw)\,r_m + W_0(C_s + C_w W)\,dt_m \tag{10-28}$$

즉 유입열량은 수분증발과 재료의 현열상승에 쓰여진다. 식 (10-28)의 오른쪽 2번째 항은 재료내의 온도구배가 없다고 가정하여 도입하였다.

식 (10-27), (10-28)로부터 dV를 소거하면 다음과 같다.

$$\frac{dt_m}{dw} = \left\{ r_m - \frac{(t-t_m)\,r_w\,F_c}{(t-t_w)\,F} \right\} \Big/ (C_s + C_w W) \tag{10-29}$$

또 이 구간에서 열풍의 현열 강하는 다음과 같다.

$$\pm G_0 C_H\,dt = ha(t-t_m)F \quad (+\text{향류},\ -\text{병류}) \tag{10-30}$$

여기서 G_H는 기체의 습비열[kcal/kg ℃]이다. 식 (10-27)과 (10-28)로부터 dV를 소거하면 다음과 같다.

$$\frac{dt}{dw} = \pm W_0\,r_w(t-t_m)F_c / G_0 C_H(t-t_m)F \quad (-\text{향류},\ +\text{병류}) \tag{10-31}$$

식 (10-29), (10-31)의 연립미분방정식을 한계 함수율을 기점으로 하여 수치해석에 의해 풀면 감률 건조기간에 있어서 w와 t 및 t_m의 관계를 구할 수 있고 최종적으로 w_2에 대응하는 t_{m_2}를 구할 수가 있다.

물질수지로부터 각 w에 대응하는 H는 직접 계산할 수 있기 때문에 이 H와 그에 대응하는 t를 구하고 이것을 습도 도표상에 나타내면 감률 건조기간 중의 열풍의 조건변화를 구할 수가 있다.

근사법으로서 w_c가 그리 크지 않은(0.2 정도 이하) 경우에는 식 (10-28)의 $C_s + C_w W \fallingdotseq C_s$로 놓고 또 $r_m \fallingdotseq r_w$로 하면 식(10-29)의 해석적 풀이에 의해

$$(t-t_m) = (t-t_m)\left\{\frac{r_w F - C_s(t-t_w)(F/F_c)^{F_c r_w / C_s(t-t_w)}}{r_w F_c - C_s(t-t_w)}\right\} \tag{10-32}$$

이 된다. 재료출구 함수율과 그에 접한 열풍조건을 알면 t_{m_2}를 계산할 수가 있다. 구체적으로는 향류의 경우는 윗식에 각 조건을 넣어 바로 t_{m_2}를 구할 수 있지만 병류의 경우는 H_2가 미지이므로 우선 적당히 t_{m_2}를 가정하여 식 (10-25), (10-26)으로부터 G_0, $H_2(<H_{w_1})$를 구한다. 이 t_2, H_2 및 w_2를 식 (10-32)에 넣어 t_m을 구한다. 이 값이 앞서 가정한 t_{m_2}와 일치하면 된다. 이상의 계산으로부터 건조기에 출입하는 제반조건이 결정된다.

(2) 장치 용적의 계산

예로 병류의 경우에 관하여 생각하면 아래와 같다.

Ⅰ. 예열기간……재료온도가 t_{m_1}으로부터 t_{mc}까지 상승하는 기간에서 이 사이의 수분증발이 없다고 보아도 좋다. 즉 이 기간의 함수율은 w_1에 따라 기체의 습도는 H_1에 따라 정해진다.

따라서 t_{mc}는 여기에서 접촉하는 열풍조건 t_1', H_1의 습구온도 t_w로부터 이 기간의 열풍의 주고 받음은

$$q_{\text{I}} = G_0 C_{H_1}(t_1 - t_1') = W_0(C_s + C_w W)(t_w - t_{m_1}) = ha V_{\text{I}}\left[\frac{\{(t_1 - t_{m_1}) - (t_1' - t_w)\}}{\ln\{(t_1 - t_{m_1})/(t_1' - t_w)\}}\right] \tag{10-33}$$

가 되어 t_1', t_w가 구해지고 열용량계수 ha가 알고 있는 값이라면 V_1이 구해진다.

Ⅱ. 표면 증발기간……재료온도는 일정($t_{mc} = t_w$)함에 따라 유입열량이 전부 증발에 사용되었으므로

$$q_{\text{II}} = G_0 C_{H_1}'(t_1' - t_c) = W_0(w_1 - w_c) r_w = ha V_{\text{II}}\left[\frac{(t_1' - t_c)}{\ln\{(t_1' - t_w)/(t_c - t_w)\}}\right] \tag{10-34}$$

로부터 t_c와 V_{II}가 구해진다. 또는

$$W_0(w_1 - w_c) = G_0(H_c - H_1) \tag{10-35}$$

로부터 H_c를 구하고 습도 도표상에 H_c의 횡축을 연장 (t_1', H_1)하여 단열냉각선과의 교점을 그림 위에서 구하여 그 온도 t_c를 읽으면 된다. 이밖에 발생수증기의 현열을 고려하면 좀더 정확한 값을 얻을 수 있다.

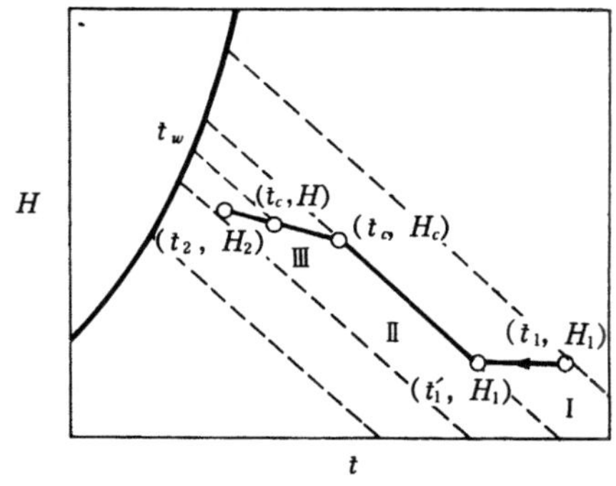

그림 10-22 병류흐름시 열풍의 상태변화

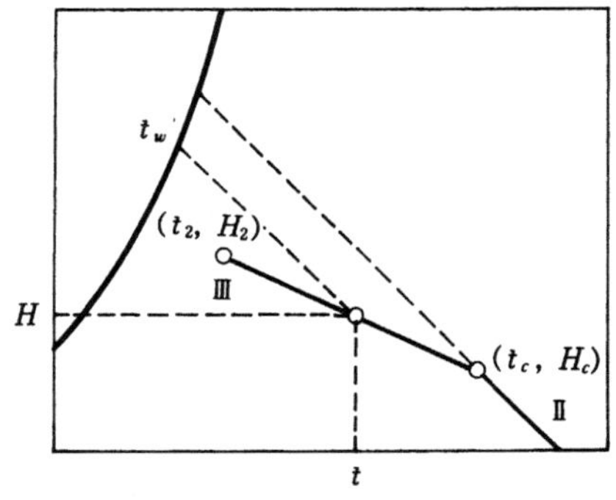

그림 10-23 습구온도의 해석

Ⅲ. 감률 건조기간…이 기간은 수분증발과 재료가열이 행해지는 기간으로 습도 도표상에 각 구간의 열풍의 상태변화를 그리면 그리 10-22와 같이 된다. Ⅰ에서는 열풍의 온도강하만 일어나고 Ⅱ에서는 단열냉각선에 따라 변화하여 $(t_c,\ H_c)$가 된다. Ⅲ에서는 앞에서 구한 $(t_2,\ H_2)$의 점을 도표상에 정하면 이 구간은 $(t_c,\ H_c)$의 점과 이 점을 연결한 곡선에 따라서 변화한다. 이와 같은 계산의 복잡함을 피하기 위하여 두 점을 직선으로 연결하고 열풍의 조건을 직선상의 변화로 생각하여 근사치를 얻는 경우도 있다.

이 기간에서 w_c와 w_2사이의 임의의 w를 취하면

$$W_0(w_c - w) = G_0(H - H_0) \tag{10-36}$$

로부터 w에 대응하는 H가 구해진다. 습도 도표 위에 이 H와 앞에서 구한 직선 $\{(t_c H_c)$와 $(t_2 H_2)\}$의 교점을 그림 10-23에 나타낸 것과 같이 구하면 이때의 온도 t 및 그에 대응하는 습구온도 t_w가 구해진다.

이 미소구간에서는

$$r_w W_0(-dw) = ha(t - t_w)(F/F_c)dV \tag{10-37}$$

가 성립하므로 이를 w_c와 w_2간에 몇 개의 값을 구하여 적분하면

$$\int_{w_1}^{w_2} W_0(-dw)F_c r_w/\{ha(t - t_w)F\} = \int dV = V_{\text{Ⅲ}} \tag{10-38}$$

이 되어 그림 10-24에 표시한 바와 같이 식 (10-38)의 도식 적분으로부터 그 면적을 구하여 $V_{\text{Ⅲ}}$이 된다.

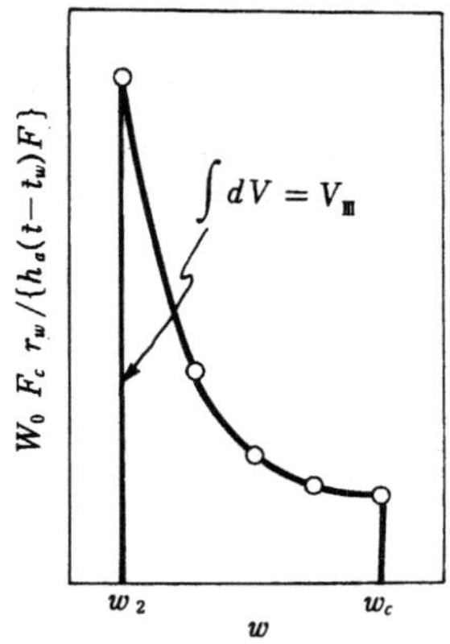

그림 10-24 $V_{\rm III}$의 계산

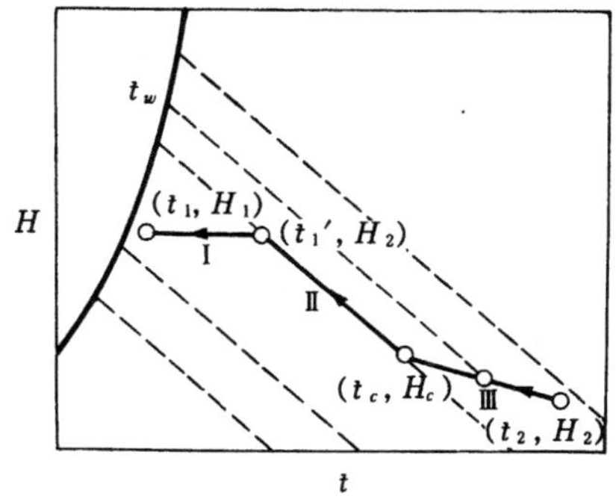

그림 10-25 향류흐름시 열풍의 상태변화

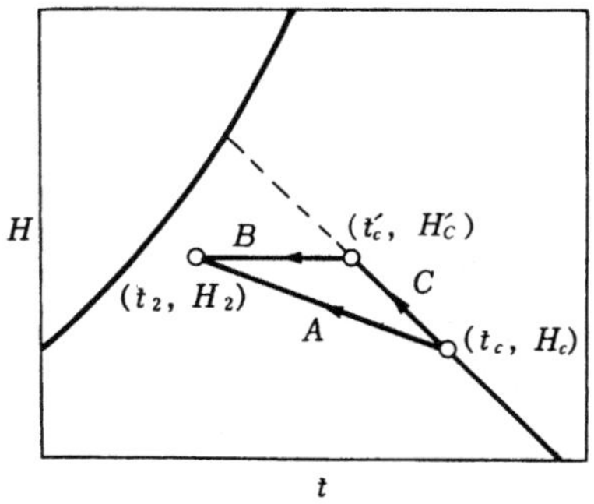

그림 10-26 병류흐름시 열풍의 상태변화 근사치

필요용적 V는 다음과 같다.

$$V_{\rm I} + V_{\rm II} + V_{\rm III} = V \tag{10-39}$$

향류의 경우에도 똑같이 습도 도표상에서 변화상태를 표시하면 그림 10-25와 같이 된다. 향류의 경우도 예열기간부터 계산하는 편이 간단하다.

위에 설명한 계산법은 건조에 의한 발생 수증기가 열풍 본체온도까지 가열되는데 필요한 현열량을 생략한 것이다.

(3) 근사 계산법과의 비교

① 감률 건조기간을 재료 가열기간으로 하여 계산하는 방법

전체의 증발수분은 표면 증발기간 중에 다 없어지고 감률 건조기간은 재료가열에만 사용되는 것으로 해서 근사시키는 것이다. 이것은 전체의 수분 증발량에 비교하여 감률기간의 증발

수분이 작게 되고 한계함수율이 낮은 경우를 근사값으로 하여 취해진다. 이 경우는 열풍의 상태변화는 그림 10-26에 나타낸 바와 같이 (t_c', H_c')까지 단열냉각선에 따라 변화하고 여기까지 표면증발로서 이후의 (t_2, H_2)까지 열풍은 온도강하만을 일으킨다고하여 근사값을 취한다.

그러나 실제로 열풍은 그림 10-26의 A에 따라서 변화되므로 상당히 유사한 근사값을 갖는다고 할 수 있다. 장치의 크기는 비교적 작게 계산되는 경향이 있다.

건조기에 출입하는 변수의 계산에는 앞에 계산한 식 (10-25), (10-26) 및 (10-32)에 의해 계산한다.

예열에 필요한 열량 q_{I} 및 필요용적 V_{I}은 식 (10-33)에 의해 구한다.

표면 증발기간에 전체수분이 증발한다고 가정하면 이때에 소비된 열량 q_{II}'는 아래와 같이 계산한다.

$$q_{\mathrm{II}}' = G_0 C_{H_1}'(t_1' - t_c') = W_0(w_1 - w_2)r_w = ha V_{\mathrm{II}}'\left[\frac{(t_1' - t_c')}{\ln\{(t_1' - t_w)/(t_c' - t_w)\}}\right] \quad (10\text{-}40)$$

여기서 t_c'와 V_{II}가 구해지거나 또는 습도 도표상의 H_2로부터 횡축으로 연장하여 (t_1, H_1)을 지나서 단열냉각선과의 교점을 도표상에서 구한 점을 t_c'로 하여도 좋다.

감률기간은 재료 가열기간이라고 간주하므로 다음 식으로부터 V_{III}'를 구한다.

$$\begin{aligned} q_{\mathrm{III}}' &= G_0 C_{Hc}' \ t_c' - t_2 = W_0(C_s + C_w W_2)(t_{m_2} - t_w) \\ &= ha V_{\mathrm{III}}'\left[\frac{(t_c' t_w) - (t_2 - t_{m_2})}{\ln\{(t_c' - t_w)/(t_2 - t_{m_2})\}}\right] \end{aligned} \quad (10\text{-}41)$$

전체 용적 V'는

$$V = V_{\mathrm{I}'} + V_{\mathrm{II}'} + V_{\mathrm{III}'} \quad (10\text{-}42)$$

이고 전체 필요열량을 q[kcal/h]라고 하면

$$q = q_{\mathrm{I}}' + q_{\mathrm{II}}' + q_{\mathrm{III}}' \quad (10\text{-}43)$$

으로 표현되고 열용량계수 ha가 각 구간을 통해 일정하다고 가정하면,

$$\begin{aligned} & q_{\mathrm{I}}/(\Delta)_{lm\cdot\mathrm{I}} + q_{\mathrm{II}}'/(\Delta)_{lm\cdot\mathrm{II}} + q_{\mathrm{III}}'/(\Delta)_{lm\cdot\mathrm{III}} = ha[V_{\mathrm{I}} + V_{\mathrm{II}} + V_{\mathrm{III}'}] \\ & = ha V' = q/(\Delta t)_{lm\cdot o} \end{aligned} \quad (10\text{-}44)$$

가 되어 $(\Delta t)_{lm\cdot o}$라고 하는 가상적인 전체의 평균온도차를 생각할 수 있다. 예를 들면 회전건조기에서의 경제적 배기온도 t_2를 결정할 경우는 경험적으로 다음과 같이 구할 수 있다.

$$\frac{(t_1 - t_2)}{(\Delta t)_{lm\cdot o}} = 1.5 \sim 2 \tag{10-45}$$

② 감률 건조기간의 재료 가열에 필요한 현열을 무시하는 경우

감률 건조기간에서의 수분증발에 필요한 열량을 비하여 재료 가열에 필요한 현열이 작아서 열풍은 이 기간 중에도 단열냉각선에 따라 변화한다고 가정한다. 이것은 열풍온도가 비교적 낮고 또한 감률 건조기간에서 다량의 수분이 증발하는 경우에 사용하는 가정으로 한계함수율이 높은 경우이다.

이 경우 재료 가열의 현열을 고려하지 않는 방법이므로 여기서 구한 G_0는 식 (10-32)에서 $t_{m_2} = t_w$로 둔 것이 되어 앞에서 구한 G_0보다 상당히 작은 값이 된다. 또 열풍은 마지막까지 단열냉각선에 따라 변화한다고 가정하여 계산하였기 때문에 장치작용이 비교적 적게 계산되는 경향이 있다.

이 경우의 열풍의 상태변화를 습도 도표에 나타내면 그 경향은 그림 10-27에 나타낸 바와 같이 실제로 변화된 실선에 대하여 점선과 같이 변화를 하는 근사값을 갖는다.

이 경우 감률 건조속도의 상태변화는 함수율에 비례하여 감소한다고 한 식 (10-37)이 성립된 것으로 해석한다.

한편 열풍은 감률기간에서도 단열냉각선에 따라 변화하면 유사한 값을 가지므로

$$\pm G_0 C_H dt = W_0(-dw) r_w, \ (-\text{향류},\ +\text{병류}) \tag{10-46}$$

$$\pm G_0 C_H (t - t_c) = W_0 (F_c - F) r_w, \ (-\text{향류},\ +\text{병류}) \tag{10-47}$$

식 (10-46), (10-47)을 식 (10-37)에 대입하면

$$ha(t - t_w)\{1 - (G_0 C_H / W_0 r_w F_c)(t_c - t)\} dV = \pm G_0 C_H dt, \ (+\text{향류},\ -\text{병류}) \tag{10-48}$$

단열냉각선에 따라 변화한다고 생각하므로 t_w는 일정하여 식 (10-48)은 적분되어

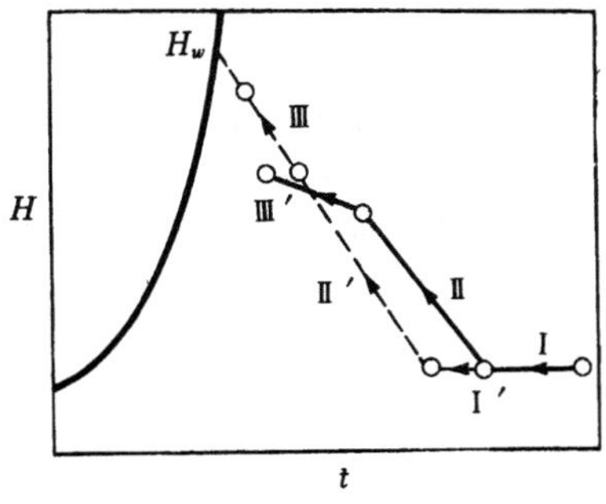

그림 10-27 현열을 무시한 병류흐름의 열풍 상태변화

병류의 경우 ;

$$V_{\text{III}}' = \left[\frac{1}{\{A \cdot B(t_w + 1/B - t_c)\}}\right] \times [\ln(1 + Bt_2 - Bt_c) - \ln\{(t_2 - t_m)/(t_c - t_w)\}]$$

$$A = (ha/G_0 C_H), \quad B = (G_0 C_H / W_0 r_w F_c) \tag{10-49}$$

향류의 경우 ;

$$V_{\text{III}}' = \left[\frac{1}{\{A \cdot B(t_w - 1/B - t_c)\}}\right] \times [\ln(1 + Bt_c - Bt_2) - \ln\{(t_2 - t_m)/(t_c - t_w)\}] \tag{10-50}$$

로부터 계산된다. 이 방법은 감률기간의 재료가열의 현열을 무시하고 있으므로 물질수지로부터 함수율과 습도를 관련지어 해석할 수 있다.

터널 건조기와 같이 일반적으로 한계함수율이 높고 또 재료의 건조면적이 알려져 있는 경우에서는 위에 설명한 방법이 있음에도 불구하고 한 시간에 공급된 재료의 건조면적 A [m^2/h]를 사용하여 아래의 계산법을 이용하는 것이 편리하다.

향류에 관하여 건조기 내의 임의의 단면에서의 물질수지를 취하면

㉮ 표면증발기구 : 미소구간의 열풍과 재료간의 물질수지에 대해

$$-W_0\,dw = -W_0\,dF = -G_0\,dH \tag{10-51}$$

임의의 장소에서 표면 증발속도 R은

$$R = (W_0/A_0)(-dw/d\theta) = k(H_m - H) = (h/C_H)(H_m - H) \tag{10-52}$$

여기서 A_0는 W_0 [kg/h]의 재료의 젖어있는 면적으로 단위는 [m^2/h]이다. 또 k는 경막물질이동계수 [kg－건조기체/h·m^2]이다.

$$(kA_0/W_0)(H_m - H) = (G_0/W_0)(-dH/d\theta) \tag{10-53}$$

$$\int_{H_1}^{H_c} -\frac{dH}{H_m - H} = \frac{kA_0}{G_0}\theta_c \tag{10-54}$$

$$\theta_c = (G_0/kA_0)\ln\{(H_m - H_c)/(H_m - H_1)\} \tag{10-55}$$

병류에서는 H_1과 H_c와를 바꿔 놓으면 좋다.

㉯ 감률기간 : 감률 건조속도는 함수율에 비례한다고 하였기 때문에 식 (10-27)과 같이

$$\{(W_0/A_0)(-dF/d\theta)\} = \{k(H_m - H)F\}/F_c \tag{10-56}$$

$$F = (G_0/W_0)(H - H_2) + F_2 \tag{10-57}$$

$$(G_0/A_0)(-dH/d\theta) = [k(H_m - H)\{G_0/W_0(H-H_2) + F_2\}]/F_c \tag{10-58}$$

향류에서

$$\int_{H_c}^{H_2} \frac{-dH}{(H_m - H)\{F_2 + (G_0/W_0)(H-H_2)\}} = \frac{kA_0}{G_0 F_c}\theta_d \tag{10-59}$$

앞에서 설명한 바와 같이 t가 단열냉각선에 따라 변화한다고 생각하였으므로 식 (10-59)에서 H_m은 근사적으로 일정한 값으로 두면

$$\theta_d = \frac{G_0 F_c}{kA_0\{F_2 + (G_0/W_0)(H_m - H_2)\}} \ln \frac{F_c(H_m - H_2)}{F_2(H_m - H_c)} \tag{10-60}$$

병류의 경우는

$$\theta_d = \frac{G_0 F_c}{kA_0\{F_2 + (G_0/W_0)(H_2 - H_m)\}} \ln \frac{F_2(H_m - H_c)}{F_c(H_m - H_2)} \tag{10-61}$$

식 (10-60), (10-61)은 식 (10-49), (10-50)을 물질수지만으로부터 표현된 것과 똑같은 의미를 갖고 있다.

건조면적을 확실히 알고 있는 수분이 많은 대형의 성형재료를 건조하는 터널 건조기의 설계 등에서는 식 (10-60), (10-61)로 계산하는 것이 편리하다.

필요 건조면적은 $(\theta_c + \theta_d)A_0$로부터 즉시 구하여진다.

예제 10-7

한 시간에 무수재료 질량으로 20[t]의 분립체 재료를 함수율 8[%]로부터 0.3[%]까지 건조시키고자 한다. 회전 건조기를 사용하여 병류에 의한 건조를 행하는데 송입기체의 습온도는 400[℃], $H = 0.030$이다. 이 재료의 한계 함수율은 3[%], 비열 0.3[kcal/kg·℃], 평형함수율은 무시해도 좋다. 지금 배기기체 온도를 130[℃]로 하는 경우의 건조기의 크기를 계산하라. 단 먼지를 고려하여 탑내 기체의 질량속도는 3600[kg/h·m^2]으로 하고 공급재료의 온도는 20[℃]이다. 이 경우의 열전달 용량계수는 별도로 121[kcal/h·m^3·℃]로 계산한다. 계산에는 고온 습도 도표를 질량기준(1 kg-건조기체)에 직선인 도표를 이용한다. $H = H_{mol} \times (18/29)$로 계산된다. H : kg-수증기/kg-건조공기, H_{mol} : kg-mol-수증/kg-mol-건조기체이다.

풀이

t_{m_2}의 결정 : $t_{m_2} = 102.5$[℃]로 가정한다. 식 (10-26)으로부터

$$20 \times 10^3 (0.08 - 0.003) = G_0 (H_2 - 0.03)$$

$$i_1 = C_{H_1} t + 595 H_1 = (0.273)(400) + (595)(0.03) = 127.05$$

$$i_2 = (0.24)(130) + \{(595 + 0.46)(130)\} H_2 = 31.2 + 654.8 H_2$$

식 (10-26)

$$G_0 (127.05 - 31.2 - 654.8 H_2) = 2 \times 10^4 (0.3 + 0.003)(102.5) - 2 \times 10^4 (0.3 + 0.08)(20)$$

$$G_0 (95.85 + 654.8 H_2) = 2 \times 10^4 (31.05 - 7.6) = 46.9 \times 10^4$$

$G_0 = 19,360$, $H_2 = 0.1095$, $t_2 = 130$, $t_w = 59.6$, $F = 0.003$, $F_c = 0.03$, $r_w = 563.3$, $C_s = 0.3$을 식 (10-32)에 넣으면

$$(130 - t_m) = (130 - 59.6) \left[\frac{563.5(0.003) - 0.3(130 - 59.6)(0.003/0.03)^{(003)(563.5)/(0.3)(70.4)}}{(0.03)(563.5) - (0.3)(70.4)} \right]$$

$$= 70.4 \{(1.69) - (21.12)(0.1583)\} / (-4.22) = 27.6$$

$t_{m_2} = 102.4$, 앞에서 가정한 102.5[℃]와 일치한다. 따라서 $t_{m_2} = 102.4$로 취한다.

Ⅰ. 예열기간…식 (10-33)에 대입하여

$$q_1 = (19,360)(0.273)(400 - t_1') = 2 \times 10^4 (0.3 + 0.08 \times 1)(t_w - 20)$$

$t_1' = 428.5 - 1.436 t_w$, $H_1 = 0.03$, $t_w = 61.5$, $t_1' = 340.2$로 일치한다.

한편 이 조건에서의 $ha = 121$ [kcal/h · m³ · ℃]이었으므로

$$q_1 = (19,360)(0.273)(400 - 340.2) = 121 \; V_1 \frac{(400 - 20) - (340.2 - 61.5)}{\ln(380/278.7)}, \quad V_1 = 7.32$$

Ⅱ. 표면 증발기간… $C_{H_1}' = 0.270$, 식 (10-36)에 관하여

$$q_{\text{II}} = (19,360)(0.270)(340.2 - t_c) = 2 \times 10^4 (0.08 - 0.03)(564.7) = 5.64 \times 10^5, \quad t_c = 232.3$$

$$H_c = 2 \times 10^4 (0.08 - 0.03)/19,360 + 0.03 = 0.0817$$

$$q_{\text{II}} = 5.64 \times 10^5 = 121 \, V_{\text{II}} \frac{(340.2 - 232.9)}{\ln \dfrac{(340.2 - 61.5)}{(232.3 - 61.5)}} = 121 \times 220 \, V_{\text{II}}, \quad V_{\text{II}} = 21.2$$

C_H의 온도변화와 발생증기의 현열을 고려하여 습도 도표상의 단열냉각선까지 당도하면 $H_c =$ 0.0817로서 $t_c = 223$ [℃]가 된다.

Ⅲ. 감률 건조기간…아래 그림 10-28에 각 구간의 열풍의 상태변화를 그릴 수 있다.

Ⅰ ($t_1 = 400$, $H_1 = 0.03$) → ($t_1' = 340.2$, $H_1 = 0.03$)

Ⅱ (t_1', H_1) → ($t_c = 232.3$, $H_c = 0.0817$) 단열 냉각선에 따라 변화한다.

Ⅲ (t_c, H_c) → ($t_c = 130$, $H_2 = 0.1095$) 양 점을 연결한 직선상으로 변화한다고 한다.

w_c와 w_2 사이의 임의의 함수율 w를 취하면 그에 대응하는 습도 H는 $2 \times 10^4 (0.08 - w) =$

19,360($H-0.03$)으로부터 계산된다.

예를 들면 $w=0.023$에서 $H=0.0889$, 아래 그림의 종축에 0.0889를 취하고 이것으로부터 수평선을 그어 (t_2, H_2), (t_c, H_c)를 연결한 직선과의 교점의 온도 205.7 [℃]가 읽어진다. 다음에 ($t=205.7$, $H=0.0889$)에 대응하는 t_w는 61.0이 된다.

즉 $w=0.023$에 접하는 열풍조건을 정할 수가 있다. 이것을 w_c와 w_2 사이에 여러 개로 하면 식 (10-27)을 (10-29)에 대입한 좌변 $W_0 F_c r_w / ha(t-t_w)F$는 아래 표와 같이 계산되기 때문에 이것을 w와 점철하면 이 주위의 면적이 $V_{\rm III}$가 되어 그림 10-24와 같이 하여 $V_{\rm III}=68.2$, 전 용적은 $V=7.32+21.2+68.2=96.72$ [m^3], 탑내 열풍 질량속도를 3600 [kg/h · m^2]으로 취하면 단면적은 $19,360/3600=5.38$ [m^2], 탑경 2.62 [m], 필요길이 $L=96.72/5.38=17.9$ [m]이다.

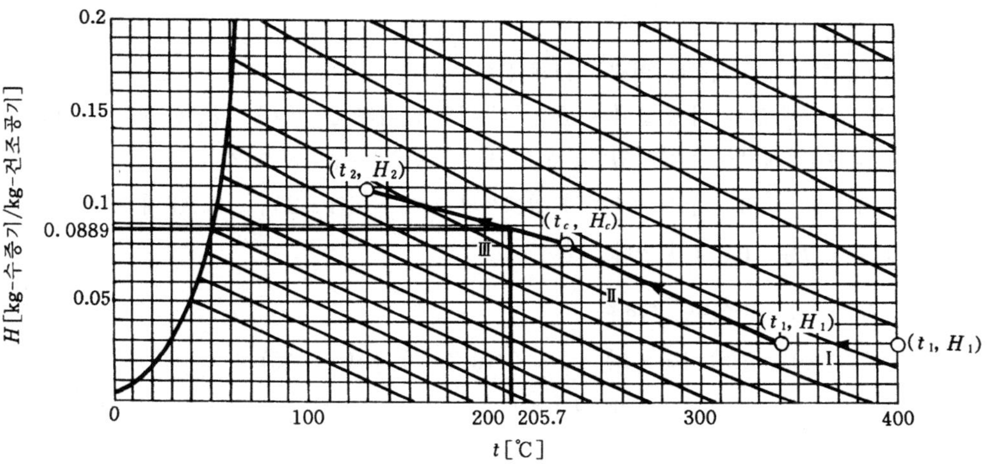

그림 10-28 각 구간별 열풍의 상태변화

w	H	t	t_w	r_w	$W_0 F_c r_w / ha(t-t_w)F$
0.03	0.0817	232.3	61.5	564.2	5.46×10^2
0.023	0.0889	205.7	61	565.3	8.4×10^2
0.016	0.0961	179.1	60.5	566.0	14.8×10^2
0.009	0.1033	152.5	60	566.5	33.8×10^2
0.003	0.1095	130	59.5	567.0	133.0×10^2

다음에 (3)①의 근사법으로 계산을 하여 본다. 이 방법은 표면 증발기간 중에 전수분이 증발한다고 생각한다.

I 은 같다.

II. 표면 증발기간…전 수분이 이 기간에 증발하므로 식 (10-40)에 의해

$q_{\text{II}}' = (19,360)(0.270)(340.2 - t_c') = 2 \times 10^4(0.08 - 0.003)(564.7) = 8.689 \times 10^5$,

$t_c' = 173.9$

$q_{\text{II}}' = 121\, V_{\text{II}'} = \{(340.2 - 173.9)\}/\ln(340.2 - 61.5)/(173.9 - 61.5) = (121)(183.3)\, V_{\text{II}'}$,

$V_{\text{II}}' = 39.2$

Ⅲ. 감률 건조기간…이 기간은 재료가열이므로 식 (10-41)에 의해

$$q_{\text{III}}' = (19,360)(0.248)(173.9 - 130) = 2.41 \times 10^5$$

$$= 121\, V_{\text{III}}'\left\{[(173.9 - 61.5) - (130 - 102.5)] \Big/ \ln\frac{(173.9 - 61.5)}{(130 - 102.5)}\right\} = 121 \times 60.3\, V_{\text{III}}',$$

$V_{\text{III}}' = 23.1$

식 (10-42)에 의해 $V' = 7.23 + 39.2 + 33.1 = 79.62\,[\text{m}^3]$, $L' = 14.7\,[\text{m}]$가 나와 상당히 적은 결과가 되었다.

다음에 (3)②항의 근사계산에 의해 비교해 본다.

이 예제와 같이 재료가열의 현열이 수분증발의 잠열에 비해 큰 경우는 적당한 예는 아니고 특히 열풍량이 너무 적게 될 위험이 있다. 재료 가열의 현열을 생각하지 않았으므로 식 (10-26)의 $t_{m_2} = t_w$이다. $t_w = 61[℃]$로 가정하여 앞에서와 같이 식 (10-25), (10-26)에 넣어 풀어보면 $G_0 = 15,240$, $H_2 = 0.131$이 된다.

Ⅰ. 예열기간…식 (10-33)에 의하여

$q_{\text{I}}'' = (15,240)(0.273)(400 - t_1) = 2 \times 10^4(0.3 + 0.08)(61 - 20)$

$t_1'' = 325.2$, $H_1 = 0.03$으로 이에 대응하는 $t_w = 61.0$이 되어 앞의 가정이 옳았다.

$$q_{\text{I}}'' = 31.16 \times 10^4 = 121\, V_{\text{I}}''\frac{(400 - 20)(325.2 - 61)}{\ln(380/264.2)}, \quad V_{\text{I}}'' = 8.0$$

Ⅱ. 표면 증발기간…식 (10-34)에 의하여

$q_{\text{II}}'' = 2 \times 10^4(0.08 - 0.03)(565.5) = 5.655 \times 10^5 = (15,240)(0.269)(325.2 - t_c'')$,

$t_c'' = 187.2$

$q_{\text{II}}'' = 121\, V_{\text{II}}\{(325.2 - 187.2)/\ln(325.2 - 61)/(187.2 - 61)\}$, $V_{\text{II}}'' = 25.0$

$2 \times 10^4(0.08 - 0.03) = 15,240(H_c - 0.03)$, $H_c = 0.0957$

Ⅲ. 감률 건조기간…식 (10-49)에 의하여

$A = 121/(15,240)(0.291) = 0.0272$

$B = 4436/2 \times 10^4(0.03)(565.5) = 0.01308$

$$V_{\text{III}}'' = 1/\{(0.0272)(0.01308) \times (61 + 1/0.01308 - 187.7)\}$$

$$\times\left[\ln\{1 + (130)(0.01308) - (0.01308)(187.2)\} - \ln\frac{(130 - 61)}{(187.2 - 61)}\right]$$

$= (-2 \times 10^4/355.6)[\ln(0.25) - \ln(0.547)] = (1.562 \times 10^4/355.6) = 43.9$

$V'' = 8.0 + 25.0 + 43.9 = 76.9\,[\mathrm{m}^3]$

$L'' = 14.3\,[\mathrm{m}]$

---

2. 감률 건조속도가 함수율에 비례하지 않는 경우

정상 건조조건에서 감률 건조속도가 큰 직선으로부터 벗어나는 경우는 1항의 방법은 사용할 수 없다. 건조 변수의 결정에서 재료의 출구온도 t_{m_2}는 출구의 열풍조건에 의한 정상 건조 실험에서의 희망 함수율까지 건조된 경우의 온도로 한다. 실험을 행하지 않는 경우에는 식 (10-32)에서 계산된 값보다 더 높은 온도가 되어 감률 2단이 긴 만큼 열풍온도에 가까운 값을 취한다.

예열 및 표면 증발기간의 계산법은 1항의 경우와 같이 하면 된다. 감률기간에서는 다음과 같이 계산한다.

$$G_0 i_c \pm W_0 (C + C_w W) t = G_0 i \pm W_0 (C + C_w W_c) t_{mc} \quad (+\text{향류},\ -\text{병류}) \qquad (10\text{-}62)$$

감률기간에서 재료온도 t_m은 그에 접촉하는 열풍의 온도 t와 같이하여 한계 함수율 이후의 엔탈피 수지를 계산한다.

이 근사는 임의의 함수율 w에 접촉한 열풍의 온도를 어느 정도 낮은 눈금을 취하여 구하면 오차가 그리 크지는 않다.

감률기간의 물질수지는

$$W_0 (W_c - W) = \pm G_0 (H_c - H) \quad (+\text{향류},\ -\text{병류}) \qquad (10\text{-}63)$$

식 (10-62), (10-63)에 의해 임의의 감률기간의 함수율 w를 정하면 그에 접촉한 t, H가 계산된다. 재료상태, 공기속도 등을 설계장치와 같게 하여 이 열풍조건에서 정상적인 건조실험을 행하면 w_c와 w_2 사이의 임의의 w(예를 들면 w_α, $w_\beta \cdots$)에 대하여 그림 10-29의 건조곡선을 그릴 수가 있다. 여기서 w_α의 함수율을 갖는 재료가 비정상건조시에 t_α, H_α의 열풍에 접하여 가리키는 건조속도는 정상 건조조건 t_α, H_α에서 w_α의 함수율일 때 나타내는 건조속도와 같다고 근사한다.

이 근사에 따라서 그림 10-29에서 구한 점 C, α, β, ……, 2를 연결한 곡선(접선)을 이 경우의 비정상 건조특성 곡선으로 생각한다.

종축을 질량 건조속도 $(-dw/d\theta)$로 하면 그림 10-30에 나타낸 것과 같이 이 값의 역수 $(-d\theta/dw)$ 대 w를 구하여 이 곡선의 주위 면적을 구하면 건조시간 θ_f가 된다.

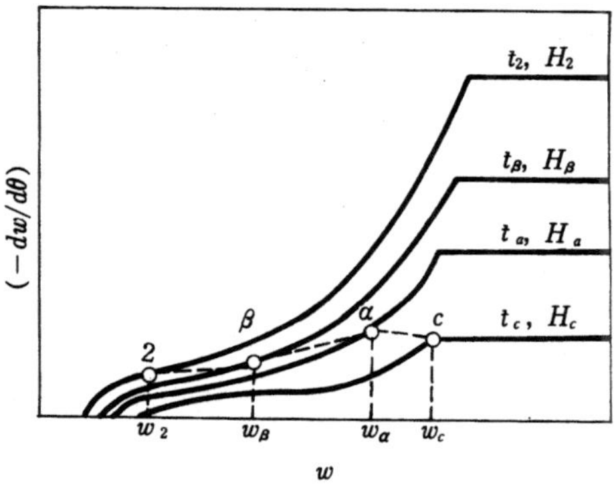

그림 10-29 비정상 건조 특성곡선의 도해

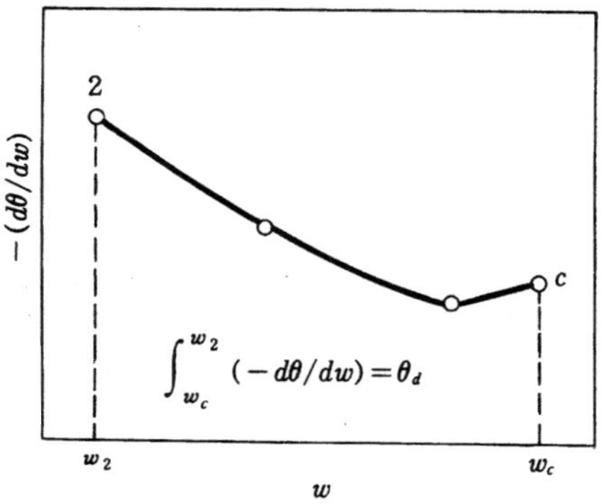

그림 10-30 건조 시간의 산출

$$\theta_f = \int(-d\theta/dw)\,dw \tag{10-64}$$

θ_f가 구해지면 필요 건조기의 용적 V_d는 장치 단면적을 A' [m^2], 길이를 L[m]로 하여 재료의 A'내에서 점유하는 보유율을 x[−], 겉보기 밀도를 ρ_B[kg/m^3]으로 하면

$$\theta_f = \rho_B x A' L / W_0, \quad V_d = A'L \tag{10-65}$$

로부터 구할 수 있다.

연습문제

1 수분 50 [%]의 습한 재료의 건조기준 함수율은 얼마냐?

2 수분 25 [%]의 고체 1,000 [kg]을 건조하여 수분 1 [%]로 하려고 한다. 수분 얼마를 제거해야 하나?

3 일정량의 사탕을 건조기에 넣어 열풍 건조를 시킨다. 25분마다 전중량을 측정하여 다음 값을 얻었다. 이때 건조특성곡선을 구하라. 건조기의 표면적은 10 [m^2]이다.

시 간 [h]	전중량 [g]	시 간 [h]	전중량 [g]	시 간 [h]	전중량 [g]
0	31.69	2.25	29.59	4.50	27.72
0.25	31.41	2.50	29.36	4.75	27.60
0.50	31.17	2.75	29.14	5.00	27.48
0.75	30.96	3.00	28.91	5.50	27.38
1.00	30.72	3.25	28.68	6.00	27.26
1.25	30.49	3.50	28.51	6.50	27.19
1.50	30.24	3.75	28.30	7.00	27.14
1.75	30.03	4.00	28.07	7.50	27.12
2.00	29.80	4.25	27.90	8.00	27.12

4 수분 25 [%]를 함유한 고체재료가 있다. 이것을 건조실험한 결과 다음 데이터를 얻었다. 항율 건조속도 1.5 [$kg/h \cdot m^2$], 한계함수율 0.20, 평형함수율 0.05, 이 재료 150 [kg]을 수분 25 [%]에서 6 [%]까지 건조시켰다. 소요 건조시간을 구하라. 단, 재료표면적은 2.81[m^2]이다.

5 건조기에서 함수율 12 [%]의 재료를 5,000 [kg/h] 처리하여 수분율 1 [%]로 하고 싶다. 재료는 0 [℃]에 들어가 80 [℃]로 나온다. 마른재료의 비열은 0.173, 건조에 사용한 공기는 입구 850 [℃], 출구 120 [℃]이고 그 평균비열은 0.238이다. 장치 전체의 열 손실을 25 [%]로 할 때 소요공기량을 구하라.

6 두께 3 [cm]의 판상재료를 금망(金網)상에 놓고 65 [℃], $\mu = 0.02$, $v = 3$ [m/ sec]의 평형류를 보내어 건조할 경우 항률 건조속도를 구하라.

7 두께 1 [cm]의 돌을 40 [℃]에서 건조할 경우 자유함수율 20 [%]에서 16 [%]로 하는데 8시간 걸렸다. 두께 2 [cm]의 돌을 동일하게 40 [℃]에서 20 [%]에서 12 [%]로 하는 데는 몇 시간이 걸릴까?

8 회분 건조기에서 고체원료를 항률 건조기에서의 30 [kcal/h]의 속도로 건조한다. 200 [kg]의 물을 함유한 건조재료 300 [kg]의 원료를 처리하여 함수율 0.08인 제품을 얻으려고 할 때 소요시간은 얼마냐? 이 때 한계함수율 0.5, 평형함수율 0.04, 특성곡선은 감률단계에서 직선을 이룬다.

만약 입구의 공기의 온도 49 [℃], 압력 760 [mmHg], 습도 0.03이고 출구에 습도 0.05로 되었다면 항률단계에서 얼마의 공기가 필요할까?

9 기류 건조기를 사용하여 한 시간에 6 [ton 습윤기준]의 재료를 함수율 10 [%]에서 1.5 [%]까지 건조하고자 한다. 재료는 그 사이를 표면증발기간에 있다. 지금 400 [℃], 습도 $H = 0.04$의 가열공기를 사용하여 건조한다. 배출온도가 130 [℃]일 경우 필요 열풍량을 계산하라. 기류 건조기의 평균 열량계수가 4,000 [kcal/m^3 · h · ℃]일 경우 필요한 건조기의 길이를 계산하라. 단, 건조기의 직경은 0.25 [m]이다.

---

1. 1 [kg H_2O/kg 건조고체]
2. 242 [kg]
3.
4. 13 [h]
5. 3,050 [kg/h]
6. 1.59 [kg/h · m^2]
7. 112 [h]
8. 13.9 [h], 1,820 [m^3/h]
9. 3,470 [kg/h], 8.1 [m]

제11장

결정화

결정화(結晶化, crystallization) 또는 정석(晶析)조작은 고체와 액체의 분리조작으로 불순한 용액으로부터 순수한 고체 결정을 얻기 위한 방법으로 사탕수수로부터 설탕을 생산하는 것 등이 이에 속한다. 그러나 현재에는 결정화 조작을 통해 단순한 고체를 얻는 것에서 벗어나 결정의 모양, 균일성 등까지 고려한 제품을 얻는 것을 목적으로 하고 있다. 균일한 크기와 모양을 가진 결정은 포장, 세척 및 여과 등의 조작이 용이하며 외관상으로도 보기 좋다.

결정화 조작은 확산조작의 일종이지만 정량적인 취급은 어렵다. 그 이유는 결정핵의 발생이나 취급의 어려운 점 때문이다. 최근에 와서는 결정화 자체의 연구와 고체-유체간의 유동, 혼합 또는 고체의 연속 배출속도 등에 관한 연구가 종합되어 단위조작으로서 체계를 갖추게 되었다.

11-1 결정의 기하학

1. 결정계(結晶系)

결정은 원자, 이온 또는 분자들이 질서있게 반복된 3차원적인 배열 즉 공간격자(空間格子, space lattice)를 이루고 있으며 구성입자들 사이의 거리는 X선 회절분석에 의해 알아낼 수 있으며 이로부터 격자상수와 가상적인 결정면 사이의 각도를 구한다.

결정은 평면과 모서리를 가진 다면체이며 같은 물질이라도 서로 다른 크기의 면이나 모서리를 가질 수 있으나 결정면 사이의 각은 동일한 특성을 가진다. 이러한 성질을 **하위**(Haüy)**의 법칙**이라고 한다.

결정의 형태는 일반적으로 결정각과 축의 길이에 따라 다음과 같이 분류한다.

(1) **삼사정계**(三斜晶系, triclinic system) : 세 축의 길이가 서로 경사져 있고 축의 길이와 각이 모두 다르다.

(2) **단사정계**(單斜晶系, monoclinic system) : 세 축의 길이가 서로 다르며 그 중 둘은 경사져 있으며 다른 한 축에 대하여 평행하다.

(3) **사방정계**(斜方晶系, orthorhombic system) : 세 축의 길이가 모두 다른 정방형

(4) **정방정계**(正方晶系, tetragonal system) : 세 정방축으로 되어 있고 그 중 두 축의 길이는 같고 다른 한 축의 길이는 다르다.

(5) **삼방정계**(三方晶系, trigonal system) : 세 축의 길이가 서로 같고 경사도 마찬가지다.

(6) **육방정계**(六方晶系, hexagonal system) : 세 개의 길이가 같은 공평면 축이 서로 60°로 경사져 있으며 네 번째 축이 다른 세 축에 대하여 길이가 다르며 수직이다.

(7) **등축정계**(等軸晶系, cubic system) : 세 축의 길이가 같고 모두 각은 90°이다.

또한 그 결정을 이루는 결합의 형태에서 분류해 보면 금속결합, 이온결합, 공유결합, 분자결합(반데르 발스 결합) 및 수소결합이 있으며 그 외 반도체가 있는데 결정격자 사이에 불순물을 가지고 있어서 빈틈이 형성되어 전자가 여기서 빠져나가는 격자결함 현상 때문에 음전하 또는 양전하가 과잉이 되어 여러 가지 특수한 성질을 나타낸다.

2. 결정의 습성

결정은 고유한 결정계를 가지나 외형은 조건에 따라 변한다. 이것을 **결정의 습성**(crystal habit)이라고 한다. 예를 들면 염화나트륨은 등축정면으로만 결정화되지만 소량의 요소를 포함하는 수용액 중에서는 8면체로 결정화된다. 두 형은 모두 등축정계에 속하나 그 습성은 다르다. 한 물질이 대칭형, 침상(針狀), 판상(板狀) 및 프리즘상으로 결정화되는 습성은 각 결정면의 성장속도에 차가 있기 때문에 나타나는 현상이며, 성장속도는 용매의 종류, 용액의 pH, 불순물, 과포화도, 온도 및 교반속도 등에 영향을 받는다. 일반적으로 급격한 결정화를 일으키면 결정화염의 제거가 급격히 일어나기에 적합한 침상 또는 수지상(樹枝狀)이 생성된다. 습성 변화에 가장 큰 영향을 주는 것은 Fe, Al 및 Cr 등의 다가 금속이온이나 중합인산염, 색소, 계면활성제 등과 같은 불순물이다.

결정의 형상은 여과시의 세정효율과도 관계가 있기 때문에 제품의 순도뿐만 아니라 조작자

체에도 영향을 미친다. 또한 저장 중에 고결(固結, caking)을 방지하는 것도 중요한 일로 미량의 매정제(媒晶劑)를 가해 분자 또는 이온이 결정면에 흡착되어 특정한 면을 성장시키는 등의 습성변화를 유도하여 결정의 형상을 조절한다.

11-2 결정화 장치

결정화 장치(crystallizer)는 결정을 석출시키기 위해 용액을 과포화로 만드는 방식에 따라 다음과 같이 나눈다.

1. 냉각 결정화 장치

가장 오래된 정석장치로 탱크형(tank type)과 교반형(agitated type)이 있다. 탱크형은 개방된 구형 탱크 속에 뜨거운 용액을 넣고 냉각에 의해 결정을 석출시킨다. 보통은 막대기나 쇠사슬을 매달아서 결정이 성장할 수 있는 표면적을 준다.

그림 11-1과 같은 교반형은 탱크형을 다소 개량한 것으로 탱크 속에 든 고온용액을 교반하면서 냉각코일을 통해 냉각하여 결정을 얻는 방식이다.

그림 11-2와 같은 스웬슨-워커(Swenson-Walker) 정석기는 연속식 장치로 반원통형의 외부에 냉각수용 자켓이 있고 내부에는 7 [rpm] 정도로 회전하는 리본형 교반기가 있다. 표준형의 크기는 폭 60 [cm], 길이 3 [m] 정도이나 더 길어야 할 경우는 여러 개를 연결하여 사용한다. 결정화시킬 뜨거운 진한 용액을 통의 한 끝에서 공급하고 냉각수는 용액과 향류로 자켓 속에 흘러 보낸다.

리본형 교반날개는 결정의 교반과 수송이 주 목적이 아니라 냉각 표면에서의 결정의 축적

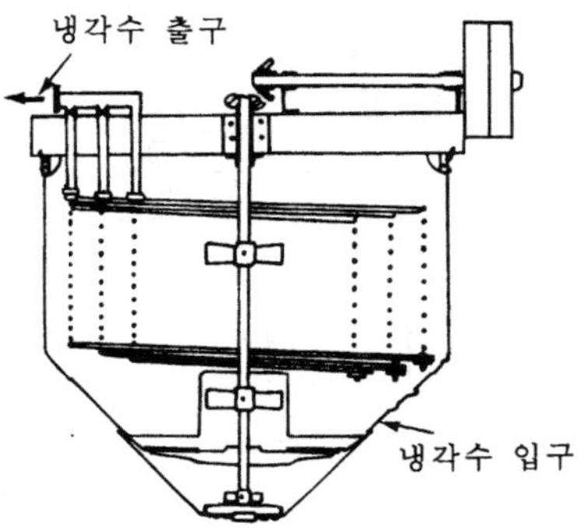

그림 11-1 회분식 교반 정석기

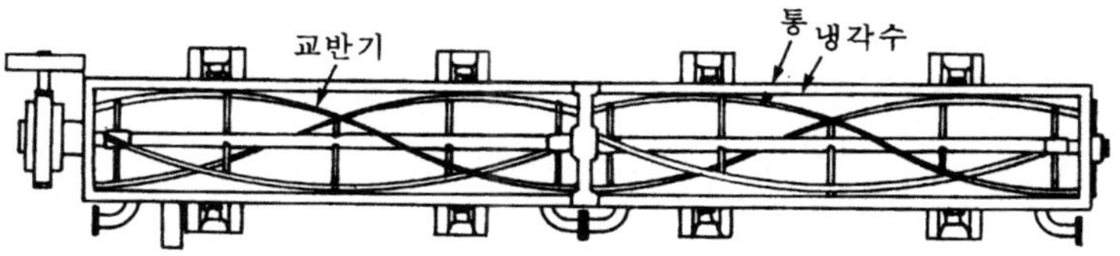

그림 11-2 스웬슨 워커 정석기

방지와 일단 생긴 결정을 위로 퍼올리고 다음에 이것을 용액 속에 뿌려서 떨어지게 하여 결정이 용액속에 자유롭게 떠있을 동안 성장하게 한다. 따라서 생성된 결정들은 거의 완전하고 크기가 균일하며 덩어리를 이루지 않는다.

2. 증발 결정화 장치

이 형식은 가열에 의해 결정을 석출시키는 것으로 가장 보편적인 것은 염석 증발관(salting evaporator)이며 증발관에 정치조(靜置槽)를 연결한 형태이다. 증발관에서 생성하는 마그마(magma, 용액에 떠 있는 결정)를 정치조에 보내어 모액과 결정을 분리한다.

분리된 모액은 다시 증발관으로 보내고 결정은 원심분리하여 잔여 모액을 제거한다. 현재 그림 11-3과 같은 크리스털(crystal)이 대표적으로 사용되고 있다.

이 장치는 대형의 균일 결정의 제조에 적합하다. 이는 강제순환형 증발에 결정여과기, 분급

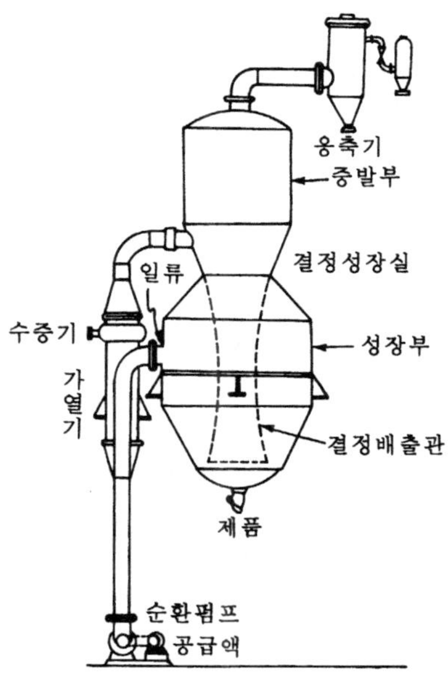

그림 11-3 크리스털 정석기

기 등을 부설한 형식이다. 외부 가열기는 때로는 냉각기로도 사용할 수 있다.

3. 진공증발 결정화 장치

그림 11-4와 같은 진공 정석기(vacuum crystallizer)는 고온 용액을 저압의 공간에 도입하여 돌비증발(突沸蒸發, flash vaporization)시킴으로써 결정을 얻는 장치이다. 이 경우 증발에 사용되는 열은 용액의 현열이므로 증발 후에 기-액 혼합물의 온도는 상당히 낮아진다.

회분식 장치에서는 원액을 증발관 내에 주입하고 교반하면서 제트-이젝터를 동작시켜서 감압증발하면서 냉각시킨다.

생성된 결정은 밑에서 배출하여 침강 원심분리한다. 연속장치는 그림에서는 단일효용으로 되어있으나 대개 다중효용 증발관을 사용하여 여기에 이젝터를 부설 감압시킨다.

결정화 장치는 장치 벽에서의 케이크 생성의 방지, 기-액 및 기-고의 분리, 결정의 크기, 형태, 유지비, 조업비 등을 고려하여 적합한 것을 선택하여야 한다. 또한 미립자는 결정의 성장을 방해하므로 순조로운 결정 육성을 위해서는 미립자 제거장치를 설치해 주는 것이 바람직하다.

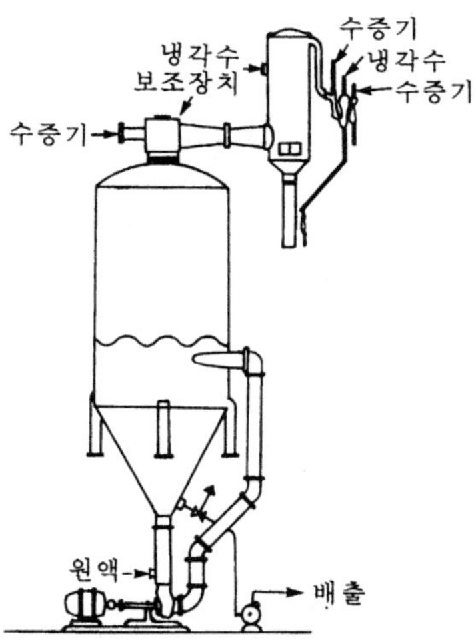

그림 11-4 단일효용 진공 정석기

11-3 결정화 이론

1. 용해도(溶解度)

결정화 조작은 물질이 용액 중에서 결정 표면으로 이동하는 현상에 중점을 두고 있으며 결정화 조작의 평형은 용액이나 모액(母液, mother liquor)이 포화된 상태이다. 농도는 용해도 곡선으로부터 얻을 수 있는데 용해도(solubility)는 주로 온도에 영향을 받으며 압력에 대한 영향은 무시할 수 있다. 그림 11-5는 대표적인 몇 가지 염에 대한 용해도 곡선이다. 대부분의 물질은 KNO_3와 같이 용해도가 온도에 따라 증가하나 NaCl의 경우는 온도에 영향이 없으며 $CaSO_4$와 같은 것은 온도에 따라 오히려 용해도가 감소한다.

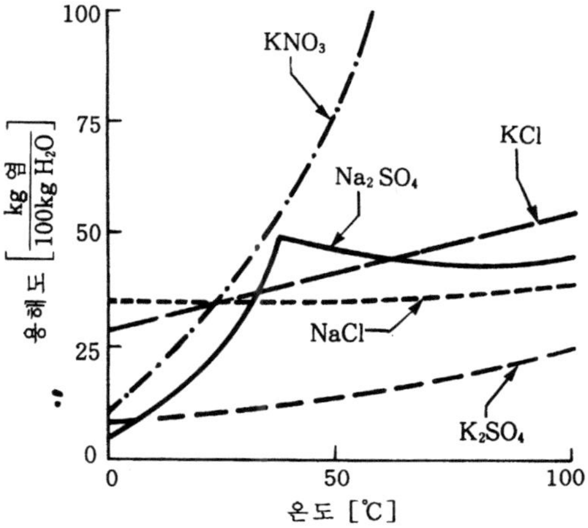

그림 11-5 각종 염의 용해도 곡선

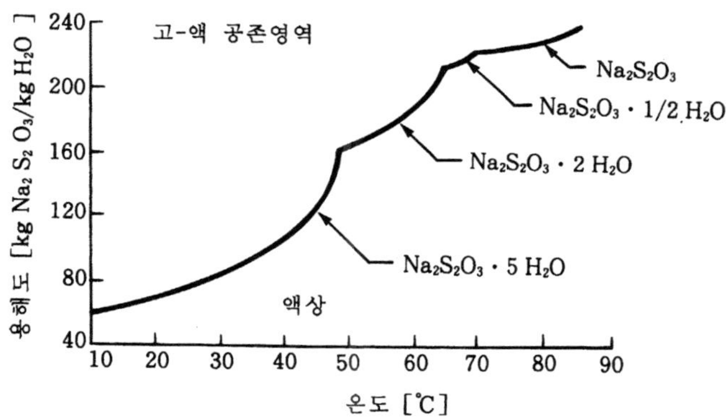

그림 11-6 $Na_2S_2O_3$의 용해도 곡선

무기물의 결정은 대개 결정수(結晶水)를 가지는데 이 결정수는 상태에 따라 결합분자의 수가 달라지는 것이 보통이다. 그림 11-6은 $Na_2S_2O_3$염에 대한 용해도 곡선이다. 용해도는 온도에 따라 급속히 증가하지만 서로 다른 함수물(含水物, hydrate)이 되는 것을 보여준다. 48.2[℃]까지는 용해도 곡선보다 위쪽에 있는 농도 즉 공존영역에서는 고체 결정이 안정한

$Na_2S_2O_3 \cdot 5H_2O$로 존재하고 용해도 곡선보다 낮은 농도영역에서는 단지 용액만 존재한다는 것을 알 수 있다. 또 48.2～65[℃] 범위에서는 $Na_2S_2O_3 \cdot 2H_2O$, 65～70[℃] 범위에서는 $Na_2S_2O_3 \cdot \frac{1}{2}H_2O$로 존재하며 70[℃] 이상이 되면 안정한 무수물(無水物, anhydrate)인 $Na_2S_2O_3$로 존재한다.

2. 수 율(收率)

대부분의 공업적인 결정화 공정에서는 용액(모액)과 고체 결정이 평형에 도달하기 위해서는 충분한 시간의 접촉이 필요하다. 즉 모액은 공정의 최종 온도에서 포화상태가 되며 이때의 용질농도는 용해도 곡선으로부터 알 수 있다. 따라서 결정화 공정에 대한 수율(yield)은 초기상태와 최종상태인 용질농도로부터 계산할 수 있다.

$$y = \frac{C_f}{C_o} \times 100\,[\%] \tag{11-1}$$

여기서 y는 수율, C_o는 초기상태의 용질의 양, C_f는 최종상태에서 석출한 용질의 양이다.

한편 용액의 포화정도를 나타내는 **비교포화도**(relative saturation degree) S_R이 사용된다.

$$S_R = \frac{S_x}{S_s} \times [\%] \tag{11-2}$$

여기서 S_s는 포화상태의 용해도, S_x는 현재의 용해도이다.

상업적인 결정화에서는 용액이 아주 점조하거나 석출되는 절정이 표면이 아주 작아서 결정성장속도가 느릴 때가 있는데 이 경우에는 평형상태에 도달하는데 상당한 시간이 필요하므로 최종모액이 과포화(過飽和, super saturation)되어 수율은 이론적으로 계산한 것보다 작아진다.

예제 11-1

$Pb(NO_3)_2$의 용해도는 180[℃]에서 115, 30[℃]에서 66[kg $Pb(NO_3)_2$/kg H_2O]이다. 지금 80[℃]에서 45[wt %]의 $Pb(NO_3)_2$ 수용액이 있을 때 다음을 구하라. (1) 80[℃] 수용액이 비교포화도, (2) 30[℃]로 냉각했을 때 수용액 100[kg]으로부터 석출되는 $Pb(NO_3)_2$의 양, (3) 백분율 수율

풀이

(1) 계산기준 : 45[wt %] 수용액 100[kg]

용질의 양 100×0.45[kg]

물의 양 $100 \times (1-0.45) = 55$[kg]

$$\therefore S_R = \frac{S_x}{S_s} \times \frac{(45/55) \times 100}{115} \times 100 = 71.1\,[\%]$$

(2) 냉각 후 물에 녹아 있는 용질의 양 $= \frac{66}{100} \times 55 = 36.3\,[\mathrm{kg}]$

$\therefore$ 석출량 $= 45 - 36.3 = 8.7\,[\mathrm{kg}]$

(3) $y = \frac{C_f}{C_o} \times 100 = \frac{8.7}{45} \times 100 = 19.3\,[\%]$

---

3. 물질수지 및 에너지 수지

결정화 공정은 대개 증발조작과 냉각에 의한 결정화 조작으로 구분되며 물질수지를 사용하면 수율 문제를 간단히 계산할 수 있다. 다만 석출되는 결정이 무수물일 때는 관계없으나 함수물인 경우에는 결정과 함께 물이 제거되므로 이것을 고려해 주어야 한다. 또 증발조작이나 냉각조작이 소요열량은 에너지 수지를 세워서 풀 수 있다.

결정화 조작은 용해과정과 반대이므로 계산에 필요한 용액의 엔탈피는 여러 온도와 농도에 따른 용액 또는 고체의 비열변화, 결정화열 또는 용해열에 관한 자료가 있으면 직접 구할 수 있다. 일반적으로 결정화 공정에 대한 열량 계산에는 여러 온도범위에서 용질의 농도와 용액의 엔탈피 사이의 관계를 나타낸 엔탈피-농도 도표가 사용된다.

그림 11-7은 $MgSO_4 - H_2O$계에 대한 엔탈피-농도 도표이다.

결정화 공정에 대한 물질수지 및 에너지 수지 관계를 그림으로 나타내면 그림 11-8과 같다. 물질수지는 다음과 같이 세울 수 있다.

① **증발과정**

총괄 물질수지 $F = V + M\,[\mathrm{kg/h}]$ (11-3)

용질수지 $Fx_F = Vy + Mx_M\,[\mathrm{kg/h}]$ (11-4)

② **결정화 과정**

총괄 물질수지 $M = L + C\,[\mathrm{kg/h}]$ (11-5)

용질수지 $Mx_M = Lx_L + Cx_C = \,[\mathrm{kg/h}]$ (11-6)

에너지 수지는 다음과 같이 주어진다.

① **증발과정** $Fh_F + q_V = VH + Mh_M\,[\mathrm{kcal/kg}]$ (11-7)

② **결정화 과정** $Mh_M = Lh_L + Ch_C + q_C\,[\mathrm{kcal/kg}]$ (11-8)

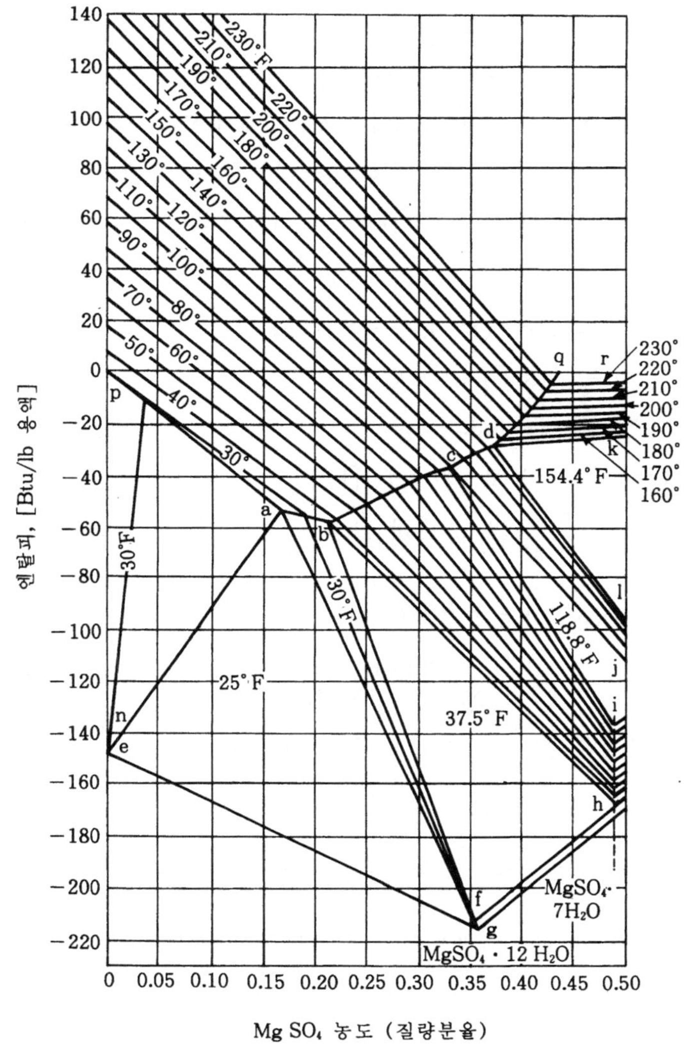

그림 11-7 $MgSO_4-H_2O$계의 엔탈피-농도 도표

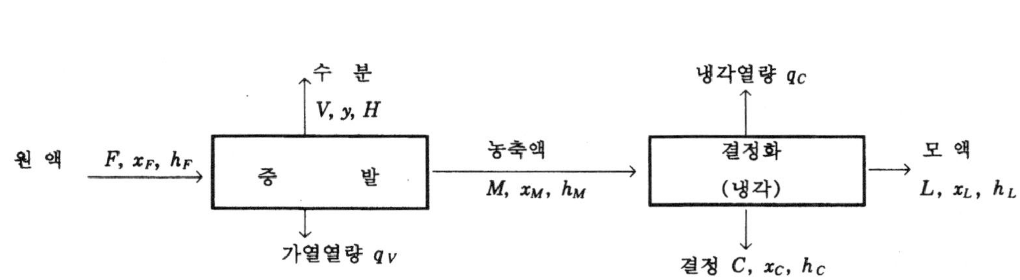

그림 11-8 결정화 공정의 물질 및 에너지 수지

예제 11-2

30 [wt %]의 $NaCO_3$ 수용액 100 [kg]을 20 [℃]로 냉각한다. 냉각도중 수분의 10 [%]가 증발한다. 석출되는 결정은 $NaCO_3 \cdot 10\,H_2O$이며 20 [℃]에서 $Na_2CO_3 \cdot 10\,H_2O$의 용해도는 21.5 [kg Na_2CO_3/100 kg H_2O]이다. 석출한 $Na_2CO_3 \cdot 10\,H_2O$의 양과 모액의 양을 구하라. 단, Na_2CO_3의 분자량 = 106, $Na_2CO_3 \cdot 10\,H_2O$의 분자량 = 286.

풀이

원용액 중 H_2O의 양 = 1000 × (1 − 0.3) = 700 [kg]

증발한 물의 양 (V) = 700 × 0.1 = 70 [kg]

원액 (F) = 1000 [kg], $x_F = 0.3$, $y = 0$

농축액의 양, $M = F - V = 1000 - 70 = 930$ [kg]

농축액의 농도, $x_M = \dfrac{Fx_F - Vy}{M} = \dfrac{(1000 \times 0.3) - (70 \times 0)}{930} = 0.323$

모액의 농도, $x_L = \dfrac{21.5}{100 + 21.5} = 0.177$

결정 중의 Na_2CO_3농도, $x_C = \dfrac{Na_2CO_3}{Na_2CO_3 \cdot 10H_2O} = \dfrac{106}{286} = 0.371$

따라서 석출하는 결정의 양과 모액의 양을 물질수지로부터

$$Cx_C = Mx_M - Lx_L = Mx_M - (M - C)x_L$$

$$C = \frac{(x_M - x_L)}{(x_C - x_L)} \cdot M = \frac{(0.323 - 0.177)}{(0.371 - 0.177)} \times 930$$

$$\therefore\ C = 700\ [\text{kg } Na_2CO_3 \cdot 10H_2O]$$

$$\therefore\ L = M - C = 930 - 700 = 230\ [\text{kg}]$$

예제 11-3

80 [℃]에서 농도 35 [wt %]인 $MgSO_4$ 수용액 2970 [kg/h]를 30 [℃]로 냉각한다. 증발과정에서 물의 증발이 없다면 석출하는 결정의 양과 제거해야 될 열량은 얼마인가? 단, $MgSO_4$의 분자량 = 120.5이다.

풀이

먼저 이 과정을 그림으로 표시해 보면 다음과 같다.

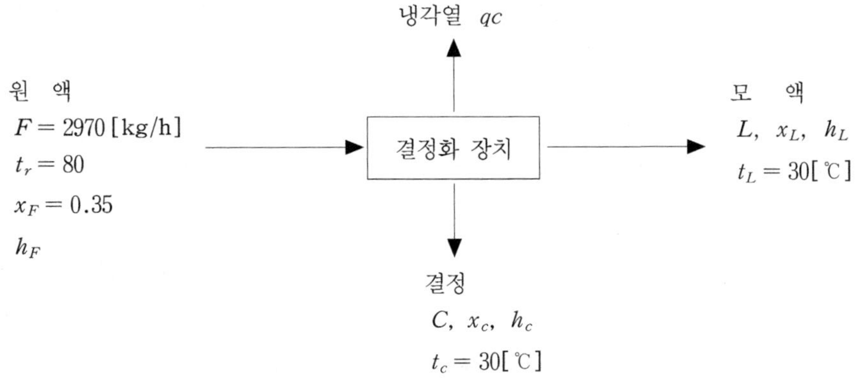

모액은 포화용액이므로 그림 11-7로부터 $t_L = 30$ [℃] $= 86$ [°F]에서 $MgSO_4$의 농도(x_L)= 0.28. 또 결정은 30 [℃]에서 $MgSO_4 \cdot 7H_2O$이므로 x_C는

$$x_C = \frac{MgSO_4}{MgSO_4 \cdot 7H_2O} = \frac{120.5}{246.5} = 0.489$$

물질수지로부터 결정 및 모액의 양을 구하면

$$2970 \times 0.35 = C \times 0.489 + (1000 - C) \times 0.281$$

$$\therefore\ C = 1000\,[\mathrm{kg}]$$

$$\therefore\ L = 2970 - 1000 = 1970\,[\mathrm{kg}]$$

각각의 엔탈피를 그림 11-7에서 구하면

$x_F = 0.35$, $t_F = 80$ [℃] $= 177$ [°F]에서 $h_F = -4$ [Btu/lb] $= -2.22$ [kcal/kg]

$x_C = 0.489$, $t_C = 30$ [℃] $= 86$ [°F]에서 $h_C = -150$ [Btu/lb] $= -83.5$ [kcal/kg]

$x_L = 0.281$, $t_L = 30$ [℃] $= 86$ [°F]에서 $h_L = -43$ [Btu/lb] $= -23.9$ [kcal/kg]

따라서 에너지 수지로부터 냉각열을 구하라.

$$Fh_F = Ch_C + Lh_L + q_C$$

$$\therefore\ q_C = 2970 \times (-2.22) - [1000 \times (-83.5) + 1970 \times (-23.9)]$$

$$\therefore\ q_C \fallingdotseq 1.24 \times 10^5\,[\mathrm{kcal/h}]$$

---

4. 결정의 생성 및 성장

결정화는 균일한 혼합물 속에서 새로운 고체가 만들어지는 것이다. 결정화 과정에서 결정핵이 먼저 생성되고 그 다음에 결정이 성장한다는 반응기구를 이해하는 것은 매우 중요하다.

(1) 결정핵의 생성

결정화가 일어나는 용액이 결정화될 물질의 고체 입자나 그 밖의 다른 고체 입자를 함유하고 있지 않으면 먼저 핵이 생성되어야 한다. 또한 핵이 성장하는 동안 새로운 핵이 계속해서 생성되어야 한다.

결정핵 생성에 관한 이론 중 가장 대표적인 것이 마이어스(Miers)의 **과포화 이론**이다. 그림 11-9에서 곡선 AB는 용해도(포화) 곡선으로 고체 용질에 용매와 평형에 도달시킴으로써 얻을 수 있는 최대 농도를 나타낸다. 이것은 과포화용액에서 결정화가 일어날 때 도달하는 마지막 한계이기도 하다.

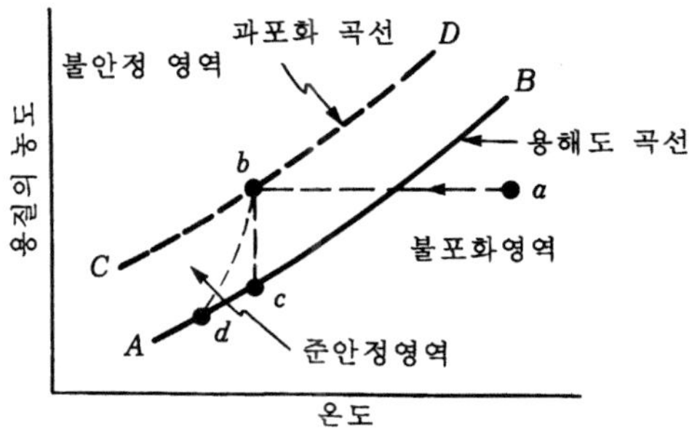

그림 11-9 이어스의 과포화 이론

온도와 농도가 a점으로 표시되는 어떤 시료를 화살표 방향으로 냉각하면 용해도 곡선과 만나게 되며 이 점에서 결정화가 시작된다고 볼 수 있다. 그런데 이 용액이 결정화할 고체나 그 밖의 물질의 고체 입자를 포함하지 않는 순수한 균일용액이라면 포화온도보다 낮은 어떤 범위까지는 과냉각되더라도 결정화를 일으키지 않는다. 이 범위를 **준안정영역**(metastable)이라고 한다. 마이어스는 이 준안정영역을 넘어서 **불안정영역**(labile region)이 시작되는 점 즉 과포화 곡선강의 점 b에 도달했을 때 결정핵이 생성된다고 하였다. 따라서 과포화 곡선 CD는 핵생성이 자발적으로 일어나기 시작하는 한계를 나타낸다. b점에서 용액의 농도는 더 이상의 냉각이 없을 경우에는 c점으로 떨어지며 냉각이 계속될 때는 bd를 따라 내려간다.

(2) 결정핵의 생성속도

용액이 준안정영역을 넘어서면 급격히 결정을 석출한다. 이 때 결정 중심인 미소한 고체 즉 핵(核, nuclei)이 먼저 생기고 이것이 성장 또는 결합하여 눈으로 볼 수 있는 미소한 결정이 된다.

열역학적으로 볼 때 작은 입자는 큰 입자에 비해 단위질량당의 표면 에너지가 아주 크다. 즉 단위질량당의 표면적이 훨씬 크므로 용해도도 아주 크다. 따라서 큰 입자가 있으면 큰 입자는 더욱 성장하고 미립자는 용해해 버리게 된다. 따라서 입자 크기에 따른 용해도의 영향이 핵 형성에 중요하게 작용한다.

입자의 표면에서 U_s는 다음 식으로 표현된다.

$$U_s = \sigma A_p \tag{11-9}$$

여기서 A_p는 입자의 표면적이며 σ는 계면장력으로 액체의 경우는 표면장력이며 입자의 경우에는 표면적을 $1\,[\mathrm{cm}^2]$ 늘리는데 필요한 에너지이다.

핵이 형성될 때에는 표면을 만드는 것과 용적을 만드는 두 가지의 일을 해야 한다. 입자 크기에 대한 물질의 용해도를 고려한 일함수 즉 자유 에너지 ΔG는 켈빈(Kelvin)에 의해 다음과 같이 주어진다.

$$\Delta G = \frac{16\pi\sigma^3 V_m^3}{3(nRT\ln S)^2} \tag{11-10}$$

여기서 V_M은 결정의 몰부피 $[\mathrm{cm}^3/\mathrm{g-mol}]$, n은 용질 $1\,[\mathrm{g-mol}]$당의 이온의 수, R은 기체상수 $[8.314\times10^7\,\mathrm{erg/g-mol\,K}]$, T는 절대온도 $[\mathrm{K}]$이며 S는 과포화비로 다음과 같이 정의된다.

$$S = \frac{C}{C_s} \tag{11-11}$$

여기서 C는 과포화 용액의 농도, C_s는 포화용액의 농도이다.

결정핵의 생성에 따른 자유 에너지의 변화는 결정핵의 크기가 증가하면 자유 에너지도 증가하여 분열이나 용해가 없는 안정한 핵의 최소 크기인 한계핵 입경에서 최대값을 갖는다.

결정핵의 생성속도는 아레니우스(Arrhenius)식의 형태로 나타내면 다음과 같다.

$$N = A\exp(-\Delta G/RT)\ [\text{개수}/\mathrm{cm}^3\cdot\mathrm{s}] \tag{11-12}$$

여기서 A는 실험으로 정해지는 상수이다.

라메르(LaMer)는 여러 가지 물질에 대해 식 (11-10)과 식 (11-12)로부터 다음 식을 제안하였다.

$$N = 10^{25}\exp\left[\frac{-16\pi\sigma^3 V_M^3}{3(RT)^3 n^2(\ln S)^2}\right] \tag{11-13}$$

결정핵의 생성속도는 여러 가지 원인이 영향을 받는다. 일반적으로 액의 교반, 통기(通氣),

기계적 충격 및 초음파 등은 결정핵의 석출을 촉진한다. 가장 효과적인 방법은 용액 중의 용질과 같은 성분의 미소한 고체 즉 씨결정(種晶, seed)을 첨가하는 것이다. 또는 결정구조가 유사한 다른 고체를 가해도 된다. 이와 같이 고체의 공존하에서 결정핵을 석출시키는 것을 **불균일계의 핵생성**이라고 하며 이 때의 자유 에너지 변화는 앞에서 말한 균일계보다 작은 값을 갖는다.

(3) 결정의 성장속도

결정의 성장은 용질이 결정면으로 확산하는 단계와 결정 표면에서 용질이 결정격자에 배열되는 표면 반응단계로 되어 있다고 생각할 수 있다. 용적이 V인 일정온도의 과포화용액 중에 표면적 A의 결정을 넣고 교반하면서 결정을 성장시키는 경우를 생각해 보자. 먼저 확산에 의하여 용질이 액 본체로부터 결정면까지 가는 속도는 다음과 같이 표시된다.

$$-V\frac{dC}{dt}=k_dA(C-C_i) \tag{11-14}$$

여기서 k_d는 물질전달 속도계수, C 및 C_i는 액 본체 및 결정표면에서의 농도이다.

한편 결정 표면에서의 반응속도는

$$-V\frac{dC}{dt}=k_rA(C_i-C_s) \tag{11-15}$$

로 표시된다. 여기서 k_r은 표면반응의 속도상수, C_s는 포화농도이다. 정상상태에서는 이 두 과정의 속도가 같으므로 두 식으로부터

$$\frac{dW}{dt}=-V\frac{dC}{dt}=KA(C-C_s) \tag{11-16}$$

이 식으로부터 결정을 성장시키는 추진력은 **과포화도**(super saturation degree)라고 부르는 과포화용액의 농도와 포화용액의 농도차, 즉 $(C-C_s)$임을 알 수 있다.

윗식의 W는 씨결정의 질량, K는 총괄성장 속도계수로 다음과 같이 정의된다.

$$K=\frac{k_dk_r}{k_d+k_r} \tag{11-17}$$

식 (11-16)은 가장 일반적인 성장속도식이다. 그러나 실제로는 결정의 표면적 A는 성장과 함께 증가하므로 일정하지 않기 때문에 이것을 고려한 적분형은 대단히 복잡하다. 계산을 간단히 하기 위해 표면적 및 농도 C를 일정하게 해서 적분한 결과에 보정을 행한다. 즉 초기 농도를 C_0로 하여 식 (11-16)을 적분하면 다음 식이 얻어진다.

$$K = \frac{V}{At} \ln \frac{(C - C_s)}{(C - C_s)} \tag{11-18}$$

처음의 씨결정 질량을 W_0, 그의 표면적은 A_0로 하고 다음 식

$$A = (W/W_0)^{2/3} A_0 \tag{11-19}$$

의 관계를 가정하여 이 A를 식 (11-18)에 대입하여 근사계산을 행한다. 이 경우 W와 C 사이에는 다음과 관계가 성립한다.

$$W - W_0 = V(C_0 - C) \tag{11-20}$$

예제 11-4

어떤 결정입자 5[g]을 과포화용액 500[ml]에 넣고 성장시킨다. 30분 후 농도를 측정하였더니 110.21[g/l]이었다. 이로부터 성장속도를 산출하여라. 단 초기농도를 111.68[g/l], 포화농도를 103.32[g/l]로 하고 씨결정의 표면적을 300[cm^2/g]로 한다.

풀이

30분 후의 결정질량

$$W = 5.0 + (111.6 - 110.21)(0.50) = 5.74\,[\text{g}]$$

결정 표면적은 식 (11-19)에 의하여

$$A = A_0(W/W_0)^{2/3} = (5)(300)(5.75)^{2/3} = 1.64 \times 10^3\,[\text{cm}^2]$$

식 (11-18)에 대입하면

$$K = \frac{(500)}{(1.64 \times 10^3)(30)} \times \left(\frac{111.68 - 103.32}{110.21 - 103.32}\right) = 196 \times 10^{-3}\,[\text{cm/min}]$$

$$= 1.18 \times 10^{-3}\,[\text{m/h}]$$

이미 말한 바와 같이 결정의 성장속도는 확산과 표면반응속도의 영향을 받는다. 일반적으로 액을 충분히 교반하면서 확산의 영향을 적게 할 경우는 결정성장의 속도결정단계는 상온에서 표면반응단계이며 고온에서 표면반응속도가 클 때는 확산이 속도결정단계가 된다.

물질전달 속도계수 k_d는 보통 용해와 같이 가정하여 용해 속도의 측정에 의하여 구한다. 따라서 k_d에 관해서는 각종 장치에서 구한 고-액간 물질전달계수에 관한 실험식이 사용되며 액류(液流)중에 있는 단일 결정에 대해서는 다음 식의 관계가 알려져 있다.

$$\frac{k_d d_p}{D} = \beta\left(\frac{d_p \bar{u}}{\nu}\right)^{0.5}\left(\frac{\nu}{D}\right)^{0.3} \tag{11-21}$$

여기서 d_p는 결정입자와 같은 표면적을 갖는 구의 직경, D는 확산계수, $\bar{u}$는 액의 평균 유속, ν는 운동점도, 정수 β는 $MgSO_4 \cdot 7H_2O$에 대해서는 0.48이다.

예제 11-5

어떤 결정($d_p = 1.5$ [mm])을 10 [cm/s]의 평균 유속으로 흐르는 액 중에 놓아서 그의 총괄 성장속도 $k = 0.3 \times 10^{-3}$ [cm/s]가 얻어졌다. 이 때 k_r를 구하여라. 단, 확산계수는 3.00×10^{-5} [cm²/s], 점도는 2×10^{-2} [g/cm · s], 밀도는 1.2 [g/cm³], 상수 β는 0.46이다.

풀이

식 (11-21)에서

$$k_d = \left(\frac{3 \times 10^{-5}}{0.15}\right)(0.46)\left(\frac{(0.15)(10)}{(2 \times 10^{-2}/1.2)}\right)^{06}\left(\frac{2 \times 10^{-2}/1.2}{3 \times 10^{-5}}\right)^{0.3}$$

$$= 9.14 \times 10^{-3} \, [\text{cm/s}]$$

식 (11-17)로부터

$$k_r = \frac{k_d K}{(k_d - K)} = \frac{(9.14 \times 10^{-3})(0.3 \times 10^{-3})}{9.14 \times 10^{-3} - 0.3 \times 10^{-3}} = 4.47 \times 10^{-3} \, [\text{cm/s}]$$

---

(4) ΔL 법칙

맥케이브(McCabe)는 동일한 용액에 존재하는 물질의 결정은 유사한 형상을 이루며 모든 결정은 처음 결정의 크기에 관계없이 기하학적으로 대응한 부분의 길이는 선성장속도(線成長速度)에 비례한다고 하였다. 이것을 **결정성장에 관한 ΔL 법칙**이라고 하며 다음과 같이 표시한다.

$$\frac{\Delta L}{\Delta t} = G \, [\text{mm/h}] \tag{11-22}$$

즉 일정기간동안 성장한 결정의 길이에 해당하는 성장속도 G는 결정의 크기에 관계없이 일정한 값을 갖는다.

ΔL 법칙은 입경이 50 [mesh](0.3 [mm]) 이하에서는 잘 맞으나 그 이상이 되면 적용하기 어렵다.

(5) 결정의 입경분포

공업적인 결정화에서는 되도록 균일한 결정을 얻어야 하나 얻어지는 결정의 크기는 어느 정도의 분포를 가진다. 결정의 크기는 그 생성속도와 성장속도의 상대적 크기에 의해 좌우된다. 결정핵의 생성속도에 대한 결정의 크기는 그림 11-10과 같다. 즉 성장속도는 과포화에 거의 비례해서 증가한다. 또 핵의 생성속도는 준안정영역에서는 그리 크지 않으나 불안정영역에서 급격히 증가한다. 따라서 과포화도가 어떤 한계를 지나면 핵의 생성속도가 대단히 커져서 결정의 크기는 점선과 같이 급격히 감소한다. 이것은 미립자의 발생을 방지하지 않으면 결정이 성장하지 못함을 의미한다.

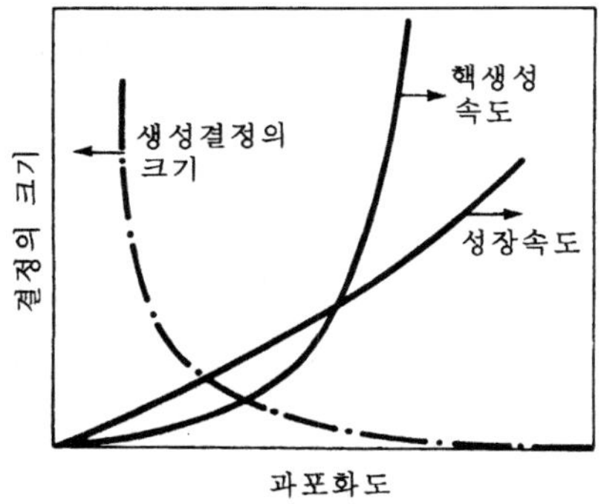

그림 11-10 과포화도와 생성 결정의 크기

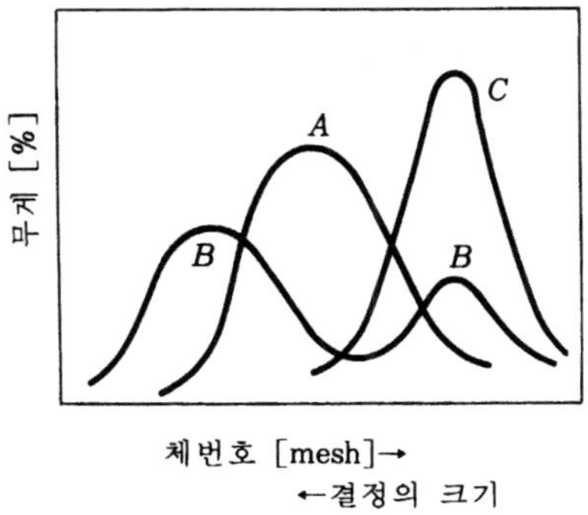

그림 11-11 회분 결정화에서 씨결정의 영향

그림 11-11은 씨결정을 첨가한 경우, 씨결정의 양 및 크기와 얻어지는 결정의 입경 분포와의 관계를 나타낸 것이다. 곡선 A는 씨결정은 첨가하지 않았을 경우이고, 곡선 B는 극히 소수의 비교적 큰 씨결정을 첨가한 것으로 두 개의 피크(peak)가 있는데 하나는 첨가한 것이 성장한 것이고 다른 하나는 새로 생성된 핵이 성장한 것이다.

한편 곡선 C와 같이 작은 씨결정을 다량 첨가할 경우는 씨결정을 첨가하지 않을 경우보다도 오히려 입경이 작아지는 쪽으로 이행된다. 입경 분포를 구하는 방법은 회분식 결정화의 경우 첨가한 씨결정외에 새로운 핵의 생성이 없고 씨결정의 마모손실이나 상호집합이 없으며 ΔL 법칙이 성립한다고 가정할 때 m개의 씨결정을 첨가할 경우 씨결정의 첨가량 W_s와 제품 결정의 중량 W_p 사이에는 다음 관계가 성립한다.

$$\frac{W_p^{1/3} - W^{1/3}}{m^{1/3}} = K\int_0^t \Delta C dt \tag{11-23}$$

과포화도 ΔC의 변화가 작아서 일정하다고 볼 수 있을 때에는

$$W_p^{1/3} + W_s^{1/3} = K\Delta C t m^{1/3} \tag{11-24}$$

이 식은 ΔC가 주어져 있고 t가 그리 크지 않은 범위에서 사용된다. 또한 일정한 입경 분포를 가진 씨결정을 첨가한 경우에는 얻어지는 제품 결정의 입경 분포는 다음 식으로 주어진다.

$$W_p = \int_0^{W_s} \left(1 + \frac{\Delta D}{D_s}\right)^3 dW_s \tag{11-25}$$

이 식은 ΔL 법칙이 성립할 때 주어진 씨결정의 입경 분포 D_s와 W_s와의 관계로부터 도식 적분에 의해 W_p를 계산한다.

한편 연속 결정화에 대해서는 새만(Saeman)이 결정조내에서 분급을 하지 않고 완전히 혼합하는 경우 정상상태에서는 어떤 크기의 결정이 배출되는 율은 결정조내에 존재하는 그 크기의 결정의 양에 비례한다고 생각하고 이것과 결정성장속도를 결합하여 배출 결정의 입경 분포를 다음과 같이 구하였다.

$$W = \frac{\rho_s ETL^3}{k_1} f\left(\frac{l}{L}\right) \tag{11-26}$$

$$f\left(\frac{l}{L}\right) = 6 - e^{-l/L}\left[6 + 6\left(\frac{l}{L}\right) + 3\left(\frac{l}{L}\right)^2 + \left(\frac{l}{L}\right)^3\right] \tag{11-27}$$

여기서 W는 입경이 l보다 작은 조내의 결정에 대한 누적분포질량(누적분포질량), ρ_s는 결정의 밀도, E는 씨결정의 첨가속도, T는 조내 결정의 평균 체류시간, L은 T시간에 성장한 결정의 입경, k_1은 결정의 형상계수이다.

그림 11-12는 윗식에 따른 배출 결정의 입경 분포를 나타낸다. l/L이 3일 때 분포량이 최대가 됨을 알 수 있다.

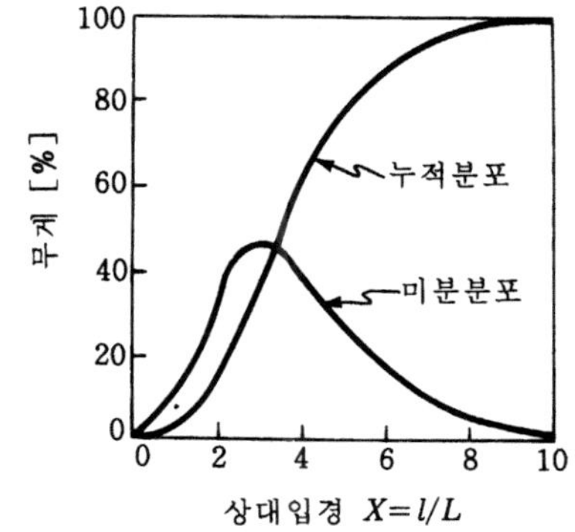

그림 11-12 배출 결정의 입경 분포

연습문제

1 30.6 [kg $Ba(NO_3)_2$/100 kg H_2O]의 조성을 가진 $Ba(NO_3)_2$ 수용액 100 [kg]을 17 [℃]로 냉각한다. 냉각도중 수분의 10 [wt %]가 증발한다. 석출량을 구하라. 단, 17 [℃]에서 용해도는 8.6 [kg $Ba(NO_3)_2$/100 kg H_2O]이다.

2 1000 [kg]의 KCl을 90 [℃]의 포화용액을 만드는데 필요한 물의 양과 20 [℃]로 냉각하였을 때 석출하는 결정의 양을 구하라. 단, KCl의 용해도는 90 [℃] 및 20 [℃]에서 각각 35 [wt %], 25.4 [wt %]이다.

3 500 [kg]의 황산소다(무수물)를 포함하는 포화용액 4000 [kg]을 냉각해서 5 [℃]가 되었을 때 이론적으로 얻어지는 결정량을 구하여라. 단 5 [℃]에 있어서 용해도는 6.4 [g (무수염)/100 g H_2O]로서 이 온도에서는 10수염이 생성된다. 또한 냉각 중 최초의 물의 양의 1 [%]가 증발한다고 가정한다.

4 50 [℃]에서 10 [wt %]의 $NaHCO_3$ 수용액이 있다.

(1) 이 용액의 비교 포화도를 구하라.

(2) 온도를 20 [℃]로 내릴 때 용액 10 [kg]으로부터 석출되는 $NaHCO_3$의 무게를 구하라.

(3) 이 과정에서 백분율 수율을 구하라.

단, $NaHCO_3$의 용해도는 50 [℃] 및 20 [℃]에서 각각 14.45, 9.6 [kg $NaHCO_3$/100 kg H_2O]이다.

5 $MgSO_4$의 농도가 30 [%]인 용액을 60 [°F]로 냉각하였다. 냉각도중 수분의 5 [%]가 증발한다. 초기용액 1 [kg]에 석출되는 결정의 양을 구하라.

6 125 [°F]의 농도 32.5 [%]인 $MgSO_4$ 수용액을 70 [°F]로 냉각한다. 이 때 증발은 없다. 결정 1 [kg]이 생성할 때 제거되는 열량을 구하라.

---

1. 17.47 [kg $Ba(NO_3)_2$]
2. 물 1860 [kg], 석출결정 366 [kg]
3. 687 [kg]
4. (1) 77 [%]　(2) 0.136 [kg]　(3) 13.6 [%]
5. 0.261 [kg]
6. 79.5 [kcal]

제12장

분쇄 및 분체

고체를 기계적으로 작게 부수거나 잘라내는 조작을 **분쇄**(粉碎, crushing)라 부르고 부서진 알맹이에 따라 **조분쇄**(粗粉碎, coarse crushing), **중간분쇄**(中間粉碎, intermediate crushing) 및 **미분쇄**(微粉碎, fine grinding)로 구별하나 그 한계는 명백하지 못하다.

오늘날 제조공업에서 널리 보급된 중요한 단위조작이며 광공업 등에서 분쇄기계가 널리 사용되어 오고 있는데도 불구하고 고체의 기계적 분쇄에 대한 기초이론은 거의 알려지지 않았다. 그러나 조작 자체는 오래된 것이며 이론은 없어도 손쉽게 목적은 달성할 수가 있었다. 따라서 과학이라기보다 기술이며 경험에 의하여 해결되는 경우가 많다.

본장에서는 여러 가지 분쇄기계의 형태와 용도에 대하여 설명하고 지금까지 알려진 몇 가지 분쇄이론을 다루겠다.

12-1 분쇄의 기초

1. 분쇄의 목적

분쇄조작에 의해 얻을 수 있는 효과는 다음과 같다.

① 고체 표면적의 증가-물리적, 화학적 작용의 촉진 및 반응물질과의 접촉면을 증가시킨다.
② 이종성분(異種成分)의 분리-유효한 성분의 분리를 촉진한다.
③ 이종성분의 균일혼합-입도(粒度)의 분포가 다른 혼합물을 균일한 입경(粒經)을 가진 혼합물로 만든다.

2. 분쇄 회로(粉碎回路)

분쇄장치에서 원료는 한 번 통과만으로도 충분한 입도의 생성물로 분쇄되지만 만일 분쇄가 충분치 못할 때 큰 입도의 분쇄물을 장치속에 되돌려 보내서 계속 분쇄하지 않는 경우를 **개회로 분쇄**(開回路粉碎, open circuit size reduction)라 하고 이 때는 에너지 소모도 과다할 뿐 아니라 분쇄 생성물은 원하는 입도(미세입자가 많거나 큰 입자가 많거나)를 가지지 않게 된다. 따라서 분쇄 도중에 분쇄물을 장치 밖으로 배출시켜 입도분급(粒度粉級)장치로 선별한 다음에 큰 입자는 분쇄기에 되돌려 보내고 미세입자는 제품화하면 경제적이다.

이러한 목적의 선별분급장치는 초미분쇄기에서와 같이 장치내에 내장된 경우도 있지만 대부분의 경우에는 분쇄장치 밖에 별도로 연결되어 있다.

이런 경우의 분쇄조작을 **폐회로 분쇄**(閉回路粉碎, closed circuit operation)라고 하며 큰 입도의 분쇄물을 분쇄기에 되돌려 보내는 것이 주목적이고 에너지도 절약되며 분쇄 생성물의 입도관리에도 편리하다.

분쇄장치와 분급장치를 조합한 폐회로 분쇄조작의 전형적인 예를 그림 12-1에 도시하였다. 선동분쇄기에서 나온 분쇄 생성물을 체가름으로 미세입자, 중간입자, 큰 입자 등 3부분으로 나누어 진 후 큰 입자는 선동분쇄기에 되돌려지고 미세입자는 볼 밀과 같은 최종 분쇄설비로 직송(直送)되며 중간입자는 볼 밀에 보내기 전에 로드 밀에서 분쇄한다. 그림 12-1에 나타낸 장치 배열에서는 볼 밀이 습식인 경우로서 물을 공급하여 분쇄물을 슬러리 상태로 볼 밀에 공급하고 볼 밀 다음의 분급장치는 원심분급기가 사용된 예이다.

원심분급기에 잡히는 큰 입자는 슬러지(sludge) 상태로 배출되고 물이 더 섞여서 볼 밀로 되돌아간다. 미세입자인 분쇄 생성물은 적당한 입도의 분체가 포함된 슬러리 상태로 분급기를 나와서 최종제품이 되거나 건조 또는 타루공정에 옮겨진다. 분급기로서는 체가 원심분급기보다 운전하기가 쉬우나 입도가 105 [μm]~74 [μm]보다 작으면 덜 경제적이다.

미세분말은 지나치게 분쇄되면 그만큼 에너지소모가 과잉되므로 피해야 한다. 따라서 폐회로 분쇄는 미분쇄 또는 초미분쇄의 경우에 더욱 중요하고 습식 또는 건식 분급장치는 필수적이다. 몰론 분급기와 분쇄기 사이에서 분쇄물의 이송(移送)에 필요한 컨베이어(conveyer)에 소요되는 동력, 분급기의 운전에 소요되는 동력은 필수적으로 공급되어야 한다. 그러나 이러한 별도의 동력소모를 감안하더라도 폐회로 분쇄 조업에서는 총괄 에너지량으로 폐회로 조업의 동력 소비량 25[%]를 절감할 수 있다.

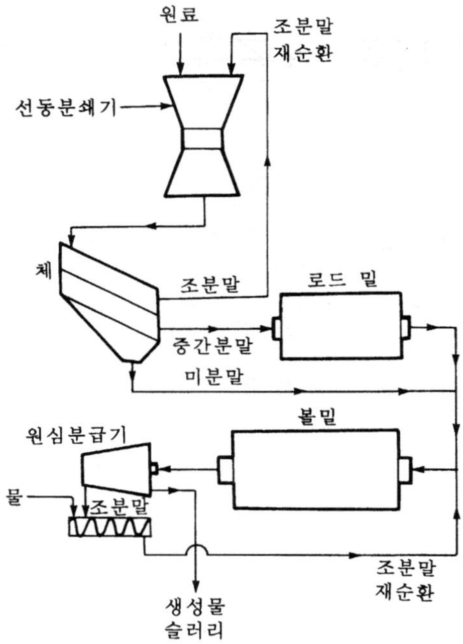

그림 12-1 폐회로 분쇄공정도

3. 분쇄의 메커니즘(mechanism)

고체를 분쇄하는 원리는 대개 4가지로 분류된다. 즉 압축(壓縮), 충격(衝擊), 마모(磨耗) 및 절단(切斷)의 원리가 분쇄장치에서 공통으로 쓰인다. 일반적으로 압축의 원리는 딱딱한 고체를 조분쇄(粗粉碎)하는데 쓰이고 충격은 조분쇄나 미분쇄(微粉碎)에 함께 쓰이며 마모의 원리는 연하고 마모성이 적은 물질을 미분말로 분쇄하는데 쓰인다. 절단의 원리는 일정한 크기나 모양의 입자를 생산하는데 쓰인다.

그러나 어떤 한 가지 분쇄기에서 분쇄되는 과정은 대개의 경우 위의 4가지 원리가 동시에 작용된다. 그림 12-2는 (a) 압축, (b) 마모와 절단, (c) 충격의 원리를 정성적으로 설명한다.

분쇄를 하면 일반적으로 일단 조립(組立)이 된 다음 중간립(中間粒), 세립(細粒)이 된다. 분쇄가 진행함에 따라 세립의 수는 증가하나 어느 한계값 이상에서는 거의 입경의 변화가 없다. 분쇄의 상태를 입도분포로 나타내면 대개 2곳에 최대 빈도(最大頻度)의 피크(peak)가 나타난다. 조립측의 피크는 분쇄조건의 영향을 크게 받으나 세립측의 피크는 입자구조에 의한 영향이 크다. 분쇄가 진행함에 따라 조립으로부터 세립쪽으로 이동한다. 이 이동의 모양은 분쇄

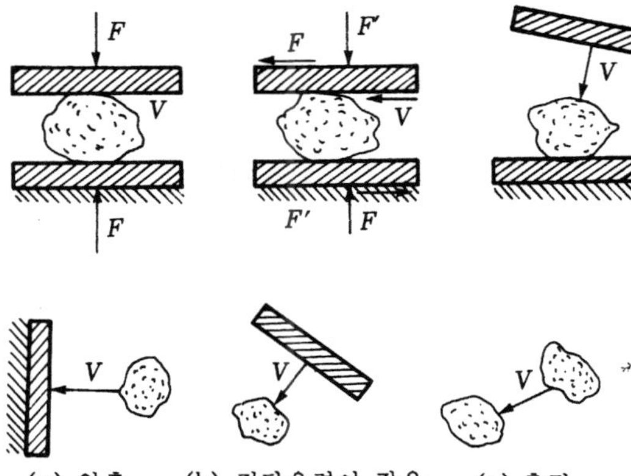

그림 12-2 분쇄의 원리

기의 종류, 운전속도, 원료공급 방법, 기타 분쇄조건에 따라 달라진다. 그림 12-3은 Heywood의 석탄 분쇄실험결과인데 분쇄 생성물의 입도분포는 시험용 분쇄기의 회전속도의 함수로 나타난다.

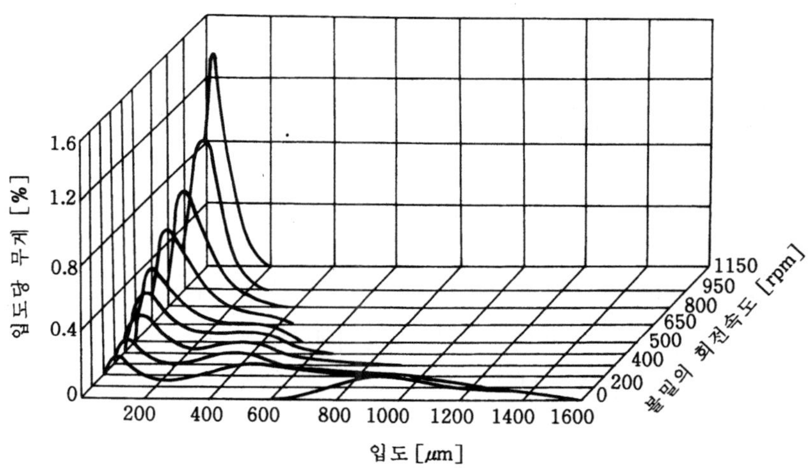

그림 12-3 한 가지 분쇄원료를 계속 분쇄할 때 분쇄 생성물의 입도분포의 변화

4. 분쇄조작

(1) 자유분쇄

과분쇄 때문에 생기는 미립자는 계속되는 분쇄에 지장을 주어서 이를 유체 이동을 이용하

여 되도록 빨리 분쇄계 밖으로 내보내는 소위 자유분쇄를 행하는 것이 좋다. 공업적 응용은 공기를 분쇄기 속으로 통해서 미립자를 부유배출시키는 에어 시프트(air shift)가 있다.

(2) 저온분쇄

분쇄될 물질이 열가소성을 가질 때는 분쇄는 힘들어지며 융점이 낮은 것은 그의 분쇄시 열 때문에 녹을 우려가 있어서 원료를 미리 냉각할 필요가 있다. 냉각은 분쇄기에 자켓을 붙여서 냉매를 통한다. 드라이아이스와 액체공기를 혼합하여 분쇄할 때도 있다. 후술하는 제트 분쇄기는 열의 발생을 제거해서 비교적 온도를 낮게 유지시키므로 이러한 종류의 물질에 적합하다.

(3) 분쇄조제(粉碎助劑)

미분쇄를 계속해서 행하면 분쇄속도는 감소하여 결국에 가서 분쇄가 정지한다. 이 때 0.1 [%] 이하의 미량의 어떤 물질을 가하면 분쇄는 다시 진행한다. 예를 들면 석회석 분쇄에는 R.D.A(아릴알컬슬폰산)을 사용하며, 시멘트 크링커의 분쇄에는 T.D.A(트리에탄올 아민염과 니트로슬폰산 칼슘염의 혼합물) 등이 유명하다. 이와 같이 분쇄속도를 증가시킬 목적으로 가하는 물질을 **분쇄조제**라 한다. 분쇄조제의 작용에 대한 설명은 아직 확실한 정설이 없다.

(4) 습식분쇄와 건식분쇄

원료를 건조된 상태 그대로 분쇄하든가 원료 중에 물을 가해서 고체가 60～80 [%] 정도로 하여 슬러리 상태에서 분쇄하는 습식법이 있다. 이 습식법은 건식법에 비해 건조비가 커지든가 마모가 건식보다 잘 일어나서 불리한 점이 있으나 다음의 장점 때문에 널리 사용된다.

① 가늘게 분쇄할 때 분쇄능력이 크다.
② 소비동력이 적고 수송이 용이하다.
③ 먼지가 일지 않아서 위생적이다.

5. 원료의 성질

(1) 경도

원료의 경도와 균열은 분쇄기의 구조와 소비동력에 관계가 있다. 경도는 분쇄의 난이를 나타내며 분쇄기 재료의 선정기준으로 한다. 일반적으로 광물의 경도는 긁힘에 대한 저항으로 정의되며 Mohs 경도로 표시된다. Mohs 경도는 다음 표 12-1과 같이 경도수를 대표적인 광물에 대하여 임의의 기준으로 정한 값이다.

➡표 12-1 고체의 경도 표시

광물명치		Mohs 경도
한글	영문	(−)
활석	talc	1
석고	gypsum	2
석회	calcite	3
형석	fluorite	4
인회석	apatite	5
장석	feldspar	6
석영	quartz	7
황옥	topaz	8
강옥	corundum	9
다이아몬드	diamond	10

(2) 압축강도

분쇄는 압축작용에 의한 효과가 있어서 압축강도도 분쇄에 중요한 척도가 된다.

➡표 12-2 압축강도

쇄 료	압축강도 [kg/cm^2]	쇄 료	압축강도 [kg/cm^2]
화강암(硬)	1,200~3,500	납 및 아연광	200~400
대리석	1,000~1,800	샤모트	60~130
석회암(密)	1,000~1,500	점토(수분 2~9 [%])	20~60
사암(中硬)	600~1,000	점토(수분 22~26 [%])	2~3

(3) 함유수분

원료 중 함유수분도 압축강도에 영향을 준다. 예를 들면 점토와 같은 것은 함유수분이 많으며 압축강도가 적어져서 분쇄기의 동력이 감소함으로 좋다. 그러나 분쇄에 의하여 얻는 분체는 응집하여 괴상으로 되려는 경향이 있어 건식분쇄를 할 경우는 보통 4 [%] 이상 수분이 함유되지 않도록 조정한다.

(4) 폭발성

알루미늄같이 쇄료가 폭발성이 있는 것은 불활성기체 중에서 행한다.

12-2 분쇄이론

주어진 크기의 원료를 희망하는 크기의 가는 분말로 만드는데 필요한 일을 산출하는 데는 여러 실험식이 있으나 현재 어느 것도 근사적인 값만을 줄 따름이다. 이는 분쇄가 파쇄, 전단 기타 복잡한 작용이 합해서 일어나기 때문에 금후에도 연구를 해야 한다. 분쇄 에너지는 일반적으로 Lewis식에서부터 시작되었다. 즉 쇄료의 입경을 D_p라고 하면 dD_p만큼 변화시키는데 필요한 일 $-dW$는 다음 식으로 표시된다.

$$\frac{dW}{dD_p} = -kD_p^{-n} \qquad (12\text{-}1)$$

여기서 k, n은 상수이다. 이 n을 $n=2$, $n=1$, $n=\frac{3}{2}$으로 하여 D_p를 쇄료의 대표입경 D_{p_1}으로부터 분쇄 후 분쇄제품의 대표입경 D_{p_2}까지 적분할 것을 각각 Rittinger, Kick 및 Bond의 법칙이라 하며 분쇄의 기초식으로 유명하다.

1. Rittinger법칙

식 (12-1)에서 $n=2$로 하여 양변을 적분하면 다음 식과 같이 된다.

$$W = k_R'\left(\frac{1}{D_{p_2}} - \frac{1}{D_{p_1}}\right) = k_R(S_2 - S_1) \qquad (12\text{-}2)$$

여기서 k_R', k_R : 쇄료의 성질 및 분쇄기구에 의하여 변하는 상수
S_1, S_2 : 쇄료 및 쇄료제품의 비표면적 $[\mathrm{cm^2/g}]$

식 (12-2)를 **Rittinger식**이라 한다. 단위용적의 유사한 물질의 표면적은 $1/D_p$에 비례하기 때문에 W는 표면적 S의 증가에 비례함을 나타내고 있다. 이 식은 원료가 부스러지기 쉬운 미분쇄($D_{p_2} < 2\,[\mathrm{mm}]$)의 경우 대개 적합하다.

2. Kick의 법칙

식 (12-1)에서 $n=1$로 하여 양변을 적분하면

$$W = k_K \ln \frac{D_{p_1}}{D_{p_2}} \qquad (12\text{-}3)$$

여기서 k_K : 원료의 성질 및 분쇄기에 의하여 변하는 상수

식 (12-3)을 **Kick의 법칙**이라 한다. 이 식은 분쇄에 요하는 일이 D_{p_1}/D_{p_2}에 관계되며 이 비가 일정하면 일의 양도 거의 일정하다. 이 식은 원료가 경질암석(화강암, 현무암)으로 $D_{p_2} > 125$ [mm]의 것에 적합하다.

3. Bond의 법칙

분쇄 에너지는 생성입자의 입경의 평방근에 반비례한다는 법칙이다. 즉 식 (12-1)에서 $n = \frac{3}{2}$으로 하여 양변을 적분하면

$$W = 2k_B\left(\frac{1}{\sqrt{D_{p_2}}} - \frac{1}{\sqrt{D_{p_1}}}\right) = \frac{k_B}{5}\frac{1}{\sqrt{D_{p_2}}} = \left(1 - \frac{\sqrt{D_{p_2}}}{\sqrt{D_{p_1}}}\right)$$

$$= Wi\sqrt{\frac{100}{D_{p_2}}}\left(1 - \frac{1}{\sqrt{q}}\right) \qquad (12\text{-}4)$$

식 (12-4)를 **Bond의 법칙**이라 한다. 여기서 $W_i = \frac{k_B}{5}$, $q = \frac{D_{p_1}}{D_{p_2}}$, D_{p_1}, D_{p_2}는 전중량 80 [%]가 통과하는 체눈의 크기 [μ], k_B는 원료의 성질 및 분쇄기구에 따라 변하는 상수, W_i [kWh/ton]을 **일지수**라 하며 분쇄기의 종류, 조작조건, 입경, 분쇄기구 등에 의하여 변하는 상수로서 이론적으로는 $D_{p_1} = \infty$의 크기로부터 $D_{p_2} =$ [μm]까지 분쇄하는데 필요한 일의 양이다. 몇 개의 물질에 대한 W_i의 평균값은 다음 표 12-3과 같다. 이 식은 습식 미분쇄, 건식 조쇄의 경우 적합하다.

분쇄효율로서 단위 분쇄일량에 대한 표면적 증가량을 **Rittinger수**(R-No) 또는 **효율계수**(efficiency coefficient)라 하며 [cm^2/kg · cm]의 단위로 표시된다.

이의 역수를 **분쇄저항** [kg · cm/cm^2]이라 하며 표 12-4에 몇 가지 물질에 대한 분쇄저항을 표시한다.

➡표 12-3 일지수

분쇄원료	밀도 $\rho_p \times 10^{-3}$ [kg/m^3]	일지수 W_i [kWh/ton]	분쇄원료	밀도 $\rho_p \times 10^{-3}$ [kg/m^3]	일지수 W_i [kWh/ton]
코크스	1.31	15.1	규석	2.68	9.58
형석	3.01	8.91	규사	2.67	14.1
점토	2.51	6.3	황화광	4.06	8.93
시멘트클링커	3.15	13.5	석영	2.65	13.6
석탄	1.40	13.0	황화철광	4.04	9.57
석회석	2.66	12.7	사철광	3.88	9.97

➡표 12-4 Rittinger수

분쇄원료	분쇄저항 [kg · cm/cm³]	R-No [cm²/kg · cm]
석영	0.176	5.69
방해석	0.092	10.67
형석	0.065	15.49
인회석	0.131	7.66
유리	0.166	6.05

예제 12-1

어떤 분쇄기로 평균 입경 25 [mm]의 원료를 8 [mm]로 분쇄하는데 소요 동력이 8.5 [HP]이다. 다음과 같은 분쇄원료를 이 분쇄기로 3 [mm]까지 분쇄하는데 소요 동력은 얼마나 되겠는가? 단, 분쇄기의 공전 동력은 0.5 [HP]이며 처리량은 변화하지 않는 것으로 한다.

풀이

ⅰ Rittinger의 법칙 ; $W = k_R'\left(\frac{1}{D_{p_2}} - \frac{1}{D_{p_1}}\right)$에서

$$8.5 - 0.5 = k_R'\left(\frac{1}{8} - \frac{1}{25}\right)$$

$$W - 0.5 = k_R'\left(\frac{1}{3} - \frac{1}{25}\right)$$

이 두 식에서 $W = 28.1$ [HP]

ⅱ Kick의 법칙 ; $W = k_K \ln D_{p_2}/D_{p_1}$에서

$$8.5 - 0.5 = k_K \ln 8/25$$

$$W - 0.5 = k_K \ln 8/25$$

이 두 식에서 $W = 15.4$ [HP]

ⅲ Bond의 법칙 ; $W = 2k_B\left(\frac{1}{\sqrt{D_{p_2}}} - \frac{1}{\sqrt{D_{p_1}}}\right)$에서

$$8.5 - 05 = 2k_B\left(\frac{1}{\sqrt{8}} - \frac{1}{\sqrt{25}}\right)$$

$$W - 0.5 = 2k_B\left(\frac{1}{\sqrt{3}} - \frac{1}{\sqrt{25}}\right)$$

이 두 식에서 $W = 19.7$ [HP]

이상 3법칙을 비교해 보면 Rittinger, Kick의 법칙은 이론적으로 성립하는 모형적인 경우의 극단을 표시하며 Bond의 법칙의 값이 근사한 값이라고 생각된다.

예제 12-2

2 [cm] 체눈을 80 [%] 이상 통과한 석회석 쇄료를 20 [ton/h]의 비율로 분쇄기에 공급하여 100 [mesh](=147 [μ])를 80 [%] 이상 통과할 때까지 분쇄할 경우의 마력수 [HP]를 계산하라. 단, 석회석의 일지수는 12.7 [kWh/ton]이다.

풀이

원료의 일지수가 주어졌으므로 분쇄 에너지는 Bond의 법칙에 의해 계산할 수 있다.

$W_i = 12.47\ [\text{kWh/ton}],\ D_{p_1} = 2\ [\text{cm}] = 20,000\ [\mu],\ D_{p_2} = 147\ [\mu]$

$$\therefore W = W_i \sqrt{\frac{100}{D_{p_2}}}\left(1 - \frac{1}{\sqrt{q}}\right)$$

$$q = D_{p_1} / D_{p_2} = 20,000 / 147 = 136$$

$$W = 12.7\sqrt{\frac{100}{147}}\left(1 - \frac{1}{\sqrt{136}}\right) = 12.7\frac{(10)}{(12.1)}\frac{(10.66)}{(11.66)}$$

$$= 9.6\ [\text{kWh/ton}]$$

$$\therefore 9.6\ [\text{kWh/ton}] \times 20\ [\text{ton/h}] = 192\ [\text{kW}]$$

$$192\ [\text{kW}] \times 1.342 \frac{[\text{HP}]}{[\text{kW}]} = 258\ [\text{HP}]$$

12-3 분쇄기

현재 사용하고 있는 분쇄기계는 다종다양이므로 그들을 엄밀하게 분류하기는 대단히 어려운 일이다. 각 종간의 한계를 정할 수 있는 한 가지 방법은 분쇄물이 크기에 따라 조분쇄기(coarse crusher), 중간분쇄기(intermediate crusher), 미분쇄기(fine crusher) 및 초미분쇄기(ultra fine pulverizer) 등으로 분류하는 것이다.

표 12-5 분쇄방법과 입경

분쇄방법	분쇄원료의 평균직경 [mm]	분쇄제품의 평균직경 [mm]	분쇄비
조쇄	100~1,500	25~500	3~4
중쇄	6~500	1~50	5~7
미분쇄	1~13	0.08~0.6	10~20
초미분쇄	0.1~4	0.002~0.08	15~50

분쇄는 보통 조쇄→중쇄→미분쇄→초미분쇄의 공정순으로 행하여지며 한 분쇄기에서 여러 공정을 겸해서 할 때는 불리하다.

1. 조쇄기(粗碎機, coarse 또는 preliminary crusher)

(1) 저쇄기(咀碎機, jaw crusher)

V자 모양의 턱(顎, jaw)에 원광을 넣고 압착하여 분쇄하는 장치이다. 한쪽 턱은 고정되어 있고 다른 한쪽은 왕복운동을 한다. 움직이는 턱의 운동은 1분에 250~400회 왕복하며 턱면은 평활하거나 홈이 파져 있다. blake형은 한쪽 턱의 아래쪽이 좌우로 왕복운동하는 형이며 일정한 입도의 제품은 얻기 힘들다. dodge형은 한쪽 턱의 위쪽이 좌우로 움직이며 거의 일정한 제품을 얻을 수 있으나 출구가 일정하므로 분쇄물이 배출되지 않고 막히는 일이 많다. 이 두 방법은 압축과 전단작용으로 분쇄된다.

그림 12-4는 블레이크 조이며 이것이 오늘날 많이 사용된다. 움직이는 턱의 운동폭을 조절하여 생성물의 크기를 어느 범위에서 규제할 수 있다.

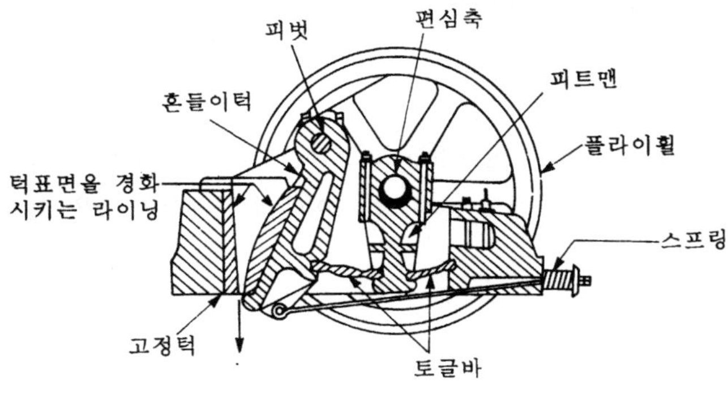

그림 12-4 저쇄기(Blake jaw crusher)

(2) 선동분쇄기(旋動粉碎機, gyratory crusher)

고정된 유발과 편심으로 선회하는 원추형의 분쇄머리(cone head)에 의하여 분쇄되며 간격은 항상 변화한다. 대규모 분쇄에 적합하면 큰 분쇄물은 전단과 휨작용, 작은 것은 압축과 전단작용으로 일어난다.

보통 분쇄머리의 회전속도는 125~425 [rpm], 최고 3500 [ton/h]까지 처리할 수 있다. 선동분쇄기는 그 동작이 왕복운동이기 보다는 회전운동이기 때문에 왕복운동을 하는 Jaw crusher

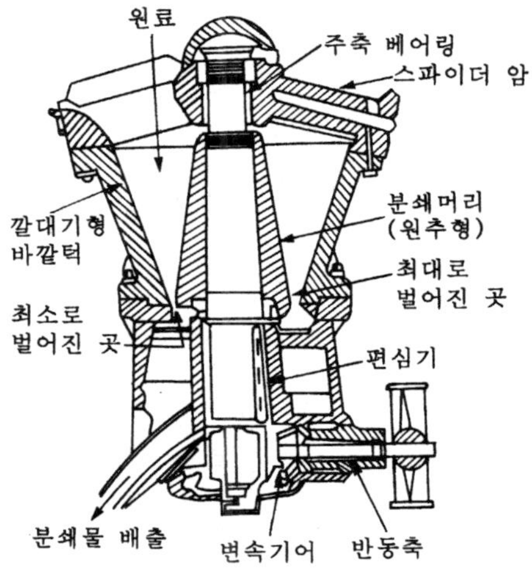

그림 12-5 선동분쇄기

에 비하여 소모 동력이 적고 고르며 단위 배출 면적당의 분쇄능률도 더 크다.

2. 중간분쇄기(中間粉碎機, mediate 또는 intermediate crusher)

(1) 롤 분쇄기(roll crusher)

2개의 평활한 원통형 롤이 서로 반대방향으로 회전하면서 분쇄하는 이중 롤 분쇄기(double roll crusher)와 톱니가 달린 한 개의 롤과 벽 사이에서 분쇄하는 단일 롤 분쇄기(single roll crusher)가 있다.

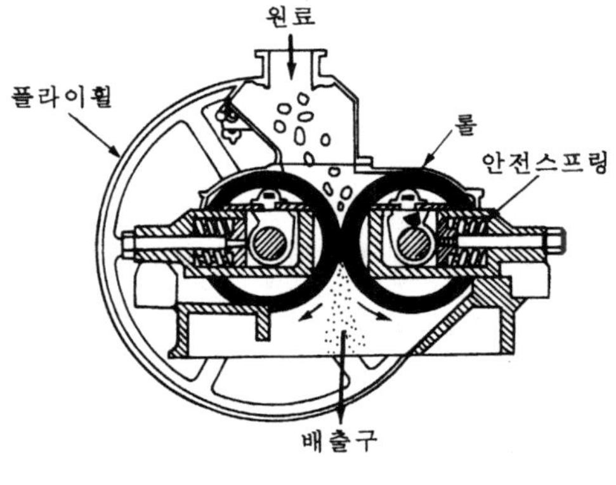

그림 12-6 이중 롤 분쇄기

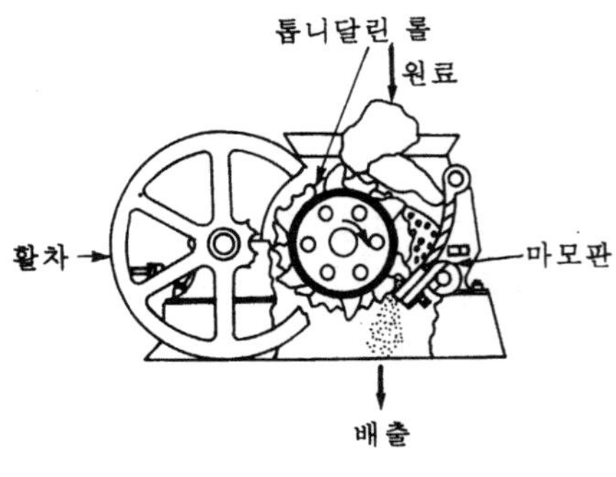

그림 12-7 단일 롤 분쇄기

이중 롤 분쇄기는 입장에 전달되는 힘이 아주 커서 분쇄되기 힘든 입자에 의하여 롤면이 손상되는 것을 방지하기 위하여 한 쪽 롤에는 스프링이 있으며 압축, 전단 및 마찰에 의해 분쇄가 일어난다.

단일 롤 분쇄기의 경우에는 압착, 충격, 찢음이 동시에 작용하며 물림각의 문제는 일어나지 않으나 대체로 다소 경도(硬度)가 작은 것만을 분쇄할 수 있다.

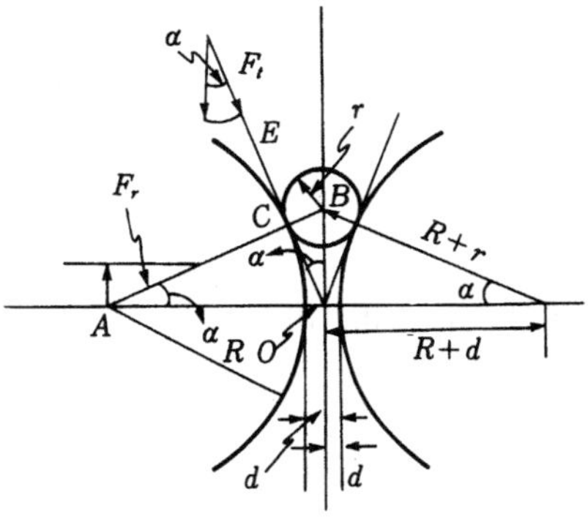

그림 12-8 이중 롤 분쇄기의 물림각

이중 롤 분쇄기에서의 물림각(angle of nip)을 그림 12-8에서 계산해 보자.

입자 자체의 중력을 무시하고 점 C에 작용하는 힘은 입자의 중심으로 작용하는 F_r와 접선방향으로 작용하는 마찰력 F_t이다.

F_r의 수직분력은 $F_r \sin\alpha$, F_t이 수직분력은 $F_r \cos\alpha = \mu F_r \cos\alpha$이다. 따라서 입자가 롤 사이에 물려서 분쇄될 수 있는 조건은

$$F_r \mu \cos\alpha \geqq F_r \sin\alpha \tag{12-5}$$

즉
$$\mu \geqq \tan\alpha$$

여기서 μ는 분쇄원료와 롤 사이의 마찰계수이고 2α가 물림각이다.

α는 롤의 반경 R, 입자의 반경 r 및 롤 사이의 거리의 반인 d와 다음의 관계가 있다.

$$\cos\alpha = \frac{R+d}{R+r} \tag{12-6}$$

분쇄능력 $q\,[\mathrm{m^3/h}]$는 다음과 같이 표시할 수 있다. 롤면의 폭을 $w\,[\mathrm{m}]$, 롤의 회전속도를 $N\,[\mathrm{rpm}]$, 롤의 직경과 롤 사이의 거리의 반을 D 및 $d\,[\mathrm{m}]$라고 하면

$$Q = (60N)(\pi D)(2dw) = 120\pi NDdw\ [\mathrm{m^3/h}] \tag{12-7}$$

분쇄원료의 비중을 r이라 하면 분쇄용량은

$$M = rQ = 120\pi NDdw\ [\mathrm{ton/h}] \tag{12-8}$$

가 된다. 그러나 실제의 분쇄능력은 식 (12-7), (12-8)로부터 계산한 값의 1/3 내지 1/10 정도이다.

예제 12-3

롤 분쇄기에 상당직경 4 [cm]인 원료를 도입하여 상당직경 1 [cm]로 분쇄한다. 마찰계수가 0.29일 때 롤의 직경은 얼마라야 하나?

풀이

식 (12-5)에서 $\mu = \tan\alpha = 0.29,\ \ \alpha = 16.170$

식 (12-6)에서

$$\cos\alpha = \frac{R+d}{R+r} = \frac{R+1/2}{R+4/2} = 0.960,\ \ R = 35.5\ [\mathrm{cm}]$$

롤의 직경 = 71 [cm]

예제 12-4

위의 분쇄기를 50 [rpm]으로 회전할 때 분쇄능력과 분쇄용량을 구하라. 단, 분쇄기의 폭은 3 [m]이고 고체의 밀도는 2.5 [g/cm^3]이다.

풀이

$$Q = (120)(3.14)(50)(71\times10^{-2})\left(\frac{1}{2}\times10^{-2}\right)(30) = 201\ [\mathrm{m^3/h}]$$

$$M = (201)(2{,}500) = 5.02\times10^5\ [\mathrm{kg/h}] = 5.02\times10^2\ [\mathrm{ton/h}]$$

---

(2) 원판분쇄기(disc crusher)

그림 12-9와 같이 오른쪽 원판이 회전하며 왼쪽 원판은 오른쪽 원판과 다소 틀리는 속도로 회전한다. 원판 사이에 공급된 분쇄원료는 원심력에 의하여 주위로 흩어지면서 마찰에 의하여 압축 분쇄되어 밖으로 나간다.

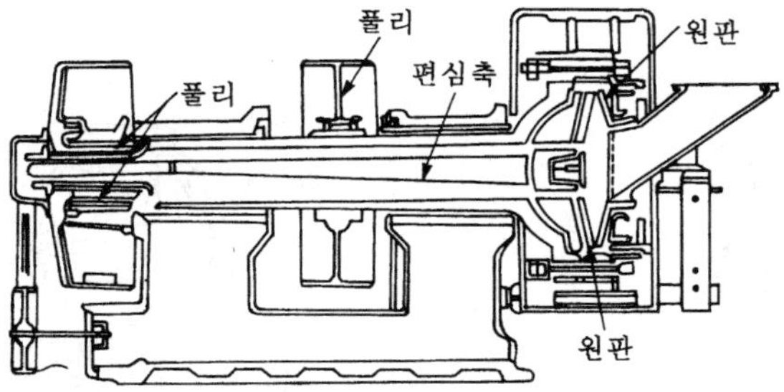

그림 12-9 원판분쇄기

(3) 해머 밀(hammer mill)

돌아가는 바퀴에 해머가 달려 있어 회전하면서 충격에 의해 원료를 부순다. 해머 밀의 밑에는 체(screen)가 있어서 일정한 크기로 분쇄된 것만 이를 빠져 나가게 되어 있다.

해머의 회전속도가 빠르므로 단단한 분쇄원료보다는 오히려 부서지기 쉬운 석회석, 석고, 암염, 석탄의 분쇄에 적합하며 또 아스베스트, 사탕수수, 코크스 등 섬유질의 분쇄에도 독특하게 이용되고 있는데 이 때에는 바닥의 강철 막대는 모서리가 날카로운 것을 쓴다.

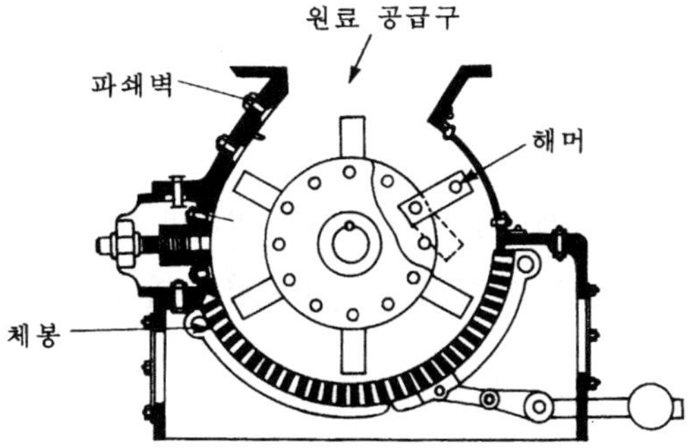

그림 12-10 해머 밀

(4) 회전충격 분쇄기(粉碎機, rotary impact mill 또는 disintegrator)

① 반전식 쇄해기(squirrel cage)

그림 12-11과 같이 반대방향으로 도는 2개의 바퀴가 있고 동심원의 원둘레에는 타격 쇠막대가 많이 박혀 있다. 분쇄원료는 이 쇠막대에 맞아 튕겨지면 반대방향으로 도는 쇠막대에 맞아서 압축 및 전단작용에 의해 부서진다.

② 만능 분쇄기(dismembrator)

반전식 분쇄기의 어느 한 쪽 바퀴가 고정되어 있는 분쇄기이다.

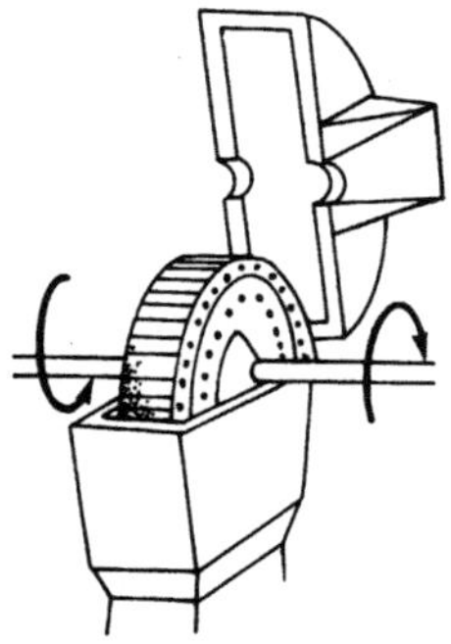

그림 12-11 반전식 쇄해기

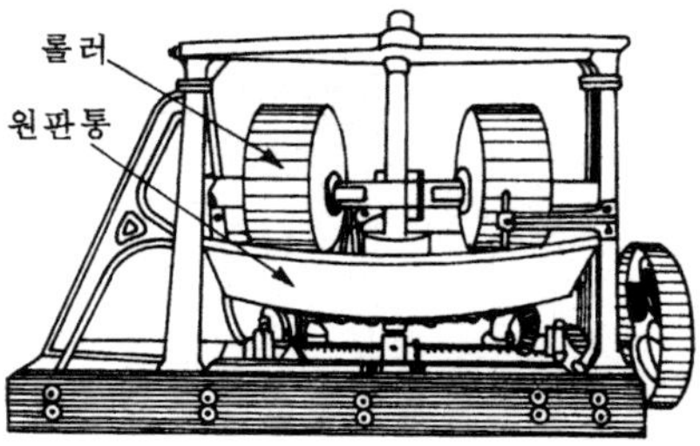

그림 12-12 에지 러너

(5) 에지 러너(edge-runner 또는 fret mill)

그림 12-12와 같이 큰 롤러(roller)가 원판통 위에서 돌면서 분쇄원료를 롤러의 압력과 전단력으로 부스러뜨리는 기계이다.

또한 이 기계는 분쇄와 함께 혼합도 되며 반죽상태의 원료도 처리할 수 있다. 상당히 구식 기계이나 도자기 원료나 시멘트 원료의 분쇄 및 혼합에 흔히 쓰인다.

3. 미분쇄기(微粉碎機, fine crusher 또는 fine pulverizer)

(1) 버스톤 밀(buhrstone mill, 맷돌)

지금까지 사용하고 있는 미분쇄기로 가장 오래된 것이며 소맥 제분에 사용되었으며 곡류의 제분과 페인트, 인쇄용 잉크, 화장품 및 약품 제조공업 등의 분야에서 소형의 버스톤 밀이 쓰이고 있다.

(2) 볼 밀(ball mill)

서서히 회전하는 원통 내에 강철, 볼, 자제 볼 등을 넣어서 원료와 함께 회전한다. 분쇄는 여러 가지 작용에 의하여 일어나지만 마찰에 의한 것이 크다.

원통의 회전이 느리면 내용물이 중심 부근까지 올라가지 않고 미끄러져 분쇄가 일어나지 않으며 한편 너무 빠르면 원심력으로 볼과 분쇄물이 일제히 회전하여 분쇄가 일어나지 않는다. 분쇄능력에는 회전수, 볼 밀의 크기 등 들어간 양, 원료의 넣는 양과 그의 공급속도 등이 관계된다. 가장 적당한 회전수는 내용물이 원통의 중심 근처까지 올라갔다 떨어지면서 충격분쇄가 많이 일어날 때이다.

볼 밀의 최대 회전수(임계속도)는 원심력과 구심력이 같아지는 속도로

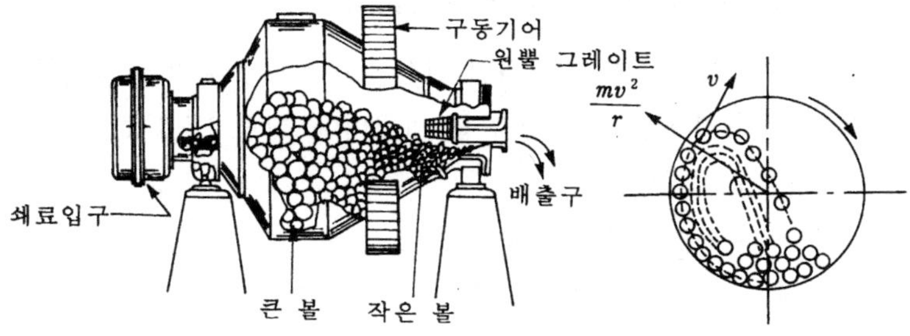

(a) 원추형 볼밀　　(b) 분쇄상태

그림 12-13 볼 밀

$$N_C = 42.3/\sqrt{D}\ [\text{rpm}] \tag{12-9}$$

로 주어지며 능률이 가장 좋은 최적 회전수는 이것의 약 75[%]에 해당할 때이다. 즉

$$N = 32/\sqrt{D}\ [\text{rpm}] \tag{12-10}$$

단, D는 원통내경[m]이다. 볼(ball)의 넣는 양은 대략 밀(mill)의 내용량의 60[%] 전후일 때 분쇄속도가 최대이며 넣는 양에 따라 분쇄속도의 변화가 크다. 볼의 크기는 미분쇄 때는 작은 것이 효과적이다. 분쇄원료 입자직경과 밀 볼 사이에는

$$d_b^2 = 5.6\,d_p^{0.7} \tag{12-11}$$

가 가장 적당하다고 한다. 단, d_b는 볼 직경[cm]이고, d_p는 분쇄원료 지름[cm]이다. 또한 볼은 분쇄와 동시에 혼합이 잘 일어나므로 혼합기로도 잘 사용된다.

그림 12-13은 원추형 볼 밀(conical ball mill)을 나타낸 것이다. 강철 볼은 지름이 30~150[mm]인데 원료가 클수록 큰 것을 사용한다. 원통 전체 부피의 $\frac{1}{2} \sim \frac{1}{5}$을 넣으면 강철 볼이 차지한 겉보기 부피 중 공간율은 약 40[%]이고 겉보기 비중은 4.8[ton/m^3]이다. 분쇄원료에 따라서는 강철 볼 대신에 프린트 유리 볼, 도자기 볼, 쇠막대(rod) 등을 넣는다.

(3) 튜브 밀(tube mill)

볼 밀에서 원통의 길이가 지금에 비해서 긴 것으로 체류시간이 길도록 한 것이다.

(4) 로드 밀(rod mill)

튜브 밀 중에 넣는 볼대신 강철 봉(rod)을 넣은 것으로 이것은 원통의 길이가 보통 지름의 2~4배가 되고 회전수는 볼 밀에 비하여 20~30[%] 가량 느리고 강철 봉의 지름은 4~8[cm], 길이는 거의 통의 길이와 같게 하며 원통 부피의 약 반을 채운다.

(5) 원심 롤 밀(centrifugal roll mill 또는 pendulum mill)

축의 회전에 의해 롤이 그 주위를 자전하면 원심력으로 원통의 안쪽 벽을 압축하면서 원료를 분쇄한다. 이 경우 분쇄작용은 주로 압축 및 마찰이다. 그림 12-14는 이 종류의 대표적인 레이먼드 밀(Raymond mill)이다.

회전축에 달린 팔이 2~5개 있어 여기에 수직으로 쇠막대가 매달리고 이것은 좌우로 움직일 수 있다. 팔의 끝에는 분쇄용 롤러가 있다. 중심축이 회전하면 롤러는 궤도를 자전하면서 공전을 하며 분쇄원료는 롤러와 궤도의 강한 압력과 마찰에 의하여 분쇄된다.

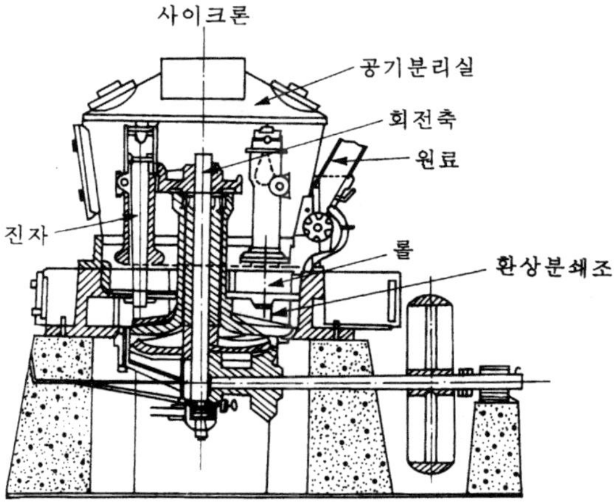

그림 12-14 레이먼드 밀

예제 12-5

지름이 1[m]인 볼 밀로 석회석을 분쇄하려고 한다. 최적 회전속도[rpm]를 구하여라.

풀이

식 (12-10)에서

$$N = \frac{32}{\sqrt{D}} = \frac{32}{\sqrt{1}} = 32\,[\mathrm{rpm}]$$

4. 초미분쇄기(超微粉碎機, ultra fine pulverizer)

(1) 마이크로 분쇄기(micro pulverizer)

대단히 빠르게 회전하는 해머 밀이다. 습기가 있는 점성재료, 카본 블랙, 점토, 염료, 약품 등의 분쇄에 적합하다.

(2) 마찰원판 밀(disc attrition mill)

2개의 마찰원판을 한 쪽 또는 반대방향으로 빠르게 회전시켜 분쇄한다.

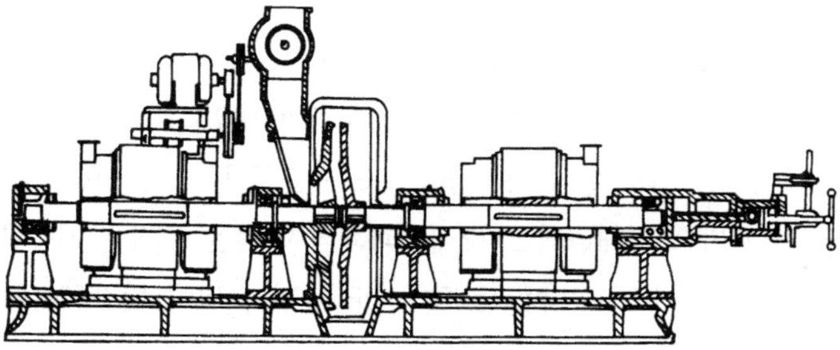

그림 12-15 마찰원판 밀

(3) 프레미어 콜로이드 밀(premier colloid mill)

원료를 액 중에서 현탁시킨 혼합물을 고속도로 회전하는 원판과 벽의 좁은 간격을 통과시켜 전단작용과 마찰에 의하여 분쇄시킨다. 안료, 에나멜, 역청, 유제 등에 적당하다.

(4) 유체 에너지 밀(fluid energy mill 또는 jet mill)

고압의 공기 또는 증기를 노즐에 의하여 분쇄실로 절선방향으로 분사시켜 얻는 초음속의 기류를 원료에 보내어 회전에 의한 원심력을 이용, 입자 상호간 및 입자와 기벽 사이의 충돌과 마찰작용을 일으켜 분쇄시키는 것으로 분쇄원료는 [μ] 정도 이하로 분쇄되며 미립자는 cyclone을 통해서 상승되며 여기서 분리된 조립자(粗粒子)는 분쇄기로 되돌아 간다.

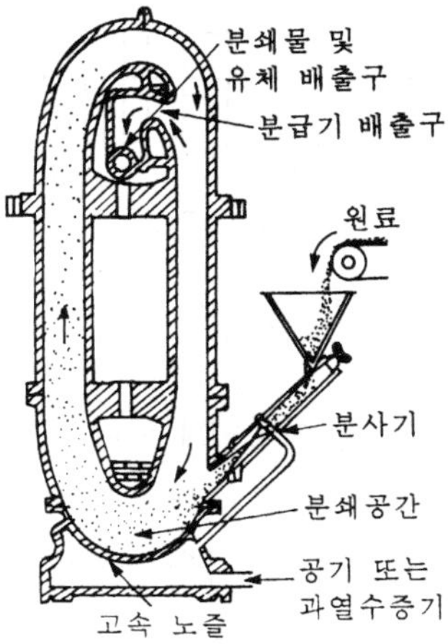

그림 12-16 유체 에너지 밀

12-4 분쇄기의 선정과 동력 계산

적당한 분쇄장치를 선정하고 또 경제적으로 운전하기 위해서는 상당한 주의가 필요하다. 장치의 크기나 구입가격에 대한 정보를 정확하게 입수하여야 하고 부대설비와 운전방법에 대하여도 상세하게 알아야 한다. 조분쇄기, 미분쇄기, 초미분쇄기, 절단기 등을 선택하더라도 다음 사항을 고려하지 않으면 만족할 만한 성능을 기대하기가 어렵다.

즉 ① 분쇄원료의 입도는 적당한가? 또 공급속도는 균일한가? ② 분쇄 생성물은 필요한 입도가 되자마자 곧 장치 밖으로 배출되는가? ③ 파쇄되지 않을 물질은 처음부터 장치 속에 들어가지 않도록 조치가 되는가? ④ 낮은 온도에서도 녹거나 열에 민감한 물질을 분쇄함에 있어서 발생되는 열을 쉽게 제거할 수 있는가? 등을 고려하여야 한다. 따라서 냉각기나 가열기, 금속분리기, 펌프나 송풍기, 정속 공급장치 등은 분쇄설비에 중요한 부속설비이다.

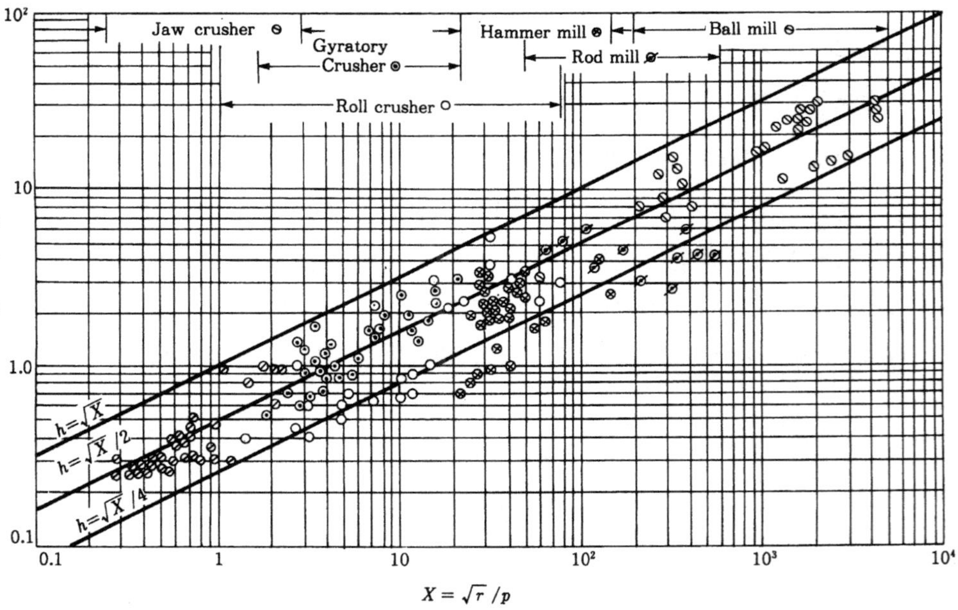

그림 12-17 분쇄기의 선정과 동력계산

그림 12-17은 분쇄동력과 분쇄비 및 처리량에 따라서 적당한 장치를 선정하는 데 유용한 자료이다. 이 그림은 Bond와 Wang의 연구 결과를 나타낸 것이다.

이 연구 결과에 의하면 h[HP · h/ton]는 다음 식으로 주어진다.

$$h = K\sqrt{\frac{r^{0.5}}{P}} \tag{12-12}$$

단, r은 분쇄비 F/P, F 및 P는 각각 원료 및 분쇄물 80 [%]가 통과하는 체눈의 크기 [in], K는 비례상수로 경도에 따라 달라지며 경질은 1, 중경질은 0.5, 연질은 0.25이다.

예제 12-6

중경질 규석을 8″ 체 통과 80 [%]로부터 $2\frac{1}{2}$ ″ 체 통과 80 [%]까지 건식조쇄한다. 하루 7시간 조업으로 1000 [ton]을 처리한다고 할 때 조쇄기의 종류를 결정하고 소요동력을 계산하여라.

또 동일 원료를 14 [mesh](1190 [μ])체 80 [%] 통과분으로 1000 [mesh](149 [μ])까지 습식분쇄(연속조작)할 때의 분쇄기의 소요동력을 구하여라.

풀이

ⓘ 조쇄기의 분쇄비 $r = \dfrac{8}{2.5} = 3.2$, $\therefore \sqrt{r} = 1.79$

$K = 0.5$이므로 식 (12-12)에 의하여

$$h = 0.5\sqrt{\frac{1.79}{2.5}} = 0.422 \text{ [HP·h/ton]}$$

$$\therefore \text{소요동력} = 0.422 \times \frac{1000}{7} \fallingdotseq 60 \text{ [HP]}$$

따라서 그림 12-17로부터 조쇄용으로는 Jaw crusher가 적당하다.

ⓘⓘ $r = 1190/149 = 8.0$, $\therefore \sqrt{r} = 2.83$, $P = 149 [\mu] = 000586$ ″이므로

$$h = 0.5\sqrt{2.83/0.00586} = 11.0 \text{ [HP·h/ton]}$$

$$\therefore \text{소요동력} = 11 \times \frac{1000}{24} \fallingdotseq 460 \text{ [HP]}$$

12-5 분체

대체로 1 [mm]를 경계로 해서 이보다 적은 입자로 된 것을 **분체**(粉體), 큰 것을 **입체**(粒體)라 부른다. 미립자 물질(particulate matter)은 연무질(煙霧質, aerosol)과 먼지(dust)로 분류한다. 앞의 것은 연기(smoke), 향연(香煙, fume), 액체 증기(mist), 안개(fog) 등을 들 수 있고 뒤의 것은 일반적으로 앞의 것보다 크며 자연현상 또는 생산공장에서 발생하는 먼지이다. 다음은 실제 미립자의 입경을 나타낸다.

➡표 12-6 미립자의 입경

종 류	담배연기	NH_4Cl연기	황산연기	탄진	밀가루분진	안료	시멘트	탈크
대표직경[μm]	0.25	0.1	0.5	10	20	1	10	10

1. 입도분포(粒度分布 또는 粒徑分布)

(1) 빈도분포, 누적통과분포, 누적잔류분포

입자의 전 질량에 대해서 어떤 두 체눈 사이에서 잡힌 입자의 질량 백분율을 y [%], 이 체 상하눈금의 평균직경 D_p가 입자의 평균직경이라 할 때 y와 D_p사이의 관계에 의하여 입경분포를 나타내는 방법을 설명한다. 지금 D_p를 이상화해서 연속함수로서 x라고 놓으면

$$y = f(x)\,dx \tag{12-13}$$

가 된다. 이 y와 x의 관계곡선을 **빈도분포 곡선**(頻度分布曲線, frequency distribution curve)이라 한다(이는 이 빈도분포 곡선 외의 입도분포 곡선, 도수분포 곡선, 간단히 빈도곡선, 도수곡선 또는 입경분포 곡선, y곡선이라고도 한다).

다음 어떤 체눈의 폭 D_p로 통과하는 입자, 즉 D_p보다 작은 입자의 전 입자에 대한 질량 백분율을 **통과 백분율**이라 하며 이를 D로 표시하고 D와 D_p사이의 관계를 알아보자. 식 (12-13)과 같이 D와 x사이에는 다음 식이 성립해야 한다.

$$D = \int_{x_{\min}}^{x} f(x)\,dx$$

$$\therefore \ \frac{dD}{dx} = f(x) \tag{12-14}$$

여기서 $x_{\min}$은 최소 입경이다. 이 D와 x와의 관계를 나타내는 곡선을 **누적통과 분포곡선**(累積通過分布曲線, cumulative undersize distribution curve) 또는 D곡선이라 한다.

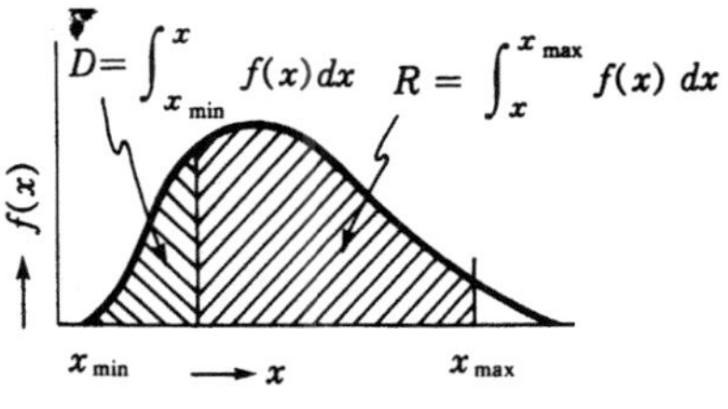

그림 12-18 $x-f(x)$곡선

다음 어떤 체눈의 폭 D_p상에 통과하지 못하고 남는 입자의 전체 입자에 대한 중량 백분율을 **잔류 백분율**(殘溜百分率)이라 하며 이것을 R로 표시하면 R와 $D_p(=x)$사이에는 위에서와 같이 다음 관계가 성립한다.

$$R = \int_x^{x_{max}} f(x)\,dx, \quad \frac{dR}{dx} = -f(x) \tag{12-15}$$

여기서 x_{max}는 최대 입자경이다. 이 경우 R와 x의 관계를 나타내는 곡선을 **누적잔류 분포곡선**(累積殘溜分布曲線, cumulative oversize distribution curve) 또는 ***R*곡선**이라 한다.

D 및 R곡선을 일괄해서 **질량 특성곡선**(중량기준일 때는 **중량 특성곡선**)이라 한다. 질량 대신 입자의 수로 나타낼 때는 **입자 특성곡선**이라 한다. 여기서 R와 D사이에는 단연 다음 관계가 성립한다.

$$D = 100 - R, \quad dD = -dR \tag{12-16}$$

또한

$$y = f(x) = \frac{dD}{dx} = \frac{dR}{dx} \tag{12-17}$$

위에서 dD/dx 또는 $-dR/dx$와 x의 관계곡선이 y곡선이다.

(2) 빈도분포 곡선이 수식(Rosin-Rammler의 지수법칙)

측정결과로 얻은 입자의 입경분포를 표시하는 방법은

① 정규분포(빈도곡선 대상일 때 쓴다.)

$$R(\text{잔류분포}) = 100\int_{D_p}^{\infty} \frac{1}{\sigma\sqrt{2\pi}} \exp\left[-\frac{(D_p - \overline{D_p})^n}{2\sigma^2}\right] dD_p \tag{12-18}$$

단, n : 입자수, D_p : 입경, $\overline{D_p}$: 산출평균 입경, σ : 표준편차 $= \sqrt{\Sigma(D_p - \overline{D_p})^2/n}$

② 대수정규분포(1 [mm] 이상의 입경에 잘 쓰인다.)

$$R = \int_{D_p}^{\infty} \frac{1}{\log\sigma\sqrt{2\pi}} \exp\left[-\frac{(\log D_p - \log\overline{D}_p)^2}{2(\log\sigma)^2}\right] d(\log D_p) \tag{12-19}$$

단, $\overline{D}_p$: 기하평균 지름, $\log\sigma = \sqrt{(\Sigma\log D_p - \overline{D}_p)^2/n}$

③ Rosin-Rammler 분포[微粉體 예 : 석탄 · 시멘트 · 액의 분무]

$$R = 100\,e^{-bx^n} = 100 \cdot 10^{-b'x^n} \tag{12-20}$$

단, b, n은 x와 R의 실험값으로부터 구하는 정수 $(b' = b/2.3)$이다. 여기서 우리는 가장 많이 사용되는 Rosin-Rammler의 지수법칙만을 생각해 보자.

식 (12-20)에 지수를 없애기 위하여 양변에 대수를 두 번 취하면

$$\ln \frac{R}{100} = -bx^n \ln e, \quad \log \frac{100}{R} = x^n \frac{b}{2.3}$$

$$\therefore \log\left(\log \frac{100}{R}\right) = n \log x + \log \frac{b}{2.3} \tag{12-21}$$

따라서 보통 그래프지에 $\log\left(\log \frac{100}{R}\right)$과 $\log x$를 플로트하거나 양대수 그래프지에 $\log \frac{100}{R}$ 대 x의 관계를 도시하면 R과 x이 실측값으로부터 그림 (12-19)와 같이 직선이 된다. 그런데 만일 직선이 아니면 식 (12-20)이 적용되지 않는 분포임을 의미한다. 이 직선의 기울기와 절편으로부터 n과 b가 구해진다.

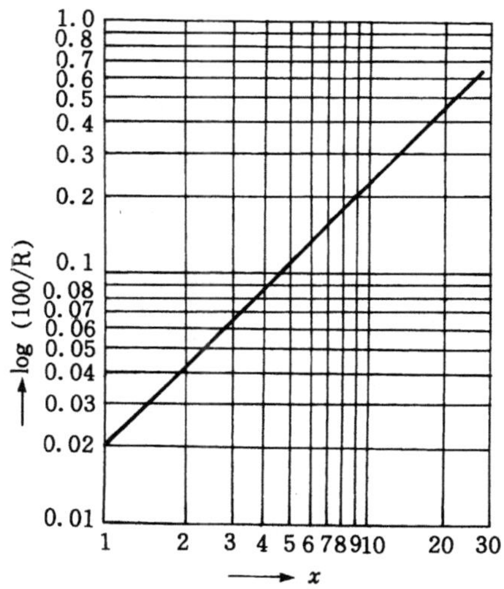

그림 12-19 Rosin-Rammler 분포

입경은 x와 잔류분포 R[%](또는 D)의 관계를 알면 x와 R의 관계곡선에 의하여 x의 값(등간격으로 취한다)에 대한 $-\Delta R/\Delta x$의 값에 의하여 **막대그림**(histogram)을 그리고 이를 평균화한 것이 입경분포 곡선이다(그림 2-19). 이와 같이 입경분포가 직선 관계로 표시된다고 하는 것은 정수와 변수 사이의 관계가 어떤 특정값에 의하여 표시될 수 있다는 것으로 분쇄기 종류 선정, 분쇄재료의 성질 등을 아는데 편리하다. 예를 들면 Rosin-Rammier식의 경우 n과 x와의 관계에서 일정분쇄 방법, 일정한 분쇄재료를 쓸 때는 n의 값은 x가 변해도 일정한 값을 가진다. 즉 n은 분쇄기의 종류에 따라 변한다. 낙하충격 분쇄일 때 벽돌 $n=0.4\sim0.5$, 베이크라이트 합성수지 $n=1.3\sim1.5$, 기타 재료에서 $n=0.7\sim1.3$이다.

예제 12-7

어떤 분체시료의 체시허의 결과 다음 표와 같은 결과를 얻었다. 이로부터 빈도분포 곡선을 그리고 Rosin-Rammler 선도에 의한 식을 만들어라. 단, D는 중량에 대한 통과분 중량[%].

mesh (Tyler)	체눈금 [mm]	평균입자 지름 [mm]	Δx $\times 100[\mu]$	누적통과 D [%]	누적잔류 R [%]	ΔD [%]	$\Delta D/\Delta x$ [%]
10	1.651						
		1.410		96	4		
14	1.167		40.9			8	1.97
		1.001		88	12		
20	0.833		2.90			16	5.52
		0.711		72	28		
28	0.589		2.08			26	12.5
		0.503		46	54		
35	0.417		1.47			22	15.0
		0.356		24	76		
48	0.295		1.04			12	11.5
		0.252		12	88		
65	0.208		0.74			6	8.1
		0.178		6	94		
100	0.147		0.52			3	5.8
		0.126		3	97		
150	0.104		0.37			2	5.4
		0.089		1	99		
200	0.074		0.25			1	4.0
		0.064		0	100		
270	0.053						

풀이

R과 x를 등간격으로 한 그래프지에 플로트하면 아래 그림과 같이 R곡선과 D곡선이 얻어진다. 이로부터 $-\dfrac{\Delta R}{\Delta x}$ 또는 $\dfrac{\Delta D}{\Delta x}$ 대 x의 값을 플로트하면 빈도분포 곡선을 얻는다.

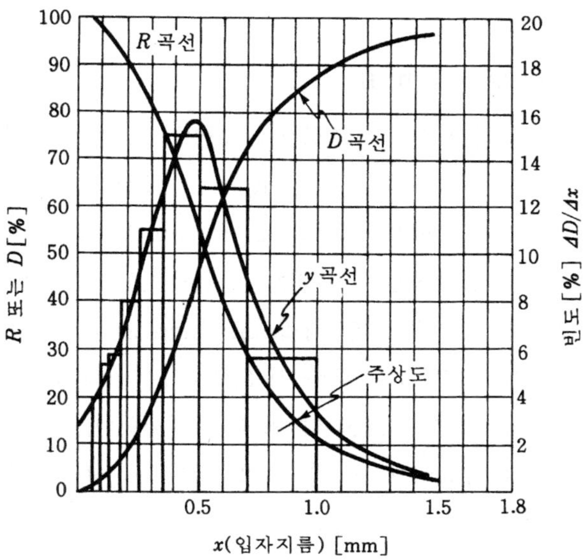

그림 12-20 $R.D.$곡선 및 빈도분포 곡선

2. 분체입경, 비표면적, 입경분포의 측정법

분체의 입경, 비표면적 및 입경분포 등의 측정에는 다음 표에서 보는 바와 같이 여러 가지 방법이 있다. 입경범위, 측정의 정밀도, 입자 종류 등에 따라서 방법을 선택해야 한다. 이하 이들 측정법의 원리를 간단히 설명한다.

➡표 12-7 입도분포 및 비표면적의 측정법

입도분포 측정법	입경범위 [μm]	비표면적 측정법	입경범위 [μm]
① 체질분석법	> 45	① 기체투과법	0.5~50
② 현미경법		② 흡착법	1.01~20
ⓐ 광학현미경법	0.2~100	③ 광투과법	0.05~50
ⓑ 전자현미경법	0.01~5	④ 용해법	
③ 침강법	2~40	①, ③은 입경분포도	
④ 원심침강법	0.05~10	측정이 가능하다.	
⑤ 풍사법 및 수비법	5~50		

(1) 체분리법(sieve test)

표준체를 위로부터 체눈이 큰 것으로부터 순차로 쌓아서 일정중량의 시료를 맨 위에 넣고 일정시간 충분히 흔든다. 다음에 체를 통과한 것과 각 체 위에 남은 양을 각각 평량하고 그 각각에 대한 크기로서 입도분포를 구한다. 원료는 보통 충분히 건조해서 사용하여야 하며 진탕은 진동기가 따로 있다.

(2) 액체침강법(sedimentation method)

분체가 액체 중에서 침강하는 시간을 측정하여 입경과 분포상태를 알아내는 방법이다. 즉 ① 입자가 응집되지 않도록 하기 위하여 분산제(分散劑)로서 핵사메타인산소다 $(NaPO_3)_6$를 액 전량에 대해서 0.2[%]를 가한다. ② 입자의 액 중의 농도는 입자의 상호간 작용이 없을 정도로 적어서 순액의 점도와 밀도가 큰 차가 나지 않도록 한다. ③ 침강의 초기에 액 중의 입자를 균일하게 분산시킨다. 대표적인 방법으로 Andreasen pipette(안드리아젠 피펫)법을 소개하면 그림 12-21과 같이 실린더 내에 시료분말 M[g](약 5[g]을 화학천칭으로 정확히 취한다)과 분산제를 포함한 액 V[cc](약 500[cc] 정확히)에 넣고 잘 흔든 다음 가만히 놓는다. 일정시간 후(5, 10, 15[min]……) 이 액 10[cc]를 가만히 빨아올려 3방콕크에 의하여 평량병으로 옮기고 증발건조한다. 이 때 분말의 질량을 m[g]이라 하고 빨아 올리기 전의 액 표면으로부터 액이 빨려 올라가는 관의 첨단까지의 길이를 H라고 하자.

지금 정지액 중 현탁되어 있는 입자가 높이 H[cm]의 정지액체 중을 침강하는데 요하는

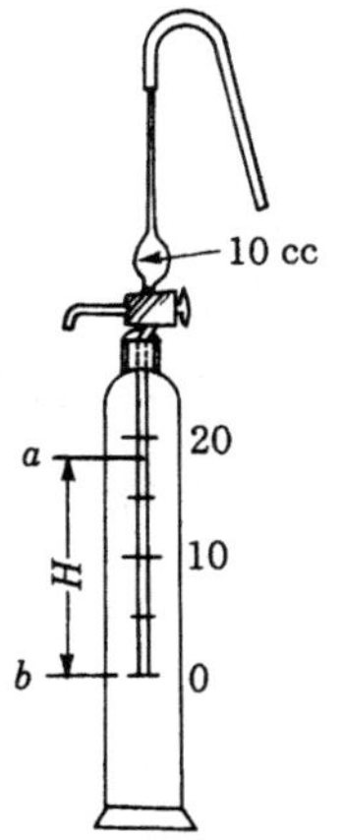

그림 12-21 안드리아젠 피펫

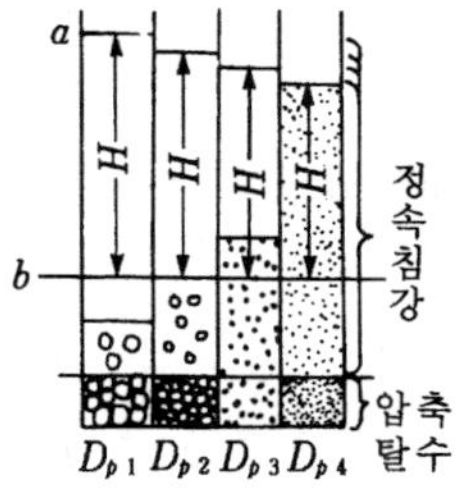

그림 12-22 침강상태

시간을 θ [s]라 하면 Stokes 법칙에 의하여 직경 D_p의 입자의 침강종말속도 u_s는

$$u_s = H/\theta = (\rho_s - \rho_f) g D_p^2 / 18\mu \tag{12-22}$$

$$\therefore\ D_p = \sqrt{18\mu H / (\rho_s - \rho_f) g\theta}\ [\mathrm{cm}] \tag{12-23}$$

여기서 D_p는 입자의 직경[cm], ρ_s는 입자의 밀도[g/cm^3], ρ_s는 액의 밀도[g/cm^3], μ는 액의 점도 [g/cm · s], g는 980 [cm/s^2]이다.

이상에 의하여 입자가 전부 침강을 완료할 때까지의 시간 θ를 측정하여 외삽법(extrapolation)으로 입자의 D_p를 구한다. 시료채취할 때 액이 나가므로 H가 감소하기 때문에 D_p이 계산에는 매회 H의 값은 변한다. θ시간 후는 피펫의 첨단에는 D_p보다 큰 입자는 없고(그림 12-22에서 D_{p1}에 해당) 이보다 작은 입자는(D_{p3}, D_{p4}에 해당) 처음과 같은 농도로 존재하기 때문에 처음농도를 $C_\theta = M$[g]/V[cc], θ시간 후 흡입된 것의 농도를 $C_0 = m$[g]/10[cc]라 하면 $C_\theta / C_0 = mV/10M$은 침강속도로 H/θ에 해당하는 입자보다 적은 입자의 질량의 전 입자질량에 대한 비율이다.

한편 D_p보다도 굵은 분말의 전체량에 대한 비율을 R [%100]라 하면 D_p보다 적은 입자의 비율은 $1 - R(= D)$가 된다. 따라서

$$C_\theta / C_0 = (m/10)(V/M) = D = 1 - R \tag{12-24}$$

가 성립한다. 즉 식 (12-23)의 D_p와 식 (12-24)의 D 또는 $1-R$을 양측으로 하여 플로트하면 누적곡선이 얻어진다.

(3) 공기투과법

미분말의 충전층에 공기를 통하여 그의 저항과 유량과의 관계로부터 미분말의 입경 또는 비표면적을 구하는 방법이다. 그림 12-23은 장치의 개요로서 미분말 충전부와 마노미터부로 되어 있다. 조작은 지금 마노미터의 액면을 흡인 고무구에 의하여 a까지 빨아올리고 콕을 막는다. 액면은 b에서 정지한다. 액면은 충전층을 통해서 대기를 빨아들여 서서히 내려간다. b로부터 c까지 내려가는데 요하는 시간 t[s]를 읽어서 다음 식에 의하여 비표면적 S_w[m^2/kg]을 구한다.

$$S_w = K\frac{\sqrt{\varepsilon^3}}{1-\varepsilon}\frac{1}{\rho_s}\sqrt{\frac{t}{\mu}}\ [\mathrm{m^2/kg}] \tag{12-25}$$

여기서 ε은 충전층의 공극률, ρ_s는 분말의 전 비중량[kg/m^3], μ는 공기의 점도 [Pa · s], K는 장치상수이기 때문에 비표면적 S_w는 진밀도 ρ_s를 알고 있는 표준시료에 의하여 ε, μ, t를 측정하여 K를 구해 놓으면 이로부터 측정하려고 하는 미지시료에 대해서는 흡인공기온도로부터 μ, 충전분말의 중량, 그의 비중량 r_s, 충전층의 내용적(표준시료 측정시 구한다)으로부터 공극률 ε가 구해진다. 따라서 소요시간을 측정함으로써 비표면적 S_w를 윗식에 의하여 산출할 수 있다. 이 방법은 시멘트 비표면측정에 규격화되어 사용된다. 압력범위가 한정되어 있어서 극히 굵은 것(50[μ] 이상)과 가는 것(0.5[μ] 이하)에는 적용할 수 없다. 근래에는 압력을 변화시키는 것이 나와 있다.

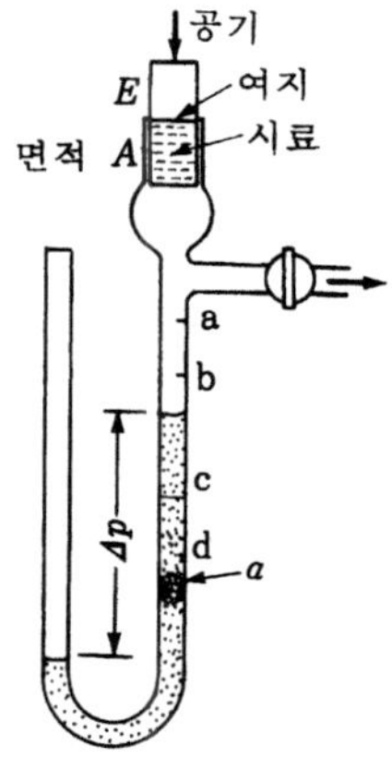

그림 12-23 Blaine 공기투과법 장치

예제 12-8

어떤 분체를 Blaine법에 의하여 측정하였더니 표선간의 통과시간이 평균 40[s], 실온은

22.5[℃]이었다. 이 분체의 S_w 및 D_{sp}를 구하여라. 단 시료의 용적 $V_0 = 1.812\,[\text{cm}^3]$, 진밀도 $\rho = 2.516$, 체취량 $W' = 2.2563\,[\text{g}]$으로서 표준시료($S_w = 2940\,[\text{cm}^2/\text{g}]$)에 관하여 구한 K값은 21.8이었다.

(풀이)

$W = \rho V_0 (1-\varepsilon)$에 의하여 $\varepsilon = 0.505$, 또한 22.5[℃]에 있어서 공기의 점도 $\mu = 001820\,[\text{g/cm}\cdot\text{s}]$, 식 (12-25)에 의하여

$$S_w\,[\text{cm}^2/\text{g}] = K\frac{\varepsilon^3}{1-\varepsilon}\frac{1}{\rho_s}\frac{\sqrt{t}}{\mu} = 21.8(0.359)(\sqrt{40})(1-0.505)$$

$$(2.516)(0.01349) = 2{,}950\,[\text{m}^2/\text{g}]$$

또한

$$D_{sp} = 6/\rho S_w = 6/2.516(2950) = 8.1\times 10^{-4}\,[\text{cm}] = 8\,[\mu]$$

---

(4) 흡착법

불활성기체를(예를 들면 N_2) 분체시료에 단분자층을 입히는데 필요한 양을 측정하여 분자 한 개당 단면적을 알고 있을 때 이로부터 표면적을 구하는 방법이다. 안료, 활성탄, 실리카겔 등의 세공이나 균열이 많은 다공성 물질의 표면적, 더 나가서는 촉매의 비표면적 측정에 쓰이는 것으로 정밀도가 높다. 그러나 입도분포, 입자의 운동을 대상으로 할 때는 적당하지 않다.

(5) 광투과법

우수한 입경 측정법이다. 미분체를 포함하는 현탁액 중의 일정한 깊이의 부분에 일정한 강도의 빛을 통과시켜 나오는 빛의 강도를 광전관으로 측정한다. 미분체는 시간의 경과에 따라 침강하므로 현탁액의 탁도는 점점 엷어지며 이를 통하는 빛의 강도도 그만큼 강해진다. 즉 입자 침전개시로부터 일정시간 후 이를 통과하는 빛의 세기는 광선 중에 존재하는 전 입자 표면

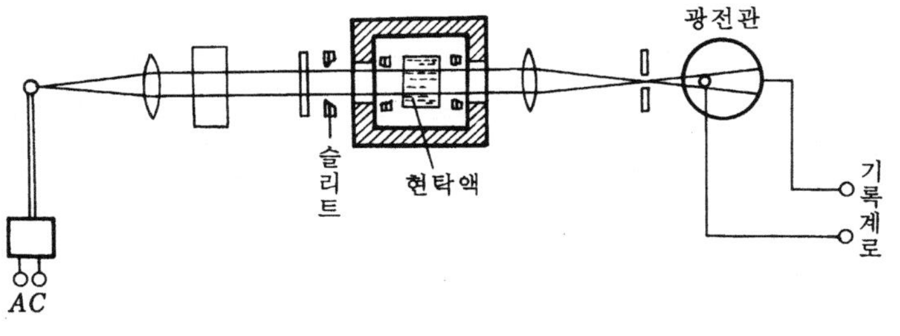

그림 12-24 광투과 분체입경 측정장치

적에 의하여 흡수되는 광량을 액체 중의 미립자가 완전히 침강을 완료할 때 상태로부터 뺀 값을 하면 빛의 세기와 입경과의 관계도가 만들어지며 이를 해석하여 입경분포를 구한다.

예제 12-9

광투광법에 의하여 비중 2.1의 zeolite 분말의 입도를 측정했더니 표와 같은 결과를 얻었다. 이에 의하여 Rosin-Rammler의 식을 만들어라.

평균입경 x[μm]	25	15	9	7.5	6.5	5.5	4.5	3.5	2.5	1.5	0.5
누계잔류분포 R[%]	19.5	25.6	43.3	46.4	52.3	60.3	66.3	76.3	87.3	94.1	100

풀이

x	25	15	9	7.5	6.5	5.5	4.5	3.5	2.5	1.5
$\log(100/R)$	0.71	0.520	0.360	0.331	0.279	0.218	0.176	0.115	0.057	0.024

이 값을 양대수 그래프지에 플로트하면 약 7[μm] 이하에서 직선관계가 성립한다. 이 직선의 경사로부터 $\log\left(\log\frac{100}{R}\right) = n\log x + \log\frac{b}{2.3}$ 에서

$$n = 1.65$$

$$\therefore\ b/2.3 = 0.0128,\quad b = 00294$$

$$\therefore\ R = 100\,e^{-0.024}x^{1.65}$$

연습문제

1 볼 밀의 최적 회적속도를 임계속도의 74 [%]로 하면 내장내경(內張內徑) 1.5 [m]의 밀의 회전속도는 얼마로 해야 되겠는가?

2 평균입경 3 [cm]의 분쇄원료를 분쇄기에 의하여 평균입자 지름 5 [mm]까지 분쇄하는데 필요한 동력이 10 [HP]이었다. 같은 회전수로써 같은 분쇄원료를 같은 처리량 3 [mm]까지 분쇄하는데 필요한 [HP]를 구하여라. 단 공전시의 동력은 0.5 [HP]이다.

3 직경 1.5 [cm]인 구형 분쇄원료를 0.5 [cm]로 분쇄하기 위해서는 롤의 직경이 얼마나 되어야 하느냐? 롤과 분쇄원료와의 마찰계수는 0.35이다.

4 어떤 분체를 체분석했더니 다음 표와 같은 두 결과를 얻었다. 이로부터 ① histogram (막대그림), ② 빈도분포 곡선 ③ 누적잔류 및 누적통과 곡선을 그려라.

ⓐ

Tyler	mesh	[wt %]
-10	+14	2
-14	+20	5
-20	+28	1
-28	+35	18
-35	+48	25
-48	+65	25
-65		15

ⓑ

Tyler	mesh	[wt fr.]	Tyler	mesh	[wt fr.]
-10	+14	0.075	-100	+150	0.056
-14	+20	0.136	-150	+200	0.043
-20	+28	0.158	-200		0.057
-28	+35	0.154			
-35	+48	0.133			
-48	+65	0.106			
-65	+10	0.082			

5 분체의 체분석을 하여 다음 결과를 얻었다.

Tyler	~3	~4	~6	~8	~10	~14	~20	~28	~35	~48	~65	~100	~150	~200
[wt %]		0	4	7.2	12.0	17.6	15.4	12.0	10.0	7.2	6.0	3.8	2.8	2.0

이로부터 평균 표면직경 D_s를 구하여라.

6 다음 표의 분체에 대하여 산술, 기하 및 조화평균지름을 구하여라.

입경범위 [μm]	0~4.9	5~9.9	1~14.9	15~19.9	20~24.9	25~29.9	30~34.9	35~39.9	40~44.9
입자수	2	10	56	82	35	22	26	7	5

7 진비중 4.5, 형상계수 12, 평균입경 0.14 [mm]의 분체가 있다. 이의 비표면적을 구하여라.

8 어떤 분체의 입도가 다음과 같다.

입 경 [μm]	25	15	9	7.5	7.5 이하
누계잔류분포 R[%]	19.5	38.2	57.6	63.0	100

이와 같은 분체 80 [%]를 풍력에 의하여 포집하려고 하면 포집에서 얻을 수 있는 분체의 최소지름을 구하여라. 단, 이의 분포는 Rosin-Rammler의 법칙을 따른다.

1. 26.1 [rpm]
2. Rittinger : 10.75 [HP], Kick = 12.7 [HP], Bond = 14.6 [HP]
3. 17 [cm]
4.
5. D_s = 0.156 [mm]
6. D_{av} = 20.1 [μ], D_t = 18.5 [μ], D_h = 16.6 [μ]
7. 190 [cm^2/g]
8. 3.9 [μm]

제13장

기계적 분리

지금까지 취급한 증발, 증류, 추출, 흡수 및 건조 등의 조작은 모두 상의 변화를 이용하는 분리조작이다. 즉 액체로부터 기체 또는 기체로부터 액체로 상태를 변화시켜 분리하는 조작이었다. 이에 비해 기계적 분리법은 고체는 고체대로, 액체는 액체대로 상을 변화시키지 않고 그대로 분리하는 조작을 말한다.

처리대상 물체는 고체 즉 분립체(粉粒體)와 액체 및 기체의 3가지가 있으며 기계적 분리대상은 다음과 같다.

① 고체와 고체의 분리 ② 고체와 액체의 분리 ③ 고체와 기체의 분리
④ 액체와 액체의 분리 ⑤ 액체와 기체의 분리 ⑥ 기체와 기체의 분리

13-1 고체와 고체의 분리

고체-고체계의 기계적 분리는 고체의 크기, 밀도, 자성(磁性) 등의 기하학적 또는 물리적 성질의 차이에 의하여 분별하는 조작을 말하며 화학공업은 물론 광업, 토목, 식품, 기타 여러 공업 분야에서 널리 사용되고 있다. 고체-고체의 분리는 넓은 의미로 **분급**(分級, classification)이라 부르며 가장 일반적인 방법이 **체분리**이다. 이외에 유체의 저항을 이용하는 건식 또는 습식의 여러 가지 방법이 있어서 입경 또는 밀도의 차에 의하여 분리한다. 특수한 분리법으로써는 자성의 차에 의한 **자기분리**(magnetic separation)와 **부유선광법**(flotation)이 있다.

1. 체분리

체분리(screening 또는 sieving)는 고체를 분쇄하여 얻은 분립체를 일정한 크기의 구멍을 가진 체를 사용하여 입자의 크기별로 분리하는 조작이다.

체질은 쉽고 간단한 것 같이 보이나 그렇지 않다. 체의 구멍을 균일하게 제작하는 것도 어려운 일이며 적은 입자가 점착(粘着)하여 덩어리를 만들어 체의 구멍을 메워버리는 수도 많다. 이런 결점을 피하기 위해서는 체질 전에 체를 건조시키던가 또는 물로 충분히 적시어 분리시키는 수가 있다. 즉 전자의 방법이 건식법이고 후자의 것이 습식법이라고 하는데 대개 건식법을 사용한다.

(1) 표준(標準)체

체는 분체의 입도분리용 또는 산업용으로 많이 쓰이는데 분체의 입도관리를 목적으로 하기 때문에 입도분석용으로도 특별히 제작되어 가장 많이 쓰인다. 체는 금속이나 섬유로 된 망인데 그 굵기와 망창의 간격은 엄격히 규격화되어 있다. 규격화된 체를 **표준체**라 하고 각국은 공업규격으로 1～2종의 규격을 제정하여 그 사용을 권장하거나 요구하고 있으며 국제규격도 몇 가지로 정해져 있다. 표준체는 한국공업규격으로 KS A 5101이 제정되어 있고 국제규격으로서는 ISO 규격이 있다.

표 13-1에는 각국의 공업규격에 정해진 표준체의 규격내용을 요약하였다. 체에 사용되는 철사 사이의 공간을 **체구멍**(screen aperture)이라고 하며 흔히 사용되는 mesh라는 용어는 길이 1 in당 체구멍의 수를 뜻한다. 예를 들면 10 mesh체는 길이 1 in에 10개의 구멍이 나란히 있음을 뜻하며 따라서 그 구멍크기는 0.1 in에서 철사의 굵기를 뺀 값이다. 그러므로 mesh란 말은 구멍크기가 다른 체의 호칭일 뿐이고 만일 체 제작자가 철사의 굵기 등을 표시하지 않으면 정확한 체구멍 크기를 계산하는 일은 의미가 없다. 특히 독일의 Maschen은 CGS 단위에 기준을 두어서 cm^2당 구멍수로 표시하였다. 따라서 규격화가 꼭 필요하게 된다. 그러나 한 세트 체의 구멍크기는 2배수 또는 $\sqrt{2}$배수로 만들어지는 것이 보통이다.

표준체는 규격화된 망을 지름 20 [cm] 또는 12.5 [cm], 테 높이 2～5 [cm]의 모양으로 만든 것으로서 체번호가 큰 순서대로 포개어서 체 진탕기에 올려 놓고 일정한 진동형태와 진동시간에 분체시료가 체구멍을 통과하는 무게를 측정하여 분체의 입도를 측정한다. 체가 진탕되는 동안은 분쇄가 일어나서는 안 되며 각 체 위에 남는 시료의 무게가 진탕시간에 관계없이 일정한 함량(또는 일정량 이하의 감량)이 될 때 체진탕을 끝낸다.

체분석 후 입자의 입도(粒度)를 나타내는 방법으로는 여러 가지가 있으나 가장 보편적인 방법은 예를 들면 100 [mesh] 체 통과 140 [mesh] 체에 걸렸을 경우를 −100 / +140으로 표시한다.

(2) 공업용(工業用) 체

공업용 체는 금속막대기, 구멍뚫린 금속판, 금속 실의 직물, 명주나 기타 합성섬유 등으로 만든다. 예부터 우리 가정에서 쓰는 고운 체는 명주실로 제조하여 사용하였다. 사용되는 금속으로는 강철, 스테인리스 강철, 청동, 구리, 니켈, 모넬 등이 많이 사용된다. 짜서 만든 체는 4 [in]에서 400 [mesh]까지 제작할 수 있으나 공업적으로는 100~150 [mesh] 이하의 체는 별로 사용되지 않는다.

체면(screening media)은 크게 나누어 그리즐리형(grizzly), wedged wire, 타발판(판에 구멍을 낸 것), 체망으로 분류된다.

여러 가지 목적에 따라 쓰이는 체가 많이 있으므로 여기서는 중요한 몇 가지만 설명하겠다. 대개의 경우 체판 위에 있는 입자는 중력에 의해서 체구멍을 통해 아래로 떨어지게 되어 있지만 경우에 따라서는 원심력 또는 솔질(brushing)로 인해서 체구멍을 입자가 통과하도록 제작된 공업용 체도 있다.

큰 입자는 대개 고정된 체표면에서 체질이 되지만 미세입자의 경우는 체판을 흔들어서 입자가 통과하게 한다. 체판을 흔드는 방법은 기계적 또는 전기적 설비에 의한 요동(搖動, shaking), 선동(旋動, gyrating) 및 진동(振動, vibrating)운동으로 구별된다. 체를 흔들어 주는 전형적인 형태를 그림 13-1에 표시하였다.

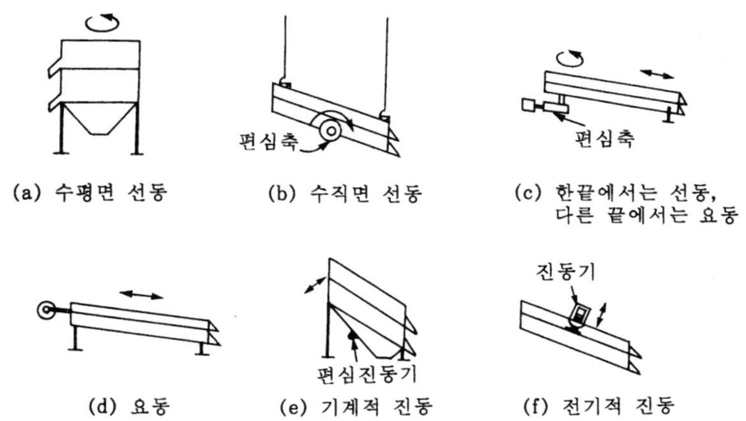

그림 13-1 체판의 운동형태

➡표 13-1 각국의 표준체 규격

KS A 5101		JIS 표준망체		Tyler		표준체(미국)	
호칭번호	체눈치수 [mm]	체구멍크기 [μm]	철사굵기 [mm]	mesh 번호 $\sqrt{2}$계열	mesh 번호 $\sqrt[4]{2}$계열	구멍크기 [μm]	철사굵기 [mm]
—	—	—	—	400	400	37	0.025
325	0.044	44	0.035	—	325	44	0.036
270	0.053	53	0.040	270	270	53	0.041
230	0.062	62	0.045	—	250	63	0.041
200	0.074	74	0.050	200	200	74	0.053
170	0.088	88	0.055	—	170	88	0.061
140	0.105	105	0.070	150	150	104	0.066
120	0.125	125	0.080	—	115	124	0.097
100	0.149	149	0.100	100	100	147	0.107
80	0.177	177	0.120	—	80	175	0.142
70	0.210	210	0.140	65	65	208	0.183
60	0.250	250	0.160	—	60	246	0.178
50	0.297	297	0.180	48	48	295	0.234
45	0.350	350	0.230	—	42	351	0.254
40	0.420	420	0.260	35	35	417	0.310
35	0.500	500	0.290	—	32	495	0.300
30	0.590	590	0.320	28	28	589	0.318
25	0.710	710	0.350	—	24	701	0.358
20	0.840	840	0.400	20	20	833	0.437
18	1.00	1000	0.500	—	16	991	0.597
16	1.19	1190	0.550	14	14	1168	0.635
14	1.41	1410	0.600	—	12	1397	0.711
12	1.68	1680	0.700	10	10	1651	0.889
10	2.00	2000	0.800	—	9	1981	0.838
8	2.38	2380	0.800	8	8	2362	0.813
7	2.83	2830	0.900	—	7	2794	0.833
6	3.36	3360	1.000	6	6	3327	0.914
5	4.00	4000	1.200	—	5	3962	1.118
4	4.76	4760	1.400	4	4	4699	1.651
3½	5.66	5660	1.600	—	3½	5613	1.651

U.S. A.S.T.M.		DIN 표준체				ISO 표준체
체번호	호칭구멍크기 [μm]	체번호 [구멍수/cm]	Maschen [구멍수/cm^2]	구멍크기 [μm]	철사굵기 [mm]	주된 크기 [μm]
325	44	100	10000	60	0.040	5
270	53	80	6400	75	0.050	6.3
250	61	70	4900	88	0.055	8
200	74	60	3600	102	0.065	10
–	–	50	2500	120	0.080	12.5
140	104	40	1600	150	0.10	16
120	125	–	–	–	–	20
100	150	30	900	200	0.13	25
80	177	24	576	250	0.17	32
70	210	20	400	300	0.20	45
60	250	16	256	385	0.24	63
50	297	14	196	430	0.28	90
45	350	12	144	490	0.34	125
40	420	11	121	540	0.37	180
35	500	10	100	600	0.40	250
30	590	8	64	750	0.50	355
25	710	6	36	1020	0.65	500
20	840	5	25	1200	0.80	710
18	1000	4	16	1500	1.00	1000
16	1190					1400
14	1410					2000
12	1680					2800
10	2000					4000
8	2380					5600
7	2839					8000
6	3360					11200
5	4000					16000
4	4760					22400
						31500
						45000

① 고정(固定)체와 그리즐리

그리즐리(grizzly)는 경사진 고정테에 일정한 간격으로 평행되게 고정된 금속막대들로 이루어진 창살모양의 선별장치이다. 그림 13-2(a)는 금속막대들이 수평하게 일정한 간격으로 고정되어 있는 그리즐리의 일종이다. 금속막대가 수직으로 배열된 경우도 많다. 특히 후자는 건축 또는 토목공사에 필요한 대량의 모래에서 큰 자갈, 종이, 나무토막 등의 잡물을 분리하는 목적

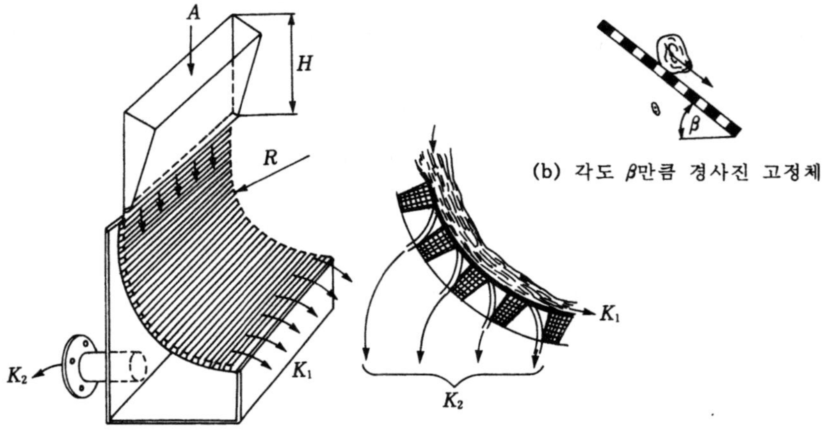

(b) 각도 β만큼 경사진 고정체

(a) 금속막대가 수평으로 배열된 그리즐리

그림 13-2 고정체와 그리즐리

으로 많이 쓰인다.

그리즐리의 경사각도나 분리될 물질의 통로의 크기는 평행하게 일정한 간격으로 용접되어 있는 창살막대기의 간격으로 결정된다. 모래 또는 제1차 분쇄기에서 나오는 굵은 입도의 분리 원료물질이 창살의 위쪽에서 공급되면 큰 덩어리는 막대 위를 구르거나 미끄러져 내려서 K_1 쪽(꼬리배출부)으로 나가고 작은 입자들은 막대간격 사이로 떨어져서(K_2) 분리된다.

수직 그리즐리나 수평 그리즐리는 모두 윗부분의 틈새가 넓고 꼬리쪽에 가까울수록 간격이 좁게 만들어져서 덩어리가 간격을 막는 일이 흔하지 않도록 하고 금속막대는 직사각형 단면의 금속재료를 사용하여 수직부하에 견디도록 제작된다. 막대 사이의 간격은 5~20 [cm] 등으로 다양하다.

소규모 건축공사에서 흔히 볼 수 있는 경사진 고정체[그림 13-2(b)]도 같은 방법으로 1~10 [mm]의 입자를 분리하는 데 쓰인다. 고정체는 경사각도 β에 따라서 분리되는 입도가 달라진다. 고정체와 그리즐리는 미세분말이 포함되어 있지 않고 입도도 크고 유동성이 좋은(free flowing) 고체를 분리할 때 아주 효과적이다.

② 선동(旋動)체

입도별로 분급된 물질을 생산하는 거의 모든 체는 큰 입자를 먼저 걸러내고 미세입자를 나중에 배출하게 되어 있다. 이러한 현상은 그림 13-3에 있는 두 종류의 평판 선동체를 보면 이해할 수 있다. 선동체(gyrating screen)는 보통 몇 겹의 체로 층을 이루고 있는데 각 층은 상자나 케이스 속에 내장되어 있다. 체구멍이 가장 큰 체는 맨 위쪽에, 그리고 고운 체는 바닥에 놓인다. 각 체에는 적당한 배출통로를 마련하여 입도별로 분급된 물질을 제거한다. 원료분체는 맨 위의 체에 투입되는데 체와 케이싱은 함께 선동되어 체구멍 크기에 따라 입자를 분급한다.

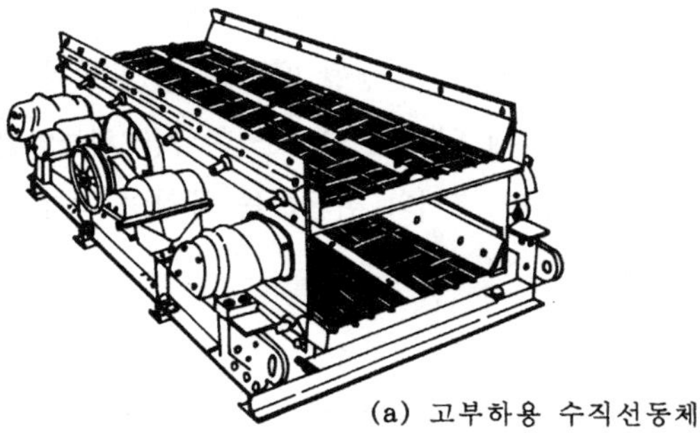

(a) 고부하용 수직선동체

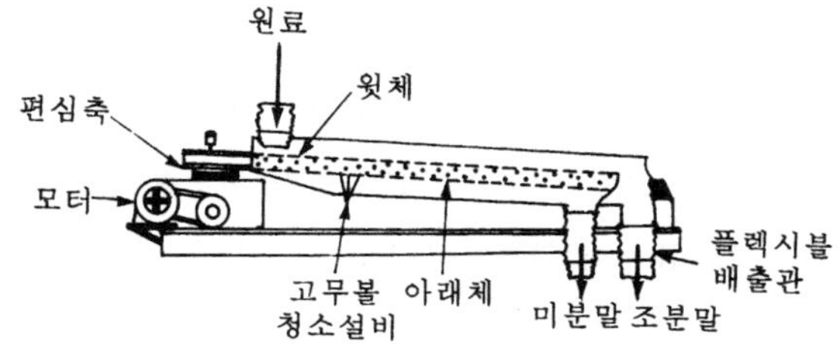

(b) 미세입자용 수평선동체

그림 13-3 선동체

그림 13-3(a)의 고부하용(高負荷用) 수직 선동체는 케이싱이 수평면에서 16~30° 정도로 기울어져 있다. 선동운동은 수평축을 중심으로 수직면에서 일어난다. 선동운동은 급송점과 배출점 사이의 중간쯤에 케이싱 바닥에 연결된 편심축(偏心軸, eccentric shaft)에서 전달된다.

체는 긴 직사각형인데 보통 45×120 [cm]에서 150×520 [cm]의 크기로 제작된다. 선동속도나 선동폭은 체 경사각도와 함께 조절이 가능하다. 속도와 선동폭을 잘 조절하면 주어진 급송물에서 원하는 분급물질을 최대의 수율로 얻을 수 있다. 선동속도는 600×1800 [rpm]이고 모터는 1~3 [HP]짜리가 사용된다. 체의 경사각도는 체 용량에 크게 영향을 끼친다. 따라서 가급적이면 경사각을 크게 하는 것이 좋다. 그러나 경사각이 크면 굵은 입자의 분급생성물을 얻는데 적합하기 때문에 미세입자를 잘 분급하려면 경사각 β가 20°를 넘지 않아야 한다.

그림 13-3(b)의 체는 수평면에서 선동하는 체이다. 사용되는 사각형의 체는 약간 경사져 있고 급송입구쪽에서 선동운동이 전달된다. 배출구쪽에서는 선동운동은 없고 왕복운동만 있다.

이러한 선동과 왕복운동을 조합함으로써 공급물은 얇은 층을 이루면서 체 위에 공급되므로 미세입자는 체표면 낮은 쪽으로 이송되는 동안에 위에 있는 큰 입자에 의하여 밀리면서 체구멍을 통과한다. 그림에서 보듯이 가끔 체표면이 두 겹인 경우도 있다. 두 겹 사이에는 간막이가 있고 각 간막이 속에 고무볼이 들어 있어서 운전시에 고무볼이 체표면을 아래위로 치기 때문에 체구멍이 막히지 않는 효과가 있다.

이 체는 특히 건조하고 딱딱하며 둥글거나 입방체의 미세입자까지도 탈없이 분급할 수가 있다. 그러나 길쭉한 모양의 입자가 점착성이 있거나 얇은 조각 모양, 연한 물질 등은 분급이 잘 되지 않는다. 이러한 물질은 체질이 진행될 때 체구멍을 막아서 다른 입자가 체구멍을 통과하지 못하게 된다. 체구멍이 고체 입자로 막히는 현상을 **체눈막힘**(blinded) **효과**라고 한다.

그림 13-4에서 선동체의 체구멍 크기와 취급하는 물질의 종류에 따라서 체 용량이 달라지는 경향을 조사한 결과이다.

③ 진동(振動)체

진폭이 작게 빨리 진동하는 체는 선동체와 달리 체구멍이 덜 막힌다. 진동은 기계적으로 또는 전기적으로 발생된다. 기계적 진동은 고속의 편심운동에 의하여 체의 케이싱에 전달되어 심히 경사진 체판에 다시 전달된다. 고부하의 솔레노이드에서 발생되는 **전기적 진동**은 케이싱에 또는 직접 체판에 전달된다. 그림 13-5는 직접 전기 진동체이다. 진동체는 체판이 3층 이상인 경우는 드물다. 진동수는 30～60 [Hz] 사이가 보통인데 진동 때문에 체틀부분이나 진동이 직접 전달되는 부분의 체판이 쉽게 손상되는 단점이 있다. 30 × 60 [cm]의 체에 1/3 [HP]의 동력이 소요되고 120 × 300 [cm]의 체는 약 4 [HP] 정도의 동력이 소요된다. 그림 13-6은 진동체의 처리용량을 체구멍 크기의 함수로 나타낸 것이다. 진동체를 사용하면 절단크기(cut size)가 1～0.1 [mm] 정도로 분급이 가능하다.

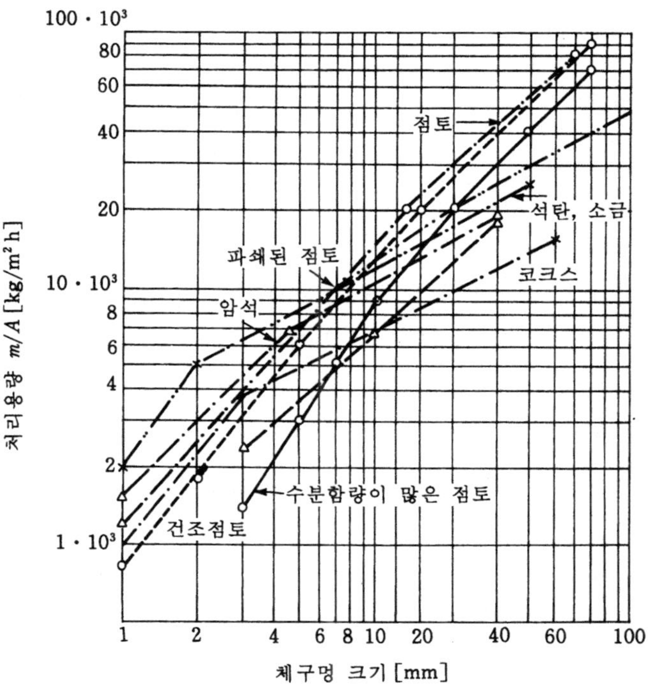

그림 13-4 선동체의 건식처리 용량

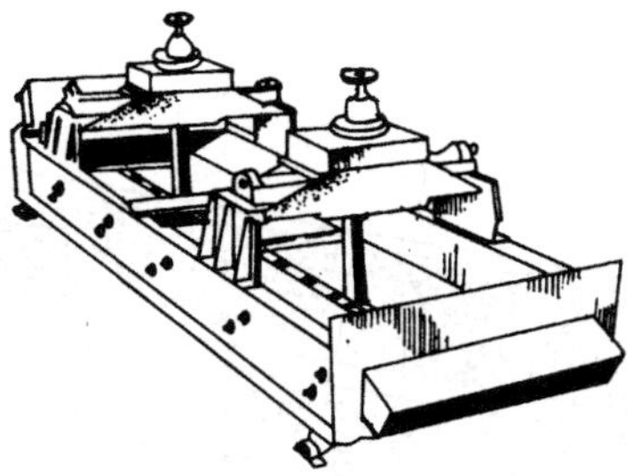

그림 13-5 직접 전달식 전기 진동체

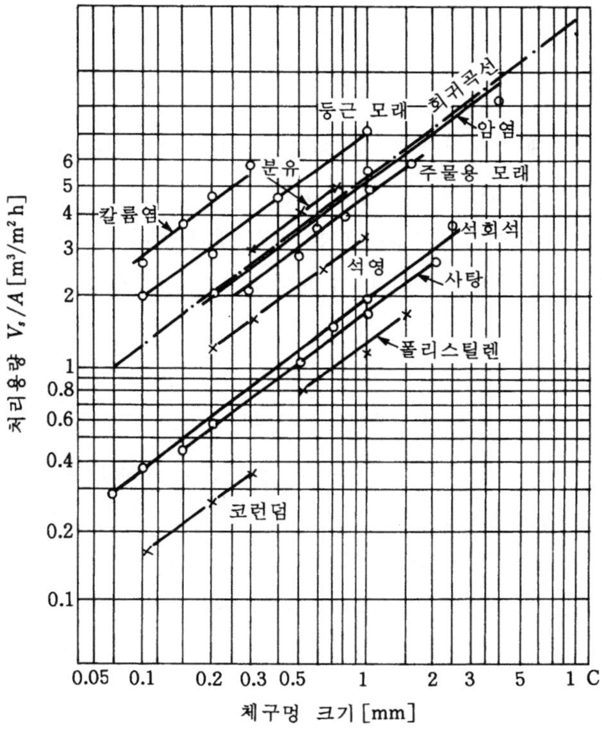

그림 13-6 진동체의 처리용량

④ 트롬멜과 원심분급체

트롬멜(trommel)은 망체나 천공 금속판(perforated sheet metal)으로 만든 회전 실린더로 되어 있는데 한 쪽이 열려 있거나 양쪽 끝이 모두 열려서 급송과 배출이 자유롭다. 실린더는 수평 또는 약간 경사진 회전축에 고정되어서 분급될 물질은 실린더가 회전할 때 배출구 쪽으로 이송된다. 이 장치는 비교적 굵은 입자 1.5 [mm] 이상을 분급하는 데 적합하다.

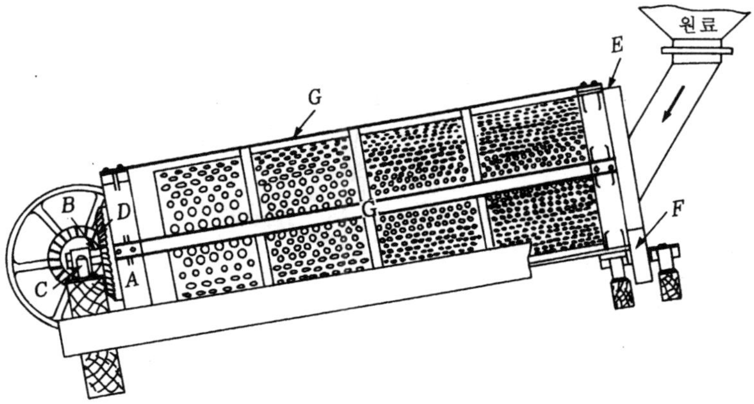

그림 13-7 트롬멜

트롬멜의 구조나 배열에는 여러 가지 모양이 있는데 그 중에 하나가 그림 13-7에 소개되었다. 굵은 입자는 큰 구멍판 쪽에서 배출되고, 고운 입자는 급송구쪽 천공판으로 분리 배출된다.

트롬멜에는 그림 13-7외에도 체구멍이 다른 여러 개의 실린더가 동심원으로 배열된 구조도 있다. 트롬멜은 조업 중에 먼지가 많이 나기 때문에 전체 장치를 외부와 차단하는 케이싱으로 격리하기도 한다. 격리 케이싱이 있을 때는 외부에서 공기를 불어 넣어 체구멍이 막히는 것을 방지할 수도 있다.

그림 13-8은 케이싱이 있는 트롬멜의 일종으로서 체판의 구조는 망체 또는 플라스틱 천공판의 수평 실린더로 되어 있다. 고속으로 회전하는 나선형 날개에 의하여 분급될 물질이 회전하지 않는 실린더형 체속으로 밀려들어 간다. 고운 입자는 체구멍을 통과하고 굵은 입자는 배출구쪽으로 이송된다. 특히 플라스틱 망체는 운전 중에 구멍이 약간 늘어나기 때문에 체구멍의 크기에 미소한 변화가 생기므로 체구멍이 막히는 일이 없다.

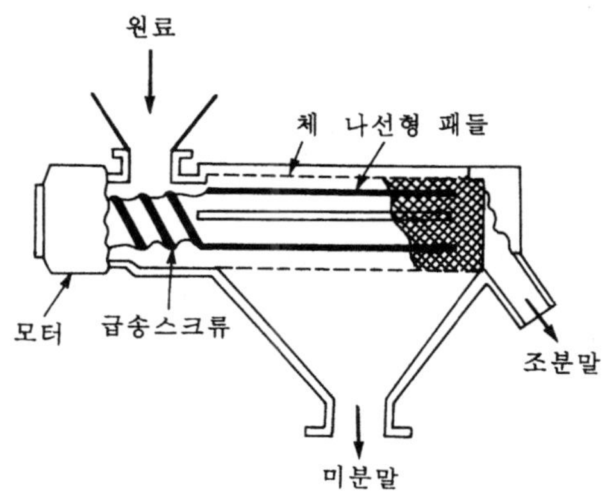

그림 13-8 원심분급체

어떤 장치에서는 나선형 날개 끝에 솔이 달려 있어서 체구멍으로 분체를 밀어 넣는 원심력을 보다 효과 있게 한다.

(3) 분급효과

① 부분 회수율

입자를 크기에 의하여 분급할 때 두 입자군이 어느 크기의 입경을 경계로 하여 분리되는가 또는 분리의 예리도가 어느 정도인가를 알아보자.

체가 이상적인 경우는 체의 눈금보다 작은 입자는 전부 체를 통고할 것이다. 그러나 실제로는 눈금보다 큰 것이 통과하기도 하고 작은 것이 잔류하기도 한다.

그림 13-9는 체의 성능을 비교한 그림이다. 물질 A와 B는 각각 잔류물(殘溜物, over size)과 통과물(通過物, under size)을 나타낸다. 이상적인 체분리 결과는 곡선 B의 첫째점이 A곡선의 마지막 점과 같은 횡좌표를 가지며 겹치는 부분이 없다. 그러나 실제 체의 경우는 잔류물이 분리직경보다 작은 입자를 상당량 포함하며 통과물도 분리직경보다 큰 입자를 포함하고 있어서 명확하게 분리되지 않음을 알 수 있다.

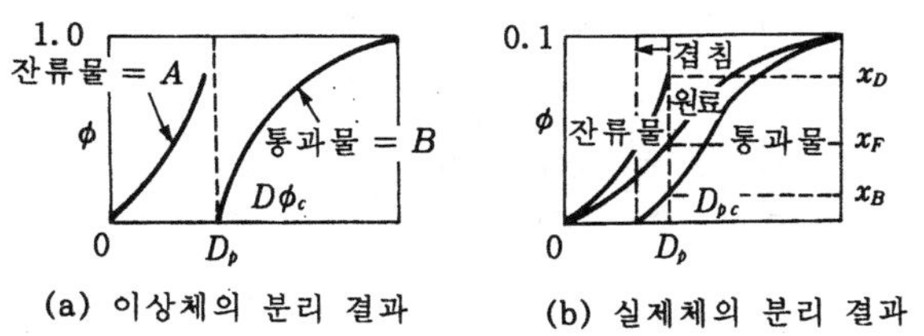

그림 13-9 이상적인 체와 실제의 체의 비교

지금 원료 중 미소한 입경범위 $D_{P-\Delta} \sim D_{P+\Delta}$의 질량을 W_a, 이중 회수 또는 분리된 것의 질량을 W_b라 하고 각각의 입경 D_p에 대하여 $(W_b/W_a)100$ 즉 부분 회수율을 점철하면 그림 13-10과 같다. 이 곡선을 **부분 회수율 곡선**이라 한다. C점을 **분리점**이라 하며 이 때의 체눈금의 크기 D_{pc}를 **분리직경**(cut diameter)이라고 한다.

분리직경은 일반적으로 부분 회수율 50[%]에 상당하는 입자지름 즉 50[%] 입자지름 d_{50}을 사용하든가 또는 25, 75[%]에 상당하는 입자지름 d_{50}, d_{75}의 산술평균을 가지고 분리입자지름을 표시한다. 또는 분리의 예리도의 표시로서는 d_{50}에 상당하는 점에서 곡선에 그은 접선의 경사도가 사용된다.

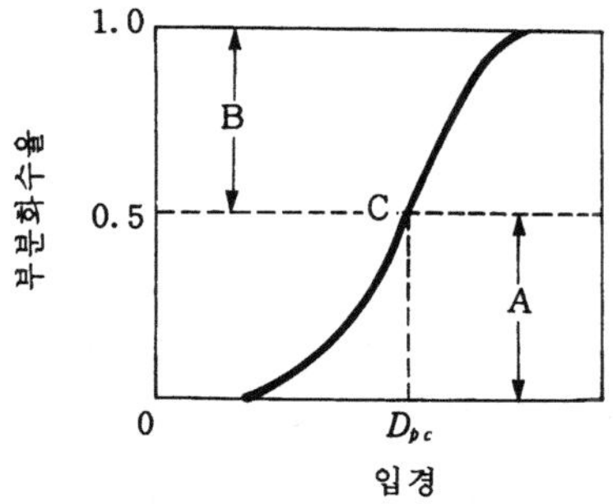

그림 13-10 부분 회수율 곡선

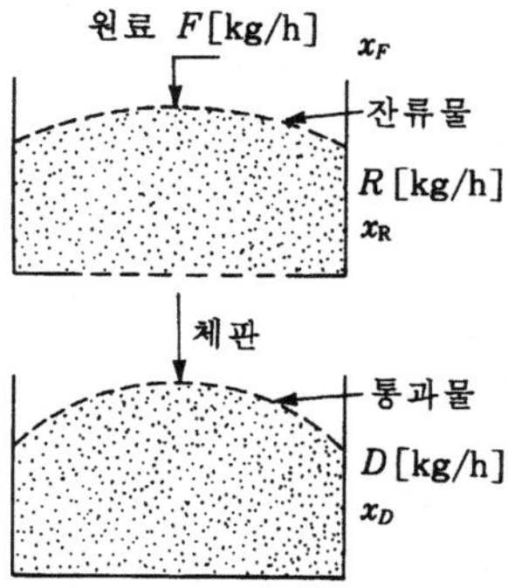

그림 13-11 물질수지

② 체분리의 물질수지

체분리의 물질수지를 그림 13-11의 기호를 사용하여 세워 보자. D_{pc}보다 큰 입자를 A성분, 이의 질량분율을 x라고 하면

총괄수지 $\quad F = D + R \qquad (13\text{-}1)$

A성분의 수지 $\quad Fx_F = Dx_D + Rx_R \qquad (13\text{-}2)$

이 두 식에서 지렛대 법칙을 쓰면

$$\frac{D}{F} = \frac{x_R - x_F}{x_R - x_D}, \quad \frac{R}{F} = \frac{x_F - x_D}{x_R - x_D} \qquad (13\text{-}3)$$

가 된다.

③ 체효율(screen efficiency)

체효율은 A물질과 B물질을 얼마나 잘 분리하는가를 나타내는 척도(尺度)이다. 체가 완전하게 기능을 발휘한다면 A물질 전체는 잔류흐름에, B물질 전체는 통과흐름에 있을 것이다.

먼저 잔류물을 기준으로 하는 체효율 E_A는

$$E_A = Rx_R / Fx_F \qquad (13\text{-}4)$$

와 같으며 통과물을 기준으로 한 효율 E_B는 다음과 같다.

$$E_B = D(1 - x_D) / F(1 - x_F) \qquad (13\text{-}5)$$

총괄 체효율은 이 두 효율의 곱으로 나타낸다.

$$E = E_A \cdot E_B = \frac{Rx_R}{Fx_F} \cdot \frac{D(1 - x_D)}{F(1 - x_F)} \qquad (13\text{-}6)$$

식 (13-3)을 여기에 대입하면

$$E = \frac{(x_F - x_D)(x_R - x_F)(1 - x_D)x_R}{(x_R - x_D)(1 - x_F)x_F} \tag{13-7}$$

이 된다.

예제 13-1

원료 10[ton]을 5[mm]를 기준으로 해서 체분리한 결과 체통과 입자량 8[ton]을 얻었다. 원료 중 5[mm] 이하의 입자량은 전체량의 82[%]로 체통과 입자 중에 포함하고 있는 5[mm] 이하의 입자분율이 95[%]이었다. 체분 효율을 계산하여라.

풀이

$F = 10\,[\text{ton}],\ R = 8\,[\text{ton}],\ x_F = 0.82,\ x_R = 0.95$

$D = F - R = 10 - 8 = 2\,[\text{ton}]$

$$\frac{R}{F} = \frac{x_F - x_D}{x_R - x_D}$$

$$\frac{8}{10} = \frac{0.82 - x_D}{0.95 - x_D}$$

$\therefore x_D = 0.3$

$$E_A = \frac{Rx_R}{Fx_F} = \frac{8 \times 0.95}{10 \times 0.82} = 0.927$$

$$E_B = \frac{D(1 - x_D)}{F(1 - x_F)} = \frac{2(1 - 0.3)}{10(1 - 0.82)} = 0.778$$

$$\therefore E = E_A \cdot E_B = 0.927 \times 0.778 = 0.721$$

$$= 72.1[\%]$$

④ 처리용량

공업용 체의 처리용량은 운동방식, 운전조건(진폭, 진동수), 체면의 경사, 체망의 크기와 종류의 기계인자와 대상으로 하는 입자의 밀도, 형상, 입도분포, 기하학적 및 물리적 성질에 의하여 정해진다.

체면의 단위용적당 눈의 수는 d^2에 역비례하며 중량은 d^3에 비례하므로 단위시간에 체면을 통과하는 입자의 전체량 즉 처리용량은 눈 크기에 비례한다.

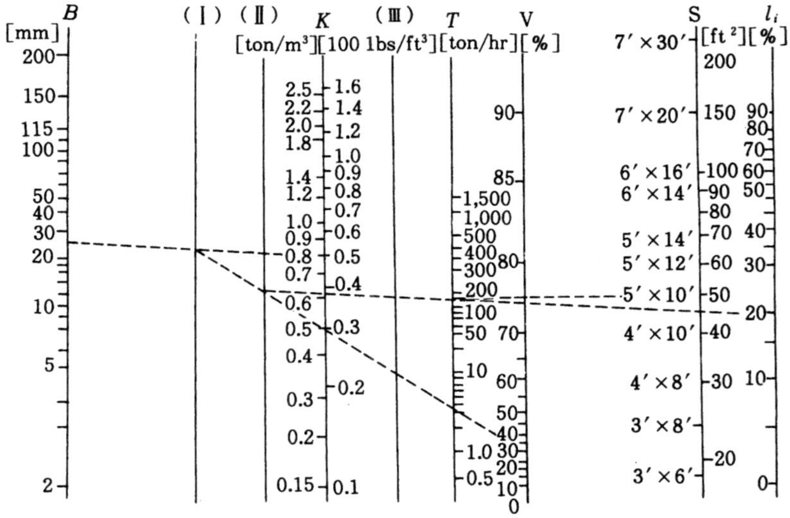

그림 13-12 체의 처리능력(용량)을 계산하는 노모그래프

여기서 스크린의 처리용량을 단위면적, 단위 눈 크기당 용량으로 표시하는 경우가 많다. 예를 들면 진동체의 처리용량은 100～150 [ton/24 h · m^2 mm]이다.

이 관계는 1 [mm] 이하의 가는 눈의 체 작용에 대해서는 성립하지 않는다. 그림 13-12는 진동체 용량을 계산하는 계산 도표로 상술한 관계 이외에 어떤 한 체상의 잔류량과 그 체눈의 $\frac{1}{2}$ 이하의 것의 통과량에 처리능력이 비례한다고 가정하여 만들어진 것이다.

예제 13-2

겉보기비중 0.8의 석회를 체눈의 크기 25 [mm], 5′ × 10′의 진동체로 체분리할 때 매시 처리량은 몇 [ton]인가? 단 25 [mm] 이상의 잔류량은 30 [%], 12.5 [mm] 이하의 통과량은 20 [%]이다.

풀이

그림 13-12의 참고선 (Ⅰ), (Ⅱ), (Ⅲ)은 각각 $l \times K$, $l \times K \times R$, $l \times K \times R \times D$를 표시한다. $l = 25$ [mm], $K = 0.8$, $R = 30$ [%], $D = 20$ [%]를 넣어 그림의 점선과 같이 순차 교점을 구하고 참고선(Ⅲ)상의 교점과 A의 5′ × 10′인 점을 잇는 선이 T와 만나는 점을 읽으면 85 [ton/h]를 얻는다.

2. 자기분리(磁氣分離, magnetic separation)

자성의 유무에 따라 고체를 선별하는 방법으로 예를 들면 Fe, Ni, Co, Cr, Mn 등의 강자성 물질(强磁性物質)과 Bi, Sb, P, Pb, Au 등의 반자성 물질(反磁性物質)이 함유된 광석에 자장을 통해 분리하거나 곡류(대두, 소맥 등)에서 철분을 제거하는 것 등이며 원료는 1~5 [mm] 정도로 분쇄할 필요가 있다.

➡표 13-2 각종 물질의 상대자성

철 (Fe)	100
Magnetite (Fe_3O_4)	40.2
Iluminite	35.4
Pyrotite (FeS)	24.7
Zircone (ZrO_2)	1.32
석영 (SiO_2)	0.37
Pyrite (FeS_2)	0.23
Dolomite	0.22
Tail	0.15
왕고 ($CaSO_4$)	0.12

표 13-2는 철을 100으로 하여 상대적 자성의 세기를 표시한 것으로 이 값이 0.4 정도 이상에서 자기분리가 가능하다. 분리는 보통 건식법이나 선광용으로는 습식도 있다.

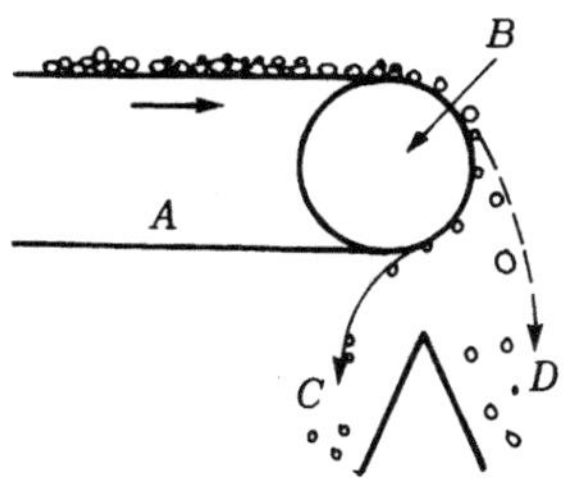

그림 13-13 활차형(滑車型) 자기분리기

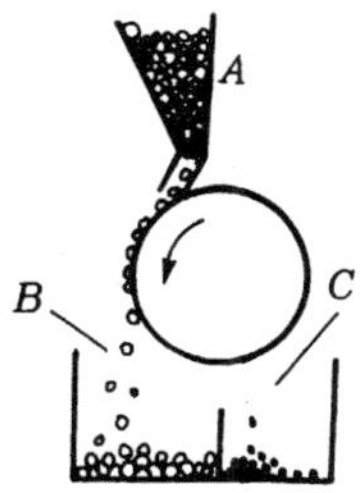

그림 13-14 드럼형 자기분리기

3. 부유선광법(浮遊選鑛法, flotation method)

비중차가 작아서 수력침강조에 의해 분리하기가 어려운 분체 혼합물을 분리하는 경우 물과 혼합한 분체 중에 미세한 공기 기포를 넣어 그 기포막에 분체 중의 어떤 성분을 부착시켜 부상(浮上)시켜 분리하는 방법이다.

입자와 기포의 부착성은 입자, 액체 및 공기 사이의 계면장력(界面張力)에 의한 것으로 생각된다. Cu, Pb, Zn 등의 황화광(黃化鑛) 등의 미분(微分)은 기포에 부착하는 성질이 강하여 부유선광에 의해 맥석(脈石)과 분리된다.

기포의 부착에 의하여 겉보기밀도가 떨어지고 침강속도보다 큰 부상속도(浮上速度)를 준다고 생각하면 습식 분급의 일종이라고도 말할 수 있으나 일반 습식 분급과는 다르고 농도, 밀도, 입경 등에 의하여 효율이 좌우되지 않는다.

13-2 고-액 및 액-액 분리

고-액계의 기계적 분리법으로는 침강분리, 분급, 침전농축, 여과, 원심분리, 원심탈수 등의 방법이 있다. 침강분리, 분급은 비교적 낮은 농도의 고-액계 혼합물을 대상으로 하나 원심분리, 원심탈수에서는 높은 농도 또는 고체 중에 부착 잔류하는 액체의 분리를 목적으로 한다. 고-액계 혼합물의 분리법으로 사용되는 침전농축, 여과, 원심분리는 각각 단독으로 적용되나 이 순서대로 직렬되어 있는 공정으로도 사용되는 경우가 많고 건조 등과 같이 열적 방법에 의한 분리의 전처리적 역할을 한다. 이러한 조작은 단순한 분리만을 목적으로 하지 않고 접촉기 또는 반응기로서 또는 이와 불가분한 부속조작으로서도 사용되며 추출, 침출, 세척 등이 그 예이다.

침전농축은 원리적으로 중력장에서 행하여지는 침강분리와 같으며 고체농도가 높아지면 침전은 저절로 간섭침전으로 간다. 여과는 분산 고체 입자를 적은 유로를 가진 여재층에 보내서 액만을 강제유동으로 분리하는 방법으로 강제유동의 추진력은 중력, 가압, 진공, 원심력 등이 이용된다.

원심분리는 중력 대신에 원심력을 이용한 것이며 이 전자의 두 기구 즉 원심장에서 침강에 의하여 분리, 농축하는 원심침강과 액의 강제유동을 원심력을 이용하는 원심여과로 분리된다. 원심여과는 특히 고체농도가 높은 슬러리 같은 혼합물을 대상으로 할 경우는 **원심탈수**라고 한다.

액-액계의 분리로서는 원심분리 중 원심침강만을 다루기로 한다. 고-액계의 원심침강과 액-액계의 것과는 침전현상에서는 차이가 없고 고체, 액체의 유동성의 유무가 그의 배출법에 약간의 차이를 줄 뿐이다. 여기서는 침전농축, 여과, 원심분리, 탈수로 나눠서 주로 고-액계 분리를 다루겠다.

1. 침강(沈降, settling)

액체 중의 입자는 입경과 비중에 따라 각각 다른 침강속도를 가지는 것으로 입경 또는 비중이 다른 혼합원료에 유체를 수평류, 상승류 또는 선회류를 주어 분리할 수 있다. 이 중 선회는 원심분리에 사용되는 것이다.

(1) 자유침강(自由沈降)

입자가 정지유체 중을 다른 입자와 기벽의 영향을 받지 않고 소위 자유침강을 할 경우를 생각하자. 지금 질량이 m [kg]인 입자가 u_p [m/s]의 속도로 자유침강할 때 입자가 중력에 의하여 가속되어 mg의 힘을 얻으며 유체에 의하여 부력 $m(\rho_f/\rho_p)g$와 저항 R을 받는다. 따라서 이 입자의 운동방정식은 다음과 같이 표시된다.

$$m\left(\frac{du_p}{d\theta}\right) = mg - m\frac{\rho_f}{\rho_p}g - Rg_c \ [\mathrm{kg-m/s^2}] \tag{13-8}$$

여기서 ρ_p는 입자의 밀도 [kg/m^3], θ는 시간[s]이다.

낙하속도 u_p가 증가함에 따라 저항도 증가하여 낙하속도가 저항력이 같아질 때 가속도는 0이 되고 $\left(\frac{du_p}{d\theta} = 0\right)$, 그 다음은 일정속도로 낙하한다. 이 때의 속도를 **종말속도**(終末速度, terminal velocity) 또는 **최종 침강속도**라 한다. 윗식은

$$Rg_c = mg\left(1 - \frac{\rho_f}{\rho_p}\right) = \frac{\pi}{6}D_p^3(\rho_p - \rho_f) \ [\mathrm{kg-m/s^2}] \tag{13-9}$$

단, $$m = \frac{\pi}{6}D_p^3\rho_p$$

R은 자연침강할 경우 입자에 작용하는 중력으로서 낙하추진력으로 볼 수 있다.

(2) 간섭침강(干涉沈降)

고체의 농도가 높으면 입자간의 거리가 인접하여 그들 사이의 충돌이 연속으로 일어나고 입자와 입자간의 상대적인 낙하에 있어서 무거운 입자에 의하여 가벼운 입자가 반복하여 떠밀리면서 침강이 일어나는데 이것을 **간섭침강**(hindered settling)이라 부른다.

이와 같은 간섭침강은 입자들 사이에서 오는 영향과 유체의 치환작용 때문에 침강속도가 단일 입자(자유침강) 때와는 다르게 되어 일반적으로는 침강속도가 느리나 두 개 이상의 입자가 응집되던가 또는 유체역학적 간섭 등에 의하여 접근하면 오히려 단일입자의 경우보다 빠르게 된다.

(3) 중력침강장치

① 도르 분급기(dorr classifier)

조립과 미립을 분리할 때 사용하는 장치로 원료는 중앙부에서 공급한다. 경사진 바닥에 침강한 조립은 갈퀴(rake)로 배출하고 미립은 아래로 넘쳐흐른다. 침강입자는 갈퀴의 운동으로 탱크 위쪽으로 이동되어 배출되므로 연속적으로 조업할 수 있다.

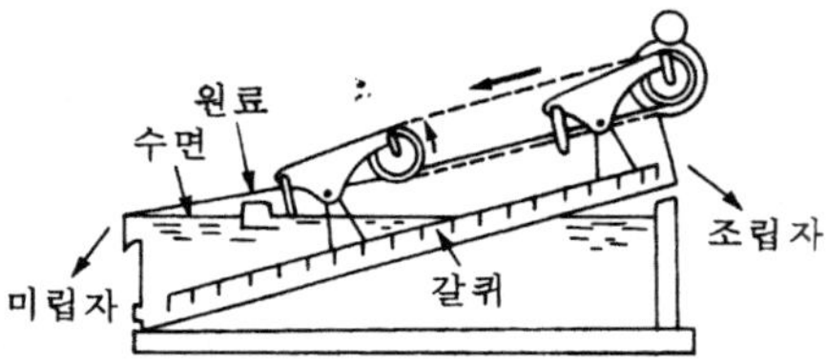

그림 13-15 Dorr 분급기

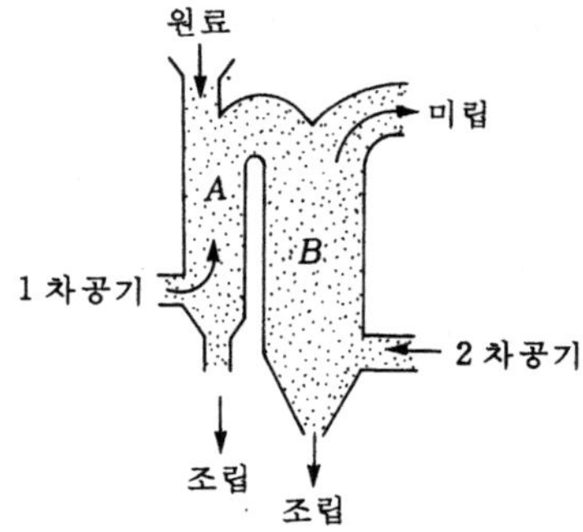

그림 13-16 상승류형 침강분리기

② 상승류형(上昇流型) 침강분리장치

원료는 입구로부터 A실로 들어가고 밑에서 공급되는 1차 공기에 의해 A실보다 큰 B실로 들어간 다음 아래에서 들어온 2차 공기에 의해 미립은 위로 나가고 조립은 아래로 배출된다. 입자의 종말속도를 u_t, 밑에서 들어오는 공기의 상승속도를 u라고 하면 $u_t > u$의 입자는 침강하고 $u_t < u$인 입자는 위로 나간다.

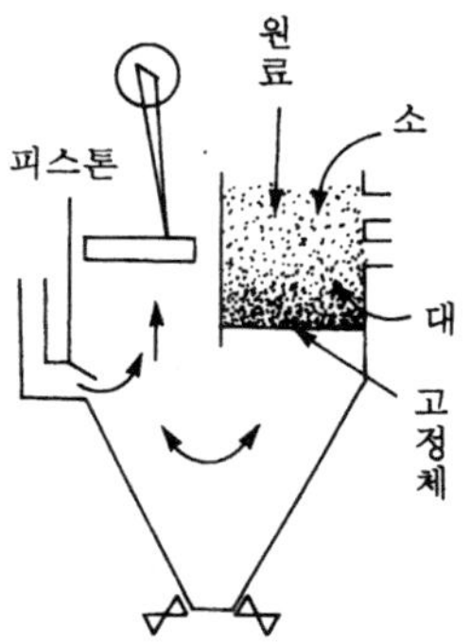

그림 13-17 지그(zig)

③ 지그(zig)

고정체 위에 원료를 공급하고 이것과 간막이된 다른 수조(水槽) 중에서 피스톤을 상하운동하면 입자가 물의 상하운동에 의해 비중과 입경이 큰 것은 아래로, 작은 것은 위로 분리된다. 세립(細粒)으로 비중이 큰 것은 체를 통고하여 바닥으로 침강하고 비중이 작은 것은 위로 넘쳐흐른다. 석탄의 분급선별 등에 이용된다.

(4) 침강농축(sedimentation 또는 thickening)

고체농도가 낮은 현탁액 또는 슬러리를 대형 용기에 넣고 중력침강을 시켜서 농후한 슬러리 즉 슬러지(sludge)와 맑은 상징액(上澄液, supernatant clear liquid)으로 분리하는 조작을 **침강농축** 또는 **침전농축**(沈澱濃縮, thickening)이라 한다. 장치로는 회분식과 연속식이 있으며 전자를 침강조(sedimentation tank), 후자를 침강 농축조(sedimentator, thickener)라 한다.

침전농축법은 화학공업의 여러 프로세스, 금속, 광업, 상하수(上下水), 공업폐수처리 등 다량의 희박 슬러리 처리에 적합하며 여과, 탈수 또는 건조 등의 전처리 조작으로서 적용되는 경우가 많다. 침전농축 장치의 설계의 주 계산은 침전조의 깊이와 단면적이며 장치는 비교적 간단하다. 그 내부에서의 현상은 복잡하며, 설계에서는 실험적 수단이 들어가야 하는 부분이 많다.

① 회분침강 과정

실제로 현탁액의 침강속도는 입자의 분산상태에 따라 크게 영향을 받으며 입경, 밀도 등의 1차 물성으로부터 계산에 의하여 구하는 것은 불가능하다. 지금 침강농축의 과정을 그림 13-18에 의하여 설명하자. 침강개시 때 균일한 B층은 차차 그 높이가 감소하며 B층 위에 입자가 분리된 투명한 A층을 남긴다. 또한 밑부분은 입자가 침강된 슬러리(slurry)층 D가 차차 그의 두께를 증가시켜 나간다. B, D층 사이에는 전이영역인 과도층(過渡層) C가 존재한다. A, B층의 계면은 명료하지 않은 경우가 많으나 이 계면의 저하속도를 **침강속도**(sedimentation rate)라 한다. 이것은 간섭침강속도로 생각되며 사실상 정속(定速)으로 본다. 침강이 진행하면 A, D층은 증가하고 B층은 감소하며 결국 B층과 C층은 소멸하고 A, D층만 남는다. 이 후는 그림과 같이 D층의 높이가 약간 감소하나 이는 입자의 자중에 의한 내부 과잉수가 위로 투과하기 때문이다.

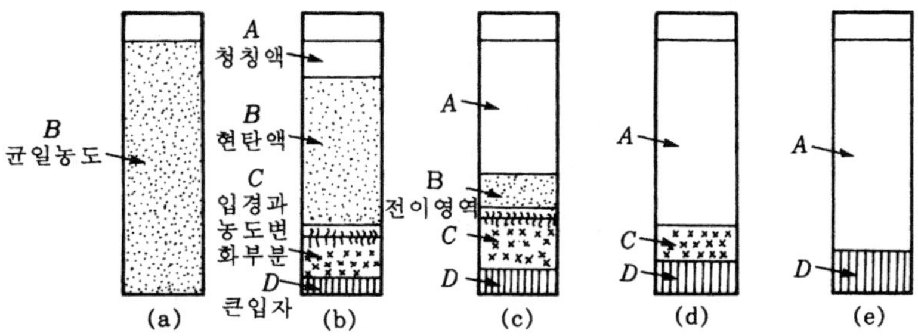

그림 13-18 회분식 침강농축 과정

② 침강농축장치

a. 회분식 침강조(沈降槽) : 그림 13-19와 같이 분립체를 물과 함께 흘려 보내면 큰 입자는 침강속도가 크므로 가까운 거리에서 침강하고 입자가 작을수록 보다 먼 거리에서 침강하게 되며 미립은 위로 흘러 넘쳐서 배출된다. 카오린(kaolin), 점토(粘土) 등의 분급에 이용된다.

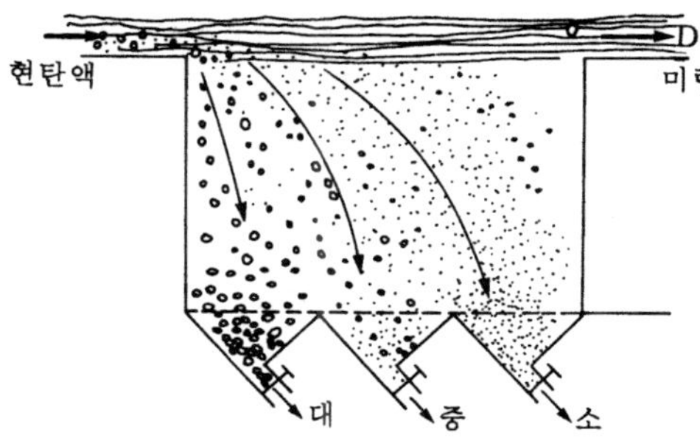

그림 13-19 침강조

b. 연속식 침강 농축조(thickener) : 현탁액 농도가 희박하고 대량인 경우에 사용하는 장치로 공업용 폐수, 상하수의 청징(淸澄) 등 청징액을 목적으로 하는 경우를 **청징조**(classifier), 보크사이트로부터 알루미나, 해수로부터 수산화마그네슘 등을 침전농축시키는 경우와 같이 침전물을 목적으로 하는 것을 **침강 농축조**(thickener)라고 한다(그림 13-19).

대표적인 장치는 그림 13-20과 같은 도르 침강 농축조(Dorr thickener)로 깊이에 비해 지름이 큰 원형조이다. 침강된 입자는 회전날개(blade) 또는 갈퀴(rake)에 의해 중앙에 모여 배출된다. 이 때 갈퀴는 슬러리를 다시 압축하는 작용도 한다.

현탁액은 중심부로 들어가서 액면 밑 수십 [cm] 내지 1 [m] 정도에서 공급된다. 탱크 내의 액류는 서서히 위쪽 반경방향으로 올라가며 입자는 이 속에서 침강한다.

침강 농축조 내에서 농도분포 즉 높이에 변하는 농도를 한 예로 그림 13-22에 표시했으며 이 예에서는 원액의 농도가 45 [g/l]때이다. 일류(overflow)의 고체 입자를 포함하지 않는 즉 많은 액을 얻는 조작 Ⅰ에서는 입자가 자유침강하도록 저농도의 청징역이 충분히 존재하며 바로 밑이 슬러리 압축역이다. 그런데 원액 공급속도를 Ⅰ의 것에 1.42배 한 조작 Ⅱ에서 는 70 [g/l] 정도의 백탁층이 청징역 하방으로부터 서서히 상승해서 그림과 같이 위 액면에 도달하고 청징액은 얻어지지 않게 된다. 따라서 청징액 전부분에서의 액의 상승속도보다도 입자의 침강속도 u_s가 약간 크도록 침강 농축조의 단면적을 정할 필요가 있다.

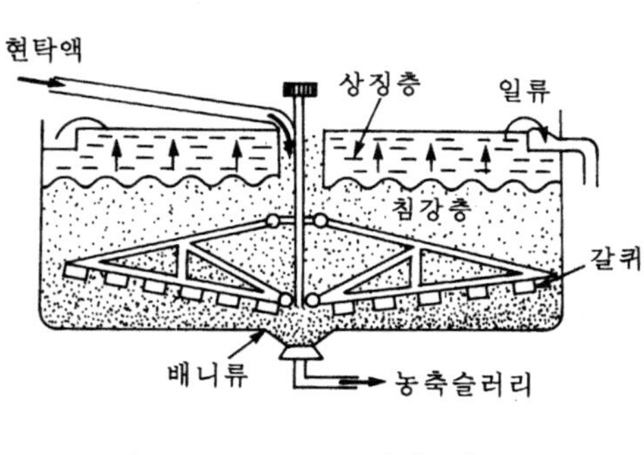

그림 13-20 도르 · 침강농축조

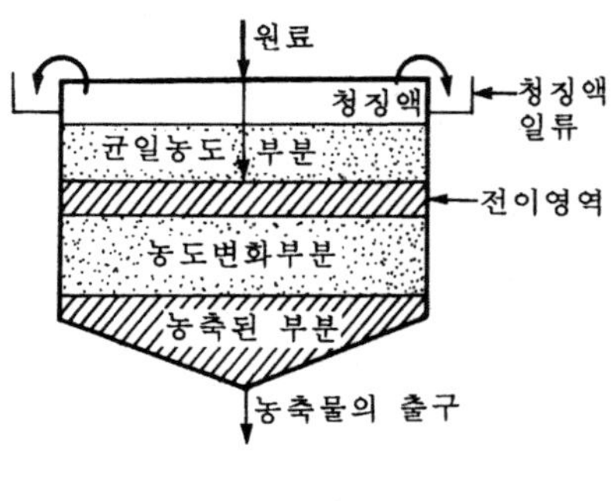

그림 13-21 연속 농축기의 침강 영역

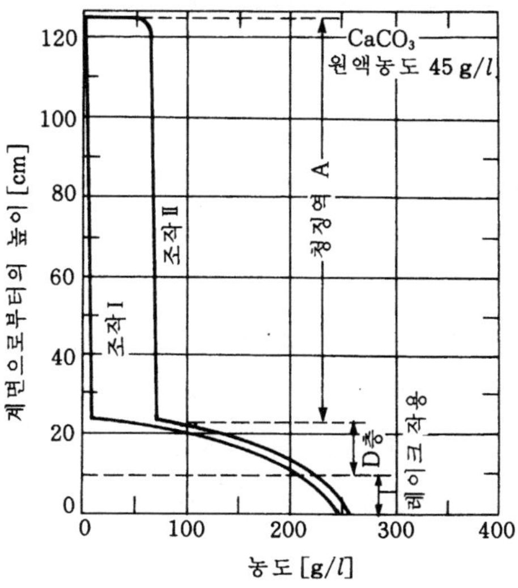

그림 13-22　침강농축조의 농도 분포

(7) 원심침강법(遠心沈降法, centrifugal separation)

기체 또는 액체 중에 있는 고체나 액체 미립자를 중력만으로는 분리하기 어려운 경우 회전에 의해 발생하는 원심력을 작용시켜 분리를 용이하게 하는 방법을 **원심분리**(遠心分離, centrifugation)라 한다.

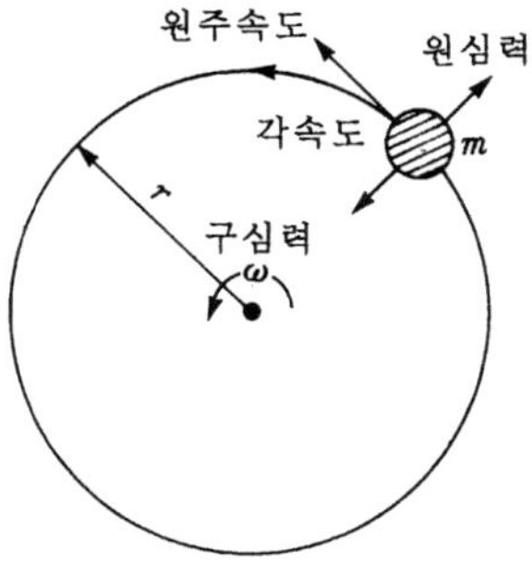

그림 13-23　원운동

① 원심분리의 이론

질량 m[kg]인 물체가 반경 r[m]의 원주(圓周)를 그림 13-23가 같이 등속운동(等速運動)을 하고 있을 때 **원주속도**(圓周速度, peripheral velocity)를 u[m/s]라고 하면 이 속도의 방향은 그 점에서의 접선방향이 된다. 이 때 원의 중심으로 향하는 힘을 **구심력**(求心力, centripetal force)이라고 한다. 동시에 물체가 원주의 궤도로부터 벗어나지 않게 운동하기 위해서는 이 구심력과 같은 크기를 가진 반대방향의 힘이 작용하지 않으면 안 된다. 이 힘을 **원심력**이라 한다.

② 원심참강장치

a. 사이클론(cyclone) : 선회(旋回)에 의한 원심력을 응용한 간단한 장치로 기체 사이클론과 액체 사이클론 2종이 있다.

ⓘ 기체 사이클론

분체를 포함한 기체를 원통형 분리기에 접선방향으로 보내고 이것에 선회운동에 의한 원심력을 작용시켜 중력침강시의 중력보다 수백~수천배의 가속도를 주어 분체를 기벽과의 마찰에 의해 침강시켜 기체와 분리시킨다. 장치와 조작이 간단하며 분리효율이 비교적 양호하다. 포집(捕集)에 적합한 입경은 10~200 [μ]이지만 수 [μ]의 미립자 포집에도 공업적으로 이용되고 있다.

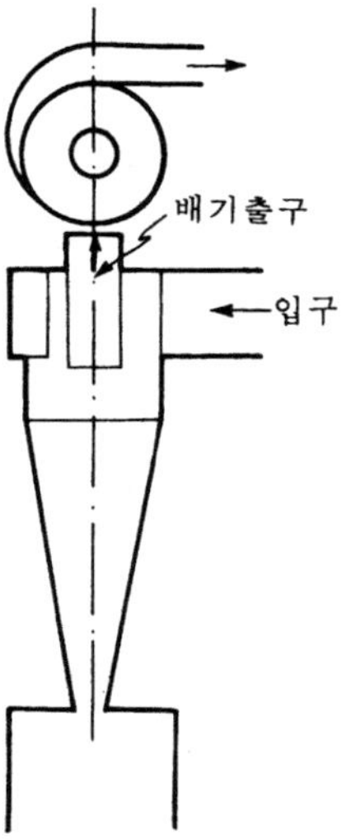

그림 13-24 표준형 사이클론

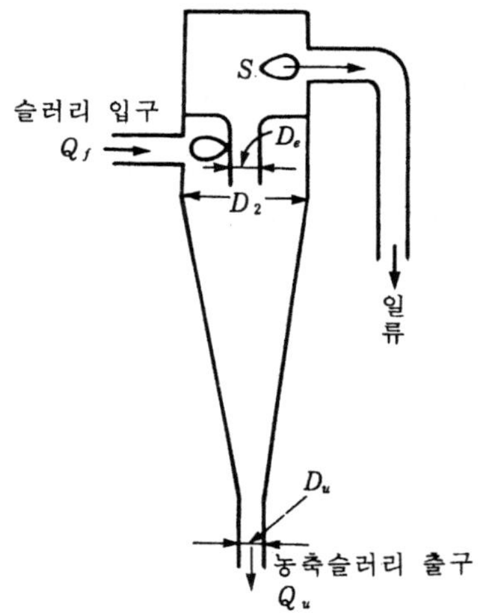

그림 13-25 액체 사이클론

ⓘⓘ 액체 사이클론

수중에 존재하는 분체의 분급 또는 고-액의 분리에 액체 사이클론이 사용된다. 원리는 기체 사이클론과 같으나 구조적 차이는 조립을 분리한 액이 상승관을 상승하여 스프레이실 S에 들어가서 일류관(溢流管)을 따라 배출되는 점이다. 10~30 [μ] 정도의 입자를 분리할 수 있으며 D_2의 직경은 300 [mm] 이하의 것이 많다. 바닥으로부터의 배출량 Q_u와 원액 유입량 Q_f의 비 $R_f = Q_u/Q_f$를 **유량비**(流量比)라고 하며 다음의 관계가 있다.

$$1 - R_f = \frac{0.95}{\left(\frac{D_u}{D_e}\right)^4 + 1} \tag{13-10}$$

여기서 D_u, D_e는 농축 슬러리의 출구 및 조립분리액 상승관의 직경이다. 보통 $R_f = 0.1 \sim 0.2$이며 D_u가 커질수록 조립 중에 미립자가 혼입(混入)되며 D_u가 작으면 조립이 일류되기 쉽다.

b. 공기분리기(空氣分離器, air separator) : 원료 분체는 중앙의 회전살포판(回轉撒布板)에 공급되어 그 원심력으로 주위에 비산(飛散)한다. 세립은 회전축에 붙은 날개의 회전에 의해 발생하는 상승기류에 실려 이중원통의 바깥측으로 배출된다. 조립은 그대로 하강하여 배출된다.

c. 원심분리기(遠心分離器, centrifuge) : 원심치망기라고도 부르며 고체를 포함하는 분산계의 침강농축을 목적으로 한다.

① 원통형 원심분리기

그림 13-27은 대표적인 샤플리스 원심분리기(Shaples super centrifuge)이다. 원료는 노즐(nozzle)을 통하여 밑에서 도입되며 원심력의 차에 의하여 액은 두 층으로 분리되어 위쪽으로 배출되고 고체는 벽에 붙게 된다. 따라서 이 분리기는 비혼합성 액체 혼합물을 비중차에 의하여 분리시키는데 주로 사용된다.

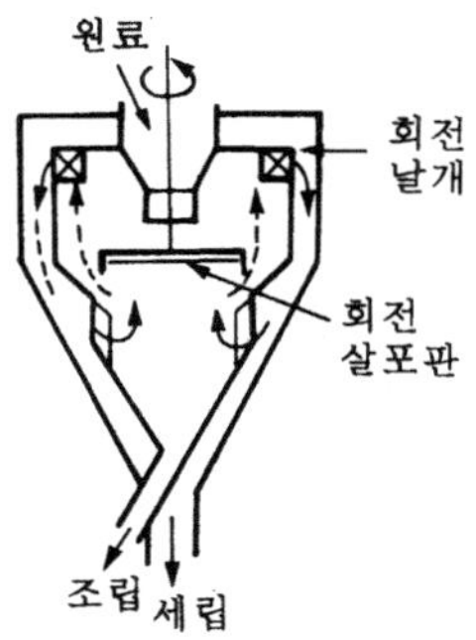

그림 13-26 공기분리기

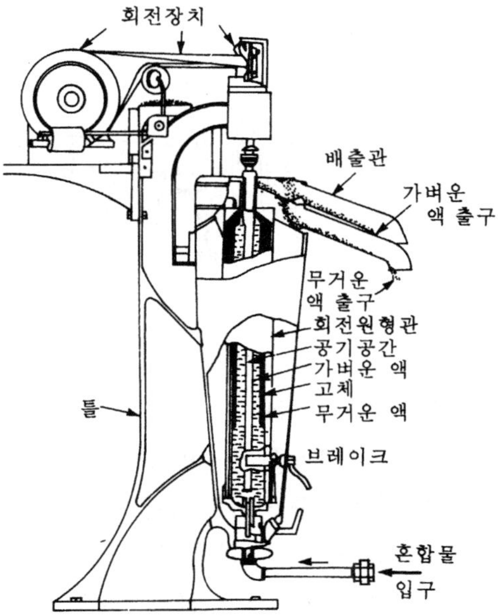

그림 13-27 샤플리스형 원심분리기

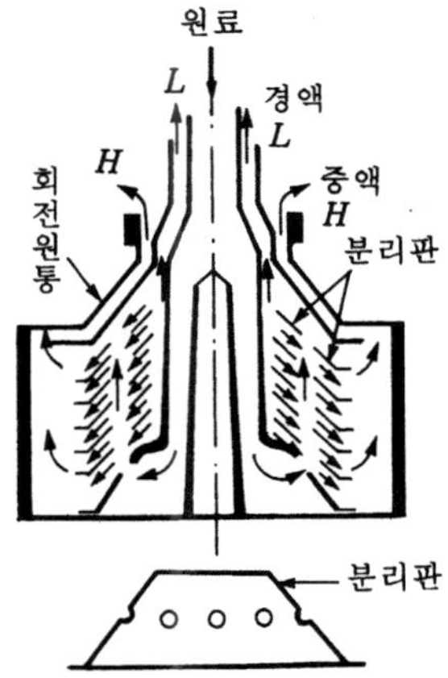

그림 13-28 분리판형 원심분리기

ⅱ 분리판형(分離板型) 원심분리기

대표적인 것이 드라발 원심분리기(Delaval centrifuge)로 고속으로 회전(8,000~20,000 rpm)하는 원통 내부에 그림 13-28과 같이 하부 주변에 여러 개의 구멍을 가진 20~40매의 모자형 분리판을 중첩시킨 것이다. 원액을 중심축으로부터 원통의 아랫부분에 보내서 분리판의 공급구멍으로 보내진다. 액은 회전에 의한 원심력으로 중액은 중심축으로부터 멀어져 분리판의 아래쪽을 원통벽으로 하여 상승해서 H로부터 나가며 경액은 중심축 근처에서 상승하여 L로부터 배출된다.

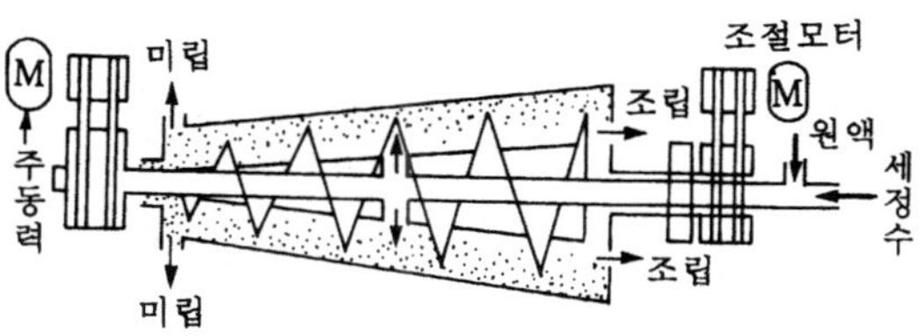

그림 13-29 침전분리기(Decanter)

ⅲ 침전분리기(decanter)

고속 회전원통 내에 이와 근소한 간격을 가진 같은 방향으로 약간 회전하는 스크류(screw)가 있다. 원액 및 세정수는 이중 파이프에 의하여 스크류 내의 칸이 막힌 부분으로 각각 배출된다. 원액은 노즐을 통해서 회전원통 내면으로 향해서 분사되며 세정수는 액면으로부터 떨어지고 고형물 위에 분사된다. 분리된 청징액은 우측의 배출구로부터 일류되며 침강 고체는 스크류에 의하여 서서히 경사면을 타고 올라가 수세탈수된 후에 배출된다.

2. 여과(濾過, filtration)

여과란 액체와 고체 입자의 혼합물인 **슬러리**(泥漿, slurry or mud)를 액체만을 통과시키고 고체입자를 통과시키지 않는 **여재**(濾材, filter medium)에 의해 분리하는 조작을 말한다. 여재를 통과한 청징액체를 **여액**(濾液, filtrate), 여재 위에 남은 고체 입자를 **여괴**(濾塊, filter cake) 또는 여재(濾滓)라고 한다. 여괴 중에 포함된 여액은 세정에 의하여 제거한다. 여재 자신의 세공이 슬러리 중 고체 입자보다 적을 때는 여과조작이 초기부터 완전히 행하여지거나 고체 입자보다 클 때는 처음에는 고체가 통과하다가 가교(架橋, bridge)가 형성되어 비로소 여과가 완전히 행하여진다.

이와 같이 여재만이 여과역할을 하는 것이 아니고 여괴 자신도 여과의 역할을 하는 것은 이론상 중요한 사항이다. 여과는 결국 고-액의 분리이지만 청징액을 얻기 위한 것(주류, 상수), 여괴를 얻기 위한 것(안료, 요업원료), 양자가 다 필요한 것(설탕, 유화암모니아) 및 양자를 다 버리는 것(폐수처리) 등이 공업적으로 행하여 진다.

(1) 여재(濾材) 및 여과조제(濾過助劑)

① 여재(filter medium)

여재는 여액의 종류에 따라 적당한 것을 선택해야 한다. 여재로 사용되는 중요한 것으로는 다음과 같은 것들이 있다.

a. 여포(濾布, filter cloth) : 가장 널리 사용되는 여재로서 여액의 성질에 따라 각종 여포가 사용된다. 목면(木棉) 등의 식물성 섬유로 된 여포는 수용액, 약산, 약알칼리 및 유류 등의 여과에 사용되고 양모(羊毛)와 같은 동물성 섬유로 되어 있는 여포는 중간농도의 무기산에 비교적 잘 견딘다. 강산, 강알칼리에는 아스베스토스(石線) 또는 합섬성유로 된 여포가 널리 사용된다.

b. 퇴적재료(堆積濾材) : 이것의 대표적인 것은 모래이다. 음용수 또는 공업용수의 여과에 사용되는 모래의 크기는 대략 2 [mm] 이하이다. 이 이외에 탈색(脫色) 또는 탈취(脫臭)를 할 경우에는 활성탄(活性炭), 골탄(骨炭), 산성백토(酸性白土) 등이 사용된다.

c. 유공탈수판(有孔脫水板, strainer) : 조립을 여과하는데 사용되는 수도 있으나 그것보다도 여포 또는 여재의 지지용으로 많이 사용된다.

② 여과조제(filter aid)

입자가 미세하여 여과가 극히 곤란한 경우 또는 여과가 곤란한 압축성 물질의 경우는 여과를 용이하도록 하기 위하여 적당한 물질을 원액 슬러리 중에 혼입하든가 또는 여재의 막히는 것을 막기 위하여 여과 전에 이 물질을 얇은 층을 만들어 **전장**(前漿, precoat)을 한다. 이와 같은 역할을 하는 물질을 **여과조제**라 하며 규조토, 분탄, 펄프, 산성백토, 아스베스토스 등이 사용된다. 여과조제의 첨가량은 고형물질에 대하여 보통 0.5 [wt %] 이하 정도로 한다.

여과조제로서 요구되는 조건은 다음과 같다.

① 자신이 비압축성으로 여과되면서 여괴를 생성할 것.
② 입자는 균일해야 하며 견고할 것.
③ 다공성으로 표면적이 크고 비중이 액과 같아야 할 것.
③ 여액과 화학반응을 일으키지 않아야 할 것.

(2) 여액과 여괴의 양적 관계

원액 슬러리(slurry)를 여과해서 얻은 여괴(습윤여괴, wet cake)는 슬러리 중 고체 입자의 집합물(건조여괴, dry cake)과 입자간격에 남아 있는 여액으로 되어 있다.

지금 슬러리 1 [kg]을 기준으로 해서 $w_d=$ [kg (dry cake)/kg(슬러리)], $\rho_f=$여액의 밀도 [kg/m^3], $\rho_w=$ wet cake의 겉보기 밀도 [kg/m^3], $\rho_d=$ drycake의 밀도 [kg/m^3], $m=$[kg (wet cake)/kg(dry cake)]라 하면

$$\text{슬러리 } 1\,[\text{kg}] \text{ 중 wet cake의 질량} = mw_d$$

$$\text{wet cake 중 여액의 질량} = mw_d - w_d\ [\text{kg/kg(슬러리)}]$$

$$\text{이 여액의 용적} = w_d(m-1)/\rho_f\ [\text{m}^3/\text{kg(슬러리)}]$$

따라서 다음 관계가 성립한다.

$$\frac{mw_d}{\rho_w}(\text{wet cake의 용적 } [\text{m}^3/\text{kg}]) = \frac{w_d}{\rho_d}(\text{dry cake의 용적 } [\text{m}^3/\text{kg}])$$

$$+\frac{w_d(m-1)}{\rho_f}(\text{wet cake 중 여액의 용적 } [\text{m}^3/\text{kg}])$$

$$\therefore \frac{m}{\rho_w} = \frac{1}{\rho_d} + \frac{m-1}{\rho_f} \tag{13-11}$$

또한 젖은 여괴 1 [m^3]에 대하여 마른 여괴를 제거한 부분의 공극률을 ε라 하면 다음 관계가 성립한다.

$$(1-\varepsilon)\rho_d\begin{pmatrix}\text{dry cake의}\\ \text{질량 [kg]}\end{pmatrix} = \varepsilon\rho_f\begin{pmatrix}\text{입자간극에 있는}\\ \text{여백의 질량 [kg]}\end{pmatrix} = (1-\varepsilon)\rho_d m\begin{pmatrix}\text{wet cake의}\\ \text{질량 [kg]}\end{pmatrix}$$

$$\therefore m = 1 + \frac{\varepsilon\rho_f}{(1-\varepsilon)\rho_d} \tag{13-12}$$

또한 마른 여괴가 W [kg]만큼 여과면에 부착하는데 얻어진 여액량 V_f [m^3]와 W [kg]사이

에는 슬러리 1[kg] 중 여액의 질량이

$$1 - mw_d\ [\mathrm{kg}]$$

이고 여액의 용적이

$$(1 - mw_d)/\rho_f\ [\mathrm{m^3/kg(슬러리)}]$$

이므로 $W/V_f\ [\mathrm{kg/m^3}] = w_d\ [\mathrm{kg/kg}] \Big/ \left(\dfrac{1 - mw_d}{\rho_f}\right) [\mathrm{m^3/kg}]$

$$\therefore\ W = \frac{w_d\, \rho_f V_f}{1 - mw_d}\ [\mathrm{kg}] \tag{13-13}$$

(3) 여과 속도식

슬러리가 여포에 의하여 여과될 경우 시간경과에 따라 슬러리 중 고형 입자가 여괴로 싸여서 그 두께가 증가하여 여포와 똑같은 역할을 한다. 이와 같은 슬러리의 여포 및 여괴층을 통과할 때의 여과속도 $Q\ [\mathrm{m^3/s}]$는 여과압력 $\Delta P\ [\mathrm{N/m^2}]$과 여과면적 $A\ [\mathrm{m^2}]$에 비례하며 여액의 점도, 여재 및 여괴입자 사이의 크기와 그의 형상에 의하여 저항을 받는다.

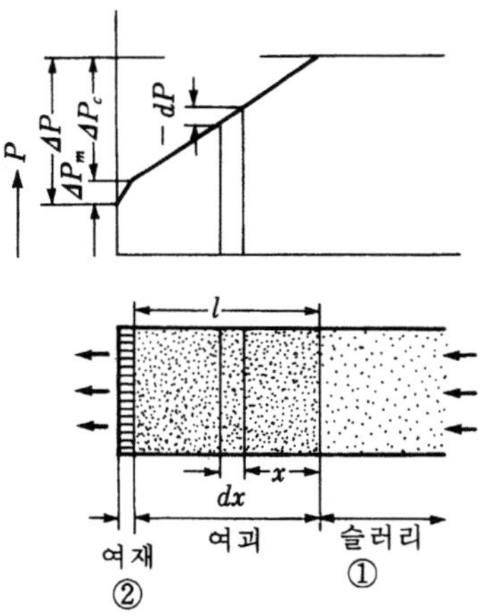

그림 13-30 여 과

지금 θ를 여과시간[s], ΔP_m, ΔP_c를 여재 및 여괴를 통과할 때 액의 압력강하[kg/m²], R_m, R_c를 여재 및 여괴의 저항[1/m], α, α_v는 건조여괴의 단위질량 및 용적당 비저항 [m/kg], [m/m³], ($\alpha_v = \alpha\rho_d$), L은 시간 θ때 젖은 여괴의 두께[m ($R_c = \alpha_v L$)], μ를 여액의 점도[kg/m·s], $v = V_c/V_f$(단 V_c = 슬러리 중 wet cake의 용적)라 하면 위의 관계는

다음과 같이 표시된다. 여포 $A\,[\mathrm{m}^2]$를 통과할 때 여과속도는

$$Q = \frac{dV_f}{d\theta} = \frac{\Delta P_m A}{R_m \mu} \tag{13-14}$$

또한 여괴를 통과할 때 여과속도는

$$Q = \frac{dV_f}{d\theta} = \frac{\Delta P_c A}{R_c \mu} = \frac{\Delta P_c A}{\alpha_v L \mu} = \frac{\Delta P_c A}{\alpha_v (v V_f / A)}\ [\mathrm{m}^3/\mathrm{s}] \tag{13-15}$$

단, 여괴의 두께가 L일 때 여괴저항을 R_c로 한다. 즉

$$R_c = \alpha_v L = \alpha_v (v V_f / A) \tag{13-16}$$

따라서 여액이 여괴 및 여포를 통과할 때 저항은 여괴와 여포의 두 저항을 받기 때문에 그의 유속 $Q\,[\mathrm{m}^3/\mathrm{s}]$는 식 (13-14), (13-15)에 의하여

$$Q = \frac{dV_f}{d\theta} = \frac{\Delta PA}{R_m \mu + R_c \mu} = \frac{\Delta PA}{R_m \mu + \alpha_v v \dfrac{V_f}{A} \mu}$$

$$= \frac{\Delta PA^2}{R_m A \mu + \alpha_v v V_f \mu}\ [\mathrm{m}^3/\mathrm{s}] \tag{13-17}$$

단 $\Delta P = \Delta P_m + \Delta P_c$

또한 여괴 비저항으로 여괴 단위질량이 나타내는 저항을 α [m/kg]라 하고 $c = (W/V_f)$ [kg(dry cake)/m^3(여액)]라 하면

$$\alpha_v = \alpha \rho_d\ [1/\mathrm{m}^2] \tag{13-18}$$

또한 $v = c/\rho_d$이므로

$$R_c = \alpha_v v (V_f / A) = \alpha \rho_d (c/\rho_d)(V_f/A) = \alpha c \left(\frac{V_f}{A}\right)$$

$$\therefore \frac{dV_f}{d\theta} = \frac{\Delta PA^2}{R_m A \mu + a_c V_f \mu}$$

$$= \frac{\Delta PA^2}{R_m \mu + \alpha (c V_f / A) \mu}\ [\mathrm{m}^3/\mathrm{s}] \tag{13-19}$$

식 (13-17) 또는 식 (13-18)이 여과조작에서 기초방정식이다($c V_f / A$는 여과면적당 건조 여과의 질량 [kg/m^2]).

여기서 c의 값은 물질수지에서 여액 밀도를 $\rho\,[\mathrm{kg/m}^3]$, 원액 중 고체의 중량분율을 w

[kg/kg 슬러리] 및 습윤여괴(wet cake)와 건조여괴(dry cake)와의 중량비를 m이라 하면

$$c = \frac{w}{(1-mw)/\rho} \tag{13-20}$$

가 된다.

(4) 여과장치

여과는 여재의 전후에 압력차를 줌으로써 행해진다. 여과장치는 여러 관점에서 분류할 수 있으나 여과압력을 적용하는 방법에 의해 분류하면 다음과 같은 5종류로 대별(大別)된다.

ⓐ 중력여과기(重力濾過器, gravity filter) : 여과저항이 비교적 적은 경우로서 여액은 중력만에 의하여 여재를 통과한다.

ⓑ 진공여과기(眞空濾過器, vaccum filter) : 여과저항이 커져서 중력만으로는 불충분할 때는 여재의 한 쪽을 감압한 진공여과법이 사용된다.

ⓒ 가압여과기(加壓濾過器, pressure filter) : 1 기압 이상의 여과 압력이 필요해지는 경우로서 보통 0.5~5 기압 정도의 압력이 적용된다.

ⓓ 압착여과기(壓搾濾過器, compression filter) : 액체를 고압으로 압출(壓出)하는 것으로서 300~600 기압의 압력이 적용된다.

ⓔ 원심여과기(遠心濾過器, centrifugal filter) : 여재를 통하여 액체를 흘리는 데 원심력을 적용하는 경우이다.

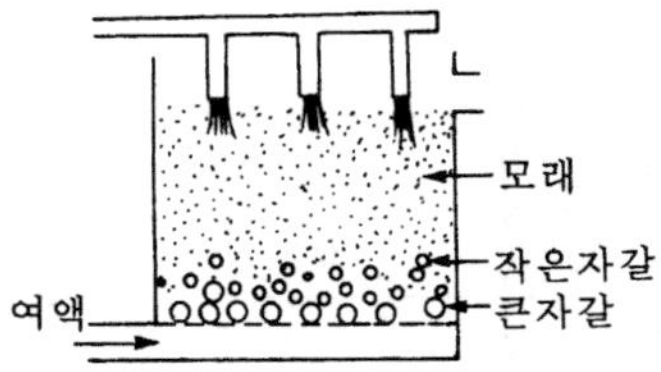

그림 13-31 중력 여과기

① 중력여과기

가장 간단하고 오래된 여과기로 일반 가정, 상수도 등에 사용된다. 원리는 자갈과 자갈, 모래와 모래 사이에서 수중의 미소 고형물의 가교현상이 일어나 청정(淸淨)한 여액을 얻을 수 있다. 지하수도 천연의 토양에 의해 자연히 여과되고 있다. 포집된 고형물은 역류(逆流)로써 세정한다. 집진에서 사용하는 백필터도 중력여과기의 일종이다.

② 회분식 압여기 및 회분식 진공여과기

a. 압여기(壓濾器, filter press) : 구조가 간단하고 취급이 용이하여 널리 사용된다. 압여기에는 여판 여졸 압여기(plate and frame filter press)와 여실 압여기(recessed plate press 또는 chamber press)가 있다.

여판 여졸 압여기는 가장자리가 약간 높게 생긴 여판(濾板)과 속이 빈 여졸(濾倅)이 교대로 배치되어 있다. 여판은 그 양면에 여러 가지 종류의 요철(凹凸)이 만들어져 있고 여판 양면에는 여포(濾布)가 덮여있다. 원액 슬러리는 여판, 여졸의 위쪽에 설치되어 있는 공급구 A로부터 여졸 중에 공급되어 여졸의 양쪽에 붙어 있는 여포를 통과할 때 여과되며 여괴는 여포의 안쪽 C에 남으며 여액은 여판의 양면에 종횡(縱橫)으로 설치된 통로를 따라 배출구 B와 E를 통해 배출된다.

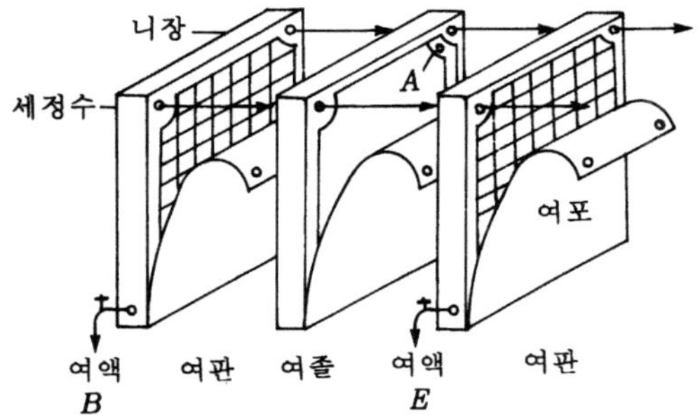

그림 13-32 여판 · 여졸의 분해도

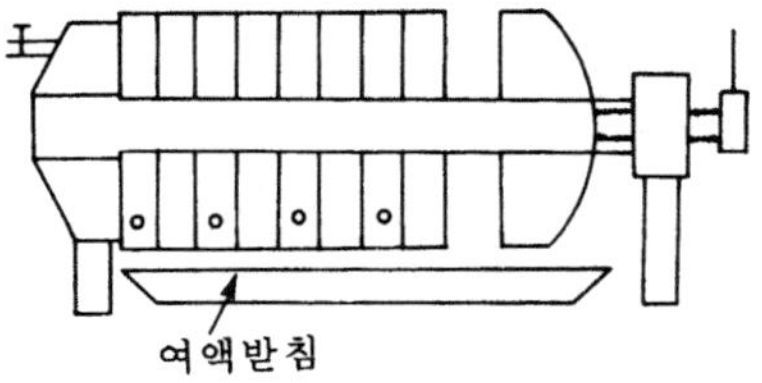

그림 13-33 여판 여졸 압여기의 조립도

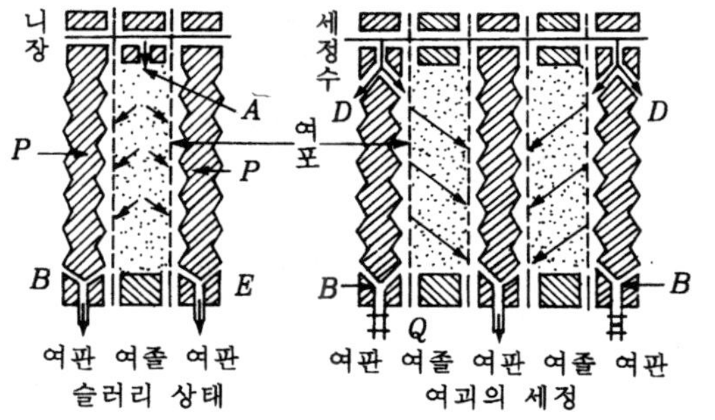

그림 13-34 슬러리 및 세정수의 통로

여괴의 세정에는 세정수는 원액 공급구와 반대쪽에 설치된 D로부터 여판 양면으로 나와 (이 때 출구 콕 B는 닫혀 있다) 한 쪽 여포의 뒷면으로부터 여졸 중의 여괴를 세정한 후 다른 쪽 여포의 뒷면으로 나와 배수되는 관류수세(貫流水洗)와 슬러리와 같이 세정수를 통과시키는 간이수세(簡易水洗)가 있다. 전자의 경우 여괴의 세정면적은 여과의 $\frac{1}{2}$, 또 두께가 2배로 되기 때문에 여괴저항도 여과의 2배가 되어 결국 세정속도 $dV_f/d\theta\,[\mathrm{m^3/s}]$는 여과의 대략 $\frac{1}{4}$ 정도가 된다.

여실 압여기는 그림 13-35와 같이 오목판(凹板)사이로 여포를 둔 형식이며 여판면의 주위를 높게 하고 내부의 양면을 얕게 하여 여졸이 없이 조작하는 것이다.

여포는 여환(濾環)으로 고정되어 있으며 여괴는 2장의 여포사이로, 여액은 여포와 여판사이를 빠져 배출구로 흘러 나간다. 구조가 간단한 편이고 찌꺼기의 양이 적을 때 알맞은 것인데 여과재료가 들어오는 구멍이 크므로 찌꺼기가 커도 무방하다.

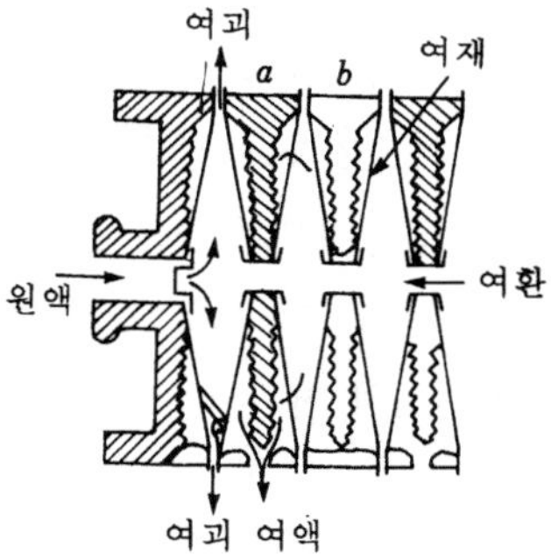

그림 13-35 여실 압여기

압여기의 장점은 여과면적이 크며 고압을 가할 수 있고 또 구조가 튼튼하며 조작이 까다롭지 않은 점이다. 대신 분해와 조립에 시간이 많이 걸리고 여과, 세척, 탈수과정에 꼭 사람이 있어야하고 여과속도가 느린 결점도 있다. 최근에는 이러한 결점을 자동으로 조작할 수 있는 것이 제작되고 있다.

b. 엽상여과기(葉狀濾過器, leaf filter) : 압여기는 대규모 공업 특히 고형물을 많이 함유하는 원액의 여과에 부적당하다. 엽상여과기는 압여기보다 여괴의 세정, 배출 등 여러 공정이 용이하고 신속하다.

엽상여과기는 테니스 라켓과 비슷한 여졸에 쇠그물(金網)을 씌우고 여포로 완전히 둘러싼 여엽(濾葉)을 사용한다. 여엽을 원액에 담그어 빨아 올리면 여괴가 여포의 외측에 생성되는 것이다. 이것은 화학, 야금(冶金)공업에 널리 사용되며 압력을 가하는 방식에 따라 진공흡인형을 **무어**(Moore) **여과기**라고 하며 짧은 여엽을 사용한다. 압력을 가하는 가압형에는 횡형(横型)의 원형 가압탱크식인 **켈리**(Kelly) **여과기**, 원판형 여엽 회전식인 **발레즈**(Vallez) **여과기** 및 가압 원판형인 **스위트랜드**(Sweetland) 여과기가 있다.

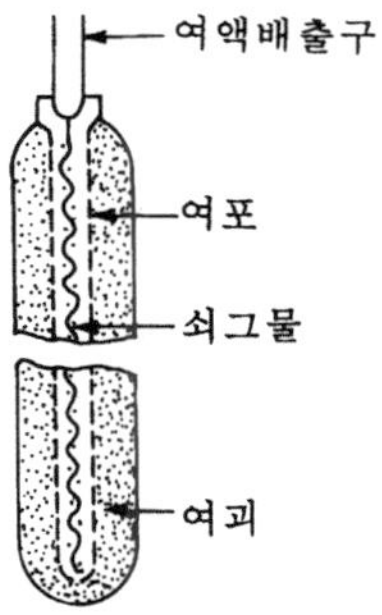

그림 13-36 여 엽

엽상여과기는 여엽마다 배출구가 있기 때문에 파손되면 곧 알 수 있고 또 바꾸기도 쉽다. 그러나 조작에 숙련을 요하며 여과재료의 교반이 불충분하다.

스위트랜드 여과기는 조립이 간단하고 조작이 용이하며 여재의 교반이 가능하여 여괴의 두께가 일정하고 여과면적이 큰 것으로 엽상여과기 중에서 가장 우수하며 제당공업 등에서 널리 사용되고 있다. 이것은 그림 13-37과 같이 수평으로 놓인 원통 속에 여엽이 들어 있고 원통의 하반부(下半部)를 열 수 있게 되어 있어서 여괴의 회수 및 여엽의 교환이 편리하다. 가압식으로 보통 4 [atm] 이하에서 조작되며 원액 일류관은 여괴를 떨어뜨리기 위한 분수관(噴水管)으로도 사용된다.

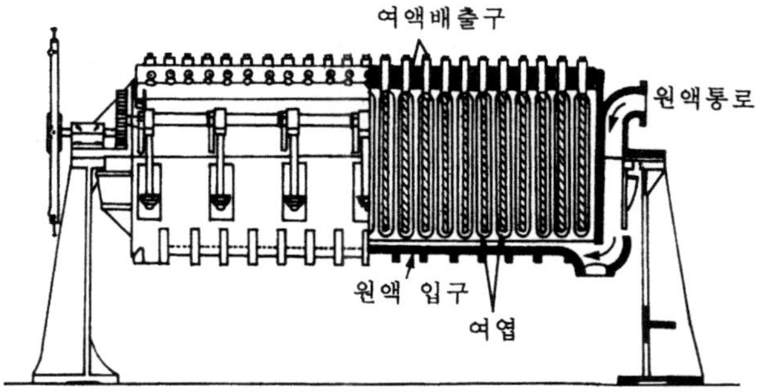

그림 13-37 스위트랜드 여과기

③ 연속식 회전여과기

회전여과기는 회전원통 또는 원판에 붙이고 슬러리 중을 1회전하는 사이에 여과, 세정, 탈수 및 여괴의 분리를 연속적으로 행하는 것으로 대량 처리에 적합하며 가장 진보된 형으로 사용률이 아주 높으며 주로 흡인식(吸引式)이 많다.

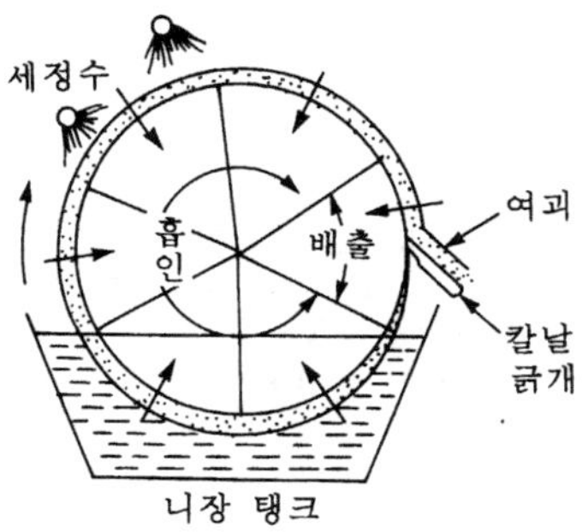

그림 13-38 회전여과기의 원리 설명

a. 올리버 여과기(Oliver filter) : 여포는 원통 주위의 금침(金針)에 감겨져 있다. 원통은 다수의 여과실로 나누어져 있고 각 여과실은 관에 의해 중앙의 자동변환밸브에 연결된다. 자동변환밸브는 진공펌프 및 압축펌프에 연결된 고정원판에 의해 원통이 1회전하는 사이에 여과흡인, 세정수 흡인, 흡인탈수(건조), 여괴배출이 자동으로 이루어진다.

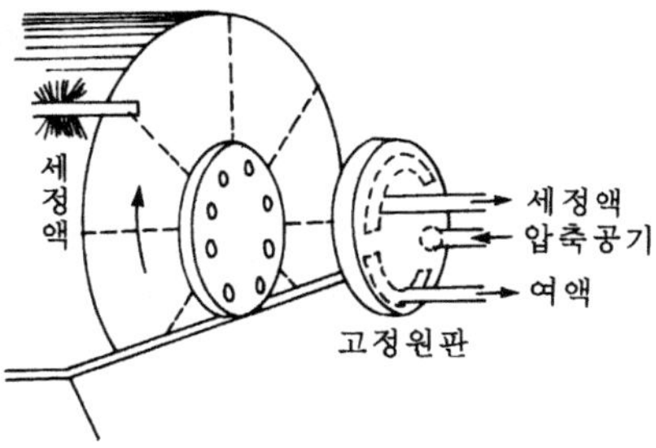

그림 13-39 올리버 여과기

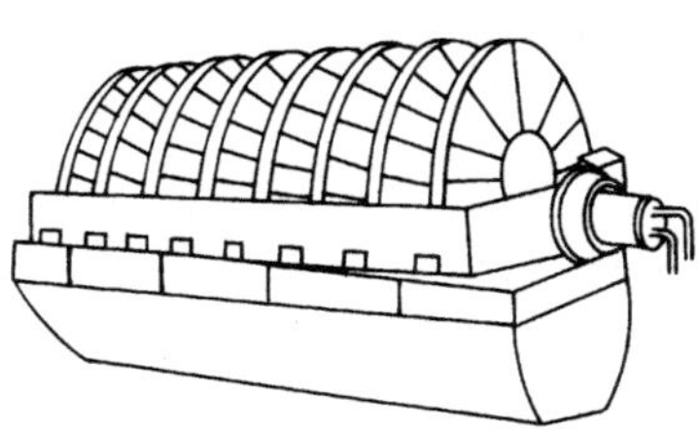

그림 13-40 아메리칸 여과기

b. 아메리칸 여과기(American filter) : 교환이 가능한 부채형 여엽 수십개로 이루어진 다수의 원판을 회전축상에 수직으로 설치한 것으로 올리버 여과기보다 여과면적이 훨씬 크다.

c. 도르코 여과기(Dorrco filter) : 내부 급액식 감압 원통여과기로 원통 내면에 원액이 공급되어 내측으로부터 외측으로 향해 감압되어 여과가 행해진다. 여과가 어려운 것이나 세정, 건조가 충분할 필요가 있는 경우에는 부적합하지만 원액의 교반이 잘되는 장점이 있다.

d. 버드-영 여과기(Bird-Young filter) : 올리버 여과기와 같으나 원통과 격실은 없이 원통 주위의 여과면만이 회전하여 여괴의 제거는 압축공기를 불어 넣어 행한다.

e. 프리코트-커팅 여과기(Precoat-Cutting filter) : 미립자의 여과에 이용되는 것으로 여포의 눈막힘(目詰)을 방지하기 위해 여과조제를 회전원통여과기에 먼저 프리코트(precoat)한

후에 원액을 여과한다.

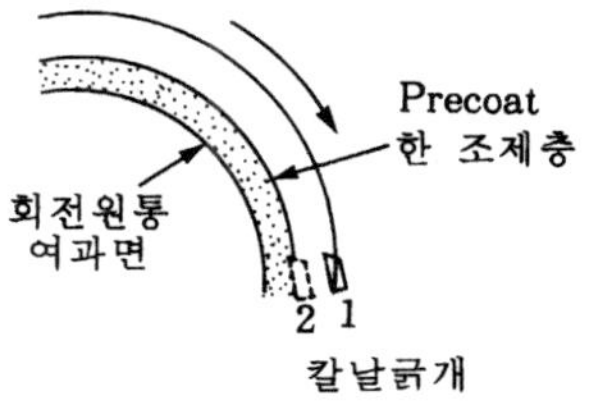

그림 13-41 프리코트-커팅 여과기

이외에도 회전여과기의 종류는 대단히 많아서 그 선정에는 처리량, 농도, 물리 및 화학적 성질, 세정의 여부 등을 검토해서 정한다.

④ 원심여과기(遠心濾過器, centrifugal filter)

원심탈수기(遠心脫水機)라고도 하며 주로 결정과 모액(母液)의 분리에 이용된다.

a. 회분식 바스켓형 원심여과기 : 덮개 내에 고속으로 회전하는 많은 구멍을 가지고 있는 원통(basket)의 내면에 여포를 붙인 것으로 액은 여포와 바스켓의 구멍을 통해 덮개에 충돌하기 때문에 덮개의 바닥으로 내려가고 고체 입자는 칼날긁개로 분리한다.

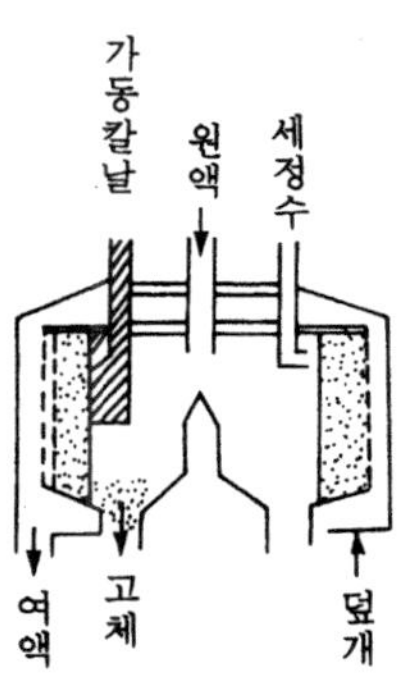

그림 13-42 바스켓형 원심여과기

예부터 화학공장에서 널리 사용되었으며, 조작은 회분식으로 회전수는 그리 크지 않아서 원심효과는 적다. 가정용 탈수기는 여기에 속한다.

b. 연속식 수평형 원심여과기 : 그림 13-43과 같이 회전원통의 측면이 여과면이며 유압(油壓)에 의해 여괴를 배출하며 원액의 공급, 여괴의 배출이 연속적으로 행해진다.

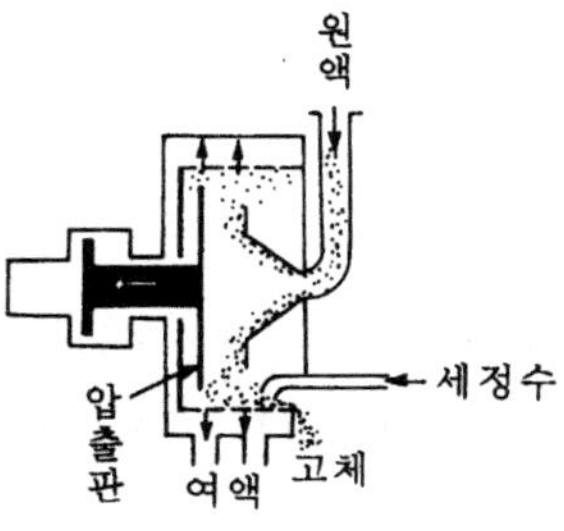

(a) 단단형

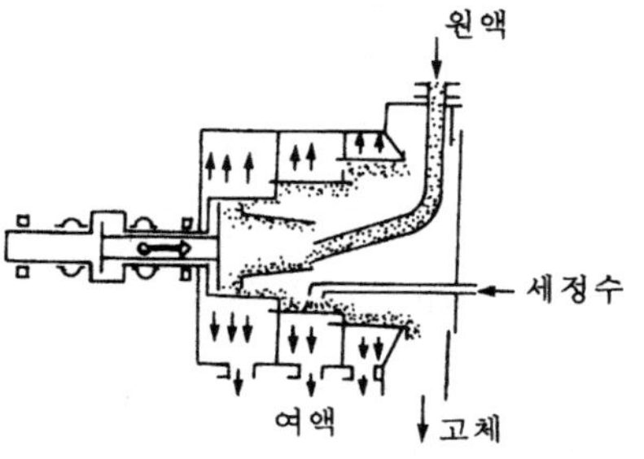

(b) 다단형

그림 13-43 수평형 원심여과기

미세한 입자를 포함할 때는 적합하지 않으나 동경이 적고 처리능력이 커서 결정분리 등에 최근 많이 사용된다. 대표적인 것이 Escher-Wyess식 탈수기이다.

연습문제

1 식염 결정 100 [lb/h]를 진탕체에 공급하여 필요로 하는 −48/+65 [mesh]의 것을 얻으려 한다. 원료는 48 [mesh]체에 공급하고 65 [mesh]체에 남는 것이 제품이 된다. 체 위의 잔유물과 제품 및 체 아래의 통과물의 평균비율은 2 : 1.5 : 1이고 체 분석값은 다음과 같다.

체 [mesh]	원료 중 분율	제품 중 분율	체위의 분유	체이하의 분율
−48/+65	0.281	0.526	0.066	0.344

2 점토 파우더를 60 [°F]의 물 속에서 자유낙하하고 스톱위치로 침강속도를 측정한 결과 10 [m/s]이었다. 점토 파우더의 평균 입자지름을 계산하라. 점토의 진밀도는 2.3 [g/cm^3]이다.

3 올리버 필터를 이용 비압축성 고체를 포함하는 원액을 여과하는데 여과압력 350 [mmHg], 회전수 3 [rpm]로 전 원주의 1/3을 원액에 잠기는 경우 100 [l/min], 전 원주의 1/4을 슬러리에 잡기는 경우 80 [l/min]의 여액을 얻었다. 지금 1/4을 슬러리에 잠기는 경우 여과압력 500 [mmHg], $N = 6$ [rpm]으로 조작하면 매초 얼마정도의 여액을 얻을 수 있을까?

4 어떤 액을 여과하여 얻는 여재의 액량을 알기 위해서 그 밀도를 측정했더니 1.4 [g/cc]였다. 여재 중의 고형분의 밀도가 2.3 [g/cc], 이 액의 밀도 1 [g/cc]의 경우 원액 1 [kg]당의 습여괴와 건여괴의 질량비를 구하라.

5 중력침강속도 10^{-5} [cm/s]의 소량의 입자를 포함하는 현탁액을 원통형 원심분리기로 매시 500 [l] 처리한다. 원통반경 5 [cm], 액면반경 1 [cm], 회전수 20,000 [rpm]일 때 원통의 유효길이는 얼마로 하면 좋겠는가?

---

1. 40.2 [%]
2. 3.8×10^{-3} [cm]
3. 2.04×10^{-3} [m^3/s]
4. 1.99
5. $L = 66$ [cm]

제14장

혼합

지금까지 주로 천연물 또는 반응 생성물 등의 분리조작만을 다루어 왔으나 이것에 반하여 혼합조작은 물리적 혼합작용에 목적을 둔 것으로 대체로 화학반응 중이나 이것에 앞서 행하여지는 중요한 조작의 하나이다. 즉 서로 다른 성분이나 크기가 다른 같은 성분을 혼합하여 균일한 제품을 만드는 조작으로 화학공업에서 화학반응(예, 유지의 수소첨가, 방향족 탄화수소의 니트로화), 전열속도(예, 자켈, 다관식 반응관) 및 물리적 변화(예, 결정의 용해, 추출, 흡착, 세정) 등의 촉진에 이용된다. 혼합은 처리하는 물질의 상태에 따라 다음과 같이 구별된다.

① 교반(agitation) : 액체와 액체, 액체와 고체, 액체와 기체의 혼합, 용해
② 혼합(mixing) : 고체와 고체의 혼합
③ 반죽(kneading) : 고체와 소량의 액체 또는 점조(粘稠)한 액체
④ 유화(emulsifying) : 액체와 고체, 액체와 액체, 액체와 기체의 분산

14-1 교반

교반(攪拌, agitation)은 주로 액체를 대상으로 하는 혼합조작으로 액체와 액체, 액체와 기체, 액체와 약간의 고체를 취급한다.

1. 교반조작

(1) 교반의 목적

교반의 목적은 다음과 같다.

① 성분의 균일화
② 물질전달속도의 증대
③ 열전달속도의 증대
④ 물리적 변화의 촉진
⑤ 화학적 변화의 촉진
⑥ 분산액 제조

이들을 교반대상으로 하는 계의 적용 형식으로 구분해 보면

① 2종 이상의 혼합성 액의 혼합(단일 액상)
② 2종의 불용성 액의 효과적 접촉(액-액계)
③ 기상과 액상의 접촉(기-액계)
④ 액 중에서 고체 입자의 현탁 또는 용해(고-액계)
⑤ 고체 표면과 액 사이에 열이동(고-액계)

등이 있다. 이러한 목적을 달성하는데는 액을 조내(槽內) 전체에 걸쳐서 유효하게 유동시킬 필요가 있다. 액의 유효한 유동에 의한 난류(난류확산)에 의하여 국부적으로 열 또는 물질이동속도를 증대시키고 또한 전체로서의 유동에 의하여 물질의 농도 또는 액의 온도 등이 조내 각 부에서 균일하도록 조작한다. 따라서 교반장치설계 및 조작에서는 그의 대상과 목적에 따라 액 전체의 유동상태와 국부적 난류의 어디에 중점을 두어야 하는가를 명확히 할 필요가 있다.

(2) 교반작용에 영향을 주는 물리적 조건

① 점도(粘度)

점도에 따라 소요동력, 교반기의 구조가 달라진다.

② 밀도(密度)

밀도가 큰 것은 소요동력도 크며 또 혼합물의 밀도가 서로 다르며 섞이기 어렵기 때문에 밀도가 큰 것은 위쪽에서 공급하는 등 특별한 고려가 필요하다.

③ 표면장력(表面張力)

균질제품을 얻기 위해서는 혼합액체의 표면장력이 작은 쪽이 좋으며 유화(乳化)의 경우에는 반대로 큰 것이 좋다.

2. 교반기(攪拌機)

액체를 교반하는 방법은 교반날개형과 기체의 유동력(流動力)을 이용한 유동형으로 크게 나눌 수 있다.

(1) 교반날개형

액 중에서 날개를 회전 또는 진동시켜 교반하는 장치로 흔히 사용하는 장치이다. 날개의 모양에 따라 노형(paddle type), 프로펠러형(propeller type), 터빈형(turbine type)이 있다.

① 노형 교반기(paddle type agitator)

그림 14-1과 같은 주걱형의 날개가 액 중에서 돌아가면서 액을 교반하는 장치이다. 그 중 (a)형이 가장 간단한 기본형으로 보통 날개가 2～4개씩 있으며, 조의 깊이와 지름의 크기에 따라 날개의 길이와 매수가 결정된다. 공업적으로 사용되는 노형의 날개는 통 지름의 50～80 [%]의 길이와 그 길이의 5～10 [%]의 폭으로 만들어지고 회전수가 20～150 [rpm], 주속도(周速度) 3 [m/s] 이하 정도가 보통이다. 그리고 (c)형은 통 밑을 특별히 교반하고자 할 때 사용되는 형이다.

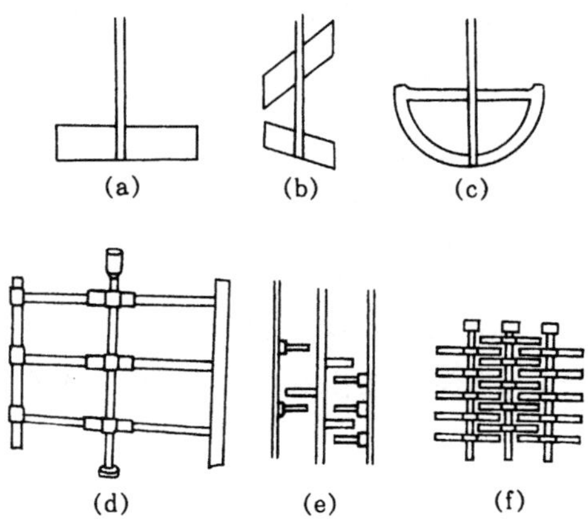

그림 14-1 노형 날개의 종류

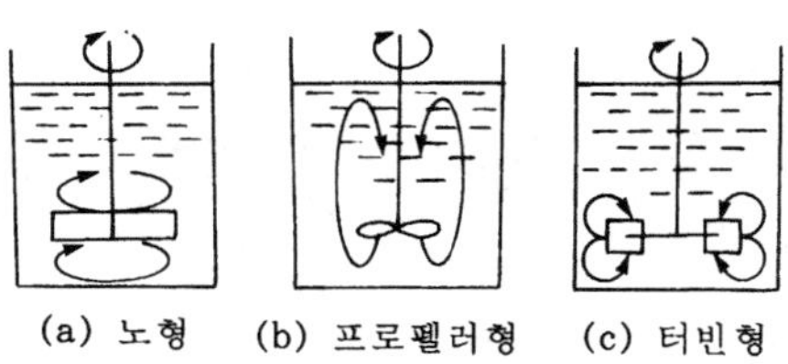

그림 14-2 각종 교반기의 유체유동 방향

② 프로펠러형 교반기(propeller type agitator)

그림 14-3과 같은 형의 프로펠러가 있으며 축에 달린 프로펠러가 돌면 액체는 그것에 따라 돌면서 상하운동도 하게 된다.

프로펠러는 3장으로 된 선박용을 많이 쓰고 피치(pitch)가 반대인 두 개의 프로펠러를 한 축에 달면 훨씬 좋은 효과를 얻을 수 있다. 축의 위치는 마음대로 조절하며 액체의 순환을 잘 하기 위하여 방해판(baffle)이나 원통(draft)을 흔히 장치한다. 방해판은 보통 4개를 쓰고 탱크 지름의 $\frac{1}{12} \sim \frac{1}{10}$을 그 너비로 한다.

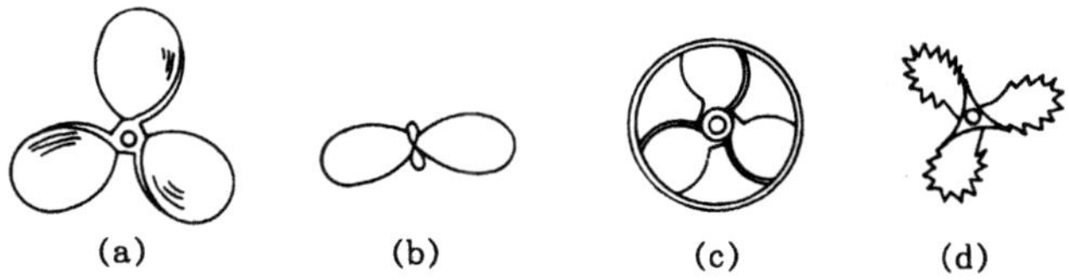

그림 14-3 프로펠러형 교반기

프로펠러 끝의 주속도는 상당히 빨라서 14～16 [m/s], 회전수는 400～800 [rpm]에 달하므로 점도가 높은 액체나 무거운 고체가 섞인 액체의 교반에는 적당하지 못하며 점도가 낮은 액체의 다량 처리에 알맞은 기계이다.

③ 터빈형 교반기(turbine type agitator)

터빈형은 그 구조가 그림 14-4와 같으며 (a)와 같이 평탄한 날개를 가진 것이 가장 일반적인 것이고 급격한 교반을 할 필요가 있을 때 효과적이다. (d)는 바깥쪽에 안내 날개를 가진 것이다. 터빈형이 프로펠러형과 다른 점은 액의 지배적인 흐름이 축방향으로 들어와 그 접선방향으로 배출되는 것이다. 소요동력은 프로펠러형보다 적다. 고체의 용해, 점조액, 중질 슬러리, 현탁액 등에 알맞다.

④ 나선형(screw type) 교반기와 리본형(ribbon type) 교반기

이 두 교반기는 점도가 큰 액체에 사용하는 것인데 액을 밑에서 퍼 올리듯이 교반한다.

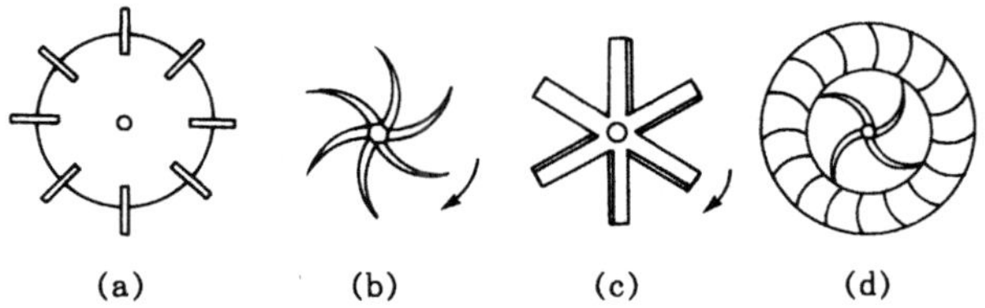

그림 14-4 터빈형 교반기의 날개 종류

(2) 유동형 교반기

이 형의 교반기의 대표적인 것은 제트형 교반기와 공기 교반기 등이 있는데 일반적으로 대량의 액에 소량의 것을 혼합할 때 많이 사용한다.

① 제트형 교반기(jet agitator)

한 쪽 또는 양쪽에서 액을 분출구로부터 뿜어대어 교반시키는 것으로 특히 그림 14-5(c)와 같이 노즐(nozzle)부에서 분출시키는 것을 **노즐 교반기**(nozzle agitator)라 한다.

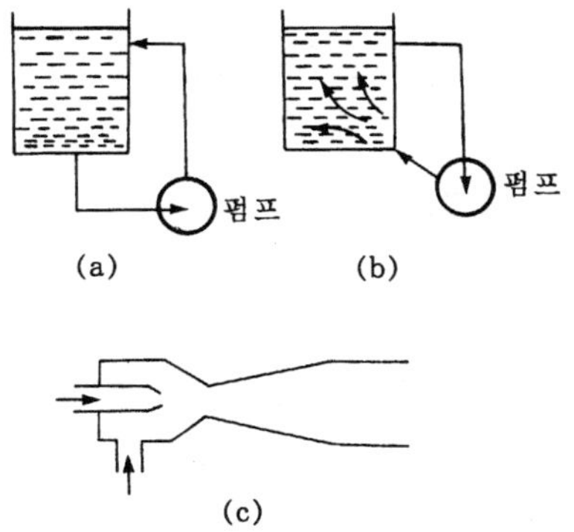

그림 14-5 제트형 교반기

② 공기 교반기(air agitator)

그림 14-6과 같이 액체 속에 공기를 불어 넣어서 공기의 유동으로 액을 교반시키는 것으로 설비가 간단하면서도 상상외로 능률이 좋은 것이다. 또 유지의 산화와 액체를 끓는점 이하의 온도에서 증발시키려 할 때에도 이 방법이 유리하다.

그리고 부식성이 있는 액체나 호기성균의 배양 등에는 공기 대신 수증기를 불어넣으면 교반과 함께 가열된다.

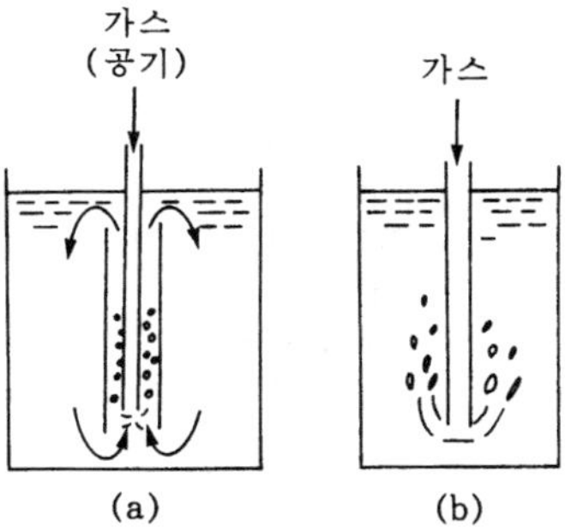

그림 14-6 공기 교반기

③ 오리피스 교반기(orifice mixer)

구멍의 위치 및 수가 다른 오리피스판을 유로에 설치하여 교반하는 것으로 석유공업에서 이용되고 있다.

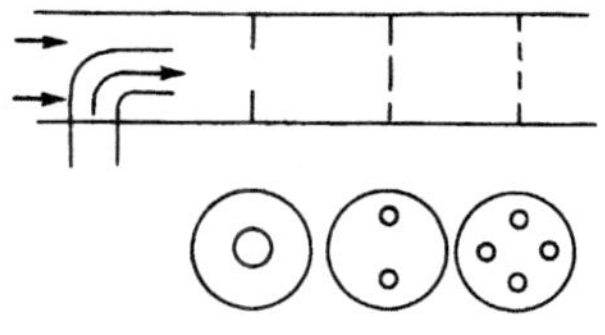

그림 14-7 오리피스 교반기

3. 교반 소요동력(攪拌 所要動力)

(1) 액교반의 경우

액체의 교반에 소요되는 동력은 다음과 같이 유도된다. 회전날개의 길이 d[m], 폭 b[m], 날개판의 경사각 [θ], 회전속도 n [r · p · s, 1/s]이고 조의 직경이 D[m], 액의 깊이 H[m], 액의 밀도 ρ_f [kg/m³], 점도 μ [kg/m · s]인 그림 14-8과 같은 교반기에서 물체가 유체 속을 u[m/s]의 속도로 운동할 때 그 물체가 유체로부터 받는 저항 R[kg]은 식 (13-32)에서

$$R = C_D \frac{1}{2g_c} A u^2 \rho_f \text{ [kg]} \tag{14-1}$$

이다. 여기서 C_D는 저항계수, A는 운동방향에 직각인 물체의 최대 단면적[m²], u는 물체의 운동속도[m/s]이다. 이 때 R에 대하여 필요한 동력 P[kg−m/s]는

$$P = R \cdot u = C_D \frac{1}{2g_c} A u^3 \rho_f \text{ [kg} - \text{m/s]} \tag{14-2}$$

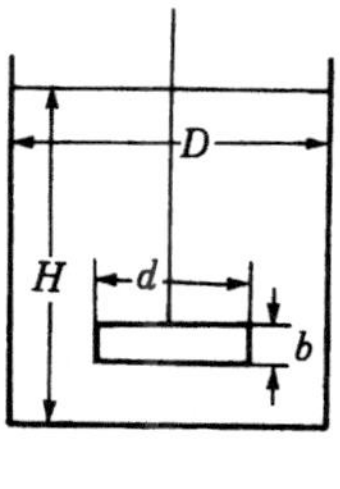

그림 14-8 교반기의 치수

이다. $C_D' = C_D/2$ 라고 놓으면

$$P = C_D' \frac{1}{g_c} A u^3 \rho_f \ [\text{kg} - \text{m/s}] \tag{14-3}$$

다음에 액 중에 있는 교반날개의 회전 소요동력 P를 구한다.

윗식에서 $A \propto d^2$이고 또 날개에 의해 움직이는 조내의 액의 평균속도 u [m/s]는 날개의 주속도 dn [m/s]에 비례하므로 $u \propto dn$으로 놓을 수 있고 $Au^3 \infty d^5 n^3$이 된다. 따라서 식 (14-3)은 다음과 같이 나타낼 수 있다.

$$P = N_P \frac{\rho_f d^5 n^3}{g_c} \ [\text{kg} - \text{m/s}] \tag{14-4}$$

여기서 비례계수 N_P를 **동력수**(動力數, power number)라고 한다. N_P는 교반날개의 형, 장치의 기하학적 치수비율에 의해 달라진다.

액에 작용하는 힘은 이와 같은 기하학적 치수와 회전수 외에도 액의 점성과 중력 등이 관계되므로 $P = f(n, d, g_c, \mu, g, \rho)$를 차원해석하면 다음의 두 무차원항을 갖는 동력수가 얻어진다. 즉

$$N_{\text{Re}} = \frac{\rho n d^2}{\mu} \tag{14-5}$$

$$N_{\text{Fr}} = \frac{d n^2}{g} \tag{14-6}$$

식 (14-5)는 교반에서의 **변형 Raynolds수**, 식 (14-6)은 교반에서의 **Froude수**라 한다. 따라서 액에 작용하는 힘은

$$N_p = f(N_{\text{Re}} \, N_{\text{Fr}}) \tag{14-7}$$

액의 표면에 소용돌이가 형성되는 것을 무시할 수 있을 때는 일반적으로 N_{Fr}은 무시할 수가 있다. 따라서 소용돌이가 없을 때는 N_p는 장치의 치수가 주어지면 N_{Re}만의 함수가 표시되며, 난류 상태에서는

$$N_p = f(N_{\text{Re}}) \tag{14-8}$$

N_p는 N_{Re}에 무관하게 일정하다.

동력수 N_p는 교반조의 형상, 교반날개의 기하학적 치수의 비율에 의하여 달라지기 때문에 일반적으로

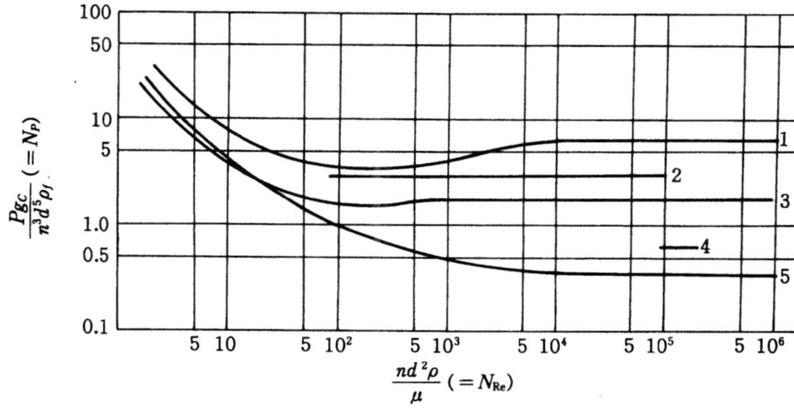

그림 14-9 N_p와 N_{Re}의 관계

$$N_p = f(N_{\mathrm{Re}},\ N_{\mathrm{Fr}},\ d/D,\ b/D,\ H/D,\ \theta,\ \cdots\cdots) \tag{14-9}$$

Rushton은 각종 대표적 교반날개에 대하여 N_{Re}와 N_p의 관계를 실험적으로 구했다. 그림 14-9는 그의 한 예를 표시한 것이다. 장애판이 있든가 또는 장애판이 없어도 $N_{\mathrm{Re}} < 300$일 경우는

$$N_p = \frac{P}{\rho n^3 d^5} = \phi(N_{\mathrm{Re}}) \tag{14-10}$$

장애판이 없이 난류범위에서는 액의 자유표면에 소용돌이 변형이 생기기 때문에 N_{Fr}에 보정을 가해서

➡표 14-1 N_p와 N_{Re}의 관계

날 개 형 식	D/d	H_l/d	H_i/d	장 애 판		곡선번호
				매수	b/d	
평날개 6개, 표준형 터빈 $b/d=0.2$	3	3	1	4	0.10	1
평날개가 붙은 원판(평날개 16개) $b/d=0.1$	2.3	2.5	0.75	4	0.11	2
2개 날개, 패들형 $b/d=0.25$	3	3	1	4	0.10	3
2개 날개, 패들형 $b/d=0.25$	3	3.2	0.33	0	–	4
프로펠러(피치 $=D$)	3	3	1	4	0.10	5

단, H_l = 액의 길이, H_i = 교반조바닥에서 교반날개까지의 거리

$$N_p \cdot N_{Rf}{}^{-q} \tag{14-11}$$

를 종축으로 취한다. 단

$$q = \frac{a - \log N_{Re}}{b} \tag{14-12}$$

a, b는 교반날개의 종류 및 교반조의 기하학 치수비율에 따라 달라진다.

예제 14-1

지름 $D = 1.5\,[\text{m}]$의 교반조(장애판이 있다)에 밀도 $\rho = 1100\,[\text{kg/m}^3]$, 점도 $\mu = 0.001\,[\text{kg/m} \cdot \text{s}]$의 액을 조경(槽徑)과 같은 깊이까지 채우고 지름 $d = 0.5\,[\text{m}]$의 6개 날개의 표준형 평날개 터빈을 조의 밑으로부터 $H_i = 0.5\,[\text{m}]$의 위치에 설치하고 $N = 60\,[\text{rpm}]$으로 회전시킬 때의 교반 소요동력을 구하여라. 단 0.4 [kW]의 전동기를 사용하면 회전속도를 얼마나 올릴 수 있을까? 단 구동장치에서 전도효율을 80 [%]로 한다.

풀이

$d = 0.5\,[\text{m}]$, $n = 1\,[\text{rps}]$, $\rho = 1100\,[\text{kg/m}^3]$, $\mu = 0.001\,[\text{kg/m} \cdot \text{s}]$
$D/d = 1.5/0.5 = 3$, $H_i/d = 1.5/0.5 = 3$, $H_i/d = 0.5/0.5 = 1$

$$N_{Re} = \frac{\rho n d^2}{\mu} = \frac{(1100)(1)(0.5)^2}{(1)(10^{-3})} = 2.75 \times 10^5$$

그림 14-9로부터 $N_p = 6.2$

$$P = N_p \rho n^3 d^5 = (6.2)(1100)(1)^3(0.5)^5 = 21.3\,[\text{W}] = 0.213\,[\text{kW}]$$

N_{Re}가 10^5 정도에서 N_p는 N_{Re}에 무관하게 일정하므로

$$(0.4)(0.8)(102) = \frac{(6.2)(1,100)n^3(0.5)^5}{9.81}$$

$n^3 = 1.5$, $\therefore n = 1.15\,[\text{rps}]$, $N \fallingdotseq 69\,[\text{rpm}]$

---

(2) 기체를 교반조에 불어 넣을 경우

노즐로부터의 분출압력액의 $\Delta P\,[\text{N/m}^2]$(정압과 노즐 내부의 기체압과의 압력차)에 관하여는 다음의 실험식이 있다.

① $\nu < 5 \times 10^{-6}$ [m/s]

$$\left(\frac{\rho Q^2}{D_0^3 \bar{\sigma}}\right) = 575\left(\frac{Q}{D_0 \nu}\right)^{-0.083}\left(\frac{\Delta P D_0}{\bar{\sigma}}\right)^{1.36} \quad (14\text{-}13)$$

② $\nu < 30 \times 10^{-5}$ [m/s]

$$\left(\frac{\rho Q^2}{D_0^3 \bar{\sigma}}\right) = 135\left(\frac{Q}{D_0 \nu}\right)^{-0.083}\left(\frac{\Delta P D_0}{\bar{\sigma}}\right)^{1.57} \quad (14\text{-}14)$$

여기서 ρ : 액의 밀도 [kg/m^3], ν : 액의 동정도 [m^3/s], $\bar{\sigma}$: 액의 계면장력 [kg/s^2],
Q : 분출유량 [m^3/s], D_0 : 노즐지름 [m]

적용범위 : $\rho = 803 \sim 1,225$, $v = 0.775 \times 10^{-6} \sim 106 \times 10^{-6}$, $\sigma = 22 \times 10^{-3} \sim 77.5 \times 10^{-6}$

예제 14-2

$D_0 = 1.5 \times 10^{-2}$ [m]의 노즐에 의하여 $\rho = 1.09 \times 10^3$ [kg/m^3], $\mu = 1$ [c.p], $\bar{\sigma} = 70$ [dyn/cm]의 액 중에 0.6 [m^3/min]로 공기를 불어 넣었을 경우 압손실을 구하여라.

풀이

$\mu = 1$ [c.p], $\nu = \dfrac{\mu}{\rho} = 0.917 \times 10^{-6}$ [m^2/s], $\bar{\sigma} = 70$ [dyn/cm] $= 70 \times 10^{-3}$ [kg/s^2],

$Q = 20.6$ [m^3/min] $= 1 \times 10^{-2}$ [m^3/s]

$\nu < 5 \times 10^{-6}$ [m^2/s]이므로 식 (14-13)에 의하여

$$\left\{\frac{(1.09)(10^3)(1)^2(10^{-2})^2}{(1.5)^3(10^{-2})^3(70)(10^{-3})}\right\} = (575)\left\{\frac{(1)(10^{-2})}{(1.5)(10^{-2})(0.917)(10^{-6})}\right\}^{-0.083} \times \left\{\frac{(\Delta P)(1.5)(10^{-2})}{(70)(10^{-3})}\right\}^{1.36}$$

$\Delta P^{1.36} = 8.95 \times 10^2$, $\therefore \Delta P = 148$ [N/m^2, Pa]

---

(3) 기-액계 교반의 경우

조밑으로부터 기체를 불어 넣고 교반을 실시할 경우 소요동력은 교반날개가 기포의 부분을 통과할 때 저항이 대단히 적고 한편 액 전체의 겉보기 밀도도 적어지기 때문에 액만을 교반할 때 교반동력에 비해서 아주 적다.

지금 기체를 불어 넣을 때의 교반동력을 P_g, 액만의 교반동력을 P_0라 하면 양자의 비 $\zeta_g = P_g/P_0$는 단위시간에 기체와 교반날개가 충돌하는 도수와 관계가 있다고 생각된다. 기포와 날개가 충돌하는 도수를 기체가 조내를 통과하는 속도를 대표하는 $v_s = Q/d^2$(Q=통기량)과 날개의 원주속도의 대표량 nd와의 비 $N_A = v_s/(nd)$인 무차원항으로 대표하면

$$\zeta_g = P_g/P_0 = f\left(\frac{v_s}{nd}\right) = f(N_A) \tag{14-15}$$

N_A는 **airation이 수**라 한다. ζ_g는 같은 N_A값에 대하여서도 날개종류에 따라 변한다. N_A와 ζ_g 관계의 한 예를 그림 14-10에 나타내었다.

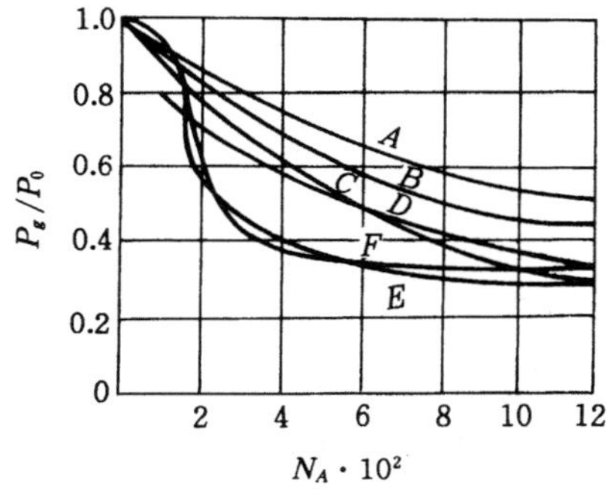

그림 14-10 기-액계 교반동력

예제 14-3

$D = 3.0$ [m]의 조에 $\rho = 1100$ [kg/m^3], $\mu = 0.01$ [kg/m · s]의 액을 $H_l = 3$ [m]까지 넣고 노즐로부터 공기를 불어넣으면서 $d = 1.0$ [m], 평균 날개터빈(날개수 $n_p = 6$)으로 $N = 60$ [rpm]의 교반을 한다. 공기의 불어넣는 양을 매분 액량의 1/5 용적으로 할 때, 교반동력을 구하여라. 단 조에는 폭 $b_b = 0.10$ [m] 장애판을 4개 붙였다.

풀이

$D/d = 3/1 = H_l/d \quad n = 1$ [rps]

$$N_{Re} = \frac{nd^2\rho}{\mu} = \frac{(1)(1)^2(1.1)(10^3)}{0.01} = 1.1 \times 10^5$$

그림 14-9의 곡선 1에 의하여 $N_p = 6.2$

공기를 불어넣지 않을 경우 교반동력 P_0는

$$P_0 = N_p \rho n^3 d^5 = (6.2)(1.1)(10^3)(1)^3(1)^5$$
$$= 6800\,[\mathrm{W}] = 6.8\,[\mathrm{kW}]$$

공기를 불어넣을 경우

$$N_A = \frac{Q}{nd^3} = \frac{(1/5)(\pi)(1.5)^2(3.0)}{(1)(1)^3(60)} = 0.0706$$

그림 4-10의 곡선 A를 사용하여

$$\zeta_g = 0.65, \quad \therefore P_g = (0.65)(6.82) = 4.43\,[\mathrm{kW}]$$

14-2 혼합 및 반죽

여러 종류의 약품을 혼합한다든가 또는 시멘트, 유리 등의 원료를 혼합할 경우와 같이 두 종이 이상의 물리적·화학적 성질이 다른 고체 입자를 혼합해서 균일한 혼합물을 얻는 조작을 **혼합**이라 한다. 넓은 의미로는 고체 혼합에서 한하지 않고 모든 서로 다른 종류의 물질을 섞는 것이 혼합조작이나 앞절에서와 같이 액체를 주로 혼합하는 것은 교반이란 이름을 붙이고 서로 구별된다.

1. 혼합조작

(1) 혼합에 영향을 주는 물리적 조건

① 밀도

밀도는 차이가 작은 쪽이 좋은데 밀도차가 클 때는 밀도가 큰 것이 아래로 내려가므로 상하가 고루 교환되도록 회전방법을 취한다.

② 입도

입도는 작은 것이 혼합하기가 좋다(단, 200 [mesh] 이하가 아닌 것이 좋다).

③ 형상

섬유상의 것은 혼합하기가 어렵다.

④ 수분 및 습윤성

분체에서는 일반적으로 수분이 적은 것이 혼합하기가 쉽다. 액체와 고체의 혼합, 반죽에서는 습윤성이 큰 것이 좋다.

⑤ 혼합비

대량의 것과 소량의 것, 건조분말과 습한 것의 혼합은 한 쪽을 분할하여 가한다. 예를 들면 전자의 경우는 대량의 것을 분할하여 혼합한다.

기타 온도, 농도, 용해도 등 여러 가지가 있으며 이들은 서로 복합적인 관계가 있다.

(2) 혼합도(混合度)

고체 입자의 혼합을 논할 경우 혼합도를 표시하는 방법을 결정할 필요가 있다. 혼합도의 표시법으로는 몇 개의 제안이 있지만 모두 완전히 혼합된 상태는 어떠한 상태이며 또 어떤 혼합 과정에서의 상태가 완전 혼합상태에 어느 정도 가까운지를 나타내는데 여하한 척도를 사용하는 것이 좋은가를 규정하고 있다.

① 완전혼합

완전혼합된 상태는 이론적으로는 혼합기 내의 모든 부분에서 고체 입자의 조성이 균일해야 한다. 즉 각종 원료의 넣는 비율이 혼합 후에도 미시적으로 보아 똑같은 상태의 비율로 되어야 한다. 고체 혼합에서는 각 성분이 완전히 서로 교대로 배열하는 상태[그림 14-11(a)]는 도달하지 않는다. 실제 혼합에서는 그림 14-11(b)와 같이 불규칙하나 통계적으로 균등히 분포되었다면 이를 **이상혼합**(또는 **완전혼합**)이라 한다.

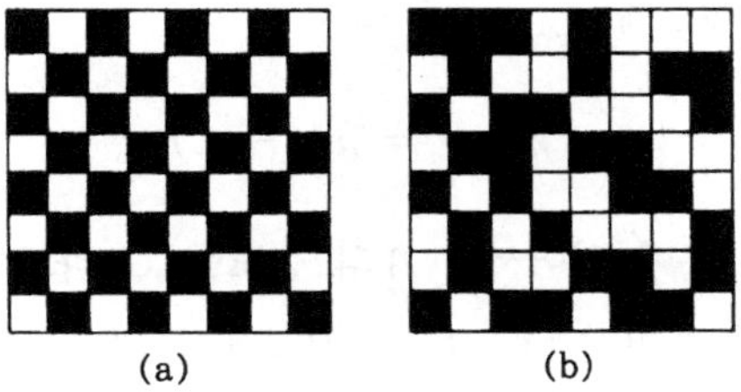

그림 14-11 이상혼합

② 통계적 방법에 의한 혼합도의 표시

지금 A, B 두 종류의 입자를 혼합시킬 경우를 생각하자. 두 성분이 희망하는 정도로 혼합되었는가를 판정하는 수단으로 통계적 방법을 이용한다. 즉 혼합기 내의 여러 곳에서 취한 각각의 시료 중에 A 성분이 균일하게 분포되었는지를 나타내는데 분산(variance) σ^2을 써서 표시하는 방법을 알아보자. 여기서 이 σ는 혼합개시 후 임의의 시간에 채취된 시료 중 A성분의 농도와 이상혼합의 경우 채취된 시료 중 A성분의 농도와의 차의 형태로서 표시되는 표준편차(standard deviation)이며 혼합이 이상에 가까워질수록 이 σ의 값은 적어진다.

a. 지금 어떤 시간 동안 혼합된 시료로부터 취한 n개의 시료 중 주목하는 성분인 A의 농도를 C_1, C_2, ……, C_n [%]로 하고 이상적으로 혼합된 경우의 A의 평균농도를 $\overline{C}$ [%]로 한다. 처음 각 시료의 농도 C_i와 평균농도와의 차 $|C_i - \overline{C}|$(편차)의 제곱의 합에 대한 시료 한 개당의 값을 분산이라 하며 이를 σ^2으로 표시한다. 즉

$$\text{분산도} \quad \sigma^2 = \frac{1}{n} \sum_{i=1}^{n} (C_i - \overline{C})^2 \tag{14-16}$$

$$\text{표준편차} \quad \sigma = \sqrt{\frac{1}{n} \sum_{i=1}^{n} (C_i - \overline{C})^2} \tag{14-17}$$

b. 다음 A, B 두 성분을 그림 14-12와 같이 넣었다고 생각하자. 이 경우 A, B 두 성분은 완전히 분리되어 있다. 지금 혼합기 내의 A, B 함량을 n이라 하고 그 중 A성분이 n_A개, B성분이 n_B개 있다고 하자.

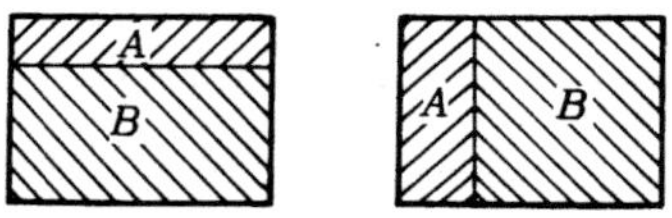

(a) (b)

그림 14-12 혼합 전의 상태

여기서 $n_A/n = \overline{C}$이기 때문에 $n_A = n\overline{C}$ 또는

$$n_B = n - n_a = n(1 - \overline{C}) \tag{14-18}$$

혼합 전 각 성분의 각 부분에 있어서의 A의 농도를 C_i라고 하면 A부분에서는 $C_i = 1$, B부분에서는 $C_i = 0$이다. 따라서 A, B 각 부분에서 $(C_i - \overline{C})^2$은 각각 $(1 - \overline{C})^2$, $(0 - \overline{C})^2$이 된다.

따라서 지금 A가 n_A개, B가 n_B개이기 때문에

$$\sum_{i=1}^{n} (C_i - \overline{C})^2 = (1 - \overline{C})^2 n_A + (0 - \overline{C})^2 n_B$$

이다. 따라서 이 경우의 분산을 σ_0^2으로 표시하면 식 (14-16)과 (14-17) 및 윗식으로부터

$$\sigma_0^2 = \frac{1}{n} \sum_{i=1}^{n} (C_i - \overline{C})^2 = \frac{1}{n}\{(1 - \overline{C})^2 n_A + (0 - \overline{C})^2 n_B\}$$

$$= \frac{1}{n}\{(1-C)^2 n\overline{C} + (0-\overline{C})^2 n(1-\overline{C})\} = \overline{C}(1-\overline{C}) \tag{14-19}$$

$$\therefore \sigma_0 = \sqrt{\overline{C}(1-\overline{C})} \tag{14-20}$$

혼합도를 나타내는 것은 여러 가지가 있으나 균일도(uniformity index) I로 표시하기로 한다. 식 (14-17)과 (14-20)에 의하여

$$I = \frac{\sigma}{\sigma_0} = \sqrt{\sum_{i=1}^{n}(C_i - C)^2/nC(1-C)} \tag{14-21}$$

혼합초기에는 $\sigma = \sigma_0$이므로 $I = 1$, 이상혼합에서는 $C_i = C$이므로 $\sigma = 0$, 따라서 $I = 0$, 윗식으로부터 혼합이 진행하는 사이에는 $I = 1 \sim 0$의 영역이다.

또한 I는 시료 채취수 n에는 무관계하나 채취 시료량과 채취 위치는 혼합기의 형식, 구조 등을 고려해서 적당히 취할 필요가 있다 예를 들면 다량의 비료 혼합물의 경우는 소량의 비싼 약품의 경우보다 채취량을 많이 취한다.

시료 채취 중의 A, B를 질량으로 w_A, w_B[kg], 또한 혼합기 내의 A, B의 두 질량을 각각 W_A, W_B[kg], 그의 밀도를 ρ_A, ρ_B[kg/m^3]라 하면, 윗식에서 C_i, $\overline{C}$는 다음과 같이 표시된다.

$$C_i = w_A \cdot 100/(w_A + w_B)\ [\text{wt }\%]$$

$$\overline{C} = W_A \cdot 100/(W_A + W_B)\ [\text{wt }\%]$$

또한 중량기준으로 표시된 것을 용량기준으로 환산할 경우 C_i', $\overline{C_i}'$를 각각 C_i, $\overline{C}$에 대응하는 채취 시료 중의 A성분의 농도라 하면

$$C_i'\ [\text{용량 }\%] = \frac{w_A}{\rho_A}100 \Big/ \left(\frac{w_A}{\rho_A} + \frac{w_B}{\rho_B}\right) \tag{14-22}$$

$$\overline{C_i}\ [\text{용량}] = \frac{W_A}{\rho_A}100 \Big/ \left(\frac{W_A}{\rho_A} + \frac{W_B}{\rho_B}\right) \tag{14-23}$$

이를 사용하면 식 (14-17), (14-20) 및 (14-21)은 각각 다음과 같이 된다.

$$\sigma' = \sqrt{\frac{1}{n}\sum_{i=1}^{n}(C_i' - \overline{C_i}')^2} \tag{14-24}$$

$$\sigma_0' = \sqrt{\overline{C}'(1-\overline{C}')} \tag{14-25}$$

$$I = \frac{\sigma'}{\sigma_0'} = \sqrt{\sum_{i=1}^{n}(C_i' - \overline{C_i}')^2/(n\overline{C}'(1-\overline{C}')} \tag{14-26}$$

또한 Lacey는 혼합 전의 분산을 $\sigma_0^2 = \overline{C}(1-\overline{C})$, 완전혼합시의 분산을 $\sigma_r^2 = \overline{C}(1-\overline{C})/n$, 혼합 임의의 순간에서의 분산을 σ^2이라 할 때 혼합도를 M(mixing index)이라 하고 다음 식과 같이 표시했다.

$$M = (\sigma_0^2 - \sigma^2)/(\sigma_0^2 - \sigma_r^2) \tag{14-27}$$

완전히 분리된 상태에서는 $M = 0$, 완전혼합된 경우는 $M = 1$이다.

(3) 혼합속도

혼합기 내에서 혼합의 진행과정에 관해서는 정상적으로는 입자군과 입자군 사이의 위치의 교환과 입자군 내부에서 입자와 입자의 위치 교환이 동시에 일어난다고 생각되나 이들은 혼합기, 입자의 종류, 혼합기의 회전수, 고체의 넣는 양에 따라 변하는 것으로 정량적 관계는 명확하지 않은 점이 많다.

지금 혼합농도 C의 분산시간 변화 $d\sigma^2/d\theta$가 σ^2과 σ_r^2의 차에 비례한다고 생각하면

$$\frac{d\sigma^2}{d\theta} = -\phi'(\sigma^2 - \sigma_r^2) \tag{14-28}$$

여기서 ϕ'를 혼합속도계수라고 정의하나 ϕ'는 혼합기의 종류, 조작조건에 따라 다르다. 그러나 ϕ'는 혼합시간 θ에 무관계하다.

$\theta = 0$일 때 $\sigma = \sigma_0$이므로 식 (14-28)을 $0 \sim \theta$ 사이에서 적분하면

$$\ln\frac{\sigma^2 - \sigma_r^2}{\sigma_0^2 - \sigma_r^2} = \ln(1-M) = -\phi'\theta \tag{14-29}$$

$$\frac{\sigma^2 - \sigma_r^2}{\sigma_0^2 - \sigma_r^2} = 1 - M = e^{\phi'\theta} \tag{14-30}$$

수평회전 원통형 교반기에 대하여 혼합도의 시간적 변화를 측정한 예가 그림 14-13으로서 색별한 표준모래[16~24 mesh(Tyler)]를 회전축에 수직하게 반량 장입해서(모래 내용적/원통 내용적=30 [%]) 혼합할 경우이며 그림 14-14와 같은 조건하에서 수평방향으로 반량 장입했을 경우로 어느 것도 혼합과정이 식 (14-29)로 표시된다.

이 두 그림을 비교해 보면 그림 14-13의 것이 속도가 적은데 이는 국부적 혼합이 일어나기 때문인 것으로 생각된다.

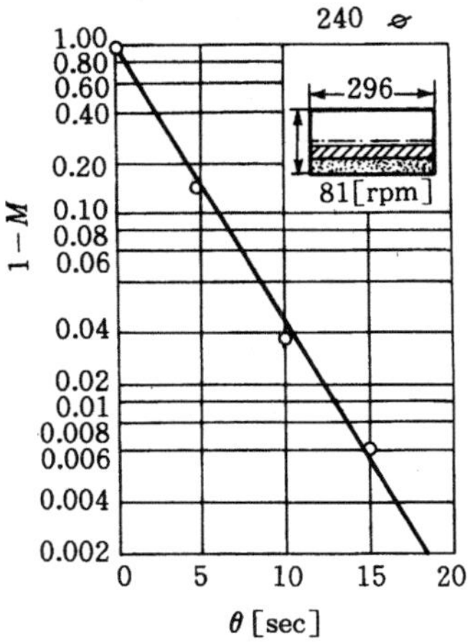

그림 14-13 수평회전 원통형 혼합기의 혼합속도(수평축방향)

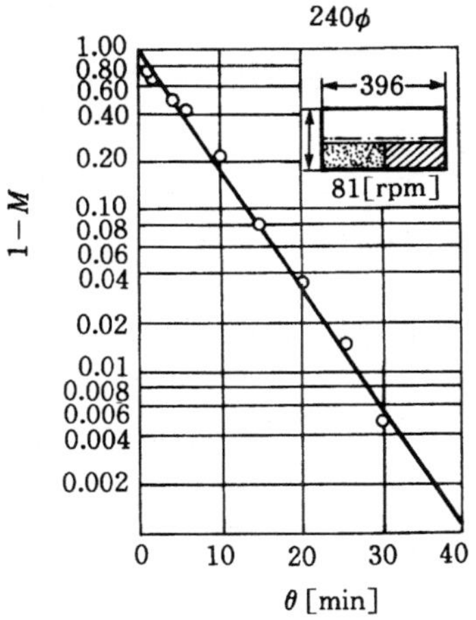

그림 14-14 수평회전 원통형 혼합기의 혼합속도(회전축에 직각인 단면)

이 두 경우 모두 수평회전 원통형 혼합기의 ϕ'는 혼합기의 회전수 N에 따라 달라진다. 예를 들면 $N \fallingdotseq 110$ [rpm]에서 ϕ'는 최대, $N > 110$ [rpm]의 경우 ϕ'는 급격히 저하된다. 이 실험 사실은 혼합기의 회전수가 적은 데서는 입체는 혼합기벽에서 어느 정도 상승하다가 분체층의 표면이 미끄러지나 회전수가 증가하면 차차 내벽을 높이 올라가 원통 내로 투사, 비행함으로써 혼합되며 혼합속도는 최대가 된다. 여기서($N = 110$ [rpm]일 때) 더 이상 회전수가 커지면 입체는 원심력에 의하여 혼합기 내면에 붙어서 그대로 공전하며 혼합작용은 극히 떨어진다. 이와 같이 혼합속도가 최대인 N [rpm]에 관하여 석회석 입자의 실험에 의하면

$$N = \frac{C}{D_d^{\,0.47} X^{0.14}} \tag{14-31}$$

여기서 D_d : 수평 회전원통 내경 [m]

X : (입체의 용적) / (원통 내용적) = 투입량 [%]

C : 실험상수(=54~72)

크기, 비중 등이 다른 입자를 혼합할 경우는 어느 정도는 혼합이 진행하다가 혼합시간의 증가와 함께 분리현상이 나타나며 혼합도가 나빠진다.

예제 14-4

A, B의 혼합물인 분체 원료를 리본형 혼합기로 혼합하면서 시료를 채취하여 A의 농도를

측정한 결과 3시간 후 표준편차 σ의 값이 0.3이 되었다. 혼합 전 A, B의 중량비는 76 : 24 이었다. 이때 혼합도를 구하여라.

풀이

식 (14-21)에서 $I = \dfrac{\sigma}{\sigma_0}$

식 (14-20)에서 $\sigma_0 = \sqrt{\overline{C}(1-\overline{C})}$

$$\overline{C} = 0.76, \quad \sigma = 0.3$$

따라서 $I = \dfrac{0.3}{\sqrt{0.76(1-0.76)}} = 0.70$

---

2. 혼합기

고체 입자의 혼합기는 용기를 회전시켜 내부 분체를 혼합하는 회전형 혼합기와 고정된 용기내에서 교반날개에 의해 혼합하는 고정형 혼합기로 크게 나눈다.

(1) 회전원통 혼합기(tumbling barrel)

그림 14-15와 같이 여러 가지 형태의 원통 속에 원료를 넣고 수평축의 회전에 따라 용기가 회전하여 혼합하는 것으로 원통의 직경은 크고 길이는 짧다.

일반적으로 회전용기형 혼합기는 연속조작이 곤란하고 회분식이며 또한 용기 내부에서 입체가 이동하며 무게의 불균형이 일어나기 쉽고 대용량 혼합기의 제작에는 곤란하다.

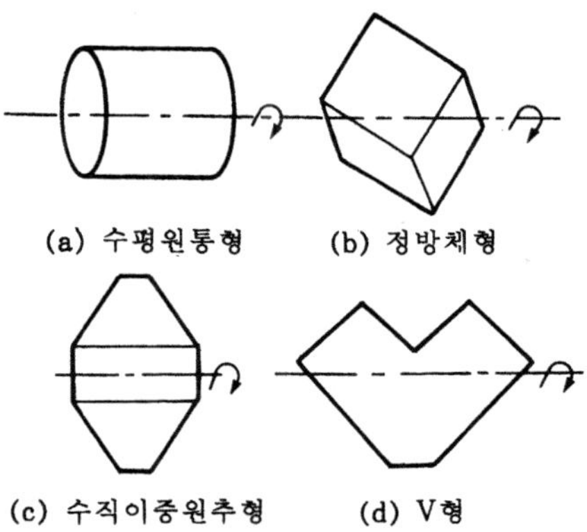

그림 14-15 회전원통 혼합기

이러한 혼합기는 용기 내부에 장애판 또는 날개를 가지고 있어 혼합효과를 상승시킨다. 용기회전형 혼합기의 경우 고체 입자의 장입률은 대체로 30~50 [%]가 적당하며 최적 회전수에 관해서는 회전의 각속도를 ω, 최대 회전반경을 $R_{\max}$ [m], 중력가속도를 g라 할 때

$$\text{원통형}: \ \omega^2 R_{\max}/g = 0.7 \sim 0.9$$

$$\text{V 형}: \ \omega^2 R_{\max}/g = 0.3 \sim 0.4$$

이며 기타 형식의 것은 이 둘의 중간정도이다.

이러한 혼합기의 선정은 혼합도와 혼합속도 중 어디에 중점을 두느냐에 따라 달라진다.

① 수평원통형 혼합기(horizontal drum mixer)

혼합상태가 양호하며 미분쇄에 이용되는 볼 밀은 혼합에도 이용된다.

② 정방체형 혼합기(ortho-hexagonal mixer)

혼합시간이 아주 짧다. 겹쳐 회전하는 작용이 있어서 혼합도는 높지 않다.

③ 수직 이중원추형(double cone mixer)

혼합상태가 양호하며 회전속도의 변동에 따른 혼합도와 혼합시간은 V형과 유사하다.

④ V형 혼합기(V cone mixer 또는 twin cylinder mixer)

혼합물의 입경이 아주 다를 때는 사용하지 않는다. 입자의 집합과 분리작용이 서로 반복되며 높은 혼합도를 목적으로 하지 않고 단시간내에 혼합을 하려고 할 때 사용한다.

(2) 고정형 혼합기

처리량이 크고 연속처리에 적합한 형식이다.

① 나선형 혼합기(screw mixer)

수송기로서도 적합하며 상하로의 혼합이 잘된다.

② 리본형 혼합기(ribbon mixer)

용기고정형 혼합기 중 대표적인 형식으로 하반 원통상의 용기 중에 설치한 나선상의 날개를 회전시키며 그의 형식으로 보아서 비교적 대용량(약 7 [m^3])까지 제작이 가능하며 연속조작에도 사용된다. 이 형식의 혼합기에는 오랜 시간 혼합을 하더라도 분리는 거의 일어나지 않는 혼합물을 만들 수 있다. 리본의 형은 아주 다양하다.

③ 노형 혼합기(paddle mixer)

노형 교반기와 원리가 같다.

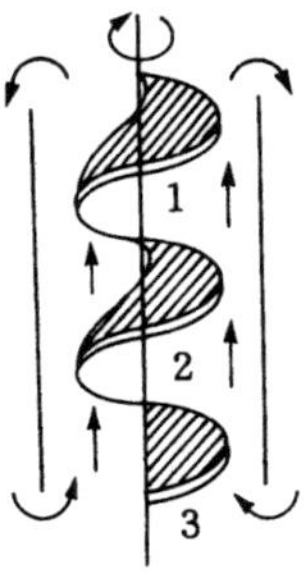

그림 14-16 나선형 혼합기

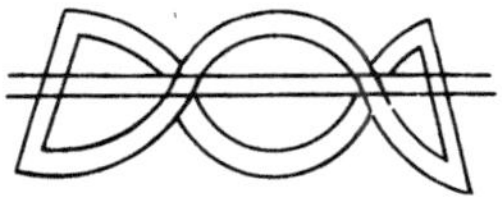

그림 14-17 리본형 혼합기

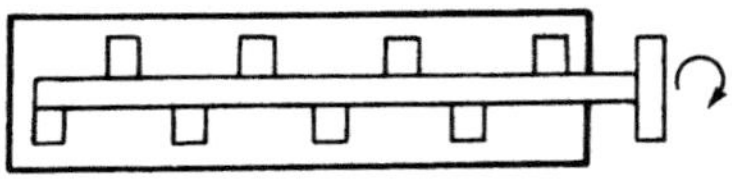

그림 14-18 노형 혼합기

④ 충격회전 혼합기(impact wheel mixer)

고속도로 회전하는 회전날개가 붙은 회전원판에 분체를 공급하여 그 원심력에 의해 비중의 대소, 입경의 대소에 따라 비산거리가 달라지며 서로 혼합된다.

3. 반죽 및 반죽기

반죽(捏和, kneading)은 다량의 고체에 소량의 액체가 혼합하는 조작을 말하며 성분을 고르게 하고 가열 융해와 화학반응을 촉진시키는데 목적이 있다.

예로는 안료, 밀가루, 비누, 아스팔트, 점토, 고무, 합성수지분말 등이 있다. 반죽을 끝낸 후에는 빨리 반죽물을 꺼내는 것이 중요하다. 점조도(粘稠度)가 높은 물질일수록 큰 힘이 필요하며 반죽시는 전단, 겹침, 압축 등의 작용이 일어난다.

대표적인 반죽기(捏和機, kneading machine)에 대해 간단히 알아본다.

(1) 수평식 반죽기(dough mixer)

가장 널리 사용되는 반죽기로서 **워너 반죽기**(Werner kneader)라고도 한다. 점조도가 높은

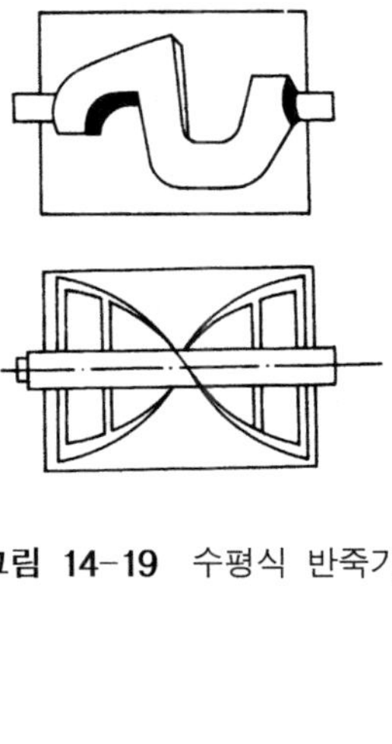

그림 14-19 수평식 반죽기

물질의 혼합에 적합하다. 혼합날개는 1개 또는 2개를 가지며 서로 반대방향으로 회전수가 다르게 회전(20 : 30[r.p.m])시켜 날개와 조, 날개와 날개 사이의 틈새에서 전단, 압축작용 및 겹침작용이 행해진다. 날개의 형은 Z형 Σ형 등 다양하다.

용기는 이중으로 만들어 가열이나 냉각을 할 수 있게 만든 것도 있다. 재료의 공급은 뚜껑을 열고 하지만 배출을 편리하게 하기 위하여 용기를 기울이는 장치가 있다.

(2) 퍼그 밀(pug mill)

가늘고 긴 밀폐용기 속에 스크류나 칼날이 달린 1개 또는 2개의 축이 회전하여 원료는 한 쪽에서 다른 쪽으로 압출(壓出)되는 연속식으로 요업공장에서 진흙을 대량 반죽할 때 사용된다.

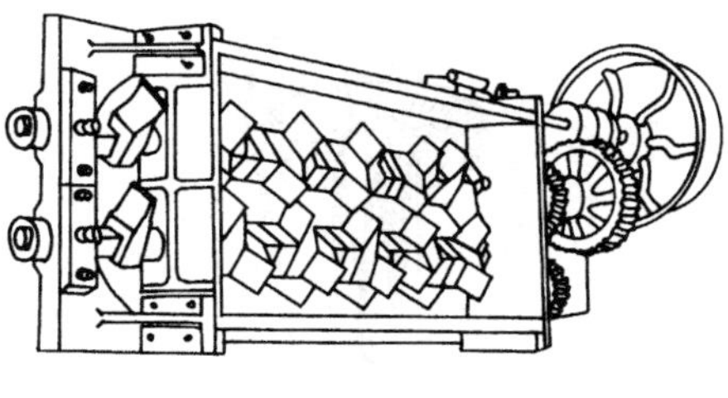

그림 14-20 퍼그 밀

(3) 스크류 압출기(screw-type extruder)

플라스틱, 고무, 카본전극, 제약 등 재료를 용융 반죽하여 압출 성형하는 데 사용하는 기계이다. 관 속에는 스크류가 회전하며 끝에는 여러 가지 모양의 다이스(dice)가 있어 이 모양대로 반죽을 밀어낸다.

스크류의 형태에 따라 반죽의 압력이 출구로 향하여 점점 높아지는 경우도 있고 도중에서 압력이 높아지는 경우도 있다.

보통 입자 상태의 재료가 공급되어 도중에서 가열 용융되어 압축되면서 나중에는 뭉쳐 나가야 하므로 스크류의 피치가 배출구로 향하여 점점 작아지든지, 관이 점점 좁아지는 형태의 것이 적당하다. 또 관 주위의 가열이나 냉각장치를 독립시켜 설치한다.

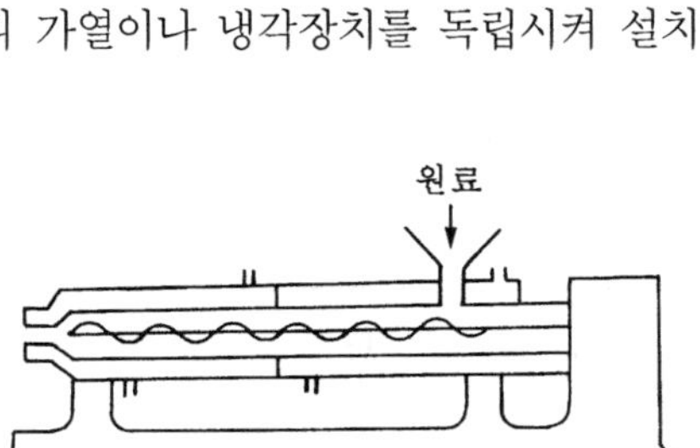

그림 14-21 스크류 압출기

(4) 롤 반죽기(mixing roll)

롤 분쇄기와 유사하며 반대방향으로 회전하는 회전수가 다른 2개의 롤 사이에 원료를 넣는다. 생고무와 분체, 인쇄잉크, 페인트 등의 혼합에 이용된다.

(5) 수직식 반죽기

그림 14-22와 같은 회전날개가 수직축의 회전과 함께 회전하는 것으로 회전날개는 자전하면서 용기 속을 공전하여 혼합을 행한다. 인쇄잉크, 크림 등의 혼합에 이용된다.

표 14-2는 각종 혼합기의 성능 비교를 발광물질과 광전관을 이용해서 실험적으로 검토한 예이다. 이로부터 보면 이미 말한 바와 같이 V형이 비교적 혼합시간이 짧은 것을 알 수 있다.

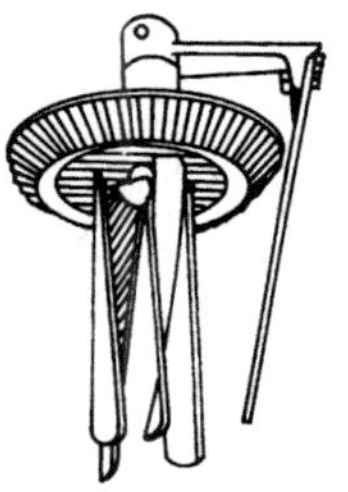

그림 14-22 수직식 반죽기

➡표 14-2 각종 혼합기의 혼합시간

혼합기	용량 [l]	회전수 [rpm]	넣는 양 [kg]	혼합시간 10분 후의 시료 중의 알루미나이트의 변동률 [%]	시료 중의 알루미나이트 변동률의 최소값 [%]	변동률이 최소로 될 때까지의 혼합시간 [min]
원통형	19	48	18	5.8	5.8	8.7
원추형	13	32.6	8.2	7.1	7.0	1.74~2.45
원추형	90	25.8	65.8	5.0	4.7	12.2~18.4
콘크리트* mixer	424	16.2	134.6	3.6	3.0	3.65
V형	14	32.6	8.2	3.2	3.0	1.22~1.84
리본형	90	90	49.1~79.3	2.3	2.2	22.3
리본형	90	90	79.3	2.3	2.2	22.3
유성운동형	12	60	8	4.2	3.8	38.4

$$\text{중량비} = \frac{\text{모래}(65\sim200\,[\text{mesh}])}{\text{알루미나이트}(150\,[\text{mesh}]\sim10\,[\mu\text{m}])} = \frac{10}{1}$$

*중량비 = 9 : 1

연습문제

1 분체 원료 A, B를 리본형 혼합기로 혼합하면서 시료를 채취하여 다음 표와 같은 측정결과를 얻었다. 이에 의하여 각 시간에서의 혼합도를 표시하라. 혼합 전의 A, B의 비율은 용량으로서 76 [%] 대 24 [%]이다.

시간 [h]	0	1	2	3	4	5	6
σ [%]	43	30	17	9.5	6.1	4	3

2 장애판이 없는 원통형 교반조에서 교반날개의 회전수는 변하지 않고 그의 크기만 2배로 되었다고 하면 동력은 몇 배로 되겠는가 단, 첫 경우의 소요동력은 0.15 [kW]이다.

3 조의 직경 $D_t = 1$ [m]의 교반조(장애판 4개)에 밀도 $\rho = 1100$ [kg/m^3], 점도 $\mu =$ 0.0025 [kg/m · s]의 액을 깊이 $H = 1$ [m]까지 넣었다. 탑저로부터 공기를 불어넣고 직경 $D_i = 0.3$ [m]의 교반형 날개(2개 날개)로 매분 300회전 교반한다. 이 경우 소요동력을 산출하라. 단, 공기 공급량은 1분간 액용량의 1/4로 한다.

4 내경 2 [m]의 교반조에 밀도 $\rho = 1000$ [kg/m^3], 점도 $\mu = 0.001$ [kg/m · s]의 액을 4.5 [ton] 넣고 직경 $D_i = 0.65$ [m]의 말안장형 날개(2개 날개)를 사용해서 매분 120 [rpm]의 회전수로 교반한다. 이 경우 소요동력을 구하라. 단, 교반날개는 조 중심에서 밑으로부터 0.5 [m]점에 위치하며 조에는 장애판이 있는 것으로 한다.

5 지름 2.4 [m]의 탱크내에 비중 1.2, 점도 200 [cp]의 액체를 지름의 70 [%]에 해당하는 깊이만큼 넣었다. 이것을 지름 1.2 [m], 폭 0.48 [m]의 2개 날개 평패들로 50 [rpm]의 속도로 교반할 때 동력을 구하라.

6 점도 4 [cp], 비중 1.0의 액을 날개의 지름 30 [cm], 회전수 300 [rpm]의 교반기를 사용했을 때 수정 레이놀즈수를 구하라.
또 표준 터빈형 교반기를 사용하였다면 소요동력은 얼마냐?

7 석회석 80 [%], 점토 20 [%]인 분체입자의 혼합을 일정시간동안 행한 후 10개의 시료를 채취 분석한 결과 각각의 석회석의 중량[%]은 다음과 같았다. 90, 63, 85, 96, 66, 74, 81, 90, 68, 60 [wt %] 이 경우의 분산, 표준편차, 균일도지수를 구하라.

8 원통의 지름과 길이가 각각 1 [m]인 혼합기가 있다. 원료 삽입량을 30 [%]로 하면 적당한 회전속도는 몇 [rpm]냐?

1.

시간[h]	0	1	2	3	4	5	6
$I=\sigma/\sigma_0$	1	0.70	0.40	0.22	0.14	0.09	0.01

2. 4.8 [kW]
3. 0.16 [kW]
4. 1.5 [kW]
5. 3.5 [HP]
6. 1.1×10^5, 2.35 [HP]
7. 0.0155, 0.1242, 0.310
8. 44 [rpm]

제15장

흡 착

흡착(adsorption)이란 고체와 액체, 고체와 기체, 액체와 액체 및 기체와 액체계면에서 기체 또는 액체 혼합물 중의 목적성분을 제3의 물질을 사용하여 분리하는 조작을 말한다.

흡착조작에서 제3의 물질인 고체를 **흡착제**(adsorbent), 흡착되어지는 목적 성분을 **흡착질**(adsorbate), 흡착제와 흡착질을 조합한 것을 **흡착계**(adsorption system), 원자 또는 분자가 하나의 상으로 균일하게 확산하는 공정을 **흡수**(absorption)라 하여 흡착과 구별되며 흡착과 흡수가 동시에 일어나는 것을 **수착**(sorption)이라 한다. 화학공업에서는 흡착제를 사용하여 기체 또는 액체 혼합물을 분리 정제, 불순물의 제거, 유용성분의 회수 등을 행하는 경우가 많으며 최근에는 활성탄을 사용하여 공기정화, 하수 및 산업폐수의 고도처리 등 공해방지 관련 분야 등에서도 널리 이용되고 있다.

흡착에는 **물리흡착**(physical adsorption)과 **화학흡착**(chemical adsorption)의 두 종류가 있다. 물리흡착은 흡착제와 흡착분자 간에 van der Waals형의 비교적 약한 힘의 작용으로 일어나는 가역현상이다. 평형상태에 있어서는 흡착량은 기체의 분압과 온도에 따라 변화하며 기체상의 분압이 내려가든가 온도가 상승하면 흡착된 기체는 간단히 **탈착**(desorption)이 된다. 공업적 흡착조작에 있어서 흡착질의 회수나 흡착제의 재사용이 가능한 것은 이 때문이다. 이러한 현상은 용액으로부터의 흡착의 경우에도 같이 생각할 수 있다. 화학흡착은 흡착제와 흡착질간의 화학작용에 의한 것으로 촉매작용 등 극히 중요하나 분리조작에는 주로 물리흡착에 의한 것이 많다.

15-1 흡착제와 흡착공정

공업적으로 사용되는 흡착제(adsorbent)는 다공성으로서 내부표면적이 대단히 크고 흡착성이 좋은 고체이다. 일반적으로 많이 사용되는 것은 활성백토, 활성알루미나, 제올라이트, 활성탄, 실리카겔, 골탄, 합성수지 등의 흡착제가 사용된다. 이들 흡착제의 물성을 표 9-1에 나타내었다.

활성백토(activated clay)는 점토를 산처리하여 얻은 흡착제로서 분말상과 입상으로 시판되고 있으며, 윤활유와 유지류의 탈색, 정제, 석유류분의 탈색 혹은 탈수, 용제의 정제 등에 사용되고 **활성알루미나**는 알루미나 수화물을 가열 탈수하여 얻은 중간 알루미나로서 수분에 대한 흡착력이 강하기 때문에 주로 기체와 액체의 건조용으로 많이 사용된다.

활성탄은 형상에 따라 분말탄과 입상탄으로 나누며 입상탄에도 성형탄과 파쇄탄으로 분류한다. 활성탄은 미세공 구조가 고도로 발달하고 있기 때문에 우수한 흡착능을 가지고 있어 상하수도 처리, 정체, 기체의 흡착 등에 사용되며, **실리카겔**도 구상, 파쇄상, 성형품, 분말상 등의 4종류로 시판되어 탈수, 석유유분의 분리 등에 사용된다.

➡**표 15-1** 흡착제의 물성

	활성백토	활성 알루미나	골탄	활성탄	실리카겔	제올라이트	합성수지 흡착제
진밀도 [g/cm³]	2.4~2.6	3.0~3.3	2.8	1.9~2.2	2.1~2.3	2.0~2.5	1.0~1.4
겉보기밀도 [g/cm³]	0.8~1.2	0.8~1.9	1.5	0.7~1.0	0.7~1.3	.9~1.3	0.6~0.7
충전밀도 [g/cm³]	0.45~0.56	0.49~1.00	0.64~0.80	0.35~0.55	0.45~0.85	0.60~0.75	–
공간율 [–]	0.40~0.55	0.40~0.50	0.45~0.55	0.33~0.55	0.40~0.50	0.30~0.40	–
비표면적 [m²/g]	100~350	95~350	90~120	500~1300	300~830	400~750	20~800
세공용적 [cm³/g]	0.6~0.8	0.3~0.8	0.3	0.5~1.4	0.3~1.2	0.4~0.6	0.6~1.0
평균세공경 [Å]	80~200	40~120	100~200	20~50	10~140	–	40~450
비열 [cal/g ℃]	0.20	0.21~0.24	0.24	0.20~0.25	0.22	0.19	–
열전도도 [kcal/m h ℃]	0.085	0.12	0.012	0.12~0.17	0.12	0.042	–

제올라이트는 분자 진동작용을 가지는 특징으로 3, 4, 5, 9, 10Å의 균일한 세공을 가지고 있다. 예를 들면 공경이 4Å의 제올라이트는 메탄올, 에탄올은 흡착하지만 C_3 이상의 n-파라핀은 흡착하지 않으며 물과 같은 극성분자에 대해서는 선택성을 가진다. 제올라이트의 용도로는 화학공업에서 각종 원료가스, 액체의 탈수, n-파라핀의 분리 등에 사용한다.

합성수지 흡착제는 거대 망상구조를 가지는 수지로서 비극성에서 고극성을 가지는 것까지 여러 종류가 있으며 폐수처리, 단백질분리, 과산화수소의 정제 등에 사용한다.

기상 흡착은 페인트, 인쇄잉크 및 필름 주형(film casting)용이나 또는 섬유 피막(fabric coating)용 용액으로부터 유기용매를 회수하는데 응용된다. 용매가 섞인 공기는 먼저 수냉각 응축기 또는 냉동 응축기로 보내어 일부를 회수할 수 있지만 용매 손실을 줄이기 위해 기체를 주변온도보다 훨씬 낮게 냉각시키는 것은 일반적으로 어려운 일이다. 소량의 용매가 있는 공기를 활성탄층을 통과시킴으로써 용매 농도를 1[ppm] 이하로 줄일 수 있다.

활성탄은 또한 환기장치에 순환하는 공기로부터 H_2S, CS_2 및 냄새나는 화합물 등을 제거하는데 이용되며 휘발유 증기가 공기 중에 배출되는 것을 막기 위해 활성탄소관이 대부분의 새 자동차에 설치된다.

액상 흡착은 폐수에서 유기성분과 중금속 성분, 제당용액 및 식물유로부터 색채있는 불순물 및 유기액체로부터 물을 제거하는데 이용된다. 흡착은 증류나 결정화에 의해 쉽게 분리되지 않는 반응생성물을 회수하는데 이용될 수도 있다. 큰 기능을 갖는 흡착제가 액체 처리에 유리하기는 하지만 일부 같은 유형의 흡착제가 기상과 액상 흡착에 이용되기도 한다.

15-2 흡착의 열역학

흡착과정에서는 흡착열이 발생하는데 일정 압력에서 흡착이 일어날 때 자유 에너지 변화량을 ΔG, 엔탈피 변화량을 ΔH_{ads}, 엔트로피 변화량을 ΔS라 하면 다음 식이 성립된다.

$$\Delta G = \Delta H_{ads} - T\Delta S \tag{15-1}$$

흡착과정은 자발적이기 때문에 평형상태에 도달하게 되면 자유 에너지가 감소하게 되며 이때 계의 무질서도를 나타내는 엔트로피도 감소하게 된다. 따라서 흡착에 의한 ΔH_{ads}는 항상 음의 값 즉 흡착현상이 발열과정임을 보여주고 있다. 그림 15-1에는 활성탄에 대한 암모니아의 흡착등온선을 도시하였는데 그림에서 보는 바와 같이 물리흡착에서는 온도가 낮을수록 흡착량은 증가하며 액상 흡착에서는 온도가 증가함에 따라 흡착량이 증가하게 된다.

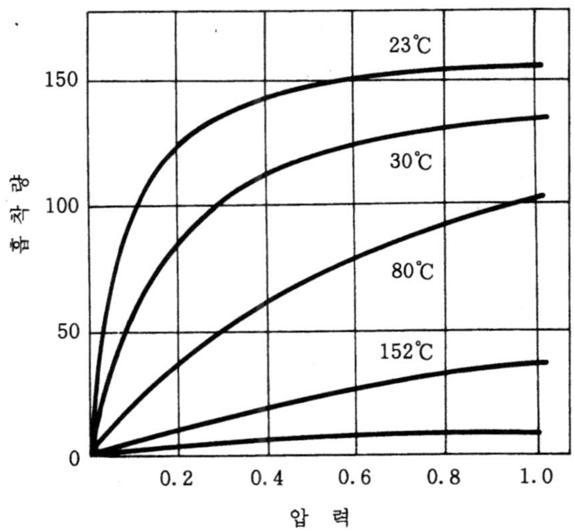

그림 15-1 활성탄에 대한 암모니아 흡착등온선

한편 화학흡착에서는 흡착량과 온도의 관계는 최대값과 최소값을 가지는 경우가 많다. 흡착열은 **열계량법**(calorimetric method)으로 직접 측정할 수 있다. 또한 물리흡착에 열역학을 적용하여 흡착열과 엔트로피 등에 관한 식을 고찰하여 보면 일정 흡착량에서 증기압 P와 온도 T의 관계를 나타내는 Clausius Clapeyron의 식을 사용하여 흡착등온선으로부터 흡착열(H_{ads})을 계산할 수 있다.

$$\left(\partial \ln \frac{P}{\partial T}\right) = -\frac{\Delta H_{ads}}{RT^2} \qquad (15\text{-}2)$$

일반적으로 물리흡착의 흡착열은 흡착질의 응축열과 같은 크기이지만 화학흡착의 경우는 화학반응열에 상당하고 물리흡착열보다도 상당히 크다. 또한 흡착열은 흡착량에 따라 변화하고 온도에 따라 변한다. 예를 들면 철 표면에 대한 질소의 물리흡착의 흡착열은 약 -10 [kJ/mol]이며 화학흡착의 흡착열은 약 -150 [kJ/mol]로서 화학흡착열이 물리흡착열보다 훨씬 더 큰 것을 알 수 있다.

15-3 흡착평형

흡착제가 유체와 평형상태에 있을 때 그의 흡착량은 유체의 농도 혹은 온도에 의해서 변한다. 즉 흡착량을 q, 온도를 T, 압력 또는 농도를 x라고 하면 다음 식이 성립한다.

$$q = f(T \cdot x) \tag{15-3}$$

식 (15-3)을 **흡착식**이라 하고 온도가 일정할 때를 **흡착등온선**(adsorption isotherm), 압력이 일정할 때를 **흡착등압선**(adsorption isobar), 흡착량이 일정할 때를 **흡착등량선**(adsorption isostere)이라 하며 일반적으로 흡착등온선으로 흡착평형을 나타낸다.

1. 흡착등온선의 분류

흡착제와 흡착질을 포함한 유체상이 흡착평형 상태에 도달하게 되면 두 상에 분포된 흡착질 농도는 계의 상태, 흡착제의 종류 및 흡착질의 종류에 따라서 특정한 관계식으로 표시되고 등온상태에서 이를 **흡착등온선**(adsorption isotherm)이라 부른다. 등온선의 형태는 분리공정으로서 흡착법의 적용여부를 결정할 수 있는 중요한 요소이다. Brunauer는 흡착등온선을 그림 15-2에 나타낸 것과 같은 다섯가지의 형으로 분류하였다.

Ⅰ형 등온선은 압력이 증가함에 따라 흡착량이 어떤 한계값까지 상당히 급격하게 증가하는 것을 나타내고 있다. 이것을 **Langmuir형 등온선**이라고 부르며 흡착이 다분자층에 한정되어 있을 때 얻어진다. 따라서 화학흡착 등온선은 이런 형태와 비슷하다. Ⅰ형 등온선은 매우 가느다란 세공구조를 갖는 고체에 대한 물리흡착에서도 볼 수 있으며 예로서는 0[℃]에서 활성탄에 대한 암모니아의 흡착에서 일어난다.

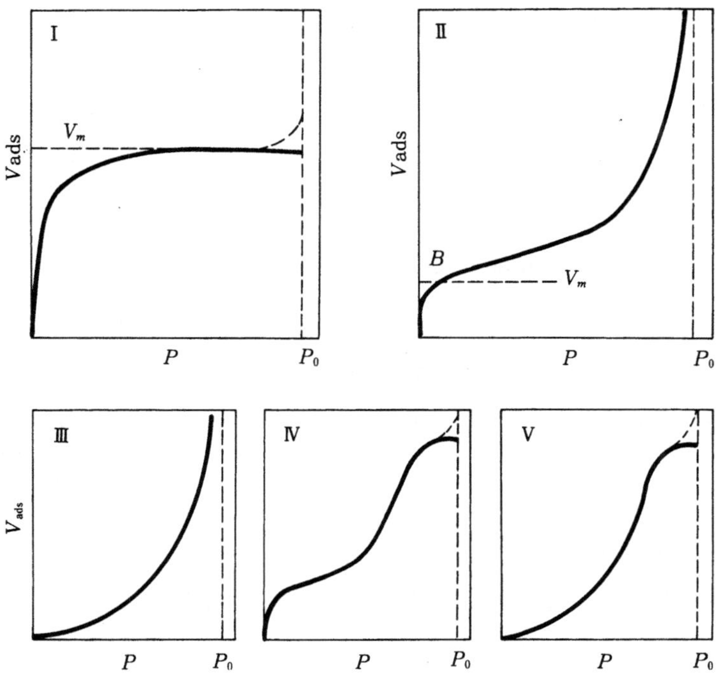

그림 15-2 Brunauer의 흡착등온식의 분류

Ⅱ형 등온선은 비다공성 고체에 대한 다분자층 물리흡착을 나타내는데 이것은 흔히 **S자형 등온선**(sigmoid isotherm)이라고 부른다. 이러한 고체에 대하여는 B점은 단부자층 흡착의 형성을 나타내며 비다공성 세공을 가진 다공성 고체에 대한 물리흡착도 역시 결과는 Ⅱ형 등온선이 된다. 이 경우에는 B점은 표면에 대한 단분자층 흡착 전체와 가느다란 세공에 대한 응축과의 합을 나타내고 있다. 곡선의 나머지 부분은 비다공성 고체에 대한 것과 동일한 다분자층 흡착을 나타내고 있으며 예로서는 −196[℃]에서 실리카겔에 대한 질소의 흡착에서 일어난다.

Ⅳ형 등온선은 포화증기압 근처에서는 수평이며 다공성 고체에서의 모세관 응축을 반영하고 있다고 생각된다. 흡착의 상한은 주로 전세공 용적에 의하여 지배되며 예로서는 47[℃]에서 산화제2철 계열에 대한 벤젠의 흡착에서 일어난다.

Ⅲ형 등온선 및 Ⅴ형 등온선은 초기의 급격한 증기의 빨아들임을 나타내지 않으며 최초의 단분자층에서의 흡착력이 비교적 작을 때 생긴다. 이와 같은 등온선은 드물지만 예로서 Ⅲ형 등온선은 79[℃]에서 실리카겔에 대한 브롬의 흡착이며 Ⅴ형 등온선은 100[℃]에서 활성탄에 대한 수증기의 흡착에서 일어난다.

이와 같이 여러 흡착등온선에는 위에 나타낸 유형의 둘 또는 둘 이상의 중간적인 경우의 것이 있다. 더욱이 Brunauer의 등온흡착선의 분류에는 전혀 들지 않는 몇 가지 등온선도 있으며 가장 현저한 것은 그림 15-3에 나타낸 것과 같이 계단모양으로 된 등온선이 그 예이다. 단계식 흡착등온선은 일반적으로 균일한 고체 표면에 대한 흡착과 관련되어 있으며 각 계단은 완전한 단분자 흡착량 형식에 대응한다.

2. 흡착등온식

흡착메카니즘을 가정하여 실험에서 얻은 여러 가지 등온곡선에 맞는 수식을 전개하려는 수많은 시도가 이루어져 왔다. 그 중에서 가장 많이 쓰이는 다섯 가지 등온식은 Henry, Langmuir, Freundlich, Redlich and Perterson 그리고 Brunauer, Emmett 및 Teller(BET)에 의한 것이다.

(1) Henry의 흡착등온식(Henry adsorption isotherm)

액상 흡착에서 선형 등온식은 일반적으로 Henry법칙으로 나타낼 수 있다.

$$q = \beta x \tag{15-4}$$

여기서 C는 평형에서 본체 용액의 농도, q는 흡착제 무게당 흡착된 용질의 질량이며 β는 흡착 평형상수이다. 이러한 선형 등온식은 묽은 용액에 사용된다.

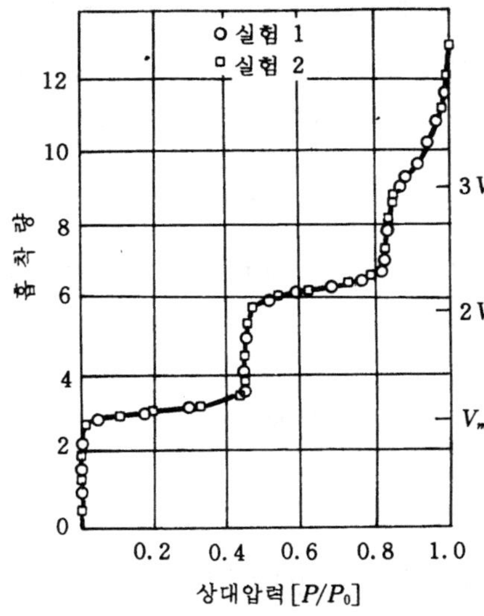

그림 15-3 계단식 등온흡착선(-183 [℃]에서 카본블랙 위의 크립톤 흡착)

(2) langmuir의 흡착등온식(Langmuir adsorption isotherm)

Langmuir는 고체 표면에 기체 분자나 원자가 흡착할 수 있는 흡착점이 존재하며 이 흡착점이 다 채워진 최대 흡착에서 단분자종에 대응하는 흡착 에너지는 일정하고 흡착된 용질 사이에는 어떠한 분자상호작용이 없다는 가정하에서 다음과 같은 흡착식을 유도하였다.

$$q = \frac{q_m bx}{1 + bx} \tag{15-5}$$

여기서 q_m은 흡착제의 단위무게당 흡착된 흡착량이며 b는 흡착 에너지에 관련되는 상수로서 다음과 같다.

$$b = b_0 e^{-E/RT} \tag{15-6}$$

여기서 b_0는 흡착 엔트로피를 포함한 상수이며 E는 흡착 에너지이다. 흡착량이 적은 경우 Langmuir의 흡착등온식은 $q = q_m$인 선형 흡착등온식으로 변형되며 흡착량이 많은 경우에 대해서는 $q = q_m bx$인 포화등온식으로 변형된다. Langmuir의 흡착등온식은 두 파라미터를 얻기 위해서 다음과 같이 직선화할 수 있다.

$$\frac{x}{q} = \frac{1}{bx} + \frac{1}{bq_m} \tag{15-7}$$

여기서 두 상수 q_m과 b는 직선의 기울기로부터 q_m을 구하고 절편으로부터 b를 구할 수 있다.

(3) Freundlich의 흡착등온식(Freundlich adsorption isotherm)

액상 흡착에서 Freundlich의 흡착등온식은 어떠한 온도 범위에서도 흡착평형 실험값이 비교적 잘 성립하는 실험식으로 다음과 같이 나타낼 수 있다.

$$q = Kx^{1/n} \tag{15-8}$$

여기서 K는 Freundlich 흡착등온식의 상수이며 n은 실험상수이다. Freundlich의 흡착등온식을 대수로 취하면 다음과 같다.

$$\ln q = \frac{1}{n} \ln x + \ln K \tag{15-9}$$

여기서 상수 n과 K는 기울기와 절편으로부터 구할 수 있다.

(4) Redlich and Perterson의 흡착등온식(Redlich and Perterson adsorption isotherm)

세 파라미터에 대한 경험적인 흡착등온식으로 Redlich와 Perterson이 molecular sieves의 기상흡착에서 처음 제안한 후 Radke와 Prausnits가 활성탄에 대한 5가지 유기물질의 액상 흡측 실험결과는 넓은 농도범위에서 잘 맞는다고 밝혔으며 Redlich and Perterson의 흡착등온식을 다음과 같이 나타내었다.

$$q = \frac{a \cdot C}{1 + a/b \cdot C^{1-\beta}} \tag{15-10}$$

여기서 a, b, β는 실험적인 상수이다.

식 (15-10)에서 낮은 농도범위에서는 $a/b \cdot C^{1-\beta} < 1$이기 때문에 선형 흡착등온시으로 따르고 높은 농도범위에서는 $a/b \cdot C^{1-\beta} > 1$이기 때문에 Freundlich의 흡착등온식을 따르며 β가 0인 경우는 Langmuir의 흡착등온식을 따른다.

(5) BET 흡착등온식(BET adsorption isotherm)

물리흡착에서 작용하는 힘은 액화에서 작용하는 힘과 비슷하기 때문에 물리흡착은 단분자층에만 한정되는 것이 아니며 액체의 다분자층이 흡착제 표면을 덮어버릴 때까지 계속할 수 있다.

Brunaure, Emmett 및 Teller(BET)의 이론은 비다공성 고체표면으로의 다분자 흡착층을 고려하기 위한 Langmuir 취급법의 한 가지 확장이다. BET식은 흡착된 수 많은 분자층에 대하여 증발속도와 응축속도를 균형지음으로써 유도할 수 있다. 또한 BET식은 고유의 흡착열 ΔH_1이 최초의 단분자층에 대하여 적용되며 한편 문제로 하는 증기의 액화열 ΔH_L은 제2층 및 그 이상의 분자층의 흡착에 적용된다는 간단한 가정에 기초를 두는 것이다.

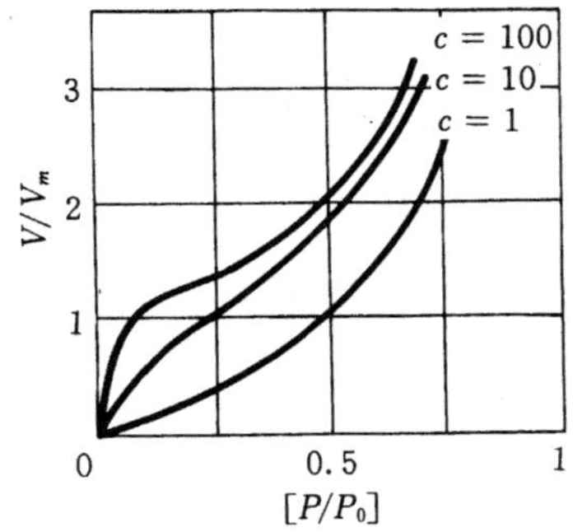

그림 15-4 BET 흡착등온선

BET식은 보통 다음 식으로 나타낼 수 있다.

$$\frac{P}{V(P_0-P)} = \frac{1}{V_m C} + \frac{(C-1)}{V_m C}\frac{P}{P_0} \tag{15-11}$$

여기서 P_0는 포화증기압력, V_m은 단분자층 용량이다.

$$C \approx \exp[(\Delta H_L - \Delta H_1)/RT] \tag{15-12}$$

BET식의 주 목적은 Ⅱ형의 등온선을 묘사하는 데에 있으며 낮은 압력에서는 Langmuir의 흡착등온식으로 된다. Ⅲ형 등온선은 단분자층 흡착이 액화의 경우보다 덜 발열적일 때 즉 $C<1$(그림 15-4 참조)과 같은 이상한 외적 조건의 경우로 볼 수 있다. BET식은 다공성 고체에 대하여 적용할 수 있는 형으로도 확장할 수 있다. 흡착이 n분자층까지로 한정된다면 다음 식이 얻어진다.

$$V = \frac{V_m C_x}{(1-x)} \cdot \frac{1-(n+1)x^n + nx^n + 1}{1+(C-1)x - Cx^n + 1} \tag{15-13}$$

여기서 $x = P/P_0$이다. 사실상 이 식은 $n=1$인 경우 Langmuir의 흡착등온식으로 되고 또한 $n=\infty$인 경우 BET 흡착등온식으로 되는 일반식이다.

예제 15-1

유기색소를 함유하는 물을 활성탄으로 처리해서 탈색한다. 수량에 대해서 5[%]의 활성탄을 사용하면 처음의 착색도의 25[%]가 된다. 또한 10[%]를 사용하면 3.5[%]가 된다. 지금 잔류착색도를 처음의 0.5[%]로 하기 위하여서는 활성탄은 물의 양에 대하여 몇 [%]를 가하여야 하겠는가? 단, Freundlich의 흡착등온식이 성립하는 것으로 한다.

풀이

단위량의 활성탄에 흡착된 색소량은 q, 잔류 평형착색도를 C라고 하면 식 (15-8에서)

$$q = KC^{1/n}$$

$$(100-25)/5 = K(0.25)^{1/n}, \quad (100-3.5)/10 = K(0.035)^{1/n}$$

$$\therefore (75/5)(96.5/10) = (0.25/0.035)^{1/n}$$

$$1/n = 0.227$$

따라서 가하여야 할 활성탄량을 x [%]라고 하면

$$\frac{(75/5)\,x}{(100-0.5)} = \left(\frac{0.25}{0.005}\right)^{0.227}$$

$$\therefore x = 16.0\,[\%]$$

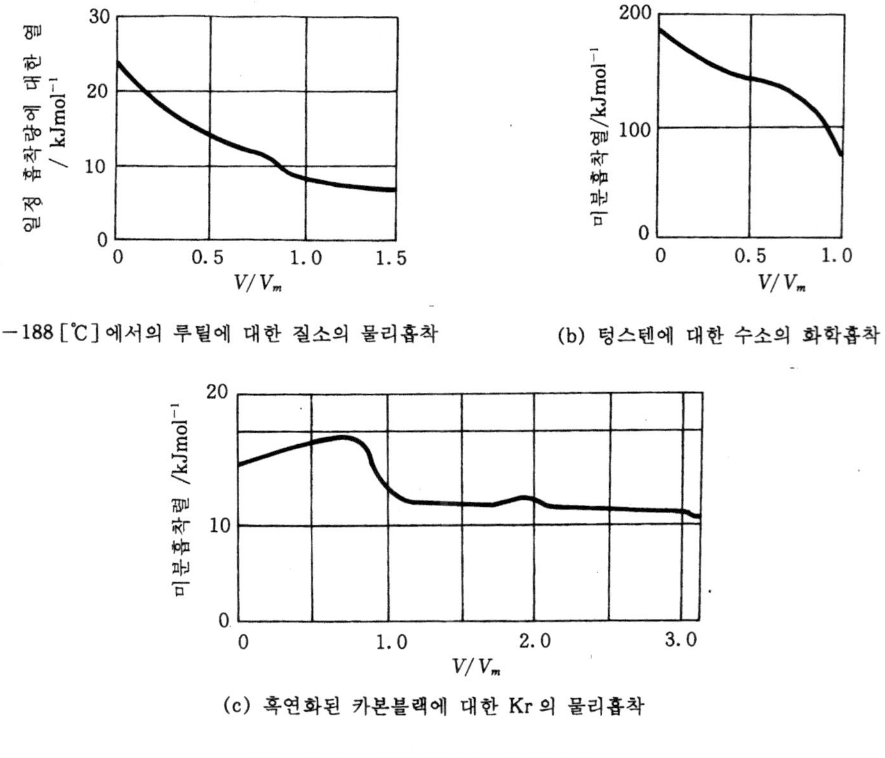

(a) −188 [℃] 에서의 루틸에 대한 질소의 물리흡착

(b) 텅스텐에 대한 수소의 화학흡착

(c) 흑연화된 카본블랙에 대한 Kr 의 물리흡착

그림 15-5 흡착 에너지 및 피복률

(4) 흡착에너지(Adsorption energy)

흡착제 표면은 일반적으로 불균일하기 때문에 활성이 큰 자리에서 흡착이 잘 일어나므로 이 점에 있어서 단분자층의 물리흡착열 및 화학흡착열은 둘 다 예컨대 그림 15-5(a) 및 (b)에 있어 낮은 단분자층의 압력에서 표시된 바와 같이 표면피복률이 증가함에 따라 상당히 덜 발열적으로 될 것으로 기대된다. 다시 말하면 흡착등온식의 초기 기울기가 Langmuir의 흡착등온식 또는 BET 흡착등온식에 따라 예측되는 것보다 급하게 되는 원인이 될 것이다.

화학흡착에는 흡착질 기체분자가 흡착제에 전자를 주거나 또는 전자를 받아들이는 과정이 포함될 것이다. 이들 과정의 어떤 것이라도 계속되면 더 이상의 흡착은 점점 어려워지며 단분자층 피복은 Langmuir의 흡착등온식에 의하여 예측될 수 있는 정도만큼 쉽게 이루어지지 않는다. 흡착열은 그림 15-5(b)에 나타낸 예에서와 같이 완전단분자층 피복에 접근됨에 따라 발열적으로 될 것이다.

기체분자가 단분자층으로써 이미 부분적으로 덮여진 흡착제 표면 위에 흡착될 경우 흡착된 기체분자들 사이의 횡방향의 상호작용이 고체와의 상호작용과 더불어 관여하게 될 것이다. 이 점에 있어서 흡착열은 그림 15-5(c)에 나타낸 예에서와 같이 표면피복률이 증가함에 따라 보다 더 발열적으로 될 것임을 예측할 수 있다.

다분자층 물리흡착 등온식의 실현은 각 흡착된 단분자층 특히 제2층이 그 위에 다른 흡착층 제2층 등이 생기기 시작하기 전에 어느 정도로 완성될 수 있느냐의 경향의 크기에 달려있다. 만일 완성되고 있는 단분자층에 대한 흡착 에너지가 그 이상의 흡착층이 생기기 시작할 때의 흡착 에너지보다 어느 정도 더 발열적이라면 다분자층 등은 물리흡착은 더욱 잘 일어난다. 약간 극단적인 예로서 그림 15-5(c)는 완전한 고체표면에서의 기체 다분자층 등은 물리흡착에 대한 표면피복률과 더불어 생기는 흡착 에너지의 변화를 나타낸다. 이와 대응하는 그림 15-3과 같은 흡착등온선에서는 다른 단분자 흡착이 형성되는 계단이 적어도 두 개 이상이 있음을 나타낸다. 그러나 단분자층 물리 기체흡착은 대다수의 경우 흡착 에너지들은 두 번째 단분자층으로 어떠한 흡착도 일어나기 전에 첫 번째 단분자 흡착층이 완성되는 경향은 보다 작다는 사실을 나타내나 한편 세 번째 또는 그 다음 번의 단분자층으로 어떤 흡착도 일어나기 전에 두 번째 단분자층이 완성되는 경향은 작다는 사실을 나타낸다.

15-4 흡착장치 및 조작

흡착조작에서는 흡착제와 유체사이의 접촉시키는 방법에 따라 장치의 방식을 크게 **회분조작**과 **연속조작**으로 분류하며 회분조작에는 접촉여과 흡착법과 고정층 흡착법이 있으며 연속조작에는 이동층 흡착법과 유동층 흡착법이 있다. 기상 흡착에 있어서는 고정흡착층을 통기시켜 흡착시키는 이동층 흡착법이 주이고 이밖의 향류식 연속흡착법도 사용되며 액상 흡착에는 회분식 흡착법(1회 및 다회), 향류 다단흡착법 및 유동층 흡착법 등도 사용된다.

1. 접촉여과 흡착장치(contact filtration adsorber)

접촉여과 흡착법은 흡착제와 원료액을 교반조에서 혼합교반하고 평형에 도달하면 흡착제를 여과조에 여과분리하는 방법으로 묽은 용액에서 용질의 회수 및 불순물의 제거 등 액상 흡착에 사용되는 **회분식 흡착법**이다. 접촉여과 흡착은 용액을 1회만 흡착제와 접촉시키는 **단흡착**, 용액을 여러 번 새로운 흡착제와 접속시키는 **병류 다회흡착** 및 용액과 흡착제를 향류로 여러 번 접촉시키는 **향류 다회흡착**으로 분류할 수 있다. 대표적인 접촉여과 흡착장치의 개략도를 그림 15-6에 도시하였다. 또 흡착제의 사용량이 많을 때는 혼합조와 분리장치를 2조 또는 3조 사용해서 여러 번 흡착 또는 다단흡착의 방식을 취하여 사용량을 절약한다. 조의 크기, 교반소요 동력 등은 혼합조에서의 소요접촉시간에서 결정한다. 교반 회전수는 부유화한계 이상으로 유지하는 것이 좋다. 보통의 접촉시간은 분말활성탄일 때 0.1～3.0[wt%] 범위에서는 10～15[min], 60～70[%]의 당액이면 80～90[℃]에서 30[min] 정도는 필요하다.

2. 고정층 흡착장치(fixed-bed adsorber)

고정층 흡착법은 입상의 흡착제를 충전한 층에 기체나 액체를 통과시켜 흡착시키는 방법이며 흡착제가 포화가 되면 충전되어 있는대로 탈착 재생하여 다시 사용한다. 이와 같이 흡착과

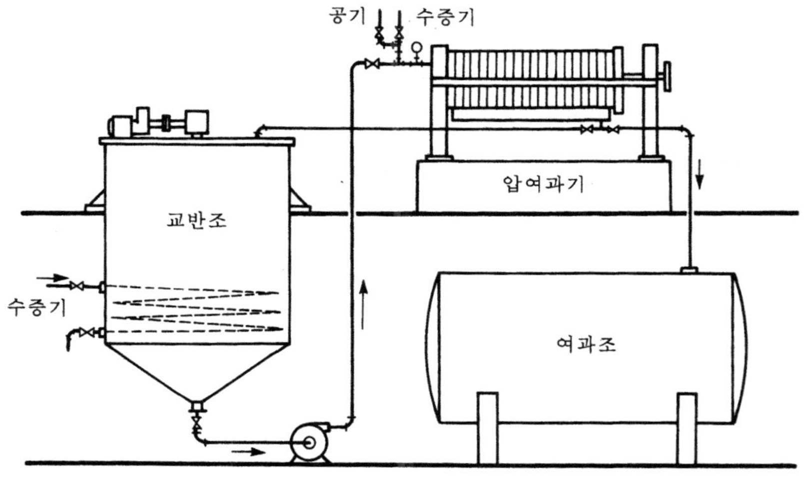

그림 15-6 접촉여과 흡착장치

재생을 교대로 반복하는 방식으로 조작하기 때문에 흡착제를 충전한 흡착탑이 한 개로서는 연속적으로 원료를 처리할 수 없다. 보통 2~4개의 탑을 한 조로 하여 하나의 탑을 재생할 동안 다른 탑에서 흡착을 하게 되는 것이다.

용매 증기의 흡착에 사용되는 전형적인 장치는 그림 15-7과 같다. 흡착제 입자들은 망 또는 다공판 위에 30~120 [cm] 길이의 층으로 놓인다. 공급 기체는 고정층 중의 하나로 흘러내려가는 반면에 다른 것은 재생된다. 높은 유량의 상향흐름(upflow)은 입자들을 유동화하여 마멸을 일으키고 미세한 입자의 손실을 가져올 수 있기 때문에 하향흐름(downflow)이 바람직하다. 유출기계 속의 용질농도가 어떤 값에 다다르거나 아니면 예정된 시간이 되면 밸브가 자동적으로 원료를 다른 고정장치로 돌리게 되며 이어서 재생이 시작된다.

재생(regeneration)은 뜨거운 불활성기체로 행하지만 용매가 물과 섞이지 않는 경우에는 수증기가 일반적으로 더 좋다. 수증기가 층에서 응축하여 고체온도를 높여 탈착(desorption)에 필요한 에너지를 공급한다. 용매는 응축되어 물과 분리되며 재사용하기 전에 건조된다. 흡착제층은 냉각되고 불활성기체로 건조되지만 전체 층을 주변온도까지 낮출 필요는 없다. 만일 흡착장치를 나가는 깨끗한 기체 속에 약간의 물 증기가 허용될 수 있으면 흡착주기(adsorption cycle) 중 물 증발은 흡착층을 냉각하고 부분적으로 흡착열을 상쇄시킬 수 있다.

흡착층의 크기는 기체 유량과 원하는 주기에 의해 결정된다. 보통 단면적은 외견속도(superficial velocity)가 0.15~0.45 [m/s]가 되도록 계산하여 전형적인 흡착제(4×10 mesh 또는 6×16 mesh)를 사용할 때 압력손실이 수주로 mmH_2O 가 되도록 한다. 유량이 아주 크

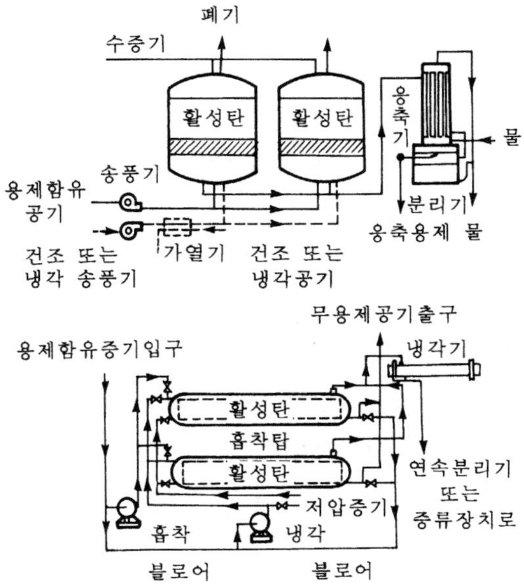

그림 15-7 고정층 흡착장치

면 흡착층 높이보다 큰 지름을 갖는 수직형 탱크를 사용하기보다는 수평형 실린더의 중앙에 사각형 흡착층을 설치하기도 한다. 흡착층 길이와 유량은 일반적으로 흡착주기가 2~24시간이 되도록 정한다. 긴 흡착층을 사용함으로써 흡착주기가 몇 일로 연장될 수도 있지만 압력강하가 더 커지고 장치의 투자비용이 더 커져서 비경제적일 수도 있다.

압력강하와 흡력장치 크기를 줄이기 위해 길이가 0.3 [m] 이하인 흡착층이 사용될 때도 있지만 층이 얇으면 분리가 완전하지 못하고 재생하는데 에너지가 더 많이 소모하게 된다. 흡착탑에서는 그림 15-8(a)~(c)의 3종류의 충전방식이 있다. (a)는 가장 일반적인 용제 회수, 기체의 건조, 액상 흡착 등에 사용되며 충전층 높이는 기체의 경우 0.5~2 [m], 액체의 경우는 수 [m]~수 10 [m]이다. (b)는 환상으로 충전한 것이며 용제 회수 기타의 건조 등에 사용된다. (c)는 용제 회수용이며 층높이는 0.30~0.80 [m]이다. 이들에서 밸브 변환으로 흡착·재생이 행하여지는데 (a) 또는 (b)의 형식으로 흡착제층을 방사상의 소실로 구분하여 용기 또는 배관을 회전하여 흡착과 재생을 반복하는 장치도 있다. 또 공기정화 등 흡착성분이 미량일 때는 박층의 필터가 사용된다.

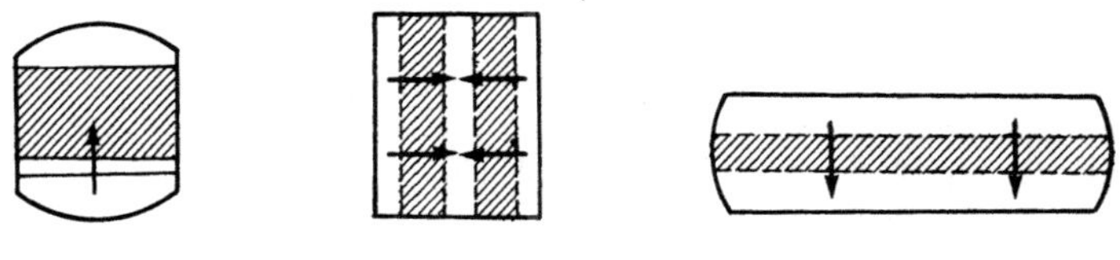

그림 15-8 흡착탑의 충전형식

3. 이동층 흡착장치

흡착제를 충전상태로 유체와 반대방향으로 움직여서 연속적으로 처리를 행하는 것이며 보통 층 길이는 고정층에서의 흡착대의 길이이면 된다. 그러므로 흡착대가 길어져서 고정층으로는 불리할 때에 적합하며 액체의 흡착이나 기체의 경우에 흡착량이 적은 성분의 분리에 사용된다. 그림 15-9는 기상 흡착에서의 이동층의 예로서 하이퍼소버(Hypersorber)의 개략도를 표시했다. 원료 기체가 탑 중앙에 들어가면 기체 속의 흡착성분은 하강하는 흡착제(활성탄)에 의해 선택적으로 흡착되어 하강하여 스트리퍼로 가열되고 다시 수증기에 의해 탈착되어 탑저 기체로서 분리된다. 한편 흡착성이 약한 성분은 탑을 상승하여 탑정 가스로서 배출된다. 탈착된 활성탄은 기체로 탑정에 보내진다. 이 방식은 저급 탄화수소의 분리 혹은 CO, CO_2의 제거에 사용되고 있다.

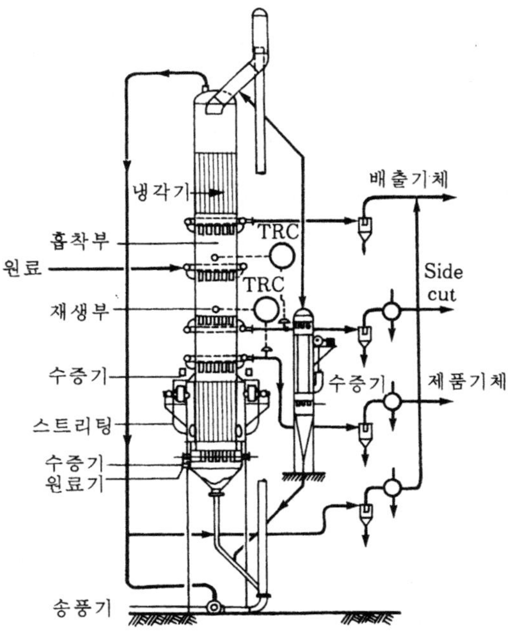

그림 15-9 하이퍼소버의 개략도

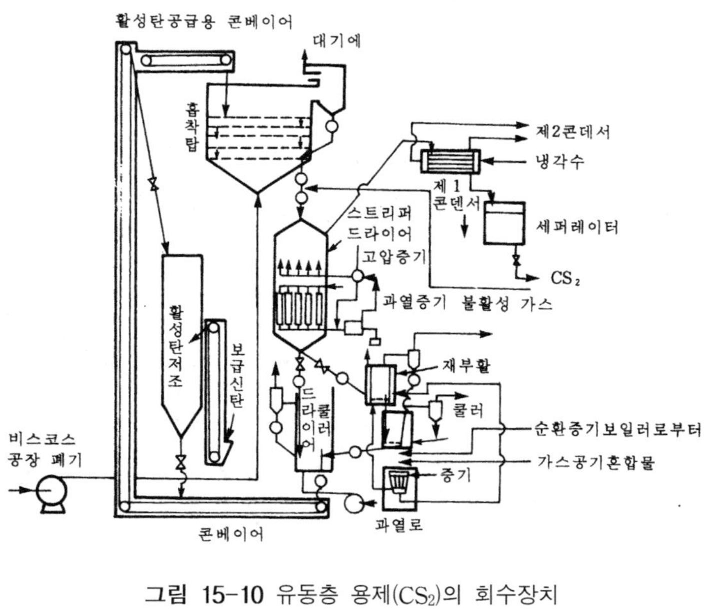

그림 15-10 유동층 용제(CS_2)의 회수장치

4. 유동층 흡착장치

유동층에서는 유체의 유속이 크므로 작은 탑경이라도 충분하며 또 가스의 경우 물질이동계수가 크므로 층높이를 낮게 해서 압력손실을 적게 할 수가 있다. 문제점은 입자의 유동 또는 수송에 따른 마모인데 가스의 경우 한 사이클에 대해 흡착제의 0.01~0.03[%] 정도로 억제할 수가 있다. 유동층에 의한 용액흡착은 물질이동의 입자내 저항이 크므로 그다지 유리하지 않지만 입자가 무거워지는 경우 또는 처리액에 고형물이 섞여 있는 경우 등에는 사용할 수 있다. 그림 15-10에 활성탄에 의한 CS_2의 회수장치를 표시했다.

15-5 흡착 및 계산

1. 접촉여과흡착법

(1) 단흡착

그림 15-11(a)는 단흡착 공정을 나타낸 것으로 원료량을 $V\,[m^3]$, 초기 농도를 $C_0\,[mol/m^3]$, 흡착제량을 $m\,[kg]$, 농도를 C, 흡착량을 $q\,[mol/kg$ 고체]라 하면 물질수지식은 다음과 같다.

$$mq = V(C_0 - C) \tag{15-14}$$

식 (15-14)는 단흡착에서 조작선 방정식이며 그림 15-11(b)에 q 대 C의 플로트에서 기울기 $(-V/m)$로 된 직선이다.

이 조작선과 평형곡선과의 교점 A는 단흡착과 평형에 도달한 시점에서 평형농도 C^* 및 평형흡착량 q^*을 표시하며 고액비 (m/V)는 다음과 같이 나타낼 수 있다.

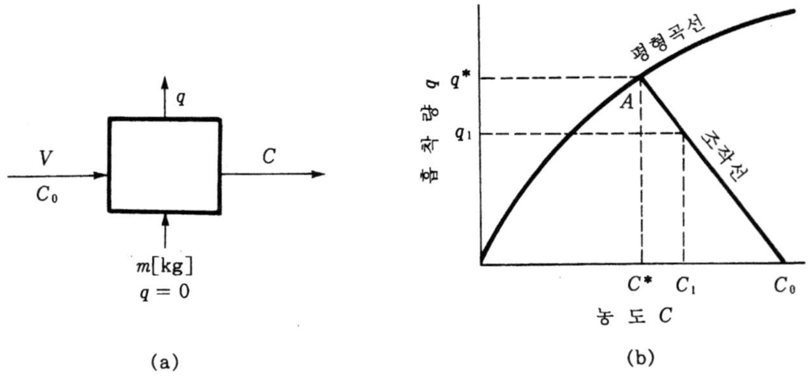

그림 15-11 단흡착의 물질수지

$$\frac{m}{V} = \frac{C_0 - C^*}{q^*} \tag{15-15}$$

흡착등온선이 Freundlich 식에 따르면 다음과 같다.

$$\frac{m}{V} = \frac{C_0 - C^*}{KC^{*1/n}} \tag{15-16}$$

식 (15-15)와 (15-16)에서 소요접촉 시간은 다음과 같다.

$$t = \frac{r}{K_F a_v}\left(\frac{V}{m}\right)\int_C^{C_0} \frac{dC}{C - C^*} \tag{15-17}$$

식 (15-17)에서 적분항이 이동단위수는 조작선과 평형관계에서 도식적분으로 구하며 흡착제의 입경이 아주 적은 경우 K_F는 부유상태에 있는 액경막 물질전달계수를 사용해도 무방하다.

(2) 병류다회흡착

병류 다회흡착은 용액을 각 단에서 새로운 흡착제와 접촉시키는 방법으로 그림 15-12(a)에 도시하였다. 그림 15-12에서 i 단에 대한 물질수지식은 다음과 같이 나타낼 수 있다.

$$m_i q_i = V(C_{i-1} - C_i) \tag{15-18}$$

식 (15-18)을 병류 다단흡착에서의 조작선 방정식이라 하며 실제 조작에서 초기농도, 처리농도 및 액량이 주어지는 경우 단수를 정하기 위해서 사용되는 각 단의 흡착제의 양이 줄어 최소로 되는데 그림 15-12(b)에서 시행오차법에 의해서 각 단의 흡착제의 양을 구한다.

2회 흡착에 대해서 다음 식이 성립된다.

$$\text{제1단} \quad m_1 q_1 = V(C_0 - C_1) \tag{15-19}$$

$$\text{제2단} \quad m_2 q_2 = V(C_1 - C_2) \tag{15-20}$$

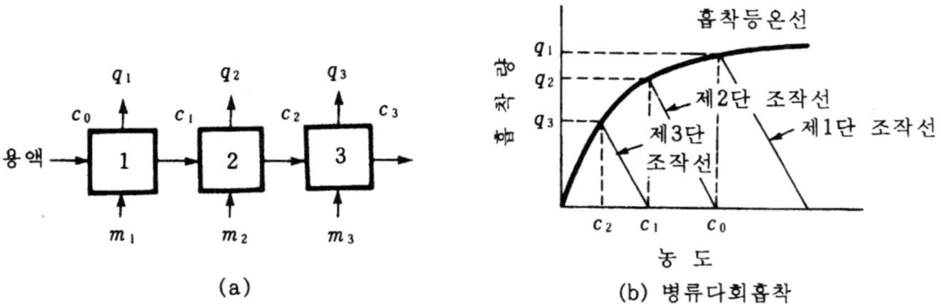

그림 15-12 병류 다회흡착의 물질수지

흡착등온선이 Freundlich 식에 따르면 다음과 같다.

$$\frac{m_1}{V} = \frac{C_0 - C_1}{KC_1^{1/n}} \tag{15-21}$$

$$\frac{m_2}{V} = \frac{C_1 - C_2}{KC_2^{1/n}} \tag{15-22}$$

식 (15-21), (15-22)에서 흡착제의 총사용량은 다음 식으로 나타낼 수 있다.

$$\frac{m_1 + m_2}{V} = \frac{C_0 - C_1}{KC_1^{1/n}} + \frac{C_0 - C_1}{KC_1^{1/n}} \tag{15-23}$$

총 흡착제량이 최소가 되기 위해서는 $d\{(m_1 + m_2)/V\}dC_1 = 0$으로 되어야 한다. 따라서 식 (15-23)은 다음과 같이 나타낼 수 있다.

$$\left(\frac{C_1}{C_2}\right)^{1/n} - \left(\frac{1}{n}\right)\left(\frac{C_0}{C_1}\right) = 1 - \frac{1}{n} \tag{15-24}$$

식 (15-24)에서 C_1을 계산할 수 있기 때문에 이 값에서 각 단에 사용되는 흡착제량을 계산할 수 있다.

(3) 향류 다단흡착

향류 다단흡착에 대한 공정을 그림 15-13(a)에 도시하였으며 물지수지식을 다음과 같이 나타낼 수 있다.

$$m(q_1 - q_i + 1) = V(C_0 - C_i) \tag{15-25}$$

식 (15-25)를 향류 다단흡착에서 Cascade 조작선이라 한다. 각 단에서 평형까지 조작할 경우 필요단수는 그림 15-13(b)에서와 같이 계단작도법에 의해서 구하며 최종 농도와 단수가 주어질 경우 흡착제량 m은 도해에 의해 계산으로 구한다. 향류 다단흡착조작에서 단수를 증

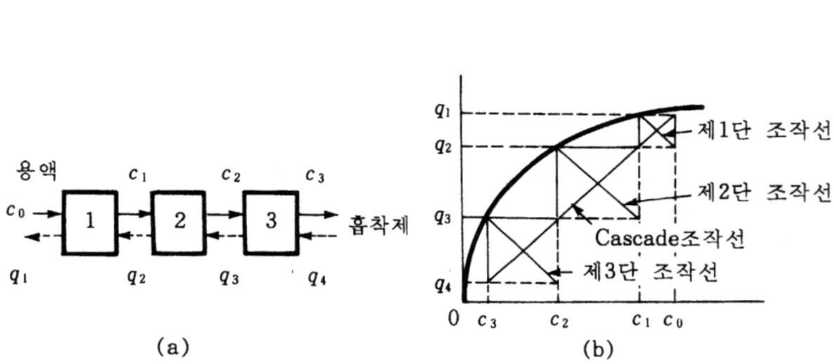

그림 15-13 향류 다단흡착의 물질수지

가시키면 흡착제량은 처음에는 급격히 감소하지만 점점 감소율은 적어지게 되고 장치의 비용면을 고려하여 공업적으로 보통 2단의 조작을 행한다.

2단의 경우 다음 식이 성립한다.

$$mq_1 = V(C_0 - C_2) \tag{15-26}$$

$$mq_2 = V(C_1 - C_2) \tag{15-27}$$

흡착등온식이 Freundlich 식을 따르면 다음과 같다.

$$\frac{m}{V} = \frac{C_0 - C_1}{KC_1^{1/n}} \tag{15-28}$$

$$\frac{m}{V} = \frac{C_1 - C_2}{KC_2^{1/n}} \tag{15-29}$$

따라서 식 (15-28)과 (15-29)에서 다음 식이 얻어진다.

$$\frac{C_0}{C_2} - 1 = \left(\frac{C_1}{C_2}\right)^{1/n}\left(\frac{C_0}{C_1}\right) \tag{15-30}$$

식 (15-30)에서 C_1을 구하면 m을 결정할 수 있다.

예제 15-2

25[℃], 1[atm]에서 100[m^3/min]의 기체를 처리해서 그 중 1[%] 함유된 벤젠을 활성탄에 흡수시켜 회수한다. 사용하는 활성탄에 관한 실험에 의하면 이 조건에서 1[kg]의 활성탄은 0.2[kg]의 벤젠을 흡착한다. 이 값은 연속사용의 경우 잔류흡착과 흡착력의 감소를 고려하여서 새로운 것보다는 좀 낮다. 수증기에 의한 탈착, 건조 및 냉각은 두 시간으로도 충분하다. 필요한 흡착조의 수 및 활성탄의 중량을 계산하여라.

풀이

일반적으로 향류조작에서는 기체 출구에서 평형에 달한다고 생각되나 활성탄의 흡착에서처럼 평형곡선이 현저히 구부러지는 것은 그의 중간에 있어서 농도차가 크기 때문에 유입기체는 흡착제의 층을 차차 포화시켜 잔부는 겨우 남은 벤젠을 흡착 제거하게 된다. 지금 수 개의 조를 직렬로 연결하면 원료기체가 들어가는 제1조는 흡착에 이동할 때는 이미 포화된 상태로 되어 있으며 제2조에서 신속히 흡착이 일어나 마지막 조에서는 겨우 남은 벤젠을 흡착 제거한다.

따라서 3개의 조를 기체가 순환적으로 사용한다고 생각하면 각 조는 전체의 1/3이다. 따라서 직렬로 3개의 조로 조작하면 한 조는 흡착에 써야 하므로 4개의 조를 구비하여야 하며 2시간마다 순차 회전시킨다. 기체로부터 흡착된 벤젠의 양은

$$(78)(100)(60/22.4)(273)(273+25) = 191.2 \text{ [kg/h]}$$

필요한 활성탄량은

$$(2)(191.2/0.2) = 1,912 \text{ [kg]}$$

4개의 조에 들어가는 활성탄의 전량은

$$(1,912)(4) = 7,648 \text{ [kg]}$$

예제 15-3

설탕 용액을 흡착조에 넣고 분말활성탄을 사용하여 탈색을 한다. 약 75[℃]에서 탄분말과 당즙을 교반하여 색소가 최초의 5[%]가 되도록 하고 이의 부유액을 여과기에 보내어 탄분말과 당즙을 분리한다.

실험에 의한 식, $x = KC^{1/n}$에서 n의 값이 3인 것을 알았다. 1단위의 처리당 회분식 탈색을 요하는 활성탄의 치소량과 향류식 탈색에 요하는 활성탄의 최소량을 비교하여라. 그림 15-14의 곡선 OAE는 당즙 중에 있어서 색소의 농도 C대 활성탄에 흡착된 색소의 양 x의 평형관계를 표시한다.

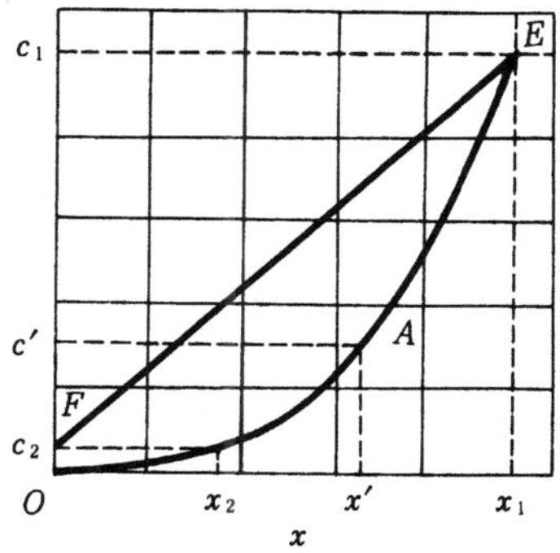

그림 15-14 흡착평형곡선

(풀이)

이상적 단일회분조작에서는 조작의 끝에서 활성탄은 당즙의 착색도 c_2와 평형인 x_2의 색소를 흡착한다. FE는 이상적 향류법에 대한 조작선을 표시한다. 이 경우는 조를 나오는 활성탄의 색소흡착도는 당즙이 들어갈 때의 색소의 농도 c_1에 대한 평형값 x_1이다. 두 조작에서 당즙의 색은 $c_1 \rightarrow c_2$로 되며 활성탄은 최초의 색소를 포함하지 않으며 따라서 탈색조를 나오는 활성탄 중

흡착된 색소의 농도비의 역수가 활성탄의 최소 소요량의 비 r을 표시한다.

$$x_1 = KC_1^{1/n}, \quad x_2 = KC_2^{1/n}$$

$$r = \frac{x_1}{x_2} = \left(\frac{C_1}{C_2}\right)^{1/n} = 20^{1/3} = 2.71$$

즉 단일회분조작의 경우는 향류조작 때의 2.7배를 요한다. 활성탄의 필요 최소량이 비가 K의 값과는 관계가 없고 n의 값이 작을수록 향류쪽이 유리하다.

---

2. 고정층 흡착법

(1) 파과곡선(破過曲線)

고정층에 의한 흡착은 회분식으로 행하는 비정상조작으로서 흡착질을 포함하는 유체를 고정층에 보내면 처음에는 유출 유체 중에 흡착질이 포함하지 않으나 처리유량이 어떤 값에 달하면 흡착질이 층의 출구로부터 나오기 시작한다. 지금 층입구에서의 농도를 C_0, 층에 유체가 흐르기 시작하면서부터 t시간 후에 층출구의 농도를 C_E라 하고 C_E/C_0를 t 또는 t까지 층을 통한 유체량 V에 대해서 그림으로 나타낸 곡선을 **파과곡선**(breakthrough curve) 또는 **격변곡선**, **농도이력**, **누출곡선**이라 하며 C_E가 어떤 허용된 값에 달한 점을 **파과점**(단절점, break point), 파과점의 시간 t_B를 **파과시간**, $(E_C \times C_0) \times 100$을 **누출점**이라 하며 흡착이 일

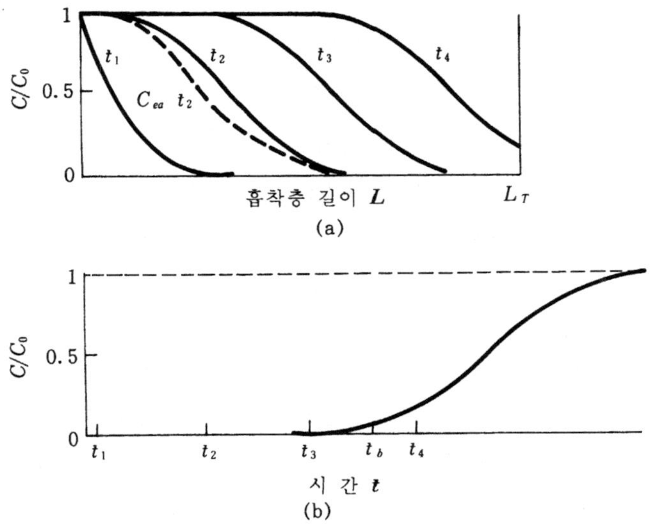

그림 15-15 고정층 내의 흡착에 대한 (a) 농도분포와 (b) 파과곡선

어나는 층부분을 **흡착대** 또는 **흡착층**이라 한다. 고정층 내에서 농도분포와 파과곡선을 그림 15-15에 나타내었는데 고정층 흡착에서 유체상과 고체상의 농도들은 시간과 흡착층의 위치에 따라 변한다.

처음에는 대부분의 물질전달이 유체가 새 흡착제와 접촉하는 흡착층 입구 근처에서 일어나는데 처음에 고체에 흡착질이 없으면 유체의 농도는 거리에 따라 지수적으로 떨어져 흡착층 끝에 이르기 전에 0으로 된다. 이 농도 모양은 그림 15-15(a)의 곡선 t_1과 같다. 여기서 C는 흡착질의 농도이며 C/C_0는 원료 속의 농도에 대한 유체 속의 농도비이다. 시간이 경과하면 입구 근처의 고체는 거의 포화되어 물질전달의 대부분은 입구에서 떨어져 일어나며 농도구배는 곡선 t_2와 같이 S자 모양으로 된다. 농도변화가 대부분 일어나는 지역을 **물질전달영역**(mass-transfer zone)이라고 하며 그 한계는 $C/C_0 = 0.95$에서 0.05까지로 취한다. 시간이 경과함에 따라 물질전달영역은 t_3 및 t_4와 같이 흡착층 아래로 이동한다.

고체의 흡착질 평균농도에 대해서도 비슷한 모양을 그릴 수가 있다. 즉 입구에서는 고체가 거의 포화되고 물질전달영역에서 농도가 크게 변하며 흡착층 끝에서 농도가 0이 된다. 고체의 실제농도를 도시하는 대신 고체와 평형을 이루는 유체상의 농도를 시간 t_2에 대하여 점선으로 표시하였다. 이 농도는 반드시 실제의 유체농도보다 작아야 하며 농도차 즉 **구동력**(driving force)은 농도곡선이 가파르고 물질전달이 빠른 곳에서 크다. 그림 15-15(a)같은 농도 모양을 측정할 수 없기 때문에 이런 곡선들을 예측하기 위해서는 흡착층을 나가는 유체에 대한 농도 대 시간이 곡선으로부터 측정할 수 있다. 시간 t_1과 t_2에서 나가는 농도는 그림 15-15(a)에서도 보는 바와 같이 실제로 0이다. 농도가 어떤 한계 허용치 또는 파과점(break point)에 도달하면 흐름이 중지되고 새 흡착제층으로 바뀐다. 파과점은 상대농도를 0.05 또는 0.1로 택하지만 처리된 유체의 마지막 부분만이 이런 높은 강도를 갖기 때문에 시작점에서 파과점까지 제거된 용질의 평균분율은 0.99 이상일 때가 많다.

흡착이 단절점을 지나서 계속되면 농도가 약 0.5까지는 급히 올라가며 그 다음에는 그림 15-15(b)에서 보는 것처럼 천천히 1.0에 접근한다. 이 S자 모양의 곡선은 내부 농도곡선의 모양과 비슷하다. 물질수지에 의해 곡선과 $C/C_0 = 1.0$인 직선 사이의 면적은 전체 흡착층이 원료와 평형에 도달할 때 흡착된 총량에 비례함을 알 수 있다. 파과점인 시간 t_b까지의 면적은 흡착된 실제량을 나타낸다.

물질전달영역이 흡착층 길이에 비해 상대적으로 좁으면 파과곡선은 그림 15-16(a)와 같이 더욱 가파르며 파과점에서 대부분의 고체 용량이 이용된다. 물질전달영역이 거의 흡착층 길이만큼 길면 파과곡선이 그림 15-16(b)와 같이 크게 연장되어 흡착층의 절반 이하가 이용된다. 흡착제를 효율적으로 이용하고 재생에 드는 에너지 비용을 절감하기 위해서는 좁은 물질전달영역이 바람직하다. 물질전달 저항이 없고 축방향의 분산이 없는 이상적인 경우에는 물질전달영역이 무한소폭이 되며 파과곡선은 모든 고체가 포화될 때 0에서 1.0까지 수직선이 된다.

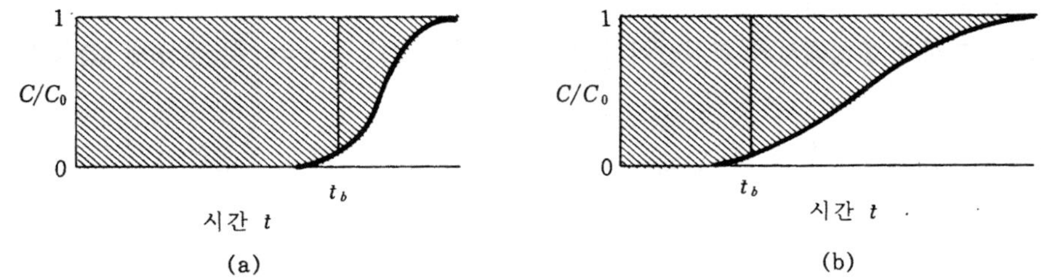

그림 15-16 물질전달곡선이 좁고(a), 넓은(b) 경우의 파과곡선

(2) 흡착층 높이 및 파과시간 계산

그림 15-17에 고정층 흡착조작에 대한 공정을 나타낸 것으로 u_0 및 u는 각각 흡착대 이동속도와 유체의 공탑속도이며 A는 탑의 단면적, r은 충전밀도, q_0와 q는 초기 흡착량과 흡착량, C_0와 C는 초기농도와 농도를 나타낸다. 흡착층의 입구와 흡착층의 미소높이 Δz에서 입구와 출구사이의 물질수지식은

$$u\varepsilon A(C_0 - C) = urA(q_0 - q) \tag{15-31}$$

$$u\varepsilon A(C_0 - C) = urA(q_0 - 0) \tag{15-32}$$

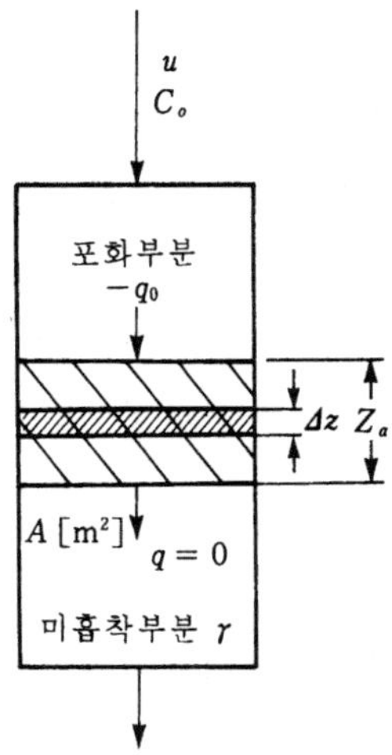

그림 15-17 고정층 흡착탑의 물질수지

식 (15-31)과 (15-32)를 정리하면 다음과 같다.

$$C/C_0 = q/q_0 \tag{15-33}$$

식 (15-33)을 q 대 C의 플로트상에서 원점을 통과하는 기울기 q_0/C_0의 직선으로 표시되며 이 직선을 **고정층 흡착에서의 조작선**이라 한다. 또한 $q_0/C_0 = \beta$라 할 때 β를 **흡착계수**라 부른다.

흡착층 내의 미소높이 dz에 관해서 물질수지를 나타내면 다음과 같다.

$$u\frac{\partial C}{\partial z} + r\frac{\partial q}{\partial \theta} + \varepsilon\frac{\partial C}{\partial \theta} = 0 \tag{15-34}$$

흡착속도식은 다음과 같이 나타낼 수 있다.

$$\begin{aligned} r\frac{\partial q}{\partial \theta} &= k_f a_v(C - C_s) = k_s a_v(q_s - q) \\ &= K_F a_v(C - C^*) = K_S a_v(q^* - q) \end{aligned} \tag{15-35}$$

여기서 a_v는 층단위체적당의 흡착제의 표면적, k_f, k_s는 유체 및 고체의 물질이동계수, K_F, K_S는 총괄물질이동계수, C_s, q_s는 유체와 고체와의 계면에서 유체농도 및 흡착량, C^*, q^*는 평형농도 및 평형흡착량이다.

$\theta = t - z\varepsilon/u$로 두고 식 (15-34)와 (15-35)를 적분하면 흡착층의 길이 Z_a는 다음 식으로 주어진다.

$$Z_a = \frac{u}{K_F a_v}\int_{C_B}^{C_0 - C_B}\frac{1}{C - C^*}dC = H_{OF}\cdot N_{OF} \tag{15-36}$$

여기서 C_B는 흡착파과농도로서 보통 초기농도의 10 % 이하로 된다.

식 (15-36)의 Z_a는 흡수에서와 마찬가지로 HTU (H_{OF})와 NTU (N_{OF})의 식으로 나타낼 수 있다.

만약 흡착평형이 $q^* = \beta_0 C$되는 선형 등온식으로 표시되는 경우는 이동계수와의 관계는 다음 식으로 나타낼 수 있다.

$$\frac{1}{K_F a_v} = \frac{1}{k_f a_v} + \frac{1}{\beta_0 k_s a_v} \tag{15-37}$$

식 (15-37)에서 이동저항 $\beta_0 k_s a_v$는 흡착제내 확산계수와 다음과 같은 관계가 있다.

$$\text{세공 확산율 속인 경우}\quad \beta_0 k_s a_v = 60 D_F(1-\varepsilon)/d_p \tag{15-38}$$

$$\text{표면 확산율 속인 경우}\quad \beta_0 k_s a_v = \beta_0 r\cdot 60 D_s d_p^2 \tag{15-39}$$

여기서 d_p는 흡착제의 입자경, D_F, D_s는 각각 세공 및 표면확산계수이다.

식 (15-38)을 사용하여 흡착층 높이 Z와 흡착탑의 파과시간 t_B는 다음 식으로 나타낼 수 있다.

$$t_B = \frac{Z - Z_a}{U} + \frac{f \cdot Z_a}{U} + \frac{Z - (1-f)Z_a}{U} \tag{15-40}$$

여기서 f는 흡착제의 포화도로서 대개 $f = 1/2$로 한다. 충전층 흡착에서 물질이동계수 k_f를 추산하는 실험식은 다음과 같다.

$$J = \frac{k_f}{u}(S_c)^{2/3} = 1.77\{R_e/(1-\varepsilon)\}^{-0.44} \quad R_e/(1-\varepsilon) > 30 \tag{15-41}$$

$$= 5.7\{R_e/(1-\varepsilon)\}^{-0.78} \quad R_e/(1-\varepsilon) < 30 \tag{15-42}$$

여기서 $S_c = \mu/\rho D$, $R_e = \dfrac{d_p u \rho}{\mu}$이며 μ, ρ, D는 각각 유체의 점도, 밀도 및 용매 중의 흡착질의 확산계수이다.

3. 이동층 흡착법

평형곡선이 블록형이면 식 (15-36)에서 주어지는 일정층 높이의 흡착층에 유체의 흐름과 반대방향으로 이동시킴으로써 연속화시킬 수가 있다. 이경우의 필요층 높이는 이론적으로는 식 (15-36)으로부터 계산된다. 또한 흡착제의 공급속도 Q_F[kg/s]는 충전밀도를 r[kg/m^2], u를 흡착대의 진행속도[m/s], A를 고정층의 단면적[m^2]이라 하면 다음 식으로 주어진다.

$$Q_F = ruA \tag{15-43}$$

이동층 흡착조작에 대한 공정을 그림 15-18에 도시하였다. 그림 15-18에서 이동층 흡착조작에 대한 물질수지식을 다음과 같이 나타낼 수 있다.

$$F = P_1 + R_2 \tag{15-44}$$

$$Fx_F = P_1 x_1 + R_2 x_2 \tag{15-45}$$

$$Q_F = mE \tag{15-46}$$

그림 15-18의 탈착부에서 흡착제는 거의 완전히 탈착되며 일부는 탑저가스로서 탑외로 배출되며 나머지는 환류된다. 묽은용액의 경우 흡착부 및 농축부에서 조작선은 물질수지로부터 다음과 같이 얻을 수 있다.

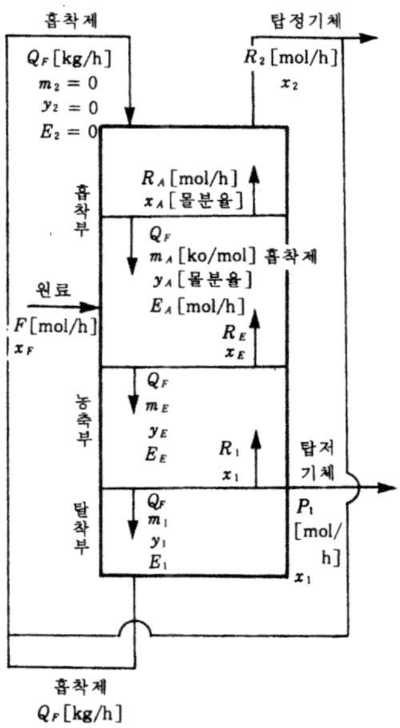

그림 15-18 이동층 흡착조작의 물질수지

$$\text{흡착부} \quad -m_A(y-y_2) = m(x-x_2) \tag{15-47}$$

$$\text{농축부} \quad m_E(y-y_1) = m(x_1-x) \tag{15-48}$$

여기서 $-m_A = Q_F/R_2$, $m_E = Q_F/R_1$이다. 식 중에서 m은 조성에 의하여 변하는 것으로 식 (15-47), (15-48)은 곡선이 된다. 연속흡착장치를 설계하는 데는 최소환류비 $(R_1/P_1)_{\min}$ 및 이 값으로부터 흡착제의 최소 순환량 $Q_{F\min}$를 구하는 것이 필요하다.

실제 설계할 때는 Q_F를 $Q_{F\min}$의 1.2~1.5로 한 m_E, $-m_A$를 사용해서 조작선을 그으면 좋다. 소요층 높이는 계산작도법에 의해서 이론단수를 구하고 여기에 H.E.T.P.를 곱해서 구할 수 있으나, 흡착탑의 H.E.T.P.에 관하여서는 이론적인 근거도 약하고 값도 거의 없어서 실제 설계에는 사용하지 않는다. 층높이 Z는 또한

$$Z = \text{이동단위높이}(H_{oF}) \times \text{이동단위수}(N_{oF}) \tag{15-49}$$

의 관계로부터 H_{oF}를 알 수 있으면 N_{oF}를 구해서 Z를 계산할 수가 있다. 이동층 흡착탑에는 탑저에서 재생된 흡착제는 탑정가스를 사용해서 다시 탑정으로 부유순환시키는 경우가 많아서 답내의 흡착에 있어서 물질이동과정에는 거의 등몰상호확산조건이 만족되며 N_{oF}는 다음과 같다.

$$N_{oFS} = \int_{y_1}^{y_2} \frac{dy}{y^* - y} \tag{15-50}$$

$$N_{oFG} = \int_{x_1}^{x_2} \frac{dx}{x^* - x} \tag{15-51}$$

현재까지 N_{oF}에 관한 측정값은 거의 볼 수가 없으나 Kapfer 등은 활성탄에 대한 메탈-아세틸렌계의 흡착실험을 통하여 다음 식을 제안하였다.

$$N_{oFS} = 0.083 \frac{u}{Q_F} \tag{15-52}$$

$$N_{oFG} = 0.10 \frac{u}{Q_F} \tag{15-53}$$

여기서 u는 기계유속[m^3/h], Q_F는 흡착제 이동속도[kg/s], 첨자 S, G는 각각 입자내확산 또는 가스막 기준의 총괄을 의미한다. N_{oF}는 또한 총괄용량계수를 알 수 있으며 계산에 의하여 구할 수 있다.

4. 유동층 흡착법

단수를 구하는 데는 도해법이 간단하다. 지금 유체 중의 한 성분이 흡착되는 것으로 하고 흡착제는 최상단에, 유체는 최하단에 공급되는 향류 다단 유동층 흡착법에 대한 물질수지를 그림 15-19에 도시하였다. 그림 15-19에서 점선부분에 대하여 물질수지를 취하면 다음과 같다.

$$Q_F(Q_n + 1 - Q_1) = u(C_n - C_e) \tag{15-54}$$

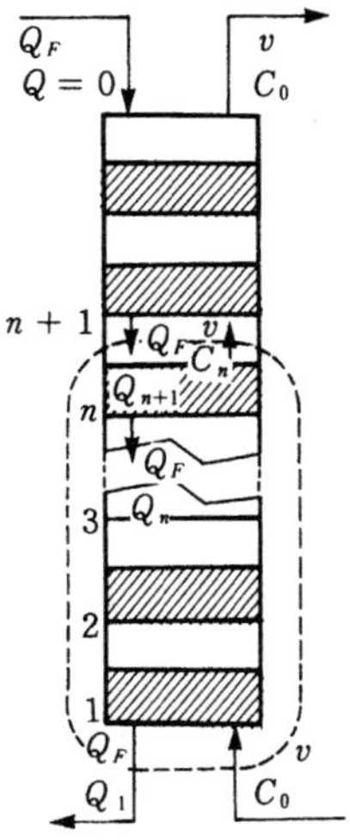

그림 15-19 유동층 흡착조작의 물질수지

또한 탑 전체에 대한 물질수지는 다음과 같다.

$$Q_F Q_1 = u(C_0 - C_e) \tag{15-55}$$

단 입구에 있어서 흡착제의 흡착질 농도는 0으로 한다. 윗식으로부터 조작선은 다음 식으로 주어진다.

$$Q = \frac{u}{Q_F}(C - C_e) \tag{15-56}$$

식 (15-56)에서 점 $(Q_1,\ C_e)$와 $(0,\ C_e)$를 통하는 직선이 조작선이다. 이 조작선을 사용해서 계단작도를 행할 수 있다.

다단 유동층에서는 mixer-settler법과는 달리 단상에서는 보통 평형에 도달하지 않는다. 지금 단상의 흡착제는 완전혼합, 유체는 피스턴류로 가정하면 이 경우의 단효율 η는 다음 식으로 주어진다.

$$\eta = 1 - \exp\left(\frac{-K_F a_F Z}{uA}\right) \tag{15-57}$$

여기서 $K_F a_F$는 유체경막기준의 총괄용량계수, Z는 유동층 높이, A는 탑의 단면적이다.

연습문제

1 어떤 수용액으로부터 불순물을 탈색용 활성탄을 사용하여 제거하고자 한다. 실험실에서 예비실험으로 얻은 첨가활성탄의 양과 잔류용액의 평형착색도의 관계는 표 15-2와 같다. 착색도를 최초의 용액의 1/10까지 감소시킨다. 이하 조작에 의한 1,000 [kg]의 용액을 처리하는데 필요한 활성탄의 중량을 각각 구하여라.

(1) 1회 흡착일 경우

(2) 첨가하는 활성탄의 전량을 최소로 할 경우의 2회 흡착일 경우

(3) 향류 2단 흡착일 경우

➡**표 15-2** 활성탄의 양과 평형 착색도

kg 활성탄/kg 용액	0.0	0.0012	0.005	0.009	0.02	0.04
평형착색도	3.2	2.6	2.0	1.4	0.6	0.23

2 20 [℃]의 0.05 M phenol 수용액 표면에 흡착되어 있는 phenol의 농도를 구하여라. 단, 20 [℃]의 $dr/dC = -165$ [erg/cm^2 · mol]로 한다(dr/dC는 표면장력의 농도에 의한 변화율).

3 1 [m^3] 속에 12 [g]의 아세톤을 함유한 공기를 매시 2,500 [m^3]로 처리하는 흡착탑의 탑경 및 층 높이를 구하여라.

4 20 [cm]의 활성탄 충전층에 110 [ppm]의 페놀 수용액을 통과시켜 출구농도를 시간변화에 따라 측정한 결과 표 15-3을 얻었다. 사용한 활성탄 입경 $d_p = 0.066$ [cm], 입자 표면적 $a_v = 52.9$ [cm^2/cm^3], 충전밀도 $r = 0.509$ [g/cm^3], 공극률 $\varepsilon = 0.415$, 유속 $u = 0.282$ [cm/s]이다. 활성탄-페놀의 흡착평형은 $q = 4.8\,C^{0.29}$으로 표시되며 다음을 구하시오.

➡표 15-3

t [min]	125	180	240	300	360	420	515	600	680	780	960	1020
C/C_0	0.01	0.015	0.02	0.027	0.038	0.058	0.113	0.228	0.455	0.799	0.894	0.913

(1) 흡착층 길이와 총괄용량계수

(2) 활성탄 입자의 확산계수

---

1. (1) 필요한 활성탄의 양 : 31.2 [kg]
   (2) 제1회 가할 활성탄의 양 : 10.5 [kg], 제2회는 7.6 [kg]이므로 합계 : 18.1 [kg]
   (3) 가하여야 할 활성탄 : 10.7 [kg]
2. 3.39×10^{-10} [mol/cm^2]
3. 1.49 [m], 1.20 [m]
4. (1) $Z_a = 3.87$ [cm], $K_F a_v = 0.2$ [s^{-1}]
   (2) $D_F = 1.0 \times 10^{-4}$ [cm^2/s], $D_s = 5.8 \times 10^{-6}$ [cm^2/s]

부록

1. 단위와 환산
2. 물의 성질
3. 포화 수증기표
4. 기체의 비열
5. 액체의 비열
6. 표준 강관의 치수, 용량 및 무게
7. 응축기와 열교환기 관류(tube)의 치수
8. 기체의 점도
9. 액체의 점도
10. 금속의 열전도도
11. 기체와 증기의 열전도도
12. 액체의 열전도도
13. 보온재의 열전도도 및 단열재의 성질
14. NH_3-H_2O계의 기-액 평형값(7 기압)
15. Benzene-toluene계의 기-액 평형값(1 기압)
16. 180 psia에서의 암모니아-물계의 엔탈피-조성값*
17. 포화 수증기와 물의 성질(fps 단위)

1. 단위와 환산

SI 접두어

10^{-18}	atto	a	10^{1}	deca	da
10^{-15}	femto	f	10^{2}	hecto	h
10^{-12}	pico	p	10^{3}	kilo	k
10^{-9}	nano	n	10^{6}	mega	M
10^{-6}	micro	μ	10^{9}	giga	G
10^{-3}	milli	m	10^{12}	tera	T
10^{-2}	centi	c			
10^{-1}	deci	d			

길이

1ft = 0.3048 m = 30.48 cm = 304.8 mm

부피

1 cu ft = 0.0283 cu m = 7.481 U.S.gal

1 cu m = 35.34 cu ft = 1000 L

표준기체용량

0℃ 1 atm에서 22.414 L/g mol

32°F 1 atm에서 359.05 cu ft/lb mol

기체정수 R :

Energy	Temperature	Mode	R
lb ft^2/sec^2	°Rankine	lb	4.969×10^{4}
ft lbf	°Rankine	lb	1544
cu ft at m	°Rankine	lb	0.7302
cu ft(lbf/sq in.)	°Rankine	lb	10.73
Btu	°Rankine	lb	1.987
hP h	°Rankine	lb	7.805×10^{-4}
kW h	°Rankine	lb	5.819×10^{-4}
J(abs)	Kelvin	g	8.314
kgm^2/sec^2	Kelvin	kg	8.314×10^{3}
fgf m	Kelvin	kg	8.478×10^{2}
cu cm at m	Kelvin	g	82.0562
calorie	Kelvin	g	1.987

중력환산 계수

$g_c = 1\,\text{kg mass/N sec}^2$

$= 1\ \text{g cm/dyn sec}^2$

$= 9.806\ \text{kg mass/kg force sec}^2$

$= 32.174\ \text{lb mass/lb force sec}^2$

질량

1 lb = 0.4536 kg

1 kg = 2.2046 lb

밀도

1 lb/cu ft = 16.018 kg/cu m

1 gm/cu cm = 62.43 lb/cu ft

°API = 141.5/(specific gravity) − 131.5

specific gravity = 141.5/(°API + 131.5)

힘

1 lb force = 0.4536 kg force = 4.448 Newtons

압력

1 atm = 760 Torr = 760 mm Hg = 101,325 N/sq m

= 1.01325 bar = 10,330 kg/sq m = 14.696 lbf/sq in

= 2,116.2 lbf/sq ft

1 bar = 100,000 N/sq m

1 Pa = 1 N/sq m

에너지, 일 및 열

1 Btu = 252.16 cal = 1055.06 J = 0.2930 Whr

= 10.41 L at m

1 HP h = 0.7457 kWh = 778 ft lbf = 2545 cal

1 cal = 4.1868 J

1 J = 1 N m = 1 W sec = 0.2388 cal = 0.000948 But

동력

1 ft lbf/sec = 0.0018182 HP = 1.356 W = 0.0012856

Btu/sec = 0.3238 cal/sec

1 W = 1 J/sec = 1 N m/sec

온도

$$K(Kelvin) = ℃(centigrade) + 273.16 = [°F(Fahrenheit) + 459.6]/1.8$$
$$= °R(Rankine)/1.8$$
$$°R = 1.8\,K = °F + 459.6$$
$$℃ = (°F - 32) / 1.8$$

온도차

$$1℃ = 1°K = 1°R = 1.8°F$$

열용량과 엔트로피

$$1\ cal/(g)(°K) = 4.1868\ J/(g)(°K) = Btu/(lb)(°R)$$

비열

$$1\ cal/g = 4.1868\ J/g = 1.8\ Btu/lb$$

부피유량

$$1\ cu\ ft/sec = 0.028316\ cu\ m/sec = 28.316\ L/sec$$

열속(heat flux)

$$1\ Btu/(h)(ft^2) = 3.1546\ W/m^2 = 2.172\ kcal/(h)(m^2)$$

열전달계수

$$1\ Btu/(h)(ft^2)(F) = 5.6783\ W/m^2\,k$$

표면장력

$$1\ dyn/cm = 1\ erg/cm^2 = 0.001\ N\ sec/m^2$$

점도(절대점도)

$$1\ cP = 0.001\ N\ sec/m^2$$
$$= 0.001\ Pa\ sec$$
$$= 0.000672\ lb\ m/ft\ sec$$
$$= 2.42\ lb\ m/ft\ h$$
$$= 0.0752\ lbf\ h/ft^2$$

점도(동점도)

$$1\ centistoke = 0.00360\ m^2/h = 0.0388\ ft^2/h$$

2. 물의 성질

온도 [℃]	밀도(ρ) [g/cc]	점도(μ) [c.p]	열전도도(k) [kcal/m · h · ℃]	$C_p\mu/k$ —
0	0.99987	1.792	0.500	13.0
2	0.99997	1.673	—	12.1
4	1.00000	1.567	—	11.3
6	0.99997	1.473	—	10.6
8	0.99988	1.386	—	10.0
10	0.99973	1.308	0.498	9.48
12	0.99952	1.236	0.501	8.91
14	0.99927	1.171	0.504	8.37
16	0.99897	1.111	0.508	7.87
18	0.99862	1.056	0.512	7.32
20	0.9982	1.005	0.515	7.03
22	0.9978	0.958	0.518	6.69
24	0.9973	0.914	0.520	6.32
26	0.9968	0.874	0.523	6.01
28	0.9963	0.836	0.525	5.72
30	0.9957	0.801	0.528	5.49
32	0.9951	0.768	0.530	5.21
34	0.9944	0.737	0.532	5.00
36	0.9937	0.709	0.535	4.77
38	0.9930	0.681	0.537	4.56
40	0.9922	0.656	0.539	4.38
42	0.9915	0.632	0.541	4.20
44	0.9901	0.610	0.543	4.06
46	0.9898	0.588	0.545	3.88
48	0.9890	0.568	0.548	3.73
50	0.981	0.549	0.550	3.59
52	0.9872	0.532	0.552	3.47
54	0.9862	0.515	0.554	3.34
56	0.9853	0.499	0.556	3.22
58	0.9843	0.483	0.558	3.12
60	0.9832	0.469	0.560	3.02
62	0.9822	0.455	0.562	2.91
64	0.9811	0.442	0.563	2.82
66	0.9800	0.429	0.565	2.74
68	0.9790	0.417	0.567	2.64

온도 [℃]	밀도(ρ) [g/cc]	점도(μ) [c.p]	열전도도(k) [kcal/m · h · ℃]	$C_p \mu / k$ —
70	0.9778	0.406	0.568	2.57
72	0.9767	0.395	0.570	2.50
74	0.9755	0.385	0.571	2.43
76	0.9743	0.375	0.573	2.36
78	0.9731	0.366	0.574	2.30
80	0.9718	0.357	0.575	2.24
82	0.9706	0.348	0.576	2.19
84	0.9693	0.340	0.577	2.13
86	0.9670	0.332	0.578	2.08
88	0.9667	0.324	0.580	2.02
90	0.9653	0.317	0.581	1.98
92	0.9640	0.310	0.582	1.93
94	0.9626	0.303	0.583	1.88
96	0.9612	0.296	0.584	1.84
98	0.9598	0.290	0.585	1.80
100	0.9584	0.284	0.586	1.75

3. 포화 수증기표

온도 [℃]	압력 [mmHg]	비용적 [m^3/kg]	엔탈피 [kcal/kg]	증발 잠열 [kcal/kg]	온도 [℃]	압력 [kg/cm^2]	비용적 [m^3/kg]	엔탈피 [kcal/kg]	증발 잠열 [kcal/kg]
0	4.58	206.3	597.1	597.1	145	4.24	0.446	654.3	508.5
5	6.54	147.1	599.3	594.3	150	4.85	0.393	655.8	504.9
10	9.20	106.4	601.5	591.5	160	6.33	0.307	658.6	497.3
15	12.8	77.9	603.8	588.7	170	8.08	0.243	661.1	489.5
20	17.5	57.8	605.9	595.9	180	10.22	0.1940	663.4	481.2
25	23.8	43.4	608.1	583.1	190	12.80	0.1564	665.4	472.6
30	31.8	32.9	610.2	580.2	200	15.86	0.1273	667.0	463.5
40	55.3	19.5	614.5	574.5	210	19.46	0.1043	668.3	454.0
50	92.5	12.0	618.8	568.8	220	23.66	0.0867	669.2	443.9
60	149.4	7.67	622.9	563.0	230	28.53	0.0715	669.7	433.3
70	233.8	5.04	627.0	557.1	240	34.14	0.0597	669.7	421.9
75	289.2	4.13	629.1	554.1	250	40.56	0.0501	669.1	409.9
80	355.3	3.41	631.1	551.1	260	47.87	0.0422	668.0	397.0
85	433.6	2.83	633.0	548.1	270	56.14	0.0356	666.3	383.3
90	525.9	2.36	635.0	545.0	280	65.46	0.0301	663.8	368.5
	Kg/cm^2								
95	0.862	1.982	636.9	541.9	290	75.92	0.0255	660.5	352.5
100	1.033	1.673	638.8	538.8	300	87.61	0.0216	656.3	335.3
105	1.232	1.419	640.7	535.6	310	100.7	0.01831	651.1	316.6
110	1.461	1.210	642.5	532.4	320	115.1	0.01546	644.5	395.8
115	1.724	1.036	644.4	529.2	330	131.2	0.01290	636.4	272.4
120	2.025	0.892	646.1	525.9	340	149.0	0.01079	626.1	245.5
125	2.367	0.770	647.9	522.5	350	168.6	0.00881	612.4	213.0
130	2.754	0.608	649.5	519.1	360	190.4	0.00694	592.9	171.1
135	3.192	0.582	651.2	515.6	370	214.7	0.00499	560.1	107.0
140	3.685	0.509	652.8	512.1	374.15	225.7	0.00318	506.6	0

4. 기체의 비열

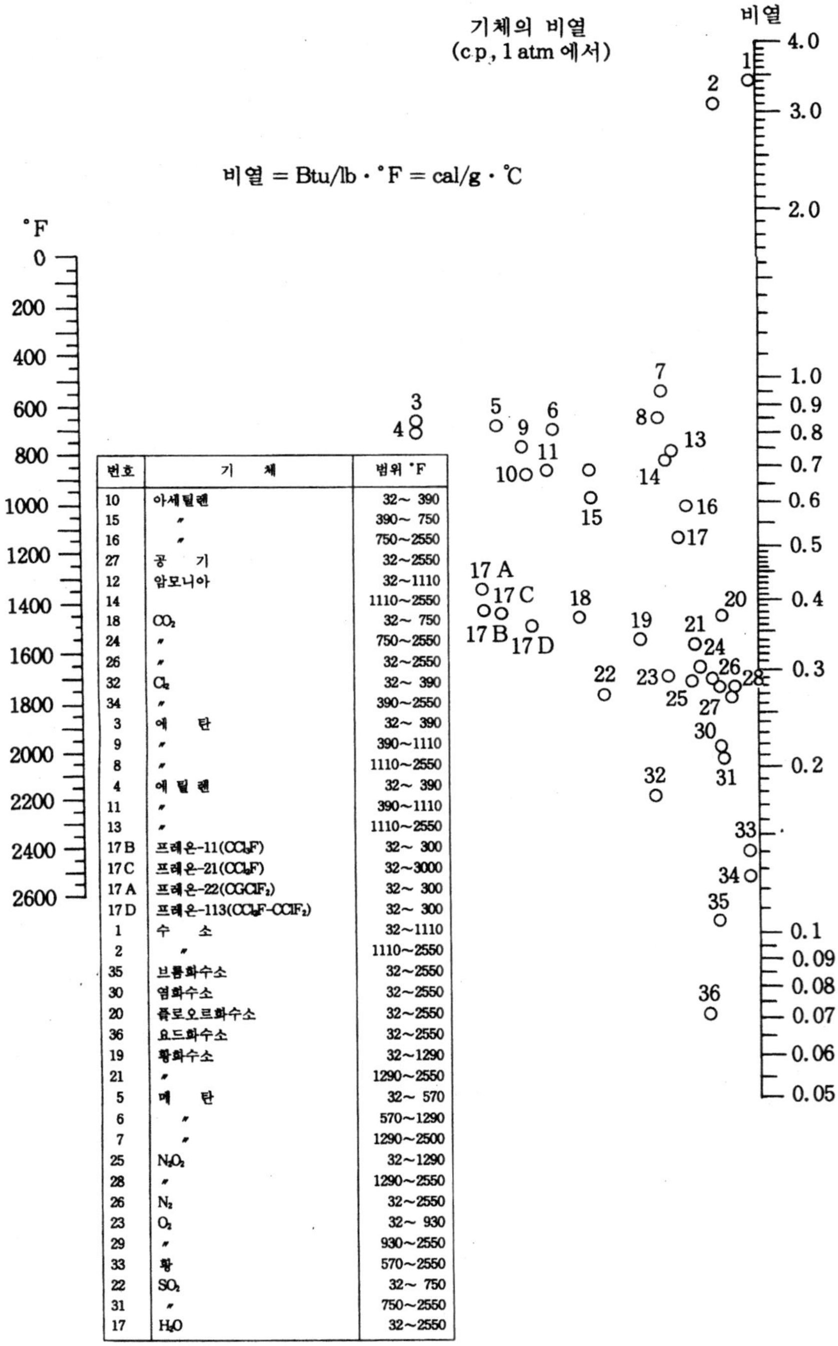

번호	기 체	범위 °F
10	아세틸렌	32~ 390
15	〃	390~ 750
16	〃	750~2550
27	공 기	32~2550
12	암모니아	32~1110
14		1110~2550
18	CO_2	32~ 750
24	〃	750~2550
26	〃	32~2550
32	Cl_2	32~ 390
34	〃	390~2550
3	에 탄	32~ 390
9	〃	390~1110
8	〃	1110~2550
4	에 틸 렌	32~ 390
11	〃	390~1110
13	〃	1110~2550
17B	프레온-11(CCl_3F)	32~ 300
17C	프레온-21(CCl_2F)	32~3000
17A	프레온-22($CGClF_2$)	32~ 300
17D	프레온-113(CCl_2F-$CClF_2$)	32~ 300
1	수 소	32~1110
2	〃	1110~2550
35	브롬화수소	32~2550
30	염화수소	32~2550
20	플루오르화수소	32~2550
36	요드화수소	32~2550
19	황화수소	32~1290
21	〃	1290~2550
5	메 탄	32~ 570
6	〃	570~1290
7	〃	1290~2500
25	N_2O_2	32~1290
28	〃	1290~2550
26	N_2	32~2550
23	O_2	32~ 930
29	〃	930~2550
33	황	570~2550
22	SO_2	32~ 750
31	〃	750~2550
17	H_2O	32~2550

† Courtcsy of T.H.Chilton.

5. 액체의 비열

비열 = Btu/lb · °F = cal/g · ℃

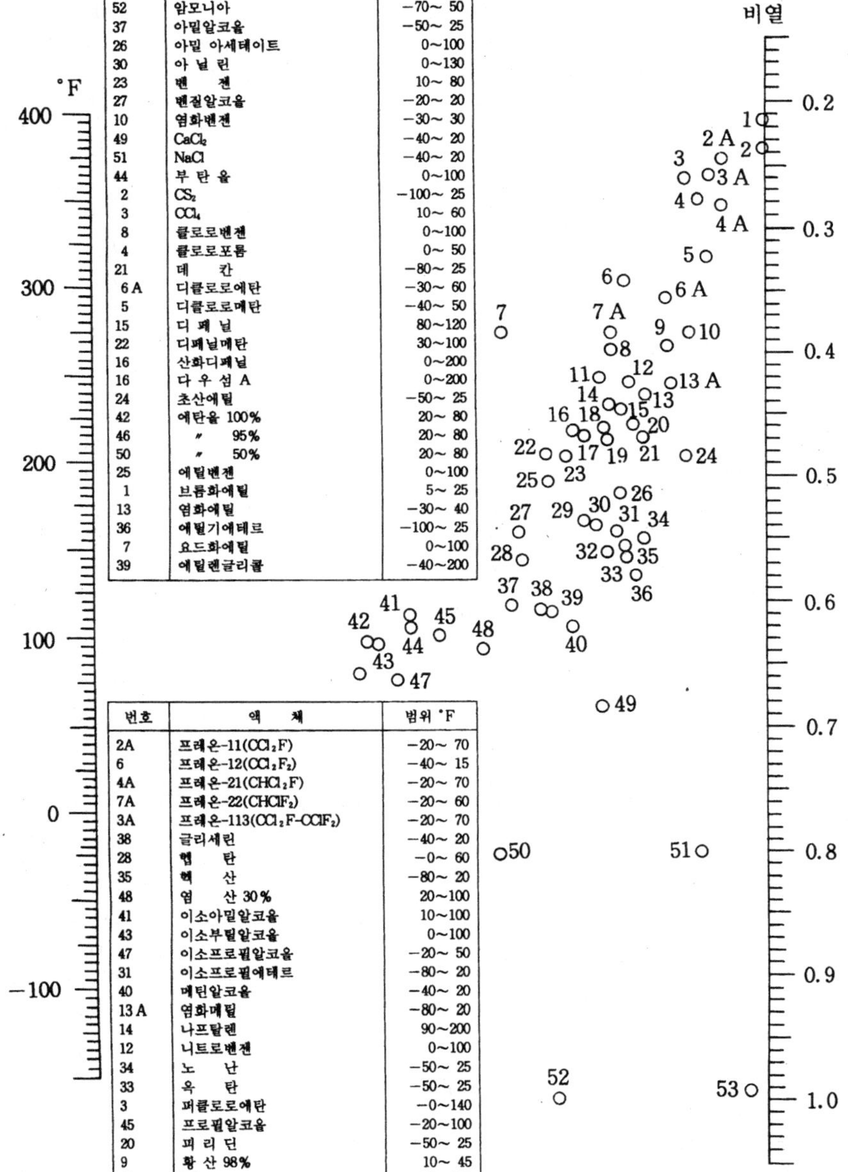

번호	액　체	범위 °F
29	초　산 100%	0~ 80
32	아 세 톤	20~ 50
52	암모니아	−70~ 50
37	아밀알코올	−50~ 25
26	아밀 아세테이트	0~100
30	아 닐 린	0~130
23	벤　젠	10~ 80
27	벤질알코올	−20~ 20
10	염화벤젠	−30~ 30
49	$CaCl_2$	−40~ 20
51	NaCl	−40~ 20
44	부 탄 올	0~100
2	CS_2	−100~ 25
3	CCl_4	10~ 60
8	클로로벤젠	0~100
4	클로로포름	0~ 50
21	데　칸	−80~ 25
6 A	디클로로에탄	−30~ 60
5	디클로로메탄	−40~ 50
15	디 페 닐	80~120
22	디페닐메탄	30~100
16	산화디페닐	0~200
16	다 우 섬 A	0~200
24	초산에틸	−50~ 25
42	에탄올 100%	20~ 80
46	〃 95%	20~ 80
50	〃 50%	20~ 80
25	에틸벤젠	0~100
1	브롬화에틸	5~ 25
13	염화에틸	−30~ 40
36	에틸기에테르	−100~ 25
7	요드화에틸	0~100
39	에틸렌글리콜	−40~200

번호	액　체	범위 °F
2A	프레온-11(CCl_3F)	−20~ 70
6	프레온-12(CCl_2F_2)	−40~ 15
4A	프레온-21($CHCl_2F$)	−20~ 70
7A	프레온-22($CHClF_2$)	−20~ 60
3A	프레온-113(CCl_2F-$CClF_2$)	−20~ 70
38	글리세린	−40~ 20
28	헵　탄	−0~ 60
35	헥　산	−80~ 20
48	염　산 30%	20~100
41	이소아밀알코올	10~100
43	이소부틸알코올	0~100
47	이소프로필알코올	−20~ 50
31	이소프로필에테르	−80~ 20
40	메틴알코올	−40~ 20
13 A	염화메틸	−80~ 20
14	나프탈렌	90~200
12	니트로벤젠	0~100
34	노　난	−50~ 25
33	옥　탄	−50~ 25
3	퍼클로로에탄	−0~140
45	프로필알코올	−20~100
20	피 리 딘	−50~ 25
9	황 산 98%	10~ 45
11	SO_2	−20~100
23	톨 루 엔	0~ 60
53	물	10~200
19	o.-크실렌	0~200
18	m.-크실렌	0~100
17	p.-크실렌	0~100

6. 표준 강관의 치수, 용량 및 무게

공칭경 [in]	외경 [in]	Schedule No.	내경 [in]	배관흐름 단면적 [in²]	배관 표면적 [ft²/1ft] 외표면적	내표면적	배관무게 [lb/ft]
⅛	0.405	40†	0.269	0.058	0.106	0.070	0.25
		80‡	0.215	0.036	0.106	0.056	0.32
¼	0.540	40	0.364	0.104	0.141	0.095	0.43
		80	0.302	0.072	0.141	0.079	0.54
⅜	0.675	40	0.493	0.192	0.177	0.129	0.57
		80	0.423	0.141	0.177	0.111	0.74
½	0.840	40	0.622	0.304	0.220	0.163	0.85
		80	0.546	0.235	0.220	0.143	1.09
¾	1.05	40	0.824	0.534	0.275	0.216	1.13
		80	0.742	0.432	0.275	0.194	1.48
1	1.32	40	1.049	0.864	0.344	0.274	1.68
		80	0.957	0.718	0.344	0.250	2.17
1¼	1.66	40	1.380	1.50	0.435	0.362	2.28
		80	1.278	1.28	0.435	0.335	3.00
1½	1.90	40	1.610	2.04	0.498	0.422	2.72
		80	1.500	1.76	0.498	0.393	3.64
2	2.38	40	2.067	3.35	0.622	0.542	3.66
		80	1.939	2.95	0.622	0.508	5.03
2½	2.88	40	2.469	4.79	0.753	0.647	5.80
		80	2.323	4.23	0.753	0.609	7.67
3	3.50	40	3.068	7.38	0.917	0.804	7.58
		80	2.900	6.61	0.917	0.760	10.3
4	4.50	40	4.026	12.7	1.178	1.055	10.8
		80	3.826	11.5	1.178	1.002	15.0
6	6.625	40	6.065	28.9	1.734	1.590	19.0
		80	5.761	26.1	1.734	1.510	28.6
8	8.625	40	7.981	50.0	2.258	2.090	28.6
		80	7.625	45.7	2.258	2.000	43.4
10	10.75	40	10.02	78.8	2.814	2.62	40.5
		60	9.75	74.6	2.814	2.55	54.8
12	12.75	30	12.09	115	3.338	3.17	43.8
16	16.0	30	15.25	183	4.189	4.00	62.6
20	20.0	20	19.25	291	5.236	5.05	78.6
24	24.0	20	23.25	425	6.283	6.09	94.7

† Schedule 40 designates former "standard" pipe.

‡ Schedule 8－designates former "extra-strong" pipe.

7. 응축기와 열교환기 관류(tube)의 치수

외경 [in]	벽의 두께		내경 [in]	금속의 단면적 [in²]	내단면적 [ft²]	둘 레 (1 ft당 표면적) [ft²/ft]		유 속 유량이 1[gal/min] 일 때 [ft/sec]	용량 유속이 1 [ft/sec]일 때		무게* [lb/ft]
	BWG No.	[in]				외부	내부		[gal/min]	물[lb/hr]	
5/8	12	0.109	0.407	0.1767	0.00090	0.1636	0.1066	2.463	0.4053	202.7	0.657
	14	0.083	0.459	0.1460	0.00115	0.1636	0.1202	1.938	0.5161	258.1	0.526
	16	0.065	0.495	0.1143	0.00134	0.1636	0.1296	1.663	0.6014	300.7	0.425
	18	0.049	0.527	0.0887	0.00151	0.1636	0.1380	1.476	0.6777	338.9	0.330
3/4	12	0.109	0.532	0.2195	0.00154	0.1963	0.1393	1.447	0.6912	345.6	0.817
	14	0.083	0.584	0.1739	0.00186	0.1963	0.1529	1.198	0.8348	417.4	0.647
	16	0.065	0.620	0.1398	0.00210	0.1963	0.1623	1.061	0.9425	471.3	0.520
	18	0.049	0.652	0.1079	0.00232	0.1963	0.1707	0.962	1.041	520.5	0.401
7/8	12	0.109	0.657	0.2623	0.00235	0.2291	0.1720	0.948	1.055	527.5	0.976
	14	0.083	0.709	0.2065	0.00274	0.2291	0.1856	0.813	1.230	615.0	0.768
	16	0.065	0.745	0.1654	0.00303	0.2291	0.1950	0.735	1.360	680.0	0.615
	18	0.049	0.777	0.1271	0.00329	0.2291	0.2034	0.678	1.477	738.5	0.473
1	10	0.134	0.732	0.3654	0.00292	0.2618	0.1916	0.763	1.310	655.0	1.36
	12	0.109	0.782	0.3051	0.00334	0.2618	0.2048	0.667	1.499	750.0	1.14
	14	0.083	0.834	0.2391	0.00379	0.2618	0.2183	0.588	1.701	850.5	0.890
	16	0.065	0.870	0.1909	0.00413	0.2618	0.2277	0.538	1.854	927.0	0.710
1¼	10	0.134	0.982	0.4698	0.00526	0.3271	0.2572	0.424	2.361	1.181	1.75
	12	0.109	1.032	0.3907	0.00581	0.3271	0.2701	0.384	2.608	1.304	1.45
	14	0.083	1.084	0.3042	0.00641	0.3271	0.2839	0.348	2.877	1.439	1.13
	16	0.065	1.120	0.2419	0.00684	0.3271	0.2932	0.326	3.070	1.535	0.900
1½	10	0.134	1.232	0.5750	0.00828	0.3925	0.3225	0.269	3.716	1.858	2.14
	12	0.109	1.282	0.4763	0.00896	0.3925	0.3356	0.249	4.021	2.011	1.77
	14	0.083	1.334	0.3694	0.00971	0.3925	0.3492	0.229	4.358	2.176	1.37
2	10	0.134	1.732	0.7855	0.0164	0.5233	0.4534	0.136	7.360	3.680	2.92
	12	0.109	1.782	0.6475	0.0173	0.5233	0.4665	0.129	7.764	3.882	2.42

* J.H Perry(ed.). "Chemical Engineers' Handbook." 4 th ed., pp. 11~11. McGraw-Hill Book Company, Inc., 1963. 참고
놋관 기준 : 구리관일 때 1.04를 곱함, 강관일 때 0.91을 곱함.

8. 기체의 점도

No.	Gas	X	Y	No.	Gas	X	Y
1	Acetic acid	7.7	14.3	29	Freon-113	11.3	14.0
2	Acetone	8.9	13.0	30	Helium	10.9	20.5
3	Acetylene	9.8	14.9	31	Hexane	8.6	11.8
4	Air	11.0	20.0	32	Hydrogen	11.2	12.4
5	Ammonia	8.4	16.0	33	$3H_2+N_2$	11.2	17.2
6	Argon	10.5	22.4	34	Hydrogen bromide	8.8	20.9
7	Benzene	8.5	13.2	35	Hydrogen chloride	8.8	18.7
8	Bromine	8.9	19.2	36	Hydrogen cyanide	9.8	14.9
9	Butene	9.2	13.7	37	Hydrogen iodide	9.0	21.3
10	Butylene	8.9	13.0	38	Hydrogen sulfide	8.6	18.0
11	Carbon dioxide	9.5	18.7	39	Iodine	9.0	18.4
12	Carbon disulfide	8.0	16.0	40	Mercury	5.3	22.9
13	Carbon monoxide	11.0	20.0	41	Methane	9.9	15.5
14	Chlorine	9.0	18.4	42	Methyl alcohol	8.5	15.6
15	Chloroform	8.9	15.7	43	Nitric oxide	10.9	20.5
16	Cyanogen	9.2	15.2	44	Nitrogen	10.6	20.0
17	Cyclohexane	9.2	12.0	45	Nitrosyl chloride	8.0	17.6
18	Ethane	9.1	14.5	46	Nitrous oxide	8.8	19.0
19	Ethyl acetate	8.5	13.2	47	Oxygen	11.0	21.3
20	Ethyl alcohol	9.2	14.2	48	Pentane	7.0	12.8
21	Ethyl chloride	8.5	15.6	49	Propane	9.7	12.9
22	Ethyl ether	8.9	13.0	50	Propyl alcohol	8.4	13.4
23	Ethylene	9.5	15.1	51	Propylene	9.0	13.8
24	Fluorine	7.3	23.8	52	Sulfur dioxide	9.6	17.0
25	Freon-11	10.6	15.1	53	Toleune	8.6	12.4
26	Freon-12	11.1	16.0	54	2,3,3-Trimethylbutane	9.5	10.5
27	Freon-21	10.8	15.3	55	Water	8.0	16.0
28	Freon-22	10.1	17.0	56	Xenon	9.3	23.0

다음 페이지의 그림에서 사용할 좌표

† Bypermission, from J. H. Perry(ed.), "Chemical Engineers' Handbook," 5 th ed., pp. 3-210 and 3-211.

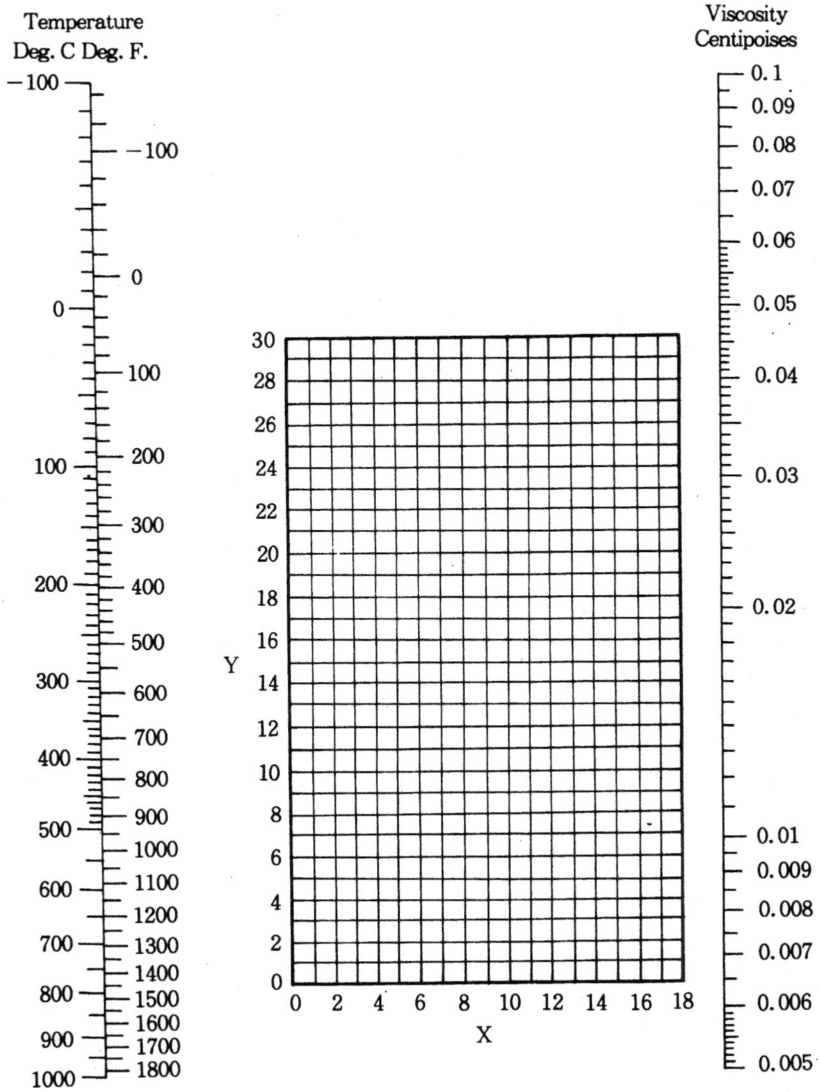

1 atm에서의 기체와 증기류의 점도(좌표는 앞페이지를 참조할 것).

9. 액체의 점도

No.	Liquid	X	Y	No.	Liquid	X	Y
1	Acetaldehyde	15.2	4.8	56	Freon-22	17.2	4.7
2	Acetic acid, 100%	12.1	14.2	57	Freon-113	12.5	11.4
3	Acetic acid, 70%	9.5	17.0	58	Glycerol, 100%	2.0	30.0
4	Acetic anhydride	12.7	12.8	59	Glycerol, 50%	6.9	19.6
5	Acetone, 100%	14.5	7.2	60	Heptane	14.1	8.4
6	Acetone, 35%	7.9	15.0	61	Hexane	14.7	7.0
7	Allyl alcohol	10.2	14.3	62	Hydrochloric acid, 31.5%	13.0	16.6
8	Ammonia, 100%	12.6	2.0	63	Isobutyl alcohol	7.1	18.0
9	Ammonia, 26%	10.1	13.9	64	Isobutyric acid	12.2	14.4
10	Amyl acetate	11.8	12.5	65	Isopropyl alcohol	8.2	16.0
11	Amyl alcohol	7.5	18.4	66	Kerosene	10.2	16.9
12	Aniline	8.1	18.7	67	Linseed Oil, raw	7.5	27.2
13	Anisole	12.3	13.5	68	Mercury	18.4	16.4
14	Arsenic trichloride	13.9	14.5	69	Methanol, 100%	12.4	10.5
15	Benzene	12.5	10.9	70	Methanol, 90%	12.3	11.8
16	Bimethyl oxalate	12.3	15.8	71	Methanol, 40%	7.8	15.5
17	Biphenyl	12.0	18.3	72	Methyl acetate	14.2	8.2
18	Brine, $CaCl_2$, 25%	6.6	15.9	73	Methyl chloride	15.0	3.8
19	Brine, NaCl, 25%	10.2	16.6	74	Methyl ethyl ketone	13.9	8.6
20	Bromine	14.2	13.2	75	Naphthalene	7.9	18.1
21	Bromotoluene	20.0	15.9	76	Nitric acid, 95%	12.8	13.8
22	Butyl acetate	12.3	11.0	77	Nitric acid, 60%	10.8	17.0
23	Butyl alcohol	8.6	17.2	78	Nitrobenzene	10.6	16.2
24	Butyric acid	12.1	15.3	79	Nitrotoluene	11.0	17.0
25	Carbon dioxide	11.6	0.3	80	Octane	13.7	10.0
26	Carbon disulfide	16.1	7.5	81	Octyl alcohol	6.6	21.1
27	Carbon tetrachioride	12.7	13.1	82	Pentachloroethane	10.9	17.3
28	Chlorobenzene	12.3	12.4	83	Pentane	14.9	5.2
29	Chloroform	14.4	10.2	84	Phenol	6.9	20.8
30	Chlorosulfonic acid	11.2	18.1	85	Phosphorus tribromide	13.8	16.7
31	0-Chlorotoluene	13.0	13.3	86	Phosphorus trichloride	16.2	10.9
32	m-Chlorotoluene	13.3	12.5	87	Propionic acid	12.8	13.8
33	p-Chlorotoluene	13.3	12.5	88	Propyl alcohol	9.1	16.5
34	m-Cresol	2.5	20.8	89	Propyl bromide	14.5	9.6
35	Cyclohexanol	2.9	24.3	90	Propyl chloride	14.4	7.5
36	Dibromoethane	12.7	15.8	91	Propyl iodide	14.1	11.6
37	Dichloroethane	13.2	12.2	92	Sodium	16.4	13.9
38	Dichloromethane	14.6	8.9	93	Sodium hydroxide, 50%	3.2	25.8
39	Diethyl oxalate	11.0	16.4	94	Stannic chlorde	13.5	12.8
40	Dipropyl oxalate	10.3	17.7	95	Sulfur dioxide	15.2	7.1
41	Ethyl acetate	13.7	9.1	96	Sulfuric acid, 110%	7.2	27.4
42	Ethyl alcohol, 100%	10.5	13.8	97	Sulfuric acid, 98%	7.0	24.8
43	Ethyl alcohol, 95%	9.8	14.3	98	Sulfuric acid, 60%	10.2	21.3
44	Ethyl alcohol, 40%	6.5	16.6	99	Sulfuryl chloride	15.2	12.4
45	Ethyl benzene	13.2	11.5	100	Tetrachloroethane	11.9	15.7
46	Ethyl bromide	14.5	8.1	101	Tetrachloroethylene	14.2	12.7
47	Ethyl chloride	14.8	6.0	102	Titanium tetrachloride	14.4	12.3
48	Ethyl ether	14.5	5.3	103	Toluene	13.7	10.4
49	Ethyl formate	14.2	8.4	104	Trichloroethylene	14.8	10.5
50	Ethyl iodide	14.7	10.2	105	Turpentine	11.5	14.9
51	Ethylene glycol	6.0	23.6	106	Vinyl acetate	14.0	8.8
52	Formic acid	10.7	15.8	107	Water	10.2	13.0
53	Freon-11	14.4	9.0	108	*o*-Xylene	13.5	12.1
54	Freon-12	16.8	5.9	109	*m*-Xylene	13.9	10.6
55	Freon-21	15.7	7.5	110	*p*-Xylene	13.9	10.9

다음 페이지의 그림에서 사용할 좌표

† By permission from J. H. Perry(ed.), "Chemical Engineers' Handbook," 5 th ed., pp. 3-212 and 3-213. Copyright, ⓒ, 1973. McGraw-Hill Book Company.

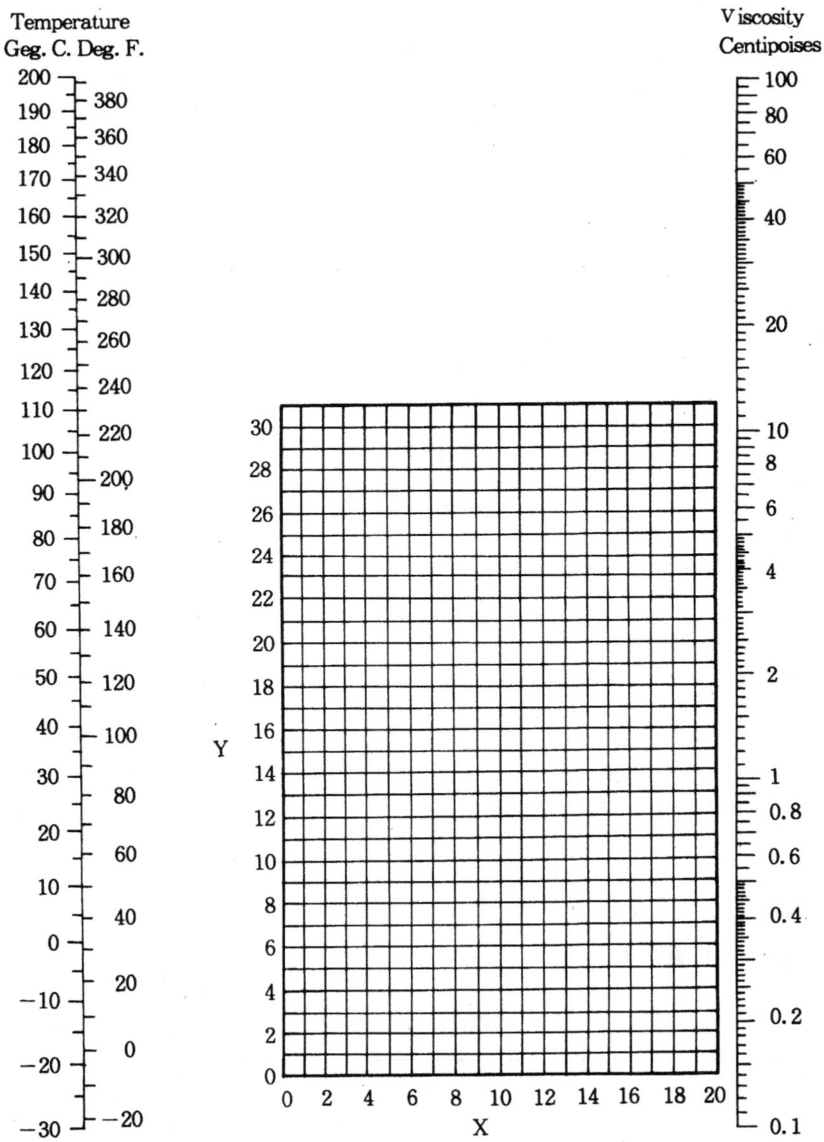

1 atm에서의 기체와 증기류의 점도(좌표는 앞페이지를 참조할 것).

10. 금속의 열전도도

Metal	Thermal conductivity k ‡		
	32°F	64°F	212°F
Aluminum	117		119
Antimony	10.6		9.7
Brass(70 Copper, 30 zinc)	56		60
Cadmium		53.7	52.2
Copper(pure)	224		218
Gold		169.0	170.0
Iron(cast)	32		30
Iron(wrought)		34.9	34.6
Lead	20		19
Magnesium	92	92	92
Mercury(liquid)	4.8		
Nickel	36		34
Platinum		40.2	41.9
Silver	242		238
Sodium(liquid)			49
Steel(mild)			26
Steel(1% carbon)		26.2	25.9
Steel(stainless, type 304)			9.4
Steel(stainless, type 316)			9.4
Steel(stainless, type 347)			9.3
Tantalum		32	
Tin	36		34
Zine	65		64

† Based on W. H. McAdams, "Heat Transmission," 3 d ed., pp. 445-447, McGraw-Hill Book Company, new York, 1954

‡ k=Btu/ft-h-°F

11. 기체와 증기의 열전도도

$$k = [\text{Btu}][\text{ft}]/[\text{ft}]^2[°\text{F}][\text{hr}]$$

온도, °F	Air	H_2	O_2	N_2	CO	CO_2	H_2O vapor
0	0.0131	0.0912	0.0133	0.0131	0.0126	0.0076	
32	0.0140	0.0965	0.0142	0.0139	0.0134	0.0084	
50	0.0144	0.0994	0.0147	0.0143	0.0138	0.0088	
100	0.0157	0.1072	0.0160	0.0155	0.0150	0.0100	
150	0.0169	0.1149	0.0173	0.0167	0.0162	0.0112	0.0120
200	0.0181	0.1222	0.0185	0.0177	0.0173	0.0125	0.0133
250	0.0192	0.1293	0.0198	0.0190	0.0184	0.0138	0.0145
300	0.0204	0.1362	0.0201	0.0201	0.0195	0.0151	0.0158
350	0.0214	0.1429	0.0221	0.0211	0.0205	0.0165	0.0171
400	0.0225	0.1493	0.0232	0.0221	0.0215	0.0179	0.0184
450	0.0236	0.1557	0.0244	0.0231	0.0225	0.0193	0.0198
500	0.0246	0.1618	0.0254	0.0241	0.0235	0.0207	0.0211

12. 액체의 열전도도

$$k = (\mathrm{Btu})/(\mathrm{h})(\mathrm{ft})^2(°\mathrm{F}/\mathrm{ft})$$

상하의 온도한계 사이에서 k는 온도에 따라 직접적으로 변한다고 가정할 수 있다.

Liquid	t, °F	k
Acetic acid, 100%	68	0.099
50%	68	0.20
Acetone	−40	0.106
	140	0.0846
Benzene	68	0.0853
	122	0.0792
Carbon tetrachloride	−4	0.0665
	122	0.0564
Chlorobenzene	−40	0.0812
	176	0.0672
Ethyl alcohol, 100%	−40	0.108
	176	0.0866
Ethyl ether	−112	0.0994
	68	0.0752
Ethylene glycol	32	0.146
	212	0.152
Gasoline	86	0.078
Heptane(n⁻)	86	0.081
	140	0.079
Kerosene	68	0.086
	167	0.081
Mercury	140	5.59
	320	6.75
Oils	86	0.907
Perchloroethylene	32	0.0682
	95	0.0614
	212	0.0532
Toluene	−112	0.0920
	68	0.0779
	176	0.0685
Turpentine	59	0.074
Xylene(*o*⁻)	68	0.090

13. 보온재의 열전도도 및 단열재의 성질

(1) 보온재의 열전도도 [kcal/m · h · ℃]

	겉보기밀도 [kg/m³]	−50℃	0℃	20℃	100℃	200℃
아스베스토(면상)	470	0.128	0.132	0.134	0.140	−
	580	−	0.172	0.174	0.182	0.190
	700	0.196	0.200	0.202	0.210	−
글라스면(멱상)	150	−	0.0300	0.033	0.045	0.062
	200	−	−	0.034	0.045	0.059
글라스면	95	0.022	0.027	0.029	−	−
	115	0.023	0.028	0.030	−	−
목 면	81	0.043	0.048	0.050	0.058	−
규조토	54	−	0.030	0.033	0.042	−
	350	−	0.056	0.057	0.064	0.073
코르크부스러기	150	−	0.035	0.037	0.046	0.057
마그네시아	200	−	0.063	−	−	−

(2) 각종 단열재의 성질

품명	품질형상	유리비중 [g/cm³]	안전 사용온도 [℃]	열전도율 [kcal/m · h · ℃] (θ =평균온도)	비고
폼 글라스	다포유리 흑색, 불연속기포 적색, 연속기포	0.184 0.170	450 450	$0.0407+0.000180\theta$ $0.0408+0.000138\theta$	보냉재로서 사용된다. 최저온도 -196℃. ASTMC552. 불연성
고무 스폰지	반경질 불연속기포	0.117	70	$0.0310+0.00008\theta$	
염화비닐스폰지폼	반경질 불연속기포 〃	0.042 0.102	70 70	$0.027+0.00013\theta$ $0.0313+0.000108\theta$	자기소화성 · 비흡수성에서 보냉판으로 적당
경질우레탄폼	폴리에스터르+TDI+R-11발포 불연속기포 폴리에스테르+TDI+R-11발포	0.030 0.033	120 120	$0.016+0.00013\theta$ $0.015+0.00012\theta$	주입방식, 부착방식으로 현장시공이 가능. 발포시에 취급상 주의. 저온에서도 유효 자기소화성. JIS A9514-1984
폴리스틸렌폼	시티볼스폰지 불연속기포	0.015 ~0.035	70	$0.0308+0.00014\theta$ $\sim 0.0278+0.00011\theta$	밀도에 따라 굴곡강도가 다르다. 자기소화성. JIS A 9511-1984
페놀폼	연속기포	0.44 ~0.072	150	$0.025+0.00011\theta$	온도범위가 넓다. 최저온도 -196℃. 자기소화성
폴리에틸렌폼		0.033	80	0.027	흡수성 저. 선팽창 대. 가연성
글라스화이버휄트 (글라스울)	1~7 μm의 글라스화이버를 페놀계수지에 접착. 판, 매트, 통	0.005 ~0.031	300 ~350	$0.0440+0.000246\theta$ $0.0267+0.000155\theta$	저온부터 고온까지 사용 가능. 불연성. JIS A 9505-1984
라크울	펠트, 메트 나사, 통 화이버	0.04 0.1 0.025	400 600 650	$0.027+0.0002\theta$ $0.024+0.00012\theta$ $0.025+0.00011\theta$	저온부터 고온까지 사용가능. 가격적당. 불연성. JIS A 9504-1984
규산 칼슘	규산 석회로서 판상, 통상으로 성형	0.15 0.22	650 1000	$0.035+0.00006\theta$ $0.045+0.0001\theta$	내열성 고, 경량으로 강도 대, 불연성. JIS A 9510-1984
페라이트	판상, 통상의 성형폼	0.2	700	$0.047+0.00014\theta$	진주암, 흑요오드석 분말의 발포 불연성. JIS A 5007-1977
세라믹 화이버		0.1 ~0.16	1260	0.1~0.2	순정알루미나, 실리카를 원료로 고온에 견딘다. 섬유상으로 단열성, 흡음성이 우수하다.

14. NH_3-H_2O계의 기-액 평형값(7 기압)

온도 [℃]	암모니아의 몰분율	
	액	증기
196.4	0.0000	0.0000
163.1	0.0200	0.1245
157.1	0.0400	0.2361
151.3	0.0600	0.3341
145.6	0.0800	0.4241
139.9	0.1000	0.5041
126.3	0.1500	0.6643
114.0	0.2000	0.7783
109.2	0.2200	0.8127
104.5	0.2400	0.8417
99.8	0.2600	0.8663
90.9	0.3000	0.9049
82.2	0.3400	0.9310
73.9	0.3800	0.9516
66.0	0.4200	0.9654
58.4	0.4600	0.9760
51.2	0.5000	0.9830
36.9	0.6000	0.9928
27.6	0.7000	0.9966
20.8	0.8000	0.9986
15.8	0.9000	0.9994
12.1	1.0000	1.0000

15. Benzene-toluene계의 기-액 평형값(1 기압)

온 도 [℃]	Benzene의 몰분율	
	액	증 기
110.6	0.000	0.000
105.7	0.100	0.208
101.8	0.200	0.372
98.3	0.300	0.507
95.2	0.400	0.617
92.4	0.500	0.713
89.8	0.600	0.791
87.3	0.700	0.857
85.0	0.800	0.912
82.6	0.900	0.959
80.0	1.000	1.000

16. 180 psia에서의 암모니아-물계의 엔탈피-조성값*

Composition, weight fraction ammonia	Enthalpies, Btu/lb	
	Saturated liquid	Saturated vapor
0.000	346.0	1196.3
0.050	302.0	1172.7
0.100	261.6	1148.7
0.150	223.2	1125.0
0.200	187.5	1100.0
0.250	153.0	1074.5
0.300	124.0	1049.0
0.350	95.5	1023.3
0.400	69.9	998.0
0.450	48.5	972.0
0.500	31.0	945.6
0.550	18.1	918.3
0.600	11.3	890.9
0.650	8.8	862.4
0.700	10.5	832.5
0.750	15.6	802.7
0.800	22.2	770.8
0.850	30.9	737.0
0.900	40.4	700.8
0.950	52.0	657.0
0.975	58.5	626.2
1.000	65.4	554.1

* B. H. Jennings and F. P. Schannon, Refrig. Eng., May(1938), p.571.
기준상태 : 32°F의 액체물, 32°F의 액체 암모니아.

17. 포화 수증기와 물의 성질(fps 단위)

온도 t, [°F]	증기압 p_A [lbf/in^2]	비용 [ft^3/lb]		엔탈피 [Btu/lb]		
		액체 v_x	포화증기 v_y	액체 H_x	증발잠열 λ	포화증기 H_y
32	0.08854	0.01602	3,306	0.00	1075.8	1075.8
35	0.09995	0.01602	2,947	3.02	1074.1	1077.1
40	0.12170	0.01602	2,444	8.05	1071.3	1079.3
45	0.14752	0.01602	2,036.4	13.06	1068.4	1081.5
50	0.17811	0.01603	1,703.2	18.07	1065.6	1083.7
55	0.2141	0.01603	1,430.7	23.07	1062.7	1085.8
60	0.2563	0.01604	1,206.7	28.06	1059.9	1088.0
65	0.3056	0.01605	1,021.4	33.05	1057.1	1090.2
70	0.3631	0.01606	867.9	38.04	1054.3	1092.3
75	0.4298	0.01607	740.0	43.03	1051.5	1094.5
80	0.5069	0.01608	633.1	48.02	1048.6	1096.6
85	0.5959	0.01609	543.5	53.00	1045.8	1098.8
90	0.6982	0.01610	468.0	57.99	1042.9	1100.9
95	0.8153	0.01612	404.3	62.98	1040.1	1103.1
100	0.9492	0.01613	350.4	67.97	1037.2	1105.2
110	1.2748	0.01617	265.4	77.94	1031.6	1109.5
120	1.6924	0.01620	203.27	87.92	1025.8	1113.7
130	2.2225	0.01625	157.34	97.90	1020.0	1117.9
140	2.8886	0.01629	123.01	107.89	1014.1	1122.0
150	3.718	0.01634	97.07	117.89	1008.2	1126.1
160	4.741	0.01639	77.29+	127.89	1002.3	1130.2
170	5.992	0.01645	62.06	137.90	996.3	1134.2
180	7.510	0.01651	50.23	147.92	990.2	1138.1
190	9.339	0.01657	40.96	157.95	984.1	1142.0
200	11.526	0.01663	33.64	167.99	977.9	1145.9
210	14.123	0.01670	27.82	178.05	971.6	1149.7
212	14.696	0.01672	62.80	180.07	970.3	1150.4
220	17.186	0.01677	23.15	188.13	965.2	1153.4
230	20.780	0.01684	19.382	198.23	958.8	1157.0
240	34.969	0.01692	16.323	208.34	952.2	1160.5
250	29.825	0.01700	13.821	218.48	945.5	1164.0
260	35.429	0.01709	11.763	228.64	938.7	1167.3
270	41.858	0.01717	10.061	238.84	931.8	1170.6
280	49.203	0.01726	8.645	249.06	924.7	1173.8
290	57.556	0.01735	7.461	259.31	917.5	1176.8
300	67.013	0.01745	6.466	269.59	910.1	1179.7
310	77.68	0.01755	5.626	279.92	902.6	1182.5
320	89.66	0.01765	4.914	290.28	894.9	1185.2
330	103.06	0.01776	4.307	300.68	887.0	1187.7
340	118.01	0.01787	3.788	311.13	879.0	1190.1
350	134.63	0.01799	3.342	321.63	870.7	1192.3
360	153.04	0.01811	2.957	332.18	862.2	1194.4
370	173.37	0.01823	2.625	342.79	853.5	1196.3
380	195.77	0.01836	2.335	353.45	844.6	1198.1
390	220.37	0.01850	2.0836	364.17	835.4	1199.6
400	247.31	0.01864	1.8633	374.97	836.0	1201.0
410	276.75	0.01878	1.6700	385.83	816.3	1202.1
420	308.83	0.01894	1.5000	396.77	806.3	1203.1
430	343.72	0.01910	1.3499	407.79	796.0	1203.8
440	381.59	0.01926	1.2171	418.90	785.4	1204.3
450	422.6	0.0194	1.0993	430.1	774.5	1204.6

찾아보기

ㄱ

ㄴ

ㄷ

ㄹ

ㅁ

ㅂ

ㅅ

ㅇ

ㅊ

ㅌ

ㅋ

ㅍ

ㅎ